Hochschultext

Bernhelm Booß

Topologie und Analysis

Einführung in die Atiyah-Singer-Indexformel

Springer-Verlag
Berlin Heidelberg New York 1977

Bernhelm Booß

Geschäftsführer des Forschungsschwerpunktes „Mathematisierung der Einzelwissenschaften" der Universität Bielefeld
Postfach 8640, D-4800 Bielefeld (z. Z. beurlaubt)

Lektor am Universitetscenter Roskilde, Dänemark
Postbox 260, DK-4000 Roskilde

AMS Subject Classification (1970): primary 58-02, 58 G 05, 58 G 10, 58 G 15
secondary 00 A 25, 01 A 65, 14 F 05, 14 H 05, 15 A 60, 16 A 42, 22 E 10, 26 A 57, 30 A 52, 30 A 78, 30 A 88, 30 A 98, 31 A 25, 34 B 25, 35 A 30, 35 J 45, 35 J 50, 35 S 05, 35 S 15, 42 A 68, 45 E 10, 45 K 05, 46 C 05, 46 E 35, 47 A 05, 47 A 55, 47 B 05, 47 B 30, 47 B 35, 47 D 15, 55 F 45, 55 F 50, 58 A 05, 58 C 25, 58 F 10, 60 J 50

ISBN-13: 978-3-540-08451-8 e-ISBN-13: 978-3-642-66752-7
DOI: 10.1007/978-3-642-66752-7

Library of Congress Cataloging in Publication Data. Booss, Bernhelm, 1941-. Topologie und Analysis. (Hochschultext). Bibliography: p. Includes index. 1. Operator theory. 2. Manifolds (Mathematics). 3. Index theorems. I. Title. QA329.B66. 515'.72. 77-11682

Gesamtherstellung: Beltz Offsetdruck, Hemsbach/Bergstr.
2144/3140-543210

Friedrich Hirzebruch, geboren am 17. 10. 1927,
zum 50. Geburtstag

Vorwort

"Die Erfahrung des praktischen Lebens lehrt hingegen jeden, der auf sich achthaben will, von einer Seite die Schwierigkeiten in der Ausführung dessen, was ihn so kinderleicht dünkte, gehörig erkennen; von einer andern aber auch den Punkt des Erreichbaren, wohin man durch gleichförmige Anstrengung aller Kräfte, die in unserer Gewalt sind, gelangen kann, richtiger zu bestimmen und weiter hinauszurücken."

Der Göttinger Naturforscher Georg FORSTER (1787) über den britischen Entdecker James COOK

INHALTLICHE MOTIVATION. Intensivere Nutzung mathematischer Ideen, Methoden und Techniken in den Einzelwissenschaften und zur Lösung praktischer Probleme erfordert vom Mathematiker neben größerer außermathematischer "Anwendungsbereitschaft" zugleich eine umfassendere innermathematische "Orientiertheit". In der Praxis kommt es häufig nicht so sehr darauf an, aus *einer* mathematischen Idee besonders weitreichende Konsequenzen zu ziehen, sondern einen Gegenstands- oder Problembereich möglichst angemessen mit einer *Vielfalt* mathematischer Theorien versuchsweise zu überdecken. Dafür muß der Mathematiker Einheit *und* Spezifik unterschiedlicher mathematischer Ansätze kennen, über Erfahrung mit mathematischen "Querverbindungen" verfügen. Die Atiyah-Singer-Indexformel, die zu den "tiefsten und härtesten Ergebnissen der Mathematik gerechnet wird und in Topologie und Analysis weiter verzweigt ist als irgendein anderes einzelnes Resultat" (F. HIRZEBRUCH) bietet vielleicht ein besonders gutes Beispiel für eine solche Einführung in "die Mathematik": Bei aller Schwierigkeit und ihrem ungeheuren Beziehungsreichtum ist die Indexformel doch abgrenzbar und so in ihrer Idee und den verwendeten Methoden auch für Studenten mittlerer Semester faßlich.

Tatsächlich ist die Atiyah-Singer-Indexformel in den letzten 15 Jahren immer "leichter" und "durchschaubarer" geworden. Mit der Aufdeckung tiefliegender und weitreichender Anwendungen (vgl. § III.4) ging in den facettenreichen immer neuen Darstellungen der Materie vor allem durch M.F. ATIYAH und I.M. SINGER selbst wie etwa in den eigengewichtigen Arbeiten von L. HÖRMANDER und anderen eine kraftvolle methodologische Durchdringung des Stoffes einher. Die Quellen und Bestandteile der Indexformel sind enger zueinander gerückt. Im Vergleich zu [PALAIS 1965], der "klassischen" Einführung in die Indexformel, haben wir u.a. die folgenden Vorteile:

1. Neben dem ursprünglichen "Kobordismusbeweis" kennen wir heute zwei weitere Beweise, wobei wir hier dem "*Einbettungsbeweis*", dem konzeptionell - vor allem in seiner direkten Verbindung zum Bottschen Periodizitätssatz - einfachsten Beweis der Indexformel folgen werden (vgl. § III.3).

2. Die *Struktur des Raumes* F der Fredholmoperatoren ist heute durch den K-theoretischen Begriff des "Indexbündels" einer stetigen Familie von Fredholmoperatoren (vgl. insbesondere den auf dem Kuipertheorem über die Zusammenziehbarkeit von $B^{\times}$, § I.6, beruhenden Satz von Atiyah-Jänich, § I.7) und durch das

praktische Beispielreservoir der Wiener-Hopf-Operatoren (vgl. § I.9) viel übersichtlicher geworden.

3. In der *Theorie der Pseudodifferentialoperatoren* (und Fourierintegraloperatoren, vgl. den Satz von Kuranishi, § II.3) erfuhr der für die Analysis elliptischer Operatoren wesentliche Kalkül der "Integraldifferentialoperatoren" eine grundlegende Klärung.

4. Der *Bottsche Periodizitätssatz*, der das topologische Fundamentaltheorem der Indextheorie bildet, konnte in der "K-Theorie mit kompaktem Träger" viel einfacher formuliert werden, wobei auch sein funktionalanalytischer Kern, nämlich der Indexsatz von Gochberg-Krein für Wiener-Hopf-Operatoren,deutlicher hervortrat.

VORGESCHICHTE DIESES BUCHES. Das Buch geht auf einen Fortbildungskurs für Mathematiklehrer (Santiago de Chile, 1971) zurück. Sein Konzept wurde später in weiteren Vorträgen, in Gastvorlesungen an den Universitäten Kaiserslautern-Trier und Marburg (Einladungen von B. GRAMSCH und M. BREUER) sowie in Seminaren in Bielefeld mit Studenten des dritten Studienjahres erprobt.

ZUR STRUKTURIERUNG. Welcher Zusammenhang besteht zwischen der Topologie der allgemeinen linearen Gruppe $GL(N,\mathbb{C})$, der Geometrie differenzierbarer Mannigfaltigkeiten und dem Lösungsverhalten elliptischer Differentialgleichungen? Wie läßt sich der analytisch definierte "Index" durch topologische Invarianten ausdrücken? Bei der Nachzeichnung der Lösung dieses Einzelproblems, die zum besseren Verständnis nicht in größter Allgemeinheit und nicht in geodätischer Kürze erfolgt, steht die Darstellung der gegensätzlichen Methoden, die bei der Bezwingung des Indexproblems ineinander greifen, im Mittelpunkt. Ich habe mich bemüht, hier an einem Brennpunkt der Mathematikentwicklung unseres Jahrhunderts die leitenden Ideen, den tieferen Grund und die weiteren Aussichten der Verschmelzung von Topologie und Analysis, dieser zwei getrennten Hauptgebiete der Mathematik, herauszustellen. Zur Bewältigung der großen Stoffülle wurde bei den geringen Vorkenntnissen, die man erfahrungsgemäß nur voraussetzen kann, ein gemischter Lösungsansatz gewählt. Der größte Teil des benötigten Stoffes wird *ausführlich und mit allen Details* bewiesen:

Schlangenlemma der kohomologischen Algebra	I.2.B
Additivität des Index bei Komposition	I.2.C
Die kompakten Operatoren bilden ein abgeschlossenes zweiseitiges Ideal K in der Banachalgebra B der beschränkten Operatoren im Hilbertraum	I.3.C

Rieszsches Lemma index Id + K = 0 , $K \in \mathcal{K}$	I.4.A
Atkinsonsche Darstellung des Raumes $\mathcal{F}$ der Fredholmoperatoren durch die Gruppe der Einheiten der "Calkinalgebra" $\mathcal{B}/\mathcal{K}$	I.5.A
Lokale Konstanz des Index	I.5.C
Wegweiser Zusammenhang der Einheitengruppe $\mathcal{B}^{\times}$	I.6.A
Kuipertheorem $[X,\mathcal{B}^{\times}] = 0$	I.6.B
Konstruktion des Indexbündels einer stetigen Familie von Fredholmoperatoren	I.7.B
Atiyah-Jänich: $[X,\mathcal{F}] \cong K(X)$	I.7.C
Indexformel für diskrete Wiener-Hopf-Operatoren	I.9.E
Satz von Vekua über den Index schiefwinkliger Randwertsysteme	II.1.G
Existenz von C^{∞}-Zerlegungen der Eins	II.2.B
Satz von Kuranishi über die Darstellung allgemeinerer "Fourierintegraloperatoren" als Pseudodifferentialoperatoren	II.3.C
Diffeomorphieinvarianz von Pseudodifferentialoperatoren	II.3.C
Surjektivität des Symbols	II.3.D
Abgeschlossenheit des Raumes der Pseudodifferentialoperatoren bzgl. Komposition und Bildung der formal Adjungierten	II.3.D
Sobolewsätze $W^1(\mathbb{R}) \subset C^0(\mathbb{R})$, $W^s(T^n) \to W^{s-1/2}(T^{n-1})$ und $W^s(\mathbb{R}^n) \not\to W^s(\mathbb{R}^{n-1})$	II.4.D
Die funktionalanalytische Ordnung eines Pseudodifferentialoperators stimmt mit der "analytischen" seiner Amplitude überein	II.5.A

Hauptsätze über elliptische Operatoren auf geschlossenen Mannigfaltigkeiten (Existenz einer "Parametrix", Regularität der Lösungen, Endlichkeit und Homotopieinvarianz des Index)	II.5.B
Konstruktion von "Indikatorbündel" und "Randisomorphismus" für elliptische Randwertsysteme von Differentialoperatoren	II.6.C
Fortsetzung des Symbols eines Systems von elliptischen Differentialgleichungen 1. Ordnung über einer berandeten Mannigfaltigkeit X auf das Ballbündel über dem Rand	II.7.A
Bottscher Periodizitätssatz	III.1.E
Indexformel im euklidischen Fall (für Operatoren, die im Unendlichen die Identität sind)	III.2.C
Indexformel für elliptische Operatoren auf Hyperflächen	III.3.A
Isomorphie von homotop gelifteten Vektorraumbündeln	Anhang
$[Y,GL(N,\mathbb{C})] \cong \mathrm{Vekt}_N(S(Y))$, wo $S(Y)$ die Einhängung von Y ist	Anhang

Daneben finden sich *expositorische Darstellungen in Aufgabenform* mit präzisen Formulierungen, Lösungshinweisen und Quellenangaben sowie breit eingefügte zusammenfassende *Kommentare*, in denen ich versucht habe, das erforderliche Hintergrundwissen bereitzustellen.

ZUM GEBRAUCH. Das Buch richtet sich an Leser mit minimalen Voraussetzungen an Wissen und Erfahrung, denen eine bestimmte Sache, die Indexformel, ganz klar gemacht und denen zugleich ein gewisses Methodenbewußtsein vermittelt werden soll. Es ist als Lehrbuch zum Selbststudium und als Vorlage für ein- bis zweisemestrige Vorlesungen aus diesem Gebiet und über verwandte Themen, vor allem aber als Textbuch für Seminare mit Studenten mittlerer Semester geschrieben worden. Die Paragraphen bieten durchweg relativ abgeschlossene Themen, so daß sie gut zur Durcharbeitung an einzelne studentische Arbeitsgruppen vergeben werden können, die sich bei gewichtigeren Paragraphen zur Bearbeitung der einzelnen Unterabschnitte weiter unterteilen sollten. Für die Abhandlung der einzelnen Paragraphen muß man im Seminarplan jeweils mit ein bis vier Vorträgen von 60 bis 90 Minuten Dauer rechnen. Erfahrungsgemäß kommt man bei geeigneter Auswahl in zwei Semestern mit dem Stoff durch - bis zur Indexformel. Eine angemessene Darstellung der ganzen Anwendungsbreite der Atiyah-Singer-Theorie dürfte dagegen im Rahmen eines normalen Mathematikstudiums kaum möglich sein. Das Eigengewicht der unterschiedlichen Anwendungsgebiete ist zu groß. Es empfiehlt sich daher, sich bei der Arbeit mit Studenten auf einen einzigen Anwendungsbereich - entsprechend den vorhandenen Vorkenntnissen und weiterreichenden Forschungsinteressen - zu konzentrieren und dort exemplarisch und detaillierter als in unserer Übersicht in § III.4 die Beziehungen zur Indexformel herauszuarbeiten.

DEFINITION DER VORKENNTNISSE. Wir setzen die folgenden Vorkenntnisse voraus:

1. Grundbegriffe der *linearen Algebra* (Vektorräume, lineare Abbildungen, Matrizenringe, Determinanten) *und der reellen Analysis* (offene, abgeschlossene, kompakte Mengen, stetige und differenzierbare Funktionen, Integralbegriff - und zwar spätestens für §§ 8-9 auch die Grundbegriffe des Lebesgueintegrals). Vielleicht mit Ausnahme des Lebesgueintegrals gehört dieser Stoff zur Standardausbildung des 1. Studienjahres. Für einen Steilkurs im Lebesgueintegral verweisen wir auf [HIRZEBRUCH-SCHARLAU 1971, 43-51] oder [TRIEBEL 1972, 680-684].

2. Begriff des *komplexen separablen Hilbertraums* (Skalarprodukt, Schwarzsche Ungleichung, Norm, Vollständigkeit, Orthogonalität, orthogonale Basis, Orthogonalprojektion auf abgeschlossene Unterräume und Identifizierung eines Hilbertraumes mit seinem Dualraum vermöge des Skalarproduktes). Die genauen Definitionen und Sätze mit vollständigen Beweisen findet man "überall" in elementarer Form, siehe z.B. [ACHIESER-GLASMANN 1954/1968, 1-26 und 50-52] oder [DIEUDONNÉ 1974, Kap. VI] oder [HIRZEBRUCH-SCHARLAU 1971, 83-93] oder [JÖRGENS 1970, 36-40] oder [TRIEBEL 1972, 81-90].

3. Das *Prinzip der offenen Abbildung*, wonach jede stetige Abbildung von einem Hilbertraum *auf* einen anderen offen ist, also offene Mengen auf offene Mengen abbildet. (Dazu gehört auch als Korrolar der "Satz vom inversen Operator", wonach die Umkehrabbildung einer bijektiven stetigen linearen Abbildung von einem Hilbertraum in einen anderen wieder stetig ist). Einen vollständigen Beweis findet man z.B. in [HIRZEBRUCH-SCHARLAU 1971, 22 und 39-41]; in etwas anderer Form aber auch in [ACHIESER-GLASMANN 1954/1968, 53f, 65f und 126] und in [TRIEBEL 1972, 199-201].

4. Einige wenige Standardresultate aus der *elementaren Theorie gewöhnlicher Differentialgleichungen*. Alle wesentliche Information findet man z.B. in [ERWE 1961, 88-102] in den Abschnitten über "Linear homogene Differentialgleichungssysteme mit konstanten Koeffizienten" und "Lineare Differentialgleichungen n-ter Ordnung mit konstanten Koeffizienten". Wir werden im Einzelfall noch zusätzliche Literaturhinweise geben.

5. Begriff der *differenzierbaren Mannigfaltigkeit*. Zwar werden wir in einem Steilkurs die für uns wichtigsten Definitionen und Sätze mit ausführlichen Literaturhinweisen zusammenstellen. Besser ist aber, wenn der Leser - z.B. aus dem Studium der quadratischen Flächen (Kegelschnitte) in der linearen Algebra - zumindest über eine gewisse räumliche Vorstellung und Rechenfertigkeit (Koordinatenwechsel) verfügt.

DANKSAGUNGEN. Für die "stilistische" Anlage des Buches erhielt ich wichtige Hinweise von H. DINGES (Frankfurt),K. KRICKEBERG (Paris), W. MARK (Bozen), M. OTTE (Bielefeld) und F. WALDHAUSEN (Bielefeld). Für die kritische Durchsicht von größeren Manuskriptteilen danke ich den Topologen E. BRIESKORN (Bonn/Paris), A. DRESS (Bielefeld), J. DUPONT (Aarhus) und U. KOSCHORKE (Bonn/Siegen) sowie den Analytikern G. BENGEL (Münster), R. BÖHME (Erlangen), L. BOUTET de MONVEL (Grenoble), G. GRUBB (Kopenhagen), S. PRÖSSDORF (Berlin) und B.-W. SCHULZE (Berlin). Die Korrekturen las E. HØYRUP (Kopenhagen), und Frau Ch. MÖNKEMÖLLER (Bielefeld) schaffte es mit ihrer Schreibmaschine , daß der Autorenvertrag mit nur relativ geringfügigen zeitlichen und umfänglichen Oberschreitungen eingehalten werden konnte.

Ganz besonders möchte ich aber an dieser Stelle M.F. ATIYAH (Oxford) und I.M. SINGER (M.I.T.) für die Geduld danken, mit der sie mir in den vielen Gesprächen immer wieder Auskunft auf meine Fragen gaben, sowie meinem Lehrer F. HIRZEBRUCH (Bonn), von dem ich in die Analysis und die Topologie eingeführt worden bin.

Roskilde und Bielefeld, im Juli 1977 B. B o o ß

Inhaltsverzeichnis

Teil I. Operatoren mit Index

Teil II. Analysis auf Mannigfaltigkeiten

Teil III. Die Atiyah-Singer-Indexformel

Teil I. Operatoren mit Index

"Wenn uns die Beantwortung eines mathematischen Problems nicht gelingen will, so liegt häufig der Grund darin, daß wir noch nicht den allgemeineren Gesichtspunkt erkannt haben, von dem aus das vorgelegte Problem nur als einzelnes Glied einer Kette verwandter Probleme erscheint." (D. HILBERT, 1900)

1. Fredholmoperatoren

A. HIERARCHIE MATHEMATISCHER OBJEKTE

"In der Hierarchie von Zweigen der Mathematik sind gewisse Punkte erkennbar, wo ein bestimmter Übergang von einer Abstraktionsebene zu einer höheren stattfindet. Die erste Ebene mathematischer Abstraktion führt uns zu dem Konzept der einzelnen Zahlen in der Bezeichnung z.B. durch arabische Ziffern, jedoch noch ohne jedes unbestimmte Symbol zur Darstellung einer unspezifizierten Zahl. Dies ist die Stufe elementarer Arithmetik; in der Algebra nutzen wir unbestimmte Buchstabensymbole, betrachten aber nur einzelne ganz bestimmte Kombinationen dieser Symbole. Die nächste Stufe ist die der Analysis, und ihr Grundbegriff ist die beliebige Abhängigkeit einer Zahl von einer oder von mehreren anderen: die Funktion. Noch diffiziler ist der Zweig der Mathematik, dessen Ausgangskonzept die Überführung einer Funktion in eine andere ist, oder, wie man auch sagt, der Operator."

So charakterisierte Norbert WIENER die "Hierarchie" mathematischer Objekte [WIENER 1933,1]. Ganz grob kann man nun sagen: Klassische Fragestellungen der Analysis zielen vor allem auf Untersuchungen innerhalb der dritten oder vierten Stufe; das gilt für die reelle und komplexe Funktionentheorie wie auch, was uns hier besonders interessiert, für die Funktionalanalysis der Differentialoperatoren mit ihrer Konzentration auf Existenz- und Eindeutigkeitssätze, Regularität der Lösungen, asymptotisches oder Rand-Verhalten, wobei die Forschung im Arbeitsprozeß zu immer komplizierter zusammengesetzten, allgemeineren Operatoren fortschreitet, ohne die Fragestellung meist prinzipiell zu ändern; die Arbeit bleibt hauptsächlich auf qualitative *Ergebnisse gerichtet.*

Demgegenüber waren es Topologen, wie verschiedentlich von Michael ATIYAH vermerkt, die sich bei der topologischen Untersuchung algebraischer Mannigfaltigkeiten systematisch quantitativen *Fragestellungen, der Bestimmung quantitativer Maße qualitativen Verhaltens, der Definition globaler topologischer Invarianten, der Berechnung von Schnitt- und Dimensionszahlen z.B. zuwandten und so wieder die starre Trennung der "hierarchischen Ebenen" auf breiter Front durchbrachen und Beziehungen zwischen den Ebenen, vor allem von der zweiten und dritten Ebene (algebraische Fläche = Nullstellenmenge einer algebraischen Funktion) zur ersten, aber auch schon von der vierten Ebene (Laplaceoperatoren auf Riemannschen Mannigfaltigkeiten,*

Cauchy-Riemann-Operatoren, Hodge-Theorie) zur ersten zum eigentlichen Forschungsgegenstand machten.

Diese letzte Richtung, beginnend mit dem Werk von William V.D. HODGE, gefolgt von Kunihiko KODAIRA und Donald SPENCER, von Henri CARTAN und Jean Pierre SERRE, von Friedrich HIRZEBRUCH, Michael ATIYAH und anderen, kann man vielleicht am besten mit dem Stichwort "Differentialtopologie" oder "Analysis auf Mannigfaltigkeiten" kennzeichnen. Dabei liegt ihr Zusammenhang und *ihre Besonderheit gegenüber der eigentlichen Analysis also darin, "daß - grob gesprochen - die Analytiker sich mit komplizierten Operatoren und einfachen Räumen beschäftigten (oder nur einfache Fragen stellten), während die algebraischen Geometer und Topologen sich nur mit einfachen Operatoren beschäftigten, aber ziemlich allgemeine Mannigfaltigkeiten untersuchten und verfeinerte Fragen stellten". [ATIYAH 1968b, 57]. Wie sehr der Gegensatz zwischen quantitativen und qualitativen Fragestellungen und Methoden über den hier skizzierten Bereich hinaus durchgehend als eine Triebkraft der Mathematikentwicklung angesehen werden muß, läßt sich z.B. bei [BRIESKORN 1974, 278-283] und in der dort angegebenen Literatur nachlesen.*

Dabei hatten Mathematiker wie Fritz NOETHER und Torsten CARLEMANN schon in den zwanziger Jahren im Zusammenhang mit Integralgleichungen das rein funktionalanalytische Konzept des "Index" eines Operators entwickelt und seine wesentlichen Eigenschaften festgestellt. Aber "obwohl die Konstruktion dieses Zweiges der Funktionalanalysis" (die Theorie der Fredholmoperatoren) "nicht die Entwicklung ganz besonderer Mittel benötigt, entwickelte er sich sehr langsam und erforderte die Anstrengungen sehr vieler Mathematiker" [GOCHBERG-KREIN 1957, 185]. Und obwohl sowjetische Mathematiker wie Ilja N. VEKUA schon Anfang der 50er Jahre auf den Index elliptischer Differentialgleichungen gestoßen waren, finden wir in dem zitierten Hauptwerk über Fredholmoperatoren noch keinen Hinweis auf diese Anwendungen. Erst nach dem programmatischen Aufsatz von Israil M. GELFAND (1959), der ein systematisches Studium elliptischer Differentialgleichungen unter diesem quantitativen Gesichtspunkt forderte und die Theorie der Fredholmoperatoren mit ihrem Satz über die Homotopieinvarianz des Index (s.u.) dabei als Ausgangspunkt nahm, nach den sich anschließenden Arbeiten von Michail S. AGRANOWITSCH, Alexander S. DYNIN, Aisik I. VOLPERT und schließlich nach den Arbeiten vor allem von Michael ATIYAH, Raoul BOTT, Klaus JÄNICH und Isadore M. SINGER wurde es klar, daß die Theorie der Fredholmoperatoren wirklich grundlegend für eine Vielzahl quantitativer Berechnungen ist, ein echtes Kettenglied in der Verbindung der höheren "hierarchischen Ebenen" mit der untersten, den Zahlen.

B. BEGRIFF DES FREDHOLMOPERATORS. Sei H ein (separabler) komplexer Hilbertraum und $\mathcal{B}$ die Banachalgebra (z.B. [HIRZEBRUCH-SCHARLAU, 29]) der beschränkten linearen Operatoren $T : H \to H$

mit der Operatornorm

$$\|T\| := \sup \{|Tu| ; |u| \leq 1\} < \infty ,$$

wo $|\cdot\cdot|$ die vom Skalarprodukt $\langle ..,..\rangle$ induzierte Norm in H ist.

Ein Operator $T \in \mathcal{B}$ heißt <u>Fredholmoperator</u>, wenn

$$\text{Kern } T := \{u ; u \in H \text{ und } Tu = 0\} \text{ und}$$

$$\text{Kokern } T := H/\text{Bild } T$$

beide endlich-dimensional sind. Das heißt: Die homogene Gleichung $Tu = 0$ besitzt nur endlich viele linear unabhängige Lösungen, und für die Lösbarkeit der inhomogenen Gleichung $Tu = v$ ist es erforderlich, daß v einer endlichen Anzahl linearer Bedingungen genügt (siehe dazu unten Aufgabe <u>3.1 b</u>). Wir schreiben $T \in \mathcal{F}$ und definieren den <u>Index</u> von T durch

$$\text{index } T := \dim \text{Kern } T - \dim \text{Kokern } T .$$

Für die Dimension von Kokern T sagt man auch <u>Kodimension</u> von Bild $T = T(H) = \{Tu ; u \in H\}$ oder auch <u>Defekt</u> von T . □

<u>ANMERKUNG:</u> Entsprechend können wir definieren, wann ein beschränkter linearer Operator $T : H \to H'$ Fredholmoperator heißt, wobei H und H' Hilberträume - oder Banachräume - oder allgemeine topologische Vektorräume sind. Wir werden dann die entsprechenden Räume mit $\mathcal{B}(H, H')$ und $\mathcal{F}(H, H')$ bezeichnen. Um aber einer Inflation von Bezeichnungen und Symbolen in diesem Abschnitt entgegenzuwirken, werden wir uns soweit wie möglich nur mit einem einzigen Hilbertraum H und seinen Operatoren beschäftigen. Die Übertragung auf den allgemeinen Fall $H \neq H'$ bedarf durchweg keiner neuen Argumente.

Alle Ergebnisse lassen sich auf Banachräume übertragen und ein Großteil auch auf Frécheträume. Einzelheiten z.B. in [PRZEWORSKA-ROLEWICZ, 182-318]. Wir werden davon aber keinen Gebrauch machen und uns ganz auf die Hilbertraum-Theorie beschränken können, deren Abhandlung z.T. weitaus einfacher ist.

Motiviert durch die Analysis auf symmetrischen Räumen - mit Gruppenoperation G - hat man auch Operatoren betrachtet, deren "Index" keine ganze Zahl, sondern ein Element des von den Charakteren endlich-dimensionaler Darstellungen von G erzeugten Darstellungsringes $R(G)$ [ATIYAH-SINGER 1968a, 519f] oder noch allgemeiner eine Distribution auf G ist [ATIYAH 1974, 9-17]. Diese weitgehend analoge Theorie werden wir hier aber nicht behandeln - und auch nicht die Verallgemeinerung der Fredholmtheorie auf die diskrete Situation der von-Neumann-Algebren, wie sie - mit reellwertigem Index - in [BREUER 1968/1969] zuerst durchgeführt wurde.

AUFGABE 1: $L^2(\mathbb{Z}_+)$ sei der Raum der Folgen $c = (c_0, c_1, c_2, \ldots)$ komplexer Zahlen mit quadratisch-summierbaren Absolutbeträgen, also

$$\sum_{n=0}^{\infty} |c_n|^2 < \infty .$$

$L^2(\mathbb{Z}_+)$ ist in natürlicher Weise ein Hilbertraum (vgl. unten § 8). Zeige, daß die verschiebende Abbildung

$$\text{shift}^+ : c \mapsto (0, c_0, c_1, c_2, \ldots)$$

und die abschneidende Abbildung

$$\text{shift}^- : c \mapsto (c_1, c_2, c_3, \ldots)$$

Fredholmoperatoren sind mit $\text{index}(\text{shift}^+) = -1$ und $\text{index}(\text{shift}^-) = +1$.

WARNUNG: So wie wir uns $L^2(\mathbb{Z}_+) = \mathbb{C}^\infty$ als Limes der endlich-dimensionalen Vektorräume $\mathbb{C}^m$, $m \to \infty$, vorstellen können, läßt sich shift von Endomorphismen des $\mathbb{C}^m$ approximieren, die bezüglich der kanonischen Basis des $\mathbb{C}^m$ durch die Matrix

$$\begin{pmatrix} 0 & & & & 0 \\ 1 & \ddots & & & \\ & \ddots & \ddots & & \\ & & \ddots & \ddots & \\ 0 & & & 1 & 0 \end{pmatrix}$$

gegeben sind. Beachte, daß Kern und Kokern dieser Endomorphismen eindimensional, ihr Index also Null ist. (Vgl. unten Aufgabe 2.1).

Wieder eine andere Situation haben wir, wenn wir den Hilbertraum $L^2(\mathbb{Z})$ betrachten, also Folgen $c = (\ldots c_{-2}, c_{-1}, c_0, c_1, c_2, \ldots)$ mit

$$|c_0|^2 + \sum_{n=1}^{\infty} (|c_n|^2 + |c_{-n}|^2) < \infty$$

und darauf den entsprechenden shift-Operator , der alle Folgenglieder um eine Stelle weiterrückt und damit jetzt bijektiv ist, also den Index Null hat. □

2. Algebraische Eigenschaften. Operatoren von endlichem Rang

AUFGABE 1: Für endlich-dimensionale Vektorräume macht der Begriff Fredholmoperator wenig Sinn, weil dann jede lineare Abbildung ein "Fredholmoperator" ist und sein Index nicht mehr von seinen "Koeffizienten" (z.B. den Zahlen in Matrixform) abhängt, sondern nur von der Dimension der Räume, zwischen denen die Abbildung operiert. Genauer: Zeige, daß jede lineare Abbildung

$$T : H \to H' ,$$

wo H und H' endlich-dimensionale Vektorräume, einen Index

$$\text{index } T = \dim H - \dim H'$$

besitzt. <u>TIP:</u> Man macht sich zunächst die natürliche, weil allgemeiner geltende Vektorraum-Isomorphie $H/\text{Kern } T \cong \text{Bild } T$ klar und kommt dann (H, H' endlich-dimensional!) zu der aus der linearen Algebra bekannten Bestimmungsgleichung

$$\dim H - \dim \text{Kern } T = \dim H' - \dim \text{Kokern } T .$$

<u>WARNUNG:</u> Wollte man mit den Dimensionen von H und H' gegen ∞ gehen, so erhielte man nur die Formel $\text{index } T = \infty - \infty$. Wir benötigen dann also eine zusätzliche Theorie, um dieser Differenz einen bestimmten Wert zu geben. □

AUFGABE 2: Betrachte für zwei Fredholmoperatoren $F : H \to H$ und $G : H' \to H'$ die direkte Summe

$$F \oplus G : H \oplus H' \to H \oplus H' .$$

Zeige, daß dann $F \oplus G$ Fredholmoperator ist mit

$$\text{index } F \oplus G = \text{index } F + \text{index } G .$$

<u>TIP:</u> Zunächst rechnet man nach, daß $\text{Kern } F \oplus G = \text{Kern } F \oplus \text{Kern } G$ und $\text{Bild } F \oplus G$ entsprechend. Dann zeigt man die Isomorphie

$$H \oplus H'/ \text{Bild } F \oplus \text{Bild } G \cong H/\text{Bild } F \oplus H'/\text{Bild } G .$$

<u>WARNUNG:</u> Falls $H = H'$, könnten wir auch die einfache (nicht-direkte) Summe

$$F + G : H \to H$$

betrachten, die aber i.a. <u>kein</u> Fredholmoperator ist. Setze etwa $G := -F$. □

AUFGABE 3: Zeige mit algebraischen Mitteln, daß die Komposition $G \circ F$ zweier Fredholmoperatoren $F : H \to H'$ und $G : H' \to H''$ wieder ein Fredholmoperator ist. <u>TIP:</u> Welche Ungleichung gilt zwischen

$$\dim \text{ Kern } G \circ F \quad \text{und} \quad \dim \text{Kern } F + \dim \text{Kern } G$$

und zwischen

$$\dim \text{Kokern } G \circ F \quad \text{und} \quad \dim \text{Kokern } F + \dim \text{Kokern } G \text{ ?}$$

<u>WARNUNG:</u> Warum gilt i.a. nicht die Gleichheit? Trotzdem läßt sich aber die Kettenregel $\text{index } G \circ F = \text{index } F + \text{index } G$ beweisen, weil sich bei der Differenzbildung die Ungleichheiten herausheben. Anders als sonst meist in der Mathematik,

wo wie z.B. beim Beweis der Kettenregel für differenzierbare Funktionen die uns hauptsächlich interessierende Formel als Nebenprodukt aus dem Beweis der nicht sehr aufregenden allgemeineren Aussage, daß die Komposition differenzierbarer Abbildungen differenzierbar ist, abfällt, muß man hier allerdings zum Nachweis der Formel etwas weiter ausholen und entweder mit funktionalanalytischen Hilfsmitteln die topologische Struktur ausnutzen (siehe unten Aufgabe 3.2) - oder die algebraische Argumentation verfeinern, was wir jetzt tun wollen. □

A. DAS SCHLANGENLEMMA. Wir erinnern an einen Grundbegriff der "Diagrammjagd": $H_1, H_2, \ldots$ sei ein System von Vektorräumen und $T_k : H_k \to H_{k+1}$ sei für jedes $k = 1,2, \ldots$ eine lineare Abbildung. Wir nennen

$$H_1 \xrightarrow{T_1} H_2 \xrightarrow{T_2} H_3 \xrightarrow{T_3} \ldots$$

eine exakte Sequenz, wenn für alle k

$$\text{Bild } T_k = \text{Kern } T_{k+1} .$$

Insbesondere bedeutet dann (wobei 0 einen 0-dimensionalen Vektorraum bezeichnet)

$$0 \longrightarrow H_1 \xrightarrow{T_1} H_2 \text{ exakt} : \text{Kern } T_1 = 0 , \text{ also } T_1 \text{ injektiv}$$

$$H_1 \xrightarrow{T_1} H_2 \longrightarrow 0 \text{ exakt} : \text{Bild } T_1 = H_2 , \text{ also } T_1 \text{ surjektiv}$$

$$0 \to H_1 \to H_2 \to 0 \quad \text{exakt} : H_1 \cong H_2$$

$$0 \to H_1 \to H_2 \to H_3 \to 0 \quad \text{exakt} : H_3 \cong H_2/H_1 \text{ und } H_2 \cong H_1 \oplus H_3 . \quad □$$

SATZ 1 (Schlangenlemma): Wenn in dem folgenden Diagramm von Vektorräumen und linearen Abbildungen die Spalten exakt, die Pfeile kommutativ (also $jF = F'i$ und $qF' = F''p$) und die einzelnen Zeilen Fredholmoperatoren sind, dann gilt

$$\text{index } F - \text{index } F' + \text{index } F'' = 0 .$$

$$\begin{array}{ccc} 0 & & 0 \\ \downarrow & & \downarrow \\ H_1 & \xrightarrow{F} & H_2 \\ i\downarrow & & \downarrow j \\ H_1' & \xrightarrow{F'} & H_2' \\ p\downarrow & & \downarrow q \\ H_1'' & \xrightarrow{F''} & H_2'' \\ \downarrow & & \downarrow \\ 0 & & 0 \end{array}$$

BEWEIS: (Vgl. auch die algebraische Standardlehrbuchliteratur, z.B. [MAC LANE, § II.5]). Wir führen den Beweis in zwei Abschnitten.

1. Hier wollen wir zeigen, daß die folgende Sequenz

$$\begin{aligned} &0 \to \text{Kern } F \to \text{Kern } F' \to \text{Kern } F'' \to \\ &\to \text{Kokern } F \to \text{Kokern } F' \to \text{Kokern } F'' \to 0 \end{aligned} \qquad (*)$$

exakt ist. Dafür müssen wir zunächst erklären, wie die einzelnen

"Pfeile" definiert sind. Aufgrund der Kommutativität des Diagramms sind die Abbildungen Kern F → Kern F' und Kern F' → Kern F" unmittelbar und trivialerweise (bitte nachrechnen) auch die Abbildungen Kokern F → Kokern F' und Kokern F' → → Kokern F" in natürlicher Weise vermöge i und p bzw. j und q definiert.

Aber auch Kern F" → Kokern F ist wohldefiniert: Sei $u'' \in$ Kern F", also $u'' \in H_1''$ und $F''u'' = 0$. Da p surjektiv, können wir nun ein $u' \in H_1'$ wählen mit $pu' = u''$. Dann gilt $F'u' \in$ Kern q, da $qF'u' = F''pu' = F''u'' = 0$. Wegen der Exaktheit Kern q = Bild j gibt es also ein - und wegen j injektiv sogar nur ein - $u \in H_2$ mit $ju = F'u'$. $u'' \in$ Kern F" soll dann auf die Klasse von u in H_2/Bild F = Kokern F abgebildet werden. Bleibt zu zeigen, daß wir dieselbe Klasse auch bei einer anderen Wahl von u' erhalten. Sei also $\tilde{u}' \in H_1'$ ebenfalls mit $p\tilde{u}' = u''$ (p ist i.a. nicht injektiv; es kann also sein, daß wirklich $\tilde{u}' \neq u'$). Wie oben erhalten wir dann ein $\tilde{u} \in H_2$ mit $j\tilde{u} = F'\tilde{u}'$. Wir müssen jetzt ein $u_0 \in H_1$ finden mit $Fu_0 = u - \tilde{u}$. Dann sind wir fertig. Betrachte dafür $j(u - \tilde{u}) = ju - j\tilde{u} = F'u' - F'\tilde{u}' = F'(u' - \tilde{u}')$. Da aber $pu' = p\tilde{u}' = u''$, ist $u' - \tilde{u} \in$ Kern p. Wegen der Exaktheit an der Stelle gibt es ein $u_0 \in H_1$ mit $iu_0 = u' - \tilde{u}'$, also $F'iu_0 = F'(u' - u')$. Die linke Seite ist gleich jFu_0, die rechte gleich $j(u - \tilde{u})$ (siehe oben), also folgt wegen der Injektivität von j die gewünschte Gleichheit $Fu_0 = u - \tilde{u}$.

Wir haben als Beispiel die Einführung dieser Abbildung Kern F" → Kokern F so langatmig vorgeführt, um das Typische an der Diagrammjagd, ihre "Unfehlbarkeit", ihre weitgehende Unabhängigkeit von Tricks und Einfällen, ihre jederzeitige Reproduzierbarkeit - aber damit leider auch ihre gewisse Einförmigkeit - vorzuführen.

Deshalb werden wir hier darauf verzichten, die Exaktheit von (*) an allen Stellen zu zeigen, sondern nur die Stelle Kern F' untersuchen und den Rest als Übungsaufgabe empfehlen.

Die Exaktheit von Kern F $\xrightarrow{\tilde{i}}$ Kern F' $\xrightarrow{\tilde{p}}$ Kern F", wobei $\tilde{i}$ und $\tilde{p}$ die entsprechenden Restriktionen von i und p, bedeutet Bild $\tilde{i}$ = Kern $\tilde{p}$. Wir haben also jetzt zwei Inklusionen zu zeigen:

$\subset$: Ist klar, da schon $p \circ i = 0$, also erst recht $\tilde{p} \circ \tilde{i} = 0$.

$\supset$: Sei $u' \in$ Kern $\tilde{p}$, also $u' \in$ Kern F und $pu' = 0$. Wegen der Exaktheit von

$H_1 \to H_1' \to H_1''$ gibt es dann $u \in H_1$ mit $iu = u'$. Bleibt zu zeigen, daß $Fu = 0$. Das ist aber klar, da $jFu = F'iu = F'u' = 0$ und weil j injektiv.

ANMERKUNG: Bevor wir zum 2. Abschnitt des Beweises übergehen, wollen wir eine kurze Pause einlegen: Es ist ganz interessant, daß man, für $H' = H \oplus H''$ und $i = j$ bzw. $p = q$ die kanonische Inklusion bzw. Projektion, die Summationsregel aus Aufgabe 2 zurückerhält. Die exakte Sequenz (*) zerfällt dabei, wie dort gezeigt, in zwei Teile

$$0 \to \text{Kern } F \to \text{Kern } F' \to \text{Kern } F'' \to 0 \quad \text{und}$$

$$0 \to \text{Kokern } F \to \text{Kokern } F' \to \text{Kokern } F'' \to 0 .$$

Im allgemeinen Fall haben wir dagegen nicht mehr

$$\dim \text{Kern } F' = \dim \text{Kern } F + \dim \text{Kern } F''$$

$$\text{und} \quad \dim \text{Kokern } F' = \dim \text{Kokern } F + \dim \text{Kokern } F'' ,$$

sondern müssen die Wechselwirkung (Kern $F'' \to$ Kokern F) mitberücksichtigen.

Vom topologischen Standpunkt ist das Konzept des Index eines Fredholmoperators eine gewisse Vereinseitigung des allgemeinen Konzepts der Eulercharakteristik $\chi(C)$ eines Komplexes

$$C: \quad \xrightarrow{T_{r+1}} C_r \xrightarrow{T_r} C_{r-1} \xrightarrow{T_{r-1}} C_{r-2} \xrightarrow{T_{r-2}} C_{r-3} \xrightarrow{T_{r-3}}$$

von Vektorräumen und linearen Abbildungen (mit $T_k \circ T_{k+1} = 0$) mit endlichen Bettizahlen

$$\beta_k = \dim \text{Kern } T_k/\text{Bild } T_{k+1} ,$$

wobei Kern T_k/Bild T_{k+1} die k-te Homologie $H_k(C)$ genannt wird. Vorausgesetzt, daß alle Zahlen und die Summationsgrenzen endlich sind, definieren wir dann

$$\chi(C) := \sum_k (-1)^k \beta_k ,$$

also

$$\text{index } F = \chi(C)$$

für

$$C: \quad 0 \to 0 \to H \xrightarrow{F} H \to 0 \to 0 \to 0 ,$$

wo $C_2 = C_1 = H$ und $C_i = 0$ sonst, also

$$H_2(C) = \text{Kern } F \quad \text{und} \quad H_1(C) = \text{Kokern } F .$$

Das ist der Grund, warum wir hier im Beweis von Satz 1 den aus der Topologie bekannten Argumenten (siehe [GREENBERG, 100f] = [EILENBERG-STEENROD, 52f]) folgen können, mit denen dort das "Additions-" oder "Klebetheorem"

$$\chi(C) - \chi(C') + \chi(C'/C) = 0 ,$$

bewiesen wird (siehe dazu auch Abschnitt III.4.D). Insbesondere ist (*) nur ein Spezialfall der "langen exakten Homologiesequenz"

$$\to H_{k+1}(C'/C) \to H_k(C) \to H_k(C') \to H_k(C'/C) \to H_{k-1}(C) \to H_{k-1}(C') \to , \qquad (**)$$

[GREENBERG, 57f] = [EILENBERG-STEENROD, 125-128].

Ein Vorteil dieser etwas allgemeineren Darstellung wäre es, daß wir die Exaktheit von (**) nur an drei aufeinanderfolgenden Stellen mit vom Index k unabhängiger Argumentation beweisen müssen - und nicht an sechs Stellen, wie bei unserer "vereinfachten" Betrachtung, bei der wir uns auf Komplexe der Länge zwei beschränkt hatten. Doch zurück zu unserem Beweis:

2. Hier wollen wir für jede exakte Sequenz

$$0 \to A_1 \to A_2 \to \dots \to A_r \to 0 \qquad (1)$$

endlich-dimensionaler Vektorräume die Formel

$$\sum_{k=1}^{r} (-1)^k \dim A_k = 0$$

ableiten. Dazu beobachten wir zunächst, daß für r hinlänglich groß $(r > 3)$ die exakte Sequenz (1) durch die exakten (Beweis!) Sequenzen

$$0 \to A_1 \to A_2 \to \text{Bild } (A_1 \to A_2) \to 0 \qquad (2)$$

und

$$0 \to \text{Bild } (A_1 \to A_2) \to A_3 \to \dots \to A_r \to 0 \qquad (3)$$

in dem Sinn "ersetzt" werden kann, daß die alternierende Dimensionssumme von (1) auf die alternierenden Dimensionssummen der exakten Sequenzen (2) und (3) zurückgeführt werden kann, die jede nur noch eine Länge $\leq r-1$ haben. Über vollständige Induktion nach r ist also unsere Formel bewiesen, wenn sie für $r = 1, 2, 3$ richtig ist.

$r = 1$ trivial, weil dann $A_1 \cong 0$ sein muß.

$r = 2$ auch klar, weil dann $A_1 \cong A_2$.

$r = 3$, also $0 \to A_1 \to A_2 \to A_3 \to 0$ exakt; auch klar, weil dann $A_3 \cong A_2/A_1$, also $\dim A_3 = \dim A_2 - \dim A_1$.

Damit ist der 2. Abschnitt und durch Kombination mit dem 1. Abschnitt das Schlangenlemma bewiesen. Tatsächlich haben wir viel mehr bewiesen, daß nämlich immer, wenn wenigstens zwei der drei Abbildungen F, F', F'' einen endlichen Index haben, dann auch die dritte einen endlichen Index hat, für den dann die Schlangenformel gilt. □

AUFGABE 4: Zeige im Anschluß an Satz 1 und Aufgabe 3, daß

$$\text{index } G \circ F = \text{index } F + \text{index } G .$$

TIP: Betrachte das nebenstehende Diagramm, wobei

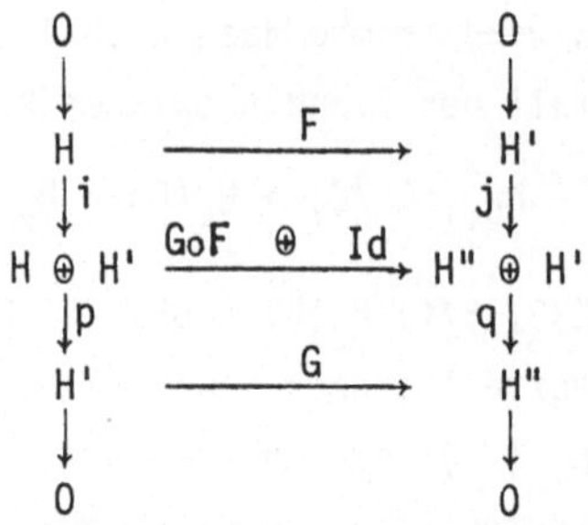

$$iu := (u, Fu)$$

$$jv := (Gv, v)$$

$$p(u, v) := Fu - v$$

$$q(w, v) := w - Gv \quad . \quad \square$$

$$\begin{array}{ccc} 0 & & 0 \\ \downarrow & & \downarrow \\ H & \xrightarrow{F} & H' \\ \downarrow i & & j \downarrow \\ H \oplus H' & \xrightarrow{G \circ F \,\oplus\, Id} & H'' \oplus H' \\ \downarrow p & & q \downarrow \\ H' & \xrightarrow{G} & H'' \\ \downarrow & & \downarrow \\ 0 & & 0 \end{array}$$

B. OPERATOREN VON ENDLICHEM RANG UND DIE FREDHOLMSCHE INTEGRALGLEICHUNG.

AUFGABE 5: Zeige, daß für jeden Operator $K : H \to H$ "von endlichem Rang", also mit $\dim \text{Bild } K < \infty$, die Summe $Id + K$ Fredholmoperator ist und

$$\text{index } Id + K = 0 .$$

Dabei ist $Id : H \to H$ die Identität.

TIP: Man setze $h := \text{Bild } K$ und lasse sich von nebenstehendem Diagramm wieder an Satz 1 erinnern. Um zu sehen, daß die Zeilen wohldefiniert sind, braucht man sich nur

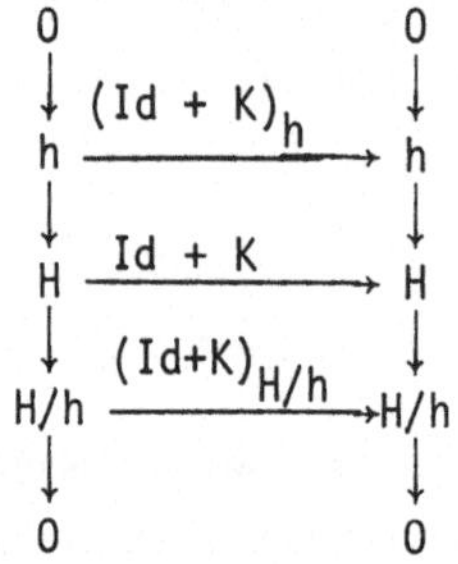

$$(Id + K)(h) \subset h$$

$$\begin{array}{ccc} 0 & & 0 \\ \downarrow & & \downarrow \\ h & \xrightarrow{(Id + K)_h} & h \\ \downarrow & & \downarrow \\ H & \xrightarrow{Id + K} & H \\ \downarrow & & \downarrow \\ H/h & \xrightarrow{(Id+K)_{H/h}} & H/h \\ \downarrow & & \downarrow \\ 0 & & 0 \end{array}$$

klarzumachen. Kommutativität des Diagramms und Exaktheit seiner Spalten sind offensichtlich. Dann hat man vermöge $\text{Kern } Id + K \subset h$ und $\dim \text{Kokern } Id + K \leq \dim h$ die Schlangenformel (sei es daß man vorher gezeigt hat, daß $Id + K$ einen endlichen Index hat - sei es daß man die Beobachtung am Ende des Beweises von Satz 1 ausnutzt) und braucht nur noch

$$\text{index } (Id + K)_h = 0 \tag{1}$$

und

$$\text{index } (Id + K)_{H/h} = 0 \tag{2}$$

zu zeigen. (1) ist klar nach Aufgabe 1 und (2) trivial wegen $(Id + K)_{H/h} = Id_{H/h}$. $\square$

ANMERKUNG: Man mag sich daran stören, daß bei dem hier vorgeschlagenen Lösungsweg für Aufgabe 5 das Ergebnis so unvermittelt mit einem Trick aus der Schlangenformel herauspurzelt. Tatsächlich kann man index $Id + K$ auch "zu Fuß" ausrechnen durch Zurückspielen auf ein System von n linearen Gleichungen in n Unbekannten, wobei $n := \dim h$. Dafür macht man sich klar, daß jeder Operator K von endlichem Rang die Form

$$Ku = \sum_{i=1}^{n} < u, u_i > v_i$$

mit festem $u_1,\dots,u_n, v_1,\dots,v_n \in H$ besitzt (beachte dafür, daß alle stetigen Funktionale in der Form $<..,u_0>$ geschrieben werden können). Ob dieser "direkte" Weg, wie er ausführlich z.B. in [SCHECHTER, 88-91] aufgeschrieben ist, wirklich transparenter als der Kunstgriff mit der Schlangenformel ist, hängt ein bißchen von der Perspektive ab. Während beim ersten Weg der springende Punkt, nämlich die Verwendung von Aufgabe 1 für Gleichung (1) stärker zugespitzt und von der übrigen formalen Argumentation klar abgetrennt ist, finden wir im zweiten konstruktiveren Weg eher eine Verschmelzung von Kern und Verpackung. Dabei ist allerdings das ja nicht ganz triviale Riesz-Fischer-Lemma keine Belastung in den Fällen, wo K schon, wie im folgenden Beispiel, in der gewünschten expliziten Form gegeben ist.

AUFGABE 6: Beweise für die lineare Fredholmsche Integralgleichung zweiter Art

$$u(x) + \int_a^b G(x,y)\, u(y)\, dy = h(x)$$

mit ausgeartetem (Produkt-) Gewicht

$$G(x,y) = \sum_{i=1}^{n} f_i(x)\, \overline{g_i(y)}$$

bei festem $a < b$ reell und f_i, g_i quadratisch summierbar auf $[a,b]$ die "Fredholmalternative": Entweder besitzt die Integralgleichung für jede gegebene rechte Seite $h \in L^2[a,b]$ eine eindeutig bestimmte Lösung $u \in L^2[a,b]$, oder die homogene Gleichung $(h = 0)$ besitzt eine nicht identisch verschwindende Lösung. Dabei ist die Anzahl linear unabhängiger Lösungen der homogenen Gleichung gleich der Anzahl linearer Bedingungen, die an h zu stellen sind, damit die inhomogene Gleichung lösbar wird.

TIP: Betrachte auf dem Hilbertraum $L^2[a,b]$ den Operator $Id + K$, wo $Ku = \Sigma < u, g_i > f_i$, und wende Aufgabe 5 an. Für die Interpretation der Dimension des Kokerns siehe unten, Aufgabe 3.1b. □

3. Analytische Methoden. Kompakte Operatoren

A. ANALYTISCHE METHODEN. *Mit den letzten beiden Aufgaben sind wir an die Grenze unserer bisher rein algebraischen Argumentation gestoßen, bei der wir alles auf die elementare Theorie der Auflösung von* n *linearen Gleichungen mit* n *Unbekannten zurückführen konnten. Tatsächlich war es aber der Grenzübergang* $n \to \infty$, *die Überwindung der Beschränkung auf Methoden der linearen Algebra bei gleichzeitiger fortwährender Orientierung an ihren Fragestellungen und Ergebnissen, der die vor allem beim Studium der Integralgleichungen erfolgte Herausbildung der Funktionalanalysis markiert.*

Ernst HELLINGER und Otto TOEPLITZ haben schon 1927 in ihrem Enzyklopädieartikel "Integralgleichungen und Gleichungen mit unendlichvielen Unbekannten" betont, daß gerade "in dieser Idee der Analogie mit der analytischen Geometrie und allgemeiner überhaupt in der Idee des Übergangs von algebraischen Tatsachen zu solchen der Analysis ... der Sinn der Lehre von den Integralgleichungen (liegt)" [HELLINGER-TOEPLITZ, 1343]. In einem knappen historischen Überblick wird dort gezeigt, wie das Bewußtsein von diesen Zusammenhängen in Jahrhunderten voranschritt, seit Daniel BERNOULLI die schwingende Saite als Grenzfall eines Systems von n *Massenpunkten behandelt hatte:*

> "Orsus itaque sum has meditationes a corporibus duobus filo flexili in data distantia cohaerentibus; postea tria consideravi moxque quatuor, et tandem numerum eorum distantiasque qualescunque; cumque numerum corporum infinitum facerem, vidi demum naturam oscillantis catenae sive aequalis sive inaequalis crassitiei sed ubique perfecte flexilis." +)

Dieses Konzept des Grenzübergangs bedeutet für die Fredholmsche Integralgleichung von Aufgabe 2.6 *die Zulassung allgemeinerer nicht-ausgearteter Gewichtsfunktionen* $G(x,y)$, *die sich dann durch ausgeartete (z.B. polynomiale) Gewichte approximieren lassen. Solche Gewichte spielen eine große Rolle in vielen Anwendungen, vor allem bei der Behandlung von Differentialgleichungen mit Randwertaufgaben, wie wir unten sehen werden.*

Für die hier entwickelte Theorie der Fredholmoperatoren müssen wir entsprechend den Begriff des Operators von endlichem Rang aufgeben und verallgemeinern (zum Begriff des kompakten Operators, s.u.), wobei nun in Zusammenhang mit dem Grenzübergang auch topologische, also Stetigkeitsbetrachtungen wesentlich werden, die das Konzept des Fredholmoperators erst voll zum Tragen bringen. Diesen Betrachtungen wollen wir uns nun zuwenden.

+) *Petropol Comm.* 6 *(1732/33, ed. 1738), 108-122. Zu deutsch: "Bei diesen Überlegungen bin ich somit ausgegangen von zwei über eine biegsame Saite in gegebenem Abstand zusammenhängenden Körpern; danach betrachtete ich drei, hernach vier und schließlich eine beliebige Anzahl von ihnen mit beliebigen Abständen; und erst als ich die Anzahl der Körper unendlich machte, da begriff ich vollends das Wesen der schwingenden und überall biegsamen Kette von gleicher oder auch unterschiedlicher Dicke." (B.B.)*

AUFGABE 1: Beweise für $F : H \to H$ Fredholmoperator:

a Bild F ist abgeschlossen

b Es lassen sich explizite Kriterien angeben, wann ein Element aus H in Bild F liegt. Sei nämlich $n = \dim$ Kokern F ; dann gibt es $u_1,\ldots,u_n \in H$, so daß für alle $w \in H$ gilt:

$$w \in \text{Bild } F \iff \langle w, u_1 \rangle = \ldots = \langle w, u_n \rangle = 0 .$$

TIP für a: Natürlich ist Bild F als Untervektorraum von H abgeschlossen bezüglich der Addition und der Multiplikation mit komplexen Zahlen. Hier aber interessiert uns die topologische Abgeschlossenheit, daß also der Übergang zu Grenzwerten nicht aus Bild F herausführt. Das hat weitreichende Konsequenzen, da nur abgeschlossene Unterräume die Vollständigkeit des gesamten Hilbertraums und damit die Existenz von Orthonormalbasen erben (z.B. [HIRZEBRUCH-SCHARLAU, 12]). Trivial ist die Abgeschlossenheit aber für endlich-dimensionale Unterräume, was man so ausschlachten kann:

Da Kokern $F = H$ / Bild F von endlicher Dimension, lassen sich $v_1,\ldots,v_n \in H$ finden, deren Klassen in H / Bild F eine Basis bilden. Die lineare Hülle h von $v_1,\ldots,v_n$ ist dann ein algebraisches Komplement von Bild F in H. Betrachte nun die Abbildung $F' : H \oplus h \to H$ mit $F'(u, v) := Fu + v$. F' ist linear, surjektiv und wegen der Beschränktheit von F stetig, also ("Prinzip der offenen Abbildung") offen. Folgere die Offenheit von $H \setminus F(H) = F'(H \oplus h \setminus H \oplus \{0\})$.

TIP für b: Als abgeschlossener Teilraum von H ist Bild F selbst ein Hilbertraum und besitzt also eine abzählbare Orthonormalbasis $w_1, w_2, \ldots$ Setze nun $u_i := v_i - Pv_i$, wo v_i wie oben, $i = 1,\ldots,n$ und $P : H \to$ Bild F die Projektion

$$Pu := \sum_{j=1}^{\infty} \langle u, w_j \rangle w_j .$$

$u_1,\ldots,u_n$ bilden dann eine Basis für $(\text{Bild } F)^{\perp}$, das orthogonale Komplement von Bild F in H .

Aus optischen Gründen kann man die $u_1,\ldots,u_n$ noch mit dem Erhard-Schmidtschen Verfahren orthonormieren oder o.B.d.A. schon als orthonormiert ansehen und erhält so mit $u_1,\ldots,u_n, w_1, w_2, w_3,\ldots$ eine abzählbare Orthonormalbasis für H . □

AUFGABE 2: Beweise erneut die Kettenregel

$$\text{index } G \circ F = \text{index } F + \text{index } G$$

für Fredholmoperatoren $F : H \to H'$ und $G : H' \to H''$.

TIP: In Abwandlung von Aufgabe 2.4 mit ihrer rein algebraischen Argumentation soll an dieser Stelle von der in Aufgabe 1a erhaltenen Abgeschlossenheit des Bildes ausgegangen und die in 1b geübte Technik der orthogonalen Komplemente ins Spiel gebracht werden. Vgl. z.B. [GOCHBERG-KREIN 1957, 195]. □

Wie trivial oder nicht-trivial ist die Abgeschlossenheit des Bildes eines Operators, die für Operatoren von endlichem Rang und für surjektive Operatoren selbstverständlich und für Fredholmoperatoren in Aufgabe 1a bewiesen wurde? Gilt etwa für alle (linearen und beschränkten) Operatoren die Abgeschlossenheit des Bildes? Die Antwort ist nein, wie das folgende Gegenbeispiel explizit zeigt. Wir werden weiter unten sehen, daß sogar alle kompakten Operatoren mit nicht-endlich-dimensionalem Bild solche Gegenbeispiele sind.

AUFGABE 3: Betrachte im Hilbertraum H mit Orthonormalsystem $e_1, e_2, e_3, \ldots$ den Operator

$$Au := \sum_{j=1}^{\infty} \frac{1}{j} < u, e_j > e_j .$$

Zeige, daß Bild A nicht abgeschlossen ist.

TIP: Offensichtlich ist A jedenfalls linear und beschränkt ($\|A\| = ?$) , und ferner haben wir für Bild A das Kriterium

$$v \in \text{Bild } A \Leftrightarrow \sum j < v, e_j > e_j \in H \Leftrightarrow \sum j^2 \mid < v, e_j > \mid^2 < \infty .$$

Damit folgt für

$$v_o := \sum \frac{1}{j\sqrt{j}} e_j$$

und

$$v_n := \sum \frac{1}{j\sqrt{j}\, j^{1/n}} e_j \quad ; \quad n = 1,2,\ldots \; ;$$

daß $v_o \in H \setminus \text{Bild } A$ und $v_n \in \text{Bild } A$. (Der alte Trick: $\sum \frac{1}{j^a}$ konvergiert für $a > 1$, also z.B. für $a = 1 + 1/n$, aber divergiert für $a = 1$.) Um schließlich zu beweisen, daß die Folge $\{v_n\}$ tatsächlich gegen v_o konvergiert, betrachtet man

$$\|v_o - v_n\|^2 = \sum_{j=1}^{\infty} \frac{1}{j^2} \frac{(\sqrt[n]{j} - 1)^2}{j \; j^{2/n}} .$$

Nun ist zwar klar, daß für jedes j

$$\frac{\sqrt[n]{j} - 1}{\sqrt[n]{j}} \rightsquigarrow 0 \quad \text{für} \quad n \rightsquigarrow \infty ,$$

also dann insbesondere $< v_o - v_n , e_j > \rightsquigarrow 0$. Siehe auch [JÖRGENS, 54]. Um aber zu zeigen, daß $\|v_o - v_n\|^2$ Nullfolge ist für $n \rightsquigarrow \infty$, muß man etwas genauer abschätzen und dabei ausnutzen, daß zum einen $\sum_{j>j_o} \frac{1}{j^3}$ beliebig klein, also sagen wir kleiner als ein ε gemacht werden kann - und daß andererseits für n hinlänglich groß (so groß, daß $(1+\varepsilon)^n \geq j_o$)

$$\frac{\sqrt[n]{j} - 1}{\sqrt[n]{j}} < \varepsilon \quad \text{für} \quad j \leq j_o . \quad \square$$

B. DER ADJUNGIERTE OPERATOR. *Wir wollen jetzt noch weitere Folgerungen aus der Abgeschlossenheit des Bildes eines Fredholmoperators ziehen und führen dafür den Begriff des "adjungierten Operators" ein. Dabei geht es darum, die Unsymmetrie zwischen den Begriffen "Kern" und "Kokern" - oder in anderen Worten zwischen der Theorie der homogenen Gleichung (Fragen der Eindeutigkeit der Lösungen) und der Theorie der inhomogenen Gleichung (Fragen der Existenz der Lösungen) zu beseitigen, indem man den Kokern eines Operators als Kern eines in geeigneter Weise "adjungierten" weiteren Operators darstellt.*

*Vor einem vergleichbaren Problem steht bekanntlich *) die projektive Geometrie mit der Dualitätstheorie, wo man einmal den Raum von Punkten und andererseits von Ebenen sich ausgefüllt denkt und entsprechend eine Gerade als Verbindung zweier Punkte* oder *als Schnitt zweier Ebenen darstellen kann. So wie in der analytischen Geometrie für die technische Behandlung dualer Aussagen das Konzept des Übergangs von einer Matrix* (a_{ij}) *zu ihrer "transponierten"* (a_{ji}) *- oder* $(\overline{a_{ji}})$ *bei komplexen Koeffizienten - entwickelt worden ist, können wir jetzt auch hier für Operatoren (=unendliche Matrizen) dasselbe Konzept mit Erfolg anwenden:*

AUFGABE 4: Zeige, daß auf dem Raum $B(H)$ der linearen beschränkten Operatoren des Hilbertraums H in natürlicher Weise eine isometrische (antilineare) Involution

$$* \;:\; B(H) \to B(H)$$

**) SPERNER, E.: Einführung in die Analytische Geometrie und Algebra. Zweiter Teil. Vandenhoeck & Ruprecht, Göttingen 1963, S. 178-187.*

definiert ist, die jedem $T \in \mathcal{B}(H)$ den <u>adjungierten Operator</u> $T^* \in \mathcal{B}(H)$ dergestalt zuordnet, daß für alle $u,v \in H$

$$< u,T^*v > \; = \; < Tu,v > .$$

<u>TIP:</u> Daß T^*v für jedes $v \in H$ wohldefiniert ist, ist klar, da $u \mapsto < Tu,v >$ stetiges lineares Funktional auf H, also nach dem Darstellungssatz von Ernst FISCHER und Friedrich RIESZ [HIRZEBRUCH-SCHARLAU, 86] ausdrückbar durch genau ein Element von H, was wir mit T^*v bezeichnen. Linearität von T^* nach Konstruktion klar; beim Beweis der Stetigkeit (=Beschränktheit) von T^* zeige genauer $\|T^*\| = \|T\|$, also die "Isometrie" von $*$.

Ebenso einfach folgt die Involutionseigenschaft $T^{**} = T$, die Kompositionsregel $(T \circ R)^* = R^* \circ T^*$ und die Antilinearität $(aT + bR)^* = \bar{a}T^* + \bar{b}R^*$, wobei die Querung der Übergang zum komplex-adjungierten. Einzelheiten z.B. in [HIRZEBRUCH-SCHARLAU, 94f] oder [TRIEBEL, 92f]. Beachte dabei, daß für $T \in \mathcal{B}(H,H')$, wo H' und H nicht notwendig übereinstimmen, der adjungierte Operator T^* in $\mathcal{B}(H',H)$ liegt. □

SATZ 1: Für $F \in \mathcal{F}$ sind die $u_1,\ldots,u_n$ in Aufgabe <u>1b</u> gerade eine Basis von Kern F^*, also

$$\text{Bild } F = (\text{Kern } F^*)^\perp$$

und

$$\text{Kokern } F \cong \text{Kern } F^* .$$

<u>BEWEIS:</u> Wir zeigen zunächst, daß $u \in (\text{Bild } F)^\perp$ genau dann, wenn $< u,w > = < u,Fv > = < F^*u,v > = 0$ für alle $w \in$ Bild F bzw. alle $v \in H$; also $(\text{Bild } F)^\perp = \text{Kern } F^*$. Durch erneuten Übergang zum orthogonalen Komplement erhalten wir $(\text{Kern } F^*)^\perp = (\text{Bild } F)^{\perp\perp} = \text{Bild } F$, da Bild F nach Aufgabe <u>1a</u> abgeschlossen ist. □

Beachte, daß die vorstehende Argumentation auch für beliebige lineare und beschränkte Operatoren gültig bleibt - wenn nur ihr Bild abgeschlossen ist. Wir haben dann immer das Kriterium, daß die Gleichung $Fv = w$ genau dann lösbar ist, wenn $w \perp$ Kern F^*.

SATZ 2: Eine beschränkte lineare Abbildung F ist genau dann ein Fredholmoperator, wenn Kern F und Kern F^* endlich-dimensional und Bild F abgeschlossen.

In diesem Fall gilt

$$\text{index } F = \dim \text{Kern } F - \dim \text{Kern } F^* ,$$

also insbesondere index $F = 0$, falls F selbstadjungiert ist (d.h. $F^* = F$) .

BEWEIS: Satz 1 und Aufgabe 1a . □

ANMERKUNG: Beachte, daß Kern F^*F = Kern F : $\supset$ ist klar; für $\subset$ betrachte $u \in$ Kern F^*F , also

$$< F^*Fu, v > = < Fu, Fv > = 0 \qquad \text{für alle } v \in H ,$$

also auch $< Fu, Fu > = 0$ und damit $u \in$ Kern F . Ist Bild F abgeschlossen, was ja für $F \in F$ erfüllt ist, so gilt auch

$$\text{Bild } F^*F = \text{Bild } F^* .$$

Dabei ist $\subset$ wieder klar. Zum Beweis von $\supset$ betrachte F^*v für ein $v \in H$, das sich in orthogonale Komponenten $v = v' + v''$ zerlegen läßt mit $v' \in$ Bild F und $v'' \in$ Kern F^* ; also $F^*v = F^*v'$. Auf diese Weise lassen sich also Kern und Kokern eines beliebigen Fredholmoperators F durch Kern und Kokern der selbstadjungierten Operatoren F^*F bzw. FF^* darstellen. □

C. KOMPAKTE OPERATOREN. *Bis zu diesem Punkt sind wir mit der Beschreibung von* F *nur so weit gediehen, daß* F *abgeschlossen unter der Komposition und beim Übergang zu Adjungierten ist und daß insbesondere alle Operatoren der Form* Id + T , *wo* T *ein Operator von endlichem Rang ist, zu* F *gehören. Wir werden nun dieses Beispielreservoir durch Grenzübergang zu den "kompakten Operatoren" kräftig ausbauen, wobei wir allerdings zunächst nicht über Fredholmoperatoren des* Index 0 *hinauskommen.*

Wir beginnen mit einer Aufgabe, die

- *eine einfache topologische Eigenschaft der Operatoren von endlichem Rang hervorhebt,*
- *allgemeiner eine Charakterisierung der für den Indexbegriff so fundamentalen endlich-dimensionalen Unterräume liefert und so*
- *die Einführung der "kompakten Operatoren" vorbereitet.*

AUFGABE 5: a Jeder Operator von endlichem Rang bildet die Einheitskugel von H (oder allgemeiner jede beschränkte Teilmenge) auf eine relativ-kompakte Teilmenge H ab.

b Wenn H endlich-dimensional ist, dann ist die abgeschlossene Einheitskugel $B_H := \{u \; ; \; u \in H \text{ und } |u| \leq 1\}$ kompakt.

c Wenn H unendlich-dimensional ist, dann ist B_H nicht kompakt.

TIP zu a und b: Satz von Bernhard BOLZANO und Karl WEIERSTRASS, wonach im $\mathbb{R}^n$ (oder $\mathbb{C}^n$) jede abgeschlossene und beschränkte Teilmenge kompakt ist.

Zu c: Jedes Orthonormalsystem $e_1, e_2, \ldots$ in H stellt eine Folge in B_H ohne konvergente Teilfolge dar. Wie groß ist nämlich $|e_i - e_k|$ für $i \neq k$? □

Wir bezeichnen nun mit K die Menge der linearen Operatoren von H nach H, die die offene Einheitsvollkugel (oder allgemeiner jede beliebige beschränkte Teilmenge von H) auf eine relativ-kompakte Teilmenge von H abbilden. Solche Operatoren heißen kompakte (oder gelegentlich auch "vollstetige") Operatoren und bilden nach Aufgabe 5a die größte Klasse von Operatoren, die sich (in diesem Sinn) noch wie Operatoren von endlichem Rang und d.h. wie die durch Matrizen definierten Operatoren der linearen Algebra verhalten.

Mit allen Risiken räumlicher Anschaulichkeit können wir uns die kompakten Operatoren vielleicht am besten als "asymptotisch" kontrahierende Abbildungen vorstellen, die im Fall der Operatoren von endlichem Rang die Vollkugel B_H *auf eine endlichdimensionale Scheibe und im allgemeinen Fall auf eine spiralförmige elliptische Figur abbilden:*

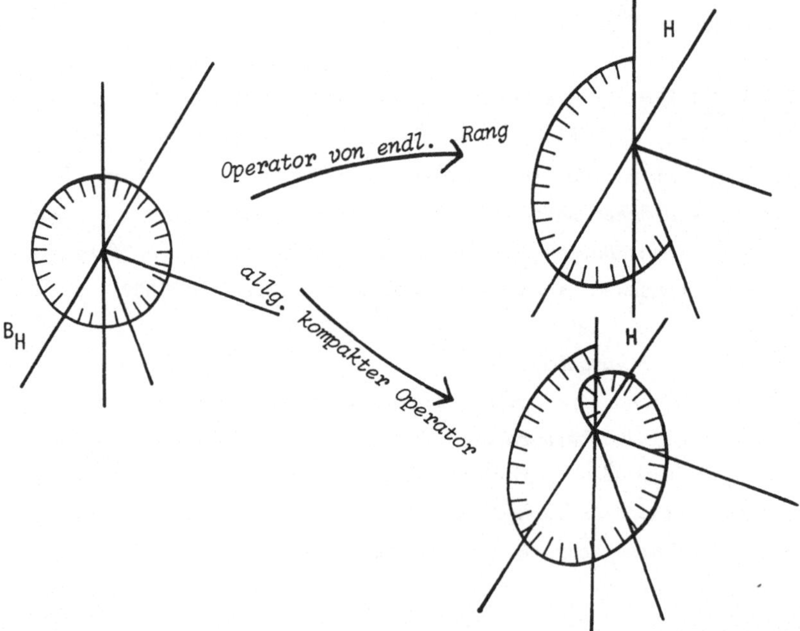

David HILBERT hat diese Vorstellung in der von ihm gefundenen "Spektraldarstellung" eines kompakten Operators K *präzisiert. Danach läßt sich (im "normalen Fall"* $KK^* = K^*K$) *der Wert* Ku *nach den Eigenelementen* $u_1, u_2, \ldots$ *mit den zugehörigen Eigenwerten* $\lambda_1, \lambda_2, \ldots$ *als Koeffizienten "entwickeln", also*

$$Ku = \sum_{j=1}^{\infty} \lambda_j < u, u_j > u_j ,$$

wobei die Eigenwerte sich bei 0 *häufen und die Eigenelemente ein orthonormales System bilden.*

In direkter Analogie zur Hauptachsentransformation der Analytischen Geometrie haben wir also für die von K *definierte "quadratische Form" die Darstellung*

$$< Ku,u > = \sum_{j=1}^{\infty} \lambda_j < u,u_j >^2 .$$

Alle Beweise und die notwendigen Verallgemeinerungen für den nicht-normalen Fall findet man z.B. in [JÖRGENS, 77-82], den historischen Hintergrund in [HELLINGER-TOEPLITZ, §§ 16, 34 und 40] oder kürzer in [KLINE, 1064-1066].

Wir werden von diesen Ergebnissen keinen weiteren Gebrauch machen. Man mache sich jedoch noch klar, daß ein Operator K *genau dann beschränkt (= stetig) ist, wenn in jedem Punkt* $u \in H$

$$\lim_{|v| \to 0} K(u+v) = K(u) ,$$

und daß dagegen K *genau dann kompakt ist, wenn bezüglich eines vollständigen Orthogonalsystems* $e_1, e_2, \ldots$ *von* H

$$\lim_{v} K(u+v) = K(u) ,$$

sofern v *auch nur komponentenweise gegen* 0 *geht, wenn also zumindest* $\lim_{v} < v,e_j > = 0$ *für alle* j *- wobei* $|v|^2 = \sum_{j=1}^{\infty} |< v,e_j >|^2$ *nicht gegen* 0 *zu gehen braucht. Dies skizziert den Zusammenhang, in dem HILBERT die Idee der kompakten und von ihm damals deshalb "vollstetig" genannten Operatoren entwickelte.*

Für unsere Zwecke reicht zunächst der folgende

SATZ 3:

a $\mathcal{K}$ ist "zweiseitiges (nichttriviales) Ideal" in der Banachalgebra $\mathcal{B}$ der beschränkten linearen Operatoren im separablen, unendlich-dimensionalen Hilbertraum H .

b $\mathcal{K}$ ist in $\mathcal{B}$ abgeschlossen.

c Genauer: $\mathcal{K}$ ist die abgeschlossene Hülle der Operatoren von endlichem Rang.

d $\mathcal{K}$ ist invariant unter * ; d.h. der adjungierte Operator eines kompakten ist wieder kompakt.

Beweis zu a: Nach Definition sind für beschränktes T und kompaktes K die Operatoren $T \circ K$ und $K \circ T$ erst recht kompakt. Wir haben also

$$\mathcal{B} \circ \mathcal{K} \subset \mathcal{K} \quad \text{und} \quad \mathcal{K} \circ \mathcal{B} \subset \mathcal{K} .$$

Weiter ist mit K natürlich auch λK kompakt, wo $\lambda \in \mathbb{C}$. Seien nun K und K' kompakt. Zum Nachweis der Kompaktheit von $K + K'$ arbeiten wir mit dem "Folgenkriterium" (siehe oben). Das heißt hier: Ein Operator ist kompakt, wenn die Bildpunkte einer beschränkten Folge eine konvergente Teilfolge besitzen. Sei also $u_1, u_2, \ldots$ eine beschränkte Folge in H. Dann kann man durch zweifache Auswahl eine Teilfolge $u_{i_1}, u_{i_2}, \ldots$ finden, so daß die Folgen $Ku_{i_1}, Ku_{i_2}, \ldots$ und $K'u_{i_1}, K'u_{i_2}, \ldots$ beide in H konvergieren, also auch die Folge $(K + K')u_{i_1}, (K + K')u_{i_2}, \ldots$.

Schließlich ist trivialerweise jeder kompakte Operator beschränkt, da das Bild der Einheitskugel relativ-kompakt und damit erst recht beschränkt ist; also $\mathcal{K} \subset \mathcal{B}$.

Da $\mathcal{K}$ nach Aufgabe 5a die Operatoren von endlichem Rang umfaßt, und da andererseits nach Aufgabe 5c die Identität für unendlich-dimensionales H nicht kompakt ist, folgt die Behauptung.

Beweis zu b: Sei $T \in \mathcal{B}$ ein Operator in der abgeschlossenen Hülle von $\mathcal{K}$. Um zu zeigen, daß es zu jeder offenen Überdeckung (ohne Beschränkung der Allgemeingültigkeit [FRANZ, 87] handele es sich um die offenen Kugeln vom Radius $\varepsilon > 0$) des Bildes $T(B_H)$ der abgeschlossenen Einheitskugel B_H von H eine endliche Teilüberdeckung gibt, führen wir - wie in solchen Situationen üblich - einen "$\frac{\varepsilon}{3}$ - Beweis":

Wir haben uns also ein $K \in \mathcal{K}$ zu wählen mit $\|T - K\| < \varepsilon/3$ und eine Überdeckung von $K(B_H)$ mit endlich vielen Kugeln vom Radius $\varepsilon/3$, deren Mittelpunkt wir mit $Ku_1, \ldots, Ku_m$ bezeichnen, wobei $n \in \mathbb{N}$ und $u_1, \ldots, u_m \in B_H$. Dann bilden die ε-Kugeln um $Tu_1, \ldots, Tu_m$ die gesuchte endliche Überdeckung von B_H : Für jedes $u \in B_H$ läßt sich dann nämlich ein $i \in \{1, \ldots, m\}$ finden, so daß $|Ku - Ku_i| < \varepsilon/3$, also

$$|Tu - Tu_i| \leq |Tu - Ku| + |Ku - Ku_i| + |Ku_i - Tu_i| < \varepsilon .$$

Beweis zu c: Wir fragen jetzt, welche Operatoren sich als Grenzwert einer (in $\mathcal{B}$) konvergenten Folge von Operatoren von endlichem Rang darstellen lassen. Offensichtlich wird der Grenzübergang i.a. (siehe z.B. die folgende Aufgabe 6) aus dem Raum der Operatoren von endlichem Rang hinausführen.

Sei nun $e_0, e_1, e_2, \ldots$ ein vollständiges Orthogonalsystem in H und

$$Q_n : H \to [e_0, \ldots, e_{n-1}]$$

die Orthogonalprojektion von H auf die lineare Hülle der ersten n Basiselemente. Durch dieses "Abschneiden" läßt sich für jedes $T \in \mathcal{B}$ eine Folge Q_1T , $Q_2T, \ldots$ von Operatoren endlichen Ranges definieren, die punktweise gegen T konvergiert, d.h.

$$Q_nTu \rightsquigarrow Tu \qquad \text{für alle } u \in H .$$

Das bedeutet noch nicht, daß die Folge $Q_1T, Q_2, T, \ldots = (Q_nT)_1^\infty$ in $\mathcal{B}$ selbst, also in der Operatornorm, gegen T konvergiert. Und tatsächlich kann natürlich nicht jeder beschränkte Operator (es ist z.B. $\|Q_n\mathrm{Id} - \mathrm{Id}\| = 1$ für alle n) , sondern nur - wie eben in <u>b</u> bewiesen - ein kompakter Operator als Grenzwert einer Folge von Operatoren von endlichem Rang, die nach Aufgabe <u>5a</u> insbesondere kompakt sind, auftreten. Es bleibt zu zeigen, daß für jedes $K \in \mathcal{K}$ die Folge $(Q_nK)_1^\infty$ in $\mathcal{B}$ gegen K konvergiert. Dafür wählen wir wieder zu jedem $\varepsilon > 0$ eine endliche Überdeckung von $K(B_H)$ mit dem Radius $\varepsilon/3$ und den Mittelpunkten $Ku_1, \ldots, Ku_m$ und dazu passend ein $n \in \mathbb{N}$ so groß, daß für $i = 1, \ldots, m$

$$|Ku_i - Q_nKu_i| < \frac{\varepsilon}{3} .$$

Das ist kein Problem, da ja $(Q_n)_1^\infty$ zumindest "punktweise" gegen die Identität Id konvergiert. Damit haben wir für jedes $u \in B_H$

$$\begin{aligned} |Ku - Q_nKu| &\le |Ku - Ku_i| + |Ku_i - Q_nKu_i| + |Q_nKu_i - Q_nKu| \\ &\le \varepsilon/3 \qquad + \qquad \varepsilon/3 \qquad + \qquad \varepsilon/3 , \end{aligned}$$

wenn $i \in \{1, \ldots, m\}$ geeignet gewählt wird. Beachte für den letzten Term, daß $\|Q_n\| = 1$, also

$$|Q_nKu_i - Q_nKu| = |Q_n(Ku_i - Ku)| \le |Ku_i - Ku| .$$

Damit ist also $\|K - Q_nK\| < \varepsilon$ bewiesen.

<u>Beweis zu d:</u> Offensichtlich ist der Raum der Operatoren von endlichem Rang invariant unter * , da sich jeder solche Operator T (wie oben in der Anmerkung nach Aufgabe <u>2.5</u> bewiesen) in der Form

$$T = \sum_{i=1}^{n} \langle \ldots, u_i \rangle v_i$$

darstellen läßt mit $n \in \mathbb{N}$ und $u_1,\ldots,v_n \in H$ und da dann (Nachrechnen!)

$$T^* = \sum <..,v_j> u_j ,$$

also auch wieder von endlichem Rang. Damit können wir den allgemeinen Fall $K \in \mathcal{K}$ hierauf zurückspielen. Wir approximieren nämlich K durch eine Folge $(T_n)_1^\infty$ von Operatoren von endlichem Rang, deren Adjungierte dann automatisch K^* approximieren, da (nach Aufgabe 4)

$$\|T_n^* - K^*\| = \|(T_n - K)^*\| = \|T_n - K\| . \quad \square$$

ANMERKUNG 1: Die Aussagen in a , b und d kann man auch (freilich mit etwas anderer Beweisführung, vgl. etwa [HIRZEBRUCH-SCHARLAU, 103-105]) auf den allgemeineren Fall eines Banachraumes übertragen, nicht dagegen Aussage c. Die Suche nach einem Gegenbeispiel, die 1973 (P. ENFLO, Acta Math.) zu einem Erfolg führte, lieferte übrigens viele schöne Beispiele gerade für die Richtigkeit von c im Einzelfall, insbesondere Beweise für fast alle wohlbekannten Banachräume, siehe z.B. [JÖRGENS, 190].

ANMERKUNG 2: Da die abgeschlossene Hülle eines Ideals wieder ein Ideal ist (Beweis trivial) und da die Operatoren von endlichem Rang offensichtlich ein Ideal in $\mathcal{B}$ bilden, folgt a aus c - freilich etwas vermittelt und nicht so direkt wie in dem oben aufgeschriebenen Beweis.

ANMERKUNG 3: Für praktische Bedürfnisse ist die im Beweis von c angegebene Folge $(Q_nK)_1^\infty$ keine gute Approximation von K durch Operatoren von endlichem Rang, da sie die Kenntnis von K auf ganz H voraussetzt, andererseits aber mit einem völlig beliebigen Orthonormalsystem arbeitet, obwohl K häufig (siehe z.B. die folgenden Aufgaben 6 und 7) schon in einer Form gegeben ist, die ganz bestimmte Approximationen nahelegt oder gewisse Orthonormalsysteme - nämlich die Eigenelemente von K - auszeichnet. Dagegen liegt die numerische Relevanz der oben im Kommentar nach Aufgabe 5 angesprochenen "Spektraldarstellung" darin, daß dann

$$Q_nKu = KQ_nu = \sum_{j=0}^{n-1} \lambda_j < u,u_j > u_j ,$$

wodurch erst eine wirklich "schrittweise" Approximation ermöglicht wird. $\square$

AUFGABE 6: Zeige, daß der in Aufgabe 3 definierte Operator A kompakt ist. Gib nämlich eine Abschätzung für $|Au - \sum_{j=1}^{n} \frac{1}{j} < u,e_j > e_j|^2$ an, die von u unabhängig ist, wenn $|u| \leq 1$. Beachte die Schwarzsche Ungleichung $|< u,e_j >| \leq |u|\ |e_j|$. $\square$

AUFGABE 7: Zeige, daß jede auf $[a,b] \times [a,b]$ quadratisch-summierbare Funktion G einen kompakten Operator K auf dem Hilbertraum (siehe § 8) $L^2[a,b]$ definiert vermöge

$$(Ku)(x) := \int_a^b G(x,y)\, u(y)\, dy \;, \quad x \in [a,b] \;.$$

Dabei sei $[a,b]$ ein kompaktes Intervall in $\mathbb{R}$.

TIP: Approximiere nämlich die Gewichtsfunktion G durch Treppenfunktionen und damit K durch Operatoren von endlichem Rang der in Aufgabe 2.6 erläuterten Art (Integraloperatoren mit "ausgeartetem" Gewicht). Für Einzelheiten der Argumentation vgl. [HIRZEBRUCH-SCHARLAU, 116-118] . □

AUFGABE 8: Zeige für die in Aufgabe 7 definierte Abbildung

$$L^2([a,b] \times [a,b]) \to \mathcal{K}(L^2[a,b])$$
$$G \mapsto K$$

a Die Abbildung ist linear und injektiv.

b Ist G die Gewichtsfunktion von K , so gilt

$$\|K\| \le |G| := \left(\int_a^b\int_a^b |G(x,y)|^2\, dxdy\right)^{1/2} .$$

c Der adjungierte Operator K^* hat dann die Gewichtsfunktion

$$G^*(x,y) = \overline{G(y,x)} \;.$$

d Sind K_1 und K_2 durch die Gewichte G_1 und G_2 gegeben, so gehört zu dem Operator $K_2 \circ K_1$ die Gewichtsfunktion

$$G(x,y) = \int_a^b G_2(x,z) G_1(z,y)\, dz \;.$$

TIP: Linearität ist klar. Zur Injektivität braucht man natürlich (Lebesgueintegral!) nur $\int_\alpha^\beta \int_\gamma^\delta G(x,y)\, dxdy = \langle \mathbf{1}_{[\alpha,\beta]} , K\mathbf{1}_{[\gamma,\delta]} \rangle$ zu zeigen, wenn $\mathbf{1}_{[\alpha,\beta]}$ und $\mathbf{1}_{[\gamma,\delta]}$ die charakteristischen Funktionen auf Teilintervallen $[\alpha,\beta]$, $[\gamma,\delta] \subset [a,b]$ und $K = 0$ der durch G definierte Operator. Einzelheiten (und Übertragung auf den Fall unbeschränkter Intervalle) in [JÖRGENS, 165f]. Zum Beweis von b, c und d muß man jeweils den Satz von FUBINI über mehrfache Integration ausnutzen. Einzelheiten z.B. in [JÖRGENS, 166-169]. □

Selbstverständlich bleibt die Aussage von Aufgabe 7 richtig, wenn wir [a,b] *durch eine kompakte Untermannigkeit* X *des euklidischen Raumes* $\mathbb{R}^n$ *ersetzen und die Begriffe "meßbar" und "summierbar" übertragen. Tatsächlich spielt auch die Kompaktheit des Integrationsbereiches überhaupt keine Rolle, da alle Beschränktheitsbedingungen schon darin stecken, daß die Gewichtsfunktion quadratisch-summierbar ist. Wir können also statt* [a,b] *insbesondere* $\mathbb{R}$ oder $\mathbb{R}^n$ *nehmen, ohne daß irgendein Argument beim Nachweis der Kompaktheit des Integraloperators abgeändert werden müßte. Dasselbe gilt für Aufgabe 8 mit der dort für den Beweis von a gemachten Einschränkung.*

D. DIE KLASSISCHEN INTEGRALOPERATOREN. *Integraloperatoren der hier behandelten Art, die also durch auf dem "Produktraum" quadratisch-summierbare Gewichtsfunktionen gegeben sind, heißen heute Hilbert-Schmidt-Operatoren. Mit ihrer Einführung durch den ungarischen Mathematiker Friedrich RIESZ (1907) wurde nicht nur die vorher von Vito VOLTERRA (Turin, 1896), Erik Ivar FREDHOLM (Stockholm, 1900) und David HILBERT (Göttingen, 1904 ff) geschaffene Theorie der Integralgleichungen mit stetiger Gewichtsfunktion verallgemeinert, sondern zugleich radikal vereinfacht, da die im Zusammenhang mit der* L^2*-Integrationstheorie im Hilbertraum zu führenden Beweise sich sehr vorteilhaft von dem mühsamen Operieren mit der gleichmäßigen Konvergenz im Banachraum der stetigen Funktionen unterscheiden.*

Es gibt freilich auch sehr wichtige Integraloperatoren, deren Gewichtsfunktionen gerade nicht quadratisch-summierbar sind: Das bekannteste Beispiel ist die Fouriertransformation (siehe unten § 8)

$$\hat{f}(x) = \int_{-\infty}^{\infty} e^{-ixy} f(y)\, dy ,$$

die $L^2(R)$ *bijektiv auf sich selbst abbildet, wobei die* "L^2-Norm" *des Gewichts*

$$\int_{-\infty}^{\infty}\int_{-\infty}^{\infty} |e^{-ixy}|^2\, dxdy = \int_{-\infty}^{\infty}\int_{-\infty}^{\infty} 1\, dxdy$$

"stark unendlich" ist.

In einem mittleren Bereich zwischen diesen beiden in gewissem Sinn ideal-einfachen Grundtypen - den kompakten Hilbert-Schmidt-Operatoren und der invertierbaren Fouriertransformation - sind die "Faltungsoperatoren", insbesondere die "Wiener-Hopf-Operatoren" und andere "singuläre Integraloperatoren" angesiedelt, deren Gewichte zwar nicht in L^2 *liegen, sich aber häufig wenigstens komponentenweise integrieren lassen, also z.B.*

$$\int_{-\infty}^{\infty} |G(x,y)|^2\, dy < \infty \quad \text{für} \quad x \in \mathbb{R}$$

Alle diese Operatoren haben eine große Bedeutung sowohl in der kinematischen als auch in der stochastischen Modellierung und Lösung einer Vielzahl von insbesondere physikalischen, technischen und ökonomischen Problemen: Sei es bei der auf George GREEN zurückgehenden und dann von David HILBERT im großen Stil weiterentwickelten

Tabelle 1: Einige Grundtypen von Integraloperatoren der Gestalt $(Ku)(x) := \int_X G(x,y)\, u(y)\, dy$

Lfd. Nr.	X	G(x,y)	u	Stichwort	Eigenschaft	Literaturhinweise
1.	[a,b]	$C^o(X \times Y)$	$C^o(X)$	Fredholm-Integralgleichung	$K: C^o(X) \to C^o(X)$ kompakt	Fredholm (1903), Hilbert (1904-12)
2.	komp.	"	"	"	"	[JÜRGENS, § 8.1]
3.	[a,b]	G stetig für $y \leq x$ G=0 für $y>x$	"	Volterra-Integralgleichung	"	Volterra (1896)
4.	"	C^o auf $X \times X \setminus$ Diag. beschr. auf $X \times X$	"	Greenscher Operator	"	[JÜRGENS, § 8.2] (für 4. und 5.)
5.	komp.	$G=g(x,y)\, \|x-y\|^{-\alpha}$ $0 < \alpha < \dim X$	"	polare Singularität	"	
6.	[a,b]	$L^2(X \times X)$	$L^2(X)$	Hilbert-Schmidt-Operator	$K: L^2(X) \to L^2(X)$ komp.	Riesz (1907)
7.	$\mathbb{R}^n$	"	"	"	"	[JÜRGENS, § 11.3], hier Aufgabe <u>7/8</u>
8.	"	$e^{-i(x_1y_1+\ldots+x_ny_n)}$	"	Fouriertransformation	bijektiv	[DYM-McKEAN, § 2.10], hier § <u>8</u>
9.	$\mathbb{R}$	$k(x-y)$ mit $k \in L^1(\mathbb{R})$	"	Faltung	siehe unten (für 9. und 10.)	[DYM-McKEAN, § <u>2.1</u>], hier § <u>8</u>
10.	$\mathbb{R}_+$	"	"	Wiener-Hopf-Operatoren		[DYM-McKEAN, § 3.6], hier § <u>9</u>
11.	$\mathbb{R}^n$	$g(x,y)\, \|x-y\|^{-\alpha}$ g stetig, $\alpha > n$	"	singuläre Integraloperatoren	siehe unten	Michlin (1948), hier § <u>II.3</u>

Methode der "Umkehrung" von Differentialoperatoren zu Integraloperatoren, sei es bei der unmittelbaren Behandlung von Summations- oder Aggregationsphänomenen oder allgemeiner von wahrscheinlichkeitstheoretischen Fragestellungen. Wir werden weiter unten in diesem Kapitel und im folgenden Kapitel auf einige besonders interessante Integraloperatoren zurückkommen. Einen ersten Überblick gibt hier die Tabelle 1.

4. Die Fredholmalternative

A. DAS RIESZSCHE LEMMA. *Ist* F *ein Fredholmoperator im (separablen) Hilbertraum* H, *so wird die Aussage* $\text{index } F = 0$ *in klassischer Terminologie gewöhnlich so umschrieben:*

Entweder besitzt die Gleichung $Fu = v$ *für jedes* $v \in H$ *eine eindeutige Lösung* $u \in H$, *oder die homogene Gleichung* $Fu = 0$ *besitzt eine nicht-triviale Lösung. Im zweiten Fall gibt es höchstens endlich viele linear unabhängige Lösungen* $w_1,\dots,w_n$ *von* $Fw = 0$ *und ebensoviele linear unabhängige Lösungen* $u_1,\dots,u_n$ *der adjungierten homogenen Gleichung* $F^*u = 0$, *und die inhomogene Gleichung* $Fu = v$ *ist genau dann lösbar, wenn*

$$< v,u_1 > = \dots = < v,u_n > = 0$$

ist.

Die Aussage heißt "Fredholmalternative", ihre Äquivalenz mit der Aussage $\text{index } F = 0$ *folgt aus Satz 3.1.*

Wir sahen schon, daß die Fredholmalternative trivialerweise für selbstadjungierte $(F^* = F)$, *aber auch allgemeiner für normale* $(F^*F = FF^*)$ *Fredholmoperatoren gilt, ferner - in Analogie zur linearen Algebra - auch für Operatoren der Form* $Id + T$, *wenn* T *ein Operator von endlichem Rang ist. Noch wichtiger für viele Anwendungen sind die folgenden Operatoren, für die ebenfalls die Fredholmalternative gilt:*

SATZ 1 (F. RIESZ, 1918): Für jeden kompakten Operator K ist $Id + K$ Fredholmoperator mit verschwindendem Index.

BEWEIS: Approximiere gemäß Satz 3.3c K durch eine Folge $K_1, K_2, \dots$ von Operatoren von endlichem Rang und wähle ein n mit $\|K - K_n\| < 1$. Dann ist $Id + K - K_n$ invertierbar. Setze nämlich $Q := K_n - K$ und betrachte die Reihe $\sum_{k=0}^{\infty} Q^k$. Wegen $\|Q\| < 1$ und

$$\|\sum_{k=N}^{M} Q^k\| \le \sum_{k=N}^{M} \|Q^k\| \le \sum_{k=N}^{M} \|Q\|^k$$

bilden die Partialsummen eine Cauchyfolge in der Banachalgebra B. Die Reihe konvergiert also, und wie bei der elementarmathematischen Behandlung der geometrischen

Reihe erhält man

$$(\mathrm{Id} - Q) \sum_{k=0}^{\infty} Q^k = (\sum_{k=0}^{\infty} Q^k)(\mathrm{Id} - Q) = \mathrm{Id} .$$

Damit können wir $\mathrm{Id} + K$ als Produkt schreiben:

$$\mathrm{Id} + K = (\mathrm{Id}+K-K_n)(\mathrm{Id}+(\mathrm{Id}+K-K_n)^{-1}K_n) ,$$

wobei der linke Faktor invertierbar und der rechte von der Form Id + Operator von endlichem Rang ist, also nach Aufgabe 2.5 ebenso wie der linke Faktor ein Fredholmoperator mit verschwindendem Index. Nach der Kompositionsregel von Aufgabe 2.4 bzw. Aufgabe 3.2 ist damit die Behauptung bewiesen. □

ANMERKUNG: Beachte, daß für den vorstehenden Beweis der Formel $\mathrm{index}\,(\mathrm{Id}+K) = 0$ der Operator K nicht wirklich durch eine Folge von Operatoren von endlichem Rang approximiert werden muß, da man eben mit einem "grob approximierenden" Operator K_n (mit $||K_n-K|| < 1$) schon auskommt. Auch braucht man - solange man sich nur für den Index interessiert - den inversen Operator $(\mathrm{Id}+K-K_n)^{-1}$ nicht auszurechnen oder sonst näher zu bestimmen.

Diese von E. SCHMIDT stammende Beweismethode, bei der der allgemeine Fall auf Situationen zurückgeführt wird, die explizite Lösungen erlauben - oder zumindest iterativ gelöst werden können - funktioniert allerdings nur im Hilbertraum. In allgemeinen Fällen, wo der Satz auch noch gilt, arbeitet man mit einem Alternativbeweis, bei dem zunächst mit einem Kompaktheitsargument gezeigt wird, daß $\mathrm{Kern}\,\mathrm{Id}+K$ (und entsprechend auch $\mathrm{Kern}\,\mathrm{Id}+K^*$) von endlicher Dimension ist. Man benötigt dann allerdings noch eine sorgfältige Grenzwertargumentation zum Nachweis der Abgeschlossenheit von $\mathrm{Bild}\,(\mathrm{Id}+K)$ und erhält so zunächst nur das Resultat $\mathrm{Id}+K \in \mathcal{F}$. Erst aus der Homotopieinvarianz des Index (siehe unten Satz 5.2) folgt dann die Formel $\mathrm{index}\,(\mathrm{Id}+K) = 0$. □

AUFGABE 1: Formuliere und beweise für die lineare Fredholmsche Integralgleichung zweiter Art

$$u(x) + \int_a^b G(x,y)\, u(y)\, dy = h(x)$$

mit $G \in L^2([a,b]\times[a,b])$ die Fredholmalternative (vgl. Aufgabe 2.6, Satz 3.1, Aufgabe 3.7 und Aufgabe 3.8c). □

B. DAS STURM-LIOUVILLESCHE RANDWERTPROBLEM. *Wir wollen Satz 1 bzw. Aufgabe 1 nun auf eine klassische Randwertaufgabe aus der Theorie der gewöhnlichen Differentialgleichungen anwenden, die zunächst etwas unübersichtlich ist. Beginnen wir mit einem dynamischen System von endlich vielen Freiheitsgraden, das durch ein System gewöhnlicher Differentialgleichungen beschrieben wird. Solche "ideal einfachen" Modelle benutzt man in der Himmelsmechanik zur Berechnung der Planetenbewegung, für die Untersuchung von Pendel und Kreisel, bei der ökonometrischen Simulation wirtschaftlicher Vorgänge und bei der Behandlung vieler anderer diskreter schwingender Systeme (N-Körper-Problem). Viele mathematische Probleme sind dabei noch ungelöst, aber man weiß dann wenigstens, daß zu jedem Satz Anfangswerte genau eine Lösungskurve gehört, daß das System also bei gegebener Differentialgleichung (mit einigermaßen "vernünftigen" Koeffizienten) durch die Kennzeichnung seines Zustands zu einem einzigen Zeitpunkt vollständig determiniert ist. Das enscheidende mathematische Hilfsmittel sind dabei die Existenz- und Eindeutigkeitssätze von Emile PICARD und Rudolf LIPSCHITZ. Siehe z.B. [ERWE, 50-63] oder [UNESCO, 164-170].*

Eine andere Situation haben wir bei kontinuierlich ausgebreiteten schwingungsfähigen Systemen wie bei der Schwingung einer Saite, eines elastischen Stabes, bei elektrischen Schwingungen in Drähten, akustischen Schwingungen in Röhren, bei der Wärmeleitung, Wärmeausbreitung und anderen Diffusionsvorgängen und insbesondere bei der statistischen Behandlung von Gleichgewichts- und Bewegungsvorgängen. Für viele solcher Vorgänge hat man partielle Differentialgleichungen (siehe unten Teil II) z.B. der Form

$$\frac{\partial^2 U}{\partial x^2} = \rho \frac{\partial^2 U}{\partial t^2} + F(x,t) , \tag{1}$$

die man unter geeigneter Voraussetzung durch "Trennung der Variablen"

$$U(x,t) = u(x)\ \psi(t)$$

auf eine gewöhnliche Differentialgleichung, z.B.

$$u'' + ru = f \tag{2}$$

mit r,f *gegeben und* u *gesucht zurückführen kann, wobei (2) in der Regel von der Bewegungsgleichung (1), die meist nur in einem abgeschlossenen und beschränkten Gebiet gilt, Randwertbedingungen erbt, z.B.*

$$u(0) = u(1) = 0 . \tag{3}$$

Einzelheiten dazu in [COURANT-HILBERT I, 245-250] oder [UNESCO, 193].

Wir bleiben bei diesem Beispiel, das historisch übrigens auf das Bernoullische "Brachistochrone"-Problem und allgemeiner auf die Anfänge der Variationsrechnung und der geometrischen Optik schon bei Pierre de FERMAT zurückgeht [KLINE, § 24]. Zunächst sei nun $r = 0$ *. Offensichtlich gibt es dann für die zu (2) gehörende homogene Differentialgleichung* $(f = 0)$ *nur die triviale Lösung* $u = 0$ *, wenn die Randwertbedingung (3) erfüllt sein soll. In diesem Fall hat man dann eine Greensche*

Funktion (siehe z.B. [COURANT-HILBERT I, 302-337]), die einem für jedes (stückweise stetige) f eine Lösung u der Differentialgleichung (2) mit den Randbedingungen (3) liefert und zwar durch die Formel

$$u(x) = \int_0^1 k(x,y)f(y)\,dy\ . \tag{4}$$

In unserem Fall ist

$$k(x,y) = \begin{cases} x(y-1) & \text{für} \quad x \leq y \\ y(x-1) & \phantom{\text{für}} \quad x \geq y \end{cases}$$

[COURANT-HILBERT I, 321].

Sei nun $f = 0$ und r eine positive reelle Zahl. Die allgemeine Lösung von (2) hat dann die Form

$$u = c_1 e^{i\sqrt{r}\,x} + c_2 e^{-i\sqrt{r}\,x}\ ,$$

d.h. für jede der beiden Randbedingungen von (3) für sich als Anfangswert genommen haben wir eine eindimensionale Lösungsschar mit

$$c_1/c_2 = -1 \quad \text{für} \quad u(0) = 0$$

und

$$c_1/c_2 = -e^{-2i\sqrt{r}} \quad \text{für} \quad u(1) = 0\ .$$

Die Lösungsscharen stimmen überein genau dann, wenn $\sqrt{r}$ ein Vielfaches von π. In diesem Fall gibt es neben der Nullfunktion noch eine weitere Lösung u_0 der homogenen Differentialgleichung

$$u'' + ru = 0\ , \tag{5}$$

die die Randwertbedingungen (3) erfüllt. Wir haben also anders als im Lipschitzschen Eindeutigkeitssatz (siehe z.B. [ERWE, 59]) hier eine gewöhnliche Differentialgleichung zweiter Ordnung "mit zwei Bestimmungsstücken" (die aber jetzt nicht in einem "Anfangspunkt" konzentriert, sondern über zwei Punkte verteilt sind), deren Lösung nicht eindeutig bestimmt ist.

Eine weitere Besonderheit ist in diesem Fall, daß im Unterschied zum Picardschen Existenzsatz [ERWE, 54] nicht immer eine Lösung der inhomogenen Differentialgleichung (2) mit den Bedingungen (3) zu existieren braucht, z.B. wenn die Einflußkraft f gleich der Eigenschwingung u_0 ist, oder allgemeiner [COURANT-HILBERT I, 307], wenn

$$\int_0^1 f(x)\,u_0(x)dx \neq 0\ .$$

Man spricht dann von Resonanz oder Rückkopplung und meint damit, daß das schwingende System unter dem Einfluß einer äußeren Kraft instabil wird. Nichtexistenz einer Lösung besagt also nicht, daß etwa gar nichts geschieht, sondern ist aus der Sicht des Anwenders ein Indiz für die Möglichkeit kritischer Phänomene: Kurzschluß in einem Draht, Einsturz einer Brücke, extreme und im Laser auch technisch nutzbar gemachte

Bündelung von Strahlen usw. (Auch aus der Sicht des Mathematikers besagt die Nichtexistenz einer Lösung ja nur, daß keine Lösung des vorgegebenen bzw. nachgefragten Typs existiert, in unserem Beispiel keine beschränkte, zweimal stückweise stetig differenzierbare Funktion - oft ein Hinweis für notwendige Umformulierungen oder Weiterentwicklungen der Fragestellung.)

Wir merken noch an, daß im anderen Fall, wenn die Lösungsscharen mit $u(0) = 0$ *und die mit* $u(1) = 0$ *nicht übereinstimmen, die Gleichungen (2) und (3) immer eindeutig lösbar sind und daß man eine Greensche Funktion konstruieren kann, die die wesentliche Information von (2) und (3) enthält und für jede rechte Seite* f *die Lösung in Integralform (4) liefert* [*COURANT-HILBERT I, 304-306*].

Fassen wir die beiden Fälle zusammen, so erhalten wir eine Aussage nach Art der ***Fredholmalternative:***

Entweder besitzt bei den vorgegebenen Randbedingungen (3) die Differentialgleichung (2) für jede gegebene rechte Seite f *eine eindeutig bestimmte Lösung* u *, oder die homogene Gleichung (5) besitzt eine nicht identisch verschwindende Lösung. Im zweiten Falle ist für die Lösbarkeit des durch (2) und (3) gegebenen Problemes notwendig und hinreichend, daß mit den Lösungen* u_0 *der homogenen Gleichung (5) für die rechte Seite* f *die Orthogonalitätsbeziehung*

$$\int_0^1 f(x)\, u_0(x)\, dx = 0$$

erfüllt ist.

Die Analogie mit der Fredholmalternative für Integralgleichungen (Aufgabe 1) ist nicht äußerlich. Der Zusammenhang wird bei Eindeutigkeit der Lösung durch die Greensche Funktion wie in (4) hergestellt. Aber auch wenn nicht immer Lösungen existieren - bzw. die Lösungen nicht eindeutig sind, versteht es die klassische Theorie, mit "Greenschen Funktionen im erweiterten Sinne" zu arbeiten. Wir wollen diese Fragen hier nicht ins Einzelne verfolgen und verweisen auf die o.a. Literatur. Der grundlegende methodische und uns in diesem Zusammenhang besonders interessierende Gesichtspunkt läßt sich vielleicht am besten so präzisieren:

AUFGABE 2: Betrachte die Differentialgleichung

$$u'' + pu' + qu = f \qquad (*)$$

Intervall $[0,1]$ mit $p,q,f \in C^0[0,1]$ und mit den Randbedingungen

$$u(0) = a \quad \text{und} \quad u(1) = b\,. \qquad (**)$$

Zeige, daß die Integralgleichung

$$v - Kv = g \qquad (***)$$

äquivalent zu dem Randwertproblem (*), (**) ist, wenn

$$Kv(x) := \int_0^1 G(x,y)v(y)\,dy \qquad , \quad x \in [0,1]$$

$$G(x,y) := \begin{cases} y(q(x)(1-x) - p(x)) & \\ & \text{für} \\ (1-y)(q(x)x + p(x)) & \end{cases} \begin{matrix} y \leq x \\ \\ y \geq x \end{matrix}$$

$$g \quad := \quad ph' + qh - f \qquad \text{und}$$

$$h(x) := \quad a(1-x) + bx \ (\text{also} \quad h' = b-a) \ .$$

TIP: Zeige, daß jede zweimal stetig differenzierbare Lösung u von (*) und (**) eine stetige Lösung $v := u''$ von (***) und umgekehrt jede stetige Lösung v von (***) vermöge

$$u(x) := \quad h(x) + \int_0^1 k(x,y)v(y)\,dy \ ,$$

wobei

$$k(x,y) := \begin{cases} x(1-y) & \\ & \text{für} \\ y(1-x) & \end{cases} \begin{matrix} x \leq y \\ \\ x \geq y \end{matrix} \ ,$$

eine zweimal stetig differenzierbare Lösung u von (*) und (**) liefert. Einzelheiten in [JÖRGENS, 126f]. Zum ersten Nachrechnen und um den Zusammenhang mit den Vorbemerkungen nicht zu verlieren, empfiehlt es sich zunächst $q = 0$, p konstant und positiv und $a = b = 0$ zu setzen. □

ANMERKUNG: Mit Aufgabe 1 folgt aus der in Aufgabe 2 bewiesenen Äquivalenz die "Fredholmalternative" für das Randwertproblem. Genauer: Id-K ist Fredholmoperator auf dem Hilbertraum $L^2[0,1]$ und es gilt index Id-K = 0 . Damit gilt die Fredholmalternative bezüglich $L^2[0,1]$.Tatsächlich gilt nach dem "Satz vom abgeschlossenen Graphen"und nach einem Regularitätssatz (siehe auch unten §§ II.5/II.8 - hier zeigt sich übrigens, daß die Banachraumtheorie echt schwieriger als die Hilbertraumtheorie ist),wonach jede quadratisch summierbare Lösung der Gleichung (***) stetig ist, sofern die rechte Seite stetig ist, damit die Fredholmalternative auch in $C^0[0,1]$: Entweder ist dim Kern Id-K = 0 und damit(wegen index Id-K = 0 und folglich dim Kokern Id-K = 0) die Gleichung (***) für jedes $g \in C^0[0,1]$ eindeutig lösbar, und daher auch das Randwertproblem (*) , (**) für jedes $f \in C^0[0,1]$ und beliebige Randwerte a,b oder die homogene Gleichung $v - Kv = 0$ hat eine nicht-triviale Lösung.

Im zweiten Fall hat auch die adjungierte Integralgleichung $w - K^*w = 0$ eine nicht-triviale Lösung, d.h. es gibt ein $w \in L^2[0,1]$ mit

$$w(x) = (1-x) \int_0^x (q(y)y + p(y))w(y)\,dy$$

$$+ \ x \int_x^1 (q(y)(1-y) - p(y))w(y)\,dy \ .$$

Wir können nach der oberen bzw. unteren Grenze ableiten und erhalten so, daß w stetig differenzierbar ist und

$$w'(x) = \begin{cases} -\int_0^x (q(y)y+p(y))w(y)\,dy \\ +(1-x)(q(x)x+p(x))w(x) \\ +\int_x^1 (q(y)(1-y)-p(y))w(y)\,dy \\ -\,x(q(x)(1-x)-p(x))w(x) \end{cases}$$

$$= p(x)w(x) - \int_0^x \cdots + \int_x^1 \cdots \quad .$$

Wir bringen $p(x)w(x)$ auf die linke Seite, differenzieren noch einmal und erhalten

$$(w'-pw)' + qw = 0 \qquad . \qquad (****)$$

Aus der Integralgleichung für w folgt ferner $w(0) = w(1) = 0$.
Jede Lösung w der homogenen adjungierten Integralgleichung ist damit zugleich Lösung der formal-adjungierten homogenen Differentialgleichung (****) mit der homogenen Randbedingung $w(0) = w(1) = 0$. Mit formal-adjungiert meinen wir hier, daß für alle $u, w \in C^2[0,1]$ mit der homogenen Randbedingung gilt, daß

$$\int_0^1 u((w'-pw)'+qw)\,dx = \int_0^1 (u''+pu'+qu)w\,dx$$

ist, wie man durch partielle Integration ausrechnet. Dabei haben wir der Kürze halber alle Funktionen als reellwertig angenommen.

Im zweiten Fall der Fredholmschen Alternative ist das Problem (*),(**) genau dann lösbar, wenn (***) lösbar ist, wenn also (****) eine nicht-triviale Lösung w besitzt und wenn $< g,w > = 0$; in ausgerechneter Form (s.o.)

$$\int_0^1 f(x)w(x)\,dx = aw'(0) - bw'(1) \; .$$

Einzelheiten zu dieser Argumentation und zur analogen Behandlung anderer Randwertprobleme für gewöhnliche Differentialgleichungen zweiter Ordnung (Sturm-Liouville-Probleme) findet man z.B. in [JÖRGENS, 127-130]. □

ANMERKUNG 2: Wenn das Randwertproblem (*) und (**) äquivalent zu der Integralgleichung (***) ist, worin besteht dann die Spezifik der Darstellung in der Form (***) gegenüber (*) und (**) ? Wir nennen drei Gesichtspunkte:

1. Mit der Integralgleichung gelingt es, zwei Gleichungen, die Differentialgleichung und die Randwertaufgaben, in eine einzige Gleichung zusammenzufassen.

2. Bezeichnen wir nun mit

$$L \;:\; C^2[0,1] \to C^0[0,1]$$

den durch die linke Seite von (*) definierten Differentialoperator und mit

$$B \; : \; C^2[0,1] \to \mathbb{C} \oplus \mathbb{C}$$

den durch die linken Seiten von (**) definierten Randoperator, dann besagt eben Aufgabe 2, daß die Operatoren

$$L \oplus B \; : \; C^2[0,1] \to C^0[0,1] \oplus \mathbb{C} \oplus \mathbb{C}$$

und

$$\mathrm{Id}\text{-}K \; : \; L^2[0,1] \to L^2[0,1]$$

in dem Sinne äquivalent sind, daß
Kern $L \oplus B \cong$ Kern Id-K und Kokern $L \oplus B \cong$ Kokern Id-K .
Dabei ist Id-K ein beschränkter Operator von einem Hilbertraum in sich, während die funktionalanalytische Struktur von $L \oplus B$ viel weniger übersichtlich ist. Die Äquivalenz von Differential- und Integralgleichung besteht rein formal, während die Äquivalenz von C^0-/C^2- und L^2-Theorie zwar ziemlich elementar ist, aber keineswegs selbstverständlich: Während die Natur ihre Probleme meist in den Räumen C^2 oder C^2 stückweis formuliert, ist es zunächst der freie Beschluß des Mathematikers,in welchen Räumen er diese Probleme lösen will. Die Einführung der Hilberträume erfolgt dabei nicht wegen ihrer inneren Schönheit, sondern weil Integralgleichungen auf L^2 zweckmäßiger und durchsichtiger behandelt werden können als auf C^0 . Der "Regularitätssatz" liefert dann eine Rechtfertigung für dieses Vorgehen und zeigt zugleich, daß die angesprochene "Freiheit" des Mathematikers nicht in Willkür besteht.

3. Das numerische Prinzip bei der Behandlung des Integraloperators Id K ist die Diskretisierung, die Approximation des kompakten Operators K durch Operatoren von endlichem Rang bzw. der Gewichtsfunktion $G(x,y)$ von K durch ausgeartete Gewichte der Form $\varphi(x)\,\psi(y)$. Es ist bezeichnend, daß bereits Jaques-Charles-Francois STURM und sein Freund Joseph LIOUVILLE, die sich als erste - und erfolgreich - der systematischen Untersuchung von Randwertproblemen für gewöhnliche Differentialgleichungen zweiter Ordnung zuwandten, davon berichten *), daß sie zu ihren komplizierten algebraischen Lösungsmethoden auch durch ein Diskretisierungsprinzip kamen: die Untersuchung verwandter Differenzengleichungen mit anschließendem Grenzübergang. Der Unterschied besteht nun darin, daß die Diskretisierung der Integralgleichung in manchen Fällen (wenn z.B. G stetig und nicht-negativ ist) in sehr natürlicher Weise, nämlich entsprechend der Hauptachsentransformation einer quadratischen Form durch eine Reihenentwicklung nach den Eigenfunktionen durchgeführt werden kann, so daß dabei die Integralgleichung unmittelbar an Transparenz gewinnt ([COURANT-HILBERT I, 114-118] oder [JÖRGENS, 123 und 152]), während die Diskretisierung einer Differentialgleichung in Differenzengleichungen sozusagen "blind" erfolgt, so daß es der

---

*) Jour. de Math. 1 (1836), 106-186 und 373-444.

Genialität von STURM und LIOUVILLE - oder umfangreicher kostenloser Rechenzeit auf einer Großrechenanlage der Gegenwart bedarf, um aus dieser Zerstückelung die notwendige Information über das Randwertproblem zurückzuerhalten. (Die "blinde" Diskretisierung geht freilich immer, während man für viele Sturm-Liouville-Probleme keine expliziten Eigenfunktionen kennt).

Alle diese drei Gesichtspunkte beruhen letztlich auf der Dualität zwischen lokalen und globalen Begriffen und Operationen, wie sie sich durch weite Teile der Analysis zieht (siehe unten die Fourier-Inversions-Formel in § 8 oder auch die Indexformeln selbst): Während die Bildung der Ableitung einer Funktion eine rein lokale Operation ist, erfordert die Lösung einer Differentialgleichung durch Einbeziehung von Anfangswerten oder Randbedingungen immer eine bestimmte globale Operation. Dieser Umstand, der sich ja schon anschaulich in der Newtonformel über den Zusammenhang von Ableitung und Integration ausdrückt, mag vielleicht auch erklären, warum auch die "lokale" Theorie der (z.B. elliptischen) Differentialgleichungen schon so viele Schwierigkeiten bereitet - weil man eben doch dabei globale Theorie, nämlich im $\mathbb{R}^n$ *betreiben muß - und warum gelegentlich eine bewußt global angelegte Betrachtungsweise, die etwa von Differentialoperatoren über geschlossenen Mannigfaltigkeiten ausgeht, schneller und leichter zu grundlegenden lokalen Ergebnissen führt. Wir werden dieser Überlegung im Kapitel II weiter folgen.* □

5. Die Hauptsätze

A. DIE CALKINALGEBRA. *Bisher hatten wir die Einführung der kompakten Operatoren nur rein pragmatisch begründet: Innermathematisch durch die Suche nach einer Klasse von Operatoren, die möglichst analoge Eigenschaften wie die Operatoren von endlichem Rang aufweisen sollen - außermathematisch durch die direkten Anforderungen der aus der Schwingungslehre kommenden Theorie der Integralgleichungen.*

Tatsächlich haben die kompakten Operatoren aber eine noch tiefere Bedeutung für die Darstellung der Fredholmoperatoren:

Wir erinnern an unsere Schreibweise, wonach H ein komplexer separabler Hilbertraum, $\mathcal{B}$ die Banachalgebra der linearen beschränkten Operatoren auf H (in moderner Terminologie sogar eine C^*-Algebra, siehe Aufgabe 3.4, wobei man allerdings zusätzlich noch das Axiom $||T^*T|| = ||T||^2$ verifizieren muß), $\mathcal{K} \subset \mathcal{B}$ das abgeschlossene zweiseitige Ideal der kompakten Operatoren (siehe Satz 3.3) und $\mathcal{F} \subset \mathcal{B}$ der Raum der Fredholmoperatoren.

Wir beginnen mit einer Übungsaufgabe.

AUFGABE 1 (J.W. CALKIN, 1941): Zeige, daß der Quotientenraum $\mathcal{B}/\mathcal{K}$, der aus den Äquivalenzklassen $\{\pi(T) ; T \in \mathcal{B}\}$ besteht, wo $\pi(T) := \{T-K ; K \in \mathcal{K}\}$, eine Banachalgebra bildet.

TIP: Da K ein linearer Unterraum ist, bildet offensichtlich B/K einen Vektorraum. Zum Nachweis, daß B/K eine Algebra ist, muß man ausnutzen, daß K zweiseitiges Ideal ist, weil sich nur so die Ringstruktur überträgt. Zeige dann, daß sich wegen der Abgeschlossenheit von K durch

$$\|\pi(T)\| := \inf \{\|T-K\| \; ; \; K \in K\} = \inf \{\|R\| \; ; \; R \in \pi(T)\}$$

auf B/K eine Norm definieren läßt, die B/K zu einem Banachraum macht. Es bleibt dann zu zeigen, daß

$$\|\pi(Id)\| = 1 \qquad \text{und} \qquad \|\pi(T)\pi(S)\| \leq \|\pi(T)\| \, \|\pi(S)\| \; .$$

Zum Beweis der linken Gleichung nimm an, es gebe ein $K \in K$ mit $\|Id-K\| < 1$ und zeige dann mit dem im Beweis von Satz 4.1 vorgeführten Argument ("geometrische Reihe"), daß K invertierbar - im Widerspruch zur Kompaktheit. Zum Beweis der rechten Ungleichung verwende den Trick

$$\inf_{K \in K} \|TS - K\| \leq \inf_{K_1, K_2 \in K} \|(T-K_1)(S-K_2)\| \; . \qquad \square$$

SATZ 1 (F.V. ATKINSON, 1951): Ist $(B/K)^\times$ die Gruppe der Einheiten (d.h. der bezüglich der Multiplikation invertierbaren Elemente) von B/K und $\pi : B \to B/K$ die natürliche Abbildung, so gilt

$$F = \pi^{-1}((B/K)^\times) \; .$$

AUFGABE 2: Zeige, daß man die Aussage des Satzes von Frederick Valentin ATKINSON auch so umschreiben kann: Ein Operator $T \in B$ ist genau dann ein Fredholmoperator, wenn es $S \in B$ und $K_1, K_2 \in K$ gibt, so daß

$$ST = Id + K_1 \text{ und } TS = Id + K_2 \; .$$

Ein solches S heißt dann auch Parametrix für T oder Quasiinverses. Man sagt auch, daß T wesentlich-invertierbar ist. Gemeint ist immer die Invertierbarkeit modulo K . $\square$

BEWEIS des Satzes: $\subseteq$ Sei also $F \in F$. Wir zeigen, daß $\pi(F)$ invertierbar ist. Betrachte dafür den Operator F^*F+P , wo

$$P : H \to \text{Kern } F \quad \text{orthogonale Projektion.}$$

In einer Anmerkung zu Satz 3.2 haben wir bereits gezeigt, daß Kern F^*F = Kern F und Bild F^*F = Bild F^* , also F^*F+P bijektiv und damit in $\mathcal{B}$ invertierbar ist. Weil P als ein Operator von endlichem Rang kompakt ist, folgt daraus, daß $\pi(F^*F) = \pi(F^*)\pi(F)$ in $\mathcal{B}/\mathcal{K}$ invertierbar ist. Entsprechend zeigt man mit Hilfe der orthogonalen Projektion

$$Q : H \to \text{Kern } F^* ,$$

daß FF^*+Q in $\mathcal{B}$ und $\pi(F)\pi(F^*)$ in $\mathcal{B}/\mathcal{K}$ invertierbar sind. Mit einem Linksinversen für $\pi(F^*)\pi(F)$ und einem Rechtsinversen für $\pi(F)\pi(F^*)$ folgt, daß $\pi(F)$ in $\mathcal{B}/\mathcal{K}$ invertierbar. $\underline{\supset}$ Sei nun $T \in \mathcal{B}$ und $\pi(T)$ invertierbar in $\mathcal{B}/\mathcal{K}$, d.h. es gibt ein $S \in \mathcal{B}$, so daß TS und ST in $\pi(\mathrm{Id})$ liegen. Nun besteht $\pi(\mathrm{Id}) = \{\mathrm{Id}+K \; ; \; K \in \mathcal{K}\}$ nach Satz 4.1 aus Fredholmoperatoren (sogar vom Index Null - aber das tut hier nichts zur Sache). Insbesondere sind deshalb Kern ST und Kokern TS endlich-dimensional. Wegen

$$\text{Kern } T \subset \text{Kern } ST \quad \text{und} \quad \text{Bild } T \supset \text{Bild } TS$$

folgt daraus die Behauptung: $T \in \mathcal{F}$. □

<u>ANMERKUNG:</u> Der Trick beim ersten Teil des vorstehenden Beweises besteht darin, daß man sich zunächst nicht für F , sondern für F^*F bzw. FF^* interessiert (deren Inventierbarkeit modulo $\mathcal{K}$ trivial ist) und dann erst auf $\pi(F)$ zurückschließt. Das hat den Vorteil, daß man für F keine "Parametrix", kein Inverses modulo $\mathcal{K}$ explizit anzugeben braucht. Tatsächlich läßt sich aber ein solches Quasiinverses für F durchaus angeben. Einen solchen direkteren, wenn auch vielleicht etwas umständlicheren Beweis des Satzes von ATKINSON findet man z.B. in [HIRZEBRUCH-SCHARLAU, 111].

AUFGABE 3: Zeige, daß die Menge der Fredholmoperatoren offen in der Banachalgebra der linearen beschränkten Operatoren liegt (Hilbertraum H fest).

<u>TIP:</u> Wegen der Stetigkeit von π (π ist sogar zusammenziehend) kommt alles darauf an, die Offenheit von $(\mathcal{B}/\mathcal{K})^\times$ in $\mathcal{B}/\mathcal{K}$ nachzuweisen. Zeige dafür allgemein, daß in jeder Banachalgebra A die Gruppe $A^\times$ der Einheiten offen ist; genauer: daß um

jedes $a \in A^{\times}$ noch eine Vollkugel vom Radius $1/\|a^{-1}\|$ ganz in $A^{\times}$ enthalten ist. Verwende dafür wieder das Argument mit der geometrischen Reihe aus dem Beweis von Satz 4.1 bzw. aus Aufgabe 1 in diesem Paragraphen. □

AUFGABE 4: Folgere aus dem Satz von ATKINSON erneut, daß die Komposition, der Übergang zum adjungierten Operator und die Addition mit kompakten Operatoren nicht aus dem Raum der Fredholmoperatoren hinausführt. Zeige, daß ein solcher Schluß keine Tautologie ist, da die z.T. schon früher bewiesenen gleichlautenden Aussagen (z.B. Aufgabe 2.3 und Satz 3.2) nicht für den Beweis des Satzes von ATKINSON benötigt werden. □

AUFGABE 5: Man veranschauliche sich den Satz von ATKINSON am Beispiel der in Aufgabe 1.1 auf dem Folgenraum $L^2(\mathbb{Z}_+)$ definierten einseitigen Verschiebungsabbildung shift^+. Zeige insbesondere, daß die dort ebenfalls definierte umgekehrte Verschiebung shift^- eine "Parametrix" (= ein Inverses modulo K) für shift^+ ist. Welche kompakten Operatoren erhält man nämlich für $(\text{shift}^- \circ \text{shift}^+)- \text{Id}$ und für $(\text{shift}^+ \circ \text{shift}^-)- \text{Id}$? □

AUFGABE 6: Zeige mit dem Satz von RIESZ (Satz 4.1): Jede "Parametrix" (= ein Inverses modulo K) G für einen Fredholmoperator F ist selbst ein Fredholmoperator, und es gilt

$$\text{index } G = -\text{index } F . \quad \square$$

AUFGABE 7: Nach Aufgabe 4 wissen wir schon, daß die Addition mit kompakten Operatoren nicht aus F herausführt. Zeige nun, daß auch der Index dabei invariant bleibt, also

$$\text{index } F + K = \text{index } F \quad \text{für alle } F \in F \text{ und } K \in K .$$

TIP: Zeige, daß jede "Parametrix" für F auch "Parametrix" für $F + K$ ist, und wende Aufgabe 6 an. □

B. "STÖRUNGSTHEORIE". *Das Ergebnis von Aufgabe 7, das wir hier als ein leichtes Korrolar aus dem Satz von RIESZ und aus Satz 1 erhalten haben, stammt ebenfalls von Frederick Valentine ATKINSON und stellt ein grundlegendes Resultat der "Störungstheorie" dar, die danach fragt, wie die Eigenschaften eines komplizierten Systems mit den meist schon bekannten oder leichter berechenbaren Eigenschaften eines "benachbarten" einfachen, idealen Systems zusammenhängen. Die Idee kommt aus der Himmelsmechanik, wo man Abweichungen der Planetenbahnen von der "ungestörten" Kepler-Bewegung als Folge der störenden Gravitationswirkung anderer Himmelskörper bestimmen will. Während die dort verwendeten Methoden noch in eine andere Richtung weisen, führt die auf Lord RAYLEIGH zurückgehende Störungsrechnung für kontinuierlich ausgebreitete schwingende Systeme häufig und typischerweise auf Störungen von Operatoren durch Addition eines kompakten Operators - wenn etwa in der Elastizitätstheorie von der Annahme konstanter Massendichte zu einer variablen übergegangen wird. Vgl. z.B. [COURANT-HILBERT I, 296-302]. Daß es sich dabei in der Regel um kompakte Störungen handelt, liegt daran, daß bei den zugrundeliegenden partiellen oder gewöhnlichen Differentialgleichungen die Terme höchster Ordnung unverändert bleiben und nur die Koeffizienten der niederen Ableitungen modifiziert werden. Ein Satz von Franz RELLICH (siehe unten Satz II.4.3) erklärt, wieso dadurch gerade kompakte Perturbationen entstehen.*

Weitergehende und z.T. mathematisch noch nicht gelöste Störungsprobleme stellt die Quantenmechanik, wenn es z.B. um eine quantitative Berechnung von Energieniveaus komplizierter quantenmechanischer Systeme geht, vgl. z.B. [TRIEBEL, 523-525].

Da das Schwingungsverhalten ebenso wie die Bewegung quantenphysikalischer Systeme vor allem durch Eigenwerte und Eigenfunktionen der entsprechenden Operatoren gekennzeichnet wird, läuft die "Störungsrechnung" in der Regel darauf hinaus, für die Anwendung Näherungsverfahren zur Lösung des Eigenwertproblems eines komplizierteren linearen Operators $T + K$ *zu schaffen, der sich "nur wenig" von einem einfacheren* T *unterscheidet, für den das Eigenwertproblem bereits gelöst ist. Damit läuft die Störungstheorie auf die Spektraltheorie hinaus, die die unterschiedlichen Bestandteile des "Spektrums" eines Operators untersucht. Siehe z.B. die umfassende Darstellung in T. KATO: Perturbation theory for linear operators. Die Grundlehren der mathematischen Wissenschaften, Bd. 132, Springer-Verlag, Heidelberg-New York 1966.*[+)]

+) *Die Katosche Störungstheorie ist freilich unvergleichlich tiefer als unsere Untersuchung: Während wir nur eine einzige Invariante, den Index, betrachten, interessiert man sich dort in der Potenzreihenentwicklung der Eigenwerte des gestörten (symmetrischen) Operators* $T + \varepsilon K$ *für abzählbar viele reelle Parameter, die analytisch von der Störung abhängen. So wie man symmetrische Matrizen in der linearen Algebra*
- *nach ihrem Rang,*
- *projektiv nach ihrem Trägheitsindex ("Sylvesterindex") und*
- *orthogonal nach ihren Diagonalelementen (bei "Hauptachsentransformation")*

klassifizieren kann, haben wir in der Störungstheorie für lineare Operatoren im Hilbertraum auch verschiedene Ebenen der Stabilität: Index / wesentliches Spektrum (s.u.)/ Störparameter bei Potenzreihenentwicklung.

Im vielleicht etwas groben Spiegel der linearen Algebra ist die Katosche Theorie also eher mit der Hauptachsentransformation vergleichbar, während wir uns lediglich beim Rang aufhalten.

Wir wollen allerdings den physikalischen Anwendungen nicht weiter folgen, zumal für die Störungstheorie eine reiche innermathematische Motivation vorliegt. Man denke etwa an die Variationsrechnung, die lokale Störungen geradezu zum Prinzip gemacht hat, oder an Stabilitätsuntersuchungen oder verwandte geometrische Fragestellungen, wo man wissen will, wie stark sich eine

Beispiele:

a) $\boxed{T := \text{shift}^+}$

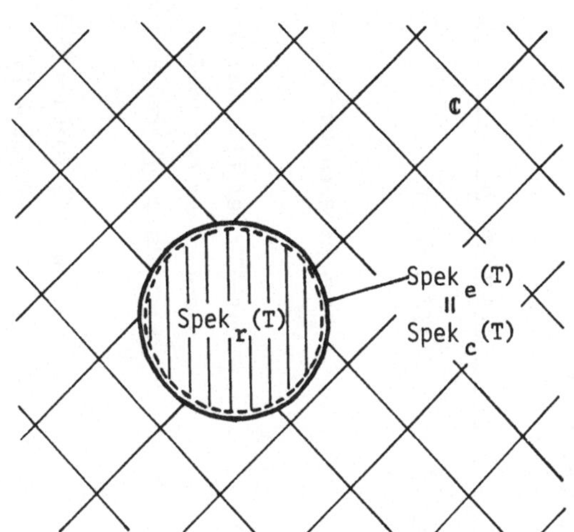

$\text{Spek}_p\ (T) = \emptyset$

$\text{Spek}_r\ (T) = \{z\ ;\ |z| < 1\}$

$\text{Spek}_e\ (T) = \{z\ ;\ |z| = 1\}$

[JÖRGENS, 61]

b) $\boxed{T \text{ kompakt und selbstadjungiert}}$

$\text{Spek}\ (T) \subset R$

$\text{Spek}_p\ (T) = \{\lambda n\ ;\ n = 1,2,\ldots\}$

λ_n 0

$\text{Spek}_r\ (T) = \emptyset$

$\text{Spek}_e\ (T) = \{0\}$

[JÖRGENS, 78f]

c) $\boxed{T \text{ Fouriertransformation auf } L^2(\mathbb{R})}$

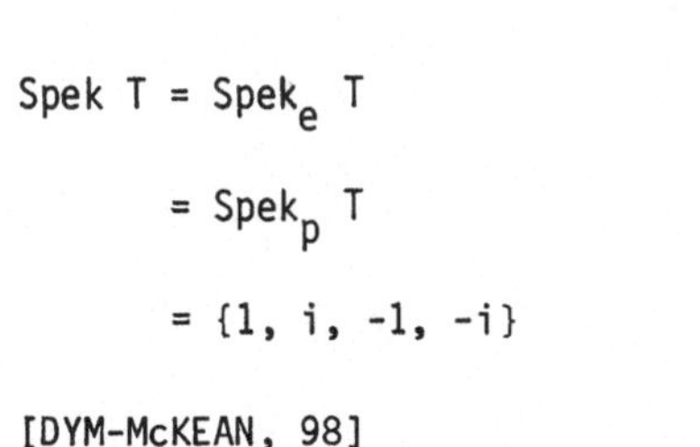

$\text{Spek } T = \text{Spek}_e\ T$

$= \text{Spek}_p\ T$

$= \{1, i, -1, -i\}$

[DYM-McKEAN, 98]

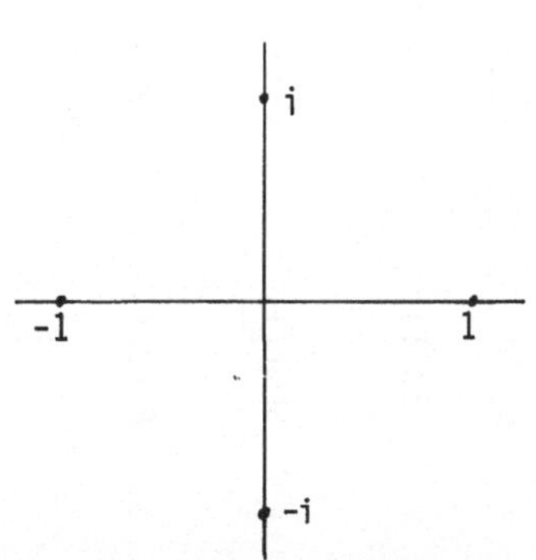

Tabelle 2: *Das Spektrum eines beschränkten linearen Operators* $T : H \to H$

Symbol	*Bezeichnung*	*Definition*	*Bemerkungen*
Res(T)	*Resolventenmenge*	$\{z \in \mathbb{C}; T - z\,\mathrm{Id}$ *invertierbar*$\}$	*offen in* $\mathbb{C}$
Spek(T)	*Spektrum*	$\mathbb{C} \setminus \mathrm{Res}(T)$	*abgeschlossen und beschränkt*
Fred(T)	*Fredholmpunkte*	$\{z \in \mathbb{C}; T - z\,\mathrm{Id} \in F\}$	*enthält* Res(T) ; *ist Vereinigung von höchstens abzählbar vielen disjunkten, zusammenhängenden, offenen Komponenten.*
$\mathrm{Spek}_e(T)$	*wesentliches Spektrum*	$\mathbb{C} \setminus \mathrm{Fred}(T)$	$= \mathrm{Spek}\,\pi(T)$ (*wenn* $\pi : B \to B/K$ *die Projektion ist*), *enthalten in* Spek(T)
$\mathrm{Spek}_p(T)$	*Punktspektrum* *= Eigenwerte*	$\{z \in \mathbb{C};\ \mathrm{Kern}\ T - z\mathrm{Id} \neq 0\}$	*enthält die Limespunkte von* Spek(T) , *soweit es Fredholmpunkte sind. Diese Menge besteht nur aus isolierten Punkten.*
$\mathrm{Spek}_c(T)$	*kontinuierliches Spektrum*	$\{z \in \mathbb{C};\ \mathrm{Kern}\ T - z\mathrm{Id} = 0$ *und* Bild T-zId *dicht in* H , *aber ungleich* H$\}$	*enthalten in* $\mathrm{Spek}_e(T)$
$\mathrm{Spek}_r(T)$	*Restspektrum*	$\{z \in \mathbb{C};\ \mathrm{Kern}\ T - z\mathrm{Id} = 0$ und $\mathrm{kodim}\ \overline{\mathrm{Bild}\ (T - z\mathrm{Id})} > 0\}$	*ist gleich* $\mathrm{Spek}(T) \setminus (\mathrm{Spek}_p(T) \cup \mathrm{Spek}_c(T))$

Kurve - z.B. asymptotisch / oder in ihrer Gestalt - oder eine Fläche usw. ändert, wenn die die Form der Kurve, Fläche usw. beeinflussenden Parameter in der Bestimmungsgleichung modifiziert werden. Ganz besonders muß uns deshalb bei unseren quantitativen Kennziffern dim Kern , dim Kokern *und* index *interessieren, wieweit sie gegen "kleine" Störungen unabhängig sind. Hierbei soll "klein" nun nicht unbedingt heißen, daß die Dimension des Bildraumes sehr klein ist - wie bei den Operatoren von endlichem Rang und in gewissem Sinn auch noch bei den kompakten Operatoren - sondern auch u.U., daß die Störung in der Operatornorm sehr klein ist.*

Um ein Gefühl für die Problematik zu entwickeln, fassen wir einige der bereits erreichten Ergebnisse noch einmal zusammen:

1. *Die Gruppe der invertierbaren Elemente einer Banachalgebra ist nach Aufgabe* 3 *offen. D.h. insbesondere, daß es zu jedem invertierbaren, linearen, beschränkten Operator* T *ein* $\varepsilon(:=\|T^{-1}\|^{-1})$ *gibt, so daß für alle* $S \in B$ *mit* $\|S\| < \varepsilon$ *gilt:*

   (i) $T + S \in F$

   (ii) $\operatorname{index} T + S = \operatorname{index} T \quad (=0)$

   (iii) $\dim \operatorname{Kern} T + S = \dim \operatorname{Kern} T \quad (=0)$

   (iv) $\dim \operatorname{Kokern} T + S = \dim \operatorname{Kokern} T \quad (=0)$.

2. *Ferner gilt nach Aufgabe* 7 *für alle* $T \in F$ *und* $K \in K$

   (i) $T + K \in F$

   (ii) $\operatorname{index}\ T + K = \operatorname{index}\ T$

3. *Andererseits kann man z.B. immer eine Störung der Identität durch einen kompakten Operator* K *finden, so daß*

   $$\dim \operatorname{Kern}\ \operatorname{Id} - K > 10^{80} ,$$

   womit Kern Id - K *unvorstellbar groß wird, da schon seine Dimensionszahl bei "nur"* 10^{11} *Galaxien durch die Atome der Materie der ganzen Welt nicht mehr dargestellt werden kann.*
   Wähle nämlich eine Orthonormalbasis für H *und definiere* K *als die orthogonale Projektion auf die ersten* $10^{80} + 1$ *Basiselemente.*
   Dagegen ist $\operatorname{index} \operatorname{Id} - K = \operatorname{index} \operatorname{Id} \ (=0)$ *nach dem Satz von Riesz.*

4. *In jeder noch so kleinen Umgebung des Null-Operators gibt es Fredholmoperatoren (nämlich iterierte shift-Abbildungen, die man mit einer kleinen Konstanten* ε *multipliziert) mit beliebig großem oder kleinem Index, z.B.*

   $$\operatorname{index}\ (0 + \varepsilon\ (\text{shift}^{+})^{k}) = k .$$

   Der Index verhält sich also in der Umgebung von 0 *"wie" eine holomorphe Funktion in der Umgebung einer wesentlichen Singularität (Satz von Felix CASORATI und Karl WEIERSTRASS).*

5. *Für das in § 4 behandelte Randwertproblem*

$$u'' + ru = 0 \quad \textit{und} \quad u(0) = u(1) = 0$$

bzw. das äquivalente Problem

$$v - r\,Kv = 0 ,$$

wo $r > 0$ *und* $Kv = (1-x)\int_0^x y\,v(y)\,dy + x\int_x^1 (1-y)v(y)\,dy$,

ist dort bereits gezeigt worden, daß

$$\dim \operatorname{Kern} \mathrm{Id} - rK = \begin{cases} 1 & \text{für } r = n^2\pi^2 \text{ und } n \in \mathbb{N} \\ 0 & \text{sonst} \end{cases}$$

Während sich also $\dim \operatorname{Kern}(\mathrm{Id} - rK)$ *nicht stören läßt, wenn diese Dimension Null ist (das ist auch sonst klar, weil dann nach dem Satz von RIESZ* $\mathrm{Id}-rK$ *invertierbar ist, also Aufgabe 3 bzw. die vorstehende Ziffer 1 angewendet werden kann), ist sie sehr störungsanfällig, wenn* $r = n^2\pi^2$ *- allerdings nur in einer Richtung: die Dimension kann nur abnehmen. Dafür sagt man auch:* $\dim \operatorname{Kern}(\mathrm{Id} - rK)$ *ist halbstetig, d.h.*

$$\dim \operatorname{Kern}(\mathrm{Id} - rK) \le \dim \operatorname{Kern}(\mathrm{Id} - r_0K)$$

für alle r *hinlänglich nahe bei* r_0 .

Aufgabe 7 hat für kompakte Störungen gezeigt und der folgende Satz wird für beliebige Störungen, wenn sie nur hinlänglich klein (in der Operatornorm) sind, zeigen: Auch dann, wenn die Dimension des Kerns *und die Dimension des* Kerns *des adjungierten Operators nicht störungsinvariant sind, machen sie jedenfalls immer beide einen Sprung um denselben Betrag, so daß ihre Differenz, der* Index, *lokal konstant bleibt. Diese Störungsinvarianz des* Index *ist seine bemerkenswerteste Eigenschaft. Zusammen mit der Kompositionsregel (Aufgabe 2.4 bzw. Aufgabe 3.2) zeigt sich, daß der* Index *"geometrisch" definiert ist, daß er "irgendetwas" mit der algebraischen Topologie zu tun haben muß - so wie die Eulerzahl oder andere "Homotopieinvarianten".*

C. HOMOTOPIEINVARIANZ DES INDEX. *Nach diesen heuristischen Überlegungen kommen wir jetzt zu dem angekündigten Hauptsatz:*

SATZ 2 (J. DIEDUDONNE, 1943):

$$\operatorname{index} : \mathcal{F} \to \mathbb{Z} \text{ ist lokal konstant.}$$

BEWEIS: Sei also $F \in \mathcal{F}$. Nach Aufgabe 3 wissen wir schon, daß es eine Umgebung von F in $\mathcal{B}$ gibt, die ganz in $\mathcal{F}$ enthalten ist. Diese Argumentation werden wir jetzt noch etwas verschärfen:

Mit Satz 1 wählen wir zunächst eine "Parametrix" G für F , also ein $G \in \mathcal{B}$, so daß

$$FG = Id + K_1 \quad \text{und} \quad GF = Id + K_2 ,$$

wo $K_1, K_2 \in \mathcal{K}$. Wir zeigen nun zunächst, daß für alle $T \in \mathcal{B}$ mit $\|T\| < \|G\|^{-1}$ gilt:

$$F + T \in \mathcal{F} .$$

Dafür erinnern wir an das Argument der "geometrischen Reihe" (siehe z.B. den Tip für Aufgabe 3), wonach dann die Operatoren $Id + TG$ und $Id + GT$ invertierbar sind, da $\|TG\|$ und $\|GT\|$ kleiner als 1 sind. Dann ist $(Id + GT)^{-1}G$ ein linksseitiges Inverses von $F + T$ modulo $\mathcal{K}$, da

$$(Id + GT)^{-1}G\,(F + T) = Id + (Id + GT)^{-1}K_2 , \qquad (*)$$

und entsprechend ist $G(Id + TG)^{-1}$ ein rechtsseitiges Inverses von $F + T$ modulo $\mathcal{K}$, womit nach SATZ 1 bewiesen ist, daß $F + T \in \mathcal{F}$.

Die Indexformel folgt nach (*) nun trivial aus den Kompositionsregeln und dem Satz von RIESZ, wonach

$$\text{index}\,(Id + GT)^{-1} + \text{index}\,G + \text{index}\,(F + T) = 0 ,$$

also $\text{index}\ F + T = \text{index}\ F$, da der Index eines invertierbaren Operators automatisch verschwindet und $\text{index}\ G = -\ \text{index}\ F$ (vgl. Aufgabe 6). □

AUFGABE 8: Zeige: Der Index ist auf den Zusammenhangskomponenten von $\mathcal{F}$ konstant. □

AUFGABE 9: Zeige, daß

$$\dim \text{Kern} \ : \ \mathcal{F} \to \mathbb{N} \cup \{0\}$$

halbstetig ist; genauer:

$$\dim \text{Kern}\ (F + T) \leq \dim \text{Kern}\ F$$

für $F \in \mathcal{F}$ und $\|T\|$ hinlänglich klein.

TIP: Zeige, daß $\text{Kern}\ (F + T) \cap (\text{Kern}\ F)^{\perp} = \{0\}$ ist. Einzelheiten in [SCHECHTER, 116]. □

Der Beziehungsreichtum von Satz 2*, der übrigens bei Jean DIEUDONNÉ *) nur implizit - noch ohne Verwendung des Index-Begriffes - gezeigt wurde, läßt sich u.a. auch daraus ermessen, daß es mittlerweile eine Reihe von ganz unterschiedlich angelegten Beweisen gibt: Gemeinsam ist allen Beweisen die Rückführung auf das Argument der "geometrischen Reihe" bzw. auf die Offenheit der Gruppe der Einheiten einer Banachalgebra.*

Dieser Gedanke kommt am klarsten in [DOUGLAS, 36f und 133-138] zum Ausdruck, wo zunächst für beliebige Banachalgebren A *(mit Einselement) gezeigt wird, daß* $A^\times/A_0^\times$ *eine diskrete Gruppe ist. Dabei ist* $A^\times$ *die Gruppe der Einheiten von* A *und* $A_0^\times$ *die Zusammenhangskomponente von* $A^\times$ *, die das Einselement enthält. Man hat dann in natürlicher Weise einen abstrakten* Index

$$i : A^\times \to A^\times/A_0^\times ,$$

dessen Stetigkeit und damit lokale Konstanz nach Definition klar ist. Die Arbeit besteht dann darin, den Zusammenhang zwischen diesem ideal-einfachen algebraischen Objekt und dem "realen" Index *herzustellen.*

Weniger algebraische Beweise findet man in [JÖRGENS, 62f] und [HIRZEBRUCH-SCHARLAU, 107f], wo die Rückführung auf die Offenheit von $B^\times$ *durch eine Reihe von expliziten Erweiterungen und Projektionen erfolgt, die vollständig durchgerechnet werden. Dabei finden sich in [HIRZEBRUCH-SCHARLAU] verhältnismäßig viele Parallelabschätzungen für* dim Kern *und* dim Kokern *, wohingegen [JÖRGENS] alles - mit einiger Mühe - auf den Fall zurückspielt, wo das Bild des Operators der ganze Hilbertraum* H *ist. Auf diese Weise hat man nur noch eine Unbekannte, die Dimension des* Kernes .

Der Trick, eine Dimension fest zu lassen, ist besonders elegant in [ATIYAH 1969, 104] durchgeführt worden, der ebenso wie [JÖRGENS] und [HIRZEBRUCH-SCHARLAU] - und im Unterschied zu unserem oben in Anlehnung an [CARTAN-SCHWARTZ, 12/06] und [SCHECHTER, 115f] geführten Beweis - keinen Gebrauch der ja nicht ganz trivialen Sätze von RIESZ und ATKINSON macht und auf diese Weise im Ergebnis vielleicht am transparentesten ist. Wir wollen diesen Beweis hier folgen lassen. □

ALTERNATIVBEWEIS für SATZ 2: Sei $e_0, e_1, \ldots$ eine orthonormale Basis für den Hilbertraum H . Dann bezeichnen wir mit H_n die abgeschlossene lineare Hülle der e_i mit $i \geq n$ und mit P_n die Orthogonalprojektion von H auf H_n .

1. Schritt: Offensichtlich ist P_n selbstadjungiert und $P_n \in F$, da Kern P_n und Kokern P_n endlich-dimensional. Also gilt Index $P_n = 0$ und folglich für jedes

---

**) J.D.: Sur les homomorphismes d'espaces normés. Bull. Sci. Math. (2)* 67 *(1943), 72-84.*

$F \in \mathcal{F}$

$$\text{index } P_n F = \text{index } F .$$

<u>2. Schritt:</u> Da dim Kokern $F < \infty$, können wir ein n_0 finden, so daß $e_0, e_1, \ldots, e_{n_0 - 1}$ und $F(H)$ ganz H aufspannen, also insbesondere

$$P_n F(H) = H_n \quad \text{und} \quad \dim \text{Kokern } P_n F = n$$

für alle $n \geq n_0$. (Nebenbei sehen wir, daß dim Kokern $P_n F$ und damit auch dim Kern $P_n F$ beliebig groß gemacht werden können, wenn n entsprechend groß gemacht wird.)

<u>3. Schritt:</u> Obwohl die Funktion dim Kern in $\mathcal{F}$ nur halbstetig ist, läßt sich zeigen, daß doch

$$\dim \text{Kern } P_n G = \dim \text{Kern } P_n F \quad \text{und} \quad \dim \text{Kokern } P_n G = \dim \text{Kokern } P_n F$$

für G hinlänglich nahe bei F und n hinlänglich groß (wie im 2. Schritt): Dafür betrachten wir für $G \in \mathcal{B}$ den Operator

$$\hat{G} : H \to H_n \oplus \text{Kern } P_n F$$

$$u \to (P_n G u \, , \, pu)$$

wo $p : H \to \text{Kern } P_n F$ die Projektion. Dann ist $\hat{F}$ bijektiv, also (Prinzip der offenen Abbildung) ist auch die Umkehrabbildung beschränkt. Damit haben wir $\hat{F} \in \mathcal{B}^\times$, wenn wir $H_n \oplus \text{Kern } P_n F$ mit H identifizieren. Es gibt also (das bekannte Argument, siehe z.B. den Tip zu Aufgabe <u>3</u>) eine Umgebung von $\hat{F}$, die ganz in $\mathcal{B}^\times$ liegt. Da $\hat{}$ stetig ist, gibt es damit aber auch eine Umgebung $\mathcal{V}$ von F, so daß für alle $G \in \mathcal{V}$ der Operator $\hat{G}$ ein Isomorphismus ist.

<u>4. Schritt:</u> Aus der Surjektivität von $\hat{G}$ folgt $P_n G(H) = H_n$, also dim Kokern $P_n G$ = dim Kokern $P_n F = n$. Ferner gilt Kern $P_n G = \hat{G}^{-1}$ (Kern $P_n F$), da nach Definition von $\hat{G}$ ein Punkt u genau dann durch $\hat{G}$ in Kern $P_n F$ abgebildet wird, wenn die "erste Komponente" von $\hat{G}u$ verschwindet, wenn also $P_n G u = 0$. Da $\hat{G}$ ein Isomorphismus ist, folgt nun auch

$$\dim \text{Kern } P_n G = \dim \text{Kern } P_n F .$$

Damit ist der Beweis fertig.

Zusammenfassung: Wir haben gezeigt, daß es zu jedem $F \in \mathcal{F}$ eine natürliche Zahl n und eine positive reelle Zahl η gibt, so daß für alle $G \in \mathcal{B}$ mit $\|F - G\| < \eta$ gilt:

$$\text{index } F = \text{index } P_nF = \text{index } P_nG = \text{index } G ,$$

wobei sich die Zusammensetzung des Index, Minuend und Subtrahend, bei den äußeren Gleichheitszeichen ändern kann, nicht aber bei dem inneren. Dort gilt vielmehr Bild P_nF = Bild $P_nG = H_n$ und Kern $P_nG = \hat{G}^{-1}$ (Kern P_nF) . □

AUFGABE 10: Formuliere Satz 2 um für stetige Familien von Fredholmoperatoren. Darunter versteht man eine stetige Abbildung

$$G : X \to \mathcal{F} ,$$

wo X ein beliebiger topologischer Raum ist. Zeige genauer, daß es zu jedem $x_0 \in X$ eine Umgebung U und eine natürliche Zahl n gibt, so daß für alle $x \in U$

$$\text{Bild } P_nG(x) = H_n .$$

Beweise dann, daß die Funktion

$$\dim \text{Kern } P_nG : X \to \mathbb{N} \cup \{o\}$$

auf U konstant ist (sagen wir gleich k) und daß man k stetige Funktionen

$$f_i : X \to H \ ; \ i = 1,\dots,k$$

finden kann, so daß für alle $x \in U$ die Punkte $f_1(x),\dots,f_k(x)$ eine Basis von Kern $P_nG(x)$ bilden.

TIP: Kopiere den vorstehenden Alternativbeweis und ersetze dabei G durch $G(x)$ und F durch $G(x_0)$. Definiere dann $f_1(x_0),\dots,f_k(x_0)$ durch eine Basis von Kern $P_nG(x_0)$ und setze $f_i(x) := (\hat{G}(x))^{-1}\,(f_i(x_0))$. □

Das Konzept stetiger Familien von Operatoren kommt aus der klassischen Analysis mit ihrer Untersuchung von "Scharen von Operatoren" oder von "Operatoren, die von einem Parameter abhängen". In den einfachsten Beispielen ist der Parameterraum X das Einheitsintervall, ganz $\mathbb{R}$ oder ein berandetes Gebiet in einem höherdimensionalen euklidischen Raum (z.B. der Bereich zulässiger Kontrollvariablen). Bei etwas komplexeren Fragestellungen der Analysis, wie z.B. beim Studium elliptischer Randwertprobleme, stoßen wir allerdings sehr schnell auf Familien mit allgemeineren

Parameterräumen: Eine elliptische Differentialgleichung definiert eine stetige Familie von Fredholmoperatoren, wobei der Parameterraum das auf den Rand der zugrundeliegenden Mannigfaltigkeit beschränkte Sphärenbündel der Differentialformen ist. Vgl. Kapitel II, § 8.

Wir werden diese Fragen hier zunächst nicht vom Standpunkt der Anwendungen, sondern aus einem sehr naheliegenden topologisch-geometrischen Gesichtspunkt behandeln, dem Interesse an Deformationsinvarianten.) Dabei werden wir jedem kompakten Parameterraum* X *eine Gruppe und jeder stetigen Familie von Fredholmoperatoren*

$$G : X \to F$$

ein Element dieser Gruppe zuordnen - und zwar invariant unter Deformationen. Das heißt, daß einer anderen stetigen Familie von Fredholmoperatoren

$$G' : X \to F$$

dasselbe Gruppenelement zugeordnet ist, wenn G *und* G' *homotop sind. Darunter verstehen wir (siehe Kapitel III, § 1), daß* G *stetig in* G' *deformiert werden kann: es gibt eine stetige Familie* g *von Fredholmoperatoren, parametrisiert über dem Produktraum* $X \times I$, *wo* $I = [0,1]$ *das Einheitsintervall,*

$$g : X \times I \to F$$

so daß

$$g_{|X\times\{0\}} = G \quad \textit{und} \quad g_{|X\times\{1\}} = G' \ .$$

Besteht X *nur aus einem Punkt, dann ist eine stetige Familie von Fredholmoperatoren nichts weiter als eben ein einzelner Fredholmoperator, und die Homotopie von* G *und* G' *bedeutet offensichtlich, daß* G *und* G' *in derselben Zusammenhangkomponente von* F *liegen. Auf diese Weise werden wir insbesondere also auch Aufschluß über so grundlegende Fragen (z.B. der Approximationstheorie) erhalten, wie die Zusammenhangskomponenten von* F *aussehen.*

Bevor wir aber nun stetige Familien von Fredholmoperatoren, und das heißt die Geometrie von F , *also nach Satz 1 der Einheitengruppe* $(B/K)^{\times}$ *untersuchen, wollen wir uns zunächst einer einfacheren Frage, der geometrischen Untersuchung der Einheitengruppe* $B^{\times}$ *zuwenden.*

**) Aus der projektiven Geometrie des 17. Jahrhunderts, wie sie insbesondere durch Probleme der Optik, aber auch durch Fragen der Astronomie, der Geodäsie und der Architektur motiviert war, stammt die Idee, bei geometrischen Figuren nach Eigenschaften zu suchen, die unter den Transformationen (Zentralprojektion und Durchschneiden) invariant bleiben. Über diese linearen Transformationen hinaus gab es damals zwar schon das Konzept der Deformation, d.h. stetiger Veränderungen eines mathematischen Objektes, so wenn Johannes KEPLER wohl als erster 1604 bemerkte, daß bei Kompaktifizierung der Ebene Ellipse, Hyperbel, Parabel und Kreis durch stetige Veränderung der Lage der Brennpunkte auseinander hervorgehen (siehe [KLINE, 299]). Es dauerte dann aber doch noch bis zum 19. und 20. Jahrhundert, bis für eine größere Vielfalt mathematischer Objekte Deformationsinvarianten gefunden wurden. Hierhin gehört die Homologie- und Kohomologie-Theorie, wie sie z.B. in [EILENBERG-STEENROD] axiomatisch dargestellt wurde - aber auch die sogenannte K-Theorie, ein anderer, von Michael F. ATIYAH und Friedrich HIRZEBRUCH entwickelter Zweig der algebraischen Topologie, der besonders auf die Bedürfnisse der Analysis zugeschnitten ist, vgl. unten Kapitel III.*

6. Familien von invertierbaren Operatoren. Satz von Kuiper

Dieser und der folgende Paragraph können zunächst überschlagen werden, um dann später, im Zusammenhang von Teil III nachgelesen zu werden. Insbesondere werden hier z.T. Begriffe aus der Topologie verwendet, die erst unten in Teil III präzisiert werden.

A. HOMOTOPIEN VON OPERATORWERTIGEN FUNKTIONEN. Wir beginnen mit einigen Übungsaufgaben.

AUFGABE 1: X und Y seien topologische Räume und f, g und h stetige Abbildungen von X nach Y. Zeige: Wenn f homotop g und g homotop h, dann ist f homotop h.

1. Zwei stetige Abbildungen f und g von X nach Y heißen homotop ($f \sim g$), wenn man sie stetig ineinander deformieren kann. D.h. wenn es eine stetige Abbildung $F : X \times I \to Y$ gibt, wo $I = [0,1]$ das Einheitsintervall in $\mathbb{R}$, so daß

$$F \circ i_0 = f \quad \text{und} \quad F \circ i_1 = g .$$

Dabei ist $i_t : X \to X \times \{t\}$ kanonische Inklusion $(t \in I)$. Etwas salopp schreiben wir auch F_t für $F \circ i_t$ und fassen so F als eine über I parametrisierte Schar stetiger Abbildungen von X nach Y auf. Wir nennen dann F eine Homotopie von f nach g.

2. Aus der Transitivität (Aufgabe 1) und entsprechend zu beweisender Symmetrie und Reflexivität der Relation "homotop" folgt, daß die Homotopieklassen

$$\bar{f} := \{g \; ; \; g : X \to Y \text{ stetig und } f \sim g\}$$

und die Homotopiemenge

$$[X,Y] := \{\bar{f} \; ; \; f : X \to Y \text{ stetig}\}$$

wohldefiniert sind. Beachte, daß [Punkt, Y] dann die Wegzusammenhangskomponenten von Y sind.

3. Zwei topologische Räume X und Y heißen homöomorph, wenn es eine bijektive Abbildung $f : X \to Y$ gibt, die in beiden Richtungen stetig ist.

4. Zwei topologische Räume X und Y heißen homotopieäquivalent, wenn es stetige Abbildungen $f : X \to Y$ und $g : Y \to X$ gibt, so daß $f \circ g \sim Id_Y$ und $g \circ f \sim Id_X$. Offensichtlich sind die reelle Zahlengerade $\mathbb{R}$ und die Ebene $\mathbb{R}^2$ homotopieäquiva-

lent und nach dem "Einmaleins für Kardinalzahlen" *) auch gleichmächtig, also bijektiv aufeinander abbildbar - nicht aber homöomorph, wie wir in Kapitel III zeigen werden.

5. Y heißt Retrakt von X, wenn $Y \subset X$ und wenn es eine stetige Abbildung $f : X \to Y$ gibt mit $f|Y = \mathrm{Id}$. Ein solches f heißt dann Retraktion. Ist darüberhinaus $i \circ f \sim \mathrm{Id}$, wo $i : Y \to X$ die Inklusion, so heißt Y Deformationsretrakt von X. Dann sind X und Y homotopieäquivalent. Jedes $P \in X$ bildet trivialerweise einen Retrakt von X (aber die Sphäre als Rand einer Scheibe bzw. Kugel ist z.B. kein Retrakt der Kugel, siehe unten Kapitel III). Ist $\{P\}$ hingegen Deformationsretrakt von X, so heißt X zusammenziehbar. Die Gestalt von X muß dann in gewisser Weise sternförmig sein. □

Hier interessieren wir uns für den Homotopietyp von Operatorenräumen. Dafür sei $B^\times(H)$ die Gruppe der invertierbaren Operatoren auf dem Hilbertraum H, wobei wir an dieser Stelle auch zulassen, daß H ein endlich-dimensionaler komplexer Vektorraum ist, z.B. $H = \mathbb{C}^N$ und damit $B^\times(H) = GL(N,\mathbb{C})$.

AUFGABE 2: Untersuche die Gruppe $B^\times(H\times H)$ bzw. $GL(2N,\mathbb{C})$ der invertierbaren Operatoren auf dem Produktraum $H \times H$, die sich als 2×2-Matrizen schreiben lassen. Zeige für $R, S \in B^\times(H)$ - oder allgemein für $R, S : X \to B^\times(H)$ stetig mit X beliebiger topologischer Raum - daß

$$\begin{pmatrix} SR & 0 \\ 0 & \mathrm{Id} \end{pmatrix} \sim \begin{pmatrix} R & 0 \\ 0 & S \end{pmatrix} .$$

TIP: Betrachte die Abbildung $F : X\times[0,\frac{\pi}{2}] \to B^\times(H\times H)$, die gegeben ist durch

$$F_t := \begin{pmatrix} \cos t & -\sin t \\ \sin t & \cos t \end{pmatrix} \begin{pmatrix} S & 0 \\ 0 & \mathrm{Id} \end{pmatrix} \begin{pmatrix} \cos t & \sin t \\ -\sin t & \cos t \end{pmatrix} \begin{pmatrix} R & 0 \\ 0 & \mathrm{Id} \end{pmatrix} .$$

Dabei haben wir hier abgekürzt $\cos t$ und $\sin t$ für die Operatoren $\cos t\,\mathrm{Id}$ und $\sin t\,\mathrm{Id} \in B(H)$ geschrieben. Zeige, daß Bild F wirklich in $B^\times(H\times H)$ liegt - natürlich nicht gänzlich in $B^\times(H) \times B^\times(H)$ - und untersuche F_0 und $F_{\pi/2}$. Warum können wir zur Definition einer Homotopie statt I ebensogut ein anderes Intervall von $\mathbb{R}$ nehmen? □

*) Siehe z.B. KAMKE, E.: Mengenlehre. Sammlung Göschen 999/999a, de Gruyter, Westberlin 1962, S. 42f.

Die in vorstehender Aufgabe auftretenden trigonometrischen Funktionen sind typisch für Homotopieuntersuchungen in linearen Räumen, wo die wichtigsten Deformationen durch Drehungen und Stauchungen bzw. Streckungen gegeben sind. Das erleichtert sehr die praktische Angabe von Homotopien (wobei der Nachweis von Nicht-Homotopie natürlich nicht einfacher wird, da man weiterhin "alle" Homotopien berücksichtigen muß, eine Aufgabe, die man i.a. nur mit den "vergröbernden" Mitteln der algebraischen Topologie, siehe unten III.1, lösen kann).

Wir schließen eine weitere Aufgabe zur Übung des Rechnens mit stetigen Familien von Matrizen an. Dafür erinnern wir an die aus der linearen Algebra bekannte Tatsache, daß die Gruppe $GL(N,\mathbb{C})$ der invertierbaren komplexen $N\times N$ - Matrizen in $U(N)$ eine kompakte Untergruppe besitzt. Dabei besteht $U(N)$ aus den unitären Matrizen vom Rang N, also aus denjenigen komplexen $N\times N$ - Matrizen, deren ("komplex-konjugierte") Adjungierte gerade die Inverse ist. Die entsprechenden Operatoren von $\mathbb{C}^N$ in $\mathbb{C}^N$ sind dann gerade normerhaltend (bzgl. der wie im Hilbertraum durch das Skalarprodukt definierten euklidischen Norm). Offensichtlich sind $U(N)$ und $GL(N,\mathbb{C})$ wegweise zusammenhängend; das folgt sofort aus einer homotopietheoretischen Analyse - z.B. mit den Mitteln aus Aufgabe 2 - der Transformationen, mit denen man eine komplexe invertierbare Matrix auf Diagonalgestalt und schließlich auf die Form der Einheitsmatrix bringen kann. Ansonsten ist der Homotopietyp von $U(N)$ erst teilweise bekannt, siehe unten Teil III. Dagegen können wir für $\mathcal{U}(H) := \{T \in \mathcal{B}^\times(H)\ ;\ T^{-1} = T^*\}$, H unendlich-dimensional, die Zusammenziehbarkeit nachweisen, siehe die Anmerkung 2 nach Satz 2.

AUFGABE 3: Zeige, daß die in Aufgabe 2 verwendete Homotopie nicht aus $\mathcal{U}(H\times H)$ herausführt, wenn nur $R, S \in \mathcal{U}(H)$. □

AUFGABE 4: Fasse $S^1 := \{z\ ;\ z \in \mathbb{C}$ und $|z| = 1\}$ als Teilmenge von $\mathbb{C}\times\{o\}\subset\mathbb{C}^2$ auf (vermöge $z \mapsto (z,o)$) und wähle ein $a \in S^1$ (z.b. $a = (1\ ,\ o)$). Konstruiere dann eine stetige Abbildung

$$g\ :\ S^1 \to U(2)$$

mit den Eigenschaften

(i) $(g(z))(z) = a$ für alle $z \in S^1$

(ii) $g \sim f$, wo $f(z) = Id_{\mathbb{C}^2}$ für alle $z \in S^1$.

WARNUNG: Die Aufgabe wäre trivial und ohne Ausweichen in die 2. Dimension (also in $U(1)$ statt $U(2)$) lösbar, wenn S^1 zusammenziehbar wäre, weil dann die Abbildungen

$$f : z \mapsto 1$$

$$g : g \mapsto az^{-1}$$

als Abbildungen von S^1 in S^1 (oder gleichbedeutend in $U(1)$) homotop wären.

TIP: Zurückspielen auf Aufgabe 3. Setze dafür

$$g : z \mapsto \begin{pmatrix} az^{-1} & 0 \\ 0 & za^{-1} \end{pmatrix} . \quad \square$$

SATZ 1: Die Gruppe $\mathcal{B}^\times$ der invertierbaren linearen beschränkten Operatoren im Hilbertraum H ist wegweise zusammenhängend.

Es ist nicht selbstverständlich, daß die Gruppe der Einheiten einer Banachalgebra wegweise zusammenhängend ist. Ein Gegenbeispiel bildet die Einheitengruppe $(\mathcal{B}/\mathcal{K})^\times$ *der Calkinalgebra, deren Zusammenhangskomponenten - die Zusammenhangskomponenten der Fredholmoperatoren - durch den* index *gerade bijektiv auf* $\mathbb{Z}$ *abgebildet werden, wie wir im folgenden Paragraphen sehen werden.*

Dieser Satz wird für gewöhnlich (siehe z.B. [HIRZEBRUCH-SCHARLAU, 150f] mit tieferliegenden Resultaten der Spektraltheorie bewiesen. (Dafür zeigt man zunächst, daß man jeden unitären Operator U *spektral in die Form* $U = \cos A + i \sin A$ *zerlegen kann, wo* A *selbstadjungierter Operator. Dann hat man nach dem Spektralsatz mit*

$$t \mapsto U_t := \cos tA + i \sin tA \ , \ t \in I$$

einen stetigen Weg in $U(H)$ *von* U *nach* Id *. Ferner zeigt man, daß sich jeder beliebige invertierbare Operator* R *als Produkt* UB *darstellen läßt, wo* U *unitär und* $B = \sqrt{R^*R}$ *selbstadjungiert, positiv und invertierbar. Dann verbindet man wieder* U *mit* Id *durch* U_t *und* B *mit* Id *durch den Weg*

$$t \mapsto B_t := t\, Id + (1-t)\, B \ ,$$

der nach dem Spektralsatz wegen der Positivität und Invertierbarkeit von B *nicht aus* $\mathcal{B}^\times$ *herausführt. Auf diese Weise erhält man in* $t \mapsto U_t B_t$ *einen Weg von* R *nach* Id *.)*

Wir geben dagegen hier - einer Idee von Nicolaas KUIPER folgend - einen vollständig elementaren Beweis für diesen Satz, der vielleicht nicht so elegant ist wie der eben in wenigen Zeilen geführte Beweis über die Spektralzerlegung und der wie alle elementaren Beweise etwas mehr Rechnerei und vielleicht auch etwas mehr geometrische Vorstellung erfordert. Der für uns entscheidende Vorteil liegt darin, daß sich der elementare Beweis mühelos zu einem Beweis des Kuipertheorems (Satz 2) verallgemeinern läßt, wonach $[X, \mathcal{B}^\times] = 0$ *auch dann, wenn* X *nicht wie in Satz 1 nur aus einem Punkt besteht, sondern ein beliebiger kompakter topologischer Raum ist.*

Während Satz 1 im Ergebnis nichts neues für den Grenzübergang von $\mathbb{C}^N$ *in den unendlich-dimensionalen Hilbertraum* H *liefert, bringt erst der Satz 2 einen prinzipiellen Unterschied (siehe unten den Bott-Periodizitätssatz in § III.1) zwischen der linearen Algebra endlich-dimensionaler Vektorräume und der Funktionalanalysis im Hilbertraum zutage. Diesen Aspekt können wir im hier folgenden Beweis von Satz 1 besonders gut sichtbar machen.*

BEWEIS von Satz 1: Sei also $R_o \in B^\times$. Gesucht ist ein stetiger Weg in $B^\times$, der R_o mit Id verbindet. Wir gehen in zwei Etappen vor: In der ersten Etappe verbinden wir R_o mit einem Operator R_2, der auf einem geschickt konstruierten unendlich -dimensionalen Unterraum die Identität ist. In der zweiten Etappe verbinden wir dann R_2 mit der Identität auf ganz H.

1. Etappe des Beweises, 1. Schritt: Wir beginnen damit, rekursiv eine Folge von Einheitsvektoren $a_1, a_2, \ldots \in H$ und eine Folge zweidimensionaler Untervektorräume $A_1, A_2, \ldots \subset H$ zu konstruieren, so daß

$$A_i \perp A_j \quad \text{für} \quad i \neq j$$

und

$$a_i \in A_i \text{ und } R_o a_i \in A_i \quad \text{für alle} \quad i = 1,2,\ldots$$

Beginne nämlich mit einem beliebigen Einheitsvektor $a_1 \in H$ und einem zweidimensionalen Unterraum A_1, der sowohl a_1 als auch $R_o a_1$ enthält. Wähle dann einen Einheitsvektor

$$a_2 \in A_1^\perp \cap R_o^{-1}(A_1^\perp)$$

und laß A_2 einen zweidimensionalen Untervektorraum sein, der sowohl a_2 als auch $R_o a_2$ enthält. Nach Konstruktion ist dann $A_2 \perp A_1$. Weiter geht es dann mit

$$a_3 \in A_1^\perp \cap A_2^\perp \cap R_o^{-1}(A_1^\perp) \cap R_o^{-1}(A_2^\perp),$$

usw. usf. Die Konstruktion kann nicht abbrechen, da der Durchschnitt endlich vieler Unterräume, die alle eine endliche Kodimension haben, nicht leer ist.

1. Etappe, 2. Schritt: Jetzt stauchen wir den Operator R_o zu einem Operator R_1 und zwar so, daß $R_1 a_i$ in die Richtung von $R_o a_i$ weist, aber schon mit der "richtigen" Länge 1. Definiere dafür $(t \in I)$

$$R_t u := \begin{cases} R_o u & \text{für} \quad u \in (\bigoplus_{i=1}^{\infty} A_i)^\perp \\ (1-t+\frac{t}{|R_o a_i|}) R_o u & \text{für} \quad u \in A_i \end{cases}$$

<u>1. Etappe, 3. Schritt:</u> Deformiere den Operator R_1 zu einem Operator R_2 mit der gewünschten Eigenschaft

$$R_2\, a_i = a_i \quad \text{für alle } i\ .$$

Das machen wir, indem wir in jeder der komplexen Ebenen A_i die Vektoren $R_1\, a_i$ in die Position a_i durch eine Drehung (gegeben durch ein Element aus $U(2)$) überführen und dabei alle Vektoren senkrecht zur Drehungsebene festlassen.

Dieses einfache geometrische Argument (mit dem wir allerdings schon die räumliche Anschauung verlassen haben, da eine komplexe Ebene mit ihrer $\mathbb{C}$-Dimension 2 die $\mathbb{R}$-Dimension 4 hat) können wir so formalisieren und auf die Aufgabe <u>4</u> zurückführen, indem wir jedes A_i mit einer Isometrie α_i auf $\mathbb{C}^2$ abbilden und zwar so, daß die komplexe Gerade $\{\lambda R_1 a_i ; \lambda \in \mathbb{C}\}$ auf $\mathbb{C} \times \{o\}$ abgebildet wird. $g_i : S^1 \to U(2)$ sei dann eine Abbildung mit den in Aufgabe <u>4</u> garantierten Eigenschaften:

(i) $\qquad (g_i(z))(z) = \alpha_i\,(a_i)$ für alle $z \in S^1 \subset \mathbb{C} \times \{o\}$

(ii) Es gibt eine stetige Abbildung $F_i : S^1 \times I \to U(2)$ mit

$F_i\,(\ldots,1) = g_i$ und $F_i\,(z,o) = Id_{\mathbb{C}^2}$ für alle $z \in S^1$.

O.B.d.A. haben wir dabei unterstellt, daß $\alpha_i(a_i) \in S^1$. (Andernfalls drehen wir erst in einen beliebigen festen Punkt $a \in S^1$ und von da in $\alpha_i(a_i)$.)

Für $t \in I$ setzen wir nun

$$T_t\, u := \begin{cases} u & \text{für } u \in (\bigoplus_{i=1}^{\infty} A_i)^{\perp} \\ \alpha_i^{-1}\, F_i(\alpha_i R_1 a_i\ ,\ t)\, \alpha_i u & \text{für } u \in A_i \end{cases}$$

und erhalten so durch

$$t \longmapsto R_{1+t} := T_t \circ R_1$$

einen stetigen Weg in $\mathcal{B}^{\times}$ von R_1 zu einem R_2 mit

$$R_2|H' = Id\ ,$$

wo $H' \subset H$ der von $a_1, a_2, \ldots.$ aufgespannte abgeschlossene unendlich-dimensionale Unterraum von H ist.

<u>2. Etappe, 1. Schritt:</u> Bezüglich der Zerlegung $H = H_1 \oplus H'$, wo $H_1 := (H')^{\perp}$ das orthogonale Komplement von H' in H , hat R_2 die Gestalt $\begin{pmatrix} Q & 0 \\ * & Id \end{pmatrix}$, wo

$Q \in B^\times(H_1)$ und wo sich der Störterm $*$ durch einen stetigen Weg in $B^\times(H)$

$$R_{2+t} = \begin{pmatrix} Q & 0 \\ (1-t)^* & \mathrm{Id} \end{pmatrix} \quad , \; t \in I \; ,$$

entfernen läßt, also

$$R_3 = \begin{pmatrix} Q & 0 \\ 0 & \mathrm{Id} \end{pmatrix} .$$

<u>2. Etappe, 2. Schritt:</u> Mit dem klassischen 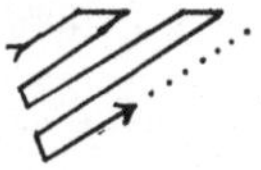 -Argument, mit dem man in der Mengenlehre $\mathbb{Q}$ abzählt, bzw. die gleiche Mächtigkeit für $\mathbb{N}$ und $\mathbb{N}\times\mathbb{N}$ nachweist, können wir H' in eine unendliche Summe von Hilberträumen $H_2, H_3, \ldots$ zerlegen. Explizit: $a_1, a_2, \ldots$ sei eine orthogonale Basis von H'. Zerlege nun $\mathbb{N}$ in die unendlichen disjunkten Teilmengen

$$\mathbb{N}_j := \{2^{j-2}(2n-1) \; ; \; n \in \mathbb{N}\} \; , \quad j = 2,3,4\ldots$$

und nimm für H_j die lineare Hülle der a_i mit $i \in \mathbb{N}_j$. Auf diese Weise erhalten wir $H = \bigoplus_{j=1}^{\infty} H_j$ und

$$R_3 = \begin{pmatrix} Q & & & & 0 \\ & \mathrm{Id} & & & \\ & & \mathrm{Id} & & \\ & & & \mathrm{Id} & \\ 0 & & & & \ddots \end{pmatrix}$$

Wenn wir nun für $j \neq 1$ H_j mit H_1 identifizieren (alle - separablen - Hilberträume sind trivialerweise isomorph), können wir R_3 auch so schreiben:

$$R_3 = \begin{pmatrix} Q & & & & & 0 \\ & Q^{-1}Q & & & & \\ & & \mathrm{Id} & & & \\ & & & Q^{-1}Q & & \\ & & & & \mathrm{Id} & \\ 0 & & & & & \ddots \end{pmatrix}$$

Mit der Rotation von Aufgabe <u>2</u> erhalten wir nun einen stetigen Weg in $B^\times(H_1) \times B^\times(H_1 \times H_2) \times B^\times(H_1 \times H_1) \times \ldots \subset B^\times(H)$ von R_3 zu einem Operator

$$R_4 = \begin{pmatrix} Q & & & & 0 \\ & Q^{-1} & & & \\ & & Q & & \\ & & & Q^{-1} & \\ 0 & & & & \ddots \end{pmatrix}$$

und mit erneuter Rotation (diesmal in $B^\times(H_1 x H_1) \times B^\times(H_1 x H_1) x \ldots$) einen stetigen Weg von R_4 zu

$$R_5 = \begin{pmatrix} Id & & 0 \\ & Id & \\ 0 & & \ddots \end{pmatrix} = Id_H . \quad \square$$

B. DER SATZ VON KUIPER. *Der letzte Schritt des vorstehenden Beweises, dessen Idee sich schon bei Albert Solomonowitsch SCHWARTS und Klaus JÄNICH findet *), macht ein "Geheimnis" sichtbar, durch das sich - vom Standpunkt der Topologie - die lineare Funktionalanalysis im Hilbertraum grundsätzlich von der linearen Algebra endlich-dimensionaler Vektorräume unterscheidet: Das ist die Möglichkeit, bei Platzenge - bildlich gesprochen - immer noch "nach hinten", in andere Dimensionen auszuweichen zu können. Hätten wir z.B.* H *nur in endlich viele Komponenten* $H_1 \oplus \ldots \oplus H_m$ *zerlegt, so wären wir entweder mit der Homotopie von* R_3 *nach* R_4 *oder mit der Homotopie von* R_4 *nach* R_5 *(je nachdem ob* m *gerade oder ungerade ist) spätestens in* H_m *"steckengeblieben". Auf ein ähnliches Phänomen stoßen wir auch bei der Untersuchung der Geometrie unitärer Matrizen, wo z.B. die Homotopiemenge* $[S^i, U(N)]$ *(die bekannten "Homotopiegruppen"* $\pi_i(U(N))$; S^i *ist die i-dimensionale Sphäre der Einheitsvektoren im* $\mathbb{R}^{i+1}$) *durch den Periodizitätssatz von Raoul BOTT erst für* $2N \geq i + 1$ *bestimmt wird und für kleineres* N *z.T. noch unbekannt ist. Einzelheiten dazu in § III.1.*

Schließlich wollen wir noch anmerken, daß entsprechend überhaupt in der Topologie das Studium nieder-dimensionaler Gebilde, vor allem der 3- und 4-dimensionalen Mannigfaltigkeiten (ich nenne die Stichworte "Knotentheorie", "Poincaré-Vermutung", "Signatur"), zu den schwierigsten Gebieten gehört, während ähnliche Klassifikationsprobleme für höher-dimensionale Gebilde entweder gelöst sind oder in der Regel zumindest keine prinzipiell neuen Fragen stellen.

Dies ist der Hintergrund, der vielleicht zum Verständnis des folgenden grundlegenden Hauptsatzes nützlich ist.

SATZ 2 (N. KUIPER, 1964): Für jeden kompakten topologischen Raum X besteht die Homotopiemenge $[X, B^\times(H)]$, wo $B^\times(H)$ die Gruppe der invertierbaren linearen

---

*) *SCHWARTS, A.S.: Die Homotopie-Topologie von Banachräumen (in russ. Sprache). Dokl. Akad. Nauk SSSR 154 (1964), 61-63. Amerikanische Übersetzung: Sov. Math. Dokl. 5 (1964), 57-59. JÄNICH, K.: Vektorraumbündel und der Raum der Fredholm-Operatoren. Math. Ann. 161 (1965), 129-142.*

und beschränkten Operatoren im Hilbertraum H ist, aus nur einem Element.

ANMERKUNG 1: Satz 2 gilt ebenso wie Satz 1 (X = {Punkt}) auch für nicht-separable Hilberträume (siehe [ILLUSIE, 284/02f]) und für reelle Hilberträume (siehe [KUIPER, 19-30]). Wir beschränken uns aber hier, entsprechend der am Anfang dieses Kapitels getroffenen Konvention, immer auf separable komplexe Hilberträume.

ANMERKUNG 2: Als Korrolar zu Satz 2 erhält man die Zusammenziehbarkeit von $\mathcal{B}^{\times}(H)$. Das wäre völlig trivial, wenn Satz 2 auch für X nicht kompakt, also z.B. $X = \mathcal{B}^{\times}(H)$ gelten würde. So einfach ist es nun freilich nicht. Trotzdem findet sich aber ein Weg (durch Untersuchung der "Nerven" einer offenen Überdeckung von $\mathcal{B}^{\times}(H)$ wie in der 0. Etappe des folgenden Beweises), die Frage der Zusammenziehbarkeit auf Satz 2 zurückzuspielen. Vgl. [KUIPER, 27f] und [ILLUSIE, 284/01f].

ANMERKUNG 3: Anders als bei der topologischen Untersuchung der allgemeinen linearen Gruppe $GL(N,\mathbb{C})$ haben wir hier keinen Gewinn davon, wenn wir unsere Betrachtung zunächst auf die Gruppe $\mathcal{U}(H)$ der unitären Operatoren ($TT^* = T^*T = Id$) konzentrieren, weil $\mathcal{U}(H)$ auch nicht kompakt ist für $\dim H = \infty$, während der Vorteil im "klassischen Fall" (siehe unten § III.1) gerade in der Kompaktheit von $U(N) := \mathcal{U}(\mathbb{C}^N)$ liegt.

BEWEIS: Wir übernehmen den Beweis von Satz 1 mit den erforderlichen Modifikationen und einigen zusätzlichen Beobachtungen. Damit wir aber überhaupt eine vernünftige Analogie zwischen einer stetigen Familie

$$f : X \to \mathcal{B}^{\times}(H)$$

von Operatoren und einem einzelnen Operator $R \in \mathcal{B}^{\times}(H)$, bzw.

$$R : \{\text{Punkt}\} \to \mathcal{B}^{\times}(H)$$

herstellen können, müssen wir gewährleisten, daß Bild f wenigstens in einem endlich-dimensionalen Unterraum von $\mathcal{B}(H)$ enthalten ist - so wie Bild f für einpunktiges X (Situation von Satz 1) auch nur aus einem Punkt besteht, also in einem eindimensionalen Unterraum von $\mathcal{B}(H)$ enthalten ist. Vor die Analogiebetrachtung setzen wir deshalb die

0. Etappe: Jedes stetige $f_0 : X \to \mathcal{B}^{\times}(H)$ mit X kompakt ist homotop zu einer stetigen Abbildung $f_1 : X \to \mathcal{B}^{\times}(H)$ mit $f_1(X) \subset V$, wo V ein endlich-dimensionaler Unterraum von $\mathcal{B}(H)$.

Um das zu beweisen, nutzen wir zunächst die Offenheit von $\mathcal{B}^{\times}(H)$ aus (siehe Aufgabe 5.3) und legen um jeden Operator $T \in f_0(X)$ eine offene Kugel, die ganz in $\mathcal{B}^{\times}(H)$ enthalten ist. Dadurch erhalten wir eine offene Überdeckung $\mathcal{U}$ von $f_0(X)$.

Aus Sicherheitsgründen (s.u.) gehen wir nun von jeder Kugel $U \in \mathcal{U}$ zu einer Kugel U' mit gleichem Mittelpunkt, aber mit einem auf 1/3 verkleinerten Radius über. Offensichtlich ist dann auch $\mathcal{U}' := \{U' \, ; \, U \in \mathcal{U}\}$ eine offene Überdeckung von $f_0(X)$ - da ja jeder Operator aus dem Bild von f_0 sogar als Mittelpunkt eines U' vorkommt. Da $f_0(X)$ als stetiges Bild einer kompakten Menge auch kompakt ist, läßt es sich auch schon von einer endlichen Teilmenge von $\mathcal{U}'$ überdecken. Auf diese Weise haben wir also $f_0(X) \subset U_*$, wo $U_* = \bigcup_{i=1}^N K(T_i, \varepsilon_i)$ die Vereinigung gewisser endlichvieler offener Kugeln

$$K(T_i, \varepsilon_i) := \{T; T \in \mathcal{B}(H) \text{ und } \|T-T_i\| < \varepsilon_i\}, \ i=1,\dots,N.$$

Dabei sind die Kugeln ganz in $\mathcal{B}^\times(H)$ enthalten und so "klein", daß auch $K(T_i, 3\varepsilon_i)$ noch ganz in $\mathcal{B}^\times(H)$ enthalten ist.

Damit sind wir eigentlich mit der Verifizierung der 0. Etappe fertig: U_* ist zwar noch unendlich-dimensional, läßt sich aber anschaulich auf einen simplizialen Komplex mit Eckpunkten $T_1,\dots,T_N$ zusammenziehen und das heißt auf ein Gebilde, das ganz in dem von $T_1,\dots,T_N$ aufgespannten Untervektorraum von $\mathcal{B}(H)$ endlicher Dimension $\leq N$ enthalten ist; vgl. auch das Schaubild auf der folgenden Seite.

Da die Anschauung aber auch - insbesondere bei unendlich-dimensionalen Räumen - trügen kann, wollen wir dieses Argument noch einmal genau aufschreiben: Wir definieren für jedes $t \in [0,1]$ und $T \in U_*$ einen Operator

$$g_t(T) := (1-t)T + t \sum_{i=1}^N \phi_i(T)\, T_i \; .$$

Dabei ist ϕ_i, $i = 1,\dots,N$ eine "Zerlegung der Eins" auf U_*, also $\phi_i : U_* \to \mathbb{R}$ stetig und

(i) Träger $\phi_i \subset K(T_i,\varepsilon_i)$, dh. $\phi_i(T) = 0$ für $\|T-T_i\| \geq \varepsilon_i$

(ii) $0 \leq \phi_i(T) \leq 1$

(iii) $\sum_{i=1}^N \phi_i(T) = 1$ für $T \in U_*$.

Setze z.B.

$$\phi_i(T) := \frac{\psi_i(T)}{\sum_{k=1}^N \psi_k(T)} \quad \text{für} \quad T \in U_* \, ,$$

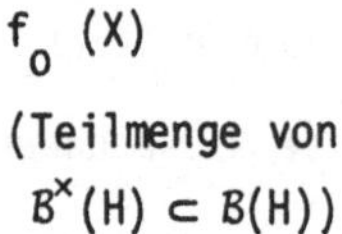

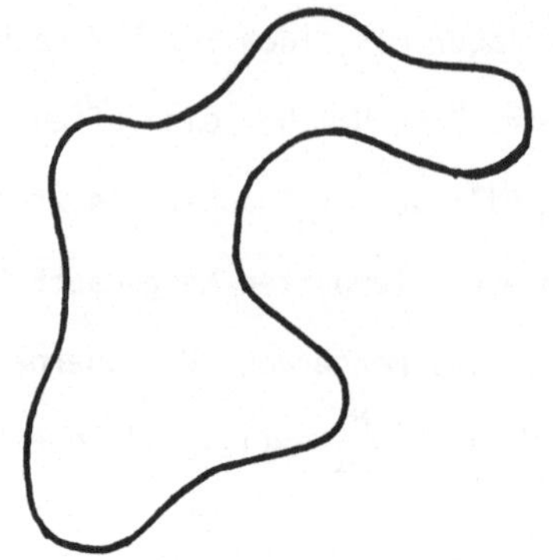

Die endliche Überdeckung U_*

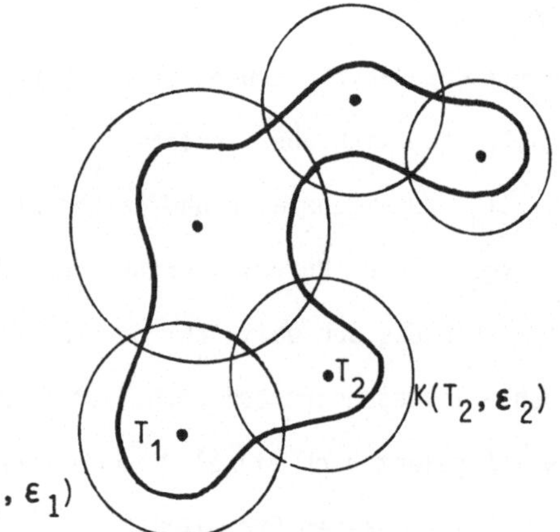

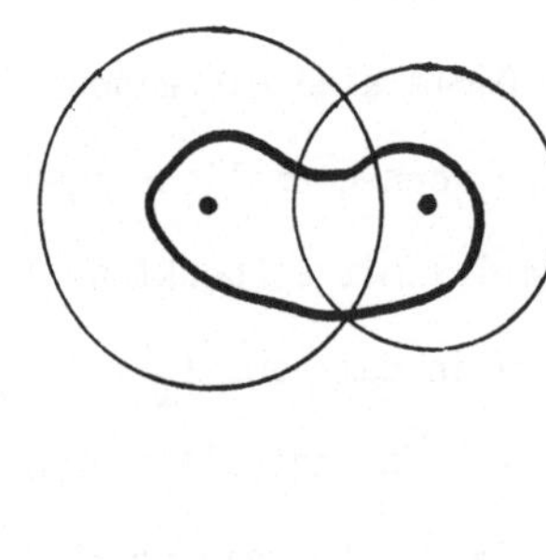

Zusammenziehung auf simplizialen Komplex

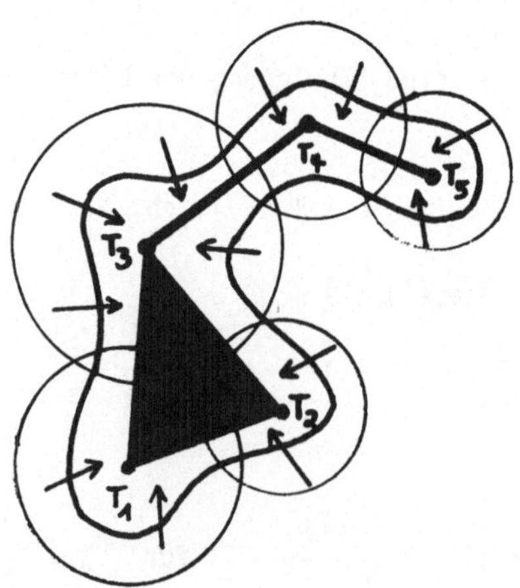

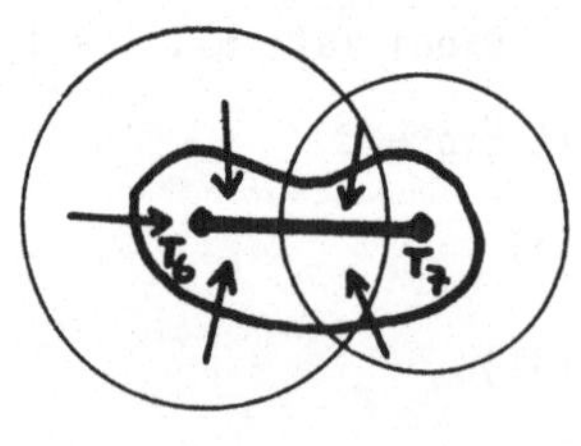

wo

$$\psi_i(T) := \begin{cases} \varepsilon_i - \|T-T_i\| & \text{für} \quad T \in U_i \\ 0 & \text{sonst} \end{cases} .$$

Auf diese Weise ist also $g_0 : U_* \to \mathcal{B}^\times(H)$ die identische Abbildung und $g_1 : U_* \to \mathcal{B}^\times(H)$ eine Retraktion von U_* auf einen "simplizialen Komplex" (eine aus Punkten, Strecken, Dreiecken, Tetraedern und entsprechenden höherdimensionalen Vielecken zusammengesetzte Figur) mit Eckpunkten in $T_1,\ldots,T_N$.

Um ganz sicher zu gehen, daß die Homotopie von g_0 nach g_1 auch nicht aus $\mathcal{B}^\times(H)$ herausführt, arbeiten wir mit einem "$\frac{\varepsilon}{3}$ - Argument": Sei also $T \in U_*$. Für die Untersuchung von $g_t(T)$, $t \in I$, interessieren dann wegen (i) nur die Summationsindices i , für die $T \in K(T_i,\varepsilon_i)$. Wir vergleichen diese Kugeln und stellen fest, daß - sagen wir - $K(T_m,\varepsilon_m)$ die Kugel mit dem größten Radius ist. Nach der Dreiecksungleichung ist dann jede dieser Kugeln $K(T_i,\varepsilon_i)$ ganz in $K(T_m,3\varepsilon_m)$ enthalten. Damit ist auch die konvexe Hülle von T mit <u>diesen</u> T_i und deshalb auch $g_t(T)$ in der (in Abhängigkeit von T) ausgewählten Kugel $K(T_n,3\varepsilon_m)$ enthalten, die ihrerseits nach Konstruktion ganz in $\mathcal{B}^\times(H)$ liegt.

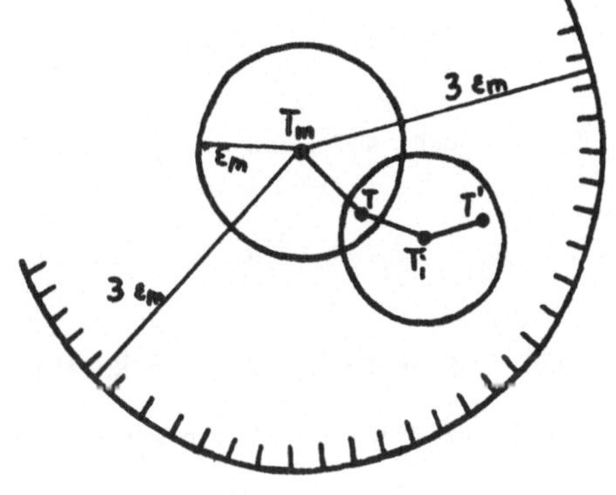

Mit $f_t := g_t f_0$, $t \in I$, erhalten wir so eine Homotopie in $\mathcal{B}^\times(H)$ von f_0 zu einem $f_1 : X \to \mathcal{B}^\times(H)$ mit den gewünschten Eigenschaften, womit wir die wesentliche Arbeit für die Übertragung des Beweises von Satz <u>1</u> auf die allgemeine Situation von Satz <u>2</u> geleistet haben. Der Rest des Beweises geht jetzt nämlich ganz analog, wobei wir nur R_0 nicht mehr als einzelnes Element von $\mathcal{B}^\times(H)$, sondern als Durchschnitt des endlich-dimensionalen Vektorraumes V (in dem $f_1(X)$ liegt) mit $\mathcal{B}^\times(H)$ auffassen. Wir brauchen dann nur zu zeigen, daß $\{Id\}$ Deformationsretrakt von $V \cap \mathcal{B}^\times(H)$ ist - so wie wir im Beweis von Satz <u>1</u> gezeigt haben, daß R_0 und Id durch einen stetigen Weg in $\mathcal{B}^\times(H)$ verbindbar sind - und wir sind fertig. Die

Beweise sind so im Prinzip identisch. Im einzelnen ergeben sich die folgenden Modifikationen:

<u>1. Etappe, 1. Schritt:</u> Wir konstruieren wie oben eine Folge von Einheitsvektoren $a_1, a_2, \ldots \in H$ und eine Folge paarweis-orthogonaler $n+1$ - dimensionaler Unterräume $A_1, A_2, \ldots \subset H$, so daß $a_i \in A_i$ und $Ra_i \in A_i$ für alle $R \in V$ und $i = 1,2,\ldots$ Dabei ist $n := \dim V$ und V der in der 0. Etappe konstruierte Vektorraum, der zusätzlich noch den Operator Id enthalten soll.

<u>1. Etappe, 2. und 3. Schritt:</u> Jetzt geht es darum zu zeigen, daß die kanonische Inklusion

$$\gamma_0 : V \cap B^{\times}(H) \hookrightarrow B^{\times}(H)$$

homotop zu einer Abbildung

$$\gamma_2 : V \cap B^{\times}(H) \to B^{\times}(H)$$

ist mit

$$\gamma_2(R)\, a_i = a_i \quad \text{für} \quad i = 1,2,\ldots \text{ und } R \in V \cap B^{\times}(H) .$$

Im 2. Schritt geht man dabei wie oben zunächst von γ_0 zu einem γ_1 mit

$$\gamma_1(R)u := \begin{cases} Ru & \text{für } u \in (\oplus A_i)^{\perp} \\ \frac{1}{|Ra_i|} Ru & \text{für } u \in A_i \end{cases} .$$

Für den 3. Schritt muß man das Rotationsargument aus Aufgabe <u>4</u> wieder aufgreifen und mit vollständiger Induktion etwas verallgemeinern: Wir fassen $S^{2n-1} = \{z ;\ z=(z_1,\ldots,z_n) \in \mathbb{C}^n$ und $z_1\bar{z}_1 + \ldots + z_n\bar{z}_n = 1\}$ als Teilmenge von $\mathbb{C}^n \times \{0\} \subset \mathbb{C}^{n+1}$ auf und konstruieren dann zu jedem $a \in S^{2n-1}$ eine stetige Abbildung

(o) $\qquad g : S^{2n-1} \to U(n+1)$

mit den Eigenschaften

(i) $\qquad g(z)(z) = a \qquad$ für alle $z \in S^{2n-1}$

(ii) $\qquad g \sim h$, wo $h(z) = \mathrm{Id}_{\mathbb{C}^{n+1}}$ für alle $z \in S^{2n-1}$

(vgl. auch [ILLUSIE, 284/04]).

Auf diese Situation führen wir dann unser Problem zurück, indem wir wieder jedes A_i mit einer Isometrie α_i auf $\mathbb{C}^{n+1}$ abbilden und zwar so, daß $\{Ta_i ;\ T \in V\}$ in $\mathbb{C}^n \times \{0\}$ abgebildet wird. Wenn dann $F_i : S^{2n-1} \times I \to U(n+1)$ die entsprechende Homotopie für $a := \alpha_i(a_i)$ ist, so liefert

$$\gamma_{1+t}(T)\,u := \begin{cases} \gamma_1(T)\,u & \text{für} \quad u \in (\bigoplus_{i=1}^{\infty} A_i)^{\perp} \\ \alpha_i^{-1} F_i(\alpha_i \gamma_1(T) a_i, t)\, \alpha_i \gamma_1(T)\,u & \text{für} \quad u \in A_i \end{cases}$$

eine Homotopie von γ_1 zu einem γ_2 mit den gewünschten Eigenschaften. Insbesondere gibt es also ein unendlich-dimensionales H' (mit Orthonormalbasis $a_1, a_2, \ldots$) , so daß $\gamma_2|H' = Id$.

2. Etappe: Hier ist im Beweis von Satz 1 schon implizit gezeigt worden, daß $B^{\times}((H')^{\perp}) \times Id_{H'}$ Deformationsretrakt der Gruppe von invertierbaren Operatoren auf ganz H ist, die auf H' die Identität sind (Schritt 1), und daß $B^{\times}((H')^{\perp}) \times Id_{H'}$ sich wiederum auf $\{Id_H\}$ zusammenziehen läßt (Schritt 2). Damit ist der Beweis von Satz 2 komplett. □

7. Familien von Fredholmoperatoren. Indexbündel

Dieser Paragraph kann wie der vorhergehende zunächst überschlagen werden, um dann später bei der Untersuchung der Topologie der allgemeinen linearen Gruppe (Bottscher Periodizitätssatz, § III.1) und der topologischen Interpretation elliptischer Randwertaufgaben (§§ II.7/8 und Abschnitt III.4.H) nachgelesen zu werden.

A. DIE TOPOLOGIE VON F . *Inhaltlich schließen wir hier unmittelbar an den Hauptsatz über die "Homotopieinvarianz" des* Index *an, wonach der* Index *in der Umgebung eines Fredholmoperators definiert ist und dort - und damit auf allen Zusammenhangskomponenten - konstant bleibt (Satz 5.2). Interessiert man sich für die Topologie von* F *, dem Raum der Fredholmoperatoren in einem vorgegebenen Hilbertraum* H *, so wird man die folgenden Fragen stellen:*

1. In wieviele Zusammenhangskomponenten zerfällt F *?*

2. Was kann man über die "Gestalt" der einzelnen Zusammenhangskomponenten sagen? Gibt es "Löcher" und von welchem Typ?

Anschaulich denke man an ein Tablett mit Schweizer Käse: Dann stellen wir nicht nur fest, wieviele Stücke auf dem Tablett liegen - Frage 1 - , sondern unterscheiden auch verschiedene Formen von Löchern - Frage 2 - , je nachdem ob sie z.B. kanalförmig durch den Käse hindurchgehen oder, als Luftblasen, ganz eingeschlossen sind.

Zur Frage 1 besitzen wir schon die Teilantwort, daß es mindestens $\mathbb{Z}$ *Zusammenhangskomponenten gibt, da die rechtsseitige und linksseitige* shift-*Abbildung zusammen mit ihren Iterierten (natürlichen Potenzen) vor Augen führen, daß jede ganze Zahl als* Index *eines Fredholmoperators auftreten kann. Bezeichnen wir in Übernahme der Terminologie von § 6 mit [Punkt,* F*] die Wegzusammenhangskomponenten von* F *, so ist also die nach dem Hauptsatz 5.2 (Homotopieinvarianz des* Index*) wohldefinierte*

Abbildung

$$\text{index} : [\text{Punkt}, F] \to \mathbb{Z}$$

surjektiv. Tatsächlich ist die Abbildung aber auch injektiv, wie wir in diesem Paragraphen beweisen werden. Damit ist dann Frage 1 vollständig beantwortet. Insbesondere kann also gar nicht davon die Rede sein, daß F *bzw. die Einheitengruppe* $(B/K)^\times$ *der Quotientenalgebra ähnlich wie die Einheitengruppe* $B^\times$ *(Satz 6.1) zusammenziehbar wäre.*

Aber auch die einzelnen Zusammenhangskomponenten von F *unterscheiden sich in ihrem Homotopietyp, das ist die Frage 2, gänzlich von* $B^\times$ *, das nach dem Satz von KUIPER von so einfacher Gestalt ist (Satz 6.2). Wir werden nämlich zeigen, daß die Löcher von* F *, seine "Zerklüftung", in gewissem Sinn beliebig kompliziert sind, daß* F *eine Art Modell für "alle erdenklichen" topologischen Formen abgibt (d.h. soweit sie sich durch den Funktor* K *unterscheiden lassen).*

Wir können diesen Aspekt, bevor wir mit den einzelnen Definitionen und Sätzen beginnen , so skizzieren: In der algebraischen Topologie, z.B. in der in Teil III behandelten "K-Theorie", verfügt man über Verfahren, mit denen man gewissen topologischen Räumen (kompakten oder triangulierbaren Räumen, differenzierbaren Mannigfaltigkeiten etc.) gewisse algebraische Objekte (Gruppen, Ringe, Algebren etc.) und stetigen (differenzierbaren etc.) Abbildungen gewisse Homomorphismen zwischen entsprechenden algebraischen Objekten zuordnen kann. Auf diese Weise lassen sich topologisch-geometrische Fragestellungen, die in ihrer konkreten Anschaulichkeit nur sehr schwer zu entscheiden sind, auf algebraische Probleme zurückführen ("diskretisieren", F. WALDHAUSEN) , für die ein ausgearbeiteter Formalismus existiert und die übersichtlicher sind. So sieht man z.B. sofort, daß es keinen surjektiven Homomorphismus von der Gruppe $\mathbb{Z}$ *auf die Gruppe* $\mathbb{Z} \oplus \mathbb{Z}$ *gibt, während die Nichtexistenz einer Retraktion der n-dimensionalen Vollkugel* B^n *auf ihren Rand* S^{n-1} *nicht unmittelbar ersichtlich ist (vgl. Satz III.1.8).*

Die in diesem Paragraphen referierte Konstruktion des "Indexbündels" legt nun die Grundlage für einen weiteren Schritt, von der algebraischen Topologie zur Funktionalanalysis, oder - mit einem von ATIYAH gebrauchten Stichwort, dessen Sinn wir erst in den folgenden Kapiteln genauer erklären können, wenn es um den Zusammenhang zwischen elliptischen Differentialgleichungen und Fredholmoperatoren geht - zur "elliptischen Topologie".

Auf diese Weise gelingt es z.B. beim Beweis des Bottschen Periodizitätssatzes, für tiefliegende geometrische Fragen (Verallgemeinerung des Konzepts "Umlaufzahl") in der K-Theorie einen algebraischen Formalismus zu finden, wobei der "Bottisomorphismus $K(X \times \mathbb{R}^2) \to K(X)$*" mittels Familien von Fredholmoperatoren beschrieben und so - ganz elementar, durch konsequente Ausnutzung klassischer Resultate der Funktionalanalysis - leichter verstanden werden kann. Vgl. § III.1. Das ist ein Beispiel dafür, wie die funktionalanalytische Interpretation das Verständnis geometrischer oder algebraischer Sachverhalte erleichtert , z.T. erst ermöglicht.*

Umgekehrt dienen topologische und algebraische Fragestellungen und Methoden auch wieder der Analysis, so, wenn wir mit dem Index *bzw. dem Indexbündel algebraisch-topologische Invarianten für konkret in Problemen der Analysis auftretende Fredholmoperatoren oder Familien (Scharen) von Fredholmoperatoren gewinnen.*

B. DIE KONSTRUKTION DES INDEXBÜNDELS. Wir kommen nun zur Konstruktion des "Indexbündels". Sei also $T : X \to F$ eine stetige Familie von Fredholmoperatoren im Hilbertraum H, X kompakter topologischer Raum. Ist H zusammenhängend, so gilt nach Satz 5.2

$$\text{index } T_x = \text{index } T_{x'} \quad \text{für alle } x,x' \in X .$$

Wir können auf diese Weise jedem T eine ganze Zahl zuordnen - und zwar unabhängig von eventuellen "kleinen stetigen Störungen" von T; für X zusammenhängend haben wir also eine Abbildung

$$\text{index} : [X,F] \to \mathbb{Z} ,$$

die auf der Homotopiemenge $[X,F]$ (siehe oben, § 6) wohldefiniert ist. Tatsächlich läßt sich aus T aber viel mehr Information herausziehen.

AUFGABE 1: Zeige, daß man jeder stetigen Familie $T : X \to F$ mit konstanter Dimension des Kerns, also mit

$$\dim \text{ Kern } T_x = \dim \text{ Kern } T_{x'}$$

für alle $x,x' \in X$ in natürlicher Weise ein Vektorbündel Kern T über X zuordnen kann.

Ein Vektorbündel E über X ist eine "stetige lokal-triviale Familie" komplexer Vektorräume E_x endlicher Dimension, parametrisiert über dem "Basisraum" X. Für Einzelheiten des Begriffs verweisen wir auf den Anhang.

TIP: Setze $\text{Kern } T := \bigcup_{x \in X} \{x\} \times \text{Kern } T_x$ und gib ihm die entsprechende Topologie (die Auszeichnung offener Mengen) als Teilraum von $X \times H$. Zeige dann wie im Alternativbeweis von Satz 5.2 die lokale Trivialität (d.h. daß man für $x \in X$ jede Basis von Kern T_x stetig in eine Umgebung von x fortsetzen kann). Vgl. auch Anhang, Aufgabe 2c, wo $X = S^1$ ist. □

AUFGABE 2: Zeige unter der gleichen Voraussetzung wie bei Aufgabe 1, daß dann auch in natürlicher Weise die Vektorbündel Kern T^* und das "Quotientenbündel"

Kokern T definiert sind und daß diese beiden Bündel "isomorph" (Anhang!) sind. □

Wir bezeichnen mit Vekt(X) die Menge der Isomorphieklassen aller Vektorbündel über X und haben mit Aufgabe 1 und Aufgabe 2 eine Abbildung ι von den stetigen Familien von Fredholmoperatoren mit konstanter Kern-Dimension in Vekt(X) x Vekt(X) :

$$T \xrightarrow{\iota} ([\mathrm{Kern}\ T],\ [\mathrm{Kokern}\ T]) .$$

Besteht X nur aus einem Punkt, so ist ein Vektorbündel über X einfach ein einzelner Vektorraum, und Vekt(X) kann mit der Menge $\mathbb{Z}_+$ identifiziert werden, da Vektorräume genau dann isomorph sind, wenn ihre Dimensionen übereinstimmen; symbolisch

$$[\cdots] \triangleq \dim(\cdots) .$$

Wir haben also in diesem Fall die Abbildungen

$$\begin{array}{ccccc} T & \overset{\iota}{\longmapsto} & ([\mathrm{Kern}\ T],\ [\mathrm{Kokern}\ T]) & \overset{\delta}{\longmapsto} & [\mathrm{Kern}\ T] - [\mathrm{Kokern}\ T] \\ \cap & & \cap & & \cap \\ F & \longrightarrow & \mathbb{Z}_+ \times \mathbb{Z}_+ & \overset{\delta}{\longrightarrow} & \mathbb{Z} \end{array} ,$$

wo δ die Differenzbildung und $\delta \circ \iota$ = index ist.

Formal können wir natürlich auch im allgemeinen Fall, wenn X nicht nur aus einem einzigen Punkt besteht, eine solche Differenz

$$[\mathrm{Kern}\ T] - [\mathrm{Kokern}\ T]$$

hinschreiben - jedenfalls wenn die Familie T konstante Kern-Dimension hat. Das gibt freilich zunächst noch keinen Sinn: Man kann zwar in naheliegender Weise in Vekt(X) eine Addition $\oplus$ einführen, indem man punktweise die direkte Summe bildet (siehe Anh., Aufgabe 3), aber dadurch wird Vekt(X) erst zu einer Halbgruppe. Nun kann man aber (genauso wie von $\mathbb{Z}_+$ zu $\mathbb{Z}$) von der abelschen Halbgruppe Vekt(X) zu einer abelschen Gruppe übergehen, die wir mit K(X) bezeichnen, indem wir auf dem Produktraum Vekt(X) × Vekt(X) vermöge

$$(E,F) \sim (E \oplus G,\ F \oplus G) \quad \text{für} \quad G \in \mathrm{Vekt}(X)$$

eine Äquivalenzrelation definieren und dann

$$K(X) := (\mathrm{Vekt}(X) \times \mathrm{Vekt}(X)) / \sim$$

setzen. Für die Äquivalenzklasse des Paares (E,F) schreiben wir dann E - F ; wir sprechen von einem "Differenzbündel".

Die Einzelheiten dieser Konstruktion werden in ihrer grundlegenden Bedeutung für die algebraische Topologie unten in Abschnitt III.1.C erläutert. Für uns reicht hier vorab die Feststellung, daß sich die Differenzabbildung δ in kanonischer Weise von $\mathbb{Z}_+ \times \mathbb{Z}_+$ auf $\mathrm{Vekt}(X) \times \mathrm{Vekt}(X)$ "fortsetzen" läßt, wobei der Wertebereich von δ dann eine abelsche Gruppe $K(X)$ ist. (Aus Sicherheitsgründen sei X in diesem Paragraphen immer kompakt - auch wenn manche der Schritte sich mühelos in größerer Allgemeinheit durchführen lassen).

WARNUNG: Bei aller Analogie zwischen der Konstruktion von $K(X)$ und von $\mathbb{Z}$ beachte man, daß i.a. für $X \neq$ Punkt die natürliche Abbildung

$$\begin{aligned} \mathrm{Vekt}(X) &\to K(X) \\ E &\longmapsto E - 0 \end{aligned}$$

nicht injektiv zu sein braucht. In § III.1 werden wir z.B. über der zweidimensionalen Sphäre S^2 Vektorbündel E und F kennenlernen, die selbst nicht isomorph, aber durch Addition mit dem gleichen Vektorbündel G isomorph gemacht werden können. (Anschaulich denke man an das Tangentialbündel und ein reell-zweidimensionales triviales Vektorbündel über S^2, die nicht isomorph sind, aber nach Addition mit einem trivialen eindimensionalen Bündel isomorph werden. Vgl. Anhang, Aufgabe 7a).

Mit Hilfe der eben eingeführten Abbildungen ι und δ können wir aus Aufgabe 1 und Aufgabe 2 jetzt folgern:

AUFGABE 3: Jeder stetigen Familie $T : X \to F$ von Fredholmoperatoren mit konstanter Kern-Dimension läßt sich ein Differenzbündel ("Indexbündel")

$$\mathrm{index}\ T := [\mathrm{Kern}\ T] - [\mathrm{Kokern}\ T] \in K(X)$$

zuordnen, und zwar so, daß für einpunktiges X (T ist dann ein einzelner Fredholmoperator und $K(X) \cong \mathbb{Z}$) die Begriffe "Index" und "Indexbündel" übereinstimmen.

TIP: Setze $\mathrm{index} := \delta \circ \iota$. □

Wir wollen nun zeigen, wie man sich von der unrealistischen Bedingung konstanter Kerndimension befreien kann - und daß das Indexbündel in ähnlicher Weise unter stetigen Deformationen invariant bleibt wie schon der Index (Satz 5.2).

SATZ 1: Jeder stetigen Familie $T : X \to F$ von Fredholmoperatoren im Hilbertraum H (X kompakt) läßt sich in kanonischer Weise ein Indexbündel

$$\mathrm{index}\ T \in K(X)$$

zuordnen.

BEWEIS: Wie im Alternativbeweis von Satz 5.2 wählen wir zunächst eine beliebige

Orthogonalbasis $e_0, e_1, e_2, \ldots$ für H und betrachten in $x \in X$ den Fredholmoperator $P_n T_x$, der den gleichen Index wie F hat, wo P_n wieder die Orthogonalprojektion von H auf den von $e_n, e_{n+1}, \ldots$ aufgespannten abgeschlossenen Unterraum H_n ist. Da X kompakt ist, können wir (s.o.) n so wählen, daß

$$\text{Bild } (P_n T_x) \quad = \quad H_n \qquad \text{für alle} \quad x \in X$$

und damit

$$\dim \text{Kern } P_n T_x = \dim \text{Kern } P_n T_{x'} \qquad \text{für alle} \quad x, x' \in X .$$

Wir konstruieren nämlich zunächst lokal zu jedem $y \in X$ eine natürliche Zahl n_y und eine Umgebung U_y, so daß die Behauptung für alle $x, x' \in U_y$ gilt. Dann gehen wir zu einer endlichen Überdeckung $\{U_y ; y \in Y\}$ über, wo $Y \subset X$ endliche Teilmenge und setzen $n := \max \{n_y ; y \in Y\}$.

Wir können also - bezüglich der Familie $P_n T$ - wie in Aufgabe 3 vorgehen und setzen

$$\begin{aligned} \text{index } T \quad := \quad \text{index } P_n T &= [\text{Kern } P_n T] - [\text{Kokern } P_n T] \\ &= [\text{Kern } P_n T] - [X \times (H_n)^{\perp}] . \end{aligned}$$

Damit haben wir T ein Indexbündel in $K(X)$ zugeordnet - und zwar schon in "Normalform", d.h. derart, daß rechts von dem Minuszeichen nur noch ein triviales Bündel steht.

Wir zeigen die Unabhängigkeit von der speziellen Wahl der (hinlänglich) großen natürlichen Zahl n : O.B.d.A. sei also n durch $n+1$ ersetzt; dann haben wir nach Konstruktion

$$[\text{Kokern } P_{n+1} T] = [X \times (H_{n+1})^{\perp}] = [\text{Kokern } P_n T] \oplus [X \times \{z e_n ; z \in \mathbb{C}\}] .$$

Zur Berechnung von $[\text{Kern } P_{n+1} T]$ beachten wir, daß für alle $x \in X$

$$P_n T_x | (\text{Kern } P_n T_x)^{\perp} : (\text{Kern } P_n T_x)^{\perp} \to H_n$$

bijektiv ist, also wegen der Abgeschlossenheit von H_n nach dem "Prinzip der offenen Abbildung" einen inversen beschränkten Operator

$$\tilde{T}_x : H_n \to (\text{Kern } P_n T_x)^{\perp} \subset H$$

besitzt. Wir setzen

$$v_x := \tilde{T}_x(e_n) \in (\text{Kern } P_n T_x)^{\perp} ,$$

so daß

$$P_n T_x v_x = e_n \qquad \text{für alle} \quad x \in X .$$

Dann gilt für alle $x \in X$

$$\text{Kern } P_{n+1}T_x = \text{Kern } P_nT_x \oplus \{zv_x ; z \in \mathbb{C}\}$$

und

$$[\text{Kern } P_{n+1}T] = [\text{Kern } P_nT] \oplus \{(x,zv_x) ; x \in X \text{ und } z \in \mathbb{C}\} .$$

Da mit T auch die Familie $\tilde{T}$ stetig ist (Beweis!), liefert $\tilde{T}$ einen Isomorphismus der Bündel

$$X \times \{ze_n ; z \in \mathbb{C}\} \to \{(x,zv_x) ; x \in X \text{ und } z \in \mathbb{C}\}$$

(anders ausgedrückt: $x \longmapsto v_x$ ist ein stetiges, nirgends verschwindendes Vektorfeld über X in $X \times H$) . Damit sind die Indexbündel index $(P_{n+1}T)$ und index (P_nT) (in $K(X)$) gleich.

Schließlich müssen wir noch die Unabhängigkeit von der gewählten Orthonormalbasis zeigen. Dieses Problem spielen wir auf die eben gezeigte "Unabhängigkeit von n" zurück: Sei also $f_o,f_1,\dots$ ein weiteres vollständiges Orthonormalsystem für H . Wir wählen zunächst $m \in \mathbb{N}$ so, daß die lineare Hülle der $f_o,\dots,f_{m-1}$ die Elemente $e_o,\dots,e_{n-1}$ (und damit - nach der bereits erfolgten Wahl von n - insbesondere $(T_x(H))^\perp$ für alle $x \in X$) umfaßt.

Ist $\tilde{P}_m$ die orthogonale Projektion von H auf den von $f_m, f_{m+1},\dots$ aufgespannten Unterraum $\tilde{H}_m$, so erhalten wir mit dem gleichen "Erweiterungs"-Argument wie eben - weil $\tilde{H}_m$ nämlich ganz in H_n enthalten ist:

$$\text{index } \tilde{P}_mT = \text{index } P_nT .$$

Damit sind wir fertig, weil wieder nach dem vorhergehenden Argument index $\tilde{P}_{m'}T =$ $=$ index $\tilde{P}_mT$, wenn $m' \in \mathbb{N}$ so groß, daß $(T_x(H))^\perp \subset (\tilde{H}_{m'})^\perp$ für alle x . □

<u>ANMERKUNG 1:</u> Der Einfachheit halber haben wir hier angenommen, daß bei einer stetigen Familie

$$T : X \to F$$

von Fredholmoperatoren die Operatoren T_x , $x \in X$, immer auf demselben Hilbertraum H definiert sind.

Tatsächlich haben wir in den Anwendungen häufig eine andere Situation. In der

Analysis z.B. handelt es sich bei den auftretenden Hilberträumen um Räume von Funktionen, deren Wertebereich etwa ein Vektorraum V_x ist, der selbst in Abhängigkeit des Parameters $x \in X$ variieren kann. Dann ist T_x ein Fredholmoperator etwa auf dem Hilbertraum $H \otimes V_x$, d.h. der Hilbertraum, auf dem die stetige Familie von Fredholmoperatoren operiert, ist nicht konstant.

Auf solche Beispiele werden wir vor allem in § II.8 stoßen - aber auch in Teil III, wenn wir Homomorphismen, insbesondere Produkte der algebraischen Topologie, der "K-Theorie", mit Mitteln der Analysis interpretieren.

Was kann man in solchen Fällen machen? Allgemein kann man mit dem Satz von KUIPER zeigen, daß jedes Hilbertraumbündel trivial ist, also isomorph zu dem Produktbündel $X \times H$, wo H ein einzelner Hilbertraum ist. Das folgt mit [STEENROD, 54ff] aus der Zusammenziehbarkeit der "Strukturgruppe" $B^\times$ und elementarer aus $[A, B^\times] = 1$ für alle kompakten A (unsere Fassung von Satz 6.2) in Anlehnung an [STEENROD, 148f] z.B. für den Fall, daß X eine kompakte triangulierbare Mannigfaltigkeit ist.

Für die Konstruktion des Indexbündels reicht es aber, die Produktdarstellung lokal zu haben, was schon zum Begriff eines Hilbertraumbündels gehört und in unseren Anwendungen durch die "Natürlichkeit" der Definitionen stets erfüllt ist.

ANMERKUNG 2: Im Beweis von Satz 1 haben wir sehr stark ausgenutzt, daß H ein Hilbertraum ist. Statt den allgemeinen Fall, wo Kern T_x variabel ist, durch Komposition mit einer Orthogonalprojektion auf den einfachen Spezialfall konstanter Kerndimension zurückzuführen, können wir aber auch die Familie T auf den Quotientenräumen $H/\text{Kern } T_x$ betrachten, wodurch wir die konstante Kerndimension 0 erhalten - oder die Operatoren T_x durch Vergrößerung des Definitionsbereichs (man denke etwa an $H \oplus \text{Kern } (T_x)^*$) zu surjektiven Operatoren erweitern, wodurch wir konstante Kokerndimensionen 0 erhalten. Einzelheiten der beiden Alternativen, die schon in den üblichen Beweisen der Homotopieinvarianz des Index vorgezeichnet sind (siehe z.B. [JÖRGENS, 62f] - und unseren Kommentar nach Satz 5.2) findet man für die 1. Alternative z.B. in [ATIYAH 1967a, 155-158] und für die 2. Alternative - z.B. wenn H Fréchetraum ist und T_x elliptischer Operator, s.u. - in [ATIYAH-SINGER 1971a, 122-127]. □

WARNUNG: Im Zusammenhang mit "Wiener-Hopf-Operatoren" werden wir weiter unten Familien von Fredholmoperatoren

$$T : X \to F$$

kennenlernen, bei denen es durchaus sein kann, daß

$$\text{index } T_x = 0 \qquad \text{für alle} \quad x \in X ,$$

während das globale Indexbündel $\text{index } T \in K(X)$ nicht verschwindet. Das Indexbündel ist eben eine viel schärfere Invariante als eine bloße ganze Zahl. Man muß also sehr vorsichtig sein, wenn man Aussagen über den Index auf Indexbündel übertragen will. Zur Beruhigung dient dabei die folgende Aufgabe:

AUFGABE 4: Zeige: Für das Indexbündel einer stetigen Familie von selbstadjungierten Fredholmoperatoren

$$T : X \to F \quad \text{mit} \quad T_x = (T_x)^* \quad \text{für alle} \quad x \in X$$

gilt

$$\text{index } T = 0 .$$

TIP: Betrachte die Homotopie $tT + 1(1-t)Id$. Zeige nämlich, daß ein selbstadjungierter Operator A nur reelle Spektralwerte hat, also

$$A - zId \in B^\times \qquad \text{für} \quad z \in \mathbb{C} \setminus \mathbb{R} :$$

1. Schritt: $u \in$ Kern $(A - zId)$ impliziert $zu = Au = A^*u = \bar{z}u$ und damit ($z \neq \bar{z}$ für $z \in \mathbb{C} \setminus \mathbb{R}$) $u = 0$.

2. Schritt: Sei v aus dem orthogonalen Komplement von Bild $(A - zId)$, also $< Au - zu, v > = 0$ und damit auch

$$< u, Av > = < Au, v > = < zu, v > = < u, \bar{z}u >$$

für alle $u \in H$, also $Av = \bar{z}u$ und so, nach dem 1. Schritt, $v = 0$. Bild $(A - zId)$ ist also dicht in H.

3. Schritt: Sei $v \in H$ und $v_1, v_2, \ldots \in$ Bild $(A - zId)$ eine gegen v konvergente Folge. Zeige dann, daß die Folge der eindeutig bestimmten Urbilder $u_1, u_2, \ldots$ eine Cauchyfolge ist, und setze $u := \lim u_i$. Zeige dann $Au - zu = v$. (Einzelheiten in [HIRZEBRUCH-SCHARLAU, 132f]; dort findet sich neben diesem elementaren Beweis auch ein noch viel kürzerer - im Zusammenhang der Spektraltheorie von Banachalgebren ...) □

Wir wollen nun die in Satz 1 vorgeführte Konstruktion noch etwas allgemeiner untersuchen und zeigen, daß sie - grob gesagt - alle vernünftigen Eigenschaften hat, die man von ihr nur erwarten kann. Man fängt am besten mit der folgenden Aufgabe an.

AUFGABE 5: Zeige, daß unsere Definition des Indexbündels funktoriell ist: Sei also $f : Y \to X$ eine stetige Abbildung (X und Y kompakt) und

$$T : X \to F$$

eine stetige Familie von Fredholmoperatoren, dann ist (vgl. Anhang, Aufgabe 1d)

$$\text{index } Tf = f^* (\text{index } T) .$$

TIP: Ist $e_o, e_1, \ldots$ eine Orthonormalbasis für H und die Projektion P_n so gewählt, daß $\dim \operatorname{Kern} P_n T_x$ unabhängig von x ist, dann ist auch $\dim \operatorname{Kern} P_n T_{f(y)}$ unabhängig von $y \in Y$. Man braucht also für die Angabe des Indexbündels der Familie $Tf : Y \to F$ keine andere Projektion P_n zu wählen. □

AUFGABE 6: Zeige: Für jede stetige Fredholmfamilie

$$T : X \to F$$

gilt

$$\operatorname{index} T^* = -\operatorname{index} T ,$$

wo $T^* : X \to F$ die adjungierte Familie

$$(T^*)_x := (T_x)^* \quad \text{für} \quad x \in X .$$

WARNUNG: Durch Aufgabe 6 läßt sich Aufgabe 4 nicht erledigen, da man nicht ausschließen kann, daß die Gruppe $K(X)$ einen endlich-zyklischen ("Torsions-") Faktor hat, wo also z.B. $a + a = 0$ und $a \neq 0$ ist. □

SATZ 2: Die in Satz 1 vorgeführte Konstruktion des Indexbündels hängt nur von der Homotopieklasse der jeweiligen Familie von Fredholmoperatoren ab und liefert einen Homomorphismus von Halbgruppen

$$\operatorname{index} : [X,F] \to K(X)$$

für X kompakt.

BEWEIS: 1. Wir zeigen zunächst die Homotopieinvarianz des Indexbündels. Sei also

$$T : X \times I \to F$$

eine Homotopie zwischen den über X parametrisierten Fredholmfamilien $T_o := T\, i_o$ und $T_1 := T\, i_1$, wo

$$i_t : X \to X \times \{t\} \hookrightarrow X \times I , \quad t \in I$$

die untereinander homotopen natürlichen Inklusionen von X in $X \times I$. Mit der Funktorialität des Indexbündels (Aufgabe 5) gilt dann

$$\operatorname{index} T_o = i_o^* (\operatorname{index} T) = i_1^* (\operatorname{index} T) = \operatorname{index} T_1 ,$$

wobei die mittlere Gleichheit aus der Homotopieinvarianz von $K(X)$ folgt, wonach $f^* = g^*$, wenn $f \sim g : Y \to X$ (Anhang, Satz 1).

2. Für die Homomorphieeigenschaft des Index machen wir uns zunächst klar, daß für zwei Fredholmfamilien

$$S \, , T \;:\; X \to F$$

die Produktfamilie

$$TS \;:\; X \to F$$

durch Komposition in F $((TS)_x := T_x S_x)$ wohldefiniert ist und daß $[X,F]$ damit Halbgruppe wird. Andererseits ist in $K(X)$ durch die direkte Summe von Vektorbündeln eine Addition erklärt, die $K(X)$ sogar zur Gruppe macht (Abschnitt III.1.C).

Daß index ein Halbgruppen-Homomorphismus ist, folgt nun so:

$$\begin{aligned} \text{index } TS &= \text{index } TS + \text{index Id} \\ &= \text{index } (TS \oplus \text{Id}) \\ &= \text{index } (S \oplus T) \\ &= \text{index } S + \text{index } T \,. \end{aligned}$$

Dabei machen wir im zweiten und vierten Gleichheitszeichen davon Gebrauch, daß nach Konstruktion (Satz 7.1) das Indexbündel einer Familie von Fredholmoperatoren im Produktraum $H \times H$, die sich in Diagonalgestalt $S \oplus T := \begin{pmatrix} S & 0 \\ 0 & T \end{pmatrix}$ schreiben lassen, mit der Summe der Indexbündel der beiden Diagonalelemente übereinstimmt; ferner verwenden wir für das dritte Gleichheitszeichen den üblichen Trick der Homotopietheorie, wonach $\begin{pmatrix} TS & 0 \\ 0 & \text{Id} \end{pmatrix}$ in $\begin{pmatrix} S & 0 \\ 0 & T \end{pmatrix}$ deformiert werden kann - und zwar nicht nur in $B^{\times}(H{\times}H)$, sondern auch in $F(H{\times}H)$. Klar nach Definition dieser Homotopie in Aufgabe 6.2. □

ANMERKUNG 1: Beachte, daß wir zum Nachweis der Homotopieinvarianz nicht erneut die Topologie von F zu untersuchen brauchten, sondern mit der ganz anders gearteten Beobachtung über die "Homotopieinvarianz" bei Vektorbündeln auskamen.

Warum kostete uns aber dann in Satz 5.2 der Beweis der Homotopieinvarianz des Index eines einzelnen Operators doch etwas mehr Arbeit, während wir dies Resultat im Beweis von Satz 2 nicht benutzen, aber im Ergebnis (für $X :=$ Punkt) erhalten. Die Lösung dieses scheinbaren Widerspruchs liegt darin, daß die eigentliche Verallgemeinerung der Homotopieinvarianz des Index bereits in Satz 7.1 bei der Konstruktion des Indexbündels geleistet wurde!

ANMERKUNG 2: Der vorstehende Beweis für die "Additivität" des Indexbündels ist durch die "Verdoppelung" der Dimension im Übergang von H auf $H \times H$ vielleicht nicht ganz anschaulich. Statt dessen kann man auch enger bei der Definition des

Indexbündels bleiben: Man beginnt dann wieder mit einer Orthonormalbasis $e_o, e_1, e_2, \ldots$ für H und wählt passend zu der Fredholmfamilie S eine natürliche Zahl n, so daß $\dim \operatorname{Kern} P_n S_x$ unabhängig von x, also

$$\operatorname{index} S = [\operatorname{Kern} P_n S] - [X \times (H_n)^{\perp}] ,$$

wo H_n von $e_n, e_{n+1}, \ldots$ aufgespannt wird und P_n die Orthogonalprojektion auf H_n. Dann wählt man eine natürliche Zahl m (o.B.d.A. $m = n$), so daß $\dim \operatorname{Kern} P_n T_x$ auch konstant, also

$$\operatorname{index} T = [\operatorname{Kern} P_n T] - [X \times (H_n)^{\perp}] .$$

Jetzt kommt wieder ein Homotopieargument: Mit der im Beweis von Satz 7.1 schon behandelten Isomorphie zwischen $(\operatorname{Kern} P_n T_x)^{\perp}$ und H_n kann man nämlich erreichen, daß $\operatorname{Kern} P_n T_x$ ganz in $(H_n)^{\perp}$ enthalten ist, und mit einer Homotopie A_t, die die Identität mit dem Operator

$$A_1 := \left(\begin{array}{c:c:c} 0 & \begin{matrix} 1 & & 0 \\ & \ddots & \\ 0 & & 1 \end{matrix} & \\ \hdashline \begin{matrix} 1 & & 0 \\ & \ddots & \\ 0 & & 1 \end{matrix} & 0 & 0 \\ \hdashline & & \begin{matrix} 1 & & \\ & 1 & \\ & & \ddots \end{matrix} \\ & 0 & \end{array} \right)$$

verbindet, der die Basiselemente $e_o, \ldots, e_{n-1}$ mit $e_n, \ldots, e_{2n-1}$ vertauscht, erreicht man dann

$$P_n \, T_x \, A_1 \subset H_n = \operatorname{Bild} P_n S_x ,$$

also die ideale Situation zur Berechnung der Komposition:

$$[\operatorname{Kern} (P_n \, T \, A_1)(P_n S)] = [\operatorname{Kern} P_n S] + [\operatorname{Kern} P_n T] ,$$

da wie für einzelne Vektorräume auch für Vektorbündel die kurze Sequenz

$$0 \to [\operatorname{Kern} P_n S] \to [\operatorname{Kern} P_n \, T \, A_1] \to [\operatorname{Bild} P_n S \cap \operatorname{Kern} P_n \, T \, A_1] \to o$$

exakt ist (vgl. Aufgabe 3.2).

Es bleibt dann noch zu zeigen, daß man - weil $A_1 \, P_n$ die Projektion auf den von $e_o, e_1, \ldots, e_{n-1}, e_{2n}, e_{2n+1}, \ldots$ aufgespannten Raum ist - die Projektionen auch vorziehen kann, und man erhält so

$$\operatorname{index} TS = \operatorname{index} P_{2n} \, TS = [\operatorname{Kern} (P_n \, T \, A_1)(P_n S)] - [X \times (H_{2n})^{\perp}] . \quad \square$$

AUFGABE 7: Der Beweis von Satz 7.2 und die vorstehende Anmerkung liefern (für $X :=$ Punkt) zwei weitere Beweise für die Kompositionsregel

$$\text{index } TS = \text{index } S + \text{index } T$$

für Fredholmoperatoren. Drei Beweise haben wir dafür schon kennengelernt (Aufgabe 2.4, Aufgabe 3.2 und Aufgabe 5.4). Lassen sich diese drei Beweise unmittelbar auf Familien von Fredholmoperatoren übertragen? Braucht man jeweils ein Homotopieargument? In welchem Verhältnis stehen überhaupt die fünf Beweise? □

AUFGABE 8: Zeige, daß die Menge

$$F_0 := \{ T \; ; \; T \in F \text{ und } \text{index } T = 0 \}$$

wegzusammenhängend ist.

TIP: Wähle für $T \in F_0$ einen Isomorphismus

$$\varphi \; : \; \text{Kern } T \to (\text{Bild } T)^{\perp}$$

(Vektorräume gleicher, endlicher Dimension!) und setze

$$\Phi := \begin{cases} \varphi & \text{auf Kern } T \\ 0 & \text{auf } (\text{Kern } T)^{\perp} . \end{cases}$$

Nach Konstruktion ist dann $T + \Phi \in B^{\times}$ und $T + t\,\Phi \in F$ für $t \in I$ (Warum? Was für ein Operator ist nämlich Φ ?) Wende dann Satz 6.1 an. □

C. DER SATZ VON ATIYAH-JÄNICH. Da die Mengen $F_i := \{T \; ; \; T \in F \text{ und } \text{index } T = i\}$ durch Komposition mit den shift-Abbildungen (siehe Aufgabe 1.1) modulo kompakter Operatoren bijektiv und stetig aufeinander abgebildet werden, können wir unmittelbar aus Aufgabe 8 in Verbindung mit der schon in Satz 5.2 bewiesenen Homotopieinvarianz des Index folgern, daß durch ihn eine Bijektion der Wegzusammenhangskomponenten von F auf $\mathbb{Z}$ gegeben wird.

Dieses Resultat sagt natürlich noch nicht viel über die Topologie von F aus. Wir wollen es hier nicht minutiös vorrechnen. Viel aufschlußreicher ist der folgende Satz, aus dem wir die Feststellung

$$\text{index} \; : \; \text{Wegzhgskomp. von } F \to \mathbb{Z} \text{ bijektiv}$$

als Sonderfall für $X :=$ Punkt zurückerhalten.

SATZ 3 (M.F. ATIYAH, K. JÄNICH 1964):

$$\text{index} \; : \; [X,F] \to K(X) \text{ ist ein Isomorphismus} .$$

<u>BEWEIS:</u> Wir zeigen, daß die natürliche Sequenz von Halbgruppen

$$[X,B^{\times}] \to [X,F] \overset{\text{index}}{\to} K(X) \to 0$$

exakt ist. Aus diesem Ergebnis von M. ATIYAH und K. JÄNICH folgt dann mit dem Satz von N. KUIPER (Satz <u>6.2</u>) die Behauptung. (Zum Begriff "Exaktheit" vgl. unsere Zusammenstellung nach Aufgabe <u>2.3</u>) .

<u>1. Schritt:</u> Das Indexbündel einer stetigen Familie

$$T : X \to B^{\times}$$

ist trivialerweise Null.

<u>2. Schritt:</u> Sei nun $T : X \to F$ eine Fredholmfamilie mit verschwindendem Indexbündel. In Aufgabe <u>8</u> haben wir angegeben, was man tun muß, wenn $X = \{\text{Punkt}\}$ ist, also T ein einzelner Fredholmoperator: Man wählt einen Isomorphismus

$$\varphi : \text{Kern } T \to (\text{Bild})^{\perp}$$

und erhält in

$$\Phi := \begin{cases} \varphi & \text{auf Kern } T \\ 0 & \text{auf } (\text{Kern } T)^{\perp} \end{cases}$$

einen Operator von endlichem Rang und mit $T + t\Phi$ die gewünschte Homotopie in F zu $T + \Phi \in B^{\times}$.

Beim Übergang zum Allgemeinfall $X \neq \{\text{Punkt}\}$ stoßen wir nun auf zwei Schwierigkeiten:

1. $\bigcup_{x \in X} \text{Kern } T_x$ ist i.a. kein Vektorraumbündel.
2. Es gibt i.a. keine kanonische, von x unabhängige oder zumindest stetig von x abhängende Wahl von

$$\varphi_x : \text{Kern } T_x \to (\text{Bild } T)^{\perp} .$$

Den 1. Fehler können wir schnell heilen: Wir wählen wieder eine Orthogonalprojektion

$$P_n : H \to H_n ,$$

so daß $\dim \text{Kern } P_n T_x$ konstant ist und

$$\text{index } T = [\text{Kern } P_n T] - [X \times (H_n)^{\perp}] \in K(X) ,$$

$\text{index } T = 0$ bedeutet nun

$$[\text{Kern } P_n T] = [X \times (H_n)^{\perp}] \quad \text{in} \quad K(X) ,$$

und das bedeutet wieder, vgl. Abschnitt <u>III.1.C</u> , daß es für N hinlänglich groß einen Vektorraumbündel-Isomorphismus

$$\varphi : (\text{Kern } P_n T) \oplus (X \times \mathbb{C}^N) \cong (X \times (H_n)^\perp) \oplus (X \times \mathbb{C}^N)$$

gibt; das heißt durch "Erweiterung" mit dem trivialen Bündel $X \times \mathbb{C}^N$ können wir im Prinzip auch den 2. Fehler heilen. Tatsächlich können wir aber auf diese K-theoretische Überlegung verzichten. Wir brauchen nämlich gar nicht zu "erweitern", wenn wir n nur groß genug machen: Wie im Beweis von Satz 7.1 gezeigt, gilt nämlich

$$\text{Kern } P_{n+1} T \cong \text{Kern } P_n T \oplus (X \times \mathbb{C}) .$$

Damit können wir für $m := n + N$ die Abbildung φ auch als Isomorphismus

$$\varphi : \text{Kern } P_m T \cong X \times (H_m)^\perp$$

auffassen und auf diese Weise jetzt die in Aufgabe 8 geübte Konstruktion von Φ punktweise übertragen, wodurch wir eine Homotopie von Fredholmfamilien zwischen

$$P_m T : X \to F(H)$$

und

$$P_m T + \Phi : X \to B^\times(H)$$

erhalten. Da der Index der Orthogonalprojektion $P_m : H \to H$ verschwindet, also mit dem Index von Id übereinstimmt, können wir - nach Aufgabe 8 - die "Konstanten" P_m mit Id in $F(H)$ und damit auch $P_m T$ mit T in einer weiteren Homotopie von Abbildungen $X \to F(H)$ verbinden.

Jede Fredholmfamilie mit verschwindendem Indexbündel ist also homotop einer stetigen Familie von invertierbaren Operatoren, womit - in Verbindung mit dem 1. Schritt - die Exaktheit der kurzen Sequenz in der Mitte gezeigt ist.

3. Schritt: Wir müssen noch die Surjektivität

$$\text{index} : [X,F] \to K(X)$$

zeigen.

Nach der Konstruktion im Anhang, Aufgabe 6, siehe auch Abschnitt III.1.C, läßt sich jedes Element von $K(X)$ in der Form $[E] - [X \times \mathbb{C}^k]$ schreiben, wo E ein Vektorraumbündel über X ist und $k \in \mathbb{Z}_+$.

Wir sind also mit unserem Beweis fertig, wenn wir zu jedem solchem E eine stetige Familie S von (surjektiven) Fredholmoperatoren auf einem geeignet gewählten

Hilbertraum angeben können mit

$$\text{index } S = [E] ,$$

weil dann aus der Homorphie der Indexbündelkonstruktion (Satz 7.2)

$$\text{index } (\text{shift}^+)^k S = [E] - [X \times \mathbb{C}^k]$$

folgt, wo shift^+ , wie in Aufgabe 1.1, die rechtsseitige Verschiebung bzgl. einer beliebig gewählten Orthonormalbasis des Hilbertraums; beachte, daß wegen $\text{index shift}^+ = -1$ die konstante Familie $x \mapsto \text{shift}^+$ als Indexbündel gerade $-[X \times \mathbb{C}]$ erhält.

Sei also E ein Vektorbündel über X . Bestünde X nur aus einem Punkt, dann wären wir schon fertig: Wir bräuchten nur den Vektorraum (!) E zu einem (unendlich-dimensionalen, separablen) Hilbertraum zu ergänzen, eine orthonormale Basis von E zu einem Orthonormalsystem für den ganzen Hilbertraum fortzusetzen und $S := (\text{shift}^-)^{\dim E}$ zu setzen. Aber sehen wir uns nun den Allgemeinfall an. Dann läßt sich immer, siehe Anhang, Aufgabe 6 , ein Vektorraumbündel F über X und ein endlich-dimensionaler (komplexer) Vektorraum V finden, so daß $E \oplus F \cong X \times V$. $\pi_x : V \to E_x$ sei die Projektion.

Sei H ein beliebiger Hilbertraum. Es wird sich dann zeigen, daß sich der gesuchte Operator S_x , $x \in X$, am einfachsten auf dem Raum $\text{Hom}(V,H)$ der linearen Abbildungen von V in H definieren läßt. Wählen wir nun für den Vektorraum V (etwa durch Auszeichnung einer Basis und damit Identifizierung mit dem in kanonischer Weise hermiteschen Raum $\mathbb{C}^N$, wenn $N = \dim V$) ein hermitesches "Skalar-"produkt $\langle..,..\rangle : V \times V \to \mathbb{C}$, so definiert jedes Paar $(f,u) \in V \times H$ durch

$$v \mapsto \langle f,v \rangle u \quad , \quad v \in V ,$$

ein Element aus $\text{Hom}(V,H)$, das wir mit $f \otimes u$ bezeichnen wollen (beachte die Isomorphie $\text{Hom}(V,H) = V' \otimes H$ der multilinearen Algebra , wo V' ($\cong V$) der Vektorraum der linearen Abbildungen von V in $\mathbb{C}$ ist). Dann ist

$$\text{Hom}(V,H) = \{ \sum_{i=1}^{m} f_i \otimes u_i \ ; m \in \mathbb{N}, f_i \in V, u_i \in H\} ,$$

wobei

$$zf \otimes u = f \otimes zu \quad , \quad z \in \mathbb{C} ,$$

und

$$(f + f') \otimes (u + u') = f \otimes u + f \otimes u' + f' \otimes u + f' \otimes u' .$$

Vermöge

$$< \sum_{i=1}^{m} f_i \otimes u_i , \sum_{j=1}^{m} f_j' \otimes u_j' > := \sum_{i=1}^{m} \sum_{j=1}^{n} < f_i , f_j' > < u_i , u_j' >$$

ist dann ein Skalarprodukt erklärt, mit dem (V ist endlich-dimensional, da kann nichts schiefgehen ...) Hom (V,H) ein Hilbertraum wird. (Addition und Multiplikation mit komplexen Zahlen sind in natürlicher Weise erklärt). Man rechnet sofort nach, daß $\{f_j \otimes e_i\}_{j=1,\ldots N;\ i=0,1,2,\ldots}$ eine Orthonormalbasis für Hom (V,H) ist, wenn $f_1,\ldots,f_N$ Orthonormalbasis für V und $e_0,e_1,e_2,\ldots$ entsprechend für H.

Jeder lineare und beschränkte Operator T auf H definiert nun offensichtlich zusammen mit einem Endomorphismus τ von V einen linearen und beschränkten Operator $\tau \otimes T$ auf Hom (V,H) durch

$$(\tau \otimes T)(f \otimes u) := \tau (f) \otimes T (u) .$$

Wir setzen - für fest gewählte Basis $e_0,e_1,\ldots$ von H -

$$S_x := (\pi_x \otimes \text{shift}^-) + ((\text{Id}_V - \pi_x) \otimes \text{Id}_H) .$$

Dann ist für $i \geq 1$

$$S_x (f \otimes e_i) = \pi_x(f) \otimes e_{i-1} + f \otimes e_i - \pi_x(f) \otimes e_i$$

und speziell für $f \in E_x$

$$S_x (f \otimes e_1) = f \otimes 0 + f \otimes e_1 - f \otimes e_1 = 0 ,$$

also insbesondere Bild S_x = Hom (V,H) und Kern $S_x = \{f \otimes e_1 ; f \in E_x\}$. Also ist Kern S_x in kanonischer Weise mit E_x isomorph, also index S = [Kern S] - 0 = [E].

□

Die Bedeutung der vorstehenden Sätze liegt auf verschiedenen Ebenen: Während wir in den folgenden Kapiteln, und zwar sowohl bei der topologischen Behandlung von Randwertaufgaben wie beim analytischen Beweis des Periodizitätssatzes der Topologie der linearen Gruppen, von den Sätzen 7.1 und 7.2, also von der Konstruktion des Indexbündels und seinen elementaren Eigenschaften wiederholt Gebrauch machen werden, wird Satz 7.3, der eigentliche "Hauptsatz" von uns nicht explizit verwendet. Trotzdem hat der letzte Satz eine grundlegende Bedeutung für unser Thema, da er eigentlich erst eine Begründung für die theoretische Relevanz des Begriffs "Indexbündel" gibt und damit letztlich erklärt, wieso dieses Konzept sich als geeignet erweisen kann, tiefliegende Zusammenhänge sowohl der Analysis wie der Topologie auszudrücken.

D. HOMOTOPIE UND UNITÄRE ÄQUIVALENZ. *Leistungsfähigkeit und Schranken des homotopietheoretischen Ansatzes in der Analysis, speziell in der Theorie der Fredholmoperatoren demonstrieren auch die jüngsten Ergebnisse von Lawrence BROWN, Lewis COBURN, Ronald DOUGLAS, Peter FILLMORE, William HELTON, Roger HOWE u.a., die wir hier kurz referieren wollen; für Einzelheiten vgl. den Sammelband [FILLMORE 1973].*

1. Sei B *die Banachalgebra der linearen beschränkten Operatoren auf dem Hilbertraum* H *mit dem abgeschlossenen Ideal* K *der kompakten Operatoren und der kanonischen Projektion* $\pi : B \to B/K$. *Für* $S,T \in B$ *definieren wir in* B/K *die "unitäre Äquivalenz"* $\pi(S) \approx \pi(T)$ *durch eine der beiden folgenden, nach [FILLMORE 1973, 77] gleichbedeutenden Forderungen:*

(i) Es gibt einen unitären Operator $U \in B$ *(d.h.* $U^* = U^{-1}$) , *so daß*

$$S - U T U^* \in K .$$

(ii) Es gibt ein in B/K *unitäres Element* v , *so daß*

$$\pi(S) = v\, \pi(T)\, v^* .$$

Sei nun $S \in F$, *d.h. (Satz 5.1)* $\pi(S)$ *ist ein invertierbares Element von* B/K . *In welchem Verhältnis stehen in* F *die topologische Relation*

$S \sim T$, *d.h.* S *und* T *lassen sich durch einen stetigen Weg in* F *verbinden, oder gleichbedeutend:* index S = index T (S *und* T *sind "homotop")*

und die numerisch-analytische Relation

$S \stackrel{\sim}{=} T$ **mod.** K , *d.h.* $\pi(S) \approx \pi(T)$ (S *und* T *sind "modulo* K *unitär äquivalent").*

Da $B^\times$ *und erst recht* U *zusammenhängend sind (Satz 6.1), folgt trivialerweise aus der unitären Äquivalenz modulo* K *die Homotopie. Der umgekehrte Schluß ist zunächst nicht klar. Man sieht vielmehr durch Vergleich z.B. der homotopen Operatoren* Id *und* -Id , *daß sich Fredholmoperatoren, die in der gleichen Wegzusammenhangskomponente von* F *liegen, durchaus um "mehr" als nur einen kompakten Operator unterscheiden können.*

BROWN, DOUGLAS und FILLMORE zeigten nun 1970: In der Gruppe der unitären Elemente von B/K *stimmen die Relationen* $\sim$ *und* $\approx$ *überein; d.h. "wesentlich-unitäre" Operatoren im Hilbertraum lassen sich genau dann durch einen stetigen Weg in* F *verbinden, d.h. haben gleichen* Index, *wenn sie "modulo* K *unitär äquivalent" sind. Oder noch anders:*

Die unitär äquivalenten Elemente von B/K *bilden eine unendlich zyklische Gruppe, deren Elemente von den Operatoren*

$$\pi(\mathrm{Id}) \quad oder \quad \pi((\mathrm{shift}^+)^n) \quad oder \quad \pi((\mathrm{shift}^-)^n) \ , \quad n \in \mathbb{N}$$

repräsentiert werden [FILLMORE 1973, 71].

Für alle "wesentlich-unitären" Operatoren $T \in B$ *(d.h.* $\pi(T)$ *unitär in* B/K*) ist wegen* $\|\pi(T)\| = 1$ *(vgl. Aufgabe 5.3) das "wesentliche Spektrum"* $\text{Spek}_e(T) = \text{Spek}\,\pi(T)$ *ganz in* $S^1 = \{z\ ;\ z \in \mathbb{C}$ *und* $|z| = 1\}$ *enthalten. Da für* $|z| > 1$ *immer* $\text{index}\,(T - z\text{Id}) = 0$ *ist, kann wegen der Homotopieinvarianz des* Index *die Inklusion* $\text{Spek}_e(T) \subset S^1$ *übrigens nur dann echt sein, wenn* $\text{index}\,T = 0$ *ist. Jede Klasse von unitär äquivalenten unitären Elementen in* B/K *ist also durch den* Index *charakterisiert, wobei für festes* T *der* Index *von* $T - z\text{Id}$ *eine Abbildung von* $\mathbb{C} \setminus S^1$ *in* $\mathbb{Z}$ *mit konstantem Wert* 0 *außerhalb von* S^1 *und konstantem Wert* $n = \text{index}\,T$ *innerhalb von* S^1 *ist. In geometrischer Sprache: Für die unitären Elemente in* B/K *ist der* Index *eine "vollständige" unitäre Invariante.*

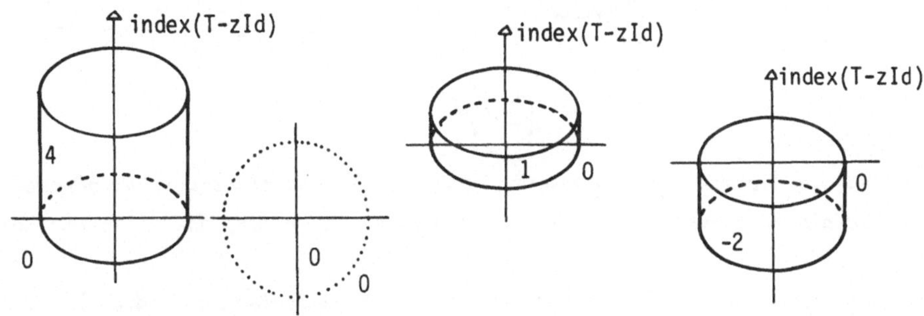

2. *Für normale Operatoren* $(T \in N \Leftrightarrow T^*T - TT^* = 0)$ *ist dagegen das wesentliche Spektrum die "vollständige" unitäre Invariante *)*, *während der* Index *(vgl. die Anmerkung nach Satz 3.2) im Komplement des wesentlichen Spektrums konstant* 0 *ist.*

Die Klasse von Operatoren, die sich am natürlichsten als nächstes Untersuchungsobjekt nach den normalen und nach den Fredholmoperatoren anbietet, sind - wenn wir ohnehin modulo K *rechnen wollen - die "wesentlich-normalen" Operatoren, also Operatoren* $T \in B$, *für die* $\pi(T)$ *normal ist, also* $TT^* - T^*T \in K$. *Dazu gehören insbesondere die kompakten Störungen von normalen Operatoren (was für uns nichts neues bringt, da ihr* Index *verschwindet) und die wesentlich-unitären Operatoren. Es gilt dann der folgende Satz von BROWN - DOUGLAS - FILLMORE (1973): Zwei wesentlich-normale Operatoren* S *und* T *sind genau dann* modulo K *unitär äquivalent, wenn sie dasselbe wesentliche Spektrum* X *haben und wenn auf jeder Zusammenhangskomponente des Komplements* $\mathbb{C} \setminus X$ *die ganzen Zahlen* $\text{index}\,(S - z\text{Id})$ *und* $\text{index}\,(T - z\text{Id})$ *übereinstimmen [FILLMORE 1973, 73-122].*

**) I.D. BERG, Trans. Amer. Math. Soc. 160 (1971), 365-371, zeigt, daß jeder normale Operator durch kompakte Störung auf Diagonalgestalt gebracht werden kann und daß* $S,T \in N$ *genau dann unitär äquivalent* modulo K *sind (d.h. es gibt einen unitären Operator* U *mit* $S - UTU^* \in K$*), wenn* $\text{Spek}_e(T) = \text{Spek}_e(S)$. *Dieses Resultat stammt für* S,T *selbstadjungiert von John v. NEUMANN (1935), der an ein Lemma von Hermann WEYL (1909) anschloß, wonach die Häufungspunkte des Spektrums eines selbstadjungierten Operators bei Störung mit einem kompakten Operator erhalten bleiben [ACHIESER-GLASMANN, 278-285].*

Der Beweis dieses Satzes ist mit seinem Rückgriff auf diffizile Fragen der topologischen Algebra und der K-Theorie ganz und gar nicht trivial. Wir wollen uns hier nur noch einmal die Situation veranschaulichen: Das wesentliche Spektrum X *eines wesentlich normalen Operators* T *ist eine kompakte Teilmenge* X *von* $\mathbb{C}$. *Durch* index (T - zId) *ist auf* $\mathbb{C} \setminus X$ *eine* $\mathbb{Z}$*-wertige Funktion gegeben.*

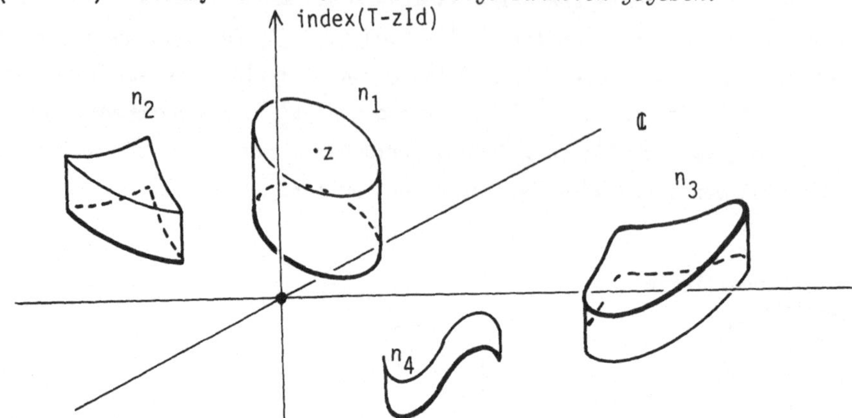

Dabei stellen die Zusammenhangskomponenten von $\mathbb{C} \setminus X$ *mit nicht-verschwindendem* Index *sozusagen die "Obstruktionen", die "Hindernisse" dafür dar, daß* T *nicht normal ist.*

3. Während der wegweise Zusammenhang in F *nur eine Zerlegung in die* $\mathbb{Z}$ *Zusammenhangskomponenten, eine Klassifizierung nach* index T - zId *im Punkte* z = 0 *liefert, erlaubt* 2 *eine feinere Klassifizierung - nach den "Indextürmen" über den Zusammenhangskomponenten vom Komplement des wesentlichen Spektrums.*

Wir nennen einige konkrete Konsequenzen, mit denen wir zum übernächsten Paragraphen überleiten wollen:

(i) Ein wesentlich-normaler Operator T *mit* index (T - zId) = 0 *für alle* z *außerhalb des wesentlichen Spektrums von* T *liegt in* N + K , *d.h. läßt sich als Summe aus einem normalen und einem kompakten Operator darstellen [FILLMORE, 118].*

(ii) Die Familie N + K *ist topologisch abgeschlossen (in der Operatornorm); es lassen sich also Elemente aus dem Komplement von* N + K *in* B *- auch wenn ihr* Index *verschwindet - nicht durch eine Folge in* N + K *approximieren [FILLMORE, 119]. Freilich fehlt bisher noch ein elementarer Beweis für dieses bemerkenswerte Resultat.*

(iii) Sehr interessant ist auch, daß wesentlich-normale Operatoren, deren wesentliches Spektrum durch das Bild einer einfachen geschlossenen Kurve beschrieben wird, modulo K *unitär äquivalent zu Wiener-Hopf-Operatoren mit gleicher "Kennlinie" sind. Einzelheiten dazu im übernächsten Paragraphen und in [FILLMORE, 73].*

8. Fourierreihen und -integrale (Zusammenstellung der Grundbegriffe)

Die folgenden Grundbegriffe und elementaren Zusammenhänge gehören heute i.a. zur mathematischen Allgemeinbildung und können in einer Vielzahl von Lehrbüchern der Analysis nachgelesen werden. Als Generalreferenz verweise ich hier auf [DYM-McKEAN 1972].

A. FOURIERREIHEN

$C^o(S^1)$ Banachraum der stetigen (komplexwertigen) Funktionen auf der Kreislinie $S^1 = \{z \; ; \; z \in \mathbb{C} \text{ und } |z| = 1\}$ mit der Norm

$\|f\|_\infty := \sup \{|f(z)| \; ; \; |z| = 1\}$ für $f \in C^o(S^1)$.

$L^1(S^1)$ Banachraum der (komplexwertigen) summierbaren Funktionen auf S^1 mit der Norm $\|f\|_1 := \int_{S^1} |f|$. Oft stellt man $L^1(S^1)$ z.B. durch den Raum $L^1[0,1]$ der summierbaren Funktionen auf dem Intervall $[0,1]$ dar und erhält dann $\|f\|_1 = \int_0^1 |f(x)| \, dx$.

$L^2(S^1)$ Hilbertraum der quadratisch summierbaren Funktionen auf S^1 mit dem inneren Produkt

$$< f,g > := \int_0^1 f(x) \, \overline{g(x)} \, dx$$

und der entsprechenden Norm

$$\|f\| := \left(\int_0^1 |f(x)|^2 \, dx\right)^{1/2} .$$

Hierbei haben wir den Raum $L^2(S^1)$ mit $L^2[0,1]$ identifiziert. □

WARNUNG: Funktionen in $L^1(S^1)$ bzw. $L^2(S^1)$ werden gleichgesetzt, wenn sie außerhalb einer Menge vom Maß 0 übereinstimmen. Insbesondere wird f mit der Nullfunktion gleichgesetzt, wenn f "fast überall" 0 ist, d.h. wenn f höchstens in einer Menge vom Maß 0 nicht verschwindet. Auf diese Weise erreichen wir, daß $\|f\| = 0$ genau dann gilt, wenn $f = 0$ ist.

Tatsächlich sind also die Elemente von $L^1(S^1)$ oder $L^2(S^1)$ keine Funktionen, sondern Äquivalenzklassen von Funktionen. So weit, so korrekt; in der Praxis ist es aber einfacher und dabei im allgemeinen durchaus ungefährlich, diese feine Unterscheidung außer Acht zu lassen, was wir hier und im folgenden auch tun werden.

AUFGABE 1: Zeige, daß $L^2(S^1)$ vermöge $<..,..>$ wirklich ein Hilbertraum ist.

Was ist zu zeigen:

a $<..,..> : L^2(S^1) \times L^2(S^1) \to \mathbb{C}$ wohldefiniert. TIP: Die punktweise Abschätzung

$$2|f(z)\,\overline{g(z)}| = 2|f(z)||g(z)| \leq |f(z)|^2 + |g(z)|^2$$

zeigt, daß $f\bar{g} \in L^1(S^1)$ für $f,g \in L^2(S^1)$.

b Symmetrie (d.h. $< f,g > = \overline{< g,f >}$) , Bilinearität (Additivität und Homogenität im ersten Faktor - und komplexe Konjugation beim zweiten) und Positivität (d.h. $< f,f > \geq 0$ und $< f,f > = 0$ genau dann, wenn $f = 0$) . Trivial.

c $L^2(S^1)$ komplexer Vektorraum. TIP: Für die Additivität beweise Hermann MINKOWSKIs Ungleichung

$$(\int |f+g|^2)^{1/2} \leq (\int |f|^2)^{1/2} + (\int |g|^2)^{1/2}$$

(= Dreiecksungleichung).

d $L^2(S^1)$ vollständig. Um für eine Cauchyfolge $\{f_n\}_{n = 1,2 \ldots}$ mit $f_n \in L^2(S^1)$ und $\|f_n - f_m\|_2 \rightsquigarrow 0$ ein Grenzelement $f \in L^2(S^1)$ angeben zu können mit $\|f_n - f\|_2 \rightsquigarrow 0$, muß man die grundlegenden und das Lebesgueintegral vor dem Riemannintegral auszeichnenden Konvergenzsätze anwenden. Der sehr technische Beweis kann in [DYM-McKEAN, 16-20] nachgelesen werden.

e $L^2(S^1)$ separabel. TIP: Zeige, daß die Familie der stückweise konstanten Funktionen, die nur rationale Real- und Imaginärteile annehmen und nur in endlich-vielen rationalen Punkten ihre Sprungstellen haben, in $L^2(S^1)$ dicht liegt. Zugabe: Mit Hilfe von Glättungsfunktionen der Art

$$g(x) \quad := \quad \begin{cases} 0 & \text{für} \quad x \leq 0 \\ e^{(\frac{1}{x})(\frac{1}{x-1})} & \text{für} \quad 0 < x < 1 \\ 0 & \text{für} \quad 1 \leq x \end{cases}$$

folgt dann sogar $C^\infty(S^1)$ dicht in $L^2(S^1)$. □

Faltung — In $L^1(S^1)$ ist ein kommutatives und assoziatives Produkt ("Faltung", "Konvolution")

$$(f * g)(x) \quad := \quad \int_0^1 f(x-y)\, g(y)\, dy$$

erklärt, das $L^1(S^1)$ zur Algebra (ohne Einselement!) macht. Insbesondere gilt

$$\|f * g\|_1 \quad < \quad \|f\|_1\, \|g\|_1 \,.$$

Ferner zeigt man, daß $L^2(S^1)$ bezüglich $*$ ein Ideal in $L^1(S^1)$ ist, daß also $f * g$ in $L^2(S^1)$ liegt, sofern nur einer der Faktoren darin liegt. [DYM-McKEAN, 41].

Orthonormalsystem Die Familie $\{z^n ; n \in \mathbb{Z}\}$, wobei $z^n : S^1 \to \mathbb{C}$ die Funktion, die jedem $z \in S^1$ den Wert z^n zuordnet, bildet ein Orthonormalsystem in $L^2(S^1)$. Fassen wir $L^2(S^1)$ als $L^2[0,1]$ auf, so haben die entsprechenden Funktionen die Gestalt $x \to e^{2\pi inx}$.

Fourierreihe Das Orthonormalsystem ist vollständig, d.h. seine lineare Hülle ist dicht in $L^2(S^1)$. Damit läßt sich jede Funktion $f \in L^2(S^1)$ in eine Fourierreihe

$$f = \sum_{-\infty}^{\infty}{}_n \hat{f}(n)\, z^n$$

entwickeln mit den Fourierkoeffizienten

$$\hat{f}(n) := \langle f, z^n \rangle = \int_0^1 f(x)\, e^{-2\pi inx}\, dx .$$

Die Entwicklung in einer unendlichen Summe soll dabei bedeuten, daß f in der $L^2(S^1)$-Norm beliebig gut durch Partialsummen $\sum_{|n|\leq k} \hat{f}(n)\, z^n$ approximiert werden kann für $k \rightsquigarrow \infty$. Auf diese Weise erhält man einen Isomorphismus von $L^2(S^1)$ mit dem Raum $L^2(\mathbb{Z})$ der unendlichen Folgen komplexer Zahlen mit quadratisch summierbaren Absolutbeträgen. Die Abbildung ist isometrisch:

$$\|f\|_2^2 = \sum_{-\infty}^{\infty}{}_n |\hat{f}(n)|^2 \qquad \text{(Plancherelidentität).}$$

Einzelheiten in [DYM-McKEAN, 26-30].

Auch für $f \in L^1(S^1)$ sind die Fourierkoeffizienten noch wohldefiniert; und aus dem Satz von Guido FUBINI über mehrfache Integration folgt dann [DYM-McKEAN, 42] die Regel

$$(f * g)\hat{}(n) = \hat{f}(n)\, \hat{g}(n) .$$

Im übrigen ist aber die Algebra A der Folgen, die als Fourierkoeffizienten summierbarer Funktionen auftreten, noch weitgehend unerforscht: "Die beste derzeit erhältliche Information deutet darauf hin, daß A überhaupt keine anständige Beschreibung besitzt." [DYM-McKEAN, 43].

Wenn andererseits mit f und g auch das Produkt fg (im Sinne der punktweisen Multiplikation) summierbar ist - was nach Aufgabe 1a z.B. für $f,g \in L^2(S^1)$ gewährleistet ist - dann gilt für die Fourierkoeffizienten

$$(fg)\hat{} = \hat{f} * \hat{g} ,$$

$$:= \sum_{k=-\infty}^{\infty} \hat{f}(n-k)\, \hat{g}(k) .$$

Zum Beweis benötigen wir hier nicht den Satz von FUBINI wie oben, sondern kommen mit dem Einsetzen der Fourierreihe von g in die Formel für $(fg)\hat{}(n)$ und den üblichen Grenzwertsätzen über das Lebesgueintegral (Vertauschung von $\int$ und $\lim$ bzw. $\sum$) aus.

B. FOURIERINTEGRAL. Geht man von der Standarddarstellung der Kreisfunktionen als Funktionen reeller Argumente der Periode 1 zum allgemeinen Fall der Periode $T > 0$ über und läßt T nach ∞ gehen, so wird man in natürlicher Weise zum Begriff des Fourierintegrals geführt [DYM-McKEAN, 86f]:

$$\hat{f}(\xi) := \int_{-\infty}^{\infty} f(x)\, e^{-i\xi x}\, dx .$$

Wir betrachten die Fouriertransformation auf den folgenden Räumen:

$C^\infty_\downarrow(\mathbb{R})$ Der Raum der rasch abnehmenden C^∞-Funktionen auf $\mathbb{R}$ (mit komplexen Werten). "Rasch abnehmend" besagt dabei, daß diese Funktionen und alle ihre Ableitungen, die man noch mit Polynomen multiplizieren darf, im Unendlichen gegen 0 gehen.

$L^1(\mathbb{R})$ Der Banachraum der summierbaren Funktionen mit

$$\|f\|_1 := \int_{-\infty}^{\infty} |f(x)|\, dx < \infty .$$

Er ist eine Algebra (ohne Einselement) unter der Faltung

$$(f * g)(x) := \int_{-\infty}^{\infty} f(x-y)\, g(y)\, dy ,$$

und es gilt [DYM-McKEAN, 87f]:

$$\|f * g\|_1 \le \|f\|_1 \|g\|_1 .$$

$L^2(\mathbb{R})$ Der Hilbertraum (Nachweis wie in Aufgabe 1) der quadratisch summierbaren Funktionen mit

$$< f,g > := \int_{-\infty}^{\infty} f(x)\, \overline{g(x)}\, dx$$

$$\|f\|_2 := \sqrt{< f,f >} .$$

Mit dem Argument aus Aufgabe 1a folgt, daß $C_{\downarrow}^{\infty}(\mathbb{R})$ dicht liegt in $L^1(\mathbb{R})$ sowie in $L^2(\mathbb{R})$. Natürlich kann man nicht erwarten, daß - wie bei den Funktionen auf der (kompakten) Kreislinie S^1 - ganz $C^{\infty}(\mathbb{R})$ oder $C^0(\mathbb{R})$ in den Lebesgueräumen enthalten wären.

Eine weitere Komplikation ist, daß auch die Inklusion $L^2 \subset L^1$ nicht mehr gilt. Gegenbeispiele für die Inklusionen in beiden Richtungen bastelt man sich leicht durch Zusammenstückelung der Nullfunktion z.B. mit dem Parabelast $|x|^{-3/4}$. □

AUFGABE 2: Die folgenden Aussagen sind leicht zu beweisen:

a Für jedes $f \in L^1(\mathbb{R})$ und jedes $\xi \in \mathbb{R}$ ist $\hat{f}(\xi)$ wohldefiniert. (Trivial).

b Ist f überdies differenzierbar und die Ableitung $f' \in L^1(\mathbb{R})$, so gelten die Formeln

$$(f')^{\wedge} = i\xi\hat{f} \qquad (*)$$

und

$$(\hat{f})' = (-i\xi f)^{\wedge}, \qquad (**)$$

wobei ξ die Identität auf $\mathbb{R}$. Beweis jeweils durch partielle Integration.

Setzt man für die auftretenden Operationen die Zeichen

$$Df := \frac{1}{i} f'$$

$$Mf := xf$$, also die Funktion, die jedem $x \in \mathbb{R}$ das Produkt $x\,f(x)$ zuordnet

$$Ff := \hat{f}$$,

so erhält man

$$FDf = MFf \qquad (*)$$

und

$$DFf = -FMf \qquad (**)$$

und allgemein für $f \in C_{\downarrow}^{\infty}(\mathbb{R})$ und $p,g \in \mathbb{N}$ durch vollständige Induktion:

$$M^p D^q F = (-1)^q F\, D^p\, M^q . \qquad (***)$$

Diese Formel ist von grundlegender Bedeutung für die Behandlung von Differentialoperatoren (mit konstanten Koeffizienten), die so in einfache Multiplikatoren übergeführt werden. Vgl. § II.3 über Pseudodifferentialoperatoren. Vom topologischen Standpunkt sind diese Formeln deshalb so bemerkenswert, weil sie eine tiefe Dualität zwischen lokalen und globalen Eigenschaften ausdrücken: So verbindet (*) die Glattheit von f *mit der Abnahme, dem asymptotischen Verhalten von* $\hat{f}$ *und (**) die Glattheit von* $\hat{f}$ *mit der Abnahme von* f *.* $\hat{f}$ *ist genau dann differenzierbar (also eine Eigenschaft, die durch jeweils lokale Daten definiert ist), wenn* f *so rasch abnimmt, daß auch noch für* $-i\xi f$ *das Fourierintegral konvergiert. Diese lokal-globale Dualität ist auch ein Wesenszug der Indexformel für elliptische Operatoren und wird uns dort weiter beschäftigen.*

c Die Fourierinversionsformel

$$f(x) = \frac{1}{2\pi} \int_{-\infty}^{\infty} \hat{f}(\xi)\, e^{ix\xi}\, d\xi$$

ist gültig für $f \in C_{\downarrow}^{\infty}(\mathbb{R})$.

In direkter Analogie zur Rolle der Fourierkoeffizienten in der Fourierreihe ist also jetzt $\hat{f}(\xi)$ die Dichte der Frequenz ξ in der harmonischen Zerlegung von f .

TIP: Beweise die Formel zunächst für f mit kompaktem Träger (d.h. $f = 0$ außerhalb einer kompakten Teilmenge von $\mathbb{R}$) . Da machen die oben bereits erwähnten Grenzübergänge keine Schwierigkeiten, bei denen auf Funktionen der Periode T zurückgespielt wird, um dann T gegen ∞ gehen zu lassen. Dann arbeite mit Glättungsfunktionen wie in Aufgabe 1e, um beliebige rasch abnehmende C^{∞}-Funktionen durch Funktionen mit kompaktem Träger zu approximieren. Die dann erforderlichen $L^1(\mathbb{R})$-Abschätzungen sind etwas trickreich, können aber in [DYM-McKEAN, 89f] nachgelesen werden.

Einen kürzeren direkten Beweis findet man in [HÖRMANDER 1963, 18f].

d Als Korrolar zu dem Beweis c erhält man die Plancherelformel

$$\|\hat{f}\|_2 = (2\pi)^{-1/2}\, \|f\|_2$$

und

$$F : C_{\downarrow}^{\infty}(\mathbb{R}) \to C_{\downarrow}^{\infty}(\mathbb{R}) \qquad \text{linear und bijektiv,}$$

wobei F wieder die Fouriertransformation $f \mapsto \hat{f}$ bezeichnet. Nach der Fourierinversionsformel gilt dabei für die Umkehrabbildung

$$F^{-1}f = \frac{1}{2\pi} Ff(-..) \quad .$$

e Setze F auf $L^2(\mathbb{R})$ fort! TIP: Approximiere $f \in L^2(\mathbb{R})$ in $L^2(\mathbb{R})$-Norm durch Folge $\{f_n\}$ mit $f_n \in C^\infty_\downarrow(\mathbb{R})$. Zeige dann (mit Additivität von F und Plancherelidentität), daß $\{\hat{f}_n\}$ Cauchyfolge in $L^2(\mathbb{R})$ ist, womit $\hat{f} := \lim_{n\to\infty} \hat{f}_n$ in dem Hilbertraum $L^2(\mathbb{R})$ definiert ist. Prüfe schließlich noch nach, daß $\hat{f}$ nur von f - und nicht von den getroffenen Wahlen abhängt. Auf diese Weise erhält man einen Isomorphismus von $L^2(\mathbb{R})$ auf $L^2(\mathbb{R})$, den wir wieder mit F bezeichnen werden.

f Die Räume $C^\infty_\downarrow(\mathbb{R})$ und $L^2(\mathbb{R})$ sind also dadurch ausgezeichnet, daß sie durch F auf sich selbst abgebildet werden. Das gilt für $L^1(\mathbb{R})$ nicht.
Immerhin zeigt man leicht [DYM-McKEAN, 102], daß dann

(i) $\hat{f} \in C^0(\mathbb{R})$

(ii) $\lim_{|\xi|\rightsquigarrow\infty} \hat{f}(\xi) = 0$

(iii) $(f * g)\hat{} = \hat{f}\,\hat{g}$. □

C. HÖHERDIMENSIONALE FOURIERINTEGRALE. Da nach dem Satz von Guido FUBINI der $L^2(\mathbb{R}^n)$ von n-fachen Produkten

$$f_1(x_1)\cdot\ldots\cdot f_n(x_n)$$

von Funktionen aus $L^2(\mathbb{R})$ aufgespannt wird (Beweis!), lassen sich die vorstehenden Ergebnisse unmittelbar auf den Fall mehrerer Veränderlicher übertragen:

AUFGABE 3: Definiere wie oben die Räume $C^\infty_\downarrow(\mathbb{R}^n)$, $L^1(\mathbb{R}^n)$ und $L^2(\mathbb{R}^n)$ und untersuche die Fouriertransformation

$$\hat{f}(\xi) \quad := \quad \int_{\mathbb{R}^n} f(x)\, e^{-i<x,\xi>}\, dx \ ,$$

wobei $x = (x_1,\ldots,x_n)$, $\xi = (\xi_1,\ldots,\xi_n)$ und $< x,\xi > = x_1\xi_1 + \ldots + x_n\xi_n$. Zeige:

a $\quad f(x) = (2\pi)^{-n} \int_{\mathbb{R}^n} \hat{f}(\xi)\, e^{i<x,\xi>}\, d\xi \qquad$ (Fourierinversionsformel).

b $M^p D^q F = (-1)^{|q|} F D^p M^q$, p,q Multiindices , $Ff := \hat{f}$ und $|q| := q_1 + .. + q_n$.

c $f \in L^1(R^n) \Rightarrow \hat{f} \in C^0(\mathbb{R}^n)$.

d $\int f(x)\, \overline{g(x)}\, dx = (2\pi)^{-n} \int \hat{f}(x)\, \overline{\hat{g}(x)}\, dx$ (Parseval)

e $fg = (2\pi)^{-n} (\hat{f} * \hat{g})$ und $\widehat{fg} = \hat{f} * \hat{g}$.

Einzelheiten in [DYM-McKEAN 1972, 132ff], [HÖRMANDER 1963, 17-19] oder ganz ausführlich in [TRIEBEL 1972, 97-110].

9. Wiener-Hopf-Operatoren

A. DAS BEISPIELRESERVOIR FÜR FREDHOLMOPERATOREN. *Wir haben bisher schon einige tiefliegende Sätze über Fredholmoperatoren bewiesen - unser Beispielreservoir ist aber noch sehr klein, im Grunde banal, da wir konkret erst die folgenden Typen von Fredholmoperatoren kennengelernt haben:*

1. *Den identischen Operator* Id

2. *Den Verschiebungsoperator* shift^+ *(bezüglich einer Orthonormalbasis); siehe Aufgabe 1.1*

3. *Die Rieszschen Operatoren* Id + K , *wo* K *ein Operator von endlichem Rang oder allgemeiner ein Hilbert-Schmidt-Integraloperator der Form*

$$(Ku)(x) := \int_{X \times X} G(x,y)\, u(y)\, dy$$

mit quadratisch summierbarer Gewichtsfunktion G ; *siehe Aufgabe 3.7* .

Alle anderen bisher aufgetretenen Fredholmoperatoren waren elementar-funktionalanalytische Modifikationen der vorgenannten drei Grundtypen: So ist z.B. die linksseitige Verschiebungsabbildung die Adjungierte der rechtsseitigen, also

$$\mathrm{shift}^- = (\mathrm{shift}^+)^* .$$

Ferner ist die (unitäre) Fouriertransformation (Aufgabe 8.2 e)

$$F : L^2(\mathbb{R}) \to L^2(\mathbb{R})$$

durch Zerlegung von $L^2(\mathbb{R})$ *in gewisse vier abgeschlossene Unterräume* H_1, H_2, H_3, H_4 *als direkte Summe*

$$F = i\mathrm{Id} \oplus -\mathrm{Id} \oplus -i\mathrm{Id} \oplus \mathrm{Id}$$

darstellbar, wenn die H_n , $n = 1,\dots 4$, *die Eigenräume der Fouriertransformation* F *zu den Eigenwerten* i^n *sind (einen Beweis mit expliziter Angabe der Eigenfunktionen, der "Hermiteschen Funktionen", findet man z.B. in [DYM-McKEAN, 97-101]). So gesehen, vom Standpunkt unserer abstrakten Operatortheorie im Hilbertraum, ist die Fouriertransformation also auch nur eine "triviale" Modifikation der Identität.*

Wir werden nun unser Beispielreservoir um eine Operatorenklasse erweitern, die mit allen drei Grundtypen zusammenhängt: Die Wiener-Hopf-Operatoren der Gestalt

$\mathrm{Id} + K$, *die auf dem Hilbertraum* $L^2[0,\infty]$ *definiert sind, wobei*

$$Ku(x) := \int_0^\infty k(x-y)\, u(y)\, dy \quad , \quad x \geq 0$$

und $k \in L^1(\mathbb{R})$. *Vor der Entwicklung der mathematischen Theorie dieser Operatoren und der analogen Operatoren im "diskreten" Fall*

$$S : L^2(\mathbb{Z}_+) \to L^2(\mathbb{Z}_+)$$

$$u \mapsto Su \qquad\qquad (Su)_n := \sum_{k\geq 0} f_{n-k}\, u_k \quad ,$$

wo die f_m *z.B. die Fourierkoeffizienten einer stetigen Funktion* $f \in C^0(S^1)$ *auf der Kreislinie* S^1 *sind, wollen wir etwas "Hintergrundinformation" geben.*

B. HERKUNFT UND PRINZIPIELLE BEDEUTUNG DER WIENER-HOPF-OPERATOREN. *Dazu schrieb Norbert WIENER 1954 in seiner Autobiographie*

"Die beste Arbeit, die er (Eberhard Hopf) und ich gemeinsam unternahmen, betraf jedoch eine Differentialgleichung, die beim Studium des Strahlungsgleichgewichts der Sterne auftaucht. Im Innern eines Sterns gibt es ein Gebiet, wo Elektronen und Atomkerne mit Lichtquanten, dem Material, aus dem die Strahlung besteht, koexistieren. Außerhalb des Sternes haben wir Strahlung allein oder wenigstens eine Strahlung, die von einer viel stärker verdünnten Form der Materie begleitet ist. Die verschiedenen Typen von Partikeln, die Licht und Materie bilden, stehen zueinander in einer Art Gleichgewicht, das sich abrupt verändert, wenn wir über die Oberfläche des Sterns hinausgehen. Die Aufstellung der Gleichungen für dieses Gleichgewicht ist einfach, ganz und gar nicht einfach ist es aber, eine generelle Methode für die Lösung dieser Gleichungen zu finden.

Die Gleichungen für das Strahlungsgleichgewicht der Sterne gehören zu einer Gruppe von Gleichungen, die heute mit dem Namen von Eberhard Hopf und dem meinen verbunden sind. Sie hängen eng mit anderen Gleichungen zusammen, die sich ergeben, wenn zwei verschiedene physikalische Bereiche durch eine scharf definierte Grenzlinie oder -zone verbunden sind, wie z.B. bei der Atombombe, die im wesentlichen das Modell eines Sternes ist, wobei die Oberfläche der Bombe den Übergang von einem inneren zu einem äußeren Bereich kennzeichnet; daher finden verschiedene wichtige Probleme, welche die Bombe betreffen, ihren natürlichen Ausdruck in Hopf-Wiener-Gleichungen. Eines dieser Probleme ist die Frage der Sprenggröße der Bombe.

Nach meiner Ansicht lassen sich Hopf-Wiener-Gleichungen am besten dort verwenden, wo die Grenze zwischen den beiden Bereichen in der Zeit und nicht im Raume liegt. Ein Bereich repräsentiert den Zustand der Welt bis zu einem gegebenen Zeitpunkt und der andere den Zustand nach diesem Zeitpunkt. Sie sind genau das richtige Werkzeug für bestimmte Fragen der Theorie der Vorhersage, bei der man eine Kenntnis der Vergangenheit benutzt, um die Zukunft zu bestimmen. Es gibt jedoch viele allgemeinere Instrumentationsprobleme, die mit der gleichen Technik auf zeitlicher Basis gelöst werden können, darunter das Wellenfilterproblem, das darin besteht, eine Nachricht aufzunehmen, die durch ein gleichzeitiges Geräusch verdorben worden ist, und die reine Nachricht nach bestem Können wiederherzustellen.

Sowohl Vorhersage- als auch Filterprobleme waren im letzten Krieg von Bedeutung und behalten ihre Bedeutung auch in der neuen Technik der Nachkriegszeit. Vorhersageprobleme tauchten bei der Flakfeuerleitung auf, denn ein Flakartillerist muß beim Schießen vorhalten wie bei der Entenjagd. Filterprobleme wurden wiederholt bei der Radar-Konstruktion verwendet, und beide, Filter- und Vorhersageprobleme, sind bei den modernen statistischen Verfahren der Meteorologie von Bedeutung."

(N.W.: Ich und die Kybernetik. Goldmann-Taschenbuch, München o.J., S. 120f.
Alle deutschen Rechte durch Ruth Liepman, Zürich.)

Die von Norbert WIENER aufgeführten drei hauptsächlichen Anwendungsbereiche für Wiener-Hopf-Operatoren

(i) Analysis von Randwertproblemen

(ii) Filterprobleme der Nachrichtentechnik

(iii) Zeitreihenanalyse in der Statistik

können wir hier in diesem Textbuch nicht abhandeln. Wir müssen uns im folgenden auf den Gesichtspunkt (i) konzentrieren (siehe § II.8 und § III.1, wo wir den Zusammenhang mit topologisch-geometrischen Fragestellungen klären wollen). Dabei ist es allerdings nützlich, wenn man auch eine Idee der anderen Anwendungsgebiete hat, weil das den notwendigen Transfer der in (ii) und (iii) geübten Methoden auf unseren Bereich (i) erleichtert.

C. DIE "KENNLINIE" EINES WIENER-HOPF-OPERATORS. *Aus dem Bereich der Nachrichtentechnik interessiert uns der Ansatz der Elektroingenieure: Das Rechnen in* $\mathbb{C}$ *und die Fourieranalyse elektrischer Schwingungen mit der Klassifikation von Filtern - oder allgemeiner von Regelkreisen - nach der geometrischen Form der "Kennlinie". Man denke etwa an einen "Filter"* K , *der auf ein Eingabesignal* u *wirkt, so daß eine Ausgabe*

$$Ku(x) = \int_{-\infty}^{\infty} k(x-y)\, u(y)\, dy$$

entsteht:

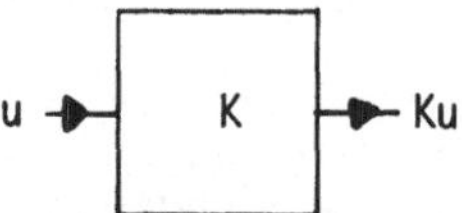

Solche "linearen", "zeitunabhängigen" und - falls $k(x) = 0$ *für* $x < 0$ *- "rein vergangenheitsabhängigen" Filter sind für viele physikalisch-technische Vorrichtungen ganz gute Modelle. Die "Vermessung" solcher Informationskanäle geschieht dann z.B. dadurch, daß der Nachrichtentechniker reine Sinusschwingungen* $u(x) = e^{-i\omega x}$ *durch den Filter schickt*

$$Ku(x) = \int_{-\infty}^{\infty} k(x-y)\, e^{-i\omega y}\, dy = \hat{k}(\omega) e^{-i\omega x} = \hat{k}(\omega)\, u(x)$$

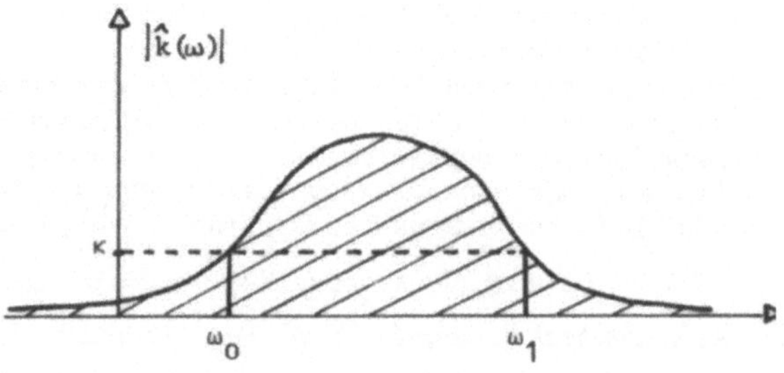

und die "Kennwerte" $\hat{k}(\omega)$ *in Abhängigkeit von der "Phase"* ω *oder der "Frequenz"* $\frac{1}{\omega}$ *aufträgt. Dann liefert das "Amplitudenverhältnis"* $|\hat{k}(\omega)|$ *nur ein Maß für die "lineare Verzerrung" durch Angabe der jeweiligen "Verstärkung" bzw. "Abschwächung". Daraus mag man mit der Bedingung* $|\hat{k}(\omega)| \geq \kappa$ *den "Übertragungsbereich"* $[\omega_0, \omega_1]$ *bestimmen - eine wirkliche "Klanganalyse" erhält man aber erst,* wenn man auch das "Frequenzverhältnis" (den "Phasenshift"), d.h. das Argument der komplexen Zahl $\hat{k}(\omega)$ mitberücksichtigt. Diese "nicht-lineare" Verzerrung wird dann im wesentlichen durch die Gestalt der Kurve $\{\hat{k}(\omega)\ ;\ \omega \in \mathbb{R}\}$ angegeben, die "Kennlinie", "Filtercharakteristik" oder "Periodogramm"

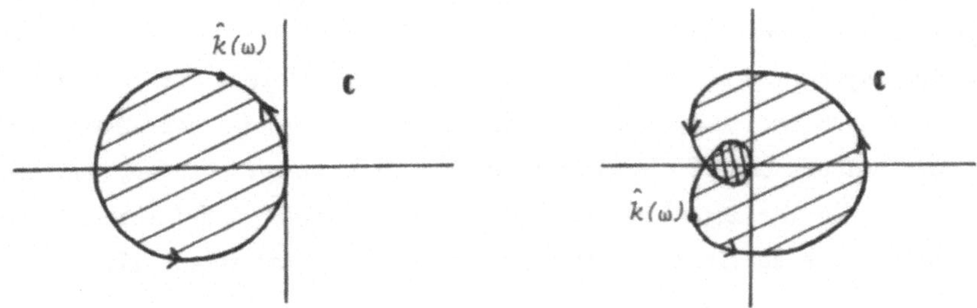

genannt wird und unter bestimmten Voraussetzungen, siehe z.B. unten Satz 9.2, gerade mit dem wesentlichen Spektrum des Operators K übereinstimmt. (Links haben wir z.B. die "Kennlinie" eines Filters ohne "Rückkopplung", während rechts in einem bestimmten Bereich "Rückkopplung" vorkommen kann - obwohl die "lineare Verzerrung" bei beiden Filtern u.U. gleich ist.)

Für Einzelheiten, insbesondere auch für die Beziehungen zur allgemeinen Theorie elektrischer Schaltkreise, verweisen wir auf [DYM-McKEAN, 170-176] und die dort angegebene Literatur.

D. WIENER-HOPF-OPERATOREN UND HARMONISCHE ANALYSE. Wir haben eben darauf hingewiesen, wie die Funktionentheorie, die komplexe Analysis mit ihren vielfältigen geometrisch-topologischen Betrachtungen durch die Nachrichtentechnik in die Operatortheorie nachdrücklich eingeführt ist. Den eigentlichen Grund dafür findet man, grob gesagt, darin, daß die Fouriertransformation einer quadratisch integrierbaren Funktion k, die auf der linken Halbachse konstant verschwindet, in der oberen Halbebene $\mathbb{C}_+$ holomorph ist [DYM-McKEAN, 161f] - oder noch anders gesagt, daß die Lage der Singularitäten in $\mathbb{C}$ gewisser, dynamischen Systemen zugeordneter Funktionen Aufschluß über das asymptotische Verhalten des schwingungsfähigen Systems gibt, vgl. z.B. unten § II.6 und die dort angegebene Literatur.

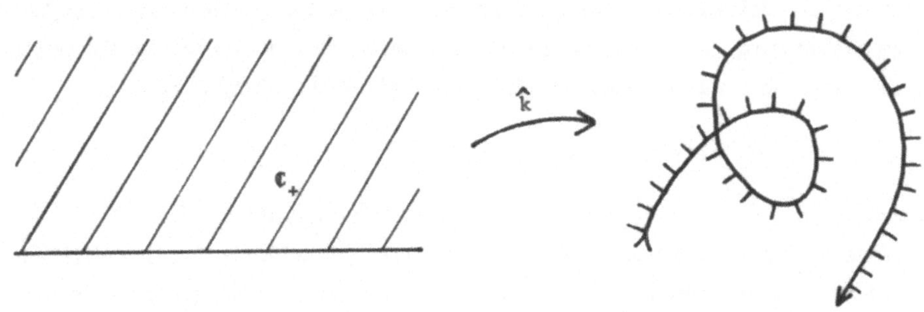

Die so eingebrachten funktionentheoretischen Methoden gehen (im Begriff der in einer Potenzreihe entwickelbaren holomorphen Funktionen) von der Vorstellung von Größen aus, die sich glatt und allmählich verändern und letztlich - durch Kenntnis der Funktionswerte und ihrer Ableitungen an einer einzigen Stelle - vollständig determiniert sind. Die statistische Analyse von Zeitreihen beruht dagegen auf der Theorie reeller Funktionen und bringt so in die Operatortheorie ihre Erfahrung im mathematischen Umgang (im Rahmen der "harmonischen Analyse") mit Kurven ein, die aus Teilen, welche nichts miteinander zu tun haben, aneinander gestückelt sind:

In der Terminologie von C *handelt es sich - grob gesagt - darum, daß man jeden Operator auf der Vergangenheit von* $u(x)$ *, der linear und invariant gegen eine Verschiebung des zeitlichen Ursprungs ist, in der Form eines Filters*

$$Ku(x) = \int_0^\infty k(y)\, u(x-y)\, dy$$

oder als Grenzwert einer Folge von solchen Operatoren darstellen kann. Interpretiert man auf diese Weise K *z.B. als linearen statistischen Prognoseoperator, so erhalten wir mit der Methode der "kleinsten Quadrate" ein Optimalitätskriterium*

$$\int_{-\infty}^\infty |u(x+a) - (Ku)(x)|^2\, dx \to \mathrm{Min}\ ,$$

wobei etwa a *ein gegebener Prognosezeitraum ist und die den Operator* K *definierende Funktion* k *gesucht ist. Nun werden aber in einer statistischen Theorie keine Aussagen über Einzelereignisse, sondern nur über massenhafte Erscheinungen gemacht. Entsprechend macht nicht die Vorhersage oder Extrapolation einer einzelnen "Zeitreihe"* u *, die Bestimmung von* k *in Abhängigkeit von einem einzelnen* u *irgendeinen Sinn. Das Optimalitätskriterium selbst muß vielmehr statistisch interpretiert werden, die Güte des Operators also nicht am Einzelfall, sondern in der durchschnittlichen Wirkung bemessen werden. So klassifiziert man etwa die vorkommenden "stochastischen Prozesse" nach ihrer "Autokorrelation"*

$$\varphi(a) := \lim_{T\to\infty} \frac{1}{2T} \int_{-T}^{T} u(x-a)\, \overline{u(x)}\, dx\ , \quad a \in \mathbb{R}\ .$$

Beim Übergang von u *zur Funktion* φ *wird sozusagen ein Teil des "Informationsgehaltes" der Zeitreihe* u *präpariert, während im übrigen von der Spezifik von* u *abgesehen wird. Für eine Klasse von Zeitreihen mit bekannter Autokorrelation* φ *läßt sich dann das Optimalitätskriterium als Wiener-Hopf-Gleichung*

$$\varphi(x+a) - \int_0^\infty \varphi(x-y)\, k(y)\, dy = 0\ , \quad x \geq 0$$

schreiben, wobei φ *und* a *gegeben sind und* k *gesucht wird.*

Diese Methoden sind nach den Pionierarbeiten [KOLMOGOROW 1943] und [WIENER 1949] inzwischen fester Bestandteil der statistischen Zeitreihenanalyse und können in allen Lehrbüchern der Statistik und Wahrscheinlichkeitstheorie - oft unter dem

Stichwort "Spektraltheorie stochastischer Prozesse" - nachgelesen werden. Einen Überblick mit einer Fülle von Beispielen aus Wirtschaft und Technik gibt [IWAKCHNENKO-LAPA 1967], der auch "nichtstationäre Prozesse" einbezieht.

Die Einzelheiten dieser Verfahren sind für unseren Gesichtspunkt (Berechnung des Index *eines Fredholmoperators) nicht immer interessant - so wie umgekehrt die Berechnung des* Index *für die Korrelationstheorie in der Regel uninteressant ist, da die dort auftretenden Wiener-Hopf-Operatoren i.a. verschwindenden* Index *haben, siehe [IWAKCHNENKO-LAPA 1967, 75]; vergleiche aber auch [ZYPKIN 1970, 147f], der vor der "Illusion einer einfachen Berechnung dieser optimalen Kennfunktionen" warnt und - bei der prinzipiell eindeutigen und expliziten Lösbarkeit - auf den "großen Rechenaufwand zur Bestimmung der entsprechenden Korrelationsfunktionen..." hinweist und alternativ "Adaptionsalgorithmen" vorschlägt, die mit anderen Typen von Fredholmoperatoren verwandt sind, wobei die Eindeutigkeit der Lösung verlorengeht. In unserem Zusammenhang wollen wir nun den wahrscheinlichkeitstheoretischen Ansatz festhalten, der - grob gesagt - darin besteht, mit den Mitteln der Lebesgueintegration Durchschnittsbildungen vorzunehmen, Information zu komprimieren, herauszusortieren, wobei sich diejenige Information als relevant erweist, die - wie die Autokorrelation oder wie der Prognoseoperator selbst - Aussagen über die Art des Zusammenhangs und Übergangs von einem Kurvenstück (Zeitreihe) auf das nächste macht ("Übergangswahrscheinlichkeiten"). Das ist aber nun genau die gleiche Vorgehensweise, wie sie in der algebraischen Topologie praktiziert wird, die ja auch - wieder grob gesprochen - die Zusammensetzung geometrischer Gebilde aus einfachen "Stücken" untersucht, siehe Kapitel III. Auf diesem Hintergrund findet man eine Erklärung, warum die aus der Analysis von Randwortaufgaben herstammenden Wiener-Hopf-Operatoren nach ihrer Bedeutung in der Wahrscheinlichkeitstheorie in jüngster Zeit auch in der Topologie, insbesondere zur Darstellung von Operationen der K-Theorie (siehe Abschnitt III.1.E) Relevanz gewinnen konnten - weil sie eben, wie alle Fredholmoperatoren, ein funktionalanalytisches Mittel zur Behandlung von "Nahtstellen", "Übergängen" und "Verhältnissen" sind.*

E. DIE DISKRETE INDEXFORMEL. Wir haben in § 8 bereits den Hilbertraum $L^2(S^1)$ der auf der Kreislinie $S^1 = \{z ; z \in \mathbb{C}$ und $|z| = 1\}$ meßbaren und quadratisch summierbaren Funktionen kennengelernt und gesehen, daß die Funktionen

$$z \mapsto z^n \quad , \quad n \in \mathbb{Z}$$

eine Orthonormalbasis für $L^2(S^1)$ bilden.

AUFGABE 1: H_n sei der Unterraum von $L^2(S^1)$, der von den Funktionen z^k mit $k \geq n$ aufgespannt wird. Zeige: Die Funktionen $z^0 , z^1 ,..., z^{n-1}$ bilden eine Basis des orthogonalen Komplementes $(H_n)^\perp$ von H_n in H_o . □

AUFGABE 2: P sei die orthogonale Projektion $L^2(S^1) \to H_o$ und f eine stetige komplexwertige Funktion auf der Kreislinie: $f \in C^o(S^1)$.

a Zeige, daß dann durch

$$T_f := P\, M_f \mid H_o$$

ein linearer beschränkter Operator auf dem Hilbertraum H_o definiert ist, wobei M_f die Multiplikation mit f bedeutet.

b Man rechne nach, daß dann für $u \in H_o$ und $n \in \mathbb{Z}_+$

$$(\widehat{T_f u})(n) = \sum_{k=o}^{\infty} \hat{f}(n-k)\, \hat{u}(k) \ ,$$

wenn $\hat{f}(m) := \langle f, z^m \rangle$ der m-te Fourierkoeffizient von f (siehe § 8) ist. T_f ist der f zugeordnete (diskrete) Wiener-Hopf-Operator. □

AUFGABE 3: Zeige, daß durch

$$f \mapsto T_f$$

auf der mit der Norm $\|f\| := \sup \{|f(z)| \ ; \ z \in S^1\}$ ausgestatteten Banachalgebra $C^o(S^1)$ eine stetige lineare Abbildung

$$T : C^o(S^1) \to \mathcal{B}(H_o)$$

definiert ist.

TIP: $\|T_f\| \le \|f\|$. Ist T übrigens ein Banachalgebra-Homomorphismus, d.h. respektiert T auch die Ringstruktur? Siehe unten den 2. Schritt im Beweis von Satz 1. □

SATZ 1 ("DISKRETE" GOCHBERG-KREIN-INDEXFORMEL, 1956): Ist $f \in C^o(S^1)$ und $f(z) \neq o$ für alle $z \in S^1$, dann gilt:

a $\quad T_f : H_o \to H_o$ ist Fredholmoperator

b $\quad \text{index } T_f = - \text{Uml } (f,o)$

Zum Begriff der Umlaufzahl siehe Abschnitt III.1.A.

BEWEIS: Wir beginnen mit a. 1. Schritt: Sei $\mathcal{B} := \mathcal{B}(H_o)$ die Banachalgebra der linearen und beschränkten Operatoren auf dem Hilbertraum H_o , $\mathcal{K} \subset \mathcal{B}$ das abgeschlossene Ideal der kompakten Operatoren auf H_0 und

$$\pi \ : \ \mathcal{B} \to \mathcal{B}/\mathcal{K}$$

die kanonische Projektion auf die Quotientenalgebra, siehe auch § 3. Aus Aufgabe 3 folgt dann, daß

$$\pi \circ T \ : \ C^0(S^1) \to \mathcal{B}/\mathcal{K}$$

linear und stetig ist.

2. Schritt: $\check{C}$ sei für den Moment die Unteralgebra von $C^0(S^1)$, die aus den stetigen Funktionen besteht, die sich als endliche Fourierreihe darstellen lassen. Seien $f, g \in \check{C}$, d.h.

$$f(z) = \sum_{-n}^{n}{}_k \ \hat{f}(k) z^k \ , \quad g(z) = \sum_{-m}^{m}{}_k \ \hat{g}(k) z^k$$

mit $n,m \in \mathbb{N}$. In § 8 haben wir schon die Fourierkoeffizienten von fg ausgerechnet:

$$\widehat{(fg)}\,(j) = \sum_{-\infty}^{\infty}{}_k \ \hat{f}(j-k)\,\hat{g}(k) \ , \quad j \in \mathbb{Z}$$

wobei die Summe hier tatsächlich nur über endlich viele k zu nehmen ist. Damit ist (siehe auch Aufgabe 2b)

$$T_f\, T_g\, (z^k) = T_{fg}\, (z^k) \quad \text{für} \quad k \geq m+n \ .$$

Die Operatoren $T_f\, T_g$ und T_{fg} stimmen also auf dem Unterraum H_{m+n} von H_0 überein. Das heißt, da die Kodimension von H_{m+n} in H_0 endlich (= m+n) ist, daß $T_f\, T_g - T_{fg}$ ein Operator von endlichem Rang, also kompakt ist.

Während T kein Homomorphismus der Banachalgebren ist (gib ein Gegenbeispiel an mit $f := \ldots$ und $g := \ldots$) , erhalten wir nun durch Übergang zur Quotientenalgebra $\mathcal{B}/\mathcal{K}$, daß

$$\pi T(fg) = \pi T(f)\, \pi T(g)$$

gilt; d.h. $\pi \circ T$ ist, beschränkt auf die Teilalgebra $\check{C}$, ein Homomorphismus.

3. Schritt: Nach dem Approximationssatz von Karl WEIERSTRASS, siehe § 8 - oder für einen direkten Beweis [DYM-McKEAN, 49] - läßt sich jede stetige Funktion auf einem kompakten Intervall gleichmäßig (das heißt in der sup-Norm) durch Polynome approximieren, also erst recht durch rationale Funktionen. Damit ist $\check{C}$ dicht in $C^0(S^1)$. Da $\pi \circ T$ stetig ist, überträgt sich somit die multiplikative Eigenschaft,

d.h. $\pi \circ T : C^o(S^1) \to \mathcal{B}/\mathcal{K}$ ist ein Homomorphismus von Banachalgebren.

4. Schritt: Daraus folgt - wegen $\pi T(1) = 1$, wo die 1 links die konstante Funktion $z \mapsto 1$ und rechts die Klasse $\{Id + K ; K \in \mathcal{K}\}$ bezeichnet - daß $\pi \circ T$ invertierbare Funktionen in invertierbare Elemente von $\mathcal{B}/\mathcal{K}$ überführt. Wenn also $f(z) \neq o$ für alle $z \in S^1$ ist, dann ist $\pi(T_f)$ invertierbar in $\mathcal{B}/\mathcal{K}$, also T_f nach dem Satz von ATKINSON (Satz 5.1) ein Fredholmoperator.

b Wir beginnen mit dem einfachsten Fall, der Funktion $f(z) = z^m$. Bezüglich der kanonischen Orthonormalbasis von H_o , die aus den Funktionen z^n, $n \in \mathbb{N}$, besteht, hat dann - nach Aufgabe 2b - der f zugeordnete Wiener-Hopf-Operator T_{z^m} die Gestalt des einseitigen Verschiebungsoperators $(\text{shift}^+)^m$ für $m \geq 0$ und $(\text{shift}^-)^{|m|}$ für $m < 0$; wir haben also nach Aufgabe 1.1 $\text{index } T_{z^m} = -m$. Wegen der Stetigkeit von T (Aufgabe 3) und der Stetigkeit = Homotopieinvarianz = lokalen Konstanz des Index (Satz 5.2) folgt nun mit a für alle $g \in C^o(S^1)$ mit Werten in $\mathbb{C}^\times = \mathbb{C} \setminus \{0\}$, die sich mit der Funktion z^m durch einen stetigen Weg in $C^o(S^1)$ mit Werten in $\mathbb{C} \setminus \{0\}$ verbinden lassen, daß $\text{index } T_g = -m$ ist, also $\text{index } T_g = -\text{Uml } (g,0)$, weil m die Umlaufzahl des durch z^m definierten Weges

$$S^1 \to \mathbb{C} \setminus \{0\}$$

um den Nullpunkt ist und weil alle mit g in $\mathbb{C} - \{0\}$ homotopen Wege die gleiche Umlaufzahl haben, siehe Abschnitt III.1.A. Da jeder stetige Weg $g : S^1 \to \mathbb{C} \setminus \{0\}$ mit einem der "Standardwege" z^m homotop ist, ist die Indexformel bewiesen. □

AUFGABE 4: Bei der Konstruktion des Indexbündels (Satz 7.1) haben wir gesehen, daß man bei vorgegebener Orthonormalbasis $e_o, e_1, e_2, \ldots$ zu jedem Fredholmoperator $S \in \mathcal{F}(H_o)$ ein $n \in \mathbb{N}$ finden kann, so daß

$$P_n S : H_o \to H_n$$

surjektiv ist; dabei war P_n die Orthogonalprojektion von H_o auf den abgeschlossenen Unterraum H_n , der von den Basiselementen $e_n, e_{n+1}, e_{n+2}, \ldots$ aufgespannt wird. Zeige, daß man nun - bei Wiener-Hopf-Operatoren - zu jedem $f \in C^o(S^1)$ mit $f(S^1) \subset \mathbb{C} \setminus \{0\}$ explizit ein n angeben kann, für das $P_n T_f : H_o \to H_n$ surjektiv wird.

<u>TIP:</u> Man nutzt natürlich aus, daß es sich hier nicht um beliebige Hilberträume, sondern eben um Funktionenräume handelt, wodurch man zusätzliche "Struktur" zur Verfügung hat: Approximiere also die Funktion $z \mapsto 1/f(z)$ durch eine endliche Fourierreihe

$$g(z) = \sum_{-n}^{n}{}_k \, \hat{g}(k)\, z^k ,$$

und zwar so gut (Wahl von n), daß $\sup \{|f(z)\, g(z) - 1| \; ; \; z \in S^1\} < 1$ wird. □

Satz <u>*1*</u> *und Aufgabe* <u>*4*</u> *fordern eine detailliertere topologische Diskussion heraus - im Anschluß an §* <u>*7*</u> *und in Bezug auf Kapitel* <u>*III*</u>*. Tatsächlich sind aber die bei uns im folgenden auftretenden Familien von Wiener-Hopf-Operatoren von nicht ganz so elementarem Typ, so daß wir hier noch einige Verallgemeinerungen folgen lassen müssen.*

<u>F. DER SYSTEMFALL.</u> *Die erste Verallgemeinerung liegt auf der Hand, wenn wir den Wiener-Hopf-Operator* T_f *als Vorhersageoperator für eine Zeitreihe* $\ldots u_{-4}, u_{-3}, u_{-2}, u_{-1}, u_0$ *(z.B. geophysikalischer) Meßdaten interpretieren:*

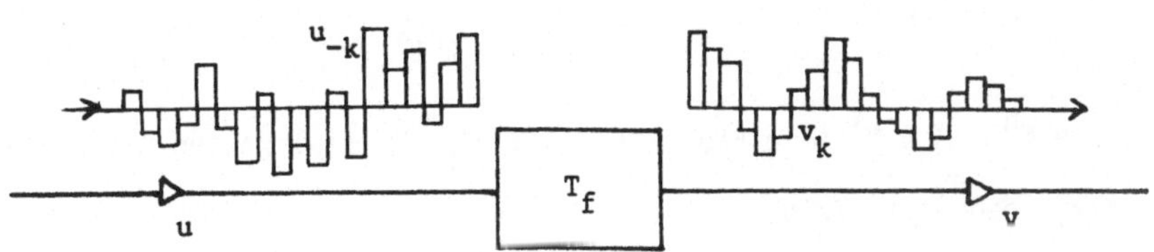

also etwa $v_n = \sum_{k=0}^{\infty} f_{n-k}\, u_{-k}$, *wo* $u_{-k} = \hat{u}(k)$ *die gegebene Zeitreihe,* $f_{n-k} = \hat{f}(n-k)$ *die "Gewichtung" und* $v_n = (T_f u)(n)$ *die prognostizierte Zeitreihe.*

Vom Standpunkt des Statistikers ist es nun ganz klar, daß - auch wenn man sich nur für das Wetter in Frankfurt interessiert - die Einbeziehung zusätzlicher Meßreihen meteorologischer Daten - etwa von Island oder den Azoren - mehr Aufschluß bringen kann, als die noch so raffinierte Auswertung nur einer einzigen, sagen wir Frankfurter Meßreihe. Waren bei der einzelnen Zeitreihe die "Gewichte" f_{n-k} *Zahlen, so werden sie jetzt - bei der statistischen Analyse* <u>*multipler*</u> *Zeitreihen - Matrizen sein müssen (wobei wir die zur Fredholmeigenschaft führende Bedingung* $f(z) \neq 0$ *jetzt durch* $\det(f(z)) \neq 0$ *ersetzen werden, also* $f(z) \in GL(N,\mathbb{C})$ *, wenn es sich um N-fache Zeitreihen handelt).*

AUFGABE 5: H sei ein Hilbertraum komplexwertiger Funktionen (z.B. $H = L^2(S^1)$; andere Beispiele in § 8). Zeige, daß das aus der multilinearen Algebra endlich-dimensionaler Vektorräume bekannte Tensorprodukt auch hier zur Definition von $H \otimes \mathbb{C}^N$ Sinn macht. Man überzeuge sich, daß $H \otimes \mathbb{C}^N$ wieder Hilbertraum ist und (in den konkreten Beispielen) mit dem skalarwertigen Funktionenraum H so zusammenhängt, daß man $H \otimes \mathbb{C}^N$ als "entsprechenden" Funktionenraum mit Werten in $\mathbb{C}^N$ auffassen kann.

TIP: Vergleiche die entsprechenden Überlegungen im Beweis von Satz 7.3 zum mit $H \otimes \mathbb{C}^N$ isomorphen Hilbertraum $\mathrm{Hom}(\mathbb{C}^N, H)$. Wie gewinnt man aus Basen für H und $\mathbb{C}^N$ eine Basis für $H \otimes \mathbb{C}^N$? Einzelheiten der algebraischen Konstruktion z.B. [UNESCO 1970, 116f] und der Besonderheiten bei unendlich-dimensionalen Räumen, die hier allerdings kein Problem darstellen, weil der eine Faktor des Tensorproduktes endlich-dimensional ist, z.B. in [DOUGLAS 1972, 31 und 79f]. □

AUFGABE 6: Definiere für eine stetige Abbildung $f : S^1 \to GL(N,\mathbb{C})$ den Wiener-Hopf-Operator

$$T_f := P\, M_f | H_o \otimes \mathbb{C}^N : H_o \otimes \mathbb{C}^N \to H_o \otimes \mathbb{C}^N ,$$

wobei $P : H \otimes \mathbb{C}^N \to H_o \otimes \mathbb{C}^N$ die Projektion und M_f Multiplikation mit der Matrixfunktion $f(z)$ bedeutet. Zeige

a T_f ist Fredholmoperator

b $\mathrm{index}\, T_f$ hängt nur von der Homotopieklasse von f in der Homotopiemenge $[S^1, GL(N,\mathbb{C})]$ ab.

TIP: Wiederhole die Argumente aus Aufgabe 2a, 3 und Satz 1. Wegen b läßt sich übrigens $\mathrm{index}\, T_f \in \mathbb{Z}$ mit dem von f repräsentierten Element $[f]$ in der Fundamentalgruppe $\pi_1(GL(N,\mathbb{C})) \cong \mathbb{Z}$ identifizieren. Jede stetige Abbildung von S^1 in $GL(N,\mathbb{C})$ ist homotop zu einer stetigen Abbildung von S^1 in den Raum der invertierbaren Diagonalmatrizen vom Rang N. Setze also

$$[f] := - \mathrm{Uml}\,(\det f\, , 0) ,$$

wo $\det f(z)$ die Determinante der Matrix $f(z)$ ist. Siehe auch unten Abschnitt III.1.B. □

AUFGABE 7: Sei nun - in der nächsten Verallgemeinerung - X ein kompakter Parameterraum. Ordne dann jeder stetigen Abbildung $f : S^1 \times X \to GL(N,\mathbb{C})$ eine Fredholmfamilie $T_f : X \to F$ und weiter ein Indexbündel index $T_f \in K(X)$ zu. Zeige, daß index T_f nur von der Homotopieklasse von f abhängt.

TIP: Beachte, daß $f(z,x)$ eine invertierbare Matrix ist, die stetig von den beiden Veränderlichen z und x abhängt. Wende Aufgabe 6 an, um für jedes $x \in X$ ein $T_{f(..,x)} \in F$ zu erhalten. Dabei ist F der Raum der Fredholmoperatoren auf dem Hilbertraum $H_o \otimes \mathbb{C}^N$. Zeige, daß $T_{f(..,x)}$ stetig von x abhängt und wende dann die Konstruktion aus Satz 7.1 an. □

AUFGABE 8: Für eine weitere Verallgemeinerung sei nun E ein komplexes Vektorbündel über X der Faserdimension N. Man erlaube also - bildlich gesprochen - daß der Vektorraum $\mathbb{C}^N$ von Punkt zu Punkt wechselt. Konstruiere nun zu einer Funktion $f(z,x) \in \text{Iso}\,(E_x, E_x)$, die stetig von z und x abhängt und dabei also ein Automorphismus der Faser E_x des Vektorbündels E über dem Punkt x sein soll, eine Familie von Fredholmoperatoren (in variablen Hilberträumen $H \otimes E_x$) und schließlich ein Indexbündel index $T_f \in K(X)$, das wieder nur von der Homotopieklasse von f abhängt.

TIP: Satz 7.1, Anmerkung 1, wobei wir für unsere Zwecke X "hinreichend schön", also z.B. triangulierbar voraussetzen können. Frage: Brauchen wir hier in Aufgabe 8 wirklich den Satz von KUIPER - wie in der zitierten Anmerkung - oder können wir wegen der besonderen Struktur des Problems direkt schließen? Vgl. [ATIYAH 1969, 115]. □

G. KONTINUIERLICHES ANALOGON. *Wir werden im Zusammenhang elliptischer Randwertprobleme (§ II.8) und topologischer Untersuchungen der allgemeinen linearen Gruppe* $GL(N,\mathbb{C})$ *(§ III.1, Periodizitätssatz von Raoul BOTT) auf die vorstehenden Konstruktionen zurückkommen. Für den Moment wollen wir nur noch das kontinuierliche Analogon zu Satz 1 folgen lassen:*

AUFGABE 9: $L^1(\mathbb{R})$ sei der Raum der meßbaren und absolut summierbaren Funktionen. Zeige, daß dann jedes $\varphi \in L^1(\mathbb{R})$ durch

$$(K_\varphi u)(x) := \int_0^\infty \varphi(x-y)\, u(y)\, dy \ , \quad x \in \mathbb{R}_+$$

einen linearen und beschränkten Operator $K_\varphi : L^2(\mathbb{R}_+) \to L^2(\mathbb{R}_+)$ definiert.

TIP: Fasse $L^2(\mathbb{R}_+)$ als Unterraum von $L^2(\mathbb{R})$ auf und knüpfe dann an die Ergebnisse aus § 8 über die "Faltung" an. Für detaillierte Abschätzungen siehe [TITCHMARSH 1937, 90f]. □

SATZ 2: Sei $\varphi \in L^1(\mathbb{R})$ mit $\hat{\varphi}(t) + 1 \neq 0$ für alle $t \in \mathbb{R}$ und K_φ wie in Aufgabe 9. Dann ist

$$\mathrm{Id} + K_\varphi : L^2(\mathbb{R}_+) \to L^2(\mathbb{R}_+)$$

Fredholmoperator und es gilt

$$\mathrm{index}\ (\mathrm{Id} + K_\varphi) = \mathrm{Uml}\ (\hat{\varphi} + 1\ ,\ 0)\ ,$$

wobei $\mathrm{Uml}\ (\hat{\varphi} + 1\ ,\ 0)$ die Umlaufzahl der orientierten Kurve $\{\hat{\varphi}(t) + 1\ ;\ t \in \mathbb{R}\}$ um den Nullpunkt ist (siehe Abschnitt III.1.A).

ANMERKUNG 1: Man muß bei diesen Indexformeln immer etwas mit dem Vorzeichen aufpassen, das von dem Orientierungssinn des Begriffs Umlaufzahl (bei uns so, daß $\mathrm{Uml}(z,0) = 1$) und von der Orientierung der Fouriertransformation abhängt: Bei uns $\hat{\varphi}(x) = \int_{-\infty}^{\infty} e^{-ixy}\, \varphi(y)\, dy$; läßt man das Minuszeichen im Exponenten weg - wie z.B. Mark KREIN - so erhält man dafür ein Minuszeichen in der Indexformel.

ANMERKUNG 2: Für beliebige $\varphi \in L^1(\mathbb{R})$ gilt genauer:

(i) $\mathrm{Spek}_e(K_\varphi) = \{\hat{\varphi}(t)\ ;\ t \in \mathbb{R}\}$

(ii) $\mathrm{index}\ (z\mathrm{Id} - K_\varphi) = \mathrm{Uml}\ (\hat{\varphi}, z)$ für $z \in \mathrm{Spek}_e(K_\varphi)$

(iii) $z\mathrm{Id} - K_\varphi$ ist $\begin{cases} \text{surjektiv für index } z\mathrm{Id} - K_\varphi \geq 0 \\ \text{injektiv für index } z\mathrm{Id} - K_\varphi \geq 0 \end{cases}$

Beweise für diese von Mark KREIN entdeckten Zusammenhänge findet man z.B. in [JÖRGENS 1970, 207-209].

ANMERKUNG 3: Fassen wir $\mathrm{Id} + K_\varphi$ als Abbildung von $L^1(\mathbb{R})$ in sich auf, so gilt unter den Voraussetzungen von Satz 2, daß $\mathrm{Id} + K_\varphi$ ein Isomorphismus ist [WIENER 1933,...]. Hier gibt es also kein Indexproblem.

BEWEIS: Man kann Satz 2 auf sehr verschiedene Arten beweisen, die wir hier - statt einen Beweis wirklich vorzurechnen - kommentieren wollen.

1. Weg: Rückführung auf Satz 1 mit der Cayleytransformation $\kappa z := \frac{z-i}{z+i}$, die

die obere Halbebene "konform" auf die offene Einheitskreisscheibe abbildet.

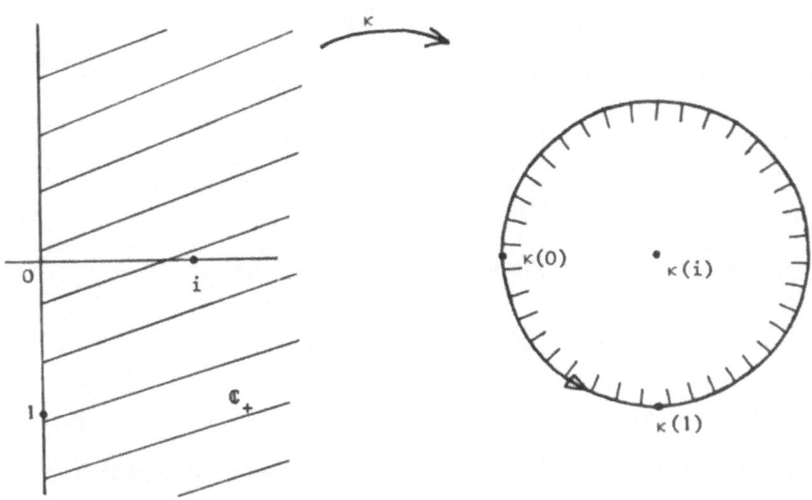

Durch

$$(Uv)(x) := \sqrt{2}\ \frac{v(\kappa x)}{x + i} \quad , \quad x \in \mathbb{R} \ ,$$

wobei $v \in L^2(S^1)$, ist dann eine isometrische Abbildung von $L^2(S^1)$ auf $L^2(\mathbb{R})$ definiert, bei der der Hilbertraum

$$H_0(S^1) := \{v \ ; \ v \in L^2(S^1) \text{ und } \hat{v}(n) = 0 \text{ für } n < 0\}$$

in den Hilbertraum

$$H_0(\mathbb{R}) := \{u \ ; \ u \in L^2(\mathbb{R}) \quad \text{und} \quad \hat{u}|(-\infty,0) = 0\}$$

überführt wird. $H_0(\mathbb{R})$ besteht übrigens, anders ausgedrückt, aus den quadratisch summierbaren Funktionen auf $\mathbb{R}$, die sich analytisch in die untere komplexe Halbebene $\mathbb{C}_-$ fortsetzen lassen. Vgl. für alles dies z.B. [DEVINATZ 1967, 82-84].

Statt mit der Projektion $P : L^2(S^1) \to H_0(S^1)$ (siehe Aufgabe 2) arbeiten wir nun mit der entsprechenden Projektion $Q : L^2(\mathbb{R}) \to H_0(\mathbb{R})$ mit $Q = U\,P\,U^{-1}$. Jeder stetigen komplexwertigen Funktion $f \in C^0(\mathbb{R})$, die sich in der Form $f = \text{const} + \hat{\varphi}$ schreiben läßt, wobei $\varphi \in L^1(\mathbb{R})$ ist, ordnen wir einen (kontinuierlichen) <u>Wiener-Hopf-Operator</u> *) $W_f := Q\,M_f|H_0(\mathbb{R}) : H_0(\mathbb{R}) \to H_0(\mathbb{R})$ zu, wobei M_f die Multiplikation mit f bedeutet.

*) Im Unterschied dazu bezeichnet man die diskreten Wiener-Hopf-Operatoren auch häufig als <u>Toeplitzoperatoren</u>.

Wir haben jetzt drei verschiedene Operatoren definiert:

- den diskreten Wiener-Hopf-Operator T_g mit $g \in C^o(S^1)$,
- den Faltungsoperator K_φ mit $\varphi \in L^1(\mathbb{R})$,
- den kontinuierlichen Wiener-Hopf-Operator W_f mit $f = c + \hat{\varphi}$.

Aus den Eigenschaften von U folgt dann [DEVINATZ, 91]

(i) $T_g = U^{-1} W_f U$, wenn $f = g \circ \kappa$ ist.

(ii) $\hat{W}_f(u) = \hat{f} * \hat{u}$ für alle $u \in H_o(\mathbb{R})$, d.h.

$$\hat{h}(x) = c\,\hat{u}(x) + \int_0^\infty \varphi(x-y)\,\hat{u}(y)\,dy \;, \quad x \in \mathbb{R}_+$$

wenn $W_f(u) =: h$ und $f = c + \hat{\varphi}$ mit $c \in \mathbb{C}$ konstant und $\varphi \in L^1(\mathbb{R})$ sind.

Bezeichnen wir wieder mit $F : L^2(\mathbb{R}) \to L^2(\mathbb{R})$ die Fouriertransformation, so können wir auch schreiben

(ii') $F W_f = (c\mathrm{Id} + K_\varphi) F$; $f = c + F\varphi$.

(i) besagt die unitäre Äquivalenz von diskreten und kontinuierlichen Wiener-Hopf-Operatoren und ist - so wie hier W_f definiert wurde - trivial.

(ii) erfordert etwas Vorsicht mit der Fouriertransformation: In § 8 hatten wir nur die "harmonische Analyse" periodischer Prozesse oder mit immer weiter zunehmender und abnehmender Zeit in einem gewissen Sinn abklingender Prozesse behandelt. Tatsächlich kommt man aber bei der kinematischen oder statistischen Analyse der meisten natürlichen, physikalischen, technischen, ökonomischen usw. Prozesse nicht mit dem klassischen Instrumentarium aus, da diese Prozesse oft - ohne streng periodisch zu sein - doch um einen "Mittelwert" oszillieren. Die Fourieranalyse - formal analog durchgeführt - erfordert dann "Funktionen" auf $\mathbb{R}$, die außerhalb eines Punktes konstant Null sind - und in dem einen Punkt so "stark unendlich", daß ihr Integral über ganz $\mathbb{R}$ nicht verschwindet. Diese Idee wurde von Physikern wie Paul DIRAC in ihren Rechnungen schon lange angewandt, bevor Norbert WIENER exakt die erforderlichen Verallgemeinerungen der harmonischen Analyse vornahm [WIENER 1933] , die dann später von Laurent SCHWARTZ in seiner Distributionentheorie auf ein noch breiteres Fundament gestellt wurden. Im Distributionensinn ist z.B. die Fouriertransformation der konstanten Funktion $\mathbb{1}$ gerade die Diracdistribution δ im Punkt 0 . Siehe z.B. [HÖRMANDER 1963, 21f] oder [SCHWARTZ II 1959, 111].

Satz 2 folgt unmittelbar aus Satz 1 mit (i) und (ii') .

2. Weg: Allen DEVINATZ zeigt mit der unitären Äquivalenz zwischen diskreten und kontinuierlichen Wiener-Hopf-Operatoren etwas mehr, als wir wirklich zum Beweis von Satz 2 brauchen. Alternativ kann man "zu Fuß" die Rückführung von Satz 2 auf Satz 1 vornehmen, indem man z.B. $f - \mathbb{1}$ durch Funktionen approximiert, die außerhalb eines beschränkten Intervalls konstant Null sind. Ist g eine solche Funktion, dann läßt sich $g + \mathbb{1}$ als stetige periodische Funktion, also als Element von $C^0(S^1)$ auffassen, wobei die Approximation so gemacht wird, daß $g(z) + 1 \neq 0$ für alle $z \in S^1$ wird, womit Satz 1 für $g + \mathbb{1}$ anwendbar wird.

Wir gehen nun weiter vor wie beim Übergang von den Fourierreihen zum Fourierintegral, siehe § 8, wobei wir die Konvergenzbetrachtungen sehr sorgfältig machen müssen. Hierbei kann man sich z.B. an den entsprechenden Rechnungen in [GELFAND-RAIKOW-SCHILOW, 129-132] orientieren.

3. Weg: Verzicht auf die Rückführung auf Satz 1 und neuer Beweis von Grund auf, z.B. [KREIN 1958, Theorem 9.2] [JÖRGENS 1970, 205-209] und für "Systeme", also Matrixwertiges f [GOCHBERG-KREIN 1958, Theorem 4.1]. Diese Beweise folgen der von Eberhard HOPF und Norbert WIENER in ihrer Originalarbeit *) eingeführten berühmten "Faktorierungsmethode", deren Idee und wesentlicher Gehalt sehr übersichtlich z.B. in [WIENER 1949, 153-157] (Norman LEVINSONs heuristischer Anhang), [UNESCO 1970, 47-48] (Friedrich SOMMER's Übersichtsaufsatz zur Funktionentheorie) oder [DYM-McKEAN 1972, 176-184] nachgelesen werden kann. In der letzten Quelle findet man überhaupt eine gute Einführung in die funktionentheoretischen Eigenschaften der "Hardyfunktionen", der Elemente unserer Räume $H_0(S^1)$ und $H_0(\mathbb{R})$.

4. Weg: Projektionsmethoden allgemeinerer Art, die sowohl den diskreten als auch den kontinuierlichen Fall umfassen. Eine ausführliche Darstellung enthält [GOCHBERG-FELDMANN 1974], wo allerdings - wie auch schon beim 3. Weg - der Akzent stärker auf der Suche nach expliziten Lösungen liegt, so daß Aussagen über den Index mehr in "umgekehrter Richtung" hereinkommen, weil nämlich "die Anwendbarkeit dieses oder jenes Projektionsverfahrens auf die WIENER-HOPFsche Integralgleichung vom Index... bestimmt wird" (S. 91). Vollständige Beweise unseres Satzes 2 in der Art dieser Projektionsmethoden findet man bei [PRÖSSDORF 1974, 47-49, 69f und 84f]. Dabei wird Satz 2 nicht nur für quadratisch-summierbare Funktionen, sondern - wie auch bei den Autoren des 3. Weges - gleich für weite Scharen allgemeinerer Funktionenräume gezeigt. □

Zum Abschluß kehren wir noch einmal zu den diskreten Wiener-Hopf-Operatoren zurück, deren Gesamtheit $\{T_f \; ; \; f \in C^0(S^1)\}$ wir nach Adjunktion mit den kompakten Operatoren auf H_0 mit $\mathcal{T}$ bezeichnen wollen.

*) Über eine Klasse singulärer Integralgleichungen. Sitzber. Preuss. Akad. Wiss, Sitzung der phys.-math. Klasse, Berlin 1931, 696-706.

AUFGABE 10: Zeige, daß die folgende kurze Sequenz von Banachräumen exakt ist

$$0 \to K(H_0) \to T \to C^0(S^1) \to 0 \text{ ,}$$

wobei $K(H_0)$ die kompakten Operatoren auf dem Hilbertraum $H_0(S^1)$ bezeichnet. Wie sind die Pfeile definiert?

TIP: Man beginnt am besten mit unserer Feststellung aus dem Beweis von Satz 1, daß das Kommutatorideal $\{T_\varphi T_\psi - T_{\varphi\psi} \text{ ; } \varphi,\psi \in C^0(S^1)\}$ in $K(H_0)$ enthalten ist. Zeige dann, daß die Quotientenalgebra $T/K(H_0)$ vermöge T isomorph und isometrisch auf $C^0(S^1)$ abgebildet wird, wodurch erst mit allgemeiner Algebra die Abbildungen der kurzen Sequenz definiert werden. Der Beweis ist nicht ganz einfach. Man konsultiere deshalb [DOUGLAS 1972, 184]. Beachte die Analogie zur Symbol-exakten-Sequenz der Theorie partieller Differentialgleichungen (s.u. Kapitel II). Vergleiche auch die "tensorierte Sequenz" im Systemfall [DOUGLAS 1972, 202f]. □

Mit diesen Klassen von Wiener-Hopf-Operatoren haben wir nun unser Beispielreservoir kräftig erweitert. Man kann sogar zeigen, daß sich - modulo "unitäre Äquivalenz modulo kompakte Operatoren", siehe unseren Kommentar nach Satz 7.3 - jeder "wesentlich-normale" Operator R *auf einem separablen Hilbertraum* H *in der Form eines Wiener-Hopf-Operators schreiben läßt. Genauer:*

1. Hat das wesentliche Spektrum von R *z.B. die Gestalt einer einfachen geschlossenen Kurve, die homöomorphes Bild der 1-Sphäre* S^1 *unter einer orientierungserhaltenden Abbildung ("Parametrisierung")* $\eta : S^1 \to \mathbb{C}$ *sei, und gilt* $\operatorname{index}(R - z\mathrm{Id}) = n$ *für* z *innerhalb der Kurve, so ist* R *unitär äquivalent zu einer kompakten Störung des Multiplikationsoperators* M_η *oder des diskreten Wiener-Hopf-Operators* $T_{\eta\circ\kappa^{-n}}$, *wo* $\kappa(z) := z$ *ist [FILLMORE 1973, 73].*

2. Auch wenn das wesentliche Spektrum sich nicht so schön parametrisieren läßt, lassen sich Klassen verallgemeinerter Wiener-Hopf-Operatoren (nämlich auf "verallgemeinerten Hardyräumen", wo der Holomorphiebereich nun nicht die obere Halbebene oder das Innere der Kreisscheibe, sondern eben beliebige beschränkte Gebiete von $\mathbb{C}$ *sein dürfen) finden, aus denen man ein "Modell" für* R *stückweise zusammenbasteln kann, vgl. [FILLMORE 1973, 122] und die dort angegebenen Originalarbeiten.*

Teil II. Analysis auf Mannigfaltigkeiten

"Aber - so fragen wir - wird es bei der Ausdehnung des mathematischen Wissens für den einzelnen Forscher nicht schließlich unmöglich, alle Teile dieses Wissens zu umfassen ? Ich möchte als Antwort darauf hinweisen, wie sehr es im Wesen der mathematischen Wissenschaft liegt , daß jeder wirkliche Fortschritt stets Hand in Hand geht mit der Auffindung schärferer Hilfsmittel und einfacherer Methoden, die zugleich das Verständnis früherer Theorien erleichtern und umständliche ältere Entwicklungen beseitigen, und daß es daher dem einzelnen Forscher , indem er sich diese schärferen Hilfsmittel und einfacheren Methoden zu eigen macht, leichter gelingt , sich in den verschiedenen Wissenszweigen der Mathematik zu orientieren, als dies für irgendeine andere Wissenschaft der Fall ist." (D. HILBERT, 1900)

1. Partielle Differentialgleichungen

A. LINEARE PARTIELLE DIFFERENTIALGLEICHUNGEN.

Der Charakterisierung von Bewegungsabläufen und Gleichgewichtszuständen "mit infinitesimalen Wechselwirkungen" dient die Theorie der Differentialgleichungen, *"die Mathematik aller in Raum und Zeit variierender Größen" (Norbert WIENER), die einen guten Teil der mathematischen Physik und überhaupt der angewandten Mathematik ausmacht.*

Man unterscheidet gewöhnliche *und* partielle *Differentialgleichungen. Bei der gewöhnlichen Differentialgleichung ist die Unbekannte eine Funktion oder ein System von Funktionen, die von einer einzigen unabhängigen Veränderlichen abhängen. In den meisten Anwendungen ist diese Veränderliche die Zeit. Bei einer partiellen Differentialgleichung hängen die unbekannte Funktion oder die unbekannten Funktionen von mehreren Veränderlichen ab. In Anwendungen sind diese Veränderlichen für gewöhnlich Koordinaten eines Punktes im Raum, aber eine der Veränderlichen kann auch die Zeit sein. Mit einer Differentialgleichung drücken wir so Beziehungen zwischen meßbaren Größen und ihren räumlichen und/oder zeitlichen Veränderungen (Änderungsgeschwindigkeiten) aus.*

In geometrischer Sprechweise bedeutet die Lösung einer gewöhnlichen Differentialgleichung das Auffinden einer Kurve und die Lösung einer partiellen Differential-

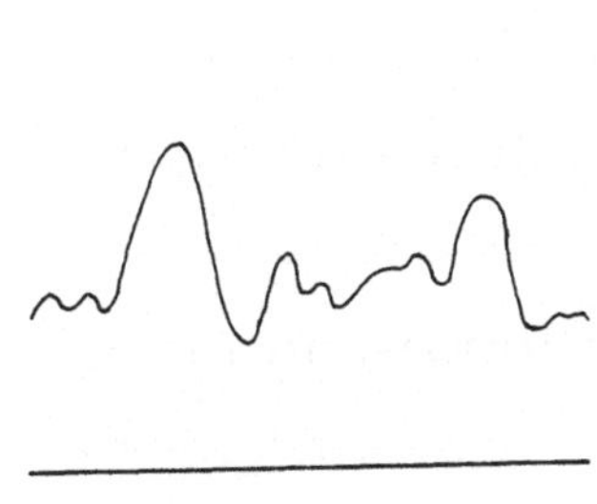

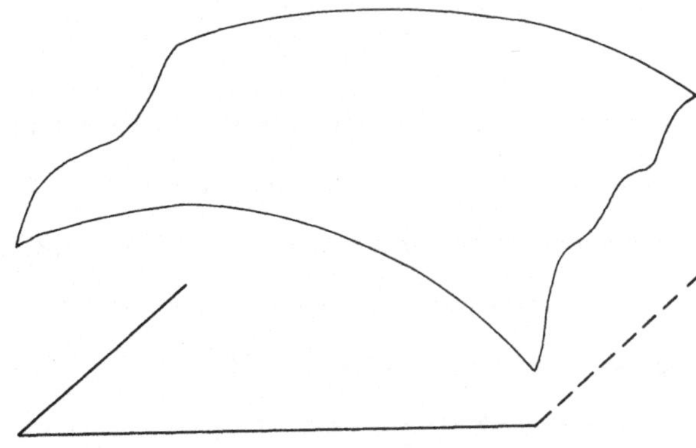

gleichung das Auffinden einer Schar von Kurven oder einer Fläche oder einer höherdimensionalen Mannigfaltigkeit, wobei die Kurven oder Flächen bestimmten durch die Differentialgleichung ausgedrückten Bedingungen hinsichtlich ihrer Krümmung genügen müssen.

Wir beschränken uns hier auf die Behandlung von linearen Differentialgleichungen; das sind Ausdrücke der Form

$$Pu \quad = \quad f$$

wobei u und f beliebig oft differenzierbare (komplexwertige) Funktionen im $\mathbb{R}^n$ sein sollen und

$$Pu(x) \quad := \quad \sum_\alpha a_\alpha(x)\ (D^\alpha u)(x)\ ,\ x \in \mathbb{R}^n\ .$$

Hierbei sind $\alpha = (\alpha_1,\ldots,\alpha_n) \in \mathbb{Z}_+ \times \overset{n\text{-mal}}{\ldots\ldots} \times \mathbb{Z}_+$ sogenannte "Multiindices" zur Charakterisierung der partiellen Differentiation, also z.B.

$$D^{(1,0,\ldots.0)} \quad := \quad \frac{1}{i}\ \frac{\partial}{\partial x_1}$$

$$D^{(2,0,\ldots.0)} \quad := \quad \left(\frac{1}{i}\right)^2\ \frac{\partial^2}{\partial x_1^2}$$

$$D^\alpha \quad := \quad \left(\frac{1}{i}\right)^{|\alpha|}\ \frac{\partial^{|\alpha|}}{\partial x_1{}^{\alpha_1} \cdot\ \ldots\ \cdot \partial x_n{}^{\alpha_n}}$$

mit $|\alpha| \;=\; \alpha_1+\ldots+\alpha_n$.

Den Faktor $\frac{1}{i}$ schleppt man deshalb gerne mit, weil durch diesen Trick die partielle Integration "symmetrisiert" werden kann. So ist z.B. für $n = 1$

$$\int_a^b (Df)\bar{g} \quad = - \quad \int_a^b f\ \overline{Dg} \ + \ \text{Randterm}\ ,\ \text{falls}\ \ D = \frac{d}{dx}$$

und

$$\int_a^b (Df)\bar{g} \quad = \quad \int_a^b f\ \overline{Dg} \ + \ \text{Randterm}\ ,\ \text{falls}\ \ D = \frac{1}{i}\frac{d}{dx}\ .$$

Auf diese Weise erreicht man, daß der Differentialoperator $D^{(1,0,0\ldots0)}$ "formal selbstadjungiert" wird (siehe unten vor Aufgabe 2.7) und erhält bessere Formeln bei der Fouriertransformation (siehe Aufgabe I.8.2b) .

Die "Koeffizienten" a_α sollen hier immer beliebig oft differenzierbare Funktionen sein; ferner soll $a_\alpha = 0$ für fast alle α gelten. P heißt dann Differentialoperator der Ordnung $\max\ \{|\alpha|\ \ ;\ a_\alpha \neq 0\}$.

Wir versehen den Vektorraum $C^\infty(\mathbb{R}^n)$ der beliebig oft differenzierbaren (komplexwertigen) Funktionen auf dem $\mathbb{R}^n$ mit der durch die folgende Familie von Halbnormen definierten Topologie ($k \in \mathbb{Z}_+$, $K \subset \mathbb{R}^n$ kompakt):

$$\|f\|_{k,K} := \sum_{|\alpha| \leq k} \sup \{|D^\alpha f(x)| ; \quad x \in K\} .$$

Danach konvergiert also eine Folge $f_1, f_2, \ldots$ von C^∞- Funktionen genau dann gegen die konstante Funktion 0, wenn die Funktionen f_m und alle ihre Ableitungen auf jeder kompakten Teilmenge von $\mathbb{R}^n$ gleichmäßig für $m \to \infty$ gegen Null konvergieren.

AUFGABE 1: Zeige: Ein linearer (skalarer) Differentialoperator P ist eine stetige, lineare und lokale Abbildung $P : C^\infty(\mathbb{R}^n) \to C^\infty(\mathbb{R}^n)$; dabei verstehen wir unter der "Lokalität", daß

Träger $Pf \subset$ Träger f für alle $f \in C^\infty(\mathbb{R}^n)$, wo

Träger f := abgeschlossene Hülle aller Punkte $x \in \mathbb{R}^n$ mit $f(x) \neq 0$.

<u>ANMERKUNG</u>: Umgekehrt läßt sich zeigen, daß jede stetige, lineare und lokale Abbildung $P : C^\infty(\mathbb{R}^n) \to C^\infty(\mathbb{R}^n)$ ein Differentialoperator ist (wenn man zuläßt, daß die Ordnung des Differentialoperators unendlich - und nur über kompakten Teilmengen endlich ist). Für jedes $x \in \mathbb{R}^n$ ist nämlich die auf $C^\infty(\mathbb{R}^n)$ definierte Abbildung $f \mapsto (Pf)(x)$ eine stetige Linearform auf $C^\infty(\mathbb{R}^n)$ mit einpunktigem Träger $\{x\}$, also [SCHWARTZ I, Kapitel III, Theorem XXXV] eine endliche Linearkombination von Ableitungen (im Distributionensinn) des Diracmaßes im Punkt x. Diese Distributionen lassen sich dann, wenn man x in $\mathbb{R}^n$ variiert, zu dem gewünschten Differentialoperator mit C^∞- Koeffizienten zusammensetzen. Einzelheiten in [CARTAN-SCHWARTZ, 1-03f]. PEETRE hat 1960 gezeigt, daß man sogar auf jede Stetigkeitsvoraussetzung verzichten kann. Der vollständig elementare Beweis, der ohne Distributionentheorie auskommt, findet sich z.B. in [NARASIMHAN 1973, 172-175]. □

AUFGABE 2: Zeige, daß die linearen Differentialoperatoren mit Koeffizienten in $C^\infty(\mathbb{R}^n)$ eine nicht-kommutative Algebra bilden. Rechne nach, daß der Kommutator $PQ - QP$ ein Differentialoperator der Ordnung $m + m' - 1$ ist, wenn P die Ordnung m und Q die Ordnung m' haben. □

AUFGABE 3: Zeige, daß im Raum der linearen Differentialoperatoren die Operatoren "mit konstanten Koeffizienten" eine kommutative Teilalgebra bilden, die mit der (multiplikativen) Polynomalgebra $\mathbb{C}[\xi_1,\dots,\xi_n]$ der Polynome in den Variablen $\xi_1,\dots,\xi_n$ isomorph ist. □

AUFGABE 4: Man lese in Lehrbüchern der mathematischen Physik den Zusammenhang der folgenden am häufigsten auftretenden partiellen Differentialgleichungen nach:

a Die Wellengleichung ist die Differentialgleichung für die Ausbreitung von Schwingungen in einem homogenen Medium

$$\frac{\partial^2 u}{\partial t^2} - a^2\left(\frac{\partial^2 u}{\partial x_1^2} + \frac{\partial^2 u}{\partial x_2^2} + \frac{\partial^2 u}{\partial x_3^2} \right) = f(x_1,x_2,x_3,t) ,$$

wobei die rechte Seite verschwindet, wenn keine Störungen auftreten, und u die Auslenkung z.B. einer schwingenden Membran bedeutet.

b Die Differentialgleichung der Wärmeleitung (und vieler anderer "Diffusionsprozesse") in homogenen, isotropen Körpern lautet

$$\frac{\partial u}{\partial t} - a^2\left(\frac{\partial^2 u}{\partial x_1^2} + \frac{\partial^2 u}{\partial x_2^2} + \frac{\partial^2 u}{\partial x_3^2} \right) = f(x_1,x_2,x_3,t) .$$

Hier verschwindet die rechte Seite, wenn keine "Quellen" oder "Senken" vorhanden sind; u ist die Temperatur.

c Die Potentialgleichung der Verteilung z.B. einer elektromotorischen Kraft

$$\frac{\partial^2 u}{\partial x_1^2} + \frac{\partial^2 u}{\partial x_2^2} + \frac{\partial^2 u}{\partial x_3^2} = -4\pi\, f(x_1,x_2,x_3) ,$$

wobei f die Dichte der das Kraftfeld erzeugenden "Belegung" und u das "Potential" ist, also die Größe, deren Gradient das Kraftfeld liefert. □

Unschwer erhält man eine Klasseneinteilung der linearen skalaren Differentialgleichungen zweiter Ordnung in mehreren unabhängigen Veränderlichen. Für einen zugehörigen Differentialoperator

$$P = \sum_{|\alpha|\le 2} a_\alpha D^\alpha$$

betrachten wir für jeden Punkt $x \in \mathbb{R}^n$ die "<u>charakteristische Form</u>"

$$\sum_{|\alpha|=2} a_\alpha(x)\, \xi_1^{\alpha_1} \cdot \ldots \cdot \xi_n^{\alpha_n} ,$$

die wegen $|\alpha| = \sum_{j=1}^{n} \alpha_j = 2$ eine quadratische Form in $\xi_1, \ldots, \xi_n$ ist. Entsprechend der Klassifikation der Kegelschnitte in der affinen Geometrie heißt P <u>elliptisch</u> im Punkt x, wenn die Form definit ist:

$$\sum_{|\alpha|=2} a_\alpha(x)\, \xi_1^{\alpha_1} \cdot \ldots \cdot \xi_n^{\alpha_n} \neq 0 \qquad \text{für} \quad (\xi_1, \ldots, \xi_n) \in \mathbb{R}^n \setminus \{0\} .$$

In diesem Fall kann man durch eine (nicht notwendig orthogonale) Transformation der Variablen $(\xi_i) \to (\eta_i)$ die quadratische Form auf die Gestalt

$$\eta_1^2 + \ldots + \eta_n^2$$

bringen.

Erhalten wir dagegen bei der Transformation auf Normalform die Gestalt

$$\eta_1^2 + \ldots + \eta_{n-1}^2 - \eta_n^2 ,$$

so heißt P im Punkt x <u>hyperbolisch</u> und bei Transformation auf die Gestalt

$$\eta_1^2 + \ldots + \eta_{n-1}^2$$

<u>parabolisch</u>.

Die Wellengleichung ist also hyperbolisch $(n = 4)$, die Wärmeleitungsgleichung parabolisch $(n = 4)$ und die Potentialgleichung elliptisch $(n = 3)$. □

B. ELLIPTISCHE DIFFERENTIALGLEICHUNGEN.

Grob gesprochen liegt die Besonderheit elliptischer Differentialgleichungen der Ordnung 2 gegenüber den anderen klassischen Typen darin, daß keine Koordinatenachse, wie z.B. die "Zeit", ausgezeichnet ist. Genauer: Ist P *im Punkt* $x_0 \in \mathbb{R}^n$ *<u>nicht</u> elliptisch, dann gibt es "im allgemeinen" (d.h. wenn gewisse Entartungsfälle, die bei der Hamilton-Jacobi-Methode Schwierigkeiten bereiten können, ausgeschlossen sind) eine* C^∞*-Funktion* $f \in C^\infty(\mathbb{R}^n)$ *mit* $f(x_0) = 0$ *und*

$$\sum_{|\alpha|=k} a_\alpha(x_0) \left(\frac{\partial f}{\partial x_1}(x_0)\right)^{\alpha_1} \cdot \ldots \cdot \left(\frac{\partial f}{\partial x_n}(x_0)\right)^{\alpha_n} = 0 , \qquad (*)$$

wobei der Gradient $\left(\frac{\partial f}{\partial x_1}, \ldots, \frac{\partial f}{\partial x_n}\right)(x_0) \in \mathbb{R}^n \setminus \{0\}$ *ist, d.h. im Punkt* x_0 *ver-*

schwinden nicht alle Richtungsableitungen von f . *Nach dem Satz über implizite Funktionen hat die Menge* $S := \{x ; f(x) = 0\}$ *in der Nachbarschaft von* x_0 *die Gestalt einer* $(n-1)$*-dimensionalen Untermannigfaltigkeit von* $\mathbb{R}^n$.

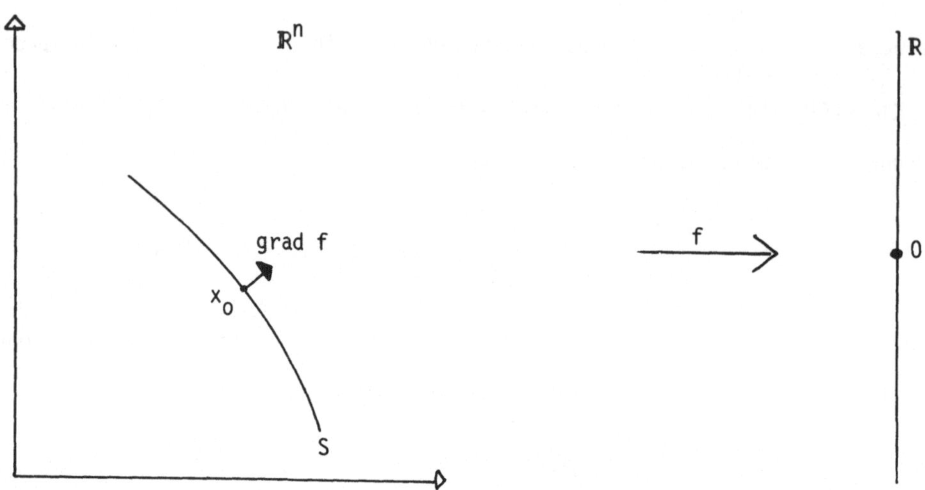

Man sagt dann, daß die Mannigfaltigkeit S *im Punkte* x_0 *für den Differentialoperator* P *charakteristisch ist.*

Weil ansonsten "glatte" Lösungen nur entlang dieser "charakteristischen Flächen" Sprünge ihrer zweiten Ableitung haben können (physikalisch entspricht dem die Identifizierung von charakteristischen Flächen mit möglichen "Wellenfronten") und weil man aus ihnen gewisse Kurven gewinnt, entlang deren ("Trennung der Variablen") sich die partielle Differentialgleichung auf eine einfachere Differentialgleichung erster Ordnung, die sogenannte "Transportgleichung" zurückführen läßt, gehört ihr Studium zu den zentralen Aufgaben der Theorie nicht-elliptischer Differentialgleichungen. Wir werden uns hier dagegen allein mit elliptischen Differentialoperatoren beschäftigen, die also keine (reellen) charakteristischen Mannigfaltigkeiten besitzen. Vielleicht stehen bei der Untersuchung elliptischer Differentialgleichungen gerade deshalb nicht Anfangswertaufgaben, sondern Randwertaufgaben und Probleme auf kompakten gekrümmten Mannigfaltigkeiten (s.u.) mit ihren prinzipiell globalen Fragestellungen eher im Mittelpunkt des Interesses. Etwas überspitzt: "Weil" elliptische Operatoren lokal überall gleich aussehen (es gibt keine charakteristischen Mannigfaltigkeiten, keine "ausgezeichneten Richtungen" usw), "weil" die lokale Lösbarkeit unproblematisch ist (nach [HÖRMANDER 1963, Theorem 7.2.1] treten lokal keine Singularitäten auf, die global stören könnten) und es zudem "hinreichend viele" lokale Lösungen gibt (so z.B. die "großen" Räume der harmonischen Funktionen für den Laplaceoperator und der holomorphen Funktionen für den Cauchy-Riemann-Operator), lassen sich interessante globale Probleme unmittelbar formulieren und z.T. lösen. Wir werden auf diese Philosophie zurückkommen.

Zu dem hier nicht behandelten Zusammenhang zwischen elliptischen Gleichungen und parabolischen Anfangswertaufgaben verweisen wir auf [ATIYAH-BOTT-PATODI 1973], wo der Umstand, daß die Lösungen der parabolischen Wärmegleichung bei beliebigen Anfangswerten asymptotisch die Potentialgleichung lösen, zum Ausgangspunkt eines neuen Beweises der Atiyah-Singer-Indexformel gemacht wurde. □

Bis hierher haben wir nur einzelne Differentialgleichungen, d.h. "skalare" Differentialoperatoren betrachtet. Zur Behandlung "simultaner" Differentialgleichungen, bei denen Wechselwirkungen zwischen den Parametern eines schwingungsfähigen Systems nicht ausgeschlossen sind, benötigen wir den Begriff des <u>vektoriellen Differentialoperators</u>. Das ist ein Operator der Form $P = \sum_\alpha a_\alpha(x)\, D^\alpha$, wo $a_\alpha(x)$ für jedes $x \in \mathbb{R}^n$ eine lineare Abbildung von dem (komplexen) Vektorraum V in den (komplexen) Vektorraum W ist (für $|\alpha| \leq k$ und jedes $x \in \mathbb{R}^n$). Bezüglich Basen von V und W, man denke etwa an $V = \mathbb{C}^N$ und $W = \mathbb{C}^M$ mit der kanonischen Basis, lassen sich die "Koeffizienten" $a_\alpha(x)$ als Matrizen auffassen. Man kann dann die Differentialgleichung $Pu = f$, wo u und f vektorwertige C^∞-Funktionen sind - und zwar $u(x) \in V$ und $f(x) \in W$, wenn $x \in \mathbb{R}^n$ -, als System von M Differentialgleichungen in N unbekannten Funktionen auffassen, d.h.

$$P : \overbrace{C^\infty(\mathbb{R}^n) \times \ldots \times C^\infty(\mathbb{R}^n)}^{N\text{-mal}} \to \overbrace{C^\infty(\mathbb{R}^n) \times \ldots \times C^\infty(\mathbb{R}^n)}^{M\text{-mal}} .$$ □

AUFGABE 5: Zeige, daß sich Aufgaben <u>1-3</u> auf vektorielle Differentialoperatoren übertragen lassen; definiere die <u>Elliptizität</u> eines Differentialoperators P, sagen wir der Ordnung k, dadurch, daß für alle $x \in \mathbb{R}^n$ und alle $(\xi_1,\ldots,\xi_n) \in \mathbb{R}^n \setminus \{0\}$ das "charakteristische Polynom" des "Hauptteils"

$$\sum_{|\alpha|=k} a_\alpha(x)\, \xi_1^{\alpha_1} \cdot \ldots \cdot \xi_n^{\alpha_n}$$

ein Isomorphismus von dem Vektorraum V auf den Vektorraum W ist (also insbesondere $N = M$). □

Wir werden in den folgenden Paragraphen den Begriff der "Elliptizität" genauer untersuchen und dabei insbesondere die geometrische Bedeutung des "Hauptteils" herausarbeiten. Hier wollen wir nur einige Hinweise geben, warum man sich für elliptische Differentialoperatoren interessiert und welche Art von Fragestellung dabei im Vordergrund steht. □

C. WO KOMMEN ELLIPTISCHE DIFFERENTIALGLEICHUNGEN VOR? *Lineare elliptische Differentialoperatoren treten in sehr unterschiedlichen Zusammenhängen auf:*

(i) Modellierung von Gleichgewichtszuständen schwingungsfähiger Systeme. Typisches Beispiel aus der mathematischen Physik ist die Laplacegleichung der Potentialtheorie, siehe oben Aufgabe 4c. Bei komplizierteren Problemen treten entsprechend kompliziertere Operatoren auf: Operatoren mit variablen Koeffizienten, die also nur noch punktweise wie ein Laplaceoperator aussehen, wenn z.B. das Material nicht isotrop ist; Operatoren höherer Ordnung und Operatoren auf solchen Funktionenräumen, wo die einzelne Funktion nicht die konkrete Verteilung einer kontinuierlich ausgebreiteten Größe (Temperatur etc.) angibt, sondern z.B. die Wahrscheinlichkeitsverteilung ("Wellenfunktion") der Zustandsbeschreibung eines diskreten quantenmechanischen Systems, bestehend aus einzelnen Elektronen, Atomen oder Molekülen. Vgl. z.B. [HELLWIG 1964, 69] oder [TRIEBEL 1972, 457ff] ; siehe auch unten Ziffer (iii) .

(ii) Untersuchung klassischer Operatoren auf komplizierteren geometrischen Flächen. So kann man z.B. ein Analogon zum Laplaceoperator $\Delta = \frac{\partial^2}{\partial x_1^2} + \ldots + \frac{\partial^2}{\partial x_n^2}$ *auf jeder "Riemannschen Mannigfaltigkeit" (s.u. § 2) konstruieren; unterschiedliche Eigenschaften eines solchen Operators in Abhängigkeit von der Gestalt der Mannigfaltigkeit dienen dann zur Klassifikation solcher Flächen bzw. Mannigfaltigkeiten. Siehe unten § III.4.*

(iii) Wahrscheinlichkeitstheoretische Charakterisierung von Diffusionsprozessen. Hierbei geht es - im Gegensatz zu diskreten Zufallsprozessen mit Übergangswahrscheinlichkeiten z.B. auf dem Gitter - um infinitesimale Beschreibungen von Strömungen und anderen Prozessen, bei denen die Übergangswahrscheinlichkeiten in Form von Vektorfeldern gegeben sind. Je nach Wahl des Modells lassen sich dann der zufällige Zuwachs, die mittlere Austrittszeit (bei Problemen mit Rand), der Erwartungswert einer anderen vorgegebenen Größe usw. als Lösungen "charakteristischer Operatoren" auffassen, die dem "Markoffschen Prozeß" durch eine solche infinitesimale Betrachtung zugeordnet sind. Anschaulich denke man an ein Teilchen, das auf den Gitterpunkten von $\mathbb{Z}^n$ *eine "symmetrische Irrfahrt" vollführt, indem es in gleichen Zeitintervallen jeweils um eine Einheit zu einem der* $2n$ *benachbarten Gitterpunkte springt, wobei die Übergangswahrscheinlichkeit stets gleich* $\frac{1}{2n}$ *, also "gleichverteilt" und "vergangenheitsunabhängig" ist. Wenn* f *eine auf den Gitterpunkten definierte ("Auszahlungs"-)Funktion ist, dann bestimmt sich der Erwartungswert für die Auszahlung* f *nach einer Zeiteinheit, wenn die Irrfahrt eine Zeiteinheit zuvor das Teilchen im Punkt* $x \in \mathbb{Z}^n$ *plaziert hatte, durch den "Mittelwert"*

$$(Pf)(x) := \frac{1}{2n} \sum_{k=-n}^{n} f(x + e_k) \quad ,$$

wobei die $e_{-n},\dots,e_n$ *die dem Nullpunkt benachbarten Gitterpunkte sind - also* $e_1,\dots,e_n$ *die kanonischen Basisvektoren des* $\mathbb{R}^n$ *und* $e_{-k} := -e_k$. *Der lineare Operator P-Id ist dann ein diskretes Analogon zum Operator* $\frac{1}{2}\Delta$: *Man zeigt nämlich, daß man den Laplaceoperator aus dem "statistischen" Operator P-Id dadurch erhält, daß man die Abstände der Gitterpunkte gegen Null gehen läßt. Das liegt daran, daß für hinreichend glatte Funktionen*

$$(\Delta f)(x) = \lim_{h\to o} \frac{\sum f(x+he_k) - 2nf(x)}{h^2} .$$

Auf diese Weise hängt der Wienersche Prozeß, mit dem man die ungeordnete Bewegung, welche sehr kleine, in einer Flüssigkeit suspendierte Teilchen ausführen, modelliert, mit dem Laplaceoperator zusammen. Dabei wird der Wienersche Prozeß wahrscheinlichkeitstheoretisch dadurch charakterisiert, daß der zufällige Zuwachs $x(t+s) - x(t)$ *der Bahnkurve* x *eine symmetrische Normalverteilung mit einer besonders einfachen Dichtefunktion besitzt. Andere Wahrscheinlichkeitsverteilungen führen zu anderen charakteristischen Operatoren, und zwar wieder zu elliptischen Operatoren, wenn der zugrunde liegende Zufallsmechanismus ein "Diffusionsprozeß" ist. Eine sehr elementare und klare Darstellung findet man in [DYNKIN-JUSCHKEWITSCH 1960]. Weitere Einzelheiten in [KAROUI-REINHARD 1973].*

(iv) Lösungsverzweigung bei nichtlinearen Differentialgleichungen. Hierzu beachte man, daß es bei der mathematischen Modellierung von physikalischen, biologischen oder gesellschaftlichen Systemen in der Regel keinen inneren, aus dem Untersuchungsobjekt entspringenden Grund für die Annahme von "Linearität" gibt: Die Unterstellung, daß die Wirkung auf ein zu untersuchendes System exakt proportional der Einwirkung ist, widerspricht den Reibungskräften und allgemeiner den Gesetzen der Thermodynamik. Für die Verwendung linearer Modelle gibt es deshalb letztlich nur pragmatische Gründe, "entweder um Rechnungen leichter zu machen, oder mit Rücksicht auf die gegenwärtige Unvollkommenheit der ingenieurmäßigen Techniken bei der Realisierung (von Modellen)" . [WIENER 1949, 12]. Während für eine Vielzahl von Bereichen (so z.B. bei der Elastizitätstheorie von Stoffen, deren Deformationen "ziemlich" proportional zu den angewandten Kräften sind, bei vielen Fragen der Stabilitätstheorie und der Regelungstechnik, wo die zugrunde liegende technische Apparatur vom Menschen "ziemlich" linear geschaffen wurde usw.) die Verwendung linearer Modelle ganz unbedenklich ist, hat sich in anderen Situationen (z.B. bei der Knickung eines geraden Stabes bei konstanter Belastung, bei der Ausbeulung einer biegsamen Platte, bei den Schwingungen eines Satelliten in seiner Bahnebene, bei Wellen auf der Oberfläche einer schweren Flüssigkeit - um einige Beispiele aus der Mechanik zu nennen) die Notwendigkeit nichtlinearer Modellierung gezeigt, weil nur so das hier wesentliche Phänomen der "Lösungsverzweigung" beschrieben werden kann.

Damit wird nun aber keineswegs das Studium linearer Modelle hinfällig. Vielmehr gilt, daß sehr viele nicht-lineare Systeme sich mit Hilfe von sogenannten "impliziten Operatoren", die linear und in vielen Fällen eben elliptische Differentialoperatoren sind, näherungsweise behandeln lassen. Für die Herleitung der "Verzweigungsgleichung" spielt in diesen Fällen der "Index" *des impliziten linearen elliptischen Differentialoperators eine wichtige Rolle. Um eine Idee davon zu bekommen, warum die Theorie der Lösungsverzweigungen einer nicht-linearen Gleichung, deren Lösungsmannigfaltigkeit eine "analytische Varietät" bildet, ein natürliches Analogon der Fredholmtheorie mit affinen Räumen als Lösungsmannigfaltigkeiten ist, denke man anschaulich z.B. an den nicht-linearen Operator* $(x,\lambda) \mapsto Tx - \lambda x$ *auf* $H \times \mathbb{R}$, *wo* H *ein Hilbertraum ist und* T *ein (linearer) kompakter Operator. Die Lösungsmenge* $\{(x,\lambda) ; Tx - \lambda x = 0\}$ *wird dann aus der* $\mathbb{R}$*-Achse und den* Kernen *der Fredholmoperatoren* $T-\lambda Id$, $\lambda \neq 0$, *zusammengesetzt, wobei die Sprungstellen der Kerndimension von* $T-\lambda Id$ *(d.h. hier die Eigenwerte von* T*) besonders interessant sind. Für diese sich rasch entwickelnde Theorie vgl.* [*WAINBERG-TRENOGIN 1973, Kapitel VII/VIII, insbes. § 27*] *und* [*IZE 1976*].

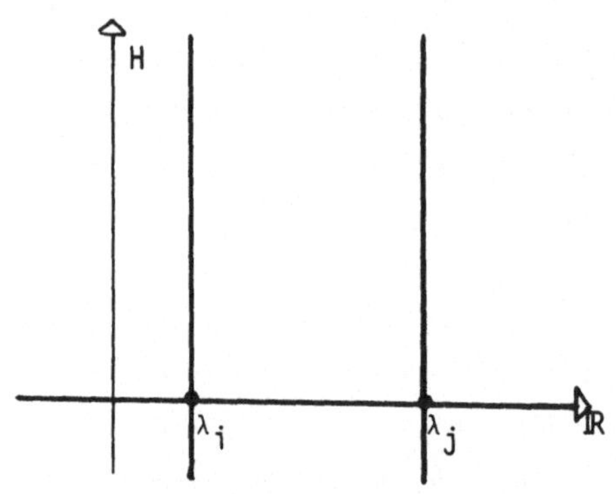

(v) Optimierungsaufgaben. So wie man häufig elliptische Differentialgleichungen dadurch löst, daß man "zugehörige" Variationsprobleme, also Optimierungsaufgaben behandelt, kann man umgekehrt viele komplizierte Optimierungsaufgaben, wie sie insbesondere in der "Kontrolltheorie" vorkommen, auf elliptische Differentialgleichungen zurückführen und so für bestimmte Fragestellungen übersichtlicher und zugänglicher gestalten. Eine umfassende Darstellung dieses Aspektes findet man in [*MORREY 1966*].

(vi) Nicht-elliptische Anfangswertaufgaben. Ein weiterer Anwendungsbereich liegt in der Behandlung nicht-elliptischer Differentialgleichungssysteme, die sich u.U. als z.B. über die Zeit parametrisierte Familien elliptischer Differentialoperatoren in den Raumkoordinaten darstellen lassen. Das gilt z.B. für den wichtigen Typ der parabolischen Differentialgleichungen, mit denen eine Vielzahl räumlicher Wachstums- und Differenzierungsprozesse beschrieben wird. Hier ist der Zusammenhang zwischen parabolischen Anfangswertaufgaben und Familien von elliptischen Operatoren weitgehend erforscht (s.o. Abschnitt B). □

D. RANDWERTBEDINGUNGEN. *Man beachte, daß in (i) , (iii) und (iv) Randwertbedingungen eine wesentliche Rolle spielen, während sich in (ii) durch Betrachtung von Operatoren auf "geschlossenen Mannigfaltigkeiten" (s.u. § 2) auch schon interessante und tiefe Ergebnisse - ohne die analytischen Schwierigkeiten der Randwertaufgaben - finden lassen. Wir werden weiter unten sehen, wie eng Randwertprobleme und Probleme über geschlossenen Mannigfaltigkeiten zusammenhängen. In den* geometrischen Ausdrücken der K-Theorie "entspricht" nämlich jedem Randwertproblem über dem berandeten Gebiet X ein Problem über dem Rand ∂X von X und ein Problem über der "Verdoppelung" $X \cup_{\partial X} X$ von X (s.u. § II. 7/8 und Abschnitt III.4.H)

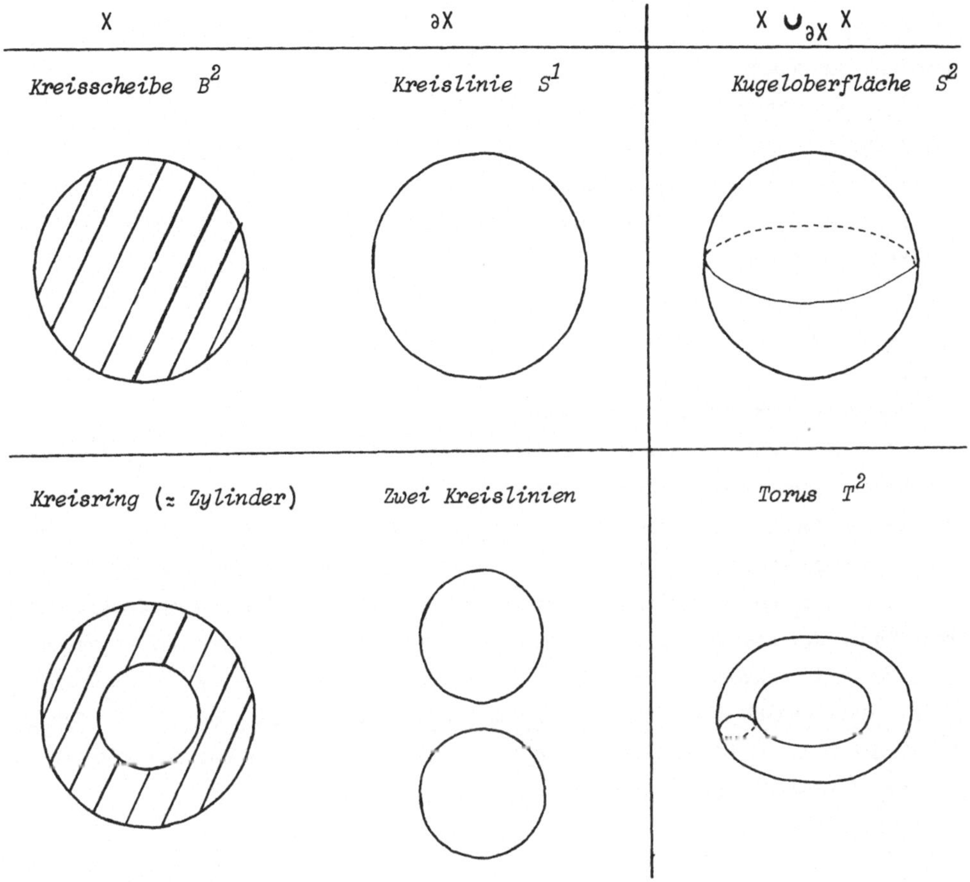

X	∂X	$X \cup_{\partial X} X$
Kreisscheibe B^2	Kreislinie S^1	Kugeloberfläche S^2
Kreisring (≈ Zylinder)	Zwei Kreislinien	Torus T^2

Umgekehrt drücken elliptische Operatoren über einer geschlossenen Mannigfaltigkeit so in gewisser Weise den Aufbau dieser komplizierten Mannigfaltigkeit aus den "Makromolekülen", den klassischen berandeten Gebieten des euklidischen Raumes $\mathbb{R}^n$ aus.

WARNUNG: Anschaulich denkt man bei "Randwertproblemen" für gewöhnlich zuerst an die Randwertaufgaben der Elastizitätstheorie, wo eben eine schwingende Membran am Rand fest eingespannt ist. Mathematisch entspricht dem das Dirichlet-Randwertproblem

$u|\partial X = 0$ oder allgemeiner $u|\partial X = g$, wo g eine Funktion auf ∂X ist.

In vielen Anwendungen hat man es aber mit viel allgemeineren Typen von Randwertbedingungen zu tun. Sehr suggestiv sind dafür Beispiele aus der in (iii) angesprochenen Theorie der Diffusionsprozesse, die ein besseres Gefühl dafür vermitteln, was alles am Rand eines Gebietes "passieren kann". Wir nennen nur einige der einfachsten Phänomene - nach [DYNKIN-JUSCHKEWITSCH 1969, 137-139]:

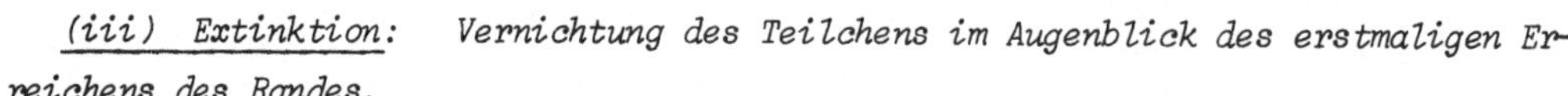

(i) Zurückspringen des Teilchens nach Erreichen des Randes in einen festen, innerhalb X liegenden Punkt x', evtl. entsprechend einer gewissen Wahrscheinlichkeitsverteilung π, wobei π im allgemeinen vom Randpunkt y abhängt.

(ii) Absorption: Das Teilchen verbleibt für immer in jenem Randpunkt, in den es zuerst gelangte.

(iii) Extinktion: Vernichtung des Teilchens im Augenblick des erstmaligen Erreichens des Randes.

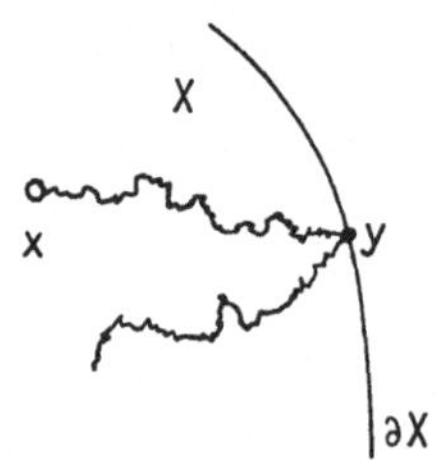

(iv) Reflexion: Symmetrische Spiegelung der Trajektorien am Rand.

Ohne diese verschiedenen Randwertprobleme, die uns hier nur als Vorrat für unsere Vorstellung dienen sollen, weiter zu behandeln, möchten wir hervorheben, daß letztlich gerade die Untersuchung - und Unterscheidung der verschiedenen Randwertprobleme (wie die Untersuchung und Unterscheidung der verschiedenen Mannigfaltigkeiten) zu den interessanten Resultaten führt. Ein einfaches, aber sinnvolles Beispiel liefert hier weiter unten der Satz von Ilja Nestorowitsch VEKUA (Satz 1). □

E. HAUPTFRAGEN DER ANALYSIS UND DAS INDEXPROBLEM. Sei also X ein Gebiet im $\mathbb{R}^n$ (oder eine C^∞-Mannigfaltigkeit, s.u.) und P ein Differentialoperator über X mit C^∞-Koeffizienten. Man betrachte die Gleichung

$$Pu = f ,$$

wo u und f Funktionen (nicht notwendig C^∞) über X sind. Dann kann man etwas vage die folgenden Fragen formulieren; wir folgen [HÖRMANDER 1971c]:

(i) Unter welchen Bedingungen an P und an X erhält man lokale oder globale Existenzaussagen?

(ii) In welchem Verhältnis zueinander stehen die Singularitäten von u und von f, wenn X und P gegeben sind?

Lars HÖRMANDER weist a.a.O. im einzelnen nach, daß diese Fragen "tatsächlich so eng miteinander verwandt sind, daß man sie als unterschiedliche Formen desselben Problems betrachten kann". Wir interessieren uns nun für den Index elliptischer Probleme, also für eine Fragestellung des Aspektes (i). Wir werden in diesem Teil II zeigen, daß jedes elliptische Problem mit "geeigneten" Randwertbedingungen einen Index besitzt, also eine endliche Anzahl linear unabhängiger Lösungen der homogenen Gleichung $(f = 0)$ und eine endliche Anzahl linearer Bedingungen an f , da-

mit die Gleichung Pu = f *überhaupt lösbar ist. In Teil III geben wir dann Verfahren an, wie man den* Index *aus den Koeffizienten von* P *und Kennzahlen für die Gestalt von* X *berechnen kann und wie sich umgekehrt topologische Invarianten von Mannigfaltigkeiten als* Index *elliptischer Operatoren darstellen lassen.* □

F. NUMERISCHE ASPEKTE. *"Das Indexproblem sieht ziemlich esoterisch aus; und noch vor wenigen Jahren hätte man es als ein Problem eingeschätzt, das für Anwendungen nicht interessant ist, wo man eine Lösung wünscht, die in einer handhabbaren Form ausgedrückt ist, sagen wir durch eine hinreichend einfache Formel. Der Siegeszug der modernen Rechenmaschinen hat das geändert. Wenn ein Problem mit einer Differentialgleichung theoretisch genügend verstanden ist, dann kann man - zumindest im Prinzip - auf einer Maschine eine numerische Lösung erreichen. Wenn die Mathematik des Problems nicht verstanden ist, dann wird auch die größte Maschine mit einer unbeschränkten Rechenzeit keine Lösung liefern". (COSRIMS-Report des Nationalen Forschungsrates der USA, 1969).*

So läßt sich gelegentlich die Wahl numerischer Methoden in geschickter Weise von einer vorherigen Kenntnis des Index *abhängig machen. Wir haben in § I.9 bei der Behandlung von Wiener-Hopf-Operatoren bereits auf entsprechende Ergebnisse von I.Z. GOCHBERG und I.A. FELDMAN hingewiesen (nach Satz 9.2). Ebenso werden neuerdings auch bei der numerischen Behandlung nicht-linearer Probleme unterschiedliche Verfahren in Abhängigkeit vom* Index *des zugehörigen linearen Problems empfohlen: [WAINBERG-TRENOGIN 1973], [IZE 1976].* *) □

G. ELEMENTARE BEISPIELE. *Nach diesen allgemeinen Bemerkungen wollen wir einige elementare Beispiele durchrechnen.*

AUFGABE 6: Untersuche den (trivialerweise elliptischen) gewöhnlichen, über dem Einheitsintervall $I = [0,1]$ definierten Differentialoperator

$$P : C^\infty(I) \times C^\infty(I) \to C^\infty(I) \times C^\infty(I)$$
$$(f, g) \to (f', -g')$$

mit den Randwertaufgaben

(i) $$R_1 : C^\infty(I) \times C^\infty(I) \to C^\infty(\partial I) \cong \mathbb{C} \times \mathbb{C}$$
$$(f, g) \to (f-g)|\partial I$$

(ii) $$R_2 : (f, g) \to f|\partial I$$

(iii) $$R_3 : (f, g) \to (f+g')|\partial I$$

*) *Volker STRASSEN und andere Mathematiker haben übrigens die Bedeutung des RIEMANN-ROCHschen Satzes (vgl. Abschnitt III.4.G) und anderer quantitativer (*Index-*) Formeln der algebraischen Geometrie für grundlegende Fragen der Algorithmik (z.B. für die Berechnung notwendiger Rechenschritte für die Umkehrung einer Matrix etc.) aufgedeckt, so daß es auch eine mittelbare Relevanz von Indexberechnungen für die computerorientierte Numerik gibt.*

(iv) $R_4 : (f, g) \to$ .... (eigene Wahl)

und bestimme den Index des Operators

$$(P,R_i) : C^\infty(I) \times C^\infty(I) \to C^\infty(I) \times C^\infty(I) \times C^\infty(\partial I)$$

für $i = 1,\ldots,4$.

TIP: Offensichtlich ist $\dim \operatorname{Kern}(P,R_i) \leq 1$; für die Bestimmung des Kokerns schreibt man $P(f,g) = (F,G)$ und $R_i(f,g) = h$ mit $F,G \in C^\infty(I)$ und $h \in \mathbb{C} \times \mathbb{C}$ und erhält so z.B. $f(t) = \int_0^t F(\tau)\, d\tau + c_1$, $g(t) = -\int_0^t G(\tau)\, d\tau + c_2$ und zwei weitere Gleichungen für die Randbedingung. Die Dimension von $\operatorname{Kokern}(P,R_i)$ wird dann durch die Anzahl linear unabhängiger Gleichungen in F,G und h gegeben, aus denen sich die Integrationskonstanten eliminieren lassen.

Entsprechende Berechnungen findet man z.B. in [ERWE 1961, 111-116] für die Sturm-Liouvilleschen Randwertaufgaben, vgl. auch oben Aufgabe I.4.2. Für eine allgemeine Untersuchung der Existenz- und Eindeutigkeitsfragen bei Randwertproblemen gewöhnlicher linearer Differentialgleichungen und Differentialgleichungssysteme verweisen wir auf [UNESCO 1970, 195-197] und [HARTMAN 1964, 322-403]. Verschwindet der Index immer? □

Wir betrachten jetzt auf der Kreisscheibe $X := \{z ; |z| \leq 1\}$ in der Ebene der komplexen Zahlen $z = x + iy$, $x,y \in \mathbf{R}$, den Laplaceoperator $\Delta := \frac{\partial^2}{\partial x^2} + \frac{\partial^2}{\partial y^2}$, der ein linearer elliptischer Differentialoperator zweiter Ordnung von $C^\infty(X)$ nach $C^\infty(X)$ ist.

AUFGABE 7: Zeige, daß für das nach Peter Gustav DIRICHLET benannte Randwertproblem mit

$$R : C^\infty(X) \to C^\infty(\partial X)$$
$$u \to u|\partial X$$

gilt:

a Kern $(\Delta,R) = \{0\}$ und

b $(\operatorname{Bild}(\Delta,R))^\perp = \{0\}$ (orthog. Komplement in $L^2(X) \times L^2(\partial X)$) .

Daraus folgt insbesondere *) $\operatorname{index}(\Delta,R) = 0$.

TIP für a: $\operatorname{Kern}(\Delta,R)$ enthält Funktionen der Form $u + iv$, wo u und v reellwertig. Da die Koeffizienten der Operatoren Δ und R reell sind, können wir o.B.d.A. $v = 0$ voraussetzen. Man beschränke sich also auf die Untersuchung der reellen Lösungen u mit $\Delta u = 0$ in X und $u = 0$ auf ∂X, d.h. (bezüglich des kanonischen Maßes auf X): $0 = -\int_X u\,\Delta u \overset{(\#)}{=} \int_X \langle \operatorname{grad} u, \operatorname{grad} u \rangle$, also Gradient $\operatorname{grad} u = \left(\frac{\partial u}{\partial x}, \frac{\partial u}{\partial y}\right) = 0$ wegen u reell. u ist also konstant und damit ($u = 0$ auf ∂X) gleich Null.

Der Trick liegt in der Gleichung (#), der partiellen Integration, die man vielleicht am einfachsten im alternierenden Kalkül der Differentialformen, siehe Anhang, Aufgabe <u>8</u>, aus dem Integralsatz von George Gabriel STOKES herleitet, vgl. [UNESCO 1970, 133f] : Die Stokessche Formel lautet dann $\int_X d\omega = \int_{\partial X} \omega$, wo ω eine 1-Form ist. Wir setzen $\omega := u\wedge * du$ (vgl. Anhang Aufg. <u>8</u>) und erhalten so

$$d\omega = du \wedge * du + u \wedge d * du \tag{*}$$

und weiter

$$\int_X d\,\omega = \int_{\partial X} u \wedge * du = 0,$$

da $u|\partial X = 0$.

Aus $\Delta u = 0$ folgere somit

$$0 = -\int_X u \wedge d * du \overset{(*)}{=} \int_X du \wedge * du,$$

also $du = 0$, also $u = $ konstant.

TIP für b: Wähle $L \in C^\infty(X)$ und $\ell \in C^\infty(\partial X)$ orthogonal zu $\operatorname{Bild}(\Delta,R)$, also (bezüglich der kanonischen Maße auf X und ∂X):

$$\int_X (\Delta u)L + \int_{\partial X} u\,\ell = 0 \quad \text{für alle} \quad u \in C^\infty(X).$$

Zeige dann, daß

$$\int_X u\,\Delta L \overset{(\#\#)}{=} 0$$

---

*) Der hier untersuchte Durchschnitt des orthogonalen Komplementes von $\operatorname{Bild}(\Delta,R)$ bezüglich des kanonischen Skalarproduktes in $L^2(X)\times L^2(\partial X)$ mit dem Raum $C^\infty(X)\times C^\infty(\partial X)$ ist dem $\operatorname{Kokern}(\Delta,R)$ isomorph. Das liegt daran, daß das Bild von (Δ,R) in der L^2-Norm abgeschlossen ist und daß sein orthogonales Komplement bezüglich des L^2-Skalarproduktes ganz in $C^\infty(X)\times C^\infty(\partial X)$ enthalten ist. Für einen Beweis dieser beiden wichtigen Eigenschaften, die allgemein für elliptische Randwertprobleme gelten, siehe unten § <u>8</u>.

für alle $u \in C^\infty(X)$, deren "Träger" := abgeschlossene Hülle der Menge $\{z \,;\, z \in X \text{ und } u(z) \neq 0\}$ ganz im Inneren von X enthalten ist. (Zweifache partielle Integration; also im alternierenden Kalkül $\int_X u(d{*}dL) = \int_X (d{*}du)L$).

Damit ist $\Delta L = 0$. Zeige nun mit weiterer partieller Integration

$$\int_{\partial X} (x\frac{\partial L}{\partial x} + y\frac{\partial L}{\partial y} + \ell)\, u - L(x\frac{\partial u}{\partial x} + y\frac{\partial u}{\partial y}) = 0 \qquad \text{für alle } u \in C^\infty(X),$$

leite daraus $L|\partial X = 0$ und $\ell = -(x\frac{\partial L}{\partial x} + y\frac{\partial L}{\partial y})$ ab und wende a an. Einzelheiten in [HÖRMANDER 1963, 264]. □

Wir betrachten jetzt auf dem Rand $\partial X = \{z \,;\, |z| = 1\}$ ein C^∞-differenzierbares "Vektorfeld" $\nu : \partial X \to \mathbb{C}$. Ist $u \in C^\infty(X)$, $z \in \partial X$ und $\nu(z) = \alpha + i\beta$, dann versteht man bekanntlich unter der "Richtungsableitung" der Funktion u nach dem Vektorfeld ν im Punkte z die folgende Zahl

$$\frac{\partial u}{\partial \nu}(z) := \alpha \frac{\partial u}{\partial x}(z) + \beta \frac{\partial u}{\partial y}(z).$$

(Vom Standpunkt der Differentialgeometrie wäre es sinnvoller, entweder das Vektorfeld selbst mit $\frac{\partial}{\partial \nu}$ zu bezeichnen - oder für die Richtungsableitung einfach $(\nu\cdot u)(z)$ zu schreiben, da ja auch $\frac{\partial}{\partial x}$ und $\frac{\partial}{\partial y}$ als Vektorfelder aufgefaßt werden können; s.u. § 2). Das Paar $(\Delta, \frac{\partial}{\partial \nu})$ definiert einen linearen Operator

$$(\Delta, \frac{\partial}{\partial \nu}) : C^\infty(X) \to C^\infty(X) \oplus C^\infty(\partial X)$$
$$u \to (\Delta u, \frac{\partial u}{\partial \nu}),$$

und es gilt dann der folgende

SATZ 1 (I.N. VEKUA, 1948) : Für $p \in \mathbb{Z}$ und $\nu(z) := z^p$ ist $(\Delta, \frac{\partial}{\partial \nu})$ ein Operator mit endlich-dimensionalem Kern und Kokern, und es gilt

$$\operatorname{index}(\Delta, \frac{\partial}{\partial \nu}) = 2(1 - p).$$

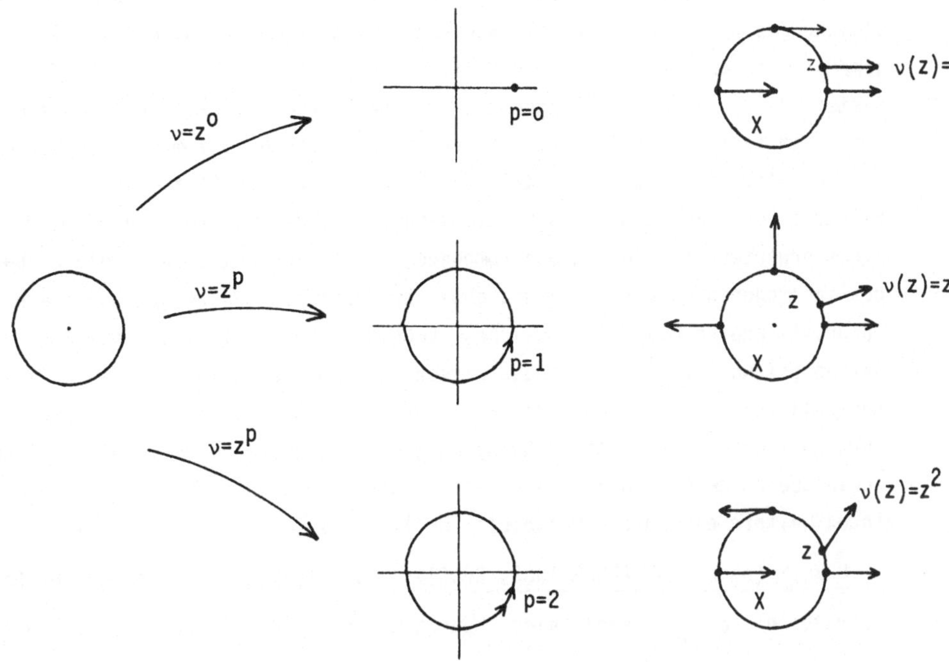

ANMERKUNG 1: Der Satz von VEKUA bleibt richtig, wenn wir statt z^p ein beliebiges nichtverschwindendes "Vektorfeld"

$$\nu : \partial X \to \mathbb{C} \setminus \{0\}$$

mit der "Umlaufzahl" $\mathrm{Uml}(\nu,0) = p$ nehmen:

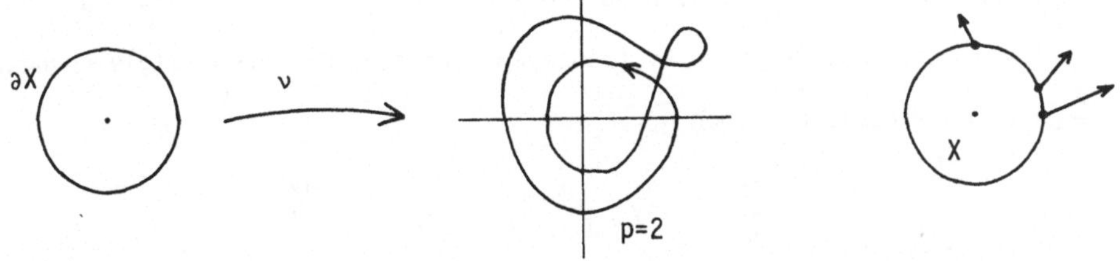

Ebenso können wir für X statt der Kreisscheibe jedes andere einfach zusammenhängende (d.h. "ungelochte") Gebiet in $\mathbb{C}$ mit "glattem" Rand ∂X (siehe unten § 2) nehmen. Das liegt an der Homotopieinvarianz des Index (siehe Satz I.5.2), die auch für elliptische Differentialoperatoren gilt (siehe unten § 8).

ANMERKUNG 2: Die Zahl $2(1 - p)$ findet man auch in der Theorie der Riemannschen Flächen vom "Geschlecht" p, z.B. beim Satz von Bernhard RIEMANN und Gustav ROCH, siehe § III.4. Das ist kein Zufall, sondern hängt mit der oben in C angesprochenen Beziehung zwischen elliptischen Randwertproblemen und elliptischen Operatoren auf geschlossenen Mannigfaltigkeiten zusammen.

ANMERKUNG 3: Ilja Nestorowitsch VEKUA widerlegte mit seinem Beispiel die an die Diskretisierung, die Ersetzung von Differentialgleichungen durch Differenzengleichungen geknüpfte Erwartung von David HILBERT und Richard COURANT, "daß 'sachgemäße' lineare Probleme der mathematischen Physik sich so verhalten, wie ein System N linearer Gleichungen mit N Unbekannten ... Wenn es sich erweist, daß bei einem sachgemäßen linearen Differentialgleichungssystem das zugehörige homogene Problem lediglich die 'triviale Lösung' Null besitzt, so dürfen wir die Existenz der (dann eindeutig bestimmten) Lösung des allgemeinen unhomogenen Problems erwarten. Ist jedoch das homogene Problem lösbar, so wird die Lösbarkeit des inhomogenen an die Erfüllung gewisser Zusatzbedigungen geknüpft sein." Dieses "heuristische Prinzip", als welches [COURANT-HILBERT II, 179] die Fredholmalternative (siehe § I.4) verstanden wissen wollten, bestätigt sich also im vorliegenden Fall für $p \neq 1$ nicht. Neben diesen "schiefwinkligen" Randwertproblemen liefern übrigens "gekoppelte" Schwingungsgleichungen (siehe z.B. unten Aufgabe 9) sowie geeignete Einschränkungen von Randwertproblemen auch mit verschwindendem Index weitere elementare Beispiele für Index $\neq 0$.

BEWEIS (nach [HÖRMANDER 1963, 266f]): Da die Koeffizienten der Differentialoperatoren $(\Delta, \frac{\partial}{\partial\nu})$ reell sind, können wir uns o.B.d.A. auf reelle Funktionen beschränken. $u \in C^\infty(X)$ bezeichne jetzt also nicht eine komplexwertige Funktion, d.h. ein Paar $u_1 + iu_2$ reellwertiger Funktionen u_1 und u_2, sondern eine einzelne reellwertige Funktion.

Kern$(\Delta, \frac{\partial}{\partial\nu})$: Kern Δ besteht bekanntlich, siehe z.B. [BIZADSE 1973, 80f], aus den Realteilen (oder Imaginärteilen) auf X holomorpher Funktionen. Solche Funktionen heißen harmonisch. Also: $u \in$ Kern Δ genau dann, wenn $u = \mathrm{Re}(f)$, wo $f = u + iv$ holomorph, d.h. (Cauchy-Riemannsche-Differentialgleichungen) $\frac{\partial f}{\partial \bar z} = 0$ oder ausgeschrieben

$$\frac{\partial u}{\partial x} = \frac{\partial v}{\partial y} \quad \text{und} \quad \frac{\partial u}{\partial y} = -\frac{\partial v}{\partial x}\,. \qquad (*)$$

Jede holomorphe (= komplex differenzierbare) Funktion f ist wieder komplex differenzierbar und für die Ableitung gilt

$$\begin{aligned} f' = \frac{\partial f}{\partial z} &= \frac{1}{2}\left(\frac{\partial u}{\partial x} + \frac{\partial v}{\partial y}\right) + \frac{i}{2}\left(\frac{\partial v}{\partial x} - \frac{\partial u}{\partial y}\right) \\ &= \frac{\partial u}{\partial x} - i\,\frac{\partial u}{\partial y} \qquad (\text{wegen } (*)). \end{aligned}$$

Auf diese Weise haben wir jedem $u \in$ Kern Δ eine holomorphe Funktion $\phi := f'$ zugeordnet. Die Randwertbedingung $\frac{\partial u}{\partial \nu} = 0$, $\nu = z^p$, bedeutet dann, daß der Realteil $\mathrm{Re}(\phi(z)z^p)$ für $|z| = 1$ verschwindet. Für $p \geq 0$ ist mit ϕ auch $\phi(z)z^p$ holomorph, also

$$\left.\begin{array}{l} u \in \mathrm{Kern}(\Delta, \frac{\partial}{\partial\nu}) \\ \nu = z^p \\ p \geq 0 \end{array}\right\} \Longrightarrow \left\{\begin{array}{l} \mathrm{Re}(\phi(z)z^p) \in \mathrm{Kern}(\Delta, R) \\ \text{wo} \quad \phi := \frac{\partial u}{\partial x} - i\frac{\partial u}{\partial y} \\ \text{und } R(..) := (..)|\partial X \end{array}\right.$$

In diesem Fall ist es uns also gelungen dem "schiefwinkligen" Randwertproblem für u ein Dirichletsches Randwertproblem für $\mathrm{Re}(\phi(z)z^p)$ zuzuordnen, das nach Aufgabe 7a nur die triviale Lösung besitzt. Wegen der Holomorphie von $\phi(z)z^p$ folgt aus $\mathrm{Re}(\phi(z)z^p) = 0$ das Verschwinden der partiellen Ableitungen des Imaginärteils und damit die Existenz eines $C \in \mathbb{R}$, so daß $\phi(z)z^p = i\,C$ für alle $z \in X$. Ist $p > 0$, so folgt $C = 0$ (setze nämlich $z = 0$), d.h. $\phi = 0$, also ist nach Konstruktion von ϕ die Funktion u konstant, also $\dim \mathrm{Kern}(\Delta, \frac{\partial}{\partial\nu}) = 1$. Ist $p = 0$, d.h. $\phi(z) = iC$, so folgt $u(x,y) = -Cy + \tilde{C}$, also in diesem Fall $\dim \mathrm{Kern}(\Delta, \frac{\partial}{\partial\nu}) = 2$.

Wir kommen nun zum Fall $p < 0$, der sich eigentümlicherweise nicht unmittelbar auf den Fall $q > 0$, mit $q := -p$, zurückspielen läßt. Man könnte versucht sein, eine Lösung darin zu suchen, daß man einfach das Vektorfeld $\frac{\partial}{\partial\nu}$ umkehrt, d.h. zu $-\frac{\partial}{\partial\nu}$ übergeht, wie in folgender Abbildung dargestellt:

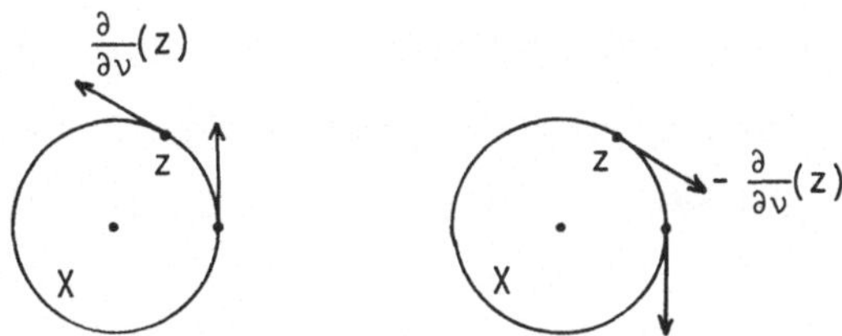

Das ist aber eine Sackgasse, die nicht weiterführt, da $\mathrm{Uml}(\nu,0) = \mathrm{Uml}(-\nu,0)$. Um das "schiefwinklige" Randwertproblem auch für $p < 0$ wieder auf das elementare Dirichletsche Randwertproblem zurückzuführen, müssen wir jetzt etwas genauere Abschätzungen durchführen. ($\phi(z)z^p$ kann nämlich im Punkt $z = 0$ eine Polstelle haben, d.h. $\mathrm{Re}(\phi(z)z^p)$ ist dann i.a. nicht mehr harmonisch ...). Dafür entwickeln wir die holomorphe Funktion ϕ in eine endliche Taylorreihe

$$\phi(z) = \sum_{j=0}^{q} a_j z^j + g(z)z^{q+1} \quad ,$$

wo $q := -p$ und g holomorph, vgl. z.B. [BIZADSE 1973, 97f] . Wir definieren dann durch

$$\psi(z) := g(z)z + \sum_{j=0}^{q-1} \overline{a_j}\, z^{q-j}$$

eine holomorphe Funktion ψ mit $\psi(0) = 0$, mit deren Hilfe man

$$\phi(z)z^p = a_q + \sum_{j=0}^{q-1} (a_j z^{j-q} - (\overline{a_j}\, z^{q-j}) + \psi(z)$$

schreiben kann.

Die Randwertbedingung $\frac{\partial u}{\partial \nu} = 0$ implizierte $\mathrm{Re}(\phi(z)z^p) = 0$ für $|z| = 1$ - und das bedeutet nun nach der vorstehenden Darstellung $\mathrm{Re}(\psi(z) + a_q) = 0$ für $|z| = 1$. Wegen der Holomorphie von ψ sind wir also erneut bei einem Dirichletschen Randwertproblem angelangt; diesmal für die Funktion $\mathrm{Re}(\psi(z) + a_q)$. Aus Aufgabe 7a folgt wieder $\psi(z) + a_q$ konstant imaginär, also $\psi(z) = \psi(0) = 0$ und a_q rein imaginär. Wir erhalten

$$\phi(z) = \phi(z)z^p z^q = a_q z^q + \sum_{0}^{q-1} (a_j z^j - \overline{a_j} z^{2q-j}) \; ,$$

wobei $a_0, a_1, \ldots, a_{q-1} \in \mathbb{C}$ beliebig und $a_q \in i\,\mathbb{R}$. Die Menge

$$\{\frac{\partial u}{\partial x} - i\frac{\partial u}{\partial y} \; ; \; u \in \mathrm{Kern}(\Delta, \frac{\partial}{\partial \nu}) \}$$

hat also als Vektorraum über $\mathbb{R}$ die Dimension $2q + 1$; dabei haben wir, entsprechend unserer obigen Konvention, uns auf reellwertige u beschränkt. Da u durch ϕ bis auf eine additive Konstante eindeutig bestimmt ist, folgt für $\nu = z^p$ und $p < 0$

$$\dim \mathrm{Kern}(\Delta, \frac{\partial}{\partial \nu}) = 2q + 2 = 2 - 2p.$$

Kokern$(\Delta, \frac{\partial}{\partial \nu})$: Da die Gleichung $\Delta u = F$, wie in Aufgabe 7b gezeigt, für jedes $F \in C^\infty(X)$ lösbar ist, können wir den Kokern$(\Delta, \frac{\partial}{\partial \nu})$, d.h. den Quotientenraum $(C^\infty(X) \times C^\infty(\partial X))$ / Bild$(\Delta, \frac{\partial}{\partial \nu})$ mit dem "einfacheren" Quotientenraum $C^\infty(\partial X) / \frac{\partial}{\partial \nu}(\mathrm{Kern}\,\Delta)$ identifizieren: Wir ordnen nämlich jedem repräsentierenden Paar $(F,h) \in C^\infty(X) \times C^\infty(\partial X)$ die von $h - \frac{\partial u}{\partial \nu} \in C^\infty(\partial X)$ erzeugte Klasse zu, wo $u \in C^\infty(X)$ so gewählt ist, daß $\Delta u = F$. Die Abbildung ist offensichtlich auf dem Quotientenraum der Paare wohldefiniert; ihre Umkehrabbildung wird durch $h \to (0,h)$

gegeben. Damit haben wir eine Darstellung für Kokern$(\Delta,\frac{\partial}{\partial\nu})$ gefunden, bei der wir nicht mehr langwierig mit den Paaren im Bild$(\Delta,\frac{\partial}{\partial\nu})$ rechnen müssen, sondern mit den "Randfunktionen" $\{\frac{\partial u}{\partial\nu}\ ;\ u \in \text{Kern}\ \Delta\}$ auskommen. (Diesen Trick kann man immer für Randprobleme (P,R) anwenden, wenn der Operator P surjektiv ist).

Wir untersuchen also die Existenz einer Lösung der Gleichung $\Delta u = 0$ mit der "inhomogenen" Randbedingung $\frac{\partial u}{\partial\nu} = h$, wo h eine auf ∂X gegebene C^∞-Funktion ist. Mit dem im ersten Teil unseres Beweises vorgestellten Trick können wir gleichbedeutend nach der Existenz einer holomorphen Funktion ϕ mit der Randwertbedingung $\text{Re}(z^p\phi(z)) = h$, $|z| = 1$, fragen, d.h. eine Dirichletsche Randwertaufgabe für die Funktion $\text{Re}(z^p\phi(z))$. Nach Aufgabe <u>7b</u> gibt es genau eine harmonische Funktion, die auf dem Rand ∂X die Werte von h annimmt; wir haben also eine - bis auf eine additive imaginäre Konstante - eindeutig bestimmte holomorphe Funktion θ mit $\text{Re}\ \theta(z) = h$ für $|z| = 1$.

Im Fall $p \leq 0$ ist die in ϕ ausgedrückte Randwertaufgabe immer lösbar; setze nämlich $\phi(z) := z^{-p}\theta(z)$. Wir haben also für $\nu(z) = z^p$ und $p \leq 0$

$$\dim \text{Kokern}(\Delta,\frac{\partial}{\partial\nu}) = 0 .$$

Ist $p > 0$, so können wir aus θ eine Lösung des in ϕ ausgedrückten Randwertproblems genau dann zurückgewinnen, wenn es ein $C \in \mathbb{R}$ gibt, so daß $(\theta(z) - iC) / z^p$ holomorph, d.h. wenn die holomorphe Funktion $\theta(z) - iC$ im Punkte $z = 0$ eine Nullstelle mindestens von der Ordnung p hat, [BIZADSE 1973, 99]. Nach der Cauchyschen Integralformel lassen sich diese Bedingungen für die Ableitungen von θ im Punkte $z = 0$ durch entsprechende Bedingungen für die Kurvenintegrale längs des Randes ∂X ausdrücken, [BIZADSE 1973, 76 und 98] . Insgesamt erhalten wir damit $2p - 1$ lineare (reelle) Gleichungen, die h erfüllen muß, wenn das Randwertproblem eine Lösung besitzen soll.

Wir fassen unsere Ergebnisse tabellarisch zusammen $(\nu(z) = z^p)$:

p	$\dim \text{Kern}(\Delta,\frac{\partial}{\partial\nu})$	$\dim \text{Kokern}(\Delta,\frac{\partial}{\partial\nu})$	$\text{index}(\Delta,\frac{\partial}{\partial\nu})$
> 0	1	$2p - 1$	$2 - 2p$.
≤ 0	$2 - 2p$	0	

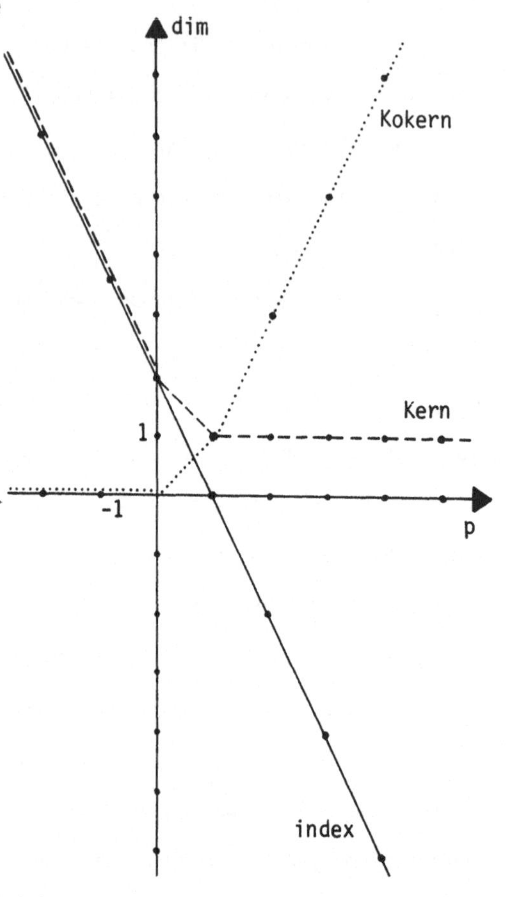

WARNUNG 1: Die schon im Beweis vermerkte Eigentümlichkeit, daß sich der Fall $p < 0$ nicht einfach auf den Fall $p > 0$ zurückspielen läßt spiegelt sich hier in der Asymmetrie der Dimensionen von Kern und Kokern und des Index. Das hängt eben damit zusammen, daß es "mehr" gebrochem rationale Funktionen mit vorgegebenen Polstellenverhalten gibt als Polynome mit "entsprechendem" Nullstellenverhalten. Vgl. auch Abschnitt III.4.G, Riemann-Roch-Theorem.

WARNUNG 2: Im Unterschied zur Dirichletschen Randwertaufgabe, die wir durch partielle Integration (d.h. Stokesscher Integralsatz) lösen konnten, ist der vorstehende Beweis spezifisch funktionentheoretisch und läßt sich nicht auf höhere Dimensionen übertragen. Das macht in diesem Spezialfall nichts, da aus topologischen Gründen der Index des "schiefwinkligen" Randwertproblems in höheren Dimensionen ohnehin verschwinden muß, siehe [HÖRMANDER 1963, 265f] oder unten § 8. Die eigentliche mathematische Herausforderung des funktionentheoretischen Beweises liegt so weniger in der Beschränkung $\dim X = 2$, als vielmehr in der gewissen Willkürlichkeit, in den Tricks und Kniffen der Definition der Hilfsfunktionen ϕ, ψ, θ, mit denen das schiefwinklige Randwertproblem auf das Dirichletsche zurückgespielt wird. Gibt es nicht ein kanonisches, geregeltes, weniger von guten Einfällen abhängiges, allgemeines Verfahren zur Bestimmung des Index einer Randwertaufgabe? Auf diese Frage kommen wir weiter unten (II.8 und III.4) wieder zurück.

WARNUNG 3: Aus der Theorie der gewöhnlichen Differentialgleichungen gewinnt man leicht den Eindruck, daß auch für partielle Differentialgleichungen stets eine "allgemeine Lösung" als funktionaler Zusammenhang zwischen der gesuchten Funktion ("Größe") u, den unabhängigen Veränderlichen x und willkürlichen Konstanten oder Funktionen existiert und daß man jede "partikuläre Lösung" durch Einsetzen irgendwelcher bestimmter Konstanten oder Funktionen f, h usw. an die Stelle der willkürlichen Konstanten oder Funktionen gewinnen kann. (Entsprechend dem höheren Freiheitsgrad bei partiellen Differentialgleichungen spricht man hier nicht nur von Integrationskonstanten, sondern von beliebigen Funktionen). Die vorstehenden Berechnungen zu Randwertproblemen des Laplaceoperators zeigen deutlich, wie beschränkt diese nach [STEPANOW 1956, 437ff] im 18. Jahrhundert auf Grund geometrischer Veranschaulichung und physikalischer Überlegungen gebildete Vorstellung ist. Das klassische Rezept, zu Beginn die allgemeinen Lösungen zu suchen und erst zum Schluß die willkürlichen Konstanten und Funktionen zu bestimmen, trägt nicht mehr; die konkrete Form der Randwertbedingungen z.B. muß von vornherein in die Analysis einbezogen werden. □

AUFGABE 8: Zeige wie in Aufgabe 7 - ohne Benutzung von Satz 1 - daß $\text{Index}(\Delta,\frac{\partial}{\partial\nu}) = 0$ ist, wenn $\nu(z) = z$. (Diese Randwertaufgabe wird nach Carl NEUMANN benannt, wobei ν bzw. $\frac{\partial}{\partial\nu}$ "Normalenfeld" heißt. Sie ist vom Standpunkt der Topologie äquivalent mit der Dirichletschen Randwertaufgabe, die - bis auf konstante Funktionen - durch ein tangentiales Vektorfeld definierbar ist). □

NEUMANN:

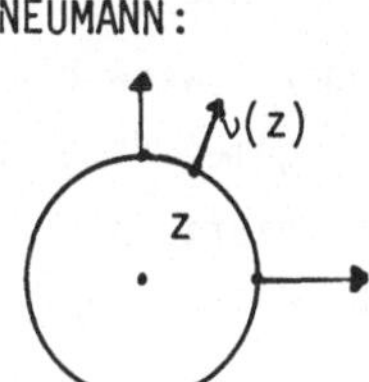

DIRICHLET:

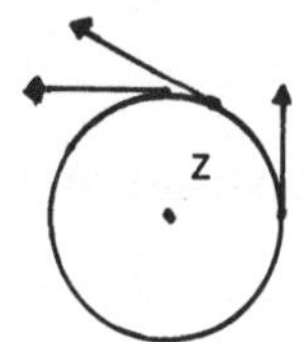

AUFGABE 9: Zeige index T = 1 für den über Kreisscheibe $X := \{z=x+iy \; ; \; |z| = \sqrt{x^2+y^2} \leq 1\}$ definierten Operator

$$T : C^\infty(X) \oplus C^\infty(X) \to C^\infty(X) \oplus C^\infty(X) \oplus C^\infty(\partial X)$$
$$(u \; , \; v) \to \left(\frac{\partial u}{\partial z} \; , \; \frac{\partial v}{\partial z} \; , \; (u-v)|\partial X\right) .$$

Dabei ist $\frac{\partial}{\partial \bar z} = \frac{1}{2}\left(\frac{\partial}{\partial x} - i\frac{\partial}{\partial y}\right)$ die komplexe Differenzierung und $\frac{\partial}{\partial \bar z} = \frac{1}{2}\left(\frac{\partial}{\partial x} + i\frac{\partial}{\partial y}\right)$ der dazu "formal adjungierte" Cauchy-Riemann-Differentialoperator (s.u. vor Aufgabe 2.7) .

TIP: Zeige zunächst dim(Kern T) = 1 : Da $\frac{\partial u}{\partial \bar z} = 0$ gerade u holomorph bedeutet, folgere aus $\frac{\partial v}{\partial z} = 0$ und $v = u$ auf ∂X, daß dann auch v holomorph ist und tatsächlich $v = u$ auf ganz X. Mit $\frac{\partial v}{\partial z} = 0$ beweise dann v konstant. Zeige dann Kokern T = {0} , genauer $(\text{Bild } T)^\perp = \{0\}$; vgl. die Fußnote zu Aufgabe 7. Wähle dafür beliebige $f,g \in C^\infty(X)$ und $h \in C^\infty(\partial X)$ und beweise, daß f.g und h konstant verschwinden müssen, wenn für alle $u,v \in C^\infty(X)$

$$\int_X \left(\frac{\partial u}{\partial \bar{z}} f + \frac{\partial v}{\partial z} g\right) \quad + \quad \int_{\partial X} (u-v)h \; = \; 0$$

ist.

ANMERKUNG: In der Technik spricht man bei einem System getrennter partieller Differentialgleichungen

$$Pu = f$$
$$Qv = g ,$$

die durch eine "Übertragungsbedingung" $R(u,v) = h$ verbunden sind, von "Kopplungsproblemen" oder - wenn die "Schwingungsbereiche" von u und v verschieden sind und nur einen gemeinsamen Rand oder Randabschnitt haben, über dem die Übertragungsbedingung definiert ist - von "Transmissionsproblemen". Vgl. z.B. [BOOSS 1972, 7ff]. So gesehen handelt es sich bei T um den Operator eines Schwingungsproblems auf der Kugeloberfläche $X \cup_{\partial X} X$ (siehe unten Aufgabe 2.12) mit unterschiedlichem Verhalten auf der oberen und unteren Halbkugel, aber mit starrer Kopplung längs des Äquators. □

2. Differentialoperatoren über Mannigfaltigkeiten

A. MOTIVATION. *Die moderne Begriffsbildung einer geschlossenen "Mannigfaltigkeit" erlaubt eine Verallgemeinerung und zugleich drastische Vereinfachung des Indexproblems, nämlich die Beseitigung der Randwertbedingungen. Während z.B. die homogene Laplacegleichung* $\Delta u = 0$ *über der Kreisscheibe in den harmonischen Funktionen unendlich viele linear unabhängige Lösungen besitzt, wissen wir von der entsprechenden Laplacegleichung über der Kugeloberfläche, daß sie nur einen eindimensionalen Lösungsraum hat, die konstanten Funktionen. Insoweit ist mit dem Begriff der differenzierbaren Mannigfaltigkeiten nicht immer eine weitere Komplizierung der Mathematik, sondern hier z.B. eine echte erste Approximation an die "schwierigen" *) Randwertprobleme im euklidischen Raum* $\mathbb{R}^n$ *verbunden.*

**) Die Mathematikentwicklung belegt immer wieder, wie im Erkenntnisprozeß Anschauliches und Unanschauliches eine Einheit bilden, einander abwechseln und ineinander übergehen. Das schlagendste Beispiel bietet wohl das berühmte Vier-Farben-Problem, das bezeichnenderweise in der Ebene auch nach seiner Computerlösung noch viele Rätsel aufgibt, während die entsprechende Fragestellung über geschlossenen Mannigfaltigkeiten schon lange keine Schwierigkeiten mehr bereitet. "Die meisten frühen Versuche zur Lösung dieses Problems basierten auf direktem Angriff; sie verfehlten nicht nur ihr Ziel, sondern lieferten auch keinerlei Beitrag an nützlicher Mathematik. Erst ein neuer und höchst indirekter Ansatz zum Färbungsproblem, der auf einer Verallgemeinerung der Kirchhoffschen Verzweigungsregeln in völlig unvorhergesehener Richtung beruht, erwies sich im Verständnis einer Vielzahl kombinatorischer Probleme als erfolgreich." (Gian-Carlo ROTA, The Mathematical Sciences: A Report, 1969. Abdruck mit Genehmigung der National Academy of Sciences.)*

Doch auch vom unmittelbaren Anwendungsstandpunkt spielt das geometrische Konzept der "Mannigfaltigkeit" eine große Rolle, weil bei Raum-Zeit-Problemen mit zunächst kanonisch-euklidischem Definitionsbereich häufig die unabhängigen Veränderlichen nicht völlig frei variieren können, sondern durch Nebenbedingungen in ihrer Variation auf bestimmte Untermannigfaltigkeiten des euklidischen Raumes beschränkt sind. Man denke etwa an "Zwangskräfte" in der Mechanik, an die Bewegungsgleichungen der Elektrodynamik, in die z.B. die Gestalt des "Leiters", seine Oberfläche wesentlich eingeht, oder an die Symmetriebedingungen der Elementarteilchenphysik, die an die Stelle hochdimensionaler euklidischer Zustandsräume niederdimensionale Zustandsräume in Form von Mannigfaltigkeiten treten läßt.

B. DIFFERENZIERBARE MANNIGFALTIGKEITEN - GRUNDBEGRIFFE. Wir beginnen mit einer Zusammenstellung der Grundbegriffe und elementaren Zusammenhänge des Konzeptes "differenzierbare Mannigfaltigkeit". Als Generalreferenz verweisen wir auf [SULANKE-WINTGEN 1972, 11-36] und [BRÖCKER-JÄNICH 1973] .

AUFGABE 1: Man vergegenwärtige sich die beiden folgenden klassischen Sätze der "Infinitesimalrechnung", die mathematisch die Grundlage für die Begriffsbildung "differenzierbare Mannigfaltigkeit" bilden:

a. (Umkehrsatz) Sei $f = (f_1,\dots,f_n)$ eine C^∞-Abbildung von $\mathbb{R}^n$ in $\mathbb{R}^n$, deren Funktionalmatrix $(\frac{\partial f_i}{\partial x_j}(p))_{i,j=1,\dots,n}$ im Punkte $p \in \mathbb{R}^n$ den Maximalrang n hat, also

$$\det(\frac{\partial f_i}{\partial x_j}(p))_{i,j=1,\dots,n} \neq 0 ;$$

dann gibt es eine Umgebung U von p in $\mathbb{R}^n$, die durch f diffeomorph auf eine Umgebung V von $f(p)$ in $\mathbb{R}^n$ abgebildet wird.

b. (Satz über implizite Funktionen) Sei $f = (f_1,\dots,f_n)$ eine C^∞-Abbildung von $\mathbb{R}^m$ in $\mathbb{R}^n$ $(m \geq n)$, deren Funktionalmatrix $(\frac{\partial f_i}{\partial x_j}(p))_{\substack{i=1,\dots,n\\ j=1,\dots,m}}$ im Punkte $p = (p_1,\dots,p_m)$, $p \in \mathbb{R}^m$, den Maximalrang n hat, also bei geeigneter Umnumerierung

$$\det(\frac{\partial f_i}{\partial x_j}(p))_{i,j=1,\dots,n} \neq 0 ;$$

dann gibt es eine differenzierbare Abbildung ("implizite Funktion") $g = (g_1,\dots,g_n)$ von einer Umgebung V von $(p_{n+1},\dots,p_m) \in \mathbb{R}^{m-n}$ in eine Umgebung W von $(p_1,\dots,p_n) \in \mathbb{R}^n$, so daß zumindest für alle $x \in W \times V \subset \mathbb{R}^m$ gilt:

$$f(x) = f(p) \iff x_i = g_i(x_{n+1},\dots,x_m) \quad \text{für alle} \quad i \in \{1,..,n\} .$$

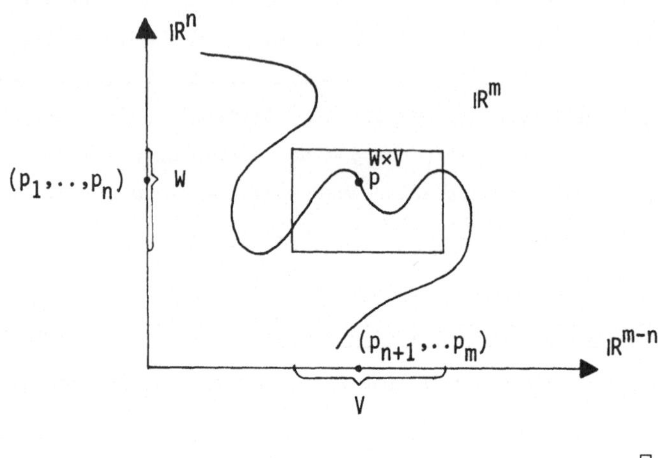

□

Eine unberandete topologische Mannigfaltigkeit X ist ein lokal-euklidischer Hausdorffraum. Dabei bedeutet "lokal-euklidisch", daß jeder Punkt $x \in X$ eine zu $\mathbb{R}^n$ (oder einer offenen Teilmenge V des $\mathbb{R}^n$) homöomorphe Umgebung U besitzt - für geeignete Wahl von $n \in \mathbb{N}$. Ist $u : U \to V$ eine solche bijektive und in beiden Richtungen stetige Abbildung, so spricht man davon, daß u eine Karte für X ist. Man denkt anschaulich an die Geographie, wo ein gekrümmter und unebener Teil der Erdoberfläche auf ein ebenes Stück Papier abgebildet wird. Man nennt eine Karte auch ein lokales Koordinatensystem, wenn man den rechnerischen Gesichtspunkt betonen will. Eine Menge A von Karten, deren Definitionsbereiche eine offene Überdeckung von X bilden, nennt man einen Atlas.

Die Zahl n, die "lokale Dimension", kann nicht von Punkt zu Punkt, sondern theoretisch nur von Zusammenhangskomponente zu Zusammenhangskomponente wechseln. In unseren Anwendungen kommt das allerdings nicht vor, so daß wir von der Dimension der Mannigfaltigkeit X sprechen können.

Sei nun X eine n-dimensionale topologische Mannigfaltigkeit und A ein Atlas für X. Geometrisches und rechnerisches Interesse richten sich dann auf das Studium der Kartenwechsel $u \circ v^{-1}$ für zwei Karten $u,v \in A$, deren Definitionsbereiche nicht-leeren Durchschnitt haben. $u \circ v^{-1}$ ist eine stetige Abbildung von einer offenen Teilmenge des $\mathbb{R}^n$ auf eine offene Teilmenge des $\mathbb{R}^n$. Das ist nach Definition trivial. Tatsächlich hat man im $\mathbb{R}^n$ aber eine viel reichere Struktur, die es erlaubt, weitergehende Fragen an die Kartenwechsel zu stellen: Der Atlas A heißt <u>C^∞-Atlas</u>, wenn alle Kartenwechsel C^∞-Abbildungen sind.

AUFGABE 2: Zeige: Jeder Atlas A für X induziert auf einer offenen Teilmenge W von X einen Atlas $A|W := \{u|W \; ; \; u \in A\}$. Ist A C^∞-Atlas, so auch $A|W$. □

AUFGABE 3: Zeige, daß jeder C^∞-Atlas A für die n-dimensionale Mannigfaltigkeit X in der kommutativen Algebra $C^0(X)$ der stetigen komplexwertigen Funktionen auf X eine kommutative Teilalgebra, die "C^∞-Funktionen auf X",

$$C^\infty(X) := \{\varphi \; ; \; \varphi \in C^0(X) \text{ und } \varphi \circ u^{-1} \; C^\infty\text{-Abbildung von einer offenen Teilmenge des } \mathbb{R}^n \text{ in } \mathbb{C} \text{ für alle } u \in A\}$$

definiert, so daß die üblichen Rechenregeln gelten, z.B.:

a Für $\varphi \in C^\infty(X)$ gilt $\varphi|W \in C^\infty(W)$, wenn $W \subset X$ offen und $C^\infty(W)$ entsprechend mit dem C^∞-Atlas $A|W$ gebildet.

b Sei φ eine beliebige komplexwertige Funktion, die "lokal" C^∞ ist, d.h. $\varphi|W \in C^\infty(W)$ für alle $W \in \mathcal{W}$, wo $\mathcal{W}$ eine Überdeckung von X mit offenen Mengen ist; dann ist $\varphi \in C^\infty(X)$.

c Für $\varphi \in C^\infty(X)$ und $\psi \in C^\infty(\mathbb{C})$ gilt $\psi \circ \varphi \in C^\infty(X)$.

d Die konstanten Funktionen auf X liegen in $C^\infty(X)$. □

Eine <u>C^∞-Mannigfaltigkeit</u> ist eine topologische Mannigfaltigkeit X mit einer durch einen C^∞-Atlas A definierten "C^∞-Struktur" $C^\infty(X)$.

Eine <u>C^∞-Abbildung</u> von einer C^∞-Mannigfaltigkeit X in die C^∞-Mannigfaltigkeit Y ist eine Abbildung $f : X \to Y$ mit $\varphi \circ f \in C^\infty(X)$ für alle $\varphi \in C^\infty(Y)$. In Koordinaten drückt man diese Bedingung auch so aus, daß sich f vermittels C^∞-Atlanten für X bzw. Y lokal als C^∞-Funktion von einer offenen Teilmenge des $\mathbb{R}^n$ in den $\mathbb{R}^m$ schreiben läßt, wo $n = \dim X$ und $m = \dim Y$.

Die C^∞-Mannigfaltigkeiten X und Y heißen <u>diffeomorph</u>, wenn es einen <u>Diffeo-</u>

morphismus von X nach Y gibt, das ist eine bijektive C^∞-Abbildung $f : X \to Y$, deren Umkehrabbildung f^{-1} auch C^∞-Abbildung ist. Ist $Y = X$, so spricht man auch von einem Automorphismus.

Aus beweistechnischen Gründen verlangt man häufig, daß die C^∞-Mannigfaltigkeit X parakompakt ist; d.h. daß jede Überdeckung von X mit offenen Mengen $\{U_\iota\}_{\iota\in J}$ eine Verfeinerung $(V_\kappa)_{\kappa\in J'}$ besitzt (d.h. jedes V_κ liegt ganz in einem U_ι mit geeignetem ι), die lokal endlich ist. Anders als beim Kompaktheitsbegriff verlangen wir also nicht, daß J' selbst, sondern für jedes $x \in X$ nur die Indexmenge $\{\kappa\ ;\ x \in V_\kappa\}$ endlich ist. Bekanntlich [FRANZ 1960, 99ff] ist jeder metrische Raum parakompakt. □

SATZ 1: Zu jeder offenen Überdeckung $\{U_\iota\}_{\iota\in J}$ der parakompakten C^∞-Mannigfaltigkeit X gibt es eine "passende C^∞-Zerlegung der Eins" ; das ist eine Familie $\{\varphi_\iota\}_{\iota\in J}$ mit

(i) $\varphi_\iota \in C^\infty(X)$

(ii) $\varphi_\iota \geq 0$

(iii) Träger φ_ι(:= abgeschlossene Hülle von $\{x;\ \varphi_\iota(x) \neq 0\}) \subset U_\iota$

für alle $\iota \in J$, so daß die Familie $\{\text{Träger } \varphi_\iota\}_{\iota\in J}$ lokal endlich ist und

(iv) $\sum_{\iota\in J} \varphi_\iota(x) = 1$ für alle $x \in X$.

BEWEIS: O.B.d.A. sei die Überdeckung $\{U_\iota\}_{\iota\in J}$ lokal endlich und jedes U_ι ganz im Definitionsbereich einer C^∞-Karte für X enthalten, die U_ι auf eine relativ-kompakte Teilmenge des $\mathbb{R}^n$ abbildet ($n = \dim X$).

1. Schritt: Wir legen um jedes $x \in X$ eine offene Umgebung W_x, deren abgeschlossene Hülle $\overline{W_x}$ ganz in einem U_ι enthalten ist. O.B.d.A. nehmen wir an, wir haben eine Teilmenge $Y \subset X$, so daß $\{W_y\}_{y\in Y}$ eine lokal endliche Überdeckung von X ist. Dann wird durch

$$V_\iota := \bigcup_{y\in Y_\iota} W_y\ ,\quad \text{wo } Y_\iota := \{y;\ W_y \subset U_\iota\}$$

eine Überdeckung von X definiert mit $\overline{V_\iota} \subset U_\iota$ für alle $\iota \in J$.

2. Schritt: Wir konstruieren nun zu jedem $\iota \in J$ eine C^∞-Funktion ψ_ι, die auf $\overline{V_\iota}$ echt größer als 0 und auf $X \setminus U_\iota$ konstant 0 ist, und setzen

dann $\psi := \sum_\iota \psi_\iota$ und $\varphi_\iota := \psi_\iota/\psi$. Mit Hilfe der Koordinatenfunktion können wir die Konstruktion im $\mathbb{R}^n$ durchführen. In dem Spezialfall, daß V_ι auf die Kreisscheibe vom Radius $c < 1$ abgebildet wird, läßt sich ψ_ι trivialerweise durch die auf dem $\mathbb{R}^n$ C^∞-differenzierbare Funktion

$$\eta(x) := s(x_1^2 + \ldots + x_n^2)$$

angeben, wo s die bekannte durch

$$s(r) := \begin{cases} \exp(-1/(c-r)) & \\ & \text{für} \\ 0 & \end{cases} \begin{matrix} r < c \\ \\ r \geq c \end{matrix}$$

definierte C^∞-Funktion auf $\mathbb{R}$ ist. Allgemeiner sei die kompakte Menge $K \subset \mathbb{R}^n$ das Bild von $\overline{V_\iota}$, die offene Menge U das Bild von U_ι und δ die Distanz von K zu $\mathbb{R}^n \setminus U$. Überdecke dann K mit endlich vielen Kugeln nach Art des Spezialfalls, wobei die Größe von c keine Rolle spielt. Genauer: Setze für jedes $a \in K$

$$O_a := \{x \in \mathbb{R}^n \ ; \ \eta(\tfrac{x-a}{\delta}) > 0\} ,$$

also insbesondere $a \in O_a \subset U$. Wegen der Kompaktheit von K gibt es eine endliche Teilmenge $A \subset K$, so daß $K \subset \bigcup_{a\in A} O_a$. Dann erhält man ψ_ι durch die Funktion $\sum_{a\in A} \eta(\frac{\ldots - a}{\delta})$. □

<u>ANMERKUNG 1</u>: Der vorstehende Beweis ist typisch für viele mengentheoretische und nicht-konstruktive Schlußweisen in der Analysis. Tatsächlich hat man i.a. durchaus neben den häufig kanonisch gegebenen Karten auch nach vorstehendem Rezept explizit angebbare C^∞-Zerlegungen der Eins.

<u>ANMERKUNG 2</u>: Die C^∞-Zerlegungen der Eins sind ein wichtiges Werkzeug zum globalen "Zusammensetzen" lokal gegebener Daten. Obwohl wir es in den Anwendungen in der Regel sogar mit analytischen Mannigfaltigkeiten zu tun haben, bleiben wir im folgenden immer in der "Kategorie" der C^∞-Mannigfaltigkeiten, da wir auf dieses praktische C^∞-Werkzeug nicht verzichten wollen.

<u>C. GEOMETRIE DER C^∞-ABBILDUNGEN.</u> So wie in der elementaren Differentialrechnung viele geometrische Fragen (z.B. die Bestimmung von Extremstellen, Wendepunkten etc.) durch Untersuchung der Punkt für Punkt definierten linearen Approximation der jeweiligen Funktion entschieden werden, kann man nun auch die Geometrie der C^∞-Abbildungen mit den Mitteln der linearen Algebra angehen. Die wesentlichen Konzepte dafür sind:

1. Die Richtungsableitung. Sei x ein Punkt der C^∞-Mannigfaltigkeit X, $\varphi \in C^\infty(X)$ und $c : \mathbb{R} \to X$ eine C^∞-Abbildung (ein "C^∞-Weg") mit $c(0) = x$. Dann ist die Ableitung der Funktion φ in die Richtung des Weges c durch die im Sinne der elementaren Differentialrechnung gebildete Ableitung $(\varphi \circ c)'(0)$ erklärt. Zwei Wege sind äquivalent, wenn für alle Funktionen die Richtungsableitungen übereinstimmen. Wir schreiben - in Anlehnung an die in der Physik übliche Terminologie - für eine solche Äquivalenzklasse $\dot{c}(0) := \{\tilde{c} \; ; \; \tilde{c} : \mathbb{R} \to X$ C^∞-Weg mit $\tilde{c}(0) = x$ und $(\varphi \circ \tilde{c})'(0) = (\varphi \circ c)'(0)$ für alle $\varphi \in C^\infty(X)\}$. Beachte, daß es hierbei nur auf die Definition von c bzw. $\tilde{c}$ in der Nähe von 0 ankommt.

2. Der Tangentialraum. Der Raum der Richtungsableitungen, also dieser Äquivalenzklassen von Wegen, bildet einen reellen Vektorraum, den Tangentialraum $(TX)_x := \{\dot{c}(0) \; ; \; c : \mathbb{R} \to X$ C^∞-Weg und $c(0) = x\}$ im Punkt x. Offensichtlich wird die Multiplikation der Richtungsableitung $\dot{c}(0)$ mit der reellen Zahl λ durch λ-fach schnelleres Durchlaufen gegeben, also

$$\lambda\dot{c}(0) = \dot{\tilde{c}}(0) \quad , \quad \text{wo } \tilde{c}(t) := c(\lambda t) \quad \text{für} \quad t \in \mathbb{R} .$$

Entsprechend findet man zu zwei Wegen c_1 und c_2 einen Weg c_3 mit

$$c_1(0) = c_2(0) = c_3(0) = x$$

und

$$\dot{c}_1(0) + \dot{c}_2(0) = \dot{c}_3(0) .$$

(Veranschaulichung im $\mathbb{R}^n$, wo c_3 geradlinig gewählt werden kann!) . Man verifiziert leicht die Vektorraumaxiome und rechnet nach, daß die Dimensionen des Vektorraumes $(TX)_x$ und der Mannigfaltigkeit X übereinstimmen. Dafür wählt man eine C^∞-Karte $u : U \to \mathbb{R}^n$,

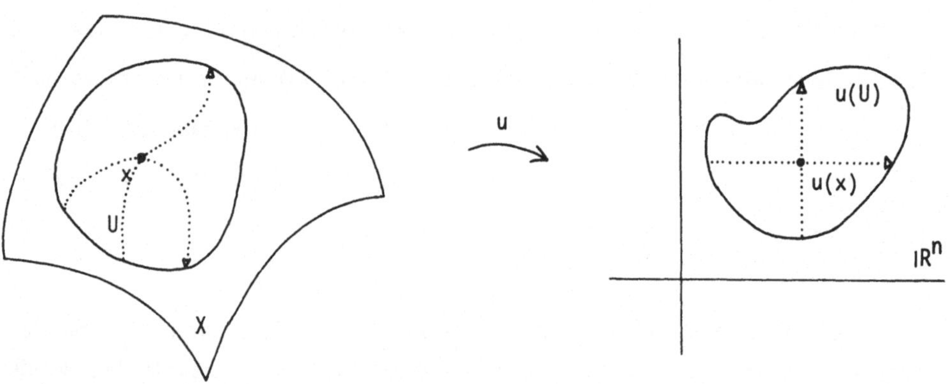

die eine offene Umgebung U von x auf eine offene Teilmenge des $\mathbb{R}^n$ abbildet $(n = \dim X)$, und erhält so für jede positiv durchlaufene Koordinatenachse im $\mathbb{R}^n$

einen C^∞-Weg in X, deren Richtungsableitungen, die man mit $\frac{\partial}{\partial u_1}\big|_x, \ldots, \frac{\partial}{\partial u_n}\big|_x$ bezeichnet, eine Basis von $(TX)_x$ bilden.

3. Das Tangentialbündel. Die disjunkte Vereinigung $TX := \cup_{x\in X} (TX)_x$ der Tangentialräume trägt in natürlicher Weise die Struktur eines reellen C^∞-Vektorraumbündels über X (s. Anhang, Aufgabe 7). Dabei ist eine Abbildung $s : X \to TX$ eben gerade dann ein C^∞Schnitt, wenn $s(x) \in (TX)_x$ für alle $x \in X$ und wenn für alle $\varphi \in C^\infty(X)$ die Funktion

$$x \longmapsto \text{Ableitung von } \varphi \text{ im Punkte } x \text{ in Richtung } s(x)$$

C^∞-differenzierbar ist.

4. Die Jacobische Form. Eine C^∞-Abbildung $f : X \to Y$ definiert in jedem Punkt $x \in X$ eine lineare Abbildung

$$f_{*|x} : (TX)_x \to (TY)_{f(x)}$$
$$\dot{c}(0) \mapsto \dot{\widehat{f\circ c}}(0) \quad ,$$

die in Koordinaten durch die Jacobische Matrix $(\frac{\partial f_i}{\partial u_j})_{i,j}$ gegeben wird. f_* ist dann eine Bündelabbildung $TX \to TY$. f heißt

Immersion, wenn f_* injektiv,

Einbettung, wenn f und f_* injektiv,

projektionsähnlich, wenn f_* surjektiv ist.

5. Untermannigfaltigkeit. Eine Teilmenge $Y \subset X$ heißt Untermannigfaltigkeit, wenn die natürliche Inklusion $i : Y \to X$ eine Einbettung ist. (Dagegen spricht man bei der Bildmenge einer Immersion von einer "Untermannigfaltigkeit mit Selbstdurchdringungen (Mehrfachpunkten)" - ein Konzept, das wir hier nicht weiter verfolgen werden). Für alle $y \in Y$ ist dann $(TY)_y$ in natürlicher Weise ein linearer Unterraum von $(TX)_y$.

SATZ 2: X,Y seien C^∞-Mannigfaltigkeiten der Dimensionen $m \geq n$.

a ("Definition von Mannigfaltigkeiten durch Gleichungen") Ist $q \in Y$ und $f : X \to Y$ eine C^∞-Abbildung mit $f_{*|x}$ surjektiv für alle $x \in f^{-1}\{q\}$, dann trägt $f^{-1}\{q\}$ in natürlicher Weise die Struktur einer $(m-n)$-dimensionalen C^∞-Mannigfaltigkeit.

b (Darstellung von Untermannigfaltigkeiten des $\mathbb{R}^N$) Ist Y Untermannigfaltigkeit des $\mathbb{R}^N$ und $y \in Y$, dann ist nach geeignetem Umnumerieren der euklidischen Koordinaten $x_1,\ldots,x_N$ die Projektion auf den Raum $x_{n+1} = \ldots = x_N = 0$ ein lokales Koordinatensystem für Y in einer Umgebung U von y. Umgekehrt läßt sich in einer Umgebung V von y in $\mathbb{R}^N$ die Mannigfaltigkeit Y als Menge der Punkte darstellen, die mit gewissen differenzierbaren Funktionen g_i dem folgenden Gleichungssystem genügen:

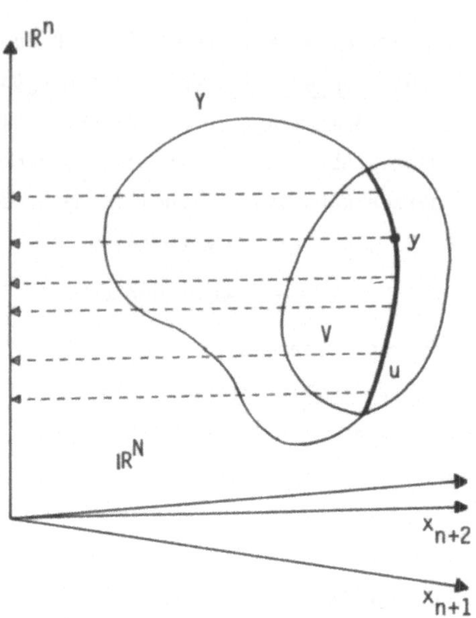

$$g_{n+1}(x_1,x_2,\ldots,x_n) - x_{n+1} \doteq 0$$
$$\vdots$$
$$g_N(x_1,x_2,\ldots,x_n) - x_N \doteq 0 .$$

c (Einbettungssatz) Jede kompakte C^∞-Mannigfaltigkeit X läßt sich in einen euklidischen Raum $\mathbb{R}^N$ mit N hinlänglich groß einbetten.

ANMERKUNG 1: Der Beweis von a folgt unmittelbar aus dem Satz über implizite Funktionen (Aufgabe 1b); die Beweise für b und c sind z.B. in [WALLACE 1968, 35-43] vollständig und elementar aufgeschrieben. Wir verzichten hier auf eine Wiedergabe, da wir die Aussagen von Satz 2 lediglich zur facettenhaften Beleuchtung der unterschiedlichen und eng verwandten Darstellungs- und Vorstellungsweisen von differenzierbaren Mannigfaltigkeiten gebracht haben. Vgl. auch [BRÖCKER-JÄNICH 1973].

ANMERKUNG 2: Zum Durchspielen von Satz 2 denkt man in a z.B. an die Darstellung der n-Sphäre S^n oder der Matrizenmannigfaltigkeit $SL(n,\mathbb{R})$ als Nullstellengebilde differenzierbarer Funktionen (vermöge der Abstandsfunktion vom Nullpunkt bzw. der Determinante). b veranschaulicht man sich z.B. mit $Y = S^2$ und $N = 3$. Zu c merken wir an, daß man mit $N = 2mk + m$ auskommt, wenn $m = \dim X$ und k die Anzahl von Karten in einem (da X kompakt, endlich machbaren) Atlas für X ist. □

6. Das duale Bündel. Ist X eine C^∞-Mannigfaltigkeit, $x \in X$, so kann man statt des Tangentialraums $(TX)_x$ auch den dazu dualen Vektorraum $(T^*X)_x$ der linearen Abbildung von dem Vektorraum $(TX)_x$ in den Grundkörper $\mathbb{R}$ betrachten. So wie ein Element von $(TX)_x$ durch einen Weg $c : \mathbb{R} \to X$ mit $c(0) = x$ repräsentiert wird, wird ein Element von $(T^*X)_x$ nun durch eine reellwertige Funktion $\varphi \in C^\infty(X)$ repräsentiert, wobei zwei Funktionen φ und ψ genau dann äquivalent sind, wenn ihre Richtungsableitungen im Punkt x für alle Wege c übereinstimmen:

$(\varphi\circ c)'(0) = (\psi\circ c)'(0)$. Für diese Äquivalenzklasse schreibt man dann $d\varphi_{|x}$ und nennt sie das "Differential" von φ oder die zu φ gehörige "Differentialform" im Punkte x. In der Terminologie von 5 ist übrigens $d\varphi_{|x} = \varphi_{*|x}$. Ist u eine Karte für X in einer Umgebung von x , so bilden die Differentialformen $du_1|_x,\ldots,du_n|_x$ eine Basis für $(T^*X)_x$. Dabei ist u_i die i-te Koordinatenfunktion. Auf diese Weise erhält man dann auch für die diskrete Vereinigung $T^*X = \bigcup_{x\in X}(T^*X)_x$ eine Bündelstruktur, und zwar genau die Struktur des zu TX "dualen Bündels" (s.u. Anhang, Aufgabe 3) . T^*X heißt kurz das duale Bündel oder "Differentialformenbündel" oder auch das "kovariante Bündel" oder "Kotangentialbündel", weil sich bei einem Kartenwechsel $v = \kappa\circ u$ die Differentiale "kovariant" transformieren, also

$$dv_i = \sum_{j=1}^{n} \frac{\partial\kappa_i}{\partial x_j} du_j ,$$

während sich die Tangentialvektoren $\frac{\partial}{\partial u_i}$ "kontravariant" transformieren, also mit Hilfe der Umkehrabbildung κ^{-1} . Vom kategoriellen Standpunkt verhält sich das duale Bündel dagegen kontravariant, weil eine differenzierbare Abbildung $f : X \to Y$ die kovariante "Jacobische" $f_* : TX \to TY$, aber die kontravariante "Liftung" der Differentialformen $f^* : T^*Y \to T^*X$ definiert $(f^*d\varphi := d(\varphi\circ f)$ für $\varphi \in C^\infty(Y))$.

Ist X Untermannigfaltigkeit von Y mit der Einbettung f , so wird durch Kern f^* das Normalenbündel der Einbettung als Unterbündel von $(T^*Y)|X$ definiert.

D. INTEGRATION AUF MANNIGFALTIGKEITEN. Zunächst sei X eine n-dimensionale Untermannigfaltigkeit des $\mathbb{R}^{n+1}$, also eine "Hyperfläche", und zwar stellen wir uns vor, daß X die Oberfläche einer beschränkten offenen Teilmenge des $\mathbb{R}^{n+1}$ ist. Dann ist mit dem Integrationsbegriff im $\mathbb{R}^{n+1}$, wo man das kanonische Volumenmaß hat, auch das "Oberflächenmaß" auf X und damit die Integration über X wohldefiniert. Im Prinzip nach dem gleichen Rezept kann man immer dann verfahren, wenn X z.B. eine kompakte Riemannsche C^∞-Mannigfaltigkeit ist:

1. Eine C^∞-Mannigfaltigkeit X ist Riemannsch , wenn für alle $x \in X$ der Tangentialraum $(TX)_x$ mit einer Euklidischen Metrik $\langle ..,..\rangle_x$, also einer symmetrischen, nicht-entarteten Bilinearform fest versehen ist - und zwar so, daß für zwei C^∞-Schnitte s_1 und s_2 in dem Tangentialbündel TX die Funktion $\langle s_1,s_2\rangle$ in $C^\infty(X)$ liegt. Mit Hilfe von C^∞-Zerlegungen der Eins, siehe oben Satz 1, kann man jede parakompakte Mannigfaltigkeit mit einer "Riemannschen Metrik" (so nennt man das Skalarprodukt) versehen. Einzelheiten z.B. in [SULANKE-WINTGEN 1972, 271] . Mit dem euklidischen Raum $\mathbb{R}^N$ trägt auch jede seiner Untermannigfaltigkeiten in natürlicher Weise eine Riemannsche Struktur.

2. Eine C^∞-Mannigfaltigkeit X ist orientiert , wenn man einen Atlas für

X ausgezeichnet hat, bei dem die Funktionaldeterminante für jeden Kartenwechsel positiv ist, also $\det(\frac{\partial \kappa_i}{\partial x_j})_{i,j} > 0$, wenn u und v Karten und $u = \kappa \circ v$ auf dem Durchschnitt ihrer Definitionsbereiche. Elementarer, ohne Rückgriff auf den Differentialkalkül, können wir das auch so ausdrücken: Die Basen eines endlichdimensionalen reellen Vektorraumes lassen sich in zwei Klassen unterschiedlicher "Orientierung" einteilen: Zwei Basen gehören zur selben Klasse, wenn ihre Transformationsmatrix eine positive Determinante hat. So gesehen zeichnet man bei der Orientierung einer C^∞-Mannigfaltigkeit in jedem Tangentialraum eine Klasse von Basen aus - und zwar natürlich so, daß man bei einer stetigen oder differenzierbaren Fortsetzung einer in einem Punkt gegebenen Basis in eine Nachbarschaft immer in den positiv ausgezeichneten Klassen bleibt.

Ein Beispiel für eine nichtorientierbare Mannigfaltigkeit liefert das nebenstehende Möbiusband. Eine Untermannigfaltigkeit Y einer orientierten Mannigfaltigkeit X - und sei auch die Kodimension nur 1 - ist also nicht immer orientierbar. Automatisch orientiert ist sie allerdings, wenn sie eine offene Untermannigfaltigkeit berandet, weil man dann in jedem Punkt $y \in Y$ eine Basis von $(TY)_y$ dadurch als positiv orientiert erklären kann, daß sie bei Hinzunahme eines "nach außen" weisenden Tangentialvektors positiv orientiert in $(TX)_y$ wird.

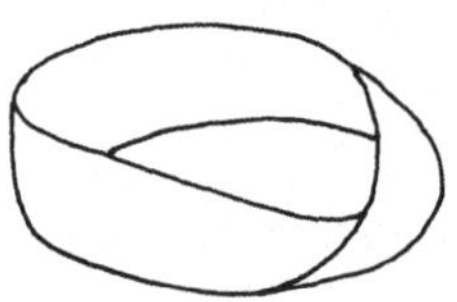

Ohne Beweis - weil wir uns in den meisten Anwendungen ohnehin nur für "berandende" Mannigfaltigkeiten mit klassisch definiertem "Oberflächenmaß" interessieren - halten wir fest, daß sich z.B. mit Hilfe lokaler "isometrischer" Karten (die die Riemannsche Metrik respektieren, also in der Regel "gekrümmte" Koordinaten) und passender Zerlegung der Eins der Integralbegriff des $\mathbb{R}^n$ auf die Riemannsche und (aus Sicherheitsgründen, damit sich bei Kartenwechseln die Vorzeichen der n-Formen nicht ändern, siehe Anhang, Aufgabe 8) orientierte Mannigfaltigkeit überträgt.

ANMERKUNG 1: Für manche Berechnungen auf Mannigfaltigkeiten ist der ständige Rückgriff auf die lokalen Koordinaten unpraktisch und verwirrend. Für diese Fälle stehen auch "intrinsische", Koordinaten-invariant eingeführte Integrationsbegriffe zur Verfügung, die in ihren Voraussetzungen z.T. schwächer sind. Das wesentliche ist dabei immer die Existenz eines C^∞-Volumenelementes, allgemeiner in moderner Terminologie: einer ausgezeichneten n-Form, wenn $n = \dim X$. Vgl. z.B. [SULANKE-WINTGEN 1972, 202-217].

ANMERKUNG 2: Wir werden hier nur diesen Integrationsaspekt der Riemannschen Metrik benutzen und dringen so nicht unter die Oberfläche der Riemannschen Geometrie, die sich in den großen klassischen Sätzen zur Parallelverschiebung, Krümmung und Starrheit mit ihren vielfältigen Berechnungen entfaltet. Tatsächlich besteht z.B. über die "Gaußsche Krümmung" ein enger Zusammenhang zwischen dem Integral und der topologischen Gestalt, dem "Geschlecht" einer Fläche, zwischen allgemeinen Krümmungstensoren und z.B. der "Eulercharakteristik", siehe unten §§ III.3/4.

E. DIFFERENTIALOPERATOREN AUF MANNIGFALTIGKEITEN. Jetzt sei X eine kompakte orientierte Riemannsche C^∞-Mannigfaltigkeit der Dimension n. E und F seien komplexe C^∞-Vektorraumbündel der Faserdimension N, also Familien von N-dimensionalen komplexen Vektorräumen E_x bzw. F_x, deren Parameter x in X läuft und deren diskrete Vereinigung in "sinnvoller" Weise eine C^∞-Struktur trägt, vgl. Anhang, Aufgabe 7b. Mit $C^\infty(E)$ bezeichnen wir den komplexen Vektorraum der C^∞-differenzierbaren Schnitte von E. Ist E z.B. das "triviale" Produktbündel $X \times \mathbb{C}^N$ wofür wir $\mathbb{C}^N_X$ schreiben, wenn wir den Bündelgesichtspunkt betonen wollen, so bezeichnet $C^\infty(E)$ die Systeme von N komplexwertigen C^∞-differenzierbaren Funktionen auf X. (Streng genommen müßten wir nun auch $C^\infty(\mathbb{C}_X)$ statt $C^\infty(X)$ schreiben, was aber bei Klarheit des Kontextes nicht notwendig ist).

Da Mannigfaltigkeiten und Vektorbündel lokal durch Koordinatenfunktionen beschrieben werden, hat die folgende Definition Sinn:

Ein Differentialoperator P (der Ordnung k) von E nach F ist eine lineare Abbildung $P : C^\infty(E) \to C^\infty(F)$, die lokal mit Hilfe der Koordinaten als ein vektorieller Differentialoperator(s.o. vor Aufgabe 1.5) dargestellt werden kann, in dem keine Ableitungen der Ordnung $\geq k+1$ auftreten. Wir schreiben $P \in \mathrm{Diff}_k(E,F)$. P heißt elliptisch, wenn alle so lokal gewonnenen vektoriellen Differentialoperatoren elliptisch sind (Aufgabe 1.5), wenn also für jede lokale Darstellung von P über dem Kartenbereich U der Term höchster Ordnung, das "charakteristische Polynom des Hauptteiles"

$$p_k(x,\xi) := \sum_{|\alpha|=k} a_\alpha(x)\, \xi^\alpha$$

eine invertierbare lineare Abbildung für alle x in U und alle $\xi \in \mathbb{R}^n \setminus \{0\}$ ist.

Für die weitere Behandlung elliptischer Differentialoperatoren ist diese Definition etwas undurchsichtig, weil die "charakteristischen Polynome" noch zerstückelt nebeneinander stehen. Tatsächlich lassen sich aber die Hauptteile eines Differentialoperators auf einer Mannigfaltigkeit auch geometrisch interpretieren: Sei $T'X$ das Bündel T^*X ohne den Nullschnitt, also das Bündel der von Null verschiedenen Differentialformen, und $T'(X) \overset{\pi}{\to} X$ die Fußpunktbildung. Dann definieren die lokal gewonnenen "charakteristischen Polynome" in ihrer Gesamtheit einen Bündelhomomorphismus $\sigma(P) : \pi^*(E) \to \pi^*(F)$ vermöge $p_k(x,\xi) : E_x \to F_x$; wobei $\pi^*(E)$ bzw. $\pi^*(F)$ die "gelifteten" Bündel über $T'X$ sind:

AUFGABE 4: Zeige, daß $\sigma(P)$ ein wohldefinierter Vektorbündelhomomorphismus ist, der nicht von der Wahl der Karten und lokalen Trivialisierung abhängt.

TIP: Beschreibe nämlich die Abbildung ganz ohne Koordinaten durch die Formel (vgl. [WELLS 1973, 118-119])

$$\sigma(P)(x,v)(e) = \frac{i^k}{k!} P\, (\varphi^k g)_{|x} ,$$

wo $x \in X$, $v \in (T^*X)_x$, $v \neq 0$, $e \in E_x$, φ eine reellwertige C^∞-Funktion auf X mit $d\varphi_{|x} = v$ und $\varphi(x) = 0$ und $g \in C^\infty(E)$ mit $g(x) = e$. (Solche Wahlen sind immer möglich.) □

Auf diese Weise haben wir eine lineare Abbildung $\sigma : \mathrm{Diff}_k(E,F) \to \mathrm{Smbl}_k(E,F)$ definiert, wo $\mathrm{Smbl}_k(E,F) := \{\sigma \in \mathrm{Hom}(\pi^*E,\pi^*F) \; ; \; \sigma(x,\lambda v) = \lambda^k \sigma(x,v)$ für alle $\lambda > 0$ und $(x,v) \in T'X\}$.

$\sigma(P)$ heißt das Symbol oder auch das k-Symbol des Differentialoperators P. Ist P elliptisch, dann ist $\sigma(P)$ gerade ein Vektorbündel-Isomorphismus. □

Was bedeutet die geometrische Beschreibung des Symbols eines elliptischen Operators? Das ist die Grundfrage, die uns von nun an in diesem Buch beschäftigen wird. Für eine erste noch vage Antwort denken wir uns ein Elektronenmikroskop, das wir auf einen Punkt x *unserer Mannigfaltigkeit richten. Unter der Vergrößerung wird natürlich die Nachbarschaft von* x *und das Vektorbündel über dieser Nachbarschaft linear, während das Loch im Kotangentialbündel groß wie eine Sphäre wird. Mit noch weiterer Vergrößerung sehen wir nun statt eines hochkomplizierten Differentialoperators auf unendlich-dimensionalen Schnitträumen (Untersuchungsgegenstand der Funktionalanalysis) Familien von Abbildungen von Sphären* S^{n-1} *in die allgemeine lineare Gruppe* $GL(N,\mathbb{C})$ *(Untersuchungsgegenstand der linearen Algebra und der Topologie). Die ATHIYAH-SINGER-Index-Formel stellt - grob gesagt - eine Konkretisierung dieses Wechsels der Untersuchungsebenen dar.*

Der Begriff "Symbol" erinnert an die "symbolische Methode" von Oliver HEAVISIDE, die ihre Leistungsfähigkeit ja gerade auch aus dem Ebenenwechsel zwischen Operatortheorie und Polynomialalgebra zieht, in [COURANT-HILBERT II, 187] deswegen zugespitzt als "Trennung des kalkülmäßigen Anteils vom mathematisch-inhaltlichen" charakterisiert.

Tiefer in das Verhältnis zwischen Untersuchung der Operatoren und Untersuchung ihrer Symbole sind zunächst nicht die Mathematiker, sondern die Physiker mit den Ideen von Erwin SCHRÖDINGER und Paul Adrien Maurice DIRAC zur "Quantisierung" klassischer mechanischer Systeme eingedrungen, wonach die klassische Mechanik die Symbole - und die Quantenmechanik die Operatoren betrachtet (und zwar bei quantenmechanischen Systemen mit Spin Differentialoperatoren in nicht-trivialen Vektor-

bündeln). Einmal betrachtet man also ein Problem im Rahmen der klassischen Physik (Mechanik, Elektrodynamik), stellt die klassische Hamiltonfunktion auf, formt in Orts- und Impulskoordinaten um und erhält so z.B. für den "harmonischen Oszillator" die Funktion

$$h(x,p) = \frac{1}{2m} p^2 + \frac{k}{2} x^2 \ .$$

(Interpretation: Man betrachtet auf der Achse der rellen Zahlen die Bewegung eines Teilchens der Masse m *, also der kinetischen Energie* $\frac{m}{2} \dot{x}^2 = \frac{1}{2m} p^2$ *, wenn* $x(t)$ *der Ort zum Zeitpunkt* t *ist und* $p = m\dot{x}$ *der Impuls. Weiter nimmt man an, daß sich das Teilchen in einem Kraftfeld bewegt, dessen potentielle Energie* $\frac{k}{2} x^2$ *ist.) Gemäß der "Quantisierungsvorschrift" wählt man nun einen geeigneten Hilbertraum, in der Regel einen* L^2*- oder einen Sobolewraum (siehe unten § 4), ersetzt die Ortskoordinate* x *durch Multiplikation mit* x *und die Impulskoordinate* p *durch den Differentialoperator* $\frac{\hbar}{i} \frac{d}{dx}$ *und erhält so in der Schrödinger-Darstellung den Operator* H *mit*

$$Hf = -\frac{\hbar^2}{2m} \frac{d^2 f}{dx^2} + \frac{k}{2} x^2 f \ ,$$

dem 2-Symbol

$$\sigma_2(H)(x,\xi) = \frac{\xi^2}{2m}$$

und dem "totalen" (nicht invarianten und deshalb hier nicht definierten) Symbol

$$\sigma_{2,1,o}(H)(x,\xi) = \frac{\xi^2}{2m} + \frac{k}{2} x^2 \ .$$

Soweit dieses einfache Beispiel. Vgl. z.B.[TRIEBEL 1972, 461-486] oder [HERMANN II, 257-293] , wo dieser über unser Thema weit hinausreichende Gesichtspunkt besonders engagiert vertreten wird. □

AUFGABE 5: Zeige, daß die folgende Sequenz von Vektorräumen

$$0 \to \mathrm{Diff}_{k-1}(E,F) \overset{j}{\to} \mathrm{Diff}_k(E,F) \overset{\sigma}{\to} \mathrm{Smbl}_k(E,F)$$

exakt ist, wobei j die natürliche Inklusion ist.

TIP: Klar nach der Darstellung in Koordinaten, siehe Aufgabe 4. Wenn man $\mathrm{Smbl}_k(E,F)$ durch den Unterraum der "polynomialen" Symbole ersetzt (siehe [PALAIS 1965, 63]), erhält man eine surjektive Symbolabbildung; man kann dann also die exakte Sequenz um die Null nach rechts verlängern. □

AUFGABE 6: Zeige, daß für $P \in \mathrm{Diff}_k(E,F)$ und $Q \in \mathrm{Diff}_j(F,G)$ der Operator QP in $\mathrm{Diff}_{k+j}(E,G)$ liegt mit $\sigma(QP) = \sigma(Q) \circ \sigma(P)$.

TIP: Führe den Beweis mit der Kettenregel zunächst für die lokalen vektorwertigen Differentialoperatoren (siehe oben § 1) und generalisiere dann. □

Im folgenden setzen wir voraus, daß das Vektorraumbündel E mit einer Hermiteschen Metrik ausgestattet ist, d.h. man hat in jeder Faser E_x eine nicht-entartete antisymmetrische Bilinearform $(..,..)_{E_x}$, die von Punkt zu Punkt sich C^∞-differenzierbar verhält. Für zwei Schnitte $e_1, e_2 \in C^\infty(E)$ ist also $(e_1,e_2)_E \in C^\infty(X)$. Da ferner X als kompakt, orientiert und Riemannsch vorausgesetzt war, können wir das Integral $\int_X (e_1,e_2)_E$ bilden und erhalten so eine antisymmetrische Bilinearform auf dem Vektorraum $C^\infty(E)$. Ebenso sei auch das Vektorbündel F mit einer Hermiteschen Metrik ausgestattet.

In Analogie zur Hilbertraumtheorie (vgl. § I.3) sagen wir nun, daß die Operatoren $P \in \mathrm{Diff}_k(E,F)$ und $P^* \in \mathrm{Diff}_k(F,E)$ <u>formal adjungiert</u> sind, wenn $\int_X (Pe,f)_F = \int_X (e,P^*f)_E$ für alle Schnitte $e \in C^\infty(E)$ und $f \in C^\infty(F)$ gilt.

AUFGABE 7: Zeige:

a Wenn es einen zu P formal adjungierten Differentialoperator P^* gibt, dann ist er eindeutig bestimmt.

b $(P+Q)^* = P^*+Q^*$, $(Q \circ P)^* = P^* \circ Q^*$, $P^{**} = P$. □

AUFGABE 8: Zeige, daß es zu jedem $P \in \mathrm{Diff}_k(E,F)$ einen formal adjungierten Operator $P^* \in \mathrm{Diff}_k(F,E)$ gibt und daß $\sigma(P^*) = (\sigma(P))^*$ wo $(\sigma(P))^* : \pi^*(F) \to \pi^*(E)$ der zu $\sigma(P)$ punktweise adjungierte Homomorphismus ist.

TIP: 1 Beginne mit dem Spezialfall $k=0$, wo $P \in \mathrm{Diff}_0(E,F)$ durch einen Vektorraumbündel-Homomorphismus $h : E \to F$, also durch eine C^∞-differenzierbar vom Parameter $x \in X$ abhängende Familie von linearen Abbildungen $h_x : E_x \to F_x$ erzeugt wird: $(Pe)(x) = h_x(e(x))$ und $\sigma(P)(x,v) = h_x$, wo $e \in C^\infty(E)$ und $v \in (T'X)_x$. $h_x^* : F_x \to E_x$ sei die bezüglich der Hermiteschen Metriken in E_x und F_x zu h_x adjungierte lineare Abbildung; dann gilt für $f \in C^\infty(F)$

$$(P^*f)(x) = h_x^*(f(x)) \quad \text{und} \quad \sigma(P^*)(x,v) = h_x^* .$$

Damit ist die Behauptung für diesen Trivialfall bewiesen.

2 Definiere nun zu $\chi \in C^\infty(TX)$ einen Operator $P \in \mathrm{Diff}_1(\mathbb{C}_X,\mathbb{C}_X)$ vermöge

$$P\varphi := \frac{1}{i}(\chi \cdot \varphi) \ , \quad \varphi \in C^\infty(X) \ ,$$

wo $\chi \cdot \varphi$ die Funktion ist, die jedem Punkt x die Ableitung von φ in Richtung $\chi_{|x}$ zuordnet. Dann ist

$$\sigma(P)(x,v) = v(\chi_{|x}) \ , \quad \text{wo} \quad v \in (T'X)_x \ .$$

Ferner gilt nach dem Stokesschen Satz in der klassischen Greenschen Form (siehe z.B. [REICHARDT 1957/1968, Kap. II] - vgl. aber auch den Cartanschen Kalkül in unserem Anhang, Aufgabe 8 , den wir in Aufgabe 1.7 bereits geübt haben und hier natürlich auch verwenden könnten) für alle $\varphi,\psi \in C^\infty(X)$

$$\int_X (\chi\cdot\varphi)\,\overline{\psi} + \varphi\,\mathrm{div}(\psi\chi) = 0 \ ,$$

wo $\mathrm{div}(\psi\chi) \in C^\infty(X)$ die Divergenz des Vektorfeldes $\psi\chi$ ist, also $P^*\psi = \frac{1}{i}\,\mathrm{div}(\psi\chi)$. Weiter rechnet man aus, daß $\sigma(P^*)(x,v) = \sigma(P)(x,v) = v(\chi_{|x})$ ist, also - da $v(\chi_{|x})$ reell und damit als lineare Abbildung von $\mathbb{C}$ nach $\mathbb{C}$ selbstadjungiert ist - $\sigma(P^*) = (\sigma(P))^*$.

3 Man macht sich nun klar, daß sich jeder Differentialoperator auch global - lokal ist das ja völlig trivial - durch Summieren und Hintereinanderschalten aus Differentialoperatoren der beiden vorstehenden Typen zusammensetzen läßt, und kann so Aufgabe 8 auf Aufgabe 7 zurückspielen. □

ANMERKUNG: Im Unterschied etwa zu Aufgabe 7 ist die Lösung der vorstehenden Aufgabe nicht trivial, auch wenn wir den Stokesschen Satz nur in der abgeschwächten Form verwendet haben. Umgekehrt kann man zunächst jedem vektorwertigen Differentialoperator

$$P(..) = \sum_{|\alpha|\le k} a_\alpha(x)\, D^\alpha(..)$$

$$P \quad : \ C^\infty(\mathbb{C}^N_U) \to C^\infty(\mathbb{C}^N_U)$$

über einer offenen Menge $U \subset \mathbb{R}^n$ den Operator

$$P^*(..) := \sum_{|\alpha|\le k} D^\alpha(a^*_\alpha(x)..)$$

zuordnen, wobei $a^*_\alpha(x)$ die zur $N\times N$-Matrix $a_\alpha(x)$ adjungierte, also transponierte und komplex-konjugierte Matrix ist. Mit partieller Integration folgt dann sofort $\int_U (Pu,v) = \int_U (u,P^*v)$ für alle $u,v \in C^\infty_o(\mathbb{C}^N_U)$, wobei $(..,..)$ das kanonische Hermitesche Skalarprodukt im $\mathbb{C}^N$ ist. Die Hauptarbeit besteht dann in der Globalisierung dieses Resultates, vgl. z.B. [PALAIS 1965, 70-73], [NARASIMHAN 1973,181-183] oder [WELLS 1973, 121f]. □

AUFGABE 9: P elliptisch $\Rightarrow$ P^* elliptisch. □

F. BERANDETE MANNIGFALTIGKEITEN. Statt eine Mannigfaltigkeit lokal nach dem Vorbild offener Teilmengen des $\mathbb{R}^n$ zu modellieren, können wir auch mit Karten arbeiten, die offene Teilmenge des topologischen Raumes X auf offene Teilmengen des Halbraumes $\mathbb{R}^n_+ := \{(x_1,\dots,x_n) \in \mathbb{R}^n ; x_1 \geq 0\}$ homöomorph abbilden - und zwar wieder so, daß die "Kartenwechsel" C^∞-differenzierbar sind. Auf diese Weise erklären wir - im übrigen genau wie oben bei der Einführung der (unberandeten) Mannigfaltigkeiten - den Begriff der C^∞-Mannigfaltigkeit mit Rand. $x \in X$ heißt innerer Punkt, wenn er eine Umgebung besitzt, die auf eine im $\mathbb{R}^n$ offene Menge, also ganz ins Innere von $\mathbb{R}^n_+$ abgebildet wird. Gibt es dagegen eine Karte, die x in einen Randpunkt von $\mathbb{R}^n_x$ abbildet, so heißt x Randpunkt; wir schreiben ∂X für die Menge der Randpunkte. Als Beispiel nehme man die Vollkugel oder den Volltorus, die drei-dimensionale C^∞-Mannigfaltigkeiten sind und deren Rand die 2-Sphäre bzw. der Torus ist.

AUFGABE 10: X sei eine C^∞-Mannigfaltigkeit mit Rand.

a Übertrage die oben eingeführten Begriffe wie $C^\infty(X)$, TX, T^*X, Orientierung, Riemannsche Metrik usw. auf diesen Fall.

b Konstruiere aus einem C^∞-Atlas für X einen C^∞-Atlas für ∂X und zeige so, daß ∂X eine C^∞-Untermannigfaltigkeit der Dimension $n - 1$ ist, wenn $n = \dim X$. Zeige dabei, daß $\partial\partial X = \emptyset$ und daß ∂X von X Riemannsche Struktur und Orientierung erbt. □

Wir schreiben hier abkürzend $Y = \partial X$. Da jeder C^∞-Weg in Y auch C^∞-Weg in X ist, haben wir eine kanonische Einbettung von TY in $(TX)|Y$. Über Y haben wir also jetzt die folgenden Tangential- und Kotangentialbündel

$$\begin{array}{ccc} TY & \tilde{=} & (T^*Y)|Y \\ \cap & & \cap \\ (TX)|Y & \tilde{=} & (T^*X)|Y . \end{array}$$

Dabei ist nur die linke Inklusion kanonisch; die anderen Isomorphien und die rechte Inklusion hängen von der Wahl einer Riemannschen Metrik ab.

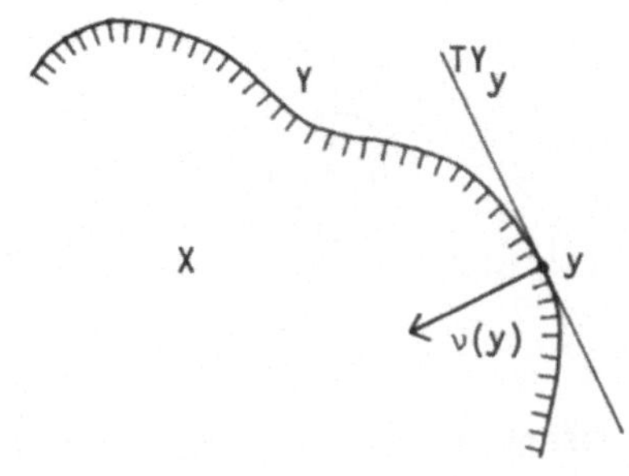
Y
TY_y
X
y
$\nu(y)$

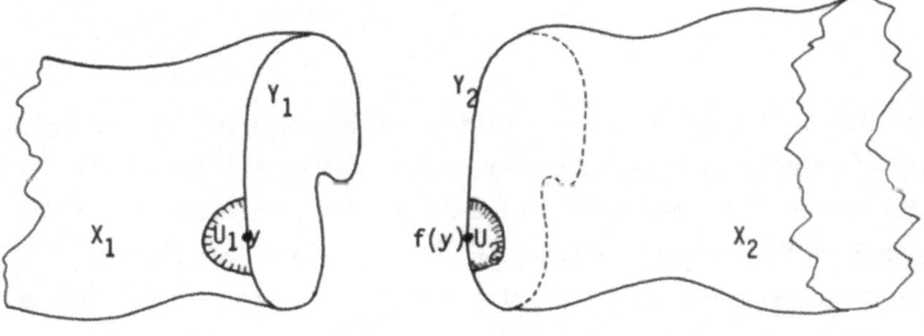
Y_1
X_1
U_1
y
Y_2
f(y)
U_2
X_2

Nicht ganz leicht ist dagegen das Nachrechnen, daß die Kartenwechsel wieder C^∞-differenzierbar sind. O.B.d.A. nimm dafür $X_1 = X_2 =: X$ und $f = id$ an (zumal wir in den Anwendungen stets diese Situation haben werden). Um Schwierigkeiten mit den beim

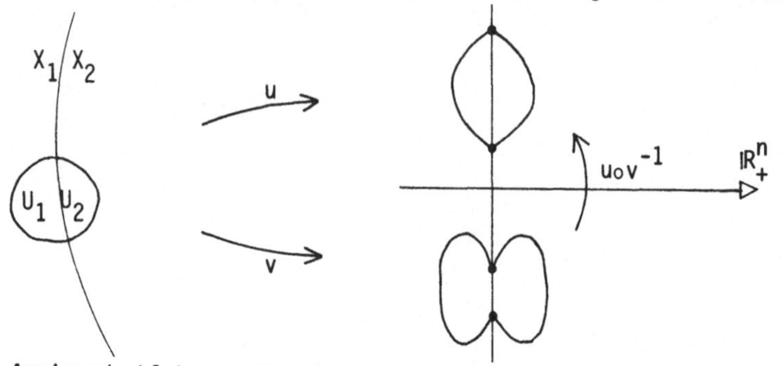

spiegelungsartigen Aneinanderkleben u.U. entstehenden "Spitzen" der Kartenwechsel zu vermeiden, wähle eine Riemannsche Metrik und setze das zugehörige Normalenfeld ν (Aufgabe 11) in eine Umgebung von $\partial X =: Y$ fort. Die Integralkurven des Vektorfeldes ν liefern dann einen Diffeomorphismus ("Kragen") von $Y \times [0,1]$ mit einer Umgebung von Y in X. Die differenzierbare "Verdoppelung" von $Y \times [0,1]$ längs $Y \times \{0\}$ ist aber trivial. Vgl. auch [BRÖCKER-JÄNICH 1973, 139ff]. □

ANMERKUNG: Die Definition von Differentialoperatoren auf berandeten Mannigfaltigkeiten erfordert gegenüber dem weiter oben diskutierten Fall keinerlei Modifikationen. Sehr wesentlich ist aber der folgende Unterschied: Während nach Aufgabe 8 jeder Differentialoperator P über einer "geschlossenen" (d.h. kompakten und unberandeten) Mannigfaltigkeit einen formal adjungierten besitzt, erhält man auf berandeten Mannigfaltigkeiten immer einen Störterm

$$\int_X (Pe,f) - (e,P^*f) = \int_{\partial X} *** ,$$

der von einem Differentialoperator über dem Rand herrührt; siehe z.B. oben unsere Diskussion der STURM-LIOUVILLEschen Randwertaufgabe (§ I.4) oder allgemeiner z.B. [PALAIS 1965, 73-75]. Wir werden auf dieses Problem weiter unten (§ 8) zurückkommen. Für die Analysis liegt so eine Errungenschaft des Rechnens auf unberandeten kompakten Mannigfaltigkeiten in der Existenz eines formal adjungierten Operators. Beim Übergang zu den vom Anwendungsstandpunkt interessanteren Randwertproblemen kommt dann Aufgabe 12 ins Spiel. Allgemeiner werden wir unten in § 9 und in Abschnitt III.4.H jeder Randwertaufgabe über X "zugehörige" Operatoren über den beiden geschlossenen Mannigfaltigkeiten ∂X und $X \cup_{\partial X} X$ zuordnen. Dies sind übrigens Mannigfaltigkeiten, die auch im "klassischen" Fall, wenn X ein berandetes Gebiet im $\mathbb{R}^n$ ist, topologisch schon ziemlich kompliziert sein können. (Vgl. auch die "Heegaard-Diagramme", wonach sich z.B. jede dreidimensionale orientierte Mannigfaltigkeit als eine solche Verdoppelung mit i.a. nicht identischem Randdiffeomorphismus darstellen läßt [SEIFERT-THRELFALL 1934, 219]).

3. Pseudodifferentialoperatoren

A. MOTIVATION. *Wir wenden uns nun einer Klasse von Operatoren zu, die sich - grob gesagt (Einzelheiten s.u.) - lokal in der Form*

$$(Pu)(x) := \int e^{i<x,\xi>} p(x,\xi)\, \hat{u}(\xi)\, d\xi$$

darstellen lassen. Dabei ist

$$\hat{u}(x) := \int e^{-i<x,\xi>} u(\xi)\, d\xi$$

die Fouriertransformation von u , *vgl. den Steilkurs oben in § I.8,* p *die "Amplitude" des Operators und* $<x,\xi> = x_1\xi_1+\ldots+x_n\xi_n$ *seine "Phasenfunktion".*

Es gibt sehr verschiedenartige Gründe, warum man sich nach den Pionierarbeiten von Solomon Grigorjewitsch MICHLIN über "Singuläre Integralgleichungen" (1948) in den letzten 15 Jahren zunehmend für diese "Pseudodifferentialoperatoren" interessiert. Wir nennen die folgenden nicht ganz disjunkten Aspekte:

1. Diese Klasse ist groß genug, um neben den Differentialoperatoren (Aufgabe 1) auch die Greenschen Operatoren (vgl. auch oben § I.4) und andere "singuläre" Integraloperatoren zu umfassen, die bei der Lösung partieller Differentialgleichungen eine Rolle spielen. Insbesondere enthält die Klasse der Pseudodifferentialoperatoren zu jedem elliptischen Operator seine "Parametrix", also ein Quasiinverses - modulo eines Operators "niedriger Ordnung", siehe unten Satz 5.2, wo wir diesen Operatorkalkül in die Hilbertraumtheorie einfügen und so mit Hilfe der in §§ I.1-5 entwickelten elementaren Theorie der Fredholmoperatoren die klassischen Resultate über elliptische Operatoren (Regularitätssätze, Endlichkeit des Index) leicht ableiten können. Dabei werden sich "manche schon bisher bei Differentialoperatoren benutzten Techniken hier als allgemeine Eigenschaften dieser betrachteten Klasse von Integro-Differentialoperatoren herausstellen" (SEELEY).

2. Die Klasse ist klein genug, nahe genug an den Differentialoperatoren, um noch bequem mit ihnen Rechnungen durchführen zu können. Dieser Gesichtspunkt ist deshalb so wichtig, weil der Fortschritt der Funktionalanalysis der letzten 30-50 Jahre tatsächlich die Definition immer allgemeinerer und vielfältigerer Operatorenklassen und "Phantomräume" (THOM) erlaubt, während die Erforschung ihrer Eigenschaften oft zu schwierig war und so zurückblieb. Dagegen drückt sich in der Hinwendung zu den Pseudifferentialoperatoren, für die ein präziser Kalkül ausgearbeitet wurde, "ein Trend in der Theorie allgemeiner partieller Differentialgleichungen zu in ihrem Wesen konstruktiven Methoden" (HÖRMANDER) aus.

3. *Ein besonderer Aspekt liegt dabei in der Absicht, Differentialoperatoren mit variablen Koeffizienten mit Hilfe der Pseudodifferentialoperatoren "in erster Näherung" genau so zu behandeln wie sonst Differentialoperatoren mit konstanten Koeffizienten mittels der Fouriertransformation: Betrachte z.B. für* $f \in C^\infty(\mathbb{R}^n)$ *mit kompaktem Träger und* $n > 2$ *die inhomogene Gleichung* $\Delta u = f$, *wo* $\Delta = \frac{\partial^2}{\partial x_1^2} + \ldots + \frac{\partial^2}{\partial x_n^2}$ *der Laplaceoperator ist. Mit der Fouriertransformation (siehe § I.8 und die dort angeführten Multiplikationsregeln) erhalten wir* $-(x_1^2+\ldots+x_n^2)\hat{u}(x) = \hat{\Delta u}(x) = \hat{f}(x)$, *also* $\hat{u}(x) = -\frac{1}{|x|^2}\hat{f}(x)$ *als* L^2*-Funktionen und mit der Fourierinversionsformel*

$$(Qf)(x) = u(x) = -(2\pi)^{-n} \int_{\mathbb{R}^n} e^{i\langle x,\xi\rangle} |\xi|^{-2} \hat{f}(\xi)\, d\xi ,$$

wo Q *also der inverse Operator (="Fundamentallösung") von* Δ *ist. Allgemein erhält man so für jeden Differentialoperator* P *mit konstanten Koeffizienten, den man als Polynom* $P = p(D)$ *mit* $D = \left(-i\frac{\partial}{\partial x_1}, \ldots, -i\frac{\partial}{\partial x_n}\right)$ *schreiben kann, für die inhomogene Gleichung* $p(D)u = f$, $f \in C^\infty(\mathbb{R}^n)$ *mit kompaktem Träger, zumindest formal eine Lösung* $u = Qf$, *wobei*

$$(Qf)(x) := (2\pi)^{-n} \int e^{i\langle x,\xi\rangle} q(\xi) \hat{f}(\xi)\, d\xi$$

ist mit der Amplitude $q(\xi) := (p(\xi))^{-1}$. *Dabei können noch eine Reihe von Problemen auftauchen* (Qf *wird i.a. nicht wieder* C^∞ , *u.U. nur als Distribution interpretierbar sein; auch das Integral muß noch genauer interpretiert werden, da die Nullstellen von* p *zu Divergenzen führen können), die sich aber allesamt ziemlich vollständig lösen lassen; vgl. z.B. [HÖRMANDER 1963, Kapitel III und IV].*

Wenn wir nun - wie oben in § 1 - in einer offenen Menge $U \subset \mathbb{R}^n$ *einen Differentialoperator* P *mit variablen Koeffizienten*

$$P = p(x,D) = \sum_{|\alpha| \leq k} a_\alpha(x) D^\alpha \; ; \quad a_\alpha \in C^\infty(U)$$

gegeben haben, versagen zunächst alle diese Methoden. Wir können aber, "gerade wie es ein guter Physiker würde" (ATIYAH), den Operator P *formal invertieren, indem wir die Koeffizienten an einer Stelle* $x_0 \in U$ *"einfrieren" und dann* P *als Perturbation von* $p(x_0,D)$, *also eines Differentialoperators mit konstanten Koeffizienten auffassen. Auf diese Weise erhalten wir als näherungsweise Inverse für* P *einen Pseudodifferentialoperator mit der Amplitude* $q(\xi) = (p(x_0,\xi))^{-1}$. *Um eine bessere näherungsweise Inverse zu erhalten, liegt es nun nahe, die Koeffizienten wieder langsam "aufzutauen", d.h. Punkt* x_0 *in* U *variieren zu lassen, wodurch wir zu dem Operator*

$$(Qf)(x) := (2\pi)^{-n} \int e^{i\langle x,\xi\rangle} q(x,\xi) \hat{f}(\xi)\, d\xi$$

mit der Amplitude $q(x,\xi) = (p(x,\xi))^{-1}$; $x \in U$, $f \in C^\infty(X)$ *mit kompaktem Träger, gelangen. Dieses von dem italienischen Mathematiker Eugenio Elia LEVI schon im Jahre 1907 auf das Studium elliptischer Differentialgleichungen angewandte grundlegende "Perturbationsargument" findet also mit der Klasse der Pseudodifferentialoperatoren seinen theoretischen Rahmen.*

Wir merken noch an (vgl. unten Satz 5.2), daß man im elliptischen Fall eine "ebenso gute Approximation" finden kann, wenn man als Amplitude die Inverse des Hauptteiles (Symboles), also die Funktion $(p_k(x,\xi))^{-1}$ *nimmt, die in* ξ *homogen vom Grade* $-k$ *ist. Für solche Operatoren hat man einen besonders einfachen Kalkül, weil man auf die sonst notwendige asymptotische Entwicklung von* $p(x,\xi)$ *und* $q(x,\xi)$ *und den zugrunde liegenden Iterationsprozeß verzichten kann, siehe unten.*

4. Die Theorie der Pseudodifferentialoperatoren erlaubt eine gewisse "Lockerung" herkömmlicher Präzisionsanforderungen, die für eine Reihe praktischer Problemstellungen "unsinnig" oder zumindest "überspitzt" sind. So benötigt man für Regularitäts- und Lösbarkeitsuntersuchungen der Differentialgleichung $Pu = f$ *keineswegs eine "Fundamentallösung", einen wirklichen inversen Operator, sondern im Rahmen der Fredholmtheorie nur eine "Parametrix", ein "Quasi-Inverses" modulo gewisser elementarer Operatoren (s.o. § I.5). Das hat große rechnerische Vorteile: Im oben in 3. erwähnten Fall eines Differentialoperators* $P = p(D)$ *mit konstanten Koeffizienten können wir z.B. für die Amplitude*

$$q(\xi) := \chi(\xi)\ (p(\xi))^{-1}$$

nehmen, wo χ *eine festgewählte* C^∞*-Funktion ist, die in einer Kreisscheibe um den Nullpunkt konstant Null und für große* ξ *konstant* 1 *ist. Auf diese Weise sparen wir bei der Bildung des Operators* Q *mit*

$$(Qf)(x) := (2\pi)^{-n} \int e^{i<x,\xi>}\ q(\xi)\ \hat{f}(\xi)\ d\xi$$

die sonst etwa bei der Amplitude $(p(\xi))^{-1}$ *wegen der Singularität in den Nullstellen von* p *erforderlichen heiklen Konvergenzbetrachtungen für das Integral. Es gilt nun zwar nicht mehr* $PQ = \mathrm{Id}$ *und* $QP = \mathrm{Id}$, *aber immerhin z.B. noch*

$$PQ\ f = f + Rf \quad \text{für} \quad f \in C_0^\infty(U)\ ,$$

wo

$$(Rf)(x) := \int r(x-\xi)\ f(\xi)\ d\xi$$

und $\hat{r} = \chi - 1$, *womit also* $r \in C^\infty$ *und* R *ein "Glättungsoperator" ist. Da man sehr viel über so einfach gebaute "Korrektur-" oder "Restoperatoren" weiß, dient uns eine solche "Parametrix"* Q *ebensogut wie eine echte "Fundamentallösung", bei der der Restoperator* R *verschwindet. Beim Übergang zu variablen Koeffizienten nach der in 3 skizzierten "Perturbationsmethode" und bei der Ersetzung von Operatoren und ihren Amplituden durch die "Symbole" (die Terme höchster Ordnung der Amplituden, s.u. 5) hat man - anders als bei den Operatoren mit konstanten Koeffizienten - ohnehin i.a. keine "Fundamentallösungen" mehr, so daß dieses einfache Rechnen modulo solcher "Glättungsoperatoren" oder anderer "Operatoren niederer Ordnung" (s.u. § 5), das sich ganz natürlich im Rahmen einer Theorie der Pseudo-*

differentialoperatoren ergibt, dort sehr effektiv angewendet werden kann.

5. Wir haben schon oben in § 2 im Zusammenhang mit dem "Symbol" die prinzipielle Bedeutung des "Ebenenwechsels" zwischen Operatoren und sie näherungsweise kennzeichnenden Funktionen hervorgehoben. Die Pseudodifferentialoperatoren bilden nun - und das hängt eben mit dem Perturbationsargument zusammen - eine solche Klasse, in der Operatoren zumindest approximativ durch ihre "Amplituden" und "Symbole" beschrieben werden können, die als Funktionen sehr einfachen Rechenregeln genügen, wodurch sich eine besonders einfache "Näherungsrechnung" für die zugehörigen Operatoren ergibt; siehe z.B. die Kompositionsregeln unten in Satz 5. Dieses Ziel hatten Mathematiker wie Vito VOLTERRA, Erik Ivar FREDHOLM, David HILBERT und Friedrich RIESZ sicherlich schon im Auge, als sie die Theorie der Integralgleichungen als Mittel zur Behandlung von Differentialoperatoren entwickelten. Geht man aber von der klassischen Darstellung

$$(Qf)(x) = \int K(x,z)\, f(z)\, dz$$

aus, so zeigt sich, daß die Formulierung der "richtigen" Bedingungen für die "Gewichte" K *längst nicht so einfach und natürlich ist wie für die "Amplituden" und "Symbole" in der Darstellung mittels Fouriertransformation. Das Gleiche gilt für die Transformations- und Kompositionsregeln (vgl. unten Satz 1 und Satz 2).*

6. Vom topologischen Standpunkt ist der folgende Gesichtspunkt besonders wichtig: Bei dem "Ebenenwechsel" wollen wir ja statt mit den Operatoren lieber mit den (topologischen Mitteln besser zugänglichen) Symbolen hantieren. Der für uns weiter unten in Teil III entscheidende Vorteil der größeren Klasse von Pseudodifferentialoperatoren liegt nun darin, daß durch die damit verbundene Erweiterung des "Symbolraumes" über die polynomialen Abbildungen hinaus zu beliebigen C^∞*-Funktionen die Möglichkeit geschaffen wird, Homotopien des Symbols eines Differentialoperators zu Homotopien dieses Operators im Raum der Pseudodifferentialoperatoren zu "liften", während das i.a. im Raum der Differentialoperatoren nicht geht. Durch Einsatz härterer topologischer Hilfsmittel läßt sich diese Schwierigkeit zwar auch ohne Verwendung von Pseudodifferentialoperatoren ausräumen, aber die dabei auftretenden Probleme sind nicht zu unterschätzen: So weiß man z.B., um nur die "einfachste" Frage zu nennen, noch nicht viel darüber, wann es überhaupt im* $\mathbb{R}^n$ *ein elliptisches System von* N *Differentialgleichungen der Ordnung* k *mit konstanten Koeffizienten gibt. Für* $k = 1$ *lautet die Antwort: Dann und nur dann, wenn die* $(N-1)$*-Sphäre* S^{N-1} $(n-1)$ *linear unabhängige Vektorfelder zuläßt; für* $N = n$ *also (nach einem berühmten Satz von John Frank ADAMS) genau für die Werte 2, 4 und 8. Mehr hierzu in [ATIYAH 1970a].*

7. Schließlich sei noch darauf verwiesen, daß die Klasse der Pseudodifferentialoperatoren zwar zunächst nur im Zusammenhang mit elliptischen Differentialgleichungen entwickelt wurde - und dort (und bei den eng verwandten "hypoelliptischen" Differentialgleichungen) auch nur die in den vorstehenden Punkten aufgeführten schönen Eigenschaften voll entfaltet. Dem schwedischen Mathematiker Lars HÖRMANDER und anderen Autoren ist es aber in einer Serie von Arbeiten gelungen, den Begriff der Pseudodifferentialoperatoren so zu verallgemeinern, daß man mit der dabei entstandenen Theorie der "Fourier-Integral-Operatoren" neue Ergebnisse auch bei der Behandlung z.B. der Wärmeleitungsgleichung oder des Wellenoperators ableiten kann. Vgl. zu diesem Aspekt, den wir hier allerdings nicht weiter verfolgen werden, [HÖRMANDER 1971b] und [TAYLOR 1974, Kapitel II, IV, VI und VII]. □

B. "KANONISCHE" PSEUDODIFFERENTIALOPERATOREN. Wir beginnen mit der Definition der Grundtypen unserer Pseudodifferentialoperatoren - in lokaler Form über der offenen Teilmenge $U \subset \mathbb{R}^n$:

$$(Pu)(x) = \int_U e^{i\langle x,\xi\rangle} p(x,\xi)\, \hat{u}(\xi)\, d\xi \ ,$$

wobei $x \in U$, $u \in C_0^\infty(U)$, d.h. $u \in C^\infty(U)$ und Träger u kompakt ist. P heißt kanonischer Pseudodifferentialoperator der Ordnung $k \in \mathbb{Z}$, wenn die Amplitude $p \in C^\infty(U \times \mathbb{R}^n)$ der folgenden "asymptotischen Bedingung" über das Wachstum in der Variablen ξ nahe ∞ genügt: Zu jeder kompakten Teilmenge $K \subset U$ und zu allen Multiindices $\alpha = (\alpha_1,\ldots,\alpha_n)$, $\beta = (\beta_1,\ldots,\beta_n) \in (\mathbb{Z}_+)^n$ gibt es ein $C \in \mathbb{R}$, so daß für alle $x \in K$ und $\xi \in \mathbb{R}^n$ die Abschätzung

$$|D_x^\beta D_\xi^\alpha p(x,\xi)| \le C(1 + |\xi|)^{k-|\alpha|} \qquad (*)$$

gilt. Dabei ist, wie wiederholt erklärt, z.B. $D_x^{(0,\ldots 1,\ldots 0)} = -i \frac{\partial}{\partial x_j}$, wenn die 1 an der j-ten Stelle des Multiindex steht; $|\alpha| = \alpha_1+\ldots+\alpha_n$. □

SATZ 1: Jeder kanonische Pseudodifferentialoperator ist eine lineare Abbildung von $C_0^\infty(U)$ in $C^\infty(U)$.

BEWEIS: Offensichtlich ist für alle $\xi \in \mathbb{R}^n$ der Integrand

$$x \mapsto e^{i\langle x,\xi\rangle} p(x,\xi)\, \hat{u}(\xi)$$

eine C^∞-Funktion. Um nun aber zu zeigen, daß auch die Funktion

$$x \mapsto (Pu)(x) := \int e^{i\langle x,\xi\rangle} p(x,\xi)\, \hat{u}(\xi)\, d\xi$$

beliebig oft differenzierbar ist, müssen wir zeigen, daß das Integral "gut genug" konvergiert, um Ableitung und Integration vertauschen zu können. Genauer: Nach dem Satz von Henri LEBESGUE ist eine Funktion, gegen die eine Folge meßbarer und durch eine summierbare Funktion gleichmäßig beschränkter Funktionen punktweise konvergiert, summierbar, und man kann dann "limes" und "Integral" vertauschen. Angewandt auf unsere Situation heißt das, daß wir für jedes $x \in U$ und jeden Multiindex β die Funktion

$$\xi \to |D_x^\beta\, p(x,\xi)\, \hat{u}(\xi)| \;, \quad \xi \in \mathbb{R}^n$$

durch eine summierbare Funktion abschätzen müssen. Nun ist aber (s.o. § I.8)

$$\xi^\alpha\, \hat{u}(\xi) = \int e^{-i<x,\xi>}\, D^\alpha u(x)\, dx$$

und damit für jeden Multiindex α die Funktion $\xi \to |\xi^\alpha\, \hat{u}(\xi)|$ beschränkt, weil Träger u kompakt ist. $\hat{u}$ nimmt also schneller als jede Potenz von ξ ab, wenn ξ gegen ∞ geht, d.h. für jedes N gibt es ein C_1, so daß für alle $\xi \in \mathbb{R}^n$

$$|\hat{u}(\xi)| \le C_1\, (1 + |\xi|)^{-N} \,.$$

Da nach Voraussetzung die Amplitude durch $|D_x^\beta\, p(x,\xi)| \le C_2\, (1 + |\xi|)^k$ abgeschätzt werden kann, erhalten wir also die Majorisierung

$$|D_x^\beta\, p(x,\xi)\hat{u}(\xi)| \le C\, (1 + |\xi|)^{k-N}$$

durch eine für hinlänglich großes N auf ganz $\mathbb{R}^n$ summierbare Funktion. □

AUFGABE 1: Zeige, daß die folgenden Operatoren kanonische Pseudodifferentialoperatoren sind:

a $P = \sum_{|\alpha| \le k} a_\alpha D^\alpha$, wo $a_\alpha \in C^\infty(U)$.

b $(Pu)(x) = \int_{\mathbb{R}^n} K(x,y)\, u(y)\, dy$, wo $K \in C^\infty(U \times U)$ und Träger $K(x,..)$ kompakt ist für alle $x \in U$. Insbesondere ist also z.B. die Faltung $u \to u * \varphi$ mit $\varphi \in C_0^\infty(U)$ ein kanonischer Pseudifferentialoperator $(K(x,y) = \varphi(x-y))$.

c Der "Rieszoperator" $P = \sum a_\alpha R^\alpha$, wo $a_\alpha \in C_0^\infty(U)$, $a_\alpha = 0$ für alle Multiindices α bis auf endlich viele und $(R^\alpha u)(x) := \int e^{i<x,\xi>}\, (\xi/|\xi|)^\alpha \hat{u}(\xi)\, d\xi$. (Beachte die Anm. zu Aufgabe 5 unten).

TIP zu a: Man wendet auf

$$u(x) = (2\pi)^{-n} \int_{\mathbb{R}^n} e^{i<x,\xi>}\, \hat{u}(\xi)\, d\xi$$

den Differentialoperator P an und erhält so einen Pseudodifferentialoperator mit der Amplitude

$$p(x,\xi) = \sum_{|\alpha|\leq k} a_\alpha(x)\, \xi^\alpha \quad ; \quad x \in U\,, \quad \xi \in \mathbb{R}^n\,.$$

Dabei lasse man der Kürze wegen die Potenzen von 2π, die als Faktor auftreten, weg!

Zu b: Auch hier beginne wieder mit der Fourierinversionsformel. Man erhält die Amplitude

$$p(x,\xi) = \int e^{i\langle y-x,\xi\rangle}\, K(x,y)\, dy\,,$$

die (nach Ausklammerung des Faktors $e^{-i\langle x,\xi\rangle}$) für jedes feste x die inverse Fouriertransformierte einer Funktion mit kompaktem Träger und damit (argumentiere wie im Beweis von Satz 1 mit partieller Integration, d.h. Vertauschung von Multiplikation und Ableitung) ein Element von $C_\downarrow^\infty(\mathbb{R}^n)$ ist, womit auch die geforderte Amplitudenbedingung für jedes beliebige $k \in \mathbb{Z}$ erfüllt ist.

Zu c: $p(x,\xi) = \sum a_\alpha(x)\, (\xi/|\xi|)^\alpha$; die Ordnung von P ist also $k = 0$. Für Rieszoperatoren sagt man auch "singuläre Integraloperatoren", weil man sie alternativ durch singuläre Faltungen darstellen kann. Ist z.B. $\alpha = (1,0,\dots 0)$, so kann man - bis auf einen konstanten Faktor, den wir vernachlässigen wollen -

$$(a_\alpha\, R^\alpha\, u)(x) = \lim_{\varepsilon\to 0} \int_{|x-y|>\varepsilon} K(x,x-y)\, u(y)\, dy$$

mit

$$K(x,z) := a_\alpha(x)\, z_1\, |z|^{-n-1}$$

finden [CALDERON-ZYGMUND 1956], wobei die Gewichtsfunktion K an der Stelle $z = 0$ eine Singularität hat. Zum Zusammenhang zwischen Rieszoperatoren, Hilberttransformation und Wiener-Hopf-Operatoren im Fall $n = 1$ vgl. oben Kapitel I, § 9 und [TAYLOR 1974, 36], ferner [PRÖSSDORF 1972], wo eine Algebra von "Pseudomultiplikationsoperatoren" im Halbraum $\mathbb{R}^n_+$ untersucht wird, die mit Hilfe der Pseudodifferentialoperatoren gebildet wird und die Wiener-Hopf-Operatoren enthält. □

WARNUNG: Während Differentialoperatoren "lokale" Operatoren sind (s.o. Aufgabe 1.1), kann ein Pseudodifferentialoperator durchaus den Träger vergrößern. So ist z.B. Träger Pu = Träger u + Träger φ, wenn P die in Aufgabe 1b durch

$\varphi \in C_0^\infty(U)$ definierte Faltung ist. Dagegen ist der "Verschiebeoperator" mit der Amplitude

$$p(x,\xi) = (2\pi)^{-n} e^{i<x_0,\xi>} \ , \quad x_0 \ \text{fest} \ ,$$

der $u(x)$ in $u(x+x_0)$ überführt, kein kanonischer Pseudodifferentialoperator. Tatsächlich garantiert die asymptotische Amplitudenabschätzung (s.o.) gerade die "Pseudolokalität", eine Art Lokalität modulo Operatoren "niedriger Ordnung", bei der nicht der Träger, sondern der "singuläre Träger" (die abgeschlossene Hülle der Punkte, wo eine Funktion nicht beliebig oft differenzierbar ist) erhalten oder verkleinert wird. Einzelheiten z.B. in [NIRENBERG 1970, 151ff] oder [PALAIS 1965, 260]. □

AUFGABE 2: Zeige, daß man jeden kanonischen Pseudodifferentialoperator P als Integraloperator

$$\left.\begin{aligned} (Pu)(x) &= \int_U K(x,x-y)\, u(y)\, dy \\ \text{oder in der Form} \quad & \\ (Pu)(x) &= \int_U K_\lambda(x,x-y)(1-\Delta)^\lambda u(y)\, dy \end{aligned}\right\} , \qquad u \in C_0^\infty(U)$$

schreiben kann, wobei die Gewichtsfunktionen $K(x,z)$ bzw. $K_\lambda(x,z)$ für $z \neq 0$ beliebig oft differenzierbar sind.

TIP: Der Operator P habe die Ordnung $k \in \mathbb{Z}$ und die Amplitude $p \in C^\infty(U \times \mathbb{R}^n)$. Der erste Fall $(k < -n)$ ist leicht analysiert: O.B.d.A. nimm z.B. $z_1 \neq 0$ an und zeige dann wie beim Beweis von Satz 1 (wiederholte partielle Integration), daß $K(x,z) := (2\pi)^{-n} \int e^{i<\xi,z>} p(x,\xi)\, d\xi$ tatsächlich für $z \neq 0$ C^∞ ist. $K(x,z)$ ist sogar auch für $z = 0$ stetig und, wenn k negativ genug ist, auch dort differenzierbar. Im zweiten Fall $(k \geq -n)$ schreibe zunächst formal für $K(x,z)$ das gleiche Integral wie im ersten Fall hin, das aber nicht zu konvergieren braucht, da man jetzt nicht mehr die Abschätzung

$$|p(x,\xi)| \leq (1 + |\xi|)^{-n-1}$$

hat. Erweitere deshalb den Integranden mit

$$(1 + |\xi|^2)^\lambda \, (1 + |\xi|^2)^{-\lambda}$$

und führe vermöge

$$e^{i<\xi,z>} (1 + |\xi|^2)^\lambda = (1 - \Delta_z)^\lambda \, e^{i<\xi,z>}$$

für $\lambda > k+n$ den zweiten Fall auf den ersten zurück. Dabei ist $\Delta_z = - \sum_{j=1}^n D_j^2$,

$D_j = -i \frac{\partial}{\partial x_j}$, der übliche Laplaceoperator. Einzelheiten z.B. in [NIRENBERG 1970, 152].

ANMERKUNG 1: Nach Definition (s.o. vor Satz 1) ist ein kanonischer Pseudodifferentialoperator P, dessen Amplitude p in der zweiten Variablen kompakten Träger hat, von beliebig kleiner Ordnung ("$k = -\infty$") und läßt sich somit immer als Integraloperator mit C^∞-Gewichtsfunktion (als "Glättungsoperator") darstellen.

ANMERKUNG 2: Abweichend von der klassischen Schreibweise für Integraloperatoren, wo die Singularität der Gewichtsfunktion auf der Diagonale von $U \times U$ liegt, schreiben wir hier unter dem Integralzeichen $K(x,x-y)$ statt $K(x,y)$ und erhalten durch diesen Trick eine Gewichtsfunktion $K(x,z)$, die nur für $z = o$ singulär wird. □

C. PSEUDODIFFERENTIALOPERATOREN AUF MANNIGFALTIGKEITEN. Um nun die Theorie der Pseudodifferentialoperatoren unserem Problem, der Behandlung elliptischer Differentialgleichungen zunächst auf geschlossenen Mannigfaltigkeiten und dann auf berandeten Gebieten, anzupassen, müssen wir jetzt zwei Aufgaben lösen.

1. Statt der Gewichtsfunktion K oder der Amplitude p benötigen wir hier den Begriff des Symbols, eine Art homogenen Hauptteil der Amplitude: Für einen Differentialoperator $P = \sum_{|\alpha| \leq k} a_\alpha D^\alpha$ war die Amplitude (Aufgabe 1a) ja gerade die polynomiale Abbildung

$$p(x,\xi) = \sum_{|\alpha| \leq k} a_\alpha(x)\xi^\alpha , \quad x \in U , \quad \xi \in \mathbb{R}^n ,$$

aus der wir das Symbol $\sigma(P)(x,\xi)$ von P als homogenes Polynom in ξ der Ordnung k gerade durch Summation nur über die Terme höchster Ordnung ($|\alpha| = k$) erhielten, s.o. § 1. Dieser Vorgang des "Abschneidens" läßt sich nicht für die Amplitude eines beliebigen kanonischen Pseudodifferentialoperators durchführen. Wir machen deshalb im folgenden die zusätzliche Voraussetzung über die Amplitude p eines Pseudodifferentialoperators der Ordnung $k \in \mathbb{Z}$, daß der Grenzwert

$$\sigma_k(p)(x,\xi) := \lim_{\lambda\to\infty} \frac{p(x,\lambda\xi)}{\lambda^k} \qquad (**)$$

für alle $x \in U$ und $\xi \in \mathbb{R}^n \setminus \{o\}$ existiert, daß ferner $p(x,\xi) - \sigma_k(p)(x,\xi)$ Amplitude eines kanonischen Pseudodifferentialoperators der Ordnung $k-1$ ist (***) und daß schließlich die Amplitude $p(x,\xi)$ in der x-Variablen kompakten Träger hat (****). Diese letzte Bedingung hat für uns nur eine beweistechnische Bedeutung, weil wir so bequemer die Konvergenz von Integralen und die daraus folgenden Abschätzungen erhalten (siehe z.B. oben den Tip zu Aufgabe 2b). Im Prinzip kann man diese Einschränkung umgehen, indem man eine "Glättungsfunktion" $\chi \in C_0^\infty(\mathbb{R}^n)$ mit $\int_{\mathbb{R}^n} \chi(\xi)\, d\xi = 1$ mitschleppt und ähnlich wie unten in Satz 2 zu einem "Fourier-Integral-Operator" mit dreistelliger Amplitude übergeht. Für die Anwendungen müssen wir diese Einschränkung allerdings wieder fallenlassen - und das auch, weil unsere "globalen Pseudodifferentialoperatoren" ja gerade so definiert sind, daß sie nur in ihrer "lokalisierten Form" (s.u.) Amplituden mit kompaktem Träger besitzen sollen.

Im Unterschied zu den "kanonischen Pseudodifferentialoperatoren", deren Amplituden nur die oben vor Satz 1 gegebene Abschätzung (*) erfüllen, sprechen wir jetzt, wenn die Amplitude p von P alle vier Bedingungen (*), (**), (***) und (****) erfüllt, von "Pseudodifferentialoperatoren" (mit kompaktem Träger).

2. Unsere zweite Aufgabe besteht in der Definition von Pseudodifferentialoperatoren über einer parakompakten C^∞-Mannigfaltigkeit X. Wir betrachten also eine lineare Abbildung

$$P : C_0^\infty(X) \to C^\infty(X) ,$$

wobei wieder $C_0^\infty(X)$ die C^∞-Funktionen mit kompaktem Träger bezeichnet (Operatoren auf Schnitten in Vektorraumbündeln betrachten wir dann weiter unten, siehe Aufgabe 4). Dann erzeugt P für jedes lokale Koordinatensystem $\kappa : U \to \mathbb{R}^n$ mit U offen in X einen "lokalen Operator" $P_\kappa u := P(\overline{u\circ\kappa})\circ\kappa^{-1}$ für $u \in C_0^\infty(\kappa(U))$, wobei

$$\overline{u\circ\kappa} := \begin{cases} u\circ\kappa & \text{auf } U \\ 0 & \text{auf } X \setminus U . \end{cases}$$

Es versteht sich, daß man jetzt P genau dann Pseudodifferentialoperator der Ordnung $k \in \mathbb{Z}$ nennt, $P \in \mathrm{PDiff}_k(X)$, wenn P_κ für alle C^∞-Karten κ mit relativ kompaktem Bild ein Pseudodifferentialoperator (mit kompaktem Träger) ist.

Die Definition erfolgt scheinbar in Analogie zur Einführung von Differentialoperatoren auf Mannigfaltigkeiten. Tatsächlich ist die Situation hier aber doch anders und komplizierter, weil Pseudodifferentialoperatoren nicht lokal zu sein brauchen (vgl. die Warnung nach Aufgabe 1), während sich die Differentialoperatoren geradezu durch ihre Lokalität, d.h. durch Träger $Pu \subset$ Träger u, charakterisieren lassen (s.o. Aufgabe 1.1 und Anmerkung). Im einzelnen haben wir folgende Probleme:

(i) Wie "invariant" ist die Definition von $\mathrm{PDiff}_k(X)$? Muß man wirklich für alle Karten zeigen, daß die induzierten "lokalen Operatoren" Pseudodifferentialoperatoren sind - oder genügt dieser Nachweis für einen Atlas? Die Schwierigkeit liegt dabei darin, daß die Bildung der "lokalen Operatoren" nicht transitiv ist, d.h. man erhält i.a. zwei verschiedene Operatoren, wenn man eine auf der offenen Menge $U \subset X$ definierte Karte auf eine offene Teilmenge $U' \subset U$ einschränkt und so $P_{\kappa|U'}$ bildet oder den Operator P_κ auf $C_0^\infty(\kappa(U'))$ einschränkt. Es zeigt sich allerdings, daß die Differenz ein "Glättungsoperator" von der in Aufgabe 1b behandelten einfachen Gestalt ist (s.u.).

(ii) Bei einem Differentialoperator P können Amplitude $p(x,\xi)$ und Symbol $\sigma(P)(x,\xi)$ "intrinsisch" aus der Aktion des Operators gewonnen werden, ohne daß man eine explizite Darstellung z.B. in lokalen Koordinaten zuvor kennen müßte. Wir haben nämlich (siehe oben Aufgabe 2.4) in lokalen Karten

$$\sigma(P)(x,\xi) = \frac{i^k}{k!} P((\varphi - \varphi(x))^k)(x)$$

und trivialerweise

$$p(x,\xi) = e^{-i<x,\xi>} P(\psi e^{i<x,\xi>})(x) ,$$

wobei φ eine reellwertige C^∞-Funktion auf X ist mit den partiellen Ableitungen $\frac{\partial\varphi}{\partial u_i}|_x = \xi_i$, $i=1,\ldots,n$, und ψ eine C^∞-Funktion mit kompaktem Träger, die in einer Umgebung von x konstant 1 ist.

Für Pseudodifferentialoperatoren (k i.a. nicht positiv) macht die erste Formel keinen Sinn, und es ist auch keine andere so einfache "invariante" Formel für das Symbol eines Pseudodifferentialoperators bekannt; die zweite Formel stimmt nur noch näherungsweise (siehe z.B. [NIRENBERG 1970, 152ff]); die Amplitude eines Pseudodifferentialoperators ist eben nicht eindeutig, sondern nur "asymptotisch" durch den Operator bestimmt.

Vor uns steht also die Aufgabe, für die über der ganzen Mannigfaltigkeit X definierten Pseudodifferentialoperatoren ein globales Symbol zu definieren.

(iii) Wir untersuchen dafür das Verhalten der "lokalen Operatoren" und ihrer Symbole bei einem Koordinatenwechsel und bestimmen die Transformationsregeln, um so zu einem globalen Symbol zu gelangen. Diese Rechnungen sind etwas langwierig, weil bei einer Koordinatentransformation die Phase $<x,\xi>$ und die Amplitude $p(x,\xi)$ sich nicht mehr unmittelbar etwa in der Form $<y,\eta>$ und $q(y,\eta)$ in den neuen Koordinaten ausdrücken lassen; man kann sie (Satz 3) ebenso wie die Ableitung der Kompositionsregeln, der Formel für das Symbol des adjungierten Operators (Satz 5) und die Untersuchung der multiplikativen Eigenschaften bei "Tensorierung" (vgl. [PALAIS 1965, 206-209] und [HÖRMANDER 1971b, 96]) durch Übergang zu einer scheinbar größeren Operatorenklasse drastisch vereinfachen.

SATZ 2 (M. KURANISHI, 1969): Sei $U \subset \mathbb{R}^n$ offen und $k \in \mathbb{Z}$. Wir betrachten Operatoren der Form

$$(Qu)(x) := \iint e^{i\phi(x,y,\xi)} q(x,y,\xi)\, u(y)\, dy\, d\xi \; ; \; x \in U \, , \, u \in C_0^\infty(U) \, ,$$

wobei die "Amplitude" $q \in C^\infty(U\times U\times\mathbb{R}^n)$ den folgenden Bedingungen genügen soll (analog den Amplitudenbedingungen eines Pseudodifferentialoperators, s.o.):

(*) $\quad |D_\xi^\alpha D_x^\beta D_y^\gamma q(x,y,\xi)| \le C_{\alpha,\beta,\gamma} (1+|\xi|)^{k-|\alpha|}$.

(**) $\quad \sigma_k(q)(x,y,\xi) := \lim_{\lambda\to\infty} \frac{q(x,y,\lambda\xi)}{\lambda^k}$ existiert für $\xi \neq 0$.

(***) $q(x,x,\xi) - \sigma_k(q)(x,x,\xi)$ ist Amplitude eines kanonischen Pseudodifferentialoperators der Ordnung $k-1$ auf U.

(****) $q(x,y,\xi)$ hat in der x-(und y-Variablen) kompakten Träger.

Die "Phasenfunktion" ϕ sei auf $U\times U\times\mathbb{R}^n$ definiert, reellwertig, linear in der Variablen ξ und für $\xi \neq 0$ C^∞-differenzierbar und für jedes feste x (bzw. y) ohne kritische Punkte (y,ξ) (bzw. (x,ξ)). Ferner gelte

$$\frac{\partial\phi}{\partial\xi_1}(x,y,\xi) = \ldots = \frac{\partial\phi}{\partial\xi_n}(x,y,\xi) = 0 \Leftrightarrow x=y .$$

BEHAUPTUNG: Q läßt sich als Pseudodifferentialoperator (mit kompaktem Träger) schreiben.

ANMERKUNG 1: Bei diesen Operatoren handelt es sich um einen besonderen Typ von "Fourier-Integral-Operatoren". Die Bezeichnung stammt von dem schwedischen Mathematiker Lars HÖRMANDER, der dafür in einer Serie von Abhandlungen eine präzise Operatortheorie ausgearbeitet hat, die auf die allgemeine Theorie der partiellen Differentialgleichungen angewandt werden kann. Dabei konnte er insbesondere auf Ideen des holländischen Mathematikers und Physikers Christian HUYGENS (1629-1695) und der sowjetischen zeitgenössischen Mathematiker Wladimir Igorewitsch ARNOLD, Jurij Wladimirowitsch EGOROW und Wenjaminowitsch Klawdij MASLOW zurückgreifen, die sich mit Grundfragen der geometrischen Optik und der Formalisierung ihrer mehr oder weniger intuitiven Methoden ("Aggregationsprinzip", "Quantisierung" etc.) beschäftigen. Offensichtlich läßt sich jeder Pseudodifferentialoperator mit der Amplitude $p(x,\xi)$ als ein solcher "Fourier-Integral-Operator" mit $q(x,y,\xi) := p(x,\xi)$ und $\phi(x,y,\xi) := \langle x-y, \xi \rangle$ schreiben.

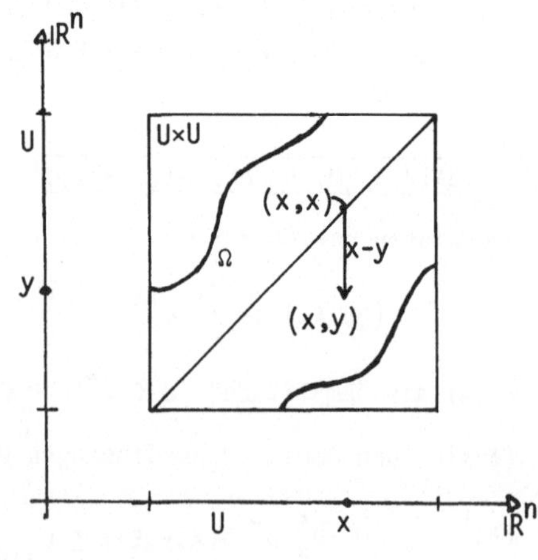

BEWEIS, 1. Schritt: Wir zeigen zunächst, daß man in einer Nachbarschaft Ω der Diagonale von $U\times U$ eine C^∞-Abbildung $\Psi : \Omega \to GL(n,\mathbb{R})$ finden kann, so daß für alle $(x,y) \in \Omega$ und $\xi \in \mathbb{R}^n$ die folgende Gleichung gilt:

$$\phi(x,y,\Psi(x,y)\xi) = \langle x-y, \xi \rangle .$$

Nach Voraussetzung können wir ϕ in der Form $\phi(x,y,\xi) = \sum_{j=i}^{n} \phi_j(x,y)\,\xi_j$ schreiben, wo

$$\phi_j(x,y) := \frac{\partial\phi}{\partial\xi_j}(x,y,\xi) , \quad \xi \neq 0 \text{ beliebig.}$$

Wir zeigen nun, daß die Funktionalmatrix

$$F(x,y) \;:=\; \begin{pmatrix} \frac{\partial\phi_1}{\partial x_1}(x,y) & \cdots & \frac{\partial\phi_1}{\partial x_\nu}(x,y) & \cdots & \frac{\partial\phi_1}{\partial x_n}(x,y) \\ \cdot & & & & \cdot \\ \cdot & & & & \cdot \\ \cdot & & & & \cdot \\ \frac{\partial\phi_n}{\partial x_1}(x,y) & \cdots & \frac{\partial\phi_n}{\partial x_\nu}(x,y) & \cdots & \frac{\partial\phi_n}{\partial x_n}(x,y) \end{pmatrix}$$

für $x = y$ invertierbar ist. Das ist aber klar, da für alle $y \in U$ nach Voraussetzung $\phi|U\times\{y\}\times(\mathbb{R}^n\setminus\{0\})$ ohne kritische Punkte ist, also

$$\xi \neq 0 \Rightarrow \sum_{\nu=1}^{n} \left|\frac{\partial\phi}{\partial x_\nu}(x,y,\xi)\right| + \sum_{j=1}^{n} \left|\frac{\partial\phi}{\partial\xi_j}(x,y,\xi)\right| \neq 0 ,$$

d.h. es muß ein $\nu \in \{1,\dots,n\}$ geben, so daß für alle $\xi \neq 0$

$$\frac{\partial\phi}{\partial x_\nu}(x,y,\xi) = \sum_{j=1}^{n} \xi_j \frac{\partial\phi_j}{\partial x_\nu}(x,y) \neq 0 ,$$

wenn $x = y$. Damit hat man die Invertierbarkeit der Matrix $F(x,x)$ nachgewiesen, da ihre Zeilen (man achte auf die ν-te Stelle) linear unabhängig sind.

Da weiter nach Voraussetzung $\phi_j(x,x) = 0$ ist, erhalten wir die kurze Taylorentwicklung

$$\varphi_j(x,y) = \sum_{\mu=1}^{n} \varphi_{\mu j}(x,y)\,(x_\mu - y_\mu) ,$$

wobei die $\varphi_{\mu j}$ nahe der Diagonalen von $U\times U$ C^∞-differenzierbar sind; auf der Diagonalen selbst haben wir $\varphi(x,x) = F(x,x)$. Damit ist die Matrix $\varphi(x,y) = (\varphi_{\mu j}(x,y))$ in einer Nachbarschaft Ω der Diagonalen invertierbar. Wegen

$$\phi(x,y,\xi) = \sum_{j=1}^{n} \phi_j(x,y)\,\xi_j = \sum_{\mu=1}^{n} (x_\mu - y_\mu) \sum_{j=1}^{n} \varphi_{\mu j}(x,y)\,\xi_j = \langle x-y\,,\,\varphi(x,y)\,\xi \rangle$$

erfüllt $\Psi(x,y) := \varphi^{-1}(x,y)$ für $(x,y) \in \Omega$ die gewünschte Eigenschaft: $\phi(x,y,\Psi(x,y,)\xi) = \langle x-y, \xi \rangle$.

Für später halten wir noch fest, daß

$$\varphi(x,x) = \phi''_{x\xi}(x,y,\xi)_{|y=x} := \left(\frac{\partial^2\phi}{\partial x_i \partial\xi_j}(x,y,\xi)_{|y=x}\right)_{i,j} ,$$

also insbesondere

$$\det \Psi(x,x) = 1 / \det \phi''_{x\xi}(x,y,\xi)_{|y=x} .$$

2. Schritt: Wir eliminieren nun die Phasenfunktion ϕ . Dafür nehmen wir zunächst an, daß für alle ξ

$$\text{Träger } q(\ldots,\ldots,\xi) \subset \Omega \ .$$

Dann ist für alle $x \in U$ der Integrationsbereich in der Formel für $(Qu)(x)$ (siehe oben) klein genug, um die Variablentransformation $\xi = \Psi(x,y)\,\theta$ anwenden zu können und so

$$(Qu)(x) = \int_U \int_{\mathbb{R}^n} e^{i\langle x-y,\theta\rangle}\, q(x,y,\ \Psi(x,y)\theta)\ |\det \Psi(x,y)|\ u(y)\ dy\ d\theta$$

zu erhalten. Die neue Amplitude

$$(x,y,\theta) \to a(x,y,\theta)\ |\det \Psi(x,y)|$$

mit $a(x,y,\theta) := q(x,y,\ \Psi(x,y)\theta)$ genügt dann automatisch wieder den Bedingungen (**), (***) und (****). Zum Nachweis von (*) müssen wir etwas rechnen: Mit der Kettenregel erhalten wir für $z := (x,y) \in \mathbb{R}^{2n}$ die Formel

$$(\partial_z a(z,\theta)\ ,\ \partial_\xi a(z,\theta)) = (\partial_z q(z,\Psi(z)\theta),\ \partial_\xi q(z,\Psi(z)\theta)) \left(\begin{array}{c|c} \mathrm{Id} & 0 \\ \hline \Psi'(z)\theta & \Psi(z) \end{array}\right)$$

wo ∂_z die partiellen Ableitungen nach den ersten $2n$ Variablen und ∂_ξ entsprechend nach den letzten n Variablen bedeutet; insbesondere gilt also

$$\left|\frac{\partial a}{\partial \xi_i}(z,\theta)\right| = \left|\sum_{j=1}^{n} \frac{\partial q}{\partial \xi_j}(z,\ \Psi(z)\theta)\ \Psi^{ij}(z)\right| ,$$

$$\leq\ nC_K(1 + |\Psi(z)\theta|)^{k-1} \max_{i,j,z} |\Psi^{ij}(z)|$$

wo C_k nach Voraussetzung (*) für q eine reelle Zahl ist, wenn z nur in einem kompakten Bereich $K \subset U\times U \subset \mathbb{R}^{2n}$ variieren kann. Da sich weiter positive Konstanten C_1, C_2 finden lassen mit

$$C_1\ |\theta|\ \leq\ |\Psi(z)\theta|\ \leq\ C_2\ |\theta|$$

für alle $z \in K$ und $\theta \in \mathbb{R}^n$, erhalten wir schließlich die Abschätzung

$$\left|\frac{\partial a}{\partial \xi_i}(z,\theta)\right| \leq \tilde{C}_K\ (1 + |\theta|)^{k-1}$$

wo $\tilde{C}_K \in \mathbb{R}$. Entsprechend erhält man die Abschätzungen für die höheren Ableitungen, wobei wir den Faktor $|\det \Psi(x,y)|$ der Amplitude trivialerweise vernachlässigen können.

<u>3. Schritt:</u> Wir wenden uns nun dem allgemeinen Fall zu, wo Träger $q(..,..,\xi)$ i.a. nicht in Ω enthalten ist. (In unseren Anwendungen des Satzes von KURANISHI, s.u. Satz <u>3</u>, geht es uns nur um ein lokales Argument; d.h. wir kommen mit dem im 2. Schritt behandelten Fall aus. Wir werden uns deshalb beim Nachweis kurz fassen, daß man auch sonst o.B.d.A. den ersten Fall annehmen kann). Dafür wählen wir auf $U\times U$ eine nicht-negative C^∞-Funktion χ, die ihren Träger ganz in Ω hat, aber in einer Umgebung der Diagonalen konstant gleich 1 ist. Dann läßt sich Q als Summe zweier "Fourier-Integral-Operatoren" schreiben, wobei der eine Operator die "Amplitude" χq hat, also von der im 2. Schritt behandelten Form ist; der Korrekturterm hat die Form

$$(Ru)(x) = \iint e^{i\theta(x,y,\xi)}\ r(x,y,\xi)\ u(y)\ dy\ d\xi\ ,$$

wo also $r = (1-\chi)q$ eine C^∞-Funktion ist, die in einer Nachbarschaft der Diagonalen von $U\times U$ verschwindet.

Ebenso wie in Aufgabe <u>2</u> folgt, daß sich R in der Form

$$(Ru)(x) = \int_U K(x,y)\ u(y)\ dy$$

bzw. in der Form

$$(Ru)(x) = \int_U K(x,y)(1-\Delta)^\lambda\ u(y)\ dy$$

schreiben läßt, wobei die Gewichtsfunktion K außerhalb der Diagonalen von $U\times U$ laut Aufgabe <u>2</u> beliebig oft differenzierbar ist und in einer Umgebung der Diagonalen nach Konstruktion konstant verschwindet, also insgesamt C^∞-differenzierbar ist. Nach Aufgabe <u>1b</u> läßt sich damit R als kanonischer Pseudodifferentialoperator schreiben, für den auch die entsprechenden Abschätzungen (**), (***) und (****) unmittelbar erfüllt sind.

<u>4. Schritt:</u> O.B.d.A. können wir also jetzt annehmen, daß der Operator Q in der Form

$$(Qu)(x) = \int_{\mathbb{R}^n}\int_U e^{i\langle x-y,\xi\rangle}\ q(x,y,\xi)\ u(y)\ dy\ d\xi$$

vorliegt. Dann erhalten wir

$$(Qu)(x) = \int e^{i\langle x,\xi\rangle}\ \{\int e^{-i\langle y,\xi\rangle}\ q(x,y,\xi)\ u(y)\ dy\}\ d\xi\ ,$$

wobei in der geschweiften Klammer die Fouriertransformierte der Produktfunktion

$$y \mapsto q(x,y,\xi)\ u(y)$$

oder - gleichbedeutend nach § I.8 - die Faltung der Fouriertransformierten $\hat{q}(x,..,\xi) * \hat{u}$ an der Stelle ξ steht:

$$\{...\} = (2\pi)^{-n} \int_{\mathbb{R}^n} \hat{q}(x,\xi-\eta,\xi)\ \hat{u}(\eta)\ d\eta\ ;$$

dabei ist also $\hat{q}(x,..,\xi)$ die Fouriertransformierte von $y \mapsto q(x,y,\xi)$.

Wir erweitern mit $e^{i<x,\eta>}\ e^{-i<x,\eta>}$ und erhalten so nach Umstellung

$$(Qu)(x) = (2\pi)^{-n} \int_{\mathbb{R}^n} e^{i<x,\eta>} \left(\int_{\mathbb{R}^n} e^{i<x,\xi-\eta>}\ \hat{q}(x,\xi-\eta,\xi)\ d\xi\right) \hat{u}(\eta)\ d\eta$$

$$= \int_{\mathbb{R}^n} e^{i<x,\eta>}\ p(x,\eta)\ \hat{u}(\eta)\ d\eta\ ,$$

wo - mittels der Variablentransformation $\zeta = \xi-\eta$ -

$$p(x,\eta) := (2\pi)^{-n} \int_{\mathbb{R}^n} e^{i<x,\zeta>}\ \hat{q}(x,\zeta,\zeta+\eta)\ d\zeta\ .$$

Wir zeigen nun, daß p tatsächlich die Amplitude eines Pseudodifferentialoperators (nach Konstruktion trivialerweise mit kompaktem Träger, womit also (****) bereits gilt) ist.

(*): Seien also α und β Multiindices, und x variiere in einer kompakten Teilmenge des $\mathbb{R}^n$. Zur Abschätzung von

$$|D_x^\beta\ D_\eta^\alpha\ p(x,\eta)|$$

bemerken wir zunächst, daß nach der Fouriermultiplikationsregel (§ I.8)

$$|D_x^\beta\ M_\theta^\gamma\ D_\eta^\alpha\ \hat{q}(x,\theta,\eta)| = \left|\int e^{-i<y,\theta>}\ D_x^\beta\ D_y^\gamma\ D_\eta^\alpha\ q(x,y,\eta)\ dy\right| \le C(1+|\eta|)^{k-|\alpha|}$$

gilt, wo γ ein weiterer Multiindex, M_θ^γ die Multiplikation mit $\theta^\gamma = \theta_1^{\gamma_1} \cdot \ldots \cdot \theta_n^{\gamma_n}$ bedeutet und die Ungleichung aus den Voraussetzungen (*) und (****) für q folgt. Damit haben wir für jedes positive ν

$$|D_x^\beta\ D_\eta^\alpha\ \hat{q}(x,\theta,\eta)| \le \tilde{C}\ (1+|\eta|)^{k-|\alpha|}\ (1+|\theta|)^{-\nu}\ ,$$

also nach Definition von p und mittels Differentiation unter dem Integral

$$|D_x^\beta\ D_\eta^\alpha\ p(x,\eta)| \le \tilde{\tilde{C}}\ (1+|\eta|)^{k-|\alpha|}\ .$$

(**): Mit dem Mittelwertsatz erhalten wir für passendes ζ_0 zwischen 0 und ζ

$$p(x,\eta) = (2\pi)^{-n} \int e^{i<\zeta,x>} \left(\hat{q}(x,\zeta,\eta) + \sum_{|\alpha|=1} D_\eta^\alpha \hat{q}(x,\zeta,\eta+\zeta_0)\zeta^\alpha\right) d\zeta$$

$$= \quad q(x,x,\eta) \quad + \quad \text{einen Korrekturterm } E(x,\eta) .$$

Nun haben wir aber schon beim Beweis von (*) gesehen, daß

$$|D_\eta^\alpha \hat{q}(x,\zeta,\eta+\zeta_0)| \leq C_\nu (1+|\eta+\zeta_0|)^{k-1} (1+|\zeta|)^{-\nu}$$

für beliebig große ν. Da wir ferner $|\zeta_0| \leq |\zeta|$ abschätzen können, erhalten wir

$$|D_\eta^\alpha \hat{q}(x,\zeta,\eta+\zeta_0)| \leq \tilde{C} (1+|\eta|)^{k-1} (1+|\zeta|)^{-\nu+k-1} .$$

Mit Integration wie im Beweis von (*) finden wir $|E(x,\eta)| \leq (1+|\eta|)^{k-1}$. Es folgt, daß in

$$\lim_{\lambda\to\infty} \frac{p(x,\lambda\eta)}{\lambda^k} = \lim_{\lambda\to\infty} \frac{q(x,x,\lambda\eta)}{\lambda^k} + \lim_{\lambda\to\infty} \frac{E(x,\lambda\eta)}{\lambda^k}$$

alle Grenzwerte existieren und

$$\sigma_k(p)(x,\eta) = \sigma_k(q)(x,x,\eta) ,$$

da der rechte Limes gegen Null geht.

<u>(***):</u> Daß $p(x,\eta) - \sigma(p)(x,\eta)$ die Amplitude eines kanonischen Pseudodifferentialoperators der Ordnung $k-1$ ist, folgt jetzt unmittelbar aus der Abschätzung für $E(x,\eta)$ und der entsprechenden Annahme über $q(x,x,\eta)$. □

<u>ANMERKUNG 2:</u> Wir halten fest, daß sich aus dem konstruktiven Beweisverfahren von Masatake KURANISHI eine einfache Rechenregel für die Symbole ergibt; und zwar gilt nach den Schritten 2 und 4:

$$\sigma_k(p)(x,\eta) = \frac{\sigma_k(q)(x,x,\ \Psi(x,x)\eta)}{|\det \phi''_{x,\xi}(x,y,\xi)_{|y=x}|} ,$$

wobei laut dem ersten Schritt $\Psi(x,x)$ die Umkehrmatrix der oben auch mit $F(x,x)$ bezeichneten Funktionalmatrix

$$\phi''_{x,\xi}(x,y,\xi)_{|y=x} = \left(\frac{\partial^2\theta}{\partial x_i \partial \xi_j}(x,y,\xi)_{|y=x}\right)$$

ist.

Der Korrekturterm im 3. Schritt mit der Amplitude r stört die Symbolformel nicht, da $r(x,x,\eta) = 0$ für alle x und η ist, also $\sigma_k(r)(x,x,\eta) = 0$. □

Wir untersuchen nun das Verhalten von Pseudodifferentialoperatoren bei einem Koordinatenwechsel:

SATZ 3: Sei $\kappa : U \to V$ ein Diffeomorphismus zwischen relativ kompakten, offenen Teilmengen des $\mathbb{R}^n$. Ist P ein Pseudodifferentialoperator (mit kompaktem Träger) der Ordnung $k \in \mathbb{Z}$ über V, dann ist der "transportierte" Operator

$$P_\kappa u := P(u \circ \kappa^{-1}) \circ \kappa \quad , \quad u \in C_0^\infty(U) \quad ,$$

ein Pseudodifferentialoperator (mit kompaktem Träger) der Ordnung k über U. Sind p und q Amplituden für P bzw. P_κ, dann gilt für ihre Symbole

$$\sigma_k(q)(x,\xi) = \sigma_k(p)(\kappa(x),((\kappa'(x))^t)^{-1}\xi) \ , \ x \in U \ , \ \xi \in \mathbb{R}^n \setminus \{o\} \ .$$

Dabei ist

$$(\kappa'(x))^t = \begin{pmatrix} \frac{\partial\kappa_1}{\partial x_1}(x) & \cdots\cdots & \frac{\partial\kappa_n}{\partial x_1}(x) \\ \vdots & & \\ \frac{\partial\kappa_1}{\partial x_n}(x) & \cdots\cdots & \frac{\partial\kappa_n}{\partial x_n}(x) \end{pmatrix}$$

die transportierte Funktionalmatrix von κ an der Stelle x.

BEWEIS: Der Operator P sei von der Form

$$(Pv)(y) = \int e^{i<y,\eta>} p(y,\eta)\, \hat{v}(\eta)\, d\eta$$
$$= \iint e^{i<y-\theta,\eta>} p(y,\eta)\, v(\theta)\, d\theta\, d\eta \ , \ v \in C_0^\infty(V) \ , \ y \in V \ ,$$

also für $v = u \circ \kappa^{-1}$ und $y = \kappa(x)$, $u \in C_0^\infty(U)$ und $x \in U$:

$$(P_\kappa u)(x) = \iint e^{i<\kappa(x)-\theta,\eta>} p(\kappa(x),\eta)\, u(\kappa^{-1}(\theta))\, d\theta\, d\eta$$
$$= \iint e^{i<\kappa(x)-\kappa(\xi),\eta>} p(\kappa(x),\eta)\, |\det \kappa'(\xi)|\, u(\xi)\, d\xi\, d\eta$$

vermöge der Variablentransformation $\kappa(\xi) = \theta$. Der "transportierte" Operator ist also ein "Fourier-Integral-Operator" mit der Phasenfunktion $\phi(x,\xi,\eta) := < \kappa(x) - \kappa(\xi), \eta >$ und der Amplitude $q(x,\xi,\eta) := p(\kappa(x),\eta)|\det \kappa'(\xi)|$. Da ϕ und q die Voraussetzungen des Satzes von KURANISHI (Satz 2) erfüllen, erhalten wir

$$(P_\kappa u)(x) = \iint e^{i<x-\xi,\eta>} p(\kappa(x), \Psi(x,\xi)\eta)\, D(x,\xi)\, u(\xi)\, d\xi\, d\eta \ ,$$

wobei

$$D(x,\xi) := |\det \kappa'(\xi)|\ |\det \Psi(x,\xi)|$$

und Ψ die im 1. Schritt des Beweises von Satz 2 konstruierte matrixwertige Funktion ist; also gilt insbesondere

$$(\Psi(x,x))^{-1} = \phi''_{x,\eta}(x,\xi,\eta)_{|\xi=x} = \left(\frac{\partial\kappa_j}{\partial x_\nu}\right)_{\substack{j=1,\dots,n\\ \nu=1,\dots,n}} = (\kappa'(\xi))^t$$

und $D(x,x) = 1$.

Nach dem Satz von KURANISHI ist P_κ ein Pseudodifferentialoperator, für den wir im 4. Schritt des obigen Beweises explizit eine Amplitude $q(x,\eta)$ angegeben haben. Für die Symbole gilt

$$\sigma_k(q)(x,\eta) = \sigma_k(\tilde{q})(x,x,\eta) \ , \quad \text{wenn}$$

$\tilde{q}(x,\xi,\eta) = p(\kappa(x),\ \Psi(x,\xi)\eta)\ D(x,\xi)$ ist, also nach vorstehender Beobachtung:

$$\sigma_k(q)(x,\eta) = \sigma_k(p)(\kappa(x),\ ((\kappa'(x))^t)^{-1}\eta) \ . \quad \square$$

AUFGABE 3: Sei X eine parakompakte C^∞-Mannigfaltigkeit und $k \in \mathbb{Z}$.

a Zeige, daß der am Beginn dieses Abschnittes durch "Lokalisierung" bereits definierte Raum $PDIFF_k(X)$ mit der Menge der Pseudodifferentialoperatoren der Ordnung k auf X übereinstimmt, wenn X eine offene Teilmenge des $\mathbb{R}^n$ ist.

b Definiere auf $PDiff_k(X)$ die kanonische Vektorraumstruktur.

c Zeige $PDiff_k(X) \subset PDiff_{k+1}(X)$.

d Sei $\kappa : U \to \mathbb{R}^n$, U offen in X , ein lokales Koordinatensystem für X , $f \in C_0^\infty(U)$ und $P \in PDiff_k(X)$. Zeige, daß durch

$$(x,\xi) \mapsto q_f(x,\xi) := e^{-i\langle x,\xi\rangle}(P(f(\cdot\cdot)e^{i\langle\kappa(\cdot\cdot),\xi\rangle}))(\kappa^{-1}(x)) \ ; \ x \in \kappa(U),\ \xi \in \mathbb{R}^n \ ,$$

die Amplitude eines Pseudodifferentialoperators der Ordnung k auf $\kappa(U)$ definiert wird und daß

$$\sigma_k(q_f)(x,\xi) = (2\pi)^{-n}\ \sigma_k(p)(x,\xi) \ ,$$

wenn p eine Amplitude für den "lokalisierten" Operator P_κ ist und wenn f in einer Umgebung von $\kappa^{-1}(x)$ konstant gleich eins ist.

e Setze $\mathrm{Smbl}_k(X) := \mathrm{Smbl}_k(\mathbb{C}_X, \mathbb{C}_X)$, vgl. oben § 2, also $s \in \mathrm{Smbl}_k(X)$ $:\Leftrightarrow$ $s : T'X \to \mathbb{C}$ mit $s(x,\lambda v) = \lambda^k s(x,v)$ für alle $x \in X$ und $v \in (T^*X)_x$, $v \neq 0$. Zeige, daß auf $\mathit{PDiff}_k(X)$ die lineare Abbildung

$$\sigma_k : \mathit{PDiff}_k(X) \to \mathrm{Smbl}_k(X)$$

wohldefiniert ist und auf $\mathrm{Diff}_k(X) \subset \mathit{PDiff}_k(X)$ mit der früheren Definition (s.o. Aufgabe 2.4) übereinstimmt.

TIP: Zu a: Satz 3. Zu b: Durch die Vektorraumstruktur von $C^\infty(X)$. Zu c: Amplitudenabschätzungen. Zu d: Man kann $\mathit{PDiff}_k(X)$ im Raum der linearen Operatoren von $C_0^\infty(X)$ nach $C^\infty(X)$ sogar dadurch charakterisieren, daß für alle lokalen Koordinatensysteme κ und "Abschneidefunktionen" f die q_f jeweils Amplituden von Pseudodifferentialoperatoren der Ordnung k über offenen Teilmengen des $\mathbb{R}^n$ sind. Für Einzelheiten der Rechnung vergleiche [HÖRMANDER 1971b, 112] und z.B. [NIRENBERG 1970]. Zu e: Es bleibt nur noch zu zeigen, daß sich die nach d lokal wohldefinierten Symbole bei einem Koordinatenwechsel "richtig" transformieren, so daß sie global einen Homomorphismus von $T'X\times\mathbb{C}$ in $T'X\times\mathbb{C}$ bilden, der in den kotangentialen Vektoren homogen vom Grade k ist. Rechne dafür nach, daß sich die Transformationsregel in Satz 3 in der Form

$$\sigma_k(q)(x,\kappa^*\eta) = \sigma_k(p)(\kappa(x),\eta)$$

schreiben läßt, wobei η in $T^*(V)_{\kappa(x)}$ liegt, dem kanonisch mit $\mathbb{R}^n$ identifizierbaren Raum der Differentialformen im Punkt $\kappa(x)$, und $\kappa^*(\eta)$ die nach x "geliftete" Differentialform ist (siehe oben § 2; weitere Einzelheiten z.B. in [ATIYAH-BOTT 1967, 404-407]).

WARNUNG: Damit σ_k auf Diff_k mit der früheren Definition übereinstimmt, müssen wir gemäß Aufgabe 1a den Faktor $(2\pi)^{-n}$ berücksichtigen! D.h. wir definieren neu

$$\sigma_k(P)(x,\eta) := \lim_{\lambda\to\infty} \frac{p(x,\lambda\eta)}{\lambda^k}, \text{ wenn } (Pu)(x) = (2\pi)^{-n}\int e^{i<x,\xi>}p(x,\xi)\hat{u}(\xi)d\xi . \quad \square$$

AUFGABE 4: Definiere den Raum $PDiff_k(E,F)$, wenn E und F (komplexe) Vektorraumbündel über der C^∞-Mannigfaltigkeit X sind, und zeige die Existenz einer kanonischen linearen Abbildung $\sigma_k : PDiff_k(E,F) \to Smbl_k(E,F)$.

TIP: Stelle einen Operator $P : C_0^\infty(E) \to C^\infty(F)$ lokal (Wahl einer Karte $\kappa : U \to \mathbb{R}^n$, $U \subset X$ offen und $\kappa(U)$ relativ kompakt, und von Trivialisierungen $E|U \cong U\times\mathbb{C}^N$ und $F|U \cong U\times\mathbb{C}^M$) als $N\times M$-Matrix von Pseudodifferentialoperatoren (mit kompaktem Träger) der Ordnung k dar. □

ANMERKUNG: Vom rechnerischen Standpunkt ist die Definition von $PDiff_k(E,F)$ durch "Lokalisierungen" insbesondere wegen der Schwerfälligkeit der Koordinatenwahl mit ihrer Inflation kleiner Buchstaben, die sich bei der Nachprüfung auch ziemlich einfacher Verhältnisse oft nicht vermeiden läßt, unbefriedigend - zumal dann, wenn der Operator, wie unten in Aufgabe 5, sich in geschlossener, globaler Form explizit viel überschaubarer hinschreiben läßt. Dazu findet sich in [HÖRMANDER 1971b, 113f] die folgende Idee, wie man $PDiff_k(E,F)$ unter Verwendung des Satzes von KURANISHI direkt als Raum von "Fourier-Integral-Operatoren" mit Phasenfunktion $\phi : G \to \mathbb{R}$ und Amplitude $q : G \to Hom(E,F)$ darstellen kann: Sei G ein reelles Vektorbündel der Faserdimension n über einer Nachbarschaft der Diagonalen in $X\times X$, z.B. $G = \pi^*(T^*X)$, wo π die Projektion $(x,y) \mapsto y$, und $q(x,y,\xi) \in Hom(E_y,F_x)$. Es zeigt sich, daß man die erforderlichen Bedingungen für ϕ und q unschwer direkt global formulieren kann; also z.B.: ϕ ist linear in den Fasern und die Beschränkung von ϕ auf eine Faser besitzt genau dann einen kritischen Punkt, wenn die Faser über einen Punkt der Diagonalen von $X\times X$ liegt; usw, usf. Dann besteht (l.c.) $PDiff_k(E,F)$ aus den Operatoren, die sich als Summe eines Operators mit einem C^∞-Kern und eines der Gestalt

$$(Pe)(x) := (2\pi)^{-n} \int_{T^*X} e^{i\phi(x,y,\eta)}\, q(x,y,\eta)\, e(y)\, dy\, d\eta$$

schreiben lassen, wobei $e \in C_0^\infty(X)$, $dy\, d\eta$ das invariante Volumenelement auf dem kovarianten Differentialformenbündel T^*X und q eine Amplitude "der Ordnung k", die für (x,y) außerhalb einer kleinen Nachbarschaft der Diagonalen von $X\times X$ verschwindet, Nach Satz 2, 4. Beweisschritt, hat man dann

$$\sigma_k(P)(x,\eta) = \lim_{\lambda\to\infty} \frac{q(x,x,\lambda\eta)}{\lambda^k}, \quad x \in X, \quad \eta \in (T^*X)_x \setminus \{o\}. \quad \square$$

AUFGABE 5: Zeige, daß die folgenden "singulären Integraloperatoren" Pseudodifferentialoperatoren der Ordnung 0 über $\mathbb{R}$ bzw. über der Kreislinie $S^1 = \mathbb{R} / 2\pi \mathbb{Z}$ sind *), und bestimme ihre Symbole:

a Die Hilberttransformation $Q : C_0^\infty(\mathbb{R}) \to C^\infty(\mathbb{R})$, definiert durch

$$(Qu)(x) := -\frac{1}{\pi i} (H) \int_{-\infty}^{\infty} \frac{u(y)}{x-y} dy \quad , \quad u \in C_0^\infty(\mathbb{R}) \; .$$

b Der Projektionsoperator $P : C^\infty(S^1) \to C^\infty(S^1)$, definiert durch

$$Pe^{im\theta} := \begin{cases} e^{im\theta} & \text{für } m \geq 0 \\ 0 & \text{für } m < 0 \; . \end{cases}$$

c Der "Toeplitzoperator" $g\,P + (\mathrm{Id}-P)$ für $g \in C^\infty(S^1)$.

---

*) genauer: sich als Summe von einem Pseudodifferentialoperator der bisher behandelten Art und einem "Glättungsoperator" schreiben lassen. Mancher "klassische" Pseudodifferentialoperator Q wird, wie hier, durch eine Amplitude q definiert, die in der zweiten Variablen zwar homogen ist, aber im Nullpunkt eine Singularität hat. Durch Multiplikation mit einer C^∞-Funktion χ , die in einer Umgebung von ∞ konstant 1 ist, erhalten wir eine "singularitätenfreie" Amplitude $\tilde{q}(x,\xi) := \chi(\xi)\, q(x,\xi)$, die einen Pseudodifferentialoperator $\tilde{Q}$ in unserem (Hörmanderschen) Sinn definiert. $\tilde{Q}-Q$ hat dann eine Amplitude mit kompaktem Träger und läßt sich folglich (mit einer Begründung wie in Aufgabe 2, Anmerkung 1) als Integraloperator mit einer C^∞-Gewichtsfunktion darstellen.

TIP: Zu a: Zeige $(Qu)(x) = (2\pi)^{-1}\int_{-\infty}^{\infty} e^{ix\xi}\,\mathrm{sign}(\xi)\,\hat{u}(\xi)\,d\xi$. Wegen

$$\int_{|x-y|>\varepsilon} \frac{u(y)}{x-y}\,dy = \int_{|y|>\varepsilon} \frac{u(x-y)}{y}\,dy = (u * g_\varepsilon)(x) = (2\pi)^{-1}\int_{|y|>\varepsilon} e^{ix\xi}\hat{u}(\xi)\hat{g}_\varepsilon(\xi)\,d\xi ,$$

wobei man

$$g_\varepsilon(x) := \begin{cases} \frac{1}{x} & \text{für } |x|>\varepsilon \\ 0 & \text{für } |x|<\varepsilon \end{cases}$$

setze und für die letzte Gleichung die bekannte Faltungsformel verwende, empfiehlt es sich, das uneigentliche Integral

$$(H)\int_{-\infty}^{\infty} \frac{e^{-i\xi t}}{t}\,dt := \lim_{\varepsilon\to 0} \hat{g}_\varepsilon(\xi)$$

zu bestimmen. Jetzt Fallunterscheidung nach dem Vorzeichen von ξ ! Man erhält $\hat{g}_\varepsilon(\xi) = -2i\,\mathrm{sign}(\xi)\int_{|\xi|\varepsilon} \frac{\sin t}{t}\,dt$. Beweise nun - z.B. mit funktionentheoretischen Mitteln durch Integration der Funktion $f(z) := \frac{e^{iz}}{z}$, $z = t + is$, längs nebenstehender Kurve - daß

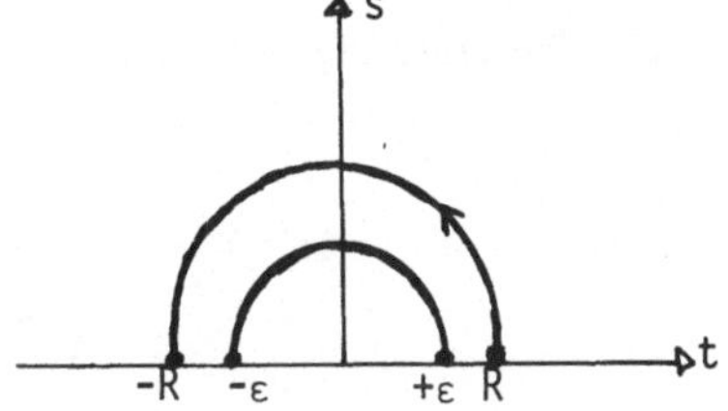

$$(H)\int_0^{\infty} \frac{\sin t}{t} = \frac{\pi}{2}$$

ist. Vergleiche auch [DYM-McKEAN 1972, 93 und 150].

Zu b: Rückführung auf a mittels der Formel $Pu = \frac{1}{2}Hu + \frac{1}{2}u$, wo

$$(Hu)(e^{i\theta}) := \frac{1}{\pi i}\,(H) \quad \frac{u(z)}{z-e^{i\theta}}\,dz , \quad u \in C^\infty(S^1) ,$$

die Cauchy-Hilbert-Transformation auf der Kreislinie ist, die mittels der Cayleytransformation (siehe oben § I.8) in die Hilberttransformation Q auf der Geraden $\mathbb{R}$ überführt werden kann. Einzelheiten dazu in [TAYLOR 1974, 4-5 und 36].

Ein direkter Weg findet sich in [ATIYAH-SINGER 1969a, 525]. Bilde dazu wie in Aufgabe 4d den Ausdruck

$$q_f(x,\xi) := e^{-ix\xi} P(f(x)\, e^{ix\xi}) = \sum_{n=0}^{\infty} \hat{f}(n-\xi)\, e^{ix(n-\xi)}$$

$$= f(x) - \sum_{n=-1}^{-\infty} \hat{f}(n-\xi)\, e^{ix(n-\xi)} ,$$

wo $f \in C_0^\infty(\mathbb{R})$ mit Träger f in einem Intervall der Länge $< 2\pi$, so daß f als Funktion auf der Kreislinie mit Träger in einem "kanonischen" Koordinatenbereich aufgefaßt werden kann. Trick: Für $\xi < 0$ schätze $\sum_{n=0}^{\infty}$ und ihre Ableitungen nach x und ξ ab, die für $\xi \to -\infty$ schneller als jede Potenz von $|\xi|$ gegen 0 gehen. Zeige, daß für $\xi > 0$ die Summe $\sum_{n=-1}^{-\infty}$ die entsprechenden Eigenschaften hat. Nach dem Tip zu Aufgabe 4d wäre man jetzt fertig, und man erhält

$$\sigma_0(P)(x,\xi) = \begin{cases} 1 & \text{für} \quad \xi > 0 \\ 0 & \phantom{\text{für}} \quad \xi < 0 . \end{cases}$$

Zu c: Rückführung auf b. Beachte, daß in der Bezeichnung von § I.9

$$gP + (\mathrm{Id}-P) = \begin{cases} T_g & \text{auf} \quad C^\infty(S^1) \cap H_0 \\ \mathrm{Id} & \phantom{\text{auf}} \quad C^\infty(S^1) \cap (H_0)^{\perp\, L^2(S^1)} \end{cases} ,$$

wo T_g der von g erzeugte Wiener-Hopf-Operator mit $\operatorname{index} T_g = -\mathrm{Uml}\,(g,0)$ ist, wenn g nirgends auf S^1 verschwindet. Insbesondere gilt dann also nach Aufgabe I.2.2

$$\operatorname{index}\,(gP + \mathrm{Id}-P) = -\mathrm{Uml}(g,0) . \quad \square$$

D. NÄHERUNGSRECHNUNG FÜR PSEUDODIFFERENTIALOPERATOREN. *Hier wollen wir einmal zeigen, daß man alle* C^∞*-differenzierbaren Symbole als Symbole von Pseudodifferentialoperatoren erhält. Weiter zeigen wir mit einigen einfachen Rechenregeln, wie man mit den Symbolen statt der Operatoren rechnen kann.*

SATZ 4: Sind E und F (komplexe) Vektorraumbündel über der C^∞-Mannigfaltigkeit X, dann ist die Abbildung

$$\sigma_k : \mathrm{PDiff}_k(E,F) \to \mathrm{Smbl}_k(E,F)$$

surjektiv.

BEWEIS: Sei also $s \in Smbl_k(E,F)$. Entsprechend der Anmerkung nach Aufgabe 4 genügt es, auf X eine "Phasenfunktion" $\phi : G \to \mathbb{R}$ und eine "Amplitude" $a : G \to Hom(E,F)$ mit den definitionsgemäßen Eigenschaften (Abschätzungen usw, s.o.) und der Bedingung

$$a(x,y,\eta) = s(x,\eta) \ , \quad x \in X \ , \quad \eta \in (T^*X)_x \setminus \{o\} \ ,$$

anzugeben, wobei $G = \pi^*(T^*X)$ ein reellwertiges Vektorbündel der Faserdimension n ist und $\pi : X\times X \to X$ die durch $(x,y) \mapsto y$ gegebene Projektion. Für ϕ wählen wir eine reellwertige Funktion mit $\phi(x,x,\eta) = 0$ und $d\phi_{|(x,x,\eta)} = \eta \oplus -\eta \oplus 0 : (T^*G)_{(x,x,\eta)} \to \mathbb{R}$, wobei ja $(T^*G)_{(x,y,\eta)} \cong (T^*X)_x \oplus (T^*X)_y \oplus (T^*(T^*X))_\eta$, wenn $\eta \in (T^*X)_y$. Ein solches ϕ, das überdies in der Faser linear ist und nur über der Diagonalen von $X\times X$ kritische Punkte besitzt, ist lokal leicht konstruiert (bezüglich einer Karte κ um den Punkt x setzt man einfach $\phi(x,y,\eta) = \langle \kappa x - \kappa y, (\kappa^{-1})^*\eta \rangle$) und läßt sich mit einer Zerlegung der Eins (siehe Satz 2.1) in einer Nachbarschaft der Diagonalen global zusammensetzen.

Für a wählen wir eine beliebige Fortsetzung von $a(x,x,\eta) := s(x,\eta)$ in eine Nachbarschaft der Diagonalen von $X\times X$, wo wir dann durch Multiplikation mit einer C^∞-Funktion, die dort ihren Träger hat und in einer Umgebung der Diagonalen konstant gleich 1 ist, glätten können. Eine Fortsetzung läßt sich finden, weil die Diagonale in $X\times X$ abgeschlossen ist und a als Schnitt in dem mittels der Projektion $(x,x,\eta) \mapsto (x,y)$ von $X\times X$ nach G gelifteten Bündel $Hom(E,F)$ aufgefaßt werden kann. Vergleiche Anhang, 1. Beweisschritt für Satz 1 in Verbindung mit dem Whitneyschen Approximationssatz (z.B. [NARASIMHAN 1973, 34f] oder [BRÖCKER-JÄNICH 1973, 160f]). Damit ist der Beweis, der allerdings sehr stark von dem Satz von KURANISHI (Satz 2) abhängt, fertig. Einen direkten Beweis findet man z.B. in [WELLS 1973, 136f]. □

SATZ 5: Die direkte Summe $PDiff(E,F) := \sum_k PDiff_k(E,F)$ bildet eine graduierte Algebra bei Hintereinanderschaltung, die bezüglich der Bildung der formal Adjungierten abgeschlossen ist. Für die Symbole gelten die folgenden Rechenregeln:

a Sind E,F und G (komplexe) Vektorraumbündel über der differenzierbaren Mannigfaltigkeit X und $P \in \mathrm{PDiff}_k(E,F)$ und $Q \in \mathrm{PDiff}_j(E,G)$, dann gilt $Q \circ P \in \mathrm{PDiff}_{j+k}(E,G)$ und

$$\sigma_{j+k}(Q \circ P)(x,\eta) = \sigma_j(Q)(x,\eta) \circ \sigma_k(P)(x,\eta) \ , \ x \in X \ , \ \eta \in (T^*X)_x \setminus \{0\} \ .$$

b Seien $P \in \mathrm{PDiff}_k(E,F)$, die Bündel E und F mit einer Hermiteschen Metrik versehen und die Mannigfaltigkeit X Riemannsch und orientiert, dann gibt es genau einen Operator $P^* \in \mathrm{PDiff}_k(E,F)$ mit

$$\int_X < Pu,v >_F = \int < u, P^*v >_E \ , \quad u \in C_0^\infty(E) \ , \quad v \in C_0^\infty(F) \ ;$$

und es gilt

$$\sigma_k(P^*)(x,\eta) = (\sigma_k(P)(x,\eta))^* \ , \quad x \in X \ , \quad \eta \in (T^*X)_x \setminus \{0\} \ .$$

BEWEIS: Wir beginnen mit b: Die Eindeutigkeit von P^* ist klar. Zum Existenzbeweis greifen wir wieder auf die durch den KURANISHI-Satz ermöglichte globale Darstellung

$$(Pu)(x) = (2\pi)^{-n} \int_{T^*X} e^{i\phi(x,y,\xi)} p(x,y,\xi)\ u(y)\ dy\ d\xi \quad , \quad u \in C_0^\infty(E) \ ,$$

zurück (siehe die Anmerkung nach Aufgabe 4),wo $\phi : G \to \mathbb{R}$ eine Phasenfunktion, $p : G \to \mathrm{Hom}(E,F)$ eine Amplitude der Ordnung k und $G = \pi^*(T^*X)$, $\pi : (x,y) \to y$. Ist $v \in C_0^\infty(F)$, dann haben wir

$$\begin{aligned}
\int_X <Pu(x), v(x)>_{F_x} dx &= (2\pi)^{-n} \iint e^{i\phi(x,y,\xi)} < p(x,y,\xi)\ u(y) \ , \ v(x) >_{F_x} dx\ dy\ d\xi \\
&= (2\pi)^{-n} \iint < u(y), e^{-i\phi(x,y,\xi)} p^*(x,y,\xi)\ v(x) >_{E_y} dx\ dy\ d\xi \\
&= \int_X < u(x), (2\pi)^{-n} \int_{T^*X} e^{-i\varphi(x,y,\xi)}\ q(x,y,\xi)\ v(y)\ dy\ d\xi >_{E_x} dx \\
&= \int_X < u(x) \ , \ (P^*v)(x) >_{E_x} dx \ ,
\end{aligned}$$

wobei $p^*(y,x,\xi) : F_y \to E_x$ der zu $p(y,x,\xi) : E_x \to F_y$ bezüglich der Hermiteschen Metriken in E_x und F_y adjungierte Homomorphismus ist und P^* ein global definierbarer Pseudodifferentialoperator der Ordnung k mit der Amplitude $q(x,y,\xi) := p^*(y,x,\xi)$ und der Phasenfunktion $\varphi(x,y,\xi) := -\phi(y,x,\xi)$ ist, die in lokalen Koordinaten mit ϕ übereinstimmt, wenn nämlich $\phi(x,y,\zeta) = < x-y,\xi >$ ist.

Wegen

$$\sigma_k(P)(x,\eta) = \lim_{\lambda\to\infty} \frac{p(x,x,\lambda\eta)}{\lambda^k}\,, \quad x \in X\,, \quad \eta \in (T^*X)_x \setminus \{o\}$$

erhalten wir

$$\sigma_k(P^*)(x,\eta) = \lim_{\lambda\to\infty} \frac{p^*(y,x,\lambda\eta)}{\lambda^k} = (\sigma_k(P)(x,\eta))^*\,.$$

Beachte, daß man in lokalen Koordinaten (X sei z.B. eine offene, relativ kompakte Teilmenge des $\mathbb{R}^n$ und p eine $N\times M$-Matrix von Amplitudenfunktionen) für

$$(Pu)(x) := (2\pi)^{-n} \int_{\mathbb{R}^n} e^{i<x,\xi>} p(x,\xi)\, \hat{u}(\zeta)d\zeta = (2\pi)^{-n} \iint e^{i<x-y,\xi>} p(x,\xi)u(y)dy\, d\xi$$

den formal adjungierten Operator

$$(P^*v(x) := (2\pi)^{-n} \iint e^{i<x-y,\xi>}\, (p(y,\xi))^*\, v(y)\, dy\, d\xi\,,$$

$$v \in C_o^\infty(X) \overset{M\text{ mal}}{x\ldots x} C_o^\infty(X) = C_o^\infty(\mathbb{C}_X^M)$$

erhält, wobei $(p(y,\xi))^*$ die zu $p(y,\xi)$ adjungierte (also transponierte und komplex konjungierte) $M\times N$-Matrix komplexer Zahlen ist, $y \in X$, $\xi \in \mathbb{R}^n$. Nach dem Satz von KURANISHI läßt sich aber

$$(P^*v)(x) = (2\pi)^{-n} \iint e^{i<x-y,\xi>}\, \tilde{p}(x,\xi)\, v(y)\, dy\, d\xi$$
$$= (2\pi)^{-n} \int e^{i<x,\xi>}\, \tilde{p}(x,\xi)\, \hat{v}(\xi)\, d\xi$$

schreiben, wo die neue Amplitude $\tilde{p}$ in ganz bestimmter Weise aus p ermittelt werden kann. Dann gilt für alle $u \in C_o^\infty(\mathbb{C}_X^N)$ und $v \in C_o^\infty(\mathbb{C}_X^M)$ bezüglich des kanonischen Hermiteschen Skalarproduktes in $\mathbb{C}^N$ bzw. $\mathbb{C}^M$

$$< Pu,\, v > = (2\pi)^{-n} \int < u(x)\,,\, \int e^{i<x,\xi>}\, \tilde{p}(x,\xi)\, \hat{v}(\xi)\, d\xi > dx$$
$$= (2\pi)^{-n} \int <(\int e^{-i<x,\xi>}\, (\tilde{p}(x,\xi))^*\, u(x)dx),\, \hat{v}(\xi) > d\xi\,.$$

Nach der Parsevalschen Formel steht in der runden Klammer gerade $(2\pi)^{-n}\, \widehat{Pu}(\xi)$. Wir haben also als Zugabe die Formel $\widehat{Pu}(\xi) = \int e^{-i<x,\xi>}\, (\tilde{p}(x,\xi))^*\, u(x)\, dx$ erhalten, wo $(\tilde{p}(x,\xi))^*$ die zur Amplitude $\tilde{p}(x,\xi)$ des Operators P^* adjungierte Matrix ist.

Zu a: Diesmal greifen wir nicht auf die globale Darstellung von P und Q zurück, sondern auf ihre Definition durch Lokalisierungen. O.B.d.A. sei also X eine offene, relativ kompakte Teilmenge des $\mathbb{R}^n$. Zu P und Q sollen die Amplituden

p und q der Ordnung k bzw. j gehören. Mit vorstehender "Zugabe" erhalten wir für $u \in C_o^\infty(\mathbb{C}_X^N)$

$$(QPu)(x) = (2\pi)^{-n} \iint e^{i<x-y,\xi>} q(x,\xi)\ (\tilde{p}(y,\xi))^* u(y)\ dy\ d\xi\ ,$$

also nach dem Satz von KURANISHI einen Pseudodifferentialoperator (der Ordnung $k+j$) mit

$$\sigma_{k+j}(Q\circ P)(x,\eta) = \lim_{\lambda\to\infty} \frac{q(x,\lambda\eta)(\tilde{p}(x,\lambda\eta))^*}{\lambda^{k+j}} = \left(\lim_{\lambda\to\infty} \frac{q(x,\lambda\eta)}{\lambda^j}\right) \left(\lim_{\lambda\to\infty} \frac{(\tilde{p}(x,\lambda\eta))^*}{\lambda^k}\right)$$

$$= \sigma_j(q)(x,\eta) \circ \sigma_k(p)(x,\eta)$$

da $\sigma_k(\tilde{p}) = (\sigma_k(p))^*$ nach b. □

ANMERKUNG: Die Bestimmung des formal adjungierten Operators erscheint hier banal - im Vergleich zu der langwierigen Rechnung bei Differentialoperatoren, siehe oben Aufgabe 2.8. Tatsächlich haben wir eben drei ganz unterschiedlich gelagerte Probleme: Nach Definition ist es trivial, daß jeder Fourier-Integral-Operator P einen formal adjungierten P^* besitzt. Zum Nachweis, daß P^* Pseudodifferentialoperator ist, wenn P ein solcher ist, dafür braucht man mehr, nämlich den Satz von KURANISHI oder schon etwas umständliche direkte Berechnungen. Auf diesem Weg das noch "schärfere" Resultat $P \in \text{Diff}_k \Rightarrow P^* \in \text{Diff}_k$ zu beweisen, ist übrigens prinzipiell möglich, wenn man die einzelnen Transformationen im Satz von KURANISHI sorgfältig daraufhin analysiert.

4. Sobolewräume (Steilkurs)

A. MOTIVATION. *Wie können wir nun das analytische Konzept der "Differentialoperatoren" und "Pseudodifferentialoperatoren" in den funktionalanalytischen Rahmen der "Hilbertraumtheorie" (s.o. Kapitel I) einpassen? Dafür bietet sich zunächst das* L^2*-Konzept der Lebesgue-meßbaren, quadratisch summierbaren Funktionen an, das sich in natürlicher Weise auf Schnitte in einem Hermiteschen Vektorbündel* E *über einer Riemannschen Mannigfaltigkeit* X *übertragen läßt: Ein (nicht notwendig stetiger) Schnitt* $u : X \to E$ *repräsentiert ein Element von* $L^2(E)$, *wenn* $\int_X < u,u > < \infty$ *ist. Dabei ist* $<..,..>$ *eine Hermitesche Metrik für das Vektorbündel* E , $< u,u >$ *also eine komplexwertige Funktion auf* X , *die bezüglich des durch die Riemannsche Struktur von* X *definierten Volumenelementes integriert wird (s.o. § 2, Abschnitt C). Mit den üblichen Identifizierungen wird* $L^2(E)$ *so ein Hilbertraum.*

Der traditionelle Weg, einen Differentialoperator $P \in \mathrm{Diff}_k(E,F)$ *in die übersichtliche und leistungsfähige Hilbertraumtheorie einzupassen, besteht darin,* P *als eine Abbildung von* $L^2(E)$ *nach* $L^2(F)$ *aufzufassen - beschränkt auf die Funktionen hinlänglich hoher Differenzierbarkeit. So sind wir schon weiter oben bei der Begriffsbildung der "formal adjungierten Operatoren" (§ 2, Abschnitt D) vorgegangen. Nun sind aber die Differentialoperatoren selbst mit der Beschränkung auf diese Unterräume in der Normtopologie von* L^2 *nicht stetig. Ein einfaches Beispiel bietet der Operator* $\frac{d}{dt}$*, der die Nullfolge* $\frac{1}{n}\sin nt$ *in die in* L^2 *nicht konvergente Folge* $\cos nt$ *überführt. Dieser Umstand führte zu dem weiten Feld klassischer mathematischer Forschung über "unbeschränkte" lineare Operatoren (siehe z.B. [ACHIESER-GLASMANN 1954]).*

Nach Sergej Lwowitsch SOBOLEW haben wir heute ein schärferes Hilfsmittel in der Definition von Hilberträumen mit abgestuften Differenzierbarkeitseigenschaften, den Sobolewräumen W^s *. Sie haben in der Theorie der partiellen Differentialgleichungen vor allem für Existenzaussagen eine große Bedeutung erlangt, wo man genaue Aussagen über die "Regularität" von Lösungen machen will, die in der Sprache der* C^k*-Banachräume häufig nicht möglich sind. Da sie heute zum festen Bestand der modernen Analysis gehören, können wir uns hier kurz fassen und im übrigen auf die breite Lehrbuchliteratur verweisen: [BERS-JOHN-SCHECHTER 1964, Kapitel III/IV], [HÖRMANDER 1963, 33-63], [LIONS-MAGENES 1968, 1-118], [NARASIMHAN 1973, 184-200], [PALAIS 1965, 125-174], [SOBOLEW 1964], [TRIEBEL 1972, 52-61, 112-114, 370-387], [YOSIDA 1965/1974, 55 und 173ff].*

B. DEFINITION. *Wir stellen im folgenden einige der gebräuchlichsten unterschiedlichen und äquivalenten Definitionen der Sobolewräume zusammen. Dabei beschränken wir uns auf den "Funktionenfall"* $(s \geq 0)$ *. Im Rahmen der Distributionentheorie lassen sich die Räume* W^s *auch für* $s < 0$ *sehr klar und einheitlich abhandeln. Siehe z.B. [HÖRMANDER 1963], [LIONS-MAGENES 1968] und [SOBOLEW 1964].*

AUFGABE 1: Zeige, daß für $u \in C_0^\infty(\mathbb{R}^n)$ die folgenden Normen äquivalent sind $(m \in \mathbb{N})$:

a
$$|u|_m := \Big(\sum_{|\alpha| \leq m} |D^\alpha u|_0^2\Big)^{1/2}, \quad \text{wo}$$

$$|u|_0^2 := \langle u,u \rangle_0 = \int_{\mathbb{R}^n} u(x)\overline{u(x)}\,dx$$

und

$$D^{\bar{\alpha}} := (-i)^{|\alpha|} \frac{\partial^{\alpha_1}}{\partial x_1^{\alpha_1}} \cdots\cdots \frac{\partial^{\alpha_n}}{\partial x_n^{\alpha_n}}, \quad |\alpha| := \alpha_1 + \ldots + \alpha_n .$$

b $\quad \|u\|_m \quad := \quad (2\pi)^{-n/2} \, |(1 + |\xi|^2)^{m/2} \, \hat{u}|_o$

c $\quad |||u|||_m \quad := \quad (< \Delta^m u, u >_o)^{1/2}$, wo

$$\Delta \quad := \quad \frac{\partial^2}{\partial x_1^2} + \ldots + \frac{\partial^2}{\partial x_n^2} \, .$$

TIP: Für a ⇔ b beginne mit der Fourier-Differentiations-Formel (s.o. § I.8), wonach

$$|u|_m^2 \quad = \quad (2\pi)^{-n} \int_{\mathbb{R}^n} \Big(\sum_{|\alpha| \le m} \xi^{2\alpha} \Big) \, |\hat{u}(\xi)|^2 \, d\xi \; ;$$

beweise

$$(1 + |\xi|^2)^m \le \sum_{|\alpha| \le m} \xi^{2\alpha} \le c(1 + |\xi|^2)^m$$

und folgere

$$\|u\|_m \quad \le \quad |u|_m \le c^{1/2} \, \|u\|_m \, .$$

Für a ⇔ c verwende b . □

AUFGABE 2: Definiere für reelles nicht negatives s den Sobolewraum

$$W^s(\mathbb{R}^n) \quad := \quad \{u \; ; \; u \in L^2(\mathbb{R}^n) \text{ und } (1 + |\xi|^2)^{s/2} \, \hat{u} \in L^2(\mathbb{R}^n)\}$$

und zeige:

a Für ganzzahliges s ist $W^s(\mathbb{R}^n)$ die Komplettierung von $C_0^\infty(\mathbb{R}^n)$ bezüglich der (nach Aufgabe 1 äquivalenten) s-Normen.

b $W^s(\mathbb{R}^n)$ läßt sich passend zu den jeweiligen s-Normen mit einem Skalarprodukt versehen, das $W^s(\mathbb{R}^n)$ zum Hilbertraum macht.

c Die folgenden Inklusionen sind in natürlicher Weise definiert, stetig und dicht $(t > 0)$:

$$C_0^\infty(\mathbb{R}^n) \subset W^\infty := \bigcap_{s=0}^{\infty} W^s \subset \ldots \subset W^{s+t} \subset \ldots \subset W^s \subset \ldots \; W^0 := L^2(\mathbb{R}^n) \, .$$

TIP: Zu a: Untersuche die Cauchyfolgen in $C_0^\infty(\mathbb{R}^n)$ bezüglich $|\cdot\cdot|_s$.
Zu b: Für ganzzahliges s klar nach a . Für beliebiges reelles s vergleiche auch [HÖRMANDER 1963, 37 und 45f] oder [LIONS-MAGENES 1968, 35-37].
Zu c: Für die Inklusionen beachte die Monotonie von $(1 + |\xi|^2)^{s/2}$ in s . Für

den Nachweis von $C_0^\infty(\mathbb{R}^n)$ dicht in $W^s(\mathbb{R}^n)$ beachte, daß $C_0^\infty(\mathbb{R}^n)$ dicht in $C_\downarrow^\infty(\mathbb{R}^n)$ liegt und arbeite dann mit der Fouriertransformation. Vgl. auch unten Satz 1. □

AUFGABE 3: Zeige, daß für $t \in \mathbb{R}$ durch den formal selbstadjungierten Pseudodifferentialoperator

$$(\Lambda^t u)(x) := (2\pi)^{-n} \int e^{i<x,\xi>} (1+ |\xi|^2)^{t/2} \hat{u}(\xi)\, d\xi$$

ein Isomorphismus der Hilberträume ($s \geq 0$ und $s + t \geq 0$) $W^{s+t}(\mathbb{R}^n) \to W^s(\mathbb{R}^n)$ definiert wird.

TIP: Beachte, daß aus der Parsevalformel (§ I.8) die Gleichung

$$\|u\|_t = |\Lambda^t u|_0 , \quad u \in W^t(\mathbb{R}^n)$$

folgt und daß die Familie $\{\Lambda^t ; t \in \mathbb{R}\}$ wegen $\Lambda^t\Lambda^r = \Lambda^{r+t}$ eine Gruppe bildet. □

AUFGABE 4: Sei X eine kompakte, orientierte, Riemannsche und unberandete C^∞-Mannigfaltigkeit der Dimension n und E ein differenzierbares Hermitesches Vektorbündel über X der Faserdimension N.

a Definiere für $s \in \mathbb{N} \cup \{0\}$ den Raum

$$W^s(E) := \{u; u \in L^2(E) \text{ und zu jedem } P \in \mathrm{Diff}_s(E,E) \text{ gibt es ein } v \in L^2(E) \text{, so daß } < u,Pw >_0 = < v,w >_0 \text{ für alle } w \in C^\infty(E)\},$$

und zeige, daß ein Schnitt $u \in L^2(E)$, der sich in lokalen Karten und bezüglich einer lokalen Basis $e_1,\dots,e_N$ von E in der Form $u(x) = \sum u_i(x)\, e_i(x)$ schreiben läßt, genau dann in $W^s(E)$ liegt, wenn für jede solche Darstellung und für jede C^∞-Funktion φ mit Träger in dem Definitionsbereich der Karte die Funktionen φu_i in $W^s(\mathbb{R}^n)$ liegen.

b Definiere nach diesem Lokalisierungsrezept $W^s(E)$ für $s \in \mathbb{R}_+$.

TIP zu a: Aufgabe 1a. Beachte, daß v durch P eindeutig bestimmt ist. Man sagt: v entsteht durch "schwache Anwendung" des formal adjungierten Operators P^* auf u ("Ableitungen im Distributionensinn").

Zu b: Der entscheidende Punkt ist die Unabhängigkeit von der Wahl der Karten, der lokalen Trivialisierungen und der Glättungsfunktionen. Vorsicht mit dem Koordinatenwechsel: Es ist nämlich nicht ganz trivial, daß jeder Diffeomorphismus $\kappa : U \to V$ zwischen den offenen Teilmengen $U,V \subset \mathbb{R}^n$ auch durch $v \mapsto v \circ \kappa$ einen Isomorphismus $W^s_K(\mathbb{R}^n) \to W^s_{\kappa^{-1}(K)}(\mathbb{R}^n)$ definiert, wo $K \subset V$ kompakt und $W^s_K(\mathbb{R}^n) := \{v;\ v \in W^s(\mathbb{R}^n) \text{ und Träger } v \subset K\}$. Einen elementaren Beweis hierfür findet man in [HÖRMANDER 1963, 57-59]. Einfacher ist in unserem Zusammenhang ein Rückgriff auf Satz 3.3, wo wir die Invarianz von $PDiff_k$ unter einem Koordinatenwechsel gezeigt haben - zwar nur für $k \in \mathbb{Z}$, aber der Beweis geht auch für $k = s \in \mathbb{R}_+$ glatt durch. Definiere dann $W^s(E)$ wie in a, wobei $P \in PDiff_s(E,E)$ genommen wird. Statt der Koordinateninvarianz, die sich dann von selbst versteht, muß man wie in a zeigen, daß man lokal die Elemente in $W^s(\mathbb{R}^n)$ erhält. Einzelheiten z.B. in [HÖRMANDER 1966b, 169f] oder [NIRENBERG 1970, 151ff]. □

ANMERKUNG 1: Für eine feste Wahl eines Atlas von Karten für X, von lokalen Trivialisierungen des Bündels E und einer dazu passenden C^∞-Zerlegung der Eins erhält man eine Norm und ein Skalarprodukt, die $W^s(E)$ zum Hilbertraum machen. Anknüpfend an Aufgabe 1c kann man auf Mannigfaltigkeiten, auf denen der Laplaceoperator als selbstadjungierter positiv definiter Differentialoperator zweiter Ordnung wohl definiert ist, für natürliches (und via Spektralsatz auch für reelles) s explizit setzen:

$$\|u\|_s := (< \Delta^s u\ , u >_0)^{1/2} \quad , \quad u \in C^\infty(E) .$$

Nach [ATIYAH-SINGER 1968a, 511]*) kann man so vorgehen, wenn das Vektorraumbündel E mit einem "C^∞-Zusammenhang" ∇, das ist eine Regelwahl für Parallelverschiebung von Vektoren des Bündels E längs Wegen, ausgestattet ist. Eine solche Wahl ist - ebenso wie die Wahl einer C^∞-Zerlegung der Eins - immer möglich und häufig durch die besondere Konstruktion von X und E "nahezu kanonisch" nahegelegt. Man definiert dann wie beim Newtonschen Beschleunigungsbegriff (für u nehme man die Geschwindigkeitsvektoren, also $E = TX$) durch

$$\lim_{t\to 0} \frac{\nabla_c u(c(t)) - u(c(0))}{t} \quad , \quad u \in C^\infty(E) \quad , \quad c:I \to X \quad C^\infty\text{-Weg} ,$$

eine "erste Ableitung" von u an der Stelle $c(0)$ in Richtung $\dot{c}(0)$ und erhält so die "kovariante Ableitung"

*) Die Idee geht auf E.MAGENES: Spazi di interpolazione ed equazioni a derivate parziali. Atti del VII Congresso dell'Unione Mat. Ital. (Genova 1963). Ediz. Cremonese, Rom 1964, 134-197 zurück. Vgl. auch [LIONS-MAGENES 1968, 42].

$$D_\nabla : C^\infty(E) \to C^\infty(E \otimes T^*X) .$$

Durch Komposition mit dem formal adjungierten Differentialoperator D_∇^* erhält man eine "zweite Ableitung", bei der die Richtungsabhängigkeit eliminiert ist. Setze dann $\Delta := 1 + D_\nabla{*}\, D_\nabla$. Für diese Begriffe vgl. KOBAYASHI, S. & K. NOMIZU: Foundations of differential geometry II. Interscience Publishers, New York 1969, pp. 337-343, oder De RHAM, G.: Varietés differentiables. Hermann, Paris 1955, pp. 127-132.

ANMERKUNG 2: In der Literatur werden oft sehr viel allgemeinere Sobolewräume ("Besselsche Potentiale" etc) betrachtet, bei denen statt von dem Hilbertraum L^2 von der L^p-Theorie, $p \neq 2$, ausgegangen und mit anderen "Gewichten" als unseren $(1+ |\xi|^2)^{s/2}$ gearbeitet wird. Es ist nun interessant, daß beim "Studium von Klassen von Differentialgleichungen mit variablen Koeffizienten, die durch Bedingungen an ihren Hauptteil definiert sind" (HÖRMANDER), nur die W-Räume eine Rolle spielen, die eben in gewisser Weise auch durch ihre Invarianz auf Mannigfaltigkeiten ausgezeichnet sind ("Translationsinvarianz" von L^2 und "Diagonalisierbarkeit" der Ableitung vermittels Fouriertransformation). □

AUFGABE 5: Es sei $m \in \mathbb{N} \cup \{0\}$.

a Definiere für $\mathbb{R}^n_+ := \{x \in \mathbb{R}^n ; x_n \geq 0\}$ wie in Aufgabe 4a den Raum

$W^m(\mathbb{R}^n_+) := \{u ; u \in L^2(\mathbb{R}^n_+)$ und es gibt zu jedem Differentialoperator P der Ordnung m ein $v \in L^2(\mathbb{R}^n_+)$, so daß $< u,Pw >_0 = < v,w >_0$ für alle $w \in C_0^\infty(\mathbb{R}^n_+)\}$,

und beweise

$W^m(\mathbb{R}^n_+) = \{u ; u \in L^2(\mathbb{R}^n_+)$ und es gibt $v \in W^m(\mathbb{R}^n)$ mit $v|\mathbb{R}^n_+ = u\}$. Zeige, daß $W^m(\mathbb{R}^n_+)$ ein Hilbertraum ist.

b Definiere den Raum $W^m(X)$ für eine berandete kompakte, orientierte Riemannsche Mannigfaltigkeit X durch "Lokalisierungen" und übertrage Aufgabe 2c.

TIP zu a: Setze z.B. $\|u\|_m := \inf \{\|v\|_m ; v \in W^m(\mathbb{R}^n)$ und $v|\mathbb{R}^n_+ = u\}$. Vorsicht bei der Beschränkung auf den Halbraum: Für $m \neq 0$ muß man nämlich zwischen $W^m(\mathbb{R}^n_+)$ und $W^m_{\mathbb{R}^n_+}(\mathbb{R}^n)$, dem Raum der Wm-Funktionen mit Träger in $\mathbb{R}^n_+$, unterscheiden. Vgl. [HÖRMANDER 1963, 51-54] .

Zu b: Die Invarianz unter Diffeomorphismen ist hier trivial, da wir - ohne Einschränkung in den Anwendungen, siehe unten § 8 - nur ganzzahlige m zulassen.

Vgl. auch [HÖRMANDER 1963, 60f]. □

C. DIE HAUPTSÄTZE ÜBER SOBOLEWRÄUME. Wir referieren hier nur kurz die drei bekannten Hauptsätze - ohne die Beweise, für die wir auf die Literatur verweisen. Der Inhalt der Hauptsätze wird weiter unten im Abschnitt "Fallstudien" exemplarisch dargestellt.

Wir beginnen mit einem Regularitätssatz, der angibt, wie man von Hilbertraumergebnissen in der Sprache der Sobolewräume zu Aussagen in klassischer Form übergehen kann:

SATZ 1 (S.L. SOBOLEW, 1938): Ist X eine kompakte C^∞-Mannigfaltigkeit (mit oder ohne Rand) der Dimension n, dann gilt $W^s(X) \subset C^k(X)$ für $s > \frac{n}{2} + k$, und die Einbettung ist stetig.

Genauer: Ein $u \in W^s(X) \subset L^2(X)$ ist eine Klasse von Funktionen, die fast überall übereinstimmen. Der Satz meint: In jeder Klasse $u \in W^s(X)$ existiert ein Repräsentant aus $C^k(X)$, und jede Folge von Elementen aus $C^k(X)$, die bezüglich der Norm von $W^s(X)$ eine Cauchyfolge bildet, konvergiert in der Norm des Banachraumes $C^k(X)$ (d.h. die Funktionen und ihre Ableitungen bis zur Ordnung k konvergieren punktweise). Für die Grenzfunktion u gilt die Sobolewungleichung

$$\|u\|_{C^k} \leq \varepsilon \|u\|_{W^s} + C_\varepsilon \|u\|_{L^2} ,$$

wo $\varepsilon > 0$ beliebig klein gemacht werden kann, wenn C_ε hinlänglich groß ist.

BEWEIS: Vgl. insbesondere [BERS-JOHN-SCHECHTER 1964, 167] und [PALAIS 1965, 159f] für $X = T^n := S^1 \times \ldots \times S^1$ und [PALAIS 1965, 169] für den Übergang zu beliebigen X und zu Schnitten in Vektorraumbündeln. Für die Sobolewungleichung siehe z.B. [TRIEBEL 1972, 381f], wo X eine berandete Untermannigfaltigkeit des $\mathbb{R}^n$ der Kodimension 0 ist. □

Bei der Behandlung von Randwertaufgaben mit Hilbertraummethoden tritt das Problem auf, daß im Rahmen einer L^2-Theorie eine Funktion nur eindeutig modulo Veränderungen ihrer Werte auf Mengen vom Maß Null erklärt ist. Restriktionen von Funktionen z.B. auf den Rand geben also zunächst keinen Sinn. Hier hilft aber (für $Y = \partial X$ und $m = 1$) das folgende auch auf S.L. SOBOLEW zurückgehende Restriktionstheorem:

SATZ 2: Ist X eine kompakte C^∞-Mannigfaltigkeit (evtl. mit Rand) mit der kompakten Untermannigfaltigkeit Y der Kodimension m und E ein komplexes Vektorraumbündel über X, dann läßt sich für jedes ganzzahlige $s > \frac{m}{2}$ die kanonische Restriktionsabbildung $C^\infty(E) \to C^\infty(E|Y)$ zu einer stetigen, linearen und sogar surjektiven Abbildung $\rho : W^s(E) \to W^{s-m/2}(E|Y)$ fortsetzen.

BEWEIS: Für das Hyperebenenproblem $W^s(\mathbb{R}^n_+) \to W^{s-1/2}(\mathbb{R}^{n-1})$ vgl. z.B. [HÖRMANDER 1963, 54f] oder [LIONS-MAGENES 1968, 38]; ferner [LIONS-MAGENES 1968, 44-48] oder [TRIEBEL 1972, 55-59] für $Y = \partial X$; [PALAIS 1965, 161f] für $X = T^n$ und $Y = T^{n-m}$ und Generalisierung. □

Schließlich bringt das folgende nach Franz RELLICH benannte und von ihm in anderer Formulierung bewiesene Lemma die kompakten Operatoren (siehe §§ I.3ff) ins Spiel und wird so weiter unten die Verbindung zur Fredholmtheorie elliptischer Operatoren liefern:

SATZ 3 (F. RELLICH, 1930): Ist X eine kompakte C^∞-Mannigfaltigkeit (evtl. mit Rand) und E ein komplexes Vektorraumbündel über X, dann ist die Inklusion $W^m(E) \to W^s(E)$ für $m > s \geq 0$ kompakt.

BEWEIS: Vgl. z.B. [TRIEBEL 1972, 380f], wenn X eine Untermannigfaltigkeit des $\mathbb{R}^n$ der Kodimension Null ist. Für $X = T^n := S^1 \times \ldots \times S^1$ siehe [BERS-JOHN-SCHECHTER 1964, 169f] oder [PALAIS 1965, 158f] und [PALAIS 1965, 168] für den allgemeinen Fall. □

D. FALLSTUDIEN. Zur Illustration der vorstehenden Sätze behandeln wir einige einfache Spezial- und Sonderfälle:

SATZ 1A: $W^1(\mathbb{R}) \subset C^0(\mathbb{R})$.

BEWEIS: Sei $u \in C_0^\infty(\mathbb{R})$. Dann folgt mit der Fourierinversionsformel (s.o. § I.8) für $x \in \mathbb{R}$:

$$|u(x)| = (2\pi)^{-1} \left| \int_{-\infty}^{\infty} e^{ix\xi} \hat{u}(\xi)\, d\xi \right| \leq (2\pi)^{-1} \int_{-\infty}^{\infty} |\hat{u}(\xi)|\, d\xi$$

$$\leq (2\pi)^{-1} \int_{-\infty}^{\infty} \{|\hat{u}(\xi)|\,(1+|\xi|^2)^{1/2}\}\,(1+|\xi|^2)^{-1/2}\,d\xi$$

$$\leq (2\pi)^{-1} \{\int_{-\infty}^{\infty} |\hat{u}(\xi)|^2\,(1+|\xi|^2)^1\,d\xi\}^{1/2} \{\int_{-\infty}^{\infty} (1+|\xi|^2)^{-1}\,d\xi\}^{1/2} ,$$

wobei wir die Schwarzsche Ungleichung $|\langle a,b\rangle| \leq (\langle a,a\rangle)^{1/2}(\langle b,b\rangle)^{1/2}$ verwenden durften, da $C_0^\infty(\mathbb{R}) \subset W^1(\mathbb{R})$ und damit $\xi \mapsto \hat{u}(\xi)(1+|\xi|^2)^{1/2}$ in $L^2(\mathbb{R})$ liegt und da die Funktion $\xi \mapsto (1+|\xi|^2)^{-1/2}$ wegen $\int_{-\infty}^{\infty}(1+|\xi|^2)^{-1}\,d\xi < \infty$ auch in $L^2(\mathbb{R})$ liegt. Nach der Definition in Aufgabe 1b gilt also

$$\sup_{x\in\mathbb{R}} |u(x)| \leq K\,\|u\|_{W^2(\mathbb{R}^n)} ,$$

wobei die Konstante K nicht von u abhängt. Da $C_0^\infty(\mathbb{R}) \subset W^1(\mathbb{R})$ dicht liegt (vgl. Aufgabe 2c), haben wir damit die Behauptung bewiesen. □

SATZ 2 A: Wir schreiben den n-dimensionalen Torus T^n in der Form $\mathbb{R}^n/2\pi\mathbb{Z}^n$. Dann läßt sich die durch die Projektion $(y,\theta) \mapsto y$ von T^n auf T^{n-1} gegebene Beschränkungsabbildung von $C^\infty(T^n)$ nach $C^\infty(T^{n-1})$ für $s \geq \frac{1}{2}$ zu einer stetigen linearen Abbildung $W^s(T^n) \to W^{s-1/2}(T^{n-1})$ fortsetzen.

BEWEIS (nach [PALAIS 1965, 143-162], wobei schon vorher von Peter LAX *) bemerkt worden war, daß im periodischen Fall gewisse technische Schwierigkeiten verschwinden):

1. Schritt: $C^\infty(T^n)$ besteht aus den Funktionen auf dem $\mathbb{R}^n$, die in jeder Variablen periodisch von der Periode 2π sind. Ein vollständiges Orthonormalsystem für $L^2(T^n)$ bilden dann die Funktionen

$$e_\nu(x) := (2\pi)^{-n/2}\,e^{i\langle\nu,x\rangle} , \quad \nu \in \mathbb{Z}^n ,$$

vgl. die Theorie der Fourierreihen (oben § I.8). Nach Definition, vgl. Aufgabe 1b, gilt $u \in W^s(T^n)$ genau dann, wenn $\|u\|_s^2 := \sum_{\nu\in\mathbb{Z}^n} |\hat{u}(\nu)|^2\,(1+|\nu|^2)^s < \infty$, wobei

$$\hat{u}(\nu) := (2\pi)^{-n/2} \int_{T^n} e^{-i\langle\nu,x\rangle}u(x)\,dx$$

*) P. LAX, Comm. Pure Appl. Math. 8 (1955), 615-633.

der ν-te "Fourierkoeffizient", $\langle \nu, x \rangle := \nu_1 x_1 + \ldots + \nu_n x_n$ und $|\nu|^2 := \nu_1^2 + \ldots + \nu_n^2$ ist. Dann konvergiert die Reihe $\sum \hat{u}_\nu e_\nu$ absolut gegen u in der $W^s(T^n)$-Topologie.

2. Schritt: Ist $x = (y,\theta) \in T^{n-1} \times S^1 = T^n$ und $u \in C^\infty(T^n)$, so gilt $u(y,\theta) = \sum \hat{u}(\lambda,\mu)\, e_\lambda(y)\, e_\mu(\theta)$, wo über alle $(\lambda,\mu) \in \mathbb{Z}^{n-1} \times \mathbb{Z} = \mathbb{Z}^n$ summiert wird und die Konvergenz auf T^n gleichmäßig ist. Wegen $e_\mu(0) = (2\pi)^{-1/2}$ folgt

$$u(y,0) = \sum_{\lambda \in \mathbb{Z}^{n-1}} e_\lambda(y) \left(\sum_{\mu \in \mathbb{Z}} \hat{u}(\lambda,\mu) \right) ,$$

wobei die Reihe gleichmäßig auf T^n konvergiert, und damit

$$(u|T^{n-1})\hat{\ }(\lambda) = (2\pi)^{-1/2} \sum_{\mu \in \mathbb{Z}} \hat{u}(\lambda,\mu) .$$

3. Schritt: Aus der Euler-Maclaurinschen Summenformel folgt (siehe z.B. [PALAIS 1965, 143f]), daß für $s \geq \frac{1}{2}$, $b \geq 1$ und $a : \mathbb{Z} \to \mathbb{R}_+$

$$\Big(\sum_{\mu \in \mathbb{Z}} a_\mu \Big)^2 b^{s-1/2} \leq C \sum_{\mu \in \mathbb{Z}} a_\mu^2 (b + \mu^2)^k$$

ist, wobei C nur von s abhängt. Wir setzen $a_\mu := \hat{u}(\lambda,\mu)$ und $b := (1+ |\lambda|^2)$ und erhalten so

$$\Big(\sum_{\mu \in \mathbb{Z}} |\hat{u}(\lambda,\mu)| \Big)^2 (1+ |\lambda|^2)^{s-1/2} \leq C \sum_{\mu \in \mathbb{Z}} |\hat{u}(\lambda,\mu)|^2 (1+ |\lambda|^2 + \mu^2)^s ,$$

also mit dem 2. Schritt (s.o.)

$$\|u|T^{n-1}\|_{s-1/2} \leq \frac{C}{2\pi} \|u\|_s ,$$

womit die Behauptung bewiesen ist, da $C^\infty(T^n) \subset W^s(T^n)$ dicht liegt. □

Über das Zustandekommen des Differenzierbarkeitsverlustes bei Einschränkungen von Sobolewräumen - im Gegensatz zu "Differenzierbarkeitsgewinnen" in der C^k-Theorie - gibt die folgende Fallstudie Aufschluß:

SATZ 2B: Es gibt keine stetige lineare Abbildung $W^s(\mathbb{R}^n) \to W^s(\mathbb{R}^{n-1})$, die auf $C_0^\infty(\mathbb{R}^n)$ mit der durch $(x_1,\ldots,x_n) \mapsto (x_1,\ldots,x_{n-1})$ definierten Einschränkung $u \mapsto u(.,0)$ von $C_0^\infty(\mathbb{R}^n)$ auf $C_0^\infty(\mathbb{R}^{n-1})$ übereinstimmt.

BEWEIS: Auf der Vollkugel $K^n := \{x;\ x \in \mathbb{R}^n \text{ und } |x| \leq 1\}$ ist die Funktion

$|x|^\alpha$ summierbar, wenn $\alpha > -n$ ist, da wir dann in Polarkoordinaten

$$\int_{K^n} |x|^\alpha \, dx \leq C \int_0^1 r^{\alpha+n-1} \, dr < \infty$$

haben. Betrachte nun die Funktion $u(x) := |x|^\alpha \chi(x)$, wo χ eine C^∞-Funktion mit kompaktem Träger ist und $\chi(x) = 1$ für alle $x \in K^n$. Für $\alpha = -\frac{1}{2}$ und $n = 2$ ist dann $u \in L^2(\mathbb{R}^2)$, aber $u(.,0) \notin L^2(\mathbb{R})$, da $\int_0^1 x^{-1} \, dx = \infty$. Damit ist der falsche Einschränkungssatz für $s = 0$ widerlegt, da die Beschränkungen $\{u_\nu(.,0)\}_{\nu=1}^\infty$ einer in $W^0(\mathbb{R}^2)$ $(= L^2(\mathbb{R}^2))$ gegen u konvergierenden Folge von Elementen in $C_0^\infty(\mathbb{R}^2)$ keine Cauchyfolge in $W^0(\mathbb{R})$ $(= L^2(\mathbb{R}))$ bilden.

Unschwer konstruiert man auch für $s > 0$ Gegenbeispiele, da mit dem obigen Argument folgt, daß die dort definierte Funktion u genau dann in $W^1(\mathbb{R}^n)$ liegt, wenn (vgl. Aufgabe <u>1a</u>) $2\alpha > 2-n$ ist. Da somit z.B. $u(x) := |x|^{-1/4} \chi(x)$ ein Element aus $W^1(\mathbb{R}^3)$ definiert, müßte nach dem falschen Einschränkungssatz $u(.,.,0) \in W^1(\mathbb{R}^2)$ und $u(.,0,0) \in W^1(\mathbb{R})$ sein. Die Einschränkungen $u_\nu(.,.,0)$ einer gegen u in $W^1(\mathbb{R}^3)$ konvergierenden Folge von Funktionen $u_\nu \in C_0^\infty(\mathbb{R}^3)$ müßten also in $W^1(\mathbb{R})$ und nach Satz <u>1A</u> deswegen auch in $C^0(\mathbb{R})$ gegen eine stetige Grenzfunktion konvergieren. Widerspruch bei der Gestalt von u. □

SATZ 3A: Ohne die Voraussetzung "X kompakt" wird Satz <u>3</u> (siehe oben) falsch.

<u>BEWEIS:</u> Man konstruiert für jedes $\nu \in \mathbb{N}$ nach nebenstehender Idee ein $u_\nu \in W^1(\mathbb{R})$ mit $\|u_\nu\|_1 \leq 3$. Trotzdem gilt aber $\|u_\nu - u_\mu\|_0 \geq k\,|\nu-\mu|$, wobei k nicht von ν oder μ abhängt. Die in $W^1(\mathbb{R})$ beschränkte Menge $\{u_\nu \,;\, \nu \in \mathbb{N}\}$ besitzt also keine in $W^0(\mathbb{R}) = L^2(\mathbb{R})$ konvergente Teilfolge. □

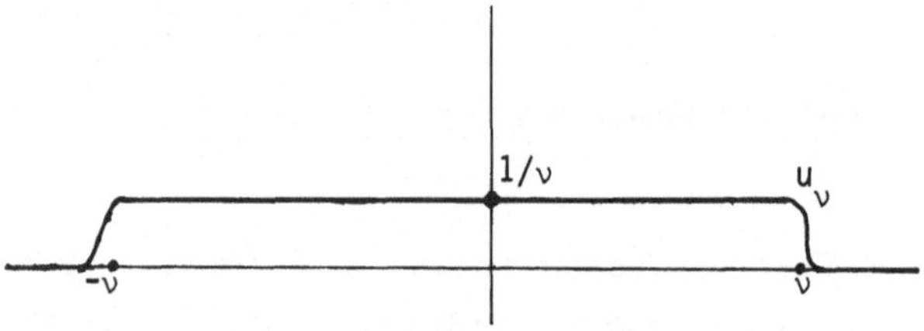

5. Elliptische Operatoren über geschlossenen Mannigfaltigkeiten

In diesem Paragraphen zeigen wir, wie aus formalen Eigenschaften (Invertierbarkeit) der Symbole eine Reihe von Existenz-, Regularitäts- und Endlichkeitsaussagen für zugehörige Pseudodifferentialoperatoren (Fredholmoperatoren) gewonnen werden kann.

A. STETIGKEIT VON PSEUDODIFFERENTIALOPERATOREN. Wir bezeichnen mit $OP_k(E,F)$ die Menge der Operatoren der Ordnung k von E nach F, wobei E und F komplexe Vektorraumbündel über der C^∞-Mannigfaltigkeit X sind und $k \in \mathbb{Z}$: Ein linearer Operator $P : C_0^\infty(E) \to C^\infty(F)$ liegt genau dann in $OP_k(E,F)$, wenn er sich für alle $s \in \mathbb{R}$ mit $s, s-k \geq 0$ zu stetigen linearen Abbildungen $P_s : W^s(E) \to$ $\to W^{s-k}(F)$ fortsetzen läßt.

KONVENTION: Die Mannigfaltigkeit X sei im folgenden "geschlossen", d.h. kompakt und unberandet. Wir machen diese Konvention zum Teil aus Gründen der Bequemlichkeit, um einige Beweise leichter führen zu können, zum Teil aber auch, weil sonst einige der folgenden Sätze sinnlos oder falsch werden. Vgl. unten Aufgabe 10. Ferner sei X wie bisher orientiert und mit einer festen Riemannschen Metrik versehen; E und F seien jeweils Hermitesche Vektorraumbündel. O.B.d.A. nehmen wir auch gelegentlich an, daß die "Hilbertisierbaren" Sobolewräume bereits mit fest gewählten Normen bzw. Skalarprodukten versehen sind.

SATZ 1: $\quad PDiff_k(E,F) \subset OP_k(E,F) \quad , \quad k \in \mathbb{Z}$.

BEWEIS: Formal besagt der Satz, daß die "analytische Ordnung" eines Pseudodifferentialoperators, die durch das asymptotische Verhalten seiner Amplitude bestimmt ist, mit der "funktionalanalytischen Ordnung", die durch sein Stetigkeitsverhalten in den Normen der Sobolewräume ausgedrückt wird, übereinstimmt. Inhaltlich erfordert das die Abschätzung $\|Pu\|_{s-k} \leq C\,\|u\|_s$, $u \in C^\infty(E)$, wobei C nur von $P \in PDiff_k(E,F)$ und nicht von u abhängt. Da $C^\infty(E)$ in $W^s(E)$ dicht liegt, folgt dann die Behauptung, denn wir können P auf $W^s(E)$ zu einem stetigen linearen Operator $P_s : W^s(E) \to W^{s-k}(F)$ fortsetzen.

Da die Normen in $W^s(E)$ bzw. $W^{s-k}(F)$ nach Aufgabe 4.4 lokal definierbar sind, reicht es, die Ungleichung für $u \in C_0^\infty(\mathbb{R}^n)$ zu zeigen. Nach Aufgabe 4.3 können wir ferner o.B.d.A. $k=0$ und $s=0$ voraussetzen. Sei also

$$(Pu)(x) = (2\pi)^{-n} \int e^{i<x,\xi>} p(x,\xi)\, \hat{u}(\xi)\, d\xi \ , \quad u \in C_0^\infty(\mathbb{R}^n) \ ,$$

ein Pseudodifferentialoperator, dessen Amplitude $p(x,\xi)$ für hinlänglich großes x verschwindet und ferner für alle Multiindices α und β der Abschätzung (s.o.)

$$|D_\beta^\alpha D_x^\beta p(x,\xi)| \leq c\ (1 + |\xi|)^{0-|\alpha|} \ , \quad (x,\xi) \in \mathbb{R}^n \times \mathbb{R}^n \ ,$$

genügt. Damit läßt sich die Fouriertransformierte $\hat{p}(\cdot,\xi)$ der Funktion $x \mapsto p(x,\xi)$, wie im Beweis von Satz 3.1 für $\hat{u}$ vorgeführt, für alle $N \in \mathbb{N}$ durch $|\hat{p}(z,\xi)| \leq C_N\ (1+|z|)^{-N}$ abschätzen.

Wir erhalten mit der Parsevalschen Formel (§ I.8)

$$\|Pu\|_0 = <Pu,Pu>_0 = (2\pi)^{-n} <\hat{Pu},\hat{Pu}>_0 \leq (2\pi)^{-n}\tilde{c}\|(1+|\xi|)^{-N}\|_0\ \|\hat{u}\|_0 \leq C\|u\|_0$$

für N hinlänglich groß; dabei ist

$$\hat{Pu}(\eta) = (2\pi)^{-n} \iint e^{-i<\eta,x>}\ e^{i<x,\xi>}\ p(x,\xi)\, dx\ \hat{u}(\xi)\, d\xi$$

$$= (2\pi)^{-n} \int \hat{p}(\eta-\xi,\xi)\ \hat{u}(\xi)\, d\xi \ ,$$

also $\quad \hat{Pu}(\eta)| \leq \tilde{\tilde{c}} \int (1+|\eta-\xi|)^{-N}\ |\hat{u}(\xi)|\, d\xi$. Wende die Schwarzsche Ungleichung auf das Integral $\int (1+|\eta-\xi|)^{-N/2}\ \{(1+|\eta-\xi|)^{-N/2}\ |\hat{u}(\xi)|\}\, d\xi$ an und integriere bzgl. η . □

AUFGABE 1: Erkläre und beweise:

$$P \in PDiff_0(E,F) \Rightarrow (P_0)^* = (P^*)_0 \ . \qquad \square$$

AUFGABE 2: $\sigma_k : PDiff_k(E,F) \to Smbl_k(E,F)$ sei die wohldefinierte (Aufgabe 3.3e), surjektive (Satz 3.4) Symbolabbildung. Zeige $\text{Kern}\ \sigma_k \subset OP_{k-1}(E,F)$.

TIP: Trivial nach Axiom (***) (s.o. Abschnitt 3.D) und vorstehendem Satz 1. □

AUFGABE 3: Zeige, daß die kurze exakte Sequenz

$$PDiff_k(E,F) \xrightarrow{\sigma_k} Smbl_k(E,F) \to 0$$

spaltet; d.h. es gibt zu σ_k eine lineare Rechtsinverse $\chi_k : Smbl_k(E,F) \to PDiff_k(E,F)$

die überdies für alle s, $s-k > 0$ die Stetigkeitseigenschaft

$$\sup\{\|\chi_k(\rho)(u)\|_{s-k}\ ;\ u \in C^\infty(X) \text{ und } \|u\|_s = 1\} \leq C \sup\{|\rho(x,\xi)|;\ x \in X\ ,\ |\xi| = 1\}$$

erfüllt, wobei C nicht von $\rho \in \mathrm{Smbl}_k(E,F)$ abhängt und $|\rho(x,\xi)|$ die übliche Matrizennorm ist, die durch das Hermitesche Produkt in E_x und F_x definiert werden kann.

TIP: Gehe erneut durch den Beweis von Satz 3.4 . □

AUFGABE 4: Zeige umgekehrt, daß für alle s, $s-k > 0$ und für alle $P \in \mathrm{PDiff}_k(E,F)$ die folgende Ungleichung gilt:

$$\sup\{|\sigma_k(P)(x,\xi)|\ ;\ x \in X,\ |\xi| = 1\} \leq \sup\{\|Pu\|_{s-k};\ u \in C^\infty(X) \text{ und } \|u\|_s = 1\}\ .$$

TIP: Nach einem Satz von Israil GOCHBERG (siehe auch [SEELEY 1965, 171]) kann man für alle $(x_0,\xi_0) \in \mathbb{R}^n\times(\mathbb{R}^n \setminus \{0\})$ eine Folge $\{\varphi_\nu\}$ von Funktionen in $C_0^\infty(\mathbb{R}^n)$ angeben, so daß

(i) $\varphi_\nu(x) = 0$ für $|x-x_0| > 1/\nu$,

(ii) $\|\varphi_\nu\| = 1$ für alle ν und

(iii) $\|P\varphi_\nu - \sigma(P)(x_0,\xi_0)\ \varphi_\nu\|_0 \to 0$ für $\nu \to \infty$.

Einzelheiten in [SEELEY 1965, 179] oder [CARTAN-SCHWARTZ 1965, 22-05]. Vorsicht: Auf $\mathrm{PDiff}_k(E,F)$ selbst, das in natürlicher Weise durch die Forderung, daß die Abbildung $P \mapsto P_s$ für alle s stetig sein soll, eine Topologie trägt, ist σ_k nicht stetig, siehe z.B. [PALAIS 1965, 175]. □

B. ELLIPTISCHE OPERATOREN. In Verallgemeinerung unserer früheren Definition für Differentialoperatoren (s.o. Abschnitt 2.D) nennen wir ein $P \in \mathrm{PDiff}_k(E,F)$ elliptisch, wenn $\sigma_k(P)(x,\xi)$ für alle $x \in X$ und $\xi \in (T^*X)_x$, $\xi \neq 0$, ein Isomorphismus von E_x auf F_x ist. Wir schreiben $P \in \mathrm{Ell}_k(E,F)$.

SATZ 2 (Hauptsatz): Zu jedem $P \in \mathrm{Ell}_k(E,F)$ existiert ein $Q \in \mathrm{Ell}_{-k}(F,E)$, so daß $PQ - \mathrm{Id}_F \in \mathrm{OP}_{-1}(F,F)$ und $QP - \mathrm{Id}_E \in \mathrm{OP}_{-1}(E,E)$.

ANMERKUNG: Dieser Existenzsatz bildet die Grundlage unserer Theorie der elliptischen Operatoren. Man nennt Q in Anlehnung an die von David HILBERT eingeführte Terminologie eine Parametrix für P - allerdings eine "grobe": Die klassische

Parametrix ("Greensche Funktion") invertiert P nicht nur modulo Operatoren der Ordnung -1, sondern der Ordnung $-\infty$, sogenannter "Glättungsoperatoren", vgl. [HÖRMANDER 1971a].

BEWEIS: Satz 3.4 garantiert uns die Existenz eines $Q \in PDiff_{-k}(F,E)$ $\sigma_{-k}(Q)(x,\xi) := (\sigma_k(P)(x,\xi))^{-1}$, also nach Satz 3.5a $PQ \in PDiff_0(F,F)$ und $\sigma_0(PQ-Id_F) = 0$, also $PQ-Id_F \in OP_{-1}(F,F)$ nach Aufgabe 2. □

SATZ 3: Sei $P \in Ell_k(E,F)$ und $s, s-k \geq 0$. Dann gilt:

a (Endlichkeitssatz): Die Fortsetzung $P_s : W^s(E) \to W^{s-k}(F)$ ist ein Fredholmoperator, dessen Index nicht von s abhängt.

b (Existenzsatz): P^* ist elliptisch und Kokern $P_s \cong \text{Kern}(P^*)_{s-k}$.

c (Regularitätssatz): Kern P_s = Kern P.

d (Homotopieinvarianzsatz): index P = index P_s hängt nur von der "Homotopieklasse" von $\sigma(P)$ in $Iso^{\infty}_{SX}(E,F)$ ab. Dabei ist $Iso^{\infty}_{SX}(E,F)$ der mit der Supremumsnorm wie in Aufgabe 3 ausgestattete Raum der C^{∞}-differenzierbaren Bündelisomorphismen $\tau^*E \to \tau^*F$, wo $\tau : SX \to X$ die Fußpunktabbildung ist und $SX := \{(x,\xi) ; x \in X, \xi \in T^*X$ und $|\xi| = 1\}$ das "Sphärenbündel".

ANMERKUNG: In Verbindung mit c besagt der Existenzsatz, daß die inhomogene Gleichung $Pu = f$ genau dann eine Lösung $u \in C^{\infty}(E)$ besitzt, wenn $f \perp \text{Kern } P^*$ ist, und daß die Lösung dadurch eindeutig bestimmt ist, daß sie in $W^0(E)$ orthogonal zu Kern P ist. Nach dem Regularitätssatz liegen insbesondere alle "klassischen Lösungen" (d.h. $u \in C^k(E)$) der homogenen elliptischen Differentialgleichung $Pu = 0$ mit variablen, beliebig oft stetig differenzierbaren Koeffizienten in $C^{\infty}(E)$. Im Zusammenhang der Distributionentheorie (siehe z.B. [HÖRMANDER 1963]) gewinnt man die schärfere Aussage, daß jede "schwache Lösung" (im Distributionensinn) eine "starke Lösung" (im Funktionensinn) ist, daß also z.B. aus der Voraussetzung $u \in W^0(E)$ und $< u, P^*f >_0 = 0$ für alle $f \in C^{\infty}_0(F)$ die Folgerung $u \in C^{\infty}(E)$ und $Pu = 0$ gezogen werden kann. Solche Regularitätssätze, die im Fall des Laplaceoperators $P := \Delta$ zuerst 1940 von Hermann WEYL bewiesen wurden, sind vor allem dann wichtig, wenn man partielle Differentialgleichungen mit Methoden der Variationsrechnung, also durch Extremalbedingungen lösen will, siehe [HÖRMANDER 1963, 96] und [LIONS-MAGENES 1968, 214ff].

BEWEIS zu a: Ist $Q \in Ell_{-k}(F,E)$ eine Parametrix (siehe Satz 2) für P, dann folgt mit dem Satz von Franz RELLICH (Satz 4.3), daß die zusammengesetzte Abbildung

$$W^s(E) \xrightarrow[Q_{s-k} \circ P_s - Id]{} W^{s+1}(E) \hookrightarrow W^s(E)$$

ein kompakter Operator auf $W^s(E)$ und entsprechend $P_s Q_{s-k}$ - Id ein kompakter Operator auf $W^{s-k}(F)$ ist, also ist $P_s : W^s(E) \to W^{s-k}(F)$ nach Satz I.5.1 (dort allerdings explizit nur für Endomorphismen bewiesen, was für separable Hilberträume ja wegen ihrer wechselseitigen Isomorphie keine Einschränkung ist) ein Fredholmoperator. Mit Stetigkeitsüberlegungen (Satz I.5.2 und vorstehende Aufgaben 3 und 4 oder unmittelbarer Vergleich der Operatornormen von P_s und P_r mittels Λ^{s-r} , siehe Aufgabe 4.3) folgt index P_s = index P_r .

Zu b: O.B.d.A. (Λ-Argument, Aufgabe 4.3) sei $k = s = 0$. Dann folgt der Existenzsatz unmittelbar aus Aufgabe 1 und Satz I.3.1 .

Zu c: Nach Definition ist Kern $P_{s+1} \subset$ Kern P_s , da $W^{s+1}(E) \subset W^s(E)$. Umgekehrt gibt es nach Satz 2 einen beschränkten Operator $K : W^s(E) \to W^{s+1}(E)$, so daß $Q_{s-k} P_s u - Id\, u = Ku$ für alle $u \in W^s(E)$, wobei Q eine Parametrix für P ist, also $u \in W^{s+1}(E)$, wenn $P_s u = 0$. Damit ist Kern P_s = Kern P_{s+1} = ... = Kern P bewiesen, da $C^\infty = \cap W^s$ (siehe Aufgabe 4.2c und Satz 4.1).

Zu d: Ist $Q \in Ell_k(E,F)$ und $\sigma_k(Q) = \sigma_k(P)$, folgt index Q = index P aus Aufgabe 2 mit der Invarianz des Index bei kompakten Störungen (Aufgabe I.5.7). Allgemeiner läßt sich nach Aufgabe 3 jeder stetige Weg $\rho : I \to Smbl_k(E,F)$ zu einem in der entsprechenden Operatornorm stetigen Weg $\Pi : I \to PDiff_k(E,F)$ mit $\sigma_k \circ \Pi = \rho$ anheben. Kann man also $\sigma_k(Q)$ und $\sigma_k(P)$ durch einen stetigen Weg in $Iso^\infty_{SX}(E,F)$ verbinden, dann auch Q und P in $Ell_k(E,F)$, und zwar so, daß für alle s die Fredholmoperatoren Q_s und P_s in derselben Zusammenhangskomponente liegen, also nach Satz I.5.2 gleichen Index haben. Ist schließlich $Q \in Ell_j(E,F)$ ein Operator, dessen Symbol $\sigma_j(Q)$ über dem Sphärenbündel SX mit $\sigma_k(P)$ übereinstimmt, dann ist $(\sigma_j(Q))^{-1} \circ \sigma_k(P)$ das Symbol eines selbstadjungierten Operators $R \in Ell_{k-j}(E,E)$. Aus $\sigma_k(P) = \sigma_j(Q) \circ \sigma_{k-j}(R) = \sigma_k(QR)$ folgt nach den voranstehenden Ausführungen index P = index QR = index Q + index R = = index Q , da index R = 0 nach c (vgl. auch die Kompositionsregel in Aufgabe I.2.4 bzw. die folgende Aufgabe 5a). □

KONVENTION: Wir schreiben im folgenden abkürzend $\sigma(P)$ für die Einschränkung von $\sigma_k(P)$ auf SX .

AUFGABE 5: E,F,G,H seien Hermitesche Vektorraumbündel über der geschlossenen orientierten Riemannschen Mannigfaltigkeit X ; $P \in Ell_k(E,F)$, $Q \in Ell_j(F,G)$, $R \in Ell_{k'}(G,H)$. Zeige, daß die folgenden Ausdrücke definiert sind, und beweise die Formeln:

a index P^* = - index P

b index QP = index P + index Q

c index $P \oplus R$ = index P + index R

d index P = 0 , wenn $\sigma(P)(x,\xi)$ nur von x und nicht von $\xi \in (SX)_x$ abhängt.

TIP zu d: Durch $\Psi(x) := \sigma(P)(x,\xi)$ mit $\xi \in (SX)_x$ wird ein Bündelisomorphismus $E \to F$ und eine Multiplikationsabbildung $M_\Psi \in Ell_0(E,F)$ definiert. Wende Satz 3d an. □

AUFGABE 6: a Bilde die abgeschlossene Hülle $\overline{Smbl_k(E,F)}$ von $Smbl_k(E,F)$ in der Supremumsnorm und zeige, daß man so alle stetigen Symbole erhält. Insbesondere besteht also der Raum $Iso_{SX}(E,F)$ der stetigen Bündelisomorphismen von τ^*E nach τ^*F , wo $\tau : SX \to X$ die Projektion ist, aus den Beschränkungen $p|SX$ für $p \in \overline{Smbl_k(E,F)}$.

b Bilde für jedes s, $s-k \geq 0$ in der Operatornorm die abgeschlossene Hülle der Operatoren P_s mit $P \in PDiff_k(E,F)$ und zeige, daß sich σ_k stetig und surjektiv auf diesen Raum fortsetzen läßt, wenn der Wertebereich von σ_k auf $\overline{Smbl_k(E,F)}$ erweitert wird. □

Wir schreiben nun $P \in \overline{PDiff_k(E,F)}$, wenn P für alle $s \geq 0$ (und $s-k \geq 0$) in der in Aufgabe 6b gebildeten abgeschlossenen Hülle liegt. Man sieht leicht, daß unsere bisherigen Resultate insbesondere über elliptische Operatoren auch in dieser größeren Klasse gültig bleiben. Den wichtigsten Grund für den Übergang zur abgeschlossenen Hülle bildet das multiplikative Verhalten von Pseudodifferentialoperatoren:

AUFGABE 7: Betrachte zwei geschlossene orientierte Riemannsche Mannigfaltigkeiten X und Y und Hermitesche Vektorbündel E und F über X und G und H über Y. Ferner sei $P \in PDiff_k(E,F)$ und $Q \in PDiff_k(G,H)$, $k \in \mathbb{N}$.

a Zeige, daß durch

$$(P \otimes Id_G)(u \otimes v) := Pu \otimes v \quad , \quad u \in C^\infty(E) \quad , \quad v \in C^\infty(G) \quad ,$$

ein Operator $P \otimes Id_G \in \overline{PDiff_k(E\otimes G)}$ definiert wird, der i.a. nicht in $PDiff_k(E\otimes G\ , F\otimes G)$ liegt.

b Definiere über der Mannigfaltigkeit $X\times Y$ den Operator

$$P \# Q \ : \ C^\infty(E\otimes G) \oplus C^\infty(F\otimes H) \ \to \ C^\infty(F\otimes G) \oplus C^\infty(E\otimes H)$$

durch die Matrix

$$P \# Q := \begin{pmatrix} P \otimes Id_G & -Id_F \otimes Q^* \\ Id_E \otimes Q & P^* \otimes Id_H \end{pmatrix}$$

und beweise den Multiplikationssatz: Sind P und Q elliptisch, dann ist auch $P \# Q$ elliptisch und es gilt index $P\#Q$ = (index P) (index Q).

TIP zu a: Setze der Einfachheit halber voraus, daß alle Bündel triviale Geradenbündel sind (d.h. "Funktionenfall"). Dann ist $P \otimes Id_{\mathbb{C}_Y} : C^\infty(X\times Y) \to C^\infty(X\times Y)$ der Operator, den man erhält, wenn man P auf der ersten Variablen operieren läßt und solange die zweite fest hält, also in lokalen Koordinaten für $(x,y) \in X\times Y$ und $u \in C^\infty(X\times Y)$:

$$(P \otimes Id)u(x,y) = \frac{1}{(2\pi)^{-n}} \iint e^{i<x-x',\xi>}\, p(x,\xi)\, u(x',y)\, dx'\, d\xi \quad .$$

Für die Amplitude $\tilde{p}$ von $P \otimes Id$ gilt dann $\tilde{p}(x,y,\xi,\eta) = p(x,\xi)$ (bis auf eine Integrationskonstante). Zeige nun, daß die Amplitudenabschätzung

$$|D^\alpha_\beta\, D^\beta_x\, p(x,\xi)| \le c(1+|\xi| + |\eta|)^{k-|\alpha|}$$

für großes $|\alpha|$ nur dann gelten kann, wenn $D^\alpha_\beta\, D^\beta_x\, p(x,\xi)$ identisch verschwindet, d.h. wenn p polynomial ist.

Zum Nachweis von $P \otimes Id \in \overline{PDiff_k(X\times Y)}$ konstruiere entweder explizit eine Familie $\{R^t\ ;\ t \in (0,1]\}$ mit $R^t \in PDiff_0(X\times Y)$ und $(P \otimes Id)\, R^t \in PDiff_k(X\times Y)$, so daß $(P \otimes Id)\, R^t$ in der Operatornorm für $t \to 0$ gegen $P \otimes Id$ konvergiert;

so z.B. in [ATIYAH-SINGER 1968a, 513-516]. Eine alternative Beweisidee findet sich in [HÖRMANDER 1971b, 96f], wo die Behandlung der Variablenspaltung z in x und y und ζ in ξ und η im Rahmen der Theorie der Fourier-Integral-Operatoren mit ihren flexibleren Methoden vorgeführt wird; vgl. dazu auch den Satz von KURANISHI, Satz 3.2 .

Zu b: Für die Herkunft der zunächst etwas merkwürdig aussehenden Gestalt von $P \# Q$ vergleiche die "goldene Regel" der Tensorierung von Kettenkomplexen; siehe auch unten III.1/2 . Einzelheiten z.B. in [SEELEY 1965, 190-193], [CARTAN-SCHWARTZ 1965, exposé 22], [ATIYAH-SINGER 1968a, 526-529]. □

AUFGABE 8: $P : C^\infty(E) \to C^\infty(F)$ sei ein elliptischer Operator, also $\sigma(P) \in \mathrm{Iso}_{SX}(E,F)$. Zeige $\operatorname{index} P = 0$, wenn sich $\sigma(P)$ zu einem Isomorphismus über ganz $BX := \{\xi \; ; \; \xi \in T^*X \text{ und } |\xi| \leq 1\}$ fortsetzen läßt.

TIP: Zeige, daß für $t \in [0,1]$ durch $\Sigma^t(x,\xi) := \sigma(P)(x,t\xi)$, $\xi \in (SX)_x$, eine Homotopie zwischen dem Symbol von P und dem Symbol des Multiplikationsoperators $(Mu)(x) := \sigma(P)(x,0)(u(x))$, $u \in C^\infty(E)$, erklärt wird, und wende Satz 3d und Aufgabe 5d an. □

AUFGABE 9: Es seien jetzt E und F triviale Geradenbündel über der geschlossenen Mannigfaltigkeit X . Zeige $\operatorname{index} P = 0$, wenn $\dim X > 2$.

TIP: Zurückführung auf Aufgabe 8 durch geeignete Deformation von $\sigma(P)(x,\zeta)$; siehe z.B. [NIRENBERG 1970, 160ff]. Vergleiche auch unten Abschnitt III.4.C. □

AUFGABE 10: Übertrage die folgenden Sätze und Aufgaben auf den Fall einer berandeten Mannigfaltigkeit X : Satz 1, Aufgabe 1 (wenn der formal adjungierte Operator dadurch definiert ist, daß $\langle Pu,v \rangle = \langle u,P^*v \rangle$ für alle u und v , deren Träger ganz im Inneren von X liegt); Aufgabe 2-4, Satz 2 (warum nicht Satz 3?), Aufgabe 6 und Aufgabe 7a. □

6. Elliptische Randwertsysteme I (Differentialoperatoren)

Bevor wir weiter unten eine systematische Theorie der elliptischen Randwertsysteme in der für eine bequeme Beweistechnik geschaffenen Allgemeinheit, Einfachheit und nur scheinbaren Willkürlichkeit entwickeln, geht es im folgenden um die "Idee der Elliptizität von Randwertbedingungen", um einige Gedanken über den Zusammenhang zwischen Randwertaufgaben bei partiellen Differentialgleichungen und Anfangswertaufgaben bei gewöhnlichen Differentialgleichungen und damit schließlich um den algebraischen Kern der "Elliptizitätsidee". Dabei beschränken wir uns auf den anschaulichen Fall der Differentialoperatoren. *)

A. DIFFERENTIALGLEICHUNGEN MIT KONSTANTEN KOEFFIZIENTEN. *Wir beginnen mit der lokalen Betrachtung, die an die klassische Theorie homogener Differentialgleichungen mit konstanten Koeffizienten im Halbraum anschließt. Sei also zunächst* p *ein homogenes Polynom vom Grade* k *in* n *Variablen und* $p(D) = p(-i \frac{\partial}{\partial x_1},\ldots,-i \frac{\partial}{\partial x_n})$ *der zugehörige homogene Differentialoperator der Ordnung* k *mit konstanten Koeffizienten.* Kern $p(D) = \{u \; ; \; u \in C^\infty(R^n)$ und $p(D)u = 0\}$ *wird im allgemeinen ein unendlich-dimensionaler Funktionenraum sein. Man denke für* $n=2$ *an das Polynom* $p(x_1,x_2) = x_1^2+x_2^2$, *also an* $p(D) = -\Delta$, *dessen* Kern *gerade aus allen harmonischen Funktionen besteht.*

Aus der numerischen Mathematik, die sich mit der Approximation beliebiger Lösungen durch Lösungen von besonders einfacher Form beschäftigt, ist bekannt, welche große Bedeutung - über den Bereich der gewöhnlichen linearen Differentialgleichungen hinaus - die "exponentiellen Lösungen" haben, also Funktionen $u \in$ Kern $p(D)$, *die sich in der Form* $u(x) = f(x) \exp i(x_1\xi_1+\ldots+x_n\xi_n)$ *schreiben lassen, wobei* f *ein Polynom in* n *Variablen und* $\xi_1,\ldots,\xi_n \in \mathbb{C}$ *ist. Man findet in* [*HÖRMANDER 1963, 76f*] *die genauen Formulierungen und den Beweis dafür, daß die exponentiellen Lösungen in geeigneter Topologie dicht in* Kern $p(D)$ *liegen. Während Systeme* gewöhnlicher *Differentialgleichungen mit konstanten Koeffizienten mit der Hilfe von elementaren Funktionen vollständig gelöst werden können, gilt das für die entsprechenden* partiellen *Differentialgleichungen also nur näherungsweise.*

Eine ähnlich signifikante Rolle spielen die exponentiellen Lösungen auch zur Charakterisierung von Randwertaufgaben:

---

*) *Vieles von dem Stoff dieses und der folgenden beiden Paragraphen hat noch nicht seine wirklich abgeschlossene Form gefunden, sondern scheint bald 30 Jahre nach dem programmatischen Aufsatz von I.M. GELFAND weiter in starkem Fluß zu sein. So erscheinen z.B. nach den jüngsten Arbeiten von M.F. ATIYAH, P.B. GILKEY und anderen über den "Randintegranden" in den Formeln für die Signatur und Eulercharakteristik einer berandeten Riemannschen Mannigfaltigkeit einige unserer Begriffe und Sätze über elliptische Randwertprobleme in einem neuen Licht. Vgl. auch die Bemerkungen 1 und 2 unten in Abschnitt III.4.H.*

AUFGABE 1: Definiere für jedes (n-1)-Tupel $\eta = (\xi_1,\ldots,\xi_{n-1}) \in \mathbb{R}^{n-1}$ in Kern $p(D)$ den Untervektorraum

$$M_\eta := \{u \,;\, u \in \text{Kern } p(D) \text{ und } u(x) = \{\exp i(x_1\xi_1+\ldots+x_{n-1}\xi_{n-1})\}\, h(x_n) \text{ mit } h \in C^\infty(\mathbb{R})\}$$

und zeige

$$M_\eta \cong \{h \,;\, h \in C^\infty(\mathbb{R}) \text{ und } h \in \text{Kern } p(\xi_1,\ldots,\xi_{n-1}, -i\tfrac{d}{dt})\} .$$

TRICK: Man rechnet

$$p(D)\{(\exp i(x_1\xi_1+\ldots+x_{n-1}\xi_{n-1}))h(x_n)\}=\{\exp i(x_1\xi_1+\ldots+x_{n-1}\xi_{n-1})\}p(\xi_1,\ldots,\xi_{n-1},-i\tfrac{d}{dx_n})h(x_n$$

nach und kommt so durch bloße Trennung der Variablen zu der isomorphen Darstellung von M_η. □

Damit haben wir dem partiellen *Differentialoperator* $p(D)$ *eine über* $\eta \in \mathbb{R}^{n-1}$ *parametrisierte Familie von Vektorräumen zugeordnet, deren Elemente Lösungen* gewöhnlicher *linearer Differentialgleichungen mit konstanten Koeffizienten sind. Mit den Mitteln der elementarsten Stabilitätsbetrachtung lassen sich jetzt mühelos eine Reihe von Aussagen über die Gestalt der Räume* M_η *machen, aus denen wir anschließend den Begriff der Elliptizität von Randwertaufgaben in seiner analytischen und in seiner algebraischen Ausprägung entwickeln wollen.*

SATZ 1: Für ein homogenes Polynom p von Grad k in n Variablen und für $\eta \in \mathbb{R}^{n-1}$ besteht M_η aus exponentiellen Lösungen (d.h. die Koeffizientenfunktionen h sind Polynome). Ist p elliptisch, so gilt $\dim M_\eta = k$, und M_η läßt sich in natürlicher Weise in zwei Unterräume M_η^+ und M_η^- zerlegen, die für $\eta \neq 0$ komplementär sind.

BEWEIS: Bekanntlich (siehe z.B. [PONTRJAGIN 1962, 45ff]) lassen sich die Lösungen h der Differentialgleichungen $q(-i\frac{d}{dt})\, h(t) = 0$, wo q ein Polynom einer Veränderlichen vom Grade k ist, vollständig durch die Nullstellen von q beschreiben. Wenn nämlich $\lambda_1,\ldots,\lambda_m$ die Wurzeln von q von der jeweiligen Vielfachheit $r_1,\ldots,r_m$ sind, dann ist Kern $q(-i\frac{d}{dt})$ die lineare Hülle der k exponentiellen Funktionen

$$t^\rho \exp i\lambda_\mu t \ , \quad \mu = 1,\ldots,m \text{ und } \rho = 0,\ldots,r_\mu-1 .$$

Für p elliptisch behält $q(t) = p(\xi_1,\ldots,\xi_{n-1},t)$ den Grad k, und M_η erweist sich so als k-dimensionaler Unterraum im Vektorraum der exponentiellen Lösungen u der Gleichung $p(D)u = 0$. Dabei wird das asymptotische Verhalten für $t \rightsquigarrow \infty$ (bzw. $x_n \rightsquigarrow \infty$) durch den Imaginärteil der Wurzeln bestimmt. Ist $\eta = (\xi_1,\ldots,\xi_{n-1}) \neq 0$, dann besitzt $q(t)$ keine reellen Nullstellen (jedenfalls für elliptisches p), und M_η läßt sich entsprechend in die Unterräume M_η^+ bzw. M_η^- zerlegen, die aus den Lösungen bestehen, die für $t \rightsquigarrow +\infty$ bzw. $t \rightsquigarrow -\infty$ beschränkt bleiben (genauer sogar gegen 0 gehen), wo also $\operatorname{Im}\lambda > 0$ bzw. $\operatorname{Im}\lambda < 0$ ist. □

ANMERKUNG 1: Umgekehrt läßt sich die Elliptizität von $p(D)$ gerade dadurch definieren, daß

$$M_\eta^+ \cap M_\eta^- = \begin{cases} \{0\} & \text{für } \eta \neq 0 \\ \{\text{const}\} & \text{für } \eta = 0, \end{cases}$$

das heißt, daß $p(D)$ außer den konstanten Funktionen keine weiteren beschränkten exponentiellen Lösungen besitzt.

ANMERKUNG 2: Um zu den Rand- bzw. Anfangswertproblemen überzuleiten, betrachten wir die Bahnen der Lösungen ("Integralkurven") $h(t)$ mit ihren Ableitungen bis zur Ordnung $k-1$ im "Phasenraum" $\mathbb{C}^k$. Jeder "Trajektorie" entsprechen dann eindeutig ihre Anfangswerte $(h(0), Dh_{|0},\ldots,D^{k-1}h_{|0})$, wobei hier $D := -i\frac{d}{dt}$. Für M_η^+ $(\eta \neq 0)$, also für Trajektorien, die sich asymptotisch, i.a. spiralförmig, zur stationären Lösung hin winden, liegen die entsprechenden Anfangswerte auf einer Hyperebene K_η^+ im Phasenraum, der "plus-stabilen Hyperebene". Die entsprechenden Anfangswerte für M_η^- liegen im Phasenraum auf einer zu K_η^+ orthogonalen und kodimensionalen Hyperebene K_η^-, der "minus-stabilen Hyperebene". Die restlichen Integralkurven, deren Anfangswerte in der offenen Menge $\mathbb{C}^k \setminus (K_\eta^+ \cup K_\eta^-)$ liegen, haben alle einen positiven Abstand vom Ursprung und verlassen diese Nachbarschaft für $t \rightsquigarrow \infty$ und für $t \rightsquigarrow -\infty$.

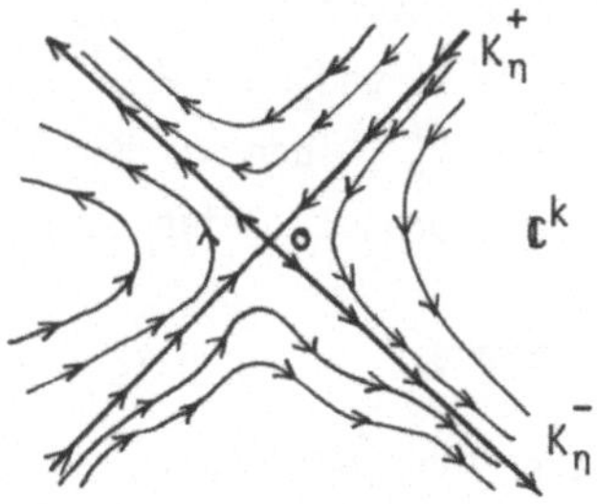

Die isomorphen Bilder K_η^+ von M_η^+ und K_η^- von M_η^- bilden auf diese Weise die Scheitelebenen eines verallgemeinerten Sattelpunktes, der im Ursprung des Phasenraumes $\mathbb{C}^k$ liegt. *)

*) Beachte, daß die Räume K_η^+ und M_η^+ für gegebenes p und η kanonisch isomorph sind und daher von uns miteinander identifiziert werden können. Wir werden im folgenden deshalb nur noch von M_η^+ sprechen und je nach dem Kontext M_η^+ als Funktionenraum oder als "Anfangswertraum" auffassen.

Die erforderlichen einfachen Nachrechnungen findet man z.B. in [NEMYTZKI-STEPANOW 1960, 187f] . □

Wir kommen nun zur Definition der Elliptizität eines Randwertproblems im Halbraum $x_n \geq 0$ des $\mathbb{R}^n$ für eine einzige elliptische Differentialgleichung

$$p(D)u = 0 \qquad (*)$$

mit den Randwertbedingungen

$$p_j(D)u|_{x_n=0} = 0 , \quad j = 1,\dots,r . \qquad (**)$$

Dabei sind $p, p_1, \dots, p_r$ homogene Polynome vom Grad k bzw. $k_1, \dots, k_r < k$.

Wir sprechen von einem <u>elliptischen Randwertsystem</u>, wenn

$$k = 2r \qquad (I)$$

und wenn das Gleichungssystem (*) , (**) für jedes $\eta \neq 0$ keine nicht-triviale Lösung in M_η^+ besitzt. (II)

Eine ausführliche Motivation für diese Definition findet sich bei [HÖRMANDER 1963, 242-246] . Danach ist die Elliptizität eines Randwertproblems vor allem von pragmatischer Bedeutung für den Beweis der Regularitätssätze und der Endlichkeit des Index *(siehe unten) . Darüber hinaus beweist L. HÖRMANDER, daß aus der Annahme eines Regularitätssatzes, wonach alle Lösungen auch auf dem Rand noch* C^∞ *sind, bereits folgt, daß das Gleichungssystem (*) , (**) keine in* x_n*-Richtung beschränkten exponentiellen Lösungen besitzen kann und daß* $k = 2r$ *sein muß – übrigens ohne Voraussetzung der Elliptizität von* $p(D)$ *. Elliptische Randwertbedingungen in diesem von Jaroslaw Boresowitsch LOPATINSKIJ zuerst formulierten Sinn sind also gerade solche Bedingungen, die die Glattheit der Lösungen auch auf dem Rand sichern.*

Um den algebraischen Kern der Elliptizitätsbedingung für das Randwertsystem (*) , (**) herauszuschälen, übersetzen wir die Bedingungen (I) und (II) wieder in die Sprache der gewöhnlichen linearen Differentialgleichungen und ihrer Anfangsbedingungen. Seien also $p, p_1, \dots, p_r$ homogene Polynome wie oben, p elliptisch vom Grad k . und $\eta \in \mathbb{R}^{n-1} \setminus \{0\}$. Dann wurden bereits dem Paar (p, η) der Vektorraum M_η^+ , den wir mit der plus-stabilen Hyperebene K_η^+ identifizieren können, zugeordnet. Zeige nun:

AUFGABE 2: Die Daten $p, p_1, \dots, p_r$ einer Randwertaufgabe (p elliptisch!) definieren für jeden Punkt η eine lineare Abbildung $\beta_\eta^+ : M_\eta^+ \to \mathbb{C}^r$.

<u>TRICK</u>: Ordne jedem Randoperator $p_j(D)$, $j = 1,\dots,r$, und jedem Punkt $\eta = (\xi_1, \dots, \xi_{n-1}) \in \mathbb{R}^{n-1} \setminus \{0\}$ die Anfangswertaufgabe

$$C^\infty(\mathbb{R}_+) \ni h \mapsto p_j(\xi_1, \dots, \xi_{n-1} , -i\tfrac{d}{dt})\, h_{|t=0}$$

und damit ein lineares Funktional auf dem Phasenraum $\mathbb{C}^k \cong M_\eta$ zu.

Die Gesamtheit der $p_1,\ldots,p_r$ definiert also für jedes $\eta \neq 0$ eine lineare Abbildung β_η von $\mathbb{C}^k$ in $\mathbb{C}^r$; betrachte dann die Beschränkung auf die plus-stabile Hyperebene M_η^+ . □

SATZ 2: Ein Randwertsystem (*) , (**) ist genau dann elliptisch, wenn die für alle $\eta \neq 0$ gegebenen Abbildungen $\beta_\eta^+ : M_\eta^+ \to \mathbb{C}^r$ Isomorphismen sind. Ausgeschrieben: Für jedes $\eta = (\xi_1,\ldots,\xi_{n-1}) \in \mathbb{R}^{n-1} \setminus \{0\}$ und für jedes r-Tupel komplexer Zahlen $(g_1,\ldots,g_r) \in \mathbb{C}^r$ gibt es dann genau eine für $t \rightsquigarrow \infty$ beschränkte Funktion $h \in C^\infty(\mathbb{R})$, so daß $p(\xi_1,\ldots,\xi_{n-1}, -i\frac{d}{dt})\, h = 0$ und $p_j(\xi_1,\ldots,\xi_{n-1}, -i\frac{d}{dt})\, h_{|t=0} = g_j$, $j=1,\ldots,r$.

BEWEIS: Sei also zunächst (*) , (**) elliptisch. Die Bedingung (II) besagt dann gerade, daß $M_\eta^+ \cap \{g \; ; \; g \in \mathbb{C}^k$ und $\beta(g) = 0\} = \{0\}$ für alle $\eta \neq 0$, das heißt β_η^+ injektiv .

Zum Beweis der Surjektivität von β_η^+ werten wir die Bedingung (I) aus . Dazu erinnern wir daran (siehe oben Anmerkung 2 nach Satz 1) , daß M_η^+ und M_η^- den ganzen Phasenraum $\mathbb{C}^k$ aufspannen und dabei senkrecht aufeinander stehen, also jedenfalls

$$\dim M_\eta^+ + \dim M_\eta^- = k . \qquad (I')$$

Weil β_η^+ injektiv ist, ist $\dim M_\eta^+ \leq r$. Nun ist aber $M_\eta^- \cong M_{-\eta}^+$, da $u \in$ Kern $p(D) \iff \tilde{u} \in$ Kern $p(D)$, wo $u(x_1,\ldots,x_n) = \{\exp i(x_1\xi_1+\ldots+x_{n-1}\xi_{n-1})\}h(x_n)$ und $\tilde{u}(x_1,\ldots,x_n) = \{\exp i(-x_1\xi_1-\ldots-x_{n-1}\xi_{n-1})\}\, \tilde{h}(x_n)$ mit $\tilde{h}(t) := h(-t)$. Damit gilt auch $\dim M_\eta^- \leq r$, also $\dim M_\eta^+ = k - \dim M_\eta^- \geq k - r = r$, da $k = 2r$ gemäß (I) . Daher ist also $\dim M_\eta^+ = r$ und somit β_η^+ bijektiv.

Umgekehrt folgt aus der Bijektivität von β_η^+ unmittelbar (II) ; ferner $\dim M_\eta^+ = \dim M_\eta^- = r$ und damit wegen (I') die Bedingung (I) . □

ANMERKUNG 1: Da die Randbedingungen $p_1,\ldots,p_r$ lineare Abbildungen vom Phasenraum $\mathbb{C}^k$ in $\mathbb{C}^r$ definieren sollen, mußten wir zunächst voraussetzen, daß der Grad der Polynome $p_1,\ldots,p_r$ kleiner als der Grad k des elliptischen Polynoms p ist. Tatsächlich können wir aber jedes Polynom höherer Ordnung nach p algebraisch reduzieren (siehe z.B. [van der WAERDEN 1936/1960, § 18]) und so zu gleichbedeutenden Rand- bzw. Anfangsbedingungen gelangen.

ANMERKUNG 2: Für eine elliptische Differentialgleichung mit konstanten Koeffizienten, homogen vom Grad $2r$, haben wir zunächst die natürlichen (Anfangswert-) Isomorphismen $M_\eta \cong \mathbb{C}^{2r}$. Damit die elliptische Differentialgleichung überhaupt elliptische Randwertbedingungen zuläßt, muß $\dim M_\eta^+ = r$ sein, also $M_\eta^+ \cong \mathbb{C}^r$, wobei diese Isomorphie nicht kanonisch, sondern erst durch eine besondere Wahl der Randwertaufgaben definiert ist. In diesem Sinn liegt die algebraisch-geometrische Bedeutung elliptischer Randwertaufgaben in der Einführung eines festen Koordinatensystems, einer festen Basis in M_η^+. □

AUFGABE 3: a Bestimme für ein Randwertsystem eigener Wahl die Familien von Vektorräumen M_η, M_η^+, K_η^+ und die Abbildungen β_η^+. Zeige also z.B. für die Laplacegleichung mit $p(\xi_1, \xi_2) = \xi_1^2 + \xi_2^2$, daß im Punkt $\eta = \xi_1 > 0$

$$M_\eta = \{c_1 e^{\eta(ix+y)} + c_2 e^{\eta(ix-y)} ;\ c_1, c_2 \in \mathbb{C}\}$$
$$\cong \{c_1 e^{\eta t} + c_2 e^{-\eta t};\ c_1, c_2 \in \mathbb{C}\} \cong \mathbb{C}^2$$

und

$$M_\eta^+ = \{c e^{\eta(ix-y)} ;\ c \in \mathbb{C}\} \cong \{c e^{-\eta t} ;\ c \in \mathbb{C}\} \cong \mathbb{C} .$$

Bestimme dann z.B. für die Neumannsche Randwertaufgabe mit $p_1(\xi_1, \xi_2) = \xi_2$ die lineare Abbildung β_η^+ und zeige, daß sie in M_η^+ den Basisvektor $(0, -i/\eta)$ auszeichnet.

b Zeige, daß für die Cauchy-Riemanngleichung mit $p(\xi_1, \xi_2) := \xi_1 + i\xi_2$ die Familie von Vektorräumen M_η^+, $\eta \in \mathbb{R} \setminus \{0\}$, unterschiedliche Dimensionen hat - je nachdem, ob $\eta > 0$ oder $\eta < 0$ ist. □

B. SYSTEME VON DIFFERENTIALGLEICHUNGEN MIT KONSTANTEN KOEFFIZIENTEN. In diesem Abschnitt ist p eine $N \times N$-Matrix homogener Polynome vom Grade k in n Variablen und p elliptisch, d.h. $\det p(\xi) \neq 0$ für $\xi = (\xi_1, \ldots, \xi_n) \neq 0$.

AUFGABE 4: Definiere für $\eta = (\xi_1, \ldots, \xi_{n-1}) \in \mathbb{R}^{n-1} \setminus \{0\}$ die Vektorräume M_η, M_η^+ und M_η^- wie oben. □

SATZ 3: Für $\eta \neq 0$ gelten die folgenden Aussagen:

(i) $\dim M_\eta = Nk$.

(ii) Jede Lösung ist eindeutig durch ihre Anfangswerte im Phasenraum $\mathbb{C}^{Nk}$ bestimmt.

(iii) Die Vektorräume M_η^+ und M_η^- , z.B. aufgefaßt als die Hyperebenen der plus-stabilen bzw. minus-stabilen Anfangswerte, liegen orthogonal und kodimensional in $\mathbb{C}^{Nk}$.

<u>BEWEIS</u>: Für festes $\eta = (\xi_1,\dots,\xi_{n-1})$ sind die Elemente in M_η von der Form

$$u(x) = \begin{pmatrix} u_1(x) = \{\exp i(x_1\xi_1+\dots+x_{n-1}\xi_{n-1})\}\, h_1(x_n) \\ \vdots \\ u_N(x) = \{\exp i(x_1\xi_1+\dots+x_{n-1}\xi_{n-1})\}\, h_N(x_n) \end{pmatrix}$$

wo $x = (x_1,\dots,x_n)$ im $\mathbb{R}^n$ läuft - oder einfacher von der Form

$$h(t) = \begin{pmatrix} h_1(t) \\ \vdots \\ h_N(t) \end{pmatrix}$$

wo t in $\mathbb{R}$. Für solche C^∞-Funktionen auf $\mathbb{R}$ mit Werten in $\mathbb{C}^N$ schreiben wir auch $h \in C^\infty(\mathbb{C}^N_{\mathbb{R}})$. Gelehrt: "h ist C^∞-Schnitt im N-dimensionalen trivialen Bündel über $\mathbb{R}$" .

Zum Beweis von (i) führen wir nun die kanonische Umwandlung des $N \times N$-Systems

$$p(\xi_1,\dots,\xi_{n-1}, -i\tfrac{d}{dt})\, h = 0 \ , \quad h \in C^\infty(\mathbb{C}^N_{\mathbb{R}})$$

der Ordnung k in ein $Nk \times Nk$-System

$$\dot{\tilde{h}} - A\tilde{h} = 0 \ , \ \tilde{h} \in C^\infty(\mathbb{C}^{Nk}_{\mathbb{R}})$$

der Ordnung 1 durch (wie z.B. in [PONTRJAGIN 1962, 89f]) .

Die Lösungen $\tilde{h}$ lassen sich dabei (z.B. [PONTRJAGIN 1962, 97]) explizit in der Form $\overset{(\nu)}{q}(t) \exp i\lambda t$ angeben, wobei λ ein Eigenwert von A , $\nu \in \{1,\dots,r\}$, r die Vielfachheit von λ ,

$$\overset{(\nu)}{q}(t) := \frac{t^{\nu-1}}{(\nu-1)!}e_1 + \frac{t^{\nu-2}}{(\nu-2)!}e_2+\dots+e_\nu$$

und $e_1, e_2,\dots,e_r$ ein durch die Jordansche Normalform gegebenes System von Vektoren aus $\mathbb{C}^{Nk}$ ist (siehe z.B. [PONTRJAGIN 1962, 277-295]) , so daß

$$\begin{aligned} Ae_1 &= \lambda e_1 \\ Ae_2 &= \lambda e_2 - ie_1 \\ &\vdots \\ Ae_r &= \lambda e_r - ie_{r-1} \,. \end{aligned}$$

Auf diese Weise werden mit (i) auch die Feststellungen (ii) und (iii) mitbewiesen.

Bei [HÖRMANDER 1963, 269] finden wir einen direkten Beweis von (i) durch unmittelbare Herausarbeitung des algebraischen Kerns der Aussage - ohne die zwar sehr anschauliche, aber auch vielleicht etwas vom Thema ablenkende Detaildiskussion der Lösungskurven: Setze $P(t) := p(\xi_1, \ldots, \xi_{n-1}, t)$. Man weiß dann aus der Theorie der Elementarteiler (z.B. [van der WAERDEN 1936/1960, § 114]) , daß invertierbare $N\times N$-Matrizen $A(t)$ und $B(t)$ existieren, deren Elemente ebenso wie die Elemente der Umkehrmatrizen Polynome sind - und zwar so, daß $A(t)\,P(t)\,B(t) = Q(t)$ gilt, wobei $Q(t)$ eine Diagonalmatrix ist . Dann sind für $D := -i\frac{d}{dt}$ die Operatoren $A(D)$ und $B(D)$ auf $C^\infty(\mathbb{C}^N_{\mathbb{R}})$ bijektiv, und es gilt $P(D) = A^{-1}(D)\,Q(D)\,B^{-1}(D)$ und damit

$$\begin{aligned} M_\eta &\tilde{=} \{h \,;\, h \in C^\infty(\mathbb{C}^N_{\mathbb{R}}) \text{ und } P(D)\,h = 0\} \\ &= \{B(D)\,g \,;\, g \in C^\infty(\mathbb{C}^N_{\mathbb{R}}) \text{ und } A^{-1}(D)\,Q(D)\,g = 0\} \\ &= \{B(D)\,g \,;\, Q(D)\,g = 0\} \;\tilde{=}\; \{g \,;\, Q(D)\,g = 0\} \,. \end{aligned}$$

Wegen der polynomialen Gestalt von $A(t)$ <u>und</u> $A^{-1}(t)$ kann $\det A(t)$ nicht mehr von t abhängen. Das gleiche gilt für $\det B(t)$. Es gibt also eine Konstante $C \neq 0$, so daß $\det Q(t) = C \det P(t)$. Die Summe der Ordnungen der Diagonalelemente von $Q(t)$ und damit $\dim M_\eta$ ist deshalb gleich dem Grad von $\det P(t)$, also gleich Nk , wenn p elliptisch vom Grad k ist.

Beachte, daß die Transformation $B(D)$ nichts am asymptotischen Verhalten von g ändern kann. Damit ist die direkte Zerlegung von M_η in M_η^+ und M_η^- unmittelbar durch $Q(D)$ bzw. durch die Determinante $\det P(t)$ und ihre Nullstellen mit positivem Imaginärteil gegeben. □

Für den Differentialoperator $p(D_1,\dots,D_n)$ wird jetzt ein System von Randwertbedingungen durch $N\times M_j$-Matrizen p_j $(j=1,\dots,r)$ gegeben, deren Elemente homogene Polynome vom Grade k_j sind. Die Randwertaufgabe schreibt sich genau wie oben in (*) und (**). Für die Elliptizität muß die Bedingung (I) entsprechend zu $Nk = 2\sum_{j=1}^{r} M_j$ verallgemeinert werden, während Bedingung (II) weiter nicht modifiziert werden muß.

AUFGABE 5: Definiere wie oben die Anfangswertabbildung $\beta_\eta : \mathbb{C}^{Nk} \to \oplus\, \mathbb{C}^{M_j}$ und zeige, daß das Randwertsystem genau dann elliptisch ist, wenn für alle $\eta \neq 0$ die Einschränkung $\beta^+_\eta : M^+_\eta \to \bigoplus_{j=1}^{k} \mathbb{C}^{M_j}$ ein Isomorphismus ist. □

C. VARIABLE KOEFFIZIENTEN. Die vorstehenden Ausführungen lassen sich ohne Schwierigkeit auf den Fall übertragen, daß X eine berandete n-dimensionale C^∞-Mannigfaltigkeit, versehen mit einer Riemannschen Metrix, Y der Rand von X, E und F N-dimensionale komplexe C^∞-Vektorraumbündel über X und $P : C^\infty(E) \to C^\infty(F)$ ein elliptischer Differentialoperator der Ordnung k ist. Dabei kommt der geometrische Charakter unserer Definitionen, ihre Invarianz unter Koordinatentransformationen, noch deutlicher zum Vorschein, so daß wir zu globalen Begriffsbildungen geführt werden. Zeige dafür zunächst:

AUFGABE 6: Für jedes $y \in Y$ definiert das Symbol $\sigma(P)(y,\dots)$ von P einen homogenen partiellen Differentialoperator mit konstanten Koeffizienten $P_y : \mathcal{E}_y \otimes E_y \to \mathcal{E}_y \otimes F_y$, wobei $\mathcal{E}_y$ der zu $C^\infty(\mathbb{R}^n)$ isomorphe Raum der C^∞-Funktionen auf dem Tangentialraum $(TX)_y$ ist. Damit wird $\mathcal{E}_y \otimes E_y$ der Raum der C^∞-Funktionen auf $(TX)_y$ mit Werten in E_y, also isomorph zu $C^\infty(\mathbb{R}^n)\times\dots\times C^\infty(\mathbb{R}^n)$ (N-faches Produkt).

WARNUNG: Hierbei spielt es keine Rolle, ob P wirklich elliptisch ist - und diese etwas spitzfindige Konstruktion von P_y geht auch in jedem $y \in X$, nicht nur in den Randpunkten. □

Sei nun - wie gewöhnlich - $T'Y$ das Bündel der nichtverschwindenden Differentialformen auf Y, also gleich T^*X ohne den Nullschnitt. Wir erhalten dann als erstes Hauptresultat der heuristischen Überlegungen dieses Paragraphen den folgenden

SATZ 4: Jeder elliptische Differentialoperator P über der Mannigfaltigkeit X mit Rand Y definiert in natürlicher Weise C^∞-Vektorraumbündel M, M^+ und M^- (mit nicht notwendig konstanter Faserdimension, s.o. Aufgabe 3b) über $T'Y$.

BEWEIS: Durch Auszeichnung der inneren Normalen $\nu \in (T^*X)_y$ vermöge der Riemannschen Metrik erhalten wir ein Halbraumproblem, durch das die Räume M_η, M_η^+, M_η^- wie oben definiert sind, wobei jetzt $\eta \in (T^*Y)_y$, $\eta \neq 0$. Setze nämlich

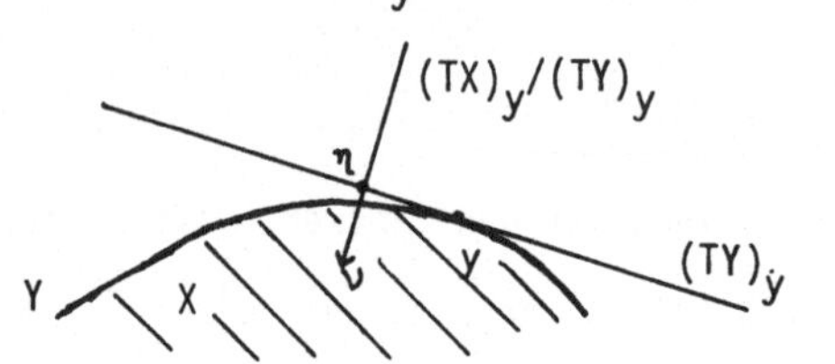

$M_\eta := \{f\ ;\ f \in \text{Kern } P_y$ und $f = \{\exp i <..,\eta>\}\ h$, wo h eine C^∞-Funktion auf $(TX)_y / (TY)_y$ mit Werten in E_y ist$\}$

und definiere entsprechend - mit den jeweiligen Beschränktheitsbedingungen - die Räume M_η^+ und M_η^-, wobei $(TX)_y / (TY)_y$ vermöge der Riemannschen Metrik in orientierter Weise, so daß wir wissen, wolang es nach $+\infty$ und $-\infty$ geht, mit $\mathbb{R}$ identifizierbar ist. Beim Übergang zu dem äquivalenten System gewöhnlicher Differentialgleichungen erhalten wir das Polynom $\sigma(P)(y, \eta+t\nu) = \sum_{\kappa=0}^{k} c_\kappa t^\kappa$ k-ter Ordnung mit Koeffizienten in $\mathrm{Hom}(E_y, F_y)$ und den linearen gewöhnlichen Differentialoperator $\sigma(P)(y, \eta+D\nu)$, der in lokalen Koordinaten $u = (u_1,\ldots,u_n)$ um y (die die Riemannsche Metrik respektieren und die Nachbarschaft des Randes Y um y in $\mathbb{R}^{n-1}$ überführen) die von oben bekannte Gestalt $p(\xi_1,\ldots,\xi_{n-1},-i\frac{d}{dt})$ annimmt, wobei $\eta = \xi_1 du_1+\ldots+\xi_{n-1}du_{n-1}$ und $\nu = du_n$ ist.

Auf diese Weise sind die Familien M, M^+ und M^- von Vektorräumen definiert und zwar parametisiert über $T'X$. Die Betrachtung in Koordinaten zeigt, daß M, M^+ und M^- tatsächlich C^∞-Vektorraumbündel sind, da die jeweiligen Lösungsfunktionen (bzw. ihre Anfangswerte zum Zeitpunkt 0 im Phasenraum) C^∞-differenzierbar von den Koeffizienten $c_0,\ldots,c_k$ oder allgemeiner von den (y,η) abhängen: Dies folgt unmittelbar aus der im Beweis von Satz 3 angegebenen expliziten Gestalt der Lösungsfunktionen (siehe dort auch den Alternativbeweis). □

Sei nun ferner $G = \bigoplus_{j=1}^{r} G_j$ ein Vektorraumbündel über dem Rand Y von X, wobei $G_j \in \mathrm{Vekt}(Y)$ die typische Faserdimension $M_j \in \mathbb{N}$ hat. $R = (R_1,\ldots,R_r)$ seien Differential-Randoperatoren, $R_j : C^\infty(E) \to C^\infty(G_j)$ sei von der Ordnung ℓ_j. Unser zweites Hauptresultat besteht nun in der Einführung einer weiteren globalen Invariante. Dafür sei $\pi_Y : T'Y \to Y$ die natürliche Projektion (Fußpunktabbildung):

SATZ 5: Jedes Randwertsystem $(P,R) : C^\infty(E) \to C^\infty(F) \oplus C^\infty(G)$ mit elliptischem P definiert in natürlicher Weise einen Vektorbündel-Homomorphismus $\beta^+ : M^+ \to \pi_Y^*(G)$.

BEWEIS: M^+ ist das in Satz 4 von $\sigma(P)$ definierte Bündel über T'Y und β^+ die Anfangswertabbildung, die im Punkte (y,η) durch

$$M_\eta^+ \xrightarrow{R_y|M_\eta^+} E_y \otimes G_y \xrightarrow{\delta} G_y, \qquad \beta_\eta^+ : M_\eta^+ \to G_y$$

gegeben ist. Dabei ist $R_y : E_y \otimes E_y \to E_y \otimes G_y$ der wie in Aufgabe 6 vom Symbol $\sigma(R) = (\sigma(R_1),\ldots,\sigma(R_r))$, genommen im Punkt y, definierte Differentialoperator mit konstanten Koeffizienten und δ die durch $\delta(f) := f(0)$ erklärte Abbildung. □

Definiere nun die Elliptizität des Randwertsystems (P,R) durch die Forderung, daß β^+ ein Isomorphismus ist.

AUFGABE 7: Zeige durch Einführung eines Koordinatensystems, daß diese Definition der Elliptizität nur eine Zusammenfassung der weiter oben lokal erklärten Elliptizität ist. □

7. Elliptische Differentialoperatoren 1. Ordnung mit Randbedingungen

In II.5 haben wir gesehen, daß jedem elliptischen Operator $P : C^\infty(E) \to C^\infty(F)$ *über einer geschlossenen Mannigfaltigkeit* X *ein topologisches Objekt* $\sigma(P) \in \mathrm{Iso}_{SX}(E,F)$ *zugeordnet werden kann, wobei* index P *nur vom Homotopietyp von* $\sigma(P)$ *abhängt. Dabei ist* SX *das kovariante Sphärenbündel in einer Riemannschen Metrik für* X *und* E *und* F *sind Hermitesche Vektorraumbündel über* X.

A. DIE TOPOLOGISCHE BEDEUTUNG VON RANDWERTBEDINGUNGEN (FALLSTUDIE). *Wir betrachten nun über einer berandeten Mannigfaltigkeit* X *das elliptische Randwertsystem* $(P,R) : C^\infty(E) \to C^\infty(F) \oplus C^\infty(G)$, *wo* E,F *bzw.* G *Vektorraumbündel über* X *bzw. dem Rand* Y *von* X *sind.* $\sigma(P) \in \mathrm{Iso}_{SX}(E,F)$ *ist wohldefiniert - es enthält aber nicht die notwendige Information über den* Index *des Randwertproblems* (P,R) , *der ja z.B. nach dem Satz von I.N. VEKUA (Satz 1.1) von der speziellen Wahl der Randbedingungen* R *abhängen kann. Für den Fall, daß* P *ein Differentialoperator 1. Ordnung ist (siehe aber auch Aufgabe 1), zeigen wir im folgenden, grob gesagt, wie die jeweiligen Randbedingungen in kanonischer Weise eine Fortsetzung von* $\sigma(P)$ *über* SX *hinaus auf die geschlossene Mannigfaltigkeit* $SX \cup BX|Y$ *definieren, wodurch wir ein topologisch signifikanteres Objekt erhalten (anschaulich: eine geschlossene Linie sagt topologisch mehr aus als eine offene), dessen Homotopietyp tatsächlich* index (P,R) *bestimmt, wie wir weiter unten in* § 8 *und in Abschnitt* III.4.H *sehen werden. Nach den etwas technischen Erklärungen der algebraischen Bedeutung des Elliptizitätsbegriffs von Randwertproblemen in dem vorangehenden Paragraphen geht es uns in der folgenden Fallstudie um eine geometrisch-topologische Interpretation.*

SATZ 1: Ein elliptisches System (P,R) von N partiellen Differentialgleichungen erster Ordnung über der kompakten berandeten orientierten Riemannschen Mannigfaltigkeit X mit N/2 Randwertbedingungen über dem Rand Y von X definiert bis auf Homotopie eindeutig eine stetige Abbildung von der geschlossenen Mannigfaltigkeit $SX \cup BX|Y$ in $GL(2N,\mathbb{C})$, die auf SX mit $\sigma(P) \oplus \mathrm{Id}_N$ übereinstimmt. Dabei ist $GL(2N,\mathbb{C})$ die Gruppe der komplexen invertierbaren $2N\times 2N$-Matrizen und $BX := \{\xi \; ; \; \xi \in T^*N \text{ und } |\xi| \leq 1\}$.

BEWEIS (nach einer mündlichen Mitteilung von I.M. SINGER *)): Sei also

$$(P,R) : C^\infty(E) \to C^\infty(F) \oplus C^\infty(G)$$

ein elliptisches Randwertsystem mit $P \in \mathrm{Diff}_1(E,F)$ und $E = F = \mathbb{C}_X^N$ und $G = \mathbb{C}_Y^{N/2}$, N gerade. Ferner sei $\nu \in (T^*X)_y$ die innere Normale im Punkte $y \in Y$. Jeder kovariante Tangentialvektor $\xi \in (T^*X)_y$ läßt sich dann in der

*) vgl. auch [ATIYAH-BOTT 1964a, 180-184] ,[CARTAN-SCHWARTZ 1965, 25/05-25/07] und [PALAIS 1965, 346-350] .

Form $z\nu + \eta$ schreiben mit $z \in \mathbb{R}$ und $\eta \in (T^*Y)_y$, wobei $(T^*Y)_y$ vermöge der Riemannschen Metrik als echter Untervektorraum von $(T^*X)_y$ aufgefaßt werden kann (s.o. nach Aufgabe 2.10). Wir schreiben $\sigma(\xi) := \sigma_1(P)(y,\xi)$ und erhalten, weil $\sigma(\xi)$ ein homogenes Polynom in $\xi = (z\nu,\eta)$ ist:

$$\sigma(z\nu+\eta) = \sigma(z\nu) + \sigma(\eta) = z\sigma(\eta) + \sigma(\eta) \quad : \quad E_y \to F_y \quad \text{linear} .$$

O.B.d.A. können wir - nach entsprechendem Basiswechsel für F_y - voraussetzen, daß $\sigma(\nu) = \mathrm{Id}$ ist, also $\sigma(z\nu+\eta) = z\mathrm{Id} + \sigma(\eta)$. (1)

Betrachte nun den Raum M_η^+, der - wie in Satz 6.4 definiert - aus den C^∞-Funktionen $h : \mathbb{R} \to E_y$ mit $\sigma(D\nu + \eta)\, h = Dh + \sigma(\eta)h = 0$ besteht, die für $t \to +\infty$ beschränkt bleiben. (Dabei ist $D = -i\frac{d}{dt}$). Das sind die Funktionen der Gestalt $h(t) = h_0\, e^{i\lambda t}$, wo λ Eigenwert des Endomorphismus $\sigma(\eta) : E_y \to E_y$ mit $\operatorname{Im} \lambda \geq 0$ und $h_0 \in E_y$ Element des zugehörigen Eigenraumes sind. Entsprechendes gilt für M_η^-. Die Räume $M_\eta^\pm$ sind also in natürlicher Weise den (+)- bzw. (-)-Eigenräumen von $\sigma(\eta)$ isomorph. Für $\eta \neq 0$ ist der Homomorphismus $\lambda\mathrm{Id} + \sigma(\eta) = \sigma(\lambda\nu+\eta)$ für alle $\lambda \in \mathbb{R}$ wegen der Elliptizität von P regulär; d.h. $\sigma(\eta)$ besitzt dann keine reellen Eigenwerte und E_y läßt sich als direkte Summe

$$E_y \cong M_\eta^+ \oplus M_\eta^- \tag{2}$$

darstellen.

Seien jetzt $G_1,\ldots,G_r$ Vektorraumbündel über Y mit $\oplus G_j = G$ und

$$R_j : C^\infty(E) \to C^\infty(G_j) \quad , \quad j = 1,\ldots,r ,$$

durch Differentialausdrücke gegebene Randwertbedingungen, so daß die zugehörige Anfangswertabbildung

$$\beta_\eta^+ : M_\eta^+ \to G_y \tag{3}$$

für alle $y \in Y$ und $\eta \in (T^*Y)_y \setminus \{0\}$ ein Isomorphismus ist. Nach Satz 6.5 und Aufgabe 6.7 ist das die Elliptizitätsbedingung für Randwertsysteme. Wir zeigen nun, daß $\sigma(p)(y,.) : (SX)_y \to \mathrm{Iso}(E_y,E_y)$ (stabil-)homotop zur konstanten Abbildung ist und daß die Homotopie in natürlicher Weise vermöge $\{\beta_\eta^+ \,;\, \eta \in (T^*Y)_y \setminus \{0\}\}$ definiert ist. Damit ist dann $\sigma(P)$ (genauer

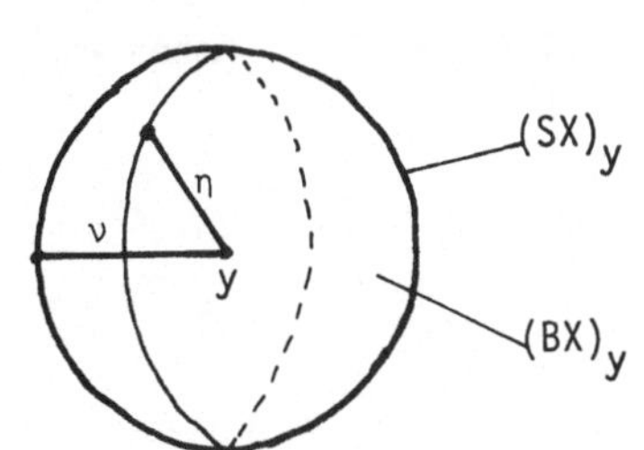

$\sigma(P) \oplus \mathrm{Id}_{\mathbb{C}^N}$, siehe unten die 2. Homotopie) auf $(BX)|Y$ fortgesetzt.

<u>1. Homotopie</u>: Für $\eta \in (T^*Y)_y \setminus \{0\}$ seien $\pi_\eta^\pm : E_y \to M_\eta^\pm \subset E_y$ die durch (2) definierten Projektionen. Wir gewinnen dann vermöge

$$s\,\sigma(\eta) + (1-s)\,(i\pi_\eta^+ - i\pi_\eta^-)\ , \quad s \in I\ , \tag{4}$$

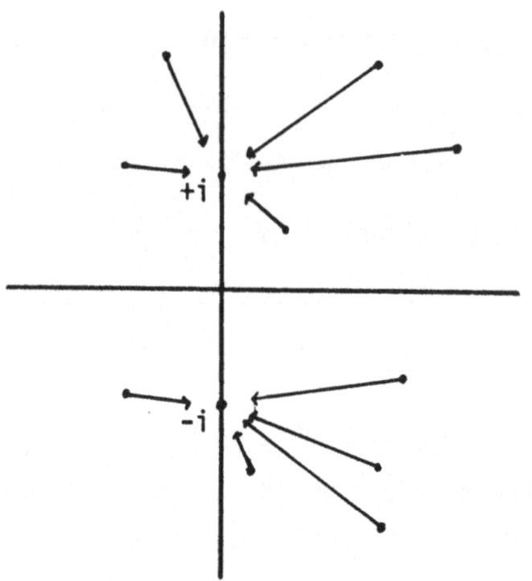

eine Homotopie von $\sigma(\eta)$ zu der Abbildung $i\pi_\eta^+ - i\pi_\eta^-$, deren geometrische Bedeutung darin liegt, daß man die Eigenwerte von $\sigma(\eta)$ auf die Eigenwerte $\{+i\}$ und $\{-i\}$ konzentriert, die so von η unabhängig werden, während die Eigenräume noch von η abhängen. Durch Anwendung auf ein $h_0 = h_0^+ + h_0^- \in E_y$ mit $h_0^\pm \in M_\eta^\pm$ rechnet man aus, daß die Eigenwerte des in (4) für alle $s \in I$ definierten Endomorphismus von E_y immer imaginär bleiben, d.h. $z\mathrm{Id} + (4)$ ist für $z \in \mathbb{R}$ nicht singulär. Damit haben wir eine Homotopie im Raum der elliptischen Symbole (d.h. hier in $(SX)|Y \to GL(N,\mathbb{C})$) von σ zu σ_1 mit $\sigma_1(z\nu + \eta) := z\mathrm{Id} + i\pi_\eta^+ - i\pi_\eta^-$.

<u>2. Homotopie</u>: Durch $e^{-i\varphi}\, i\pi_\eta^+ - e^{i\varphi}\, i\pi_\eta^-$, $\varphi \in [0,\pi/2]$, läßt sich zwar jedes $\sigma_1(\eta)$ in $\mathrm{Iso}(E_y,E_y)$ mit der Identität verbinden, aber diese Deformation hängt von dem jeweiligen η ab und läßt sich i.a. nicht gleichmäßig für alle $\eta \in (T^*Y)_y \setminus \{0\}$ durchführen. Für die Durchführung der weiteren Homotopie ist $GL(N,\mathbb{C})$ zu eng. Wir erweitern deshalb σ_1 durch direkte Addition mit $\mathrm{Id}_G \oplus \mathrm{Id}_G$ zu einer Abbildung $(SX)|Y \to \mathrm{Iso}\,(E \oplus G \oplus G\ ,\ E \oplus G \oplus G)$, die wir auch mit σ_1 bezeichnen wollen. Wegen der Aufspaltung $E_y \cong M_\eta^- \oplus M_\eta^+$, $\eta \in (T^*Y)_y \setminus \{0\}$, haben wir

$$\sigma_1(\eta) = \begin{pmatrix} -i & & & \\ & i & & 0 \\ & & 1 & \\ 0 & & & 1 \end{pmatrix} \quad ,$$

wobei die Diagonalelemente jeweils die Identität auf M_η^- oder M_η^+ oder G, multipliziert mit dem Koeffizienten $-i$ oder $+i$ oder 1 bedeuten. Durch die Deformation $e^{-i(\pi/2)s}\,Id_G \oplus e^{i(\pi/2)s}\,Id_G$, $s \in I$, können wir $\sigma_1(\eta)$ weiter gleichmäßig deformieren zu

$$\sigma_2(\eta) \quad := \quad \begin{pmatrix} -i & & & 0 \\ & i & & \\ & & -i & \\ 0 & & & i \end{pmatrix}$$

auf $M_\eta^- \oplus M_\eta^+ \oplus G_y \oplus G_y$.

<u>3. Homotopie</u>: Jetzt geht es darum, den Ausdruck $\sigma_2(\eta)$ zu einer Konstanten zu deformieren (noch ist $\sigma_2(\eta)$ ja von der Lage der Eigenräume $M_\eta^\pm$ abhängig) - und zwar so, daß keine reellen Eigenwerte auftreten, damit $\sigma_2(z\nu+\eta) := zId + \sigma_2(\eta)$ bei der Deformation für $z \in \mathbb{R}$ nicht singulär wird. Das erreichen wir mit Hilfe des durch die Elliptizität der Randwertaufgaben in (3) gegebenen Randisomorphismus $\beta_\eta^+ : M_\eta^+ \cong G_y$, der uns eine Vertauschung des zweiten und dritten Diagonalgliedes in $\sigma_2(\eta)$ und damit eine Homotopie zu der auf $(SY)_y$ konstanten Abbildung

$$\eta \mapsto \sigma_3(\eta) \quad := \quad \begin{pmatrix} 1 & & & \\ & 0 & (\beta_\eta^+)^{-1} & \\ & \beta_\eta^+ & 0 & \\ & & & 1 \end{pmatrix} \circ \sigma_2(\eta) \quad = \quad \begin{pmatrix} -i & & & \\ & -i & & \\ & & i & \\ & & & i \end{pmatrix}$$

liefert, die auf E_y durch die Multiplikation mit $-i$ und auf $G_y \oplus G_y$ durch die Multiplikation mit i gegeben ist: Die Homotopie

$$\begin{pmatrix} 0 & (\beta_\eta^+)^{-1} \\ \beta_\eta^+ & 0 \end{pmatrix} \sim \begin{pmatrix} Id & 0 \\ 0 & Id \end{pmatrix}$$

folgt aus dem <u>Homotopielemma</u>, daß

$$\begin{pmatrix} 0 & B \\ A & 0 \end{pmatrix} \sim \begin{pmatrix} Id & 0 \\ 0 & AB \end{pmatrix}$$

im Raum der Automorphismen des Vektorraumes $V\times W$, wenn V und W komplexe

Vektorräume und $A : V \to W$ und $B : W \to V$ lineare Abbildung mit $AB \in \mathrm{Iso}(W,W)$ sind. Man beweist das Homotopielemma durch zwei aufeinanderfolgende Homotopien: Zunächst verbindet man

$$\begin{pmatrix} 0 & B \\ A & 0 \end{pmatrix} \quad \text{und} \quad \begin{pmatrix} i\mathrm{Id} & 0 \\ 0 & iAB \end{pmatrix} \quad \text{durch} \quad \begin{pmatrix} (i \sin \varphi)\mathrm{Id} & (\cos \varphi)B \\ (\cos \varphi)A & (i \sin \varphi)AB \end{pmatrix}, \varphi \in [0,\pi/2].$$

Multiplikation mit $e^{-i\psi}$, $\psi \in [0,\frac{\pi}{2}]$, liefert dann die abschließende Homotopie.

4. Homotopie: Auf $(SY)_y$ haben wir nun $\sigma \oplus \mathrm{Id}$ zu der konstanten Abbildung σ_3 deformiert; diese Abbildung setzen wir auf ganz $(SX)_y$ zu einer mit $\sigma_1 \oplus \mathrm{Id}$ homotopen Abbildung fort mittels der Parametrisierung

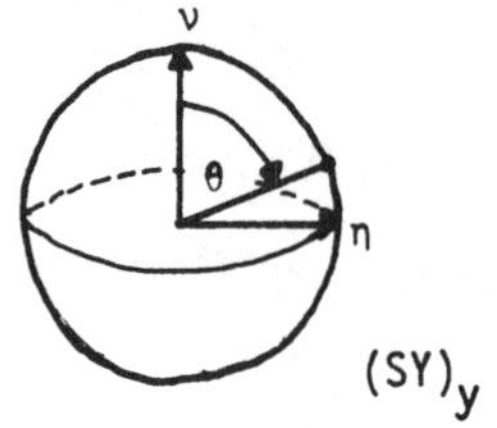

$(SX)_y = \{(\cos \theta)\nu + (\sin \theta)\eta \; ; \; \eta \in (SY)_y$ und $\theta \in [0,\pi]\}$. Definiere nämlich auf $E_y \oplus (G_y \oplus G_y)$ den Automorphismus

$$\sigma_3((\cos \theta)\nu + (\sin \theta)\eta) \; := \; \begin{pmatrix} \cos \theta - i \sin \theta & 0 \\ 0 & \cos \theta + i \sin \theta \end{pmatrix},$$

der nach Definition mit der auf $(SX)_y$ konstanten Abbildung $\mathrm{Id} \oplus \mathrm{Id}$ homotop ist. □

B. VERALLGEMEINERUNGEN (HEURISTISCH).

ANMERKUNG 1: Mit der Folge von Homotopien haben wir in vorstehendem Beweis explizit angegeben, wie man die Abbildung $\sigma \oplus \mathrm{Id}_N : SX \to GL(2N,\mathbb{C})$ stetig zu einer Abbildung $\tilde{\sigma} : SX \cup (BX)|Y \to GL(2N,\mathbb{C})$ mit $\tilde{\sigma}(y,0) = \mathrm{Id}_{2N}$ für alle $y \in Y := \mathrm{Rand}(X)$ fortsetzen kann. Dabei haben wir im Beweis solche Formulierungen gewählt, die die Verallgemeinerung für beliebige Bündel sichtbar machen. Hierzu müßten wir allerdings präzisieren, was wir unter "stabiler Homotopie" verstehen, d.h. warum wir schon mit einer Fortsetzung von $\sigma \oplus \mathrm{Id}_{2G} : (SX)|Y \to \mathrm{Iso}\,(E \oplus G \oplus G \,,\, F \oplus G \oplus G)$ auf $(BX)|Y$ zufrieden sind, obwohl sich dieses Objekt nun wieder nicht unmittelbar auf ganz SX fortsetzen läßt, da G zunächst nur über Y definiert ist. Vgl. auch unten Abschnitt III.1.C.

Zu eventuellen weiteren Verallgemeinerungen des Beweises merken wir an, daß die spezielle Gestalt der Randwertbedingungen, die durch Differentialoperatoren $R_1,\ldots,R_r$ gegeben wurde, keine Rolle spielte, da es nur auf den Isomorphismus β_η^+ ankam, der auch durch pseudodifferentiale Randbedingungen erklärt sein mag. Die Definition der Räume $M_\eta^\pm$ und die Angabe der Symbolhomotopien wird durch die polynomiale Gestalt von $\sigma(P)$, d.h. die Herkunft von einem Differentialoperator, außerordentlich erleichtert. Deshalb haben wir dieser Fallstudie so viel Platz eingeräumt. Die Konstruktion einer Fortsetzung von $\sigma(P) \oplus Id_N$ als Isomorphismus über $(BX)|Y$ läßt sich aber auch allgemeiner für elliptische Pseudodifferentialoperatoren mit "Transmissionseigenschaft" , die ein elliptisches Randwertproblem zulassen, durchführen, s.u. § 8 und Abschnitt III.4.H. □

ANMERKUNG 2: Jedem elliptischen Operator $P \in \mathcal{P}Diff_k(E,F)$ über der n-dimensionalen Mannigfaltigkeit X kann man einen lokalen Index , nämlich die Homotopieklasse von

$$\begin{array}{ccc} \sigma(P)(x,.) : (SX)_x & \to & Iso(E_x,F_x) \\ \wr\| & & \wr\| \\ S^{n-1} & \to & GL(N,\mathbb{C}) \end{array}, \quad N \text{ Faserdimension von } E ,$$

zuordnen. Mittels des Bottschen Periodizitätssatzes, wonach (s.u. Aufgabe III.1.8) für hinlänglich großes N , was wir hier durch direkte Addition mit der Identität immer erreichen können,

$$\pi_{n-1}(GL(N,\mathbb{C})) = \begin{cases} \mathbb{Z} & \text{für } n \text{ gerade} \\ 0 & \text{für } n \text{ ungerade} \end{cases}$$

gilt, erhalten wir als lokalen Index eine ganze Zahl grad(P) , die aus Stetigkeitsgründen unabhängig von der Wahl von x ist. Ist X eine Mannigfaltigkeit mit Rand Y , dann können wir ferner nach II.6 für $\eta \in T'Y$ die Vektorräume $M_\eta^\pm$ und die ganze Zahl $\dim M_\eta^+ - \dim M_\eta^-$ bestimmen, deren Betrag $\mu(P)$ von der Wahl von η unabhängig ist und die jedenfalls für $n = 2$ nicht automatisch verschwindet.

Läßt der Operator P elliptische Randwertbedingungen zu, dann folgt mit Satz II.6.2 und Satz II.6.5 die Bedingung $\mu(P) = 0$ und mit vorstehendem Satz 1 die Bedingung grad(P) = 0 . Die beiden Bedingungen hängen übrigens eng miteinander zusammen, weil nach einer Mitteilung von M.F. ATIYAH im Spezialfall $N = 1$, $n = 2$, wo grad P gerade die klassische Umlaufzahl von $\sigma(P)(x,.)$ in $\mathbb{C} \setminus \{0\}$ um den Punkt 0 ist, die Gleichung

$$\text{grad } P = \pm \mu(P) \qquad (*)$$

und im allgemeinen Fall die Gleichung

$$\text{grad } P = \pm \text{grad } M^+ \qquad (**)$$

gelten, wobei grad M^+ der nach dem Bottschen Satz ganzzahlige Grad der Abbildung $f_y : S^{n-3} \to GL(M,\mathbb{C})$, $y \in Y$, ist, mit der triviale Bündel über der oberen und unteren Hälfte der Sphäre S^{n-2} längs des Äquators S^{n-3} so zusammenklebt werden können (siehe Anhang, vor Aufgabe 4) , daß man das Bündel $M_y^+ := \{M_\eta^+ \; ; \; \eta \in (T^*Y)_y \setminus \{0\}\}$ über $(SY)_y \cong S^{n-2}$ erhält. Wieder ist nach Stetigkeitsargumenten klar, daß $\operatorname{grad} M^+$ nicht von der Wahl von y oder f_y abhängt. Gleichung (*) bzw. (**) stellt dann eine Umformulierung des Bottschen Periodizitätssatzes dar. Siehe hierzu auch [ATIYAH-BOTT 1964a, 178] , [CARTAN-SCHWARTZ 1965, 25-05] und insbesondere [PALAIS 1965, 351] , wo eine K-theoretische Formulierung von (*) bzw. (**) gegeben wird; vgl. ferner unten die Anmerkung nach Aufgabe 1.

Im Ergebnis von Satz 1 haben wir also insbesondere in $\operatorname{grad}(P) \neq 0$ ein topologisches "Hindernis" erhalten, das angibt, daß es zu dem elliptischen Differentialoperator P keine passenden elliptischen Randwertbedingungen gibt. In der klassischen Theorie $E = F = \mathbb{C}_X$ kann das Hindernis nur im Fall $n = 2$ eintreten, da für $n \geq 3$ jedes homogene elliptische Polynom von gerader Ordnung $2k$ ist und eine gleiche Anzahl k von Nullstellen in der oberen und unteren Halbebene besitzt [HÖRMANDER 1963, 246] . Die Situation ist anders für $n = 2$, wo $\operatorname{grad}(\frac{\partial}{\partial \bar{z}}) = 1$ ist. Aber auch für alle geraden $n \geq 4$ lassen sich elliptische Differentialoperatoren P mit $\operatorname{grad} P \neq 0$ angeben; z.B. haben die durch die Cliffordalgebra über $\mathbb{R}^{2m-1}$ auf $X = \mathbb{R}^{2m}$ definierten Diracoperatoren (siehe z.B. [PALAIS 1965, 91f] oder [BOOSS 1972, 26ff]) den lokalen Index 1 .

Das Beispiel relativiert die Besonderheit, die in der klassischen Theorie der Fall $n = 2$ mit dem Cauchy-Riemann-Operator $\frac{\partial}{\partial \bar{z}}$ hatte. Tatsächlich haben viele elliptischen Operatoren, die in der Riemannschen Geometrie auftreten und z.B. bei geschlossenen Mannigfaltigkeiten durch ihren (globalen) Index wichtige topologische Invarianten wie die "Eulerzahl" oder die "Signatur" charakterisieren, einen nicht-verschwindenden lokalen Index, siehe z.B. [BOOSS 1972, 30] und [ATIYAH-PATODI-SINGER 1975, 46] . In der letzten Arbeit wurde als Ausweg für die Rechnung mit den entsprechenden topologischen Invarianten von berandeten Mannigfaltigkeiten eine Theorie nichtlokaler Randwertaufgaben verwendet, mit der man eine Fredholmtheorie gewinnt, bei der die obigen "Hindernisse" irrelevant werden. □

AUFGABE 1: Konstruiere zu jedem elliptischen System

$$(P,R) \; : \; C^\infty(E) \to C^\infty(F) \oplus C^\infty(G)$$

partieller Differentialgleichungen der Ordnung $k > 1$ mit Randbedingungen über dem berandeten Gebiet X des $\mathbb{R}^n$, wobei E,F und G triviale Bündel sind, ein "äquivalentes" (in welchem Sinn!?) elliptisches System

$$(\tilde{P},\tilde{B}) \; : \; C^\infty(\tilde{E}) \to C^\infty(\tilde{E}) \oplus C^\infty(\tilde{G})$$

partieller Differentialgleichungen der Ordnung 1 mit Randbedingungen.

TIP: Für die genauen Formulierungen vgl. [AGMON-NIRENBERG 1964]. Der Operator $\tilde{P}$, wie wir ihn hier definieren, ist nur in einem erweiterten Sinn elliptisch. Man sagt dafür Douglas-Nirenberg-elliptisch. Zur Rückführung auf den klassischen Fall, z.B. durch Aufspaltung von $\tilde{E}$ und komponentenweise Komposition mit Λ-artigen Operatoren, vgl. auch [HÖRMANDER 1966a, 134-136]. Wir geben hier nur die grobe Idee wieder (beachte auch die Anmerkung nach Aufgabe 2). Sei $P = \sum_{|\alpha|\leq k} a_\alpha D^\alpha$, wobei $a_\alpha \in C^\infty(\mathrm{Hom}(E,F))$ ist, also $a_\alpha(x)$ eine lineare Abbildung von $\mathbb{C}^N$ in $\mathbb{C}^N$, wenn $E = F = \mathbb{C}^N_X$ und $x \in X$. Beginne dann mit der bei der Behandlung gewöhnlicher Differentialgleichungen höherer Ordnung üblichen "Linearisierung" und konstruiere so einen Differentialoperator $\tilde{P} \in \mathrm{Diff}_1(\tilde{E},\tilde{E})$, wobei wir $\tilde{E} = \tilde{F} := \bigoplus_{0\leq|\alpha|\leq k} E\times\{\alpha\}$ setzen und $\tilde{P}$ durch die folgende Matrix gegeben ist (wir betrachten nur den Fall $N = 1$, $n = k = 2$, also $P = a_{00} + a_{10}\,\partial_1 + a_{01}\,\partial_2 + a_{20}\,\partial_1^2 + a_{11}\,\partial_1\partial_2 + a_{02}\,\partial_2^2$, wo $\partial_j := -i\frac{\partial}{\partial x_j}$ ist):

$$\begin{pmatrix} a_{00} & a_{10} & a_{01} & a_{20} & a_{11} & a_{02} \\ -\partial_1 & 1 & 0 & 0 & 0 & 0 \\ -\partial_2 & 0 & 1 & 0 & 0 & 0 \\ 0 & -\partial_1 & 0 & 1 & 0 & 0 \\ 0 & 0 & -\partial_1 & 0 & 1 & 0 \\ 0 & 0 & -\partial_2 & 0 & 0 & 1 \end{pmatrix}$$

Schreibe die Matrix etwas allgemeiner! Wie sieht dann entsprechend $\tilde{R}$ aus, wenn $R = (R_1,\ldots,R_r)$ Differential-Randoperatoren sind, wobei $R_j : C^\infty(E) \to C^\infty(G_j)$ von der Ordnung k_j ist und $G_j = \partial X \times \mathbb{C}^{N_j}$ mit $G = \bigoplus_{j=1}^{r} G_j$. Vergleiche $\mathrm{Kern}(P,R)$ und $\mathrm{Kern}(\tilde{P},\tilde{R})$ und entsprechend $\mathrm{Kokern}(P,R)$ und $\mathrm{Kokern}(\tilde{P},\tilde{R})$ und zeige $\mathrm{index}(P,R) = \mathrm{index}(\tilde{P},\tilde{R})$. □

AUFGABE 2: Betrachte die Kreisscheibe $X := \{z \in \mathbb{C} ; |z| \leq 1\}$ mit der 1-Sphäre $Y := \{z ; |z| = 1\}$ als Rand.

a Führe für den "Transmissionsoperator" (siehe Aufgabe 1.9)

$$T : (u,v) \longmapsto (\frac{\partial u}{\partial \bar{z}}, \frac{\partial v}{\partial z}, (u-v)|Y)$$

die Konstruktion aus Satz 1 durch.

b Wandle den Laplaceoperator Δ auf X gemäß Aufgabe 1 in ein System $\tilde{\Delta}$ von partiellen Differentialgleichungen 1. Ordnung um und rechne nach, daß $\tilde{\Delta}$ elliptisch ist. Wie lauten die neuen Randwertbedingungen, die man für die Dirichletsche Randwertaufgabe $u|Y = 0$ erhält? Bestimme für $y \in Y$ und $\eta \in (SY)_y = \{\pm 1\}$ die Räume $\tilde{M}^{\pm}_{\eta}$ und den Isomorphismus $\tilde{\beta}^{+}_{\eta}$. Setze $\sigma(\tilde{\Delta})$ wie in Satz 1 vermittels $\tilde{\beta}^{+}$ von $(SX)|Y = S^1 \times S^1$ auf den Volltorus $(BX)|Y$ zu einer Abbildung $\sigma(\tilde{\Delta},\tilde{\beta}^{+})$ fort.

c Führe die entsprechenden Konstruktionen für die Neumannsche Randwertaufgabe $\frac{\partial u}{\partial \nu}|Y = 0$ durch und vergleiche $\sigma(\tilde{\Delta},\tilde{\beta}^{+})$ und $\sigma(\tilde{\Delta},\tilde{\gamma}^{+})$, wenn $\tilde{\gamma}^{+}_{\eta}$ den aus der Neumannschen Randwertaufgabe bezüglich $\tilde{\Delta}$ gewonnenen Randisomorphismus bezeichnet.

d Lassen sich für die Abbildung $\sigma(\Delta)$, die auf SX konstant $-i$ ist, unterschiedliche Fortsetzungen auf $SX \cup (BX)|Y$ angeben? Kann man dabei die Randisomorphismen β^{+}_{η} oder γ^{+}_{η} verwenden und Beziehungen zu den Ergebnissen von a, b und c herstellen?

TIP: Vergleiche Satz 1.1 und Aufgabe 6.3. □

ANMERKUNG: Für praktische Berechnungen des Index eines elliptischen Randwertsystems ist die explizite Bestimmung von $\tilde{P}$ oft etwas langwierig und auch im Grunde überflüssig, da der Index vollständig durch Symbol und Randisomorphismus bestimmt ist (s.u. Satz 8.3d). Im Prinzip reicht es, elliptische Randwertsysteme der Ordnung k in der "Symbolebene" auf elliptische Systeme der Ordnung 1 zurückzuführen, so wie z.B. in vorstehender Aufgabe $\sigma(P) \oplus \mathrm{Id}_{\tilde{E}}$ in $\mathrm{Iso}_{SX}(E \oplus \tilde{E}, F \oplus \tilde{E})$ homotop zu $\sigma(\tilde{P})$ ist. Dieses Deformationsverfahren auf der "Symbolebene" wurde in [ATIYAH-BOTT 1964a, 180ff] vorgeführt und ist ganz analog zur "Linearisierung polynomialer Klebefunktionen", die in einem der Beweise des Bottschen Periodizitätssatzes eine entscheidende Rolle spielt, siehe [ATIYAH-BOTT 1964b, 241f], und hat den Vorzug, daß es sich auch für beliebige berandete Mannigfaltigkeiten und nicht-triviale Bündel E,F und G durchführen läßt. Das erfordert allerdings einige handwerkliche Kniffe: So muß man die Bündel E und F in einer Umgebung des Randes Y von X mittels der Isomorphismen $\sigma(P)(y,\nu) : E_y \to F_y$, wo ν die innere Normale im Randpunkt y ist, identifizieren usw. usf.

In so allgemeinen Fällen mag es günstig sein, gleich noch eine Ebene höher anzusetzen: Man gibt nicht homotopietheoretisch mittels des Randisomorphismus β eine Fortsetzung von $\sigma(P) \in Iso_{SX}$ zu einem Isomorphismus über $SX \cup BX|Y$ an, sondern konstruiert unmittelbar aus $\sigma(P)$ und β ein Differenzvektorraumbündel in $K(BX, SX \cup BX|Y)$, wie in [PALAIS 1965, 346-351] skizziert.

Neben diesen beiden Wegen zur Gewinnung des "richtigen" topologischen Objektes, das die Information über den Index *eines elliptischen Randwertproblems bewahrt:*

- *Linearisierung und Fortsetzung des Symbols mit Homotopien*

oder

- *K-theoretische axiomatische Charakterisierung eines Differenzvektorraumbündels,*

gibt es einen dritten, stärker funktionalanalytisch orientierten Weg über die

- *Zuordnung von Familien von Wiener-Hopf-Operatoren zu elliptischen Randwertproblemen.*

Alle drei Wege hängen wesentlich vom Bottschen Periodizitätssatz (s.u. § III.1) ab, und zwar nicht nur von seinem Ergebnis, sondern von wesentlichen Elementen aus den unterschiedlichen Beweisen - so wie umgekehrt der Periodizitätssatz aus der Untersuchung einer einfachen Randwertaufgabe über der Kreisscheibe abgeleitet werden kann (s.u. Aufgabe III.1.9).

Da wir in Satz I.9.1 bereits den Indexsatz für Wiener-Hopf-Operatoren bereitgestellt haben, als dessen Verallgemeinerung wir den Periodizitätssatz mit [ATIYAH 1969, 116-120] weiter unten beweisen werden, empfiehlt sich für uns im folgenden der dritte Hilbertraum-theoretische Weg, der dabei auch einige formale Vorteile für den Nachweis der analytischen Hauptsätze über den Index *elliptischer Randwertsysteme bietet, auch wenn er vielleicht nicht so anschaulich wie der erste und weniger elegant als der zweite Weg ist.*

8. Elliptische Randwertsysteme II (Überblick)

Bevor wir weiter unten zur Definition und Behandlung einer für unsere Zwecke besonders groß gewählten Klasse von "Randwertsystemen" kommen, wollen wir hier vorab an einfachen Beispielen die Technik der Rückführung eines Randwertproblems auf ein Problem über dem Rand erläutern. Dieses "Poissonprinzip" liefert die Hauptidee zur Lösung elliptischer Randwertprobleme, insbesondere zur Berechnung des Index.

A. DAS POISSONPRINZIP. Siméon-Denis POISSON und andere Mathematiker des beginnenden 19. Jahrhunderts setzen sich mit der Beobachtung auseinander, daß im

"Gleichgewichtszustand" die Temperatur- oder Wärmeverteilung in einem dreidimensionalen Körper vollständig durch die Temperaturverteilung auf seiner Oberfläche bestimmt ist. Ähnliche Aussagen kann man für magnetische und elektrostatische Felder (z.B. die Bestimmung des "Potentials" eines elektrischen Feldes durch die Belegungen/Ladungsdichten auf der Oberfläche) machen. Der mathematische Kern solcher Naturgesetze kann je nach seinem Zusammenhang unterschiedlich ausgedrückt werden:

AUFGABE 1 (Poissonsche Integralformel): Zeige, daß sich jede auf der Kreisscheibe $\{z \,;\, z \in \mathbb{C}$ und $|z| < \rho\}$ harmonische und auf den Rand stetig fortsetzbare Funktion u durch ihre Werte u_0 auf der Randlinie $\{z \,;\, |z| = \rho\}$ ausdrücken läßt.

TIP: Beweise für $0 \leq r < \rho$ und $0 \leq \psi \leq 2\pi$ die Formel $u = Lu_0$ mit dem "Poissonoperator"

$$(Lu_0)(re^{i\psi}) \;:=\; \frac{1}{2\pi} \int_0^{2\pi} \frac{\rho^2 - r^2}{\rho^2 + r^2 - 2\rho r \cos(\psi-\varphi)}\, u_0(\rho e^{i\varphi})\, d\varphi$$

durch Rückführung auf die Cauchysche Integralformel

$f(z) = \frac{1}{2\pi i} \int_\gamma \frac{f(\zeta)}{\zeta - z}\, d\zeta$, $|z| < \rho$, wo $\gamma : [0,2\pi] \to \mathbb{C}$ z.B. der Zykel $\gamma(\varphi) := \rho e^{i\varphi}$ ist und f holomorph (in der Kreisscheibe vom Radius ρ). Beachte, daß die durch $\Delta u = 0$ definierten harmonischen Funktionen gerade die Realteile der holomorphen Funktionen sind. Einzelheiten z.B. in [BIZADSE 1973, 86f] ; vgl. aber auch [DYM-McKEAN 1972, 164]. □

AUFGABE 2: X sei eine berandete Untermannigfaltigkeit des $\mathbb{R}^n$ der Kodimension 0 mit C^∞-Rand Y , Δ der Laplaceoperator und R_0, R_1 Differentialoperatoren auf Y . Setze $u_0 := u|Y$ und $u_1 := \frac{\partial u}{\partial \nu}|Y$ für $u \in C^\infty(X)$, wobei $\frac{\partial}{\partial \nu}$ ein Normalenfeld auf dem Rand Y von X ist, und zeige: Die Lösung des Randwertproblems

$$\Delta u = 0 \text{ in } X \quad \text{und} \quad R_0 u_0 + R_1 u_1 = f \text{ auf } Y \tag{*}$$

ist "äquivalent" zur Lösung eines Systems von Pseudodifferentialgleichungen

$$(\mathrm{Id} - Q_0)u_0 - Q_1 u_1 = 0 \text{ und } R_0 u_0 + R_1 u_1 = f \tag{**}$$

auf Y , wobei $Q_0, Q_1 \in \mathrm{PDiff}_0(Y)$ explizit angegeben werden können.

TIP: Beginne mit der Green-Ostrogradskij-Formel

$$\int_X (u\Delta v - v\Delta u)\, dx = \int_{\partial X} (u_0 v_1 - u_1 v_0)\, dy \; ; \; u,v \in C^\infty(X) \; ,$$

wo dy das Volumenelement auf $\partial X = Y$ ist. (Allgemeiner läßt sich für jeden Differentialoperator $P \in \mathrm{Diff}_k(X)$ die Differenz $\langle w,Pv\rangle - \langle P^*u,v\rangle$ mit dem Stokesschen Satz durch eine Form auf ∂X abschätzen, in die die Ableitungen von u und v auf ∂X nur bis zur Ordnung $k-1$ eingehen; vgl. unseren Anhang, Aufgabe 8 und [PALAIS 1965, 73-75] . Bestimme nun - z.B. mit elementarer Distributionentheorie - eine "Fundamentallösung" E des Laplaceoperators, also $\Delta E = \delta$ (in klassischer Terminologie ist E der "Newtonkern" von Δ) und leite damit für $u \in \mathrm{Kern}\, \Delta$ und $v := E$ das "Poissonintegral"

$$u(x) = L(u_0,u_1)(x) := \int_{\partial X} u_0(y) \frac{\partial E}{\partial \nu}(x-y)\, dy - \int_{\partial X} u_1(y)\, E(x-y)\, dy, \; x \in X \smallsetminus Y$$

ab. Zeige nun, daß durch den Grenzübergang $x \rightsquigarrow \partial X$ Pseudodifferentialoperatoren Q_0 und Q_1 definiert sind und daß für jede Lösung $u \in C^\infty(X)$ der Randwertaufgabe (*) die Gleichung

$$u_0 = Q_0 u_0 + Q_1 u_1$$

erfüllt ist und daß umgekehrt jedes Lösungspaar (u_0,u_1) des Pseudodifferentialgleichungssystems (**) durch das Poissonintegral eine Lösung $u := L(u_0,u_1)$ von (*) liefert - und zwar so, daß tatsächlich $u_1 = \frac{\partial u}{\partial \nu}$. Einzelheiten z.B. in [HÖRMANDER 1966a, 187] oder [JÖRGENS 1970, 130ff]. □

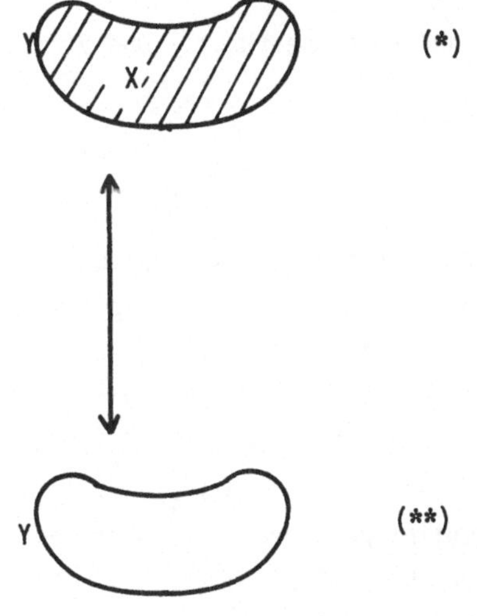

ANMERKUNG: Pseudodifferentialoperatoren tauchen also ganz natürlich auf, wenn man ein Randwertsystem, das nur Differentialoperatoren enthalten mag, auf ein Problem über dem Rand zurückführt.

B. DIE GREENSCHE ALGEBRA. Die funktionalanalytische Behandlung von Randwertproblemen ist häufig etwas beschwerlich. Ein Grund dafür liegt z.B. in der natürlichen "Asymmetrie" des Operators

$$\begin{aligned}(P,R)\ :\ C^\infty(E) &\to C^\infty(F) \oplus C^\infty(G)\\ u &\longmapsto (Pu\ ,\ Ru)\quad ,\end{aligned}$$

wo E und F Vektorraumbündel über X und G ein Vektorraumbündel über ∂X sind: so wäre z.B. ein zu (P,R) formal adjungierter Operator von ganz anderer Gestalt und würde nicht mehr eine Randwertaufgabe definieren. Auch erhält man keine transparenten Kompositionsregeln. Hier hilft nun die Erweiterung der Klasse der Randwertsysteme zu der folgenden Algebra, deren Konstruktion insbesondere auf Arbeiten von Mark Josifowitsch WISCHIK und Grigorij Ilitsch ESKIN zurückgeht. Wir folgen hier allerdings zumeist der spezifischen Ausprägung durch Louis BOUTET de MONVEL und verwenden seine Definition und Beweisführung; vgl. [BOUTET de MONVEL 1971] und [GRUBB-GEYMONAT 1977] , wo sich im Anhang eine nicht-technische Einführung in die Tiefen des Boutet-de-Monvelschen Kalküls findet.

Wir betrachten Gleichungssysteme der Form

$$\begin{aligned}(P+G)e + Lg &= f\\ Re + Qg &= h\ ,\end{aligned}$$

oder - anders ausgedrückt - Operatoren der Form

$$\begin{pmatrix} P+G & L\\ R & Q\end{pmatrix} : \begin{matrix} C^\infty(E)\\ \oplus\\ C^\infty(G)\end{matrix} \to \begin{matrix} C^\infty(F)\\ \oplus\\ C^\infty(H)\end{matrix}\quad ,$$

wo E,F Hermitesche Vektorraumbündel über der kompakten, orientierten, Riemannschen und berandeten C^∞-Mannigfaltigkeit X und G,H Hermitesche Vektorraumbündel über $Y := \partial X$ sind. (e,f,g,h seien also die C^∞-Schnitte in den entsprechenden Bündeln). Dabei sind $P \in \mathcal{P}\mathrm{Diff}_k(E,F)$ ein Pseudodifferentialoperator über ganz X , $Q \in \mathcal{P}\mathrm{Diff}_{k'}(G,H)$ ein Pseudodifferentialoperator über dem Rand Y von X , $R := \sum Q_i(P_i(..)|Y)$ ein "Spuroperator" , der aus Pseudodifferentialoperatoren Q_i über dem Rand und P_i über ganz X zusammengesetzt ist, und $L := \{P_0((..)\ \delta(Y))\}|(X\setminus Y)$ ein "Poissonoperator" . Hierbei ist $P_0 \in \mathcal{P}\mathrm{Diff}_{k-1}(\tilde G,F)$, $\tilde G$ ein Vektorraumbündel über X mit $\tilde G|Y = G$ und $\delta(Y)$ das Lebesguemaß auf dem Rand Y von X , so daß $g\delta(Y)$ als "verallgemeinerter Schnitt" in dem Vektorraumbündel $\tilde G$ aufgefaßt werden kann, wenn $g \in C^\infty(G)$ ist. Damit ist der Operator L im Sinne der Distributionentheorie definiert. Für eine direkte Definition dieser "Poissonoperatoren" ("Potentiale") mittels Fourierdarstellung - ohne Distributionen - vgl. [BOUTET de MONVEL 1971, 26-28].

Durch eine gewisse Symmetriebedingung (die "Transmissionsbedingung") über das Verhalten der Amplituden der Pseudodifferentialoperatoren am Rand, die z.B. für Differentialoperatoren und allgemeiner für rationale Symbole immer erfüllt ist und für unsere Betrachtungen keine wirkliche Einschränkung darstellt, wird gewährleistet, daß die Bilder von $C^\infty(E)$ unter P und von $C^\infty(G)$ unter L ganz in $C^\infty(F)$ enthalten sind. Genauer zeigt man für jedes $g \in C^\infty(G)$, daß dann Lg in $C^\infty(F|(X\setminus Y))$ liegt und sich zu einem C^∞-Schnitt in F über ganz X fortsetzen läßt, den wir auch mit Lg bezeichnen werden.

Um z.B. die Änderungen in der Lösung eines elliptischen Randwertproblems zu beschreiben, die sich aus einer Modifikation der Randwertbedingungen ergeben, und um allgemeiner die Existenz einer "Parametrix" dieser Form (s.u. Satz 3a) für beliebige, ja schon für differentiale Randwertsysteme zu sichern, muß man zu P noch einen "singulären Greenschen Operator" G hinzuaddieren, der eine endliche Summe von Kompositionen unserer "Poissonoperatoren" und "Spuroperatoren" ist.

Wir erhalten die folgenden Sätze, für deren Beweis wir auf [BOUTET de MONVEL 1971] und [WISCHIK-ESKIN 1967] verweisen.

SATZ 1: Sind P,G,L,R,Q wie oben definiert und ist m die Ordnung (der Homogenitätsgrad des Symbols) von P, ℓ die Ordnung von L, r die Ordnung von R und $-m+\ell+r+1$ die Ordnung von Q, dann besitzt der Operator

$$A = \begin{pmatrix} P+G & L \\ R & Q \end{pmatrix} : \begin{matrix} C^\infty(E) \\ \oplus \\ C^\infty(G) \end{matrix} \to \begin{matrix} C^\infty(F) \\ \oplus \\ C^\infty(H) \end{matrix}$$

für s hinlänglich groß eine stetige Abschließung

$$A_s : \begin{matrix} W^s(E) \\ \oplus \\ W^{t+\ell-1/2}(G) \end{matrix} \to \begin{matrix} W^t(F) \\ \oplus \\ W^{s-r-1/2}(H) \end{matrix} , \quad t := s-m$$

auf den Sobolewräumen (s.o. § 4). □

SATZ 2: Die Operatoren der angegebenen Form bilden eine "Algebra" (von BOUTET de MONVEL die "Greensche Algebra" genannt), d.h. die Summe $A+B$ und die Komposition $A\circ C$ führen - sofern sie überhaupt definiert sind und insbesondere die Bündel bzw. die jeweiligen Definitions- und Wertebereiche passen - ebenso wie in gewissen Sonderfällen *) die Bildung der formal Adjungierten nicht aus dieser Klasse heraus, und es gilt

$$\sigma_X(A+B) = \sigma_X(A) + \sigma_X(B) \quad \text{und} \quad \sigma_X(A \circ C) = \sigma_X(A) \circ \sigma_X(C) .$$

Dabei ist $\sigma_X(A) := \sigma(P) \in \mathrm{Hom}_{S(X)}(E,F)$ das <u>innere Symbol</u> von A , also $\sigma(P)(x,\xi) \in \mathrm{Hom}(E_x,F_x)$ für $x \in X$ und $\xi \in (T^*X)_x$ mit $|\xi| = 1$. (Zum Begriff des "Randsymbols", das sich auch allgemeiner einführen läßt, vgl. die folgende Diskussion des elliptischen Falls) . □

<u>C. DER ELLIPTISCHE FALL</u>. Wir erinnern zunächst an unsere Vorgehensweise oben in <u>§5</u> bei der Ableitung der analytischen Hauptsätze über elliptische Operatoren auf *geschlossenen* Mannigfaltigkeiten: Dort war es uns gelungen, aus formalen Eigenschaften des Symbols eines Operators die verschiedenen Ergebnisse (Fredholmeigenschaften der Operatoren etc.) abzuleiten. Die Symbolbildung bestand dabei - grob gesagt - in der vollständigen "Linearisierung" des Operators, die von Punkt zu Punkt und für jeden Tangentialvektor einzeln vorgenommen wurde, so daß durch diese Art von "Momentaufnahmen", von punktuellem "Einfrieren", aus einem Operator der Funktionalanalysis eine Schar von Matrizen, das Symbol, hervorging, das mit den Mitteln der linearen Algebra untersucht werden konnte. (Z.B. Charakterisierung der Elliptizität des Operators P durch die Bedingung, daß die Matrizen $\sigma(P)(x,\xi)$ für alle nicht verschwindenden kovarianten Tangentialvektoren invertierbar sind).

Für die analytische Behandlung elliptischer Randwertsysteme benötigen wir nun eine Verfeinerung dieses symbolischen Kalküls. Nehmen wir z.B. ein Element

$$A = \begin{pmatrix} P+G & L \\ R & Q \end{pmatrix} : \begin{matrix} C^\infty(E) \\ \oplus \\ C^\infty(G) \end{matrix} \to \begin{matrix} C^\infty(F) \\ \oplus \\ C^\infty(H) \end{matrix}$$

der "Greenschen Algebra" über der Mannigfaltigkeit X mit Rand Y . Für elliptisches P ist dann definitionsgemäß $\sigma(P)(y,\eta+t\nu) : E_y \to F_y$ ein Vektorraumisomorphismus, wobei $y \in Y$, $\eta \in (SY)_y$, $\nu \in (SX)_y$ der nach innen gerichtete Normalenvektor bezüglich einer Riemannschen Metrik und $t \in \mathbb{R}$ sind. Wir bezeichnen nun mit $p(y,\eta)$ die auf $\mathbb{R}$ definierte Funktion $t \longmapsto \sigma(P)(y,\eta+t\nu)$ mit

---

*) Während die Adjungierte L^* eines Poissonoperators L immer einen Spuroperator bildet, ist z.B. die Adjungierte des Einschränkungsoperators $C^\infty(E) \to C^\infty(E|Y)$ (wie er z.B. beim Dirichletproblem vorkommt) kein Poissonoperator der Gestalt $C^\infty(E|Y) \to C^\infty(E)$. Man kann notwendige und zugleich hinreichende Bedingungen an die entsprechenden Symbolklassen stellen, damit R^* ein Poissonoperator ist (wenn nämlich R "von der Klasse 0 ist", vgl. [GRUBB-GEYMONAT 1977]. Ähnliche Einschränkungen gelten für G.

Werten in $Aut(E_y)$, wenn wir F_y mit E_y vermöge $\sigma(P)(y,\eta+0)$ identifiziert haben. Ist P ein elliptischer Operator der Ordnung 0 und $\lim_{t\to+\infty} p(y,\eta+t\nu) = \lim_{t\to-\infty} p(y,\eta+t\nu)$, dann definiert $p(y,\eta)$ (z.B. vermöge der Cayleytransformation, s.o. Abschnitt I.9.G) eine stetige Abbildung $S^1 \to Aut(E_y)$ und damit einen "diskreten Wiener-Hopf-Operator"

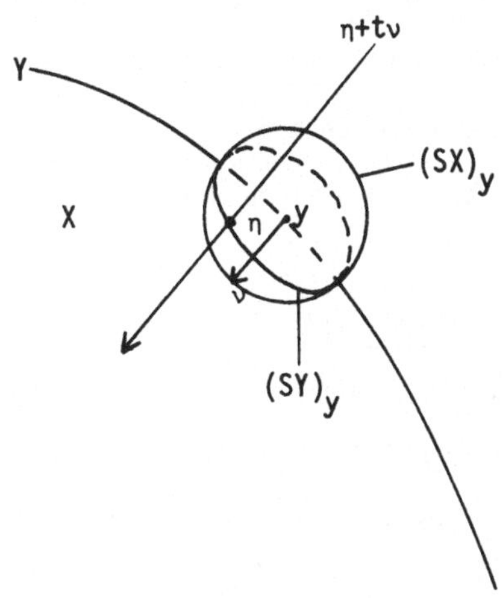

$$T_{p(y,\eta)} : H_0(S^1) \otimes E_y \to H_0(S^1) \otimes E_y \quad ,$$

der ein Fredholmoperator ist mit

$$\text{Index } T_{p(y,\eta)} = - \text{Uml}(\det(p(y,\eta)),0) \; ;$$

hierbei sind (wie in § I.9) $H_0(S^1) \otimes E_y$ der Hilbertraum der quadratisch summierbaren Funktionen auf der Kreislinie S^1 mit Werten in dem Vektorraum E_y, die sich analytisch auf die Kreisscheibe $\{z \; ; \; |z| < 1\}$ fortsetzen lassen, und T_f, für $f : S^1 \to Aut(E_y)$, der durch punktweise Multiplikation mit f und anschliessende orthogonale Projektion auf $H_0(S^1) \otimes E_y$ auf diesem Hilbertraum definierte Operator. Vgl. im einzelnen § I.9, insbesondere dort Aufgabe 6.

Diese Konstruktionen lassen sich mit gewisser Modifikation auch dann durchführen, wenn $p(y,\eta)$ zunächst keine stetige Abbildung $S^1 \to Aut(E_y)$ definiert: Man arbeitet dann wie in Aufgabe I.9.9 und Satz I.9.2 auf der reellen Geraden und bildet die entsprechenden Multiplikationsoperatoren mit Projektion, die "kontinuierlichen Wiener-Hopf-Operatoren" $W_{p(y,\eta)}$, die auf passend gewählten "Hardyräumen" wieder Fredholmoperatoren bilden. (Ist die Ordnung $k \neq 0$, so müssen wir den in Abschnitt I.9.G eingeführten "Hardyraum" $H_0(\mathbb{R})$ in eine Sobolewkette entwickeln - so wie wir es in § II.4 mit dem Hilbertraum $L^2(X)$ gemacht haben). Details in [WISCHIK-ESKIN 1967, 304-311, insbesondere Lemma 3.1] und [BOUTET de MONVEL 1971, 14-20], vgl. auch [GRUBB-GEYMONAT 1976, Appendix].

In jedem Fall folgt aus der Elliptizität von P zwar die Invertierbarkeit von $p(y,\eta)$ - aufgefaßt als Homomorphismus $\sigma(P)(y,\eta+t\nu) : E_y \to F_y$ für alle $t \in \mathbb{R}$ - nicht aber die Invertierbarkeit von $p(y,\eta)$ - aufgefaßt als Wiener-Hopf-Operator. Damit können wir jedem elliptischen Operator P auf einer berandeten Mannigfaltigkeit X mit Rand Y eine Familie von Fredholmoperatoren $W_{p(y,\eta)}$ zuordnen, die stetig von dem kovarianten Einheits-Tangentialvektor $\eta \in SY$, dessen Fußpunkt y in Y liegt, abhängen. Nach Satz I.7.1 läßt sich aus einer solchen Familie in kanonischer Weise ein "Indexbündel" in $K(SY)$ konstruieren, das wir mit $j(P)$ oder "Indikatorbündel" von P bezeichnen wollen. □

AUFGABE 3: Vergleiche die Konstruktion von $j(P)$ mit der Definition des Bündels M^+ in § II.6 für einen elliptischen Differentialoperator P. Untersuche insbesondere $P \in \{\Delta, \frac{\partial}{\partial \bar{z}}, \frac{\partial}{\partial \bar{z}} \oplus \frac{\partial}{\partial z}\}$.

TIP: [BOUTET de MONVEL 1971, 35], [WISCHIK-ESKIN 1967, 328-331]. □

AUFGABE 4: Zeige, daß jeder Operator $A = \begin{pmatrix} P+G & L \\ R & Q \end{pmatrix}$ der Greenschen Algebra eine Familie $\sigma_Y(A)$ von Wiener-Hopf-Operatoren $\sigma_Y(A)(y,\eta)$ - parametrisiert mit $\eta \in S(Y)$ - definiert und daß die üblichen Additions- und Kompositionsregeln für dieses "Randsymbol" gelten.

TIP: [GRUBB-GEYMONAT 1977, Appendix]. □

AUFGABE 5: Zeige, daß $\sigma_Y(A)(y,\eta)$ für $y \in Y$ und $\eta \in (SY)_y$ ein Fredholmoperator ist, wenn P elliptisch ist, definiere dann das Indikatorbündel $j(A) \in K(SY)$ als Indexbündel dieser Familie von Fredholmoperatoren und zeige $j(A) = j(P) + [\pi^*(G)] - [\pi^*(H)]$, wenn $\pi : SY \to Y$ die Projektion ist.

TIP: Das Randsymbol $\sigma_Y(\tilde{A})(y,\eta)$ mit $\tilde{A} = \begin{pmatrix} 0 & L \\ R & Q \end{pmatrix}$ ist für jedes $y \in Y$ und $\eta \in (SY)_y$ ein Operator von endlichem Rang. □

Wir können nun definieren: $A = \begin{pmatrix} P+G & L \\ R & Q \end{pmatrix}$ heißt elliptisch, wenn P elliptisch ist und wenn für alle $y \in Y$ und $\eta \in (SY)_y$ der Wiener-Hopf-Operator $\sigma_Y(A)(y,\eta)$ invertierbar ist. Der Sinn der Randbedingungen R und der Potentiale L ist es nach dieser Definition also gerade, den Kern bzw. Kokern der Wiener-Hopf-Operatoren $W_{p(y,\eta)}$ "aufzuzehren". Wir haben dann $j(A) = 0$ und damit $j(P) = [\pi^*H] - [\pi^*G]$. □

AUFGABE 6: Zeige für einen Differentialoperator P mit (differentialem) Randoperator R, daß (P,R) genau dann im Sinne von § II.6 ein elliptisches Randwertsystem bildet, wenn $\begin{pmatrix} P & 0 \\ R & 0 \end{pmatrix}$ ein elliptischer Operator in der Greenschen Algebra ist.

TIP: Vergleiche nämlich die Bedingung der Invertierbarkeit der Wiener-Hopf-Operatoren $\sigma_Y(A)(y,\eta)$ mit der Lopatinskijbedingung (II) oben in Abschnitt 6.A.

Vgl. auch Aufgabe 3. Wie läßt sich β^+ interpretieren? [BOUTET de MONVEL 1971, 45f].

SATZ 3: Ist $\mathrm{Ell}_k(X;Y)$ die Klasse der elliptischen Operatoren in der Greenschen Algebra über der kompakten orientierten Riemannschen C^∞-Mannigfaltigkeit X mit Rand $\partial X = Y$, dann gilt

a Jedes $A \in \mathrm{Ell}_k(X;Y)$ besitzt eine "Parametrix" $B \in \mathrm{Ell}_{-k}(X;Y)$, d.h. AB-Id und BA-Id sind Operatoren der Ordnung -1 .

b Ist $A \in \mathrm{Ell}_k(X;Y)$, so sind die oben in Satz 1 für $s >> 0$ definierten Fortsetzungen A_s auf den entsprechenden Sobolewräumen Fredholmoperatoren. Ihr Index hängt nicht von s ab (Regularitätssatz) und ist gleich index A .

c Sind A,B und C elliptisch, dann gilt

$$\mathrm{index}\ A \oplus B \;=\; \mathrm{index}\ A + \mathrm{index}\ B$$

und, sofern $A \circ C$ wohldefiniert ist, ebenfalls

$$\mathrm{index}\ A \circ B \;=\; \mathrm{index}\ A + \mathrm{index}\ B\ .$$

d Zwei elliptische Operatoren A und B heißen stabiläquivalent ($A \sim B$), wenn sich die inneren und Randsymbole von $A \oplus \mathrm{Id}_N$ und $B \oplus \mathrm{Id}_M$ unter ständiger Wahrung der Elliptizitätsbedingungen stetig ineinander deformieren lassen. Es gilt dann

$$\mathrm{index}\ A \;=\; \mathrm{index}\ B\ .$$

e Sind R,R' Randoperatoren und L,L' Poissonoperatoren und Q ein Pseudodifferentialoperator auf dem Rand, dann gilt

$$\begin{pmatrix} \mathrm{Id} - L'R' & L \\ R & Q \end{pmatrix} \sim \begin{pmatrix} \mathrm{Id} - R'L' & -R'L \\ -RL' & Q-RL \end{pmatrix} ,$$

wobei der zweite Operator ein Pseudodifferentialoperator auf dem Rand ist.

ARGUMENTE: a folgt unmittelbar aus der Definition der Elliptizität, wenn man weiß, daß die Umkehrung des Randsymbols $\sigma_Y(A)$ wieder das Randsymbol eines Operators der Greenschen Algebra ist; vgl. [BOUTET de MONVEL 1971, 19f und 34f]. Zu einem elliptischen Randwertsystem $A = \binom{P}{R}$ im Sinne von § II.6 findet man übrigens eine Parametrix der Form $B = (\tilde{P}+G \quad L)$. b , c und d erhält man dann aus Satz 1 und der allgemeinen Theorie der Fredholmoperatoren im Hilbertraum wie die entsprechenden Aussagen in § II.5. e ist das folgenreiche (s.u. Aufgabe 7) Ergebnis einer homotopietheoretischen Übungsaufgabe [BOUTET de MONVEL 1971, 44f]. □

AUFGABE 7 (M.S. AGRANOWITSCH und A.S. DYNIN, 1962): Sind $A_1 = \begin{pmatrix} P \\ R_1 \end{pmatrix}$ und $A_2 = \begin{pmatrix} P \\ R_2 \end{pmatrix}$ zwei elliptische Randwertsysteme für denselben elliptischen Operator P auf der Mannigfaltigkeit X mit Rand Y, dann gilt index A_1 - index A_2 = index Q, wobei Q ein durch A_1 und A_2 in kanonischer Weise auf Y definierter Pseudodifferentialoperator ist.

TIP: Setze $Q := R_2 L_1$, wenn $B_1 := \begin{pmatrix} P' & L_1 \\ 0 & 0 \end{pmatrix}$ eine Parametrix für A_1 ist und zeige $A_2 B_1 \sim Q$ mit Satz 3e. □

Teil III. Die Atiyah-Singer-Indexformel

"*Vielleicht in den meisten Fällen, wo wir die Antwort auf eine Frage vergeblich suchen, liegt die Ursache des Mißlingens darin, daß wir einfachere und leichtere Probleme als das vorgelegte noch nicht oder noch unvollkommen erledigt haben. Es kommt dann alles darauf an, diese leichteren Probleme aufzufinden und ihre Lösung mit möglichst vollkommenen Hilfsmitteln und durch verallgemeinerungsfähige Begriffe zu bewerkstelligen.*" (D. HILBERT, 1900)

1. Einführung in die algebraische Topologie (K-Theorie)

Ziel dieses Paragraphen ist es, einen größeren Teil der algebraischen Topologie mittels eines Satzes von Raoul BOTT über die Topologie der allgemeinen linearen Gruppe $GL(N,\mathbb{C})$ *auf der Grundlage der linearen Algebra zu entwickeln - und nicht gemäß der Lehre von den "simplizialen Komplexen" und ihrer "Homologie" oder "Kohomologie". Das hat verschiedene Gründe: Einmal ist es natürlich Geschmacks- und Übungssache, welche Art der "Kodierung qualitativer Information in algebraische Form" (ATIYAH) man vorzieht. Daneben gibt es aber auch objektive Kriterien wie Einfachheit, schnelle Erlernbarkeit und Transparenz, die teilweise für diesen Einstieg in die algebraische Topologie sprechen. Schließlich hat sich gezeigt, daß dieser Teil der Topologie auch am relevantesten für die Untersuchung des Indexproblems ist.*

Vor der Entwicklung der notwendigen Maschinerie empfiehlt es sich, einige grundlegende Fakten über Umlaufzahlen und die Topologie der allgemeinen linearen Gruppe $GL(N,\mathbb{C})$ *zu erklären. Beachte, daß die Gruppe* $GL(N,\mathbb{C})$ *bereits in Teil II in Verbindung mit dem Symbol eines elliptischen Operators in den Vordergrund rückte - und daß die Gruppe* $\mathbb{Z}$ *der ganzen Zahl in gewisser Weise Thema des I. Teils, der Fredholmtheorie, war. In dem folgenden III. Teil geht es nun - grob gesprochen - um eine tiefere Verbindung der beiden vorangegangenen Teile. Der tragende Gesichtspunkt wird dabei die Suche nach "richtigen", "weiterführenden" Verallgemeinerungen des Satzes von Israil GOCHBERG und Mark KREIN über den Index von Wiener-Hopf-Operatoren (s.o. § I.9, Satz 1, Aufgabe 8 und Satz 2) sein.* □

A. UMLAUFZAHLEN. *"Wie läßt sich das Rohmaterial aus Geometrie und Analysis zu numerischen Invarianten herunterdestillieren?" (HIRSCH). Ein gutes Beispiel dafür liefert das Konzept der Umlaufzahl, das sicherlich bekannteste Teilstück algebraischer Topologie: Bei seinen Untersuchungen zur Himmelsmechanik wandte sich der französische Physiker und Mathematiker Henri POINCARÉ der Untersuchung von Stabilitätsfragen der Planetenbahnen zu. Viele der damit in Zusammenhang stehenden Fragen sind bis heute noch nicht restlos geklärt (so das "Drei-Körper-Problem" aller denkbaren Bewegungsformen dreier einzelner Punkte, zwischen denen Beziehungen nach Art der Gravitation bestehen sollen - das allerdings praktisch, wie z.B. die erfolgreiche Landung der Mondsonde Luna 1 bewies, gelöst werden konnte).*

Als Hilfsmittel zur qualitativen Untersuchung nichtlinearer (gewöhnlicher) Differentialgleichungen führte POINCARÉ 1881 den Begriff des "Index" $I(P_0)$ *eines "singulären Punktes"* P_0 *für ein System von zwei gewöhnlichen Differentialgleichungen*

$$\dot{x} = F(x,y)$$
$$\dot{y} = G(x,y)$$

ein. Dafür legt man im Phasenporträt (siehe die folgenden Beispiele) eine geschlos-

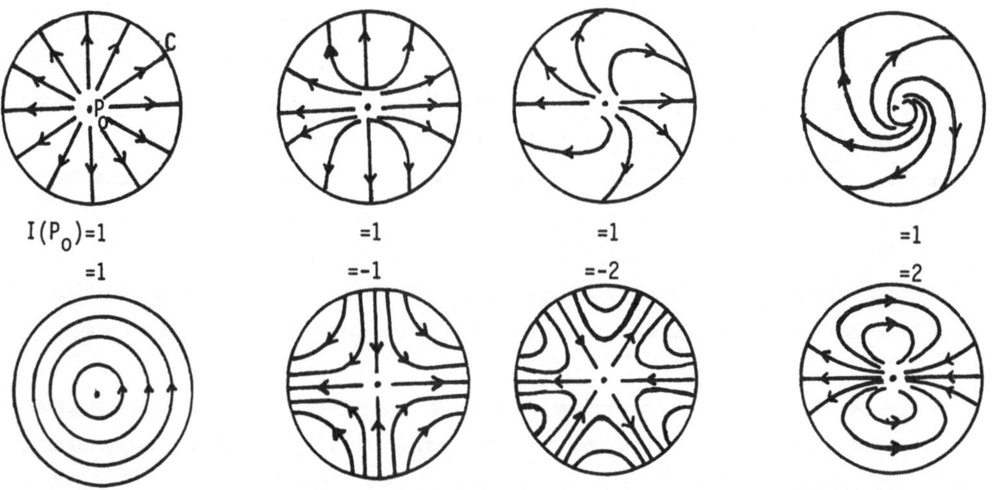

sene Linie C *um* P_0 *und mißt dann auf ihr den Drehungswinkel, den das Vektorfeld* $(F(x,y), G(x,y))$ *bei einmaligem Durchlaufen von* (x,y) *längs* C *im Gegenuhrzeigersinn beschreibt. Das ist ein ganzzahliges Vielfaches von* 2π *- und diese ganze Zahl, die man anschaulich im Falle eines magnetischen Kraftfeldes als Drehzahl der Nadel eines auf* C *bewegten Kompasses erhält, heißt* $I(P_0)$ *. Es gilt dann z.B. der Satz (siehe hierfür [KRASNOSELSKIJ et al. 1966, 115f]): Ist die Gleichgewichtslage* P_0 *stabil, dann gilt* $I(P_0) = 1$ *. Wir kommen darauf weiter unten (Abschnitt* <u>III.4.E</u>*) noch einmal zurück.*

Dieses topologische Argument hat dann POINCARÉ 1895 wieder aufgenommen, als er alle geschlossenen Kurven in einem beliebigen "Raum" betrachtete und nach ihren Deformationseigenschaften klassifizierte.) Sein einfachstes Resultat kann man in heutiger Terminologie, wir folgen hier [ATIYAH 1967b, 237-241], etwa so darstellen:*

SATZ 1: Sei $f : S^1 \to \mathbb{C}^\times$ eine stetige Abbildung der Kreislinie S^1 in die gelochte Ebene der nicht-verschwindenden komplexen Zahlen $\mathbb{C}^\times$. In anderen Worten: Wir haben einen geschlossenen Weg in der Ebene, der nicht durch den Nullpunkt geht. Es gilt dann:

(i) f besitzt eine "Umlaufzahl", die angibt, wie oft der Weg um den Nullpunkt "herumgeht"; wir schreiben Uml(f,0) oder kurz Grad(f);

(ii) dieser Grad ist invariant unter stetigen Deformationen;

(iii) Grad(f) ist die einzige solche Invariante, d.h. f kann in g dann und nur dann deformiert werden, wenn Grad(f) = Grad(g) ist;

(iv) zu jeder ganzen Zahl m gibt es eine Abbildung f mit Grad(f) = m .

ARGUMENTE: Statt eines formellen Beweises fassen wir hier kurz verschiedene Arten der Definition oder Berechnung von Grad(f) zusammen.

Geometrisch: Wir ersetzen f durch $g := f/|f|$. Das ist eine Abbildung von S^1 in S^1 . Dann approximieren wir g durch eine differenzierbare Abbildung h und zählen (algebraisch, d.h. mit einer Vorzeichen-Konvention je nach der Ableitung von h) die Anzahl von Punkten im Urbild eines Punktes in allgemeiner Lage. Diese Methode läßt sich auch als "Zählung der Schnittzahlen" beschreiben: Ziehe einen beliebigen Strahl vom Nullpunkt, der den Weg in keiner Schnittstelle des Weges mit sich selbst schneiden darf. Zähle nun die Schnittstellen des Weges mit dem Strahl nach der "Verkehrsregel des Vorfahrtsrechts" (H. WEYL) - also mit positivem Vorzeichen, wenn der Weg Vorfahrt hat, und mit negativem, wenn der Strahl Vorfahrt hat.

---

*) *Die Einführung der "Fundamentalgruppe" findet sich in POINCAREs Arbeit* Analysis situs (Oeuvres 6, 193-288), *die ein rein topologisch - geometrisch - algebraisches Thema hat: Eine "Analysis situs in mehr als drei Dimensionen". Von dem abstrakten Formalismus versprach sich P., daß er "in gewissen Fällen einige der Dienste leistet, die wir gewöhnlich von den Figuren der Geometrie erwarten". Dabei nannte er drei Anwendungsbereiche: Neben dem Riemann-Picardschen Problem der Klassifikation algebraischer Kurven und dem Klein-Jordanschen Problem der Bestimmung aller Untergruppen endlicher Ordnung einer beliebigen kontinuierlichen Gruppe betonte er besonders die Relevanz für Analysis und Physik: "Man sieht leicht, daß die verallgemeinerte* analysis situs *es erlauben würde, ebenso (wie H.P. es mit einfacheren Typen von Differentialgleichungen zuvor schon gemacht hatte, B.B.) die Gleichungen höherer Ordnung und speziell die der Himmelsmechanik zu behandeln ... Ich habe also, glaube ich, kein unnützes Werk gemacht, als ich diese Abhandlung schrieb."*

Die Komplexität und oft noch geringe Faßlichkeit der topologischen Probleme erlaubte es POINCARÉ allerdings nicht, sein Programm vollständig durchzuführen: "Immer, wenn ich mich beschränken wollte, fiel ich in Dunkelheit."

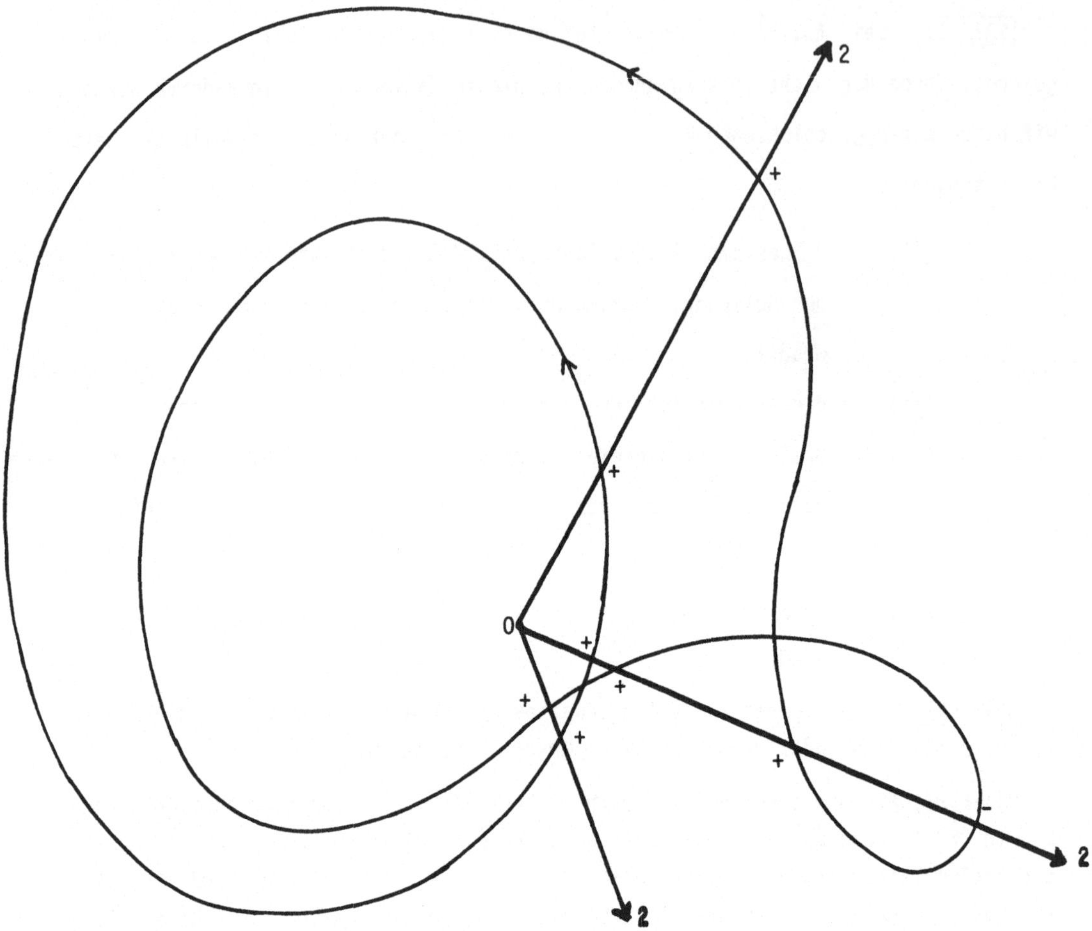

Kombinatorisch: Wir approximieren mit einem stückweise linearen Weg g und benutzen dann kombinatorische Methoden. D.h. wir erlauben solche Segmente unseres Polygonenzuges g zu entfernen oder auch ihm hinzuzufügen, die Ränder von 2-Simplices sind (das sind Dreiecke, deren Inneres ganz in $\mathbb{C}^{\times}$ enthalten ist, also nicht den Nullpunkt enthalten).

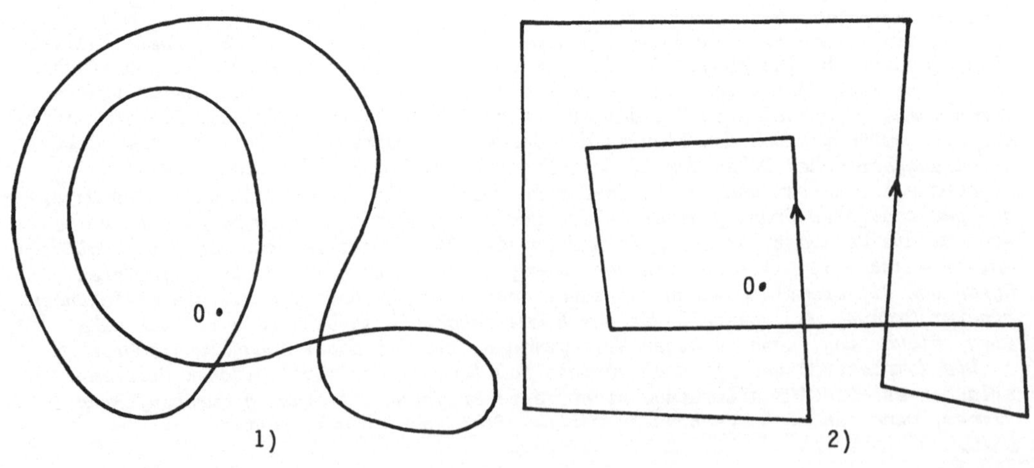

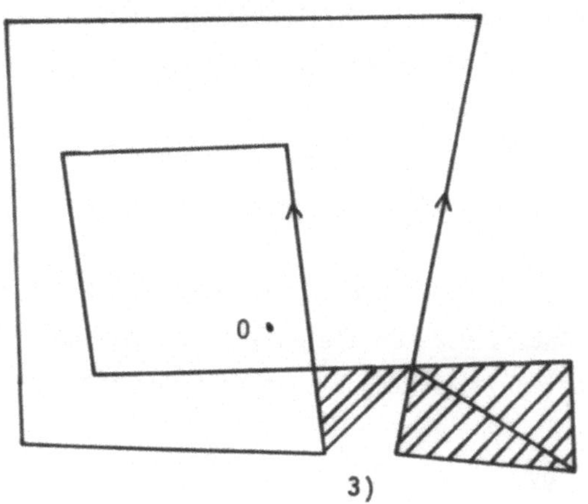

3)

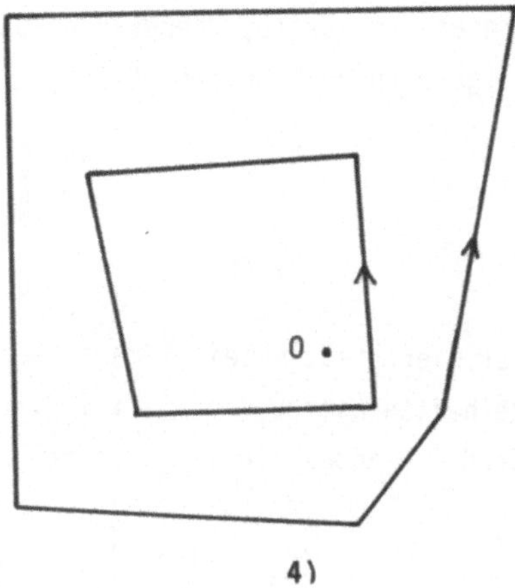

4)

Differential: Wir approximieren mit einem differenzierbaren g und setzen dann

$$\text{Grad } f := \frac{1}{2\pi i} \int \frac{dg}{g} \quad .$$

Hierbei wird g als Abbildung $[0,2\pi] \to \mathbb{C}^\times$ aufgefaßt und dann das Integral $\int_0^{2\pi} \frac{\dot{g}(\tau)}{g(\tau)}\, d\tau$ definiert. Aus dem Cauchyschen Integralsatz folgt bekanntlich, daß das Integral ein Vielfaches von $2\pi i$ ist - und damit Grad f eine ganze Zahl.

Algebraisch: Approximiere mit einer endlichen Fourierreihe

$$g(\varphi) = \sum_{\nu=-k}^{k} a_\nu \, e^{i\nu\varphi} \quad .$$

Wir fassen g als eine Abbildung $S^1 \to \mathbb{C}^\times$ auf mit $S^1 = \{z \; ; \; |z| = 1\} \subset \mathbb{C}$ und schreiben $g(z) = \sum_{\nu=-k}^{k} a_\nu z^\nu$. Betrachte nun die Entwicklung von g über der ganzen Kreisscheibe $|z| < 1$ zu einem verallgemeinerten Polynom (genauer zu einer endlichen Laurentreihe). Wir erhalten so eine meromorphe Funktion h und setzen dann

$$\text{Grad}(f) := N(h) - P(h) \quad ,$$

wo N und P die Anzahl der Nullstellen bzw. Polstellen in $|z| < 1$ bezeichnet.

Funktionalanalytisch: Setze $\mathrm{Grad}(f) := -\operatorname{index} T_f$, wo T_f der f zugeordnete (diskrete) Wiener-Hopf-Operator auf dem durch die Funktionen $z^0, z^1, z^2, \ldots$ aufgespannten Halbraum $H_0(S^1) \subset L^2(S^1)$ ist, der durch

$$(T_f \hat{u})(n) := \begin{cases} \sum_{k=0}^{\infty} \hat{f}(n-k)\, \hat{u}(k) & n \geq 0 \\ 0 & n < 0 \end{cases} \quad \text{für} \quad ; \quad u \in H_0(S^1)$$

definiert ist, wobei $\hat{f}(m) := \langle f, z^m \rangle$ der m-te Fourierkoeffizient ist. Für Einzelheiten hierzu s.o. Satz I.9.1 - und Satz I.9.2 für die analoge Darstellung $\mathrm{Grad}\, f = \operatorname{index}(\mathrm{Id} + K_\varphi)$ durch den (kontinuierlichen) Wiener-Hopf-Operator

$$(K_\varphi u)(x) := \int_0^\infty \varphi(x-y)\, u(y)\, dy \; ; \quad x \in \mathbb{R}_+ \, , \quad u \in L^2(\mathbb{R}_+) \; ,$$

wo $\varphi \in L^1(\mathbb{R})$ mit $\hat{\varphi} = f \circ \kappa - 1$ und $\kappa t := \frac{t-i}{t+i}$ die Cayleytransformation ist.

Als ein erstes Beispiel mag man an die Standard-Abbildung $a : S^1 \to \mathbb{C}^\times$ denken, die durch $a(z) = z$, $z \in \mathbb{C}$ und $|z| = 1$, gegeben ist. Hier ist die Äquivalenz der unterschiedlichen Definitionen von $\mathrm{Grad}(a)$ unmittelbar klar. Für kompliziertere Fälle verzichten wir auf einen Beweis und verweisen z.B. auf [BIZADSE 1973, 122f]. Vergleiche auch unten Satz 2 und Satz 7 und - in anderem Zusammenhang - z.B. [HIRSCH 1976, 120-131] oder [BRÖCKER-JÄNICH 1973, 161f]. □

In Satz 1 werden alle geschlossenen Kurven in der gelochten Ebene verglichen und die "wesentlich verschiedenen" ausgesondert. In den dabei referierten Definitionen der Umlaufzahl spiegeln sich die hauptsächlichen Zweige der Topologie mit ihren unterschiedlichen Techniken, Zielen und Zusammenhängen wieder. Entsprechend sind - je nach dem gewählten Gesichtspunkt - sehr viele Verallgemeinerungen von Satz 1 auf höhere Dimensionen möglich (vgl. auch unten Aufgabe 10):

Bleibt man bei der Klassifizierung von Systemen gewöhnlicher Differentialgleichungen - von wo POINCAREs topologische Arbeiten ihren Ausgang nahmen - so wird man als nächstes versuchen, die verschiedenen Möglichkeiten zu unterscheiden, wie die reelle Gerade im Raum oder in anderen höhendimensionalen Gebilden zu einer geschlossenen Kurve gekrümmt werden kann. So kam H. POINCARÉ (siehe aber auch die Fußnote weiter oben) u.a. zum Begriff der "Fundamentalgruppe" $\pi_1(X,x_0)$ *eines Raumes* X *, die durch homotopietheoretische Klassifizierung der geschlossenen Wege* $S^1 \to X$ *(die durch den Punkt* $x_0 \in X$ *laufen) gebildet wird. Dabei ist nur die Einbettungsfrage, die von der Gestalt von* X *abhängt, interessant, während die geometrische Gestalt der Bilder der kompaktifizierten Geraden topologisch trivial ist, da es eben nur* eine *Art gibt, wie man die reelle Linie zu einer geschlossenen*

Mannigfaltigkeit "biegen" kann: nämlich in Form einer Kreislinie, die u.U. mehrfach durchlaufen wird, soundsooft um dieses und jenes Loch herumgeführt wird - topologisch aber immer noch eine Kreislinie bleibt.

Anders ist die Situation, wenn wir von dem Gesichtspunkt der gewöhnlichen Differentialgleichungen zu dem der partiellen übergehen. Die Klassifikation erfordert hier (vgl. auch [ATIYAH 1976b]) letztlich eine Unterscheidung der verschiedenen Möglichkeiten, die Ebene oder höherdimensionale euklidische Räume zu geschlossenen Mannigfaltigkeiten aufzubiegen. Jetzt treten "echte" globale Schwierigkeiten auf, da es eben - wie die folgenden Abbildungen veranschaulichen wollen - schon für die Ebene $\mathbb{R}^2$ sehr verschiedene Möglichkeiten ihrer "Zusammenbiegung" gibt:

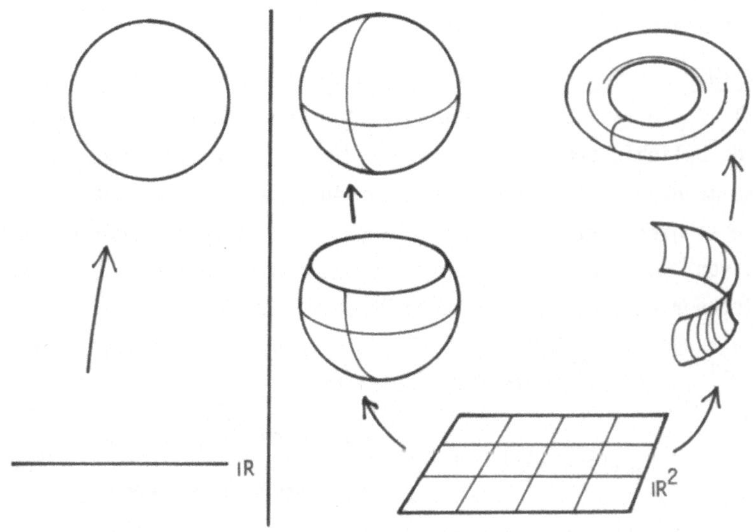

Während man für $\mathbb{R}^2$ noch einen vollständigen Überblick über die möglichen Formen hat, die man nach dem "Geschlecht" der Fläche, der Anzahl ihrer "Henkel", klassifizieren kann (siehe z.B. [HIRSCH 1976, 204f]), ist das entsprechende Problem der "Entfaltung" des $\mathbb{R}^3$, das ja für die Analyse raum-zeitlicher Prozesse der realen Welt mittels partieller Differentialgleichungen von besonderer Bedeutung ist, bis heute ungelöst. So weiß man noch nicht, ob POINCAREs "Vermutung", wonach jede einfach-zusammenhängende dreidimensionale geschlossene Mannigfaltigkeit homöomorph zur 3-Sphäre S^3 ist, zutrifft - oder nicht.

Wir wollen hier im folgenden eine Verallgemeinerung von Satz 1 betrachten, die von Raoul BOTT stammt, zu den echten Errungenschaften der Topologie gehört und zudem ans Herz des Indexproblems für Systeme elliptischer Differentialgleichungen reicht. □

B. DIE TOPOLOGIE DER ALLGEMEINEN LINEAREN GRUPPE. Wir betrachten stetige Abbildungen $f : S^{n-1} \to GL(N,\mathbb{C})$, $2N \geq n$, wobei S^{n-1} die Einheitssphäre im $\mathbb{R}^n$ ist und $GL(N,\mathbb{C})$ die allgemeine lineare Gruppe aller invertierbaren linearen Abbildungen vom $\mathbb{C}^N$ in den $\mathbb{C}^N$ bezeichnet.

SATZ 2 (R. BOTT, 1958): Wenn n ungerade ist, kann jede Abbildung f zu einer konstanten Abbildung deformiert werden. Wenn n gerade ist, kann man eine ganze Zahl $\operatorname{Grad}(f)$ definieren; f läßt sich dann genau dann in eine Abbildung g deformieren, wenn $\operatorname{Grad}(f) = \operatorname{Grad}(g)$ ist. Weiter existieren Abbildungen mit jedem beliebigen ganzzahligen Grad.

ARGUMENTE (Wir werden Satz 2 weiter unten in anderer Form vollständig beweisen):

1. Satz 1 ist in Satz 2 als Spezialfall für $n = 2$ und $N = 1$ enthalten. Für $n = 1$ und N beliebig erhalten wir ferner die bekannte Tatsache, daß $GL(N,\mathbb{C})$ wegweise zusammenhängend ist (siehe oben vor Aufgabe I.6.3), zurück.

2. So wie es hier formuliert wurde, handelt das Bottsche Theorem von Deformationen, d.h. von "Homotopie", dem zentralen Thema der Topologie. Im Formalismus der Homotopietheorie besagt das Bottsche Theorem, daß für alle n, N mit $2N \geq n$ die Homotopiegruppe $\pi_{n-1}(GL(N,\mathbb{C}))$, d.h. die Gruppe der Klassen homotoper Abbildungen $S^{n-1} \to GL(N,\mathbb{C})$, wie folgt aussieht:

$$\pi_{n-1}(GL(N,\mathbb{C})) \cong \begin{cases} 0 & \text{wenn } n \text{ ungerade} \\ \mathbb{Z} & \text{wenn } n \text{ gerade} \end{cases} .$$

Dabei ist im zweiten Fall der Isomorphismus gegeben durch die Abbildung

$$\operatorname{Grad} : \pi_{n-1}(GL(N,\mathbb{C})) \xrightarrow{\cong} \mathbb{Z} .$$

Mit diesen Begriffen bedeutet unser oben in Satz 1 dargestelltes klassisches Resultat gerade, daß die erste Homotopiegruppe (die "Fundamentalgruppe") von $\mathbb{C}^\times$ isomorph zu $\mathbb{Z}$ ist, zur Gruppe der ganzen Zahlen.

Wegen der in Satz 2 zum Ausdruck kommenden Isomorphie von $\pi_{n+1}(GL(N,\mathbb{C}))$ und $\pi_{n-1}(GL(N,\mathbb{C}))$ wird er auch *"Periodizitätssatz"* genannt. Für $GL(N,\mathbb{R})$ kann man übrigens einen entsprechenden Satz (mit Periode 8) beweisen. Er steht in enger Verbindung mit der Theorie reeller elliptischer schief-selbstadjungierter Operatoren. Vgl. unten Abschnitt III.4.J.

3. Es gibt wie oben bei Satz 1 verschiedene Wege, den Grad (für gerades n) zu definieren:

Zunächst ist wieder eine *differentiale* Definition von $\operatorname{Grad}(f)$ möglich, und zwar mit Hilfe einer gewissen explizit definierten invarianten Differentialform ω auf der C^∞-Mannigfaltigkeit $GL(N,\mathbb{C})$. Für die nicht ganz einfache Definition dieser "Weltkonstanten" (F. HIRZEBRUCH) verweisen wir z.B. auf [HIRZEBRUCH 1966, 587f]. Man setzt dann

$$\operatorname{Grad}(f) := \int_{S^{n-1}} f^*(\omega) \quad ,$$

wo $f^*(\omega)$ die induzierte Form über S^{n-1} ist, und zeigt (!) dann, daß die so definierte Invariante eine ganze Zahl ist.

Alternativ zu dieser direkten, rechnerisch allerdings etwas aufwendigen Definition kann man Grad(f) auch *geometrisch* definieren - durch schrittweise Zurückführung auf den anschaulicheren, aber topologisch nicht unbedingt anspruchsloseren Begriff des "Abbildungsgrades" einer stetigen Abbildung der (n-1)-Sphäre in sich. (In Satz 1 fielen alle diese Begriffe noch zusammen). Zunächst zeigt man, daß man o.B.d.A. $2N = n$ annehmen kann, da f im Fall $2N > n$ stets in eine Abbildung g der Form $g(x) = \begin{pmatrix} h(x) & 0 \\ 0 & \mathrm{Id} \end{pmatrix}$ überführt werden kann, wo $h : S^{n-1} \to GL(n/2,\mathbb{C})$. Alle weiteren Konstruktionen hängen nicht von der Wahl von g ab, denn es gilt genauer

$$\pi_{n-1}(GL(N,\mathbb{C})) \cong \pi_{n-1}(GL(n/2,\mathbb{C})) \quad \text{für} \quad N \geq n/2 \quad .$$

{Das folgt aus der für $n \leq m$ von $U(n) \hookrightarrow U(m)$ induzierten exakten Homotopiesequenz

$$\pi_{i+1}(U(m),\, U(n)) \to \pi_i(U(n)) \to \pi_i(U(m)) \to \pi_i(U(m),\, U(n))$$

und aus der "Faserung" $U(n) \to U(n+1) \to S^{2n+1}$, die die exakte Sequenz

$$\pi_{i+1}(S^{2n+1}) \to \pi_i(U(n)) \to \pi_i(U(n+1)) \to \pi_i(S^{2n+1})$$

liefert. Für $i < 2n$ folgt $\pi_{i+1}(S^{2n+1}) = \pi_i(S^{2n+1}) = 0$; zeige nämlich - z.B. mit dem "Sardschen Satz" nach differenzierbarer Approximation - daß aufgrund des Dimensionsunterschiedes keine eine solche Homotopieklasse definierende stetige Abbildung surjektiv sein kann, so daß man immer einen Punkt im Komplement des Bildes in S^{2n+1} zur Verfügung hat, auf den man "zusammenziehen" kann. Damit folgt also $\pi_{i-1}(U(m)) \cong \pi_{i-1}(U(n))$ für $1 \leq i \leq 2n \leq 2m$. Hierbei ist $U(n)$ die Gruppe der $n{\times}n$-reihigen unitären Matrizen, d.h. also der Automorphismen A des $\mathbb{C}^n$, für die $AA^* = \mathrm{Id}$ gilt. Da $U(n)$ Deformationsretrakt von $GL(n,\mathbb{C})$ ist (Beweis!), folgt die Behauptung. Vgl. dazu z.B. [STEENROD 1951, § 5.6 und § 19.5].}

Sei also $2N = n$. Dann definiert die erste Spalte der Matrix f eine Abbildung $f_1 : S^{n-1} \to \mathbb{C}^N \setminus \{0\}$. Wegen $\mathbb{C}^N \setminus \{0\} = \mathbb{R}^n \setminus \{0\}$ ist $g := f_1/|f_1|$ dann eine Abbildung $S^{n-1} \to S^{n-1}$, für die ein Grad (der "Abbildungsgrad", die "natürlichste" Verallgemeinerung von Satz 1) unschwer zu definieren ist: Man approximiert g durch eine differenzierbare Abbildung h , wählt in S^{n-1} einen Punkt y "in allgemeiner Lage", also so, daß die Jacobische Form $h_{*|x}$ (s.o. Abschnitt II.2.C) für alle $x \in h^{-1}(y)$ maximalen Rang hat, d.h. ein Isomorphismus der Tangentialräume ist, und nimmt dann die Anzahl der Punkte in $h^{-1}(y)$, wo h_* die

Orientierung umkehrt. Einzelheiten hierzu in [HIRSCH 1976, 121-131]. Für andere Definitionen des "Abbildungsgrades" von g vgl. z.B. [BRÖCKER-JÄNICH 1973, 162] (über "Schnittzahlen", d.h. auch geometrisch - nur in etwas allgemeinerem Rahmen) und [EILENBERG-STEENROD 1952, 304ff] (über die "Homologie" von S^{n-1}, d.h. letztlich mit kombinatorischen Mitteln); ferner unten Aufgabe 10 ("K-theoretisch").

Es erweist sich, daß der Abbildungsgrad $\mathrm{Grad}(g)$ (a) alle "wesentliche" Information über das qualitative Verhalten von f enthält und (b) stets durch $(N-1)!$ teilbar ist, und wir definieren dann

$$\mathrm{Grad}(f) := \frac{(-1)^{N-1}\,\mathrm{Grad}(g)}{(N-1)!},$$

wobei das Vorzeichen $(-1)^{N-1}$ in der Formel nur aus untergeordneten technischen Gründen steht.

Man kann sich (a) vielleicht am besten so veranschaulichen (zum Begriff "Anschauung" siehe aber auch unten 4. Eigentlich handelt es sich hier mehr um eine "Eselsbrücke"...): Topologisch bedeutet bei einer Matrix die lineare Unabhängigkeit der Spaltenvektoren "ungefähr" dasselbe, wie wenn die Spaltenvektoren senkrecht aufeinanderstehen. Dadurch wird eine Funktion $S^{n-1} \to GL(N,\mathbb{C})$ so "starr", daß sie schon durch eine einzige Spalte topologisch vollständig klassifiziert werden kann.

Tatsächlich - und das betrifft jetzt (b) - sind die Abbildungen $S^{n-1} \to GL(N,\mathbb{C})$ so "starr", daß i.a. längst nicht jede Funktion $S^{n-1} \to \mathbb{C}^N \setminus \{0\}$ als 1. Spalte auftreten kann. Woran liegt das? Kann man denn nicht jeden von Null verschiedenen Vektor z.B. durch Hinzunahme von orthogonalen Vektoren zu einer invertierbaren Matrix ergänzen? Ja und nein: Das ist zwar richtig in jedem einzelnen Punkt, nicht aber, wenn diese "Ergänzung" gleichmäßig, in stetiger Abhängigkeit von einem Punkt, der sich bei uns auf S^{n-1} bewegt, vorgenommen werden soll. Man denke etwa an eine Sphäre, die wie die 2-Sphäre kein einziges tangentiales Vektorfeld besitzt (s.u. Aufgabe 11), womit die identische Abbildung also schon nicht als 1. Spalte auftreten könnte.

Zu einer Einschätzung der "Schwierigkeit" des Teilbarkeitssatzes (b), der in etwas anderer Form von Friedrich HIRZEBRUCH "ziemlich am Schluß der Überlegungen (zum Satz von Riemann-Roch, B.B.) als eine Folgerung der Cobordisme-Theorie" bewiesen wurde, andererseits aber "nicht am Schluß, sondern am Anfang" steht, nämlich"innerhalb der Bottschen Periodizitätstheorie, auf der die neueren Beweise des Riemann-Roch-Satzes gerade fußen", vgl. [HIRZEBRUCH 1962, 171]. *)

*) In der Sprache von Abschnitt III.4.A handelt es sich darum, daß der Chernsche Charakter $ch_N : \tilde{K}(S^{2N}) \to H^{2N}(S^{2N};\mathbb{Q})$ durch $(-1)^{N-1}c_N/(N-1)!$ gegeben wird, da sich alle anderen Ausdrücke in der Formel für ch_N aufgrund der Bottschen Periodizität, hier in der Form $\tilde{K}(S^{2N}) \cong H^{2N}(S^{2N};\mathbb{Z})$, wegheben. Ist E das mittels Klebekonstruktion (Anhang, Aufgabe 4) durch $f : S^{2N-1} \to GL(N,\mathbb{C})$ definierte komplex-N-dimensionale Vektorraumbündel über S^{2N}, dann gilt also (zum Vorzeichen siehe oben)

4. Was läßt sich soweit über die *Substanz* des Bottschen Periodizitätssatzes sagen? Bleiben wir beim Fall n gerade, $2N \geq n$. Dann haben wir drei Aussagen:

(i) Grad : $\pi_{n-1}(GL(N,\mathbb{C})) \to \mathbb{Z}$ ist wohldefiniert,

(ii) die Abbildung ist surjektiv und

(iii) die Abbildung ist injektiv.

Für (i) bieten sich, wie wir gesehen haben, ein "differentialer" und ein "geometrischer" Weg an. Dabei wird der Grad einmal als Integral über eine Differentialform (also a priori als reelle Zahl) und das andere Mal als Quotient zweier ganzer Zahlen (a priori also als rationale Zahl) definiert. Abgesehen von den deshalb jeweils erforderlichen Ganzzahligkeits- bzw. Teilbarkeitssätzen bietet (i) aber keine Schwierigkeit, da die Homotopieinvarianz von Grad nach Definition ziemlich klar ist. Schlagwortartig kann man sagen: Bei (i) geht es um die Definition einer ganzzahligen Homotopieinvariante - das ist "Homologie" und verhältnismäßig einfach.

Auch (ii) ist verhältnismäßig einfach: Man kann nämlich nach dem gleichen Rezept wie bei der Tensorierung elliptischer Operatoren (s.o. Aufgabe II.5.7) für $f : S^{n-1} \to GL(N,\mathbb{C})$ und $g : S^{m-1} \to GL(M,\mathbb{C})$ das Tensorprodukt

$$f \# g \quad : \quad S^{m+n-1} \quad \to \quad GL(2MN,\mathbb{C})$$

$$(x,y) \quad \mapsto \quad \begin{pmatrix} f(x) \otimes Id_M & -Id_N \otimes g^*(y) \\ Id_N \otimes g(y) & f^*(x) \otimes Id_M \end{pmatrix}$$

bilden. (Dabei seien f und g homogen auf ganz $\mathbb{R}^n$ bzw. $\mathbb{R}^m$ zu matrixwertigen Funktionen fortgesetzt). Aus der einfachen multiplikativen Formel $\text{Grad}(f\#g) = -(\text{Grad } f)(\text{Grad } g)$ folgt dann $\text{Grad}(a_k) = 1$, wenn $a : S^1 \to Gl(1,\mathbb{C})$ die durch $a(z) := z$ gegebene Standardabbildung vom Grad 1 und die Abbildung

$$a_k := \overbrace{a \# \ldots \# a}^{k\text{-mal}} \quad : \quad S^{2k-1} \quad \to \quad GL(2^{k-1},\mathbb{C})$$

ihre k-fache Potenz ist. Produkttheorie liefert also eine erzeugende Abbildung,und das heißt ein erzeugendes Element der (unendlich zyklischen) Gruppe von Klassen homotoper Abbildungen $S^{n-1} \to GL(N,\mathbb{C})$ für $n = 2k$, woraus die Surjektivität von Grad folgt.

Die Aussage (iii) ist dagegen zutiefst nicht-trivial: Während in (i) und (ii) nur einzelne Objekte, eine homotopieinvariante "Zahl" und eine nicht 0-homotope Abbildung, konstruiert werden, muß man jetzt zeigen, daß Abbildungen gleichen Grades ineinander deformiert werden können, also insbesondere, daß jede Abbildung mit verschwindendem Grad zur konstanten Abbildung homotop ist. Nach der Definition der

---

Grad $f = ch_N([E]-[\mathbb{C}^N_{S^{2N}}])$, wo $[E]$ die Klasse von E in $K(S^{2N})$ ist; ferner geht die N-te Chernsche Klasse $c_N(E)$ unter der Isomorphie $H^{2N}(S^{2N};\mathbb{Z}) \cong \mathbb{Z}$ in den Abbildungsgrad $\text{Grad}(g)$ über, wo $g : S^{2N-1} \to S^{2N-1}$ wie eben aus f definiert ist.

Invarianten will man ihre Relevanz unter Beweis stellen, ihre Güte bestimmen. Das ist eben "Homotopie" - und extrem unanschaulich, wie man daraus ersehen kann, daß die unserer raum-zeitlichen Anschauung für $2N < n$ doch in gewisser Weise "näher" liegenden Homotopieklassen von Abbildungen $S^{n-1} \to GL(N,\mathbb{C})$ ebenso wie die Homotopieklassen von Abbildungen von Sphären in Sphären wegen ihrer außerordentlichen Kompliziertheit im allgemeinen noch immer unbekannt sind.

5. Ohne hier die sehr unterschiedlichen Beweise, die bis heute für den Periodizitätssatz erbracht worden sind, zu kommentieren, soll doch darauf hingewiesen werden, daß *alle* Beweise durch Induktion über n geführt werden, genauer durch einen Induktionsschluß von n auf $n+2$. In der Sprache der eben vorgestellten Produkttheorie hat man zu zeigen, daß $f \mapsto f \# a$ einen Isomorphismus von der Homotopiegruppe in der Dimension $n-1$ auf die Homotopiegruppe in der Dimension $n+1$ liefert.

6. Interessanterweise bietet sich für die oben bei Satz 1 vorgetragene *"algebraische"* Definition der Umlaufzahl zunächst keine Verallgemeinerung auf die vorliegende Situation an. Die Entdeckung der topologischen Signifikanz elliptischer Randwertprobleme (s.o. II.6 - II.8 und unten Abschnitt III.4.H) führte Raoul BOTT und Michael F. ATIYAH jedoch zu einem neuen und elementaren *) Beweis des Periodizitätssatzes, der in einem sehr tiefen Sinn, den wir weiter unten bei der Vorführung des Beweises in einer besonders geeigneten Fassung erklären werden, die algebraische und funktionalanalytische Definition verallgemeinert und zusammenfaßt und darüber hinaus "an das Herz des Problems geht" (ATIYAH). □

Die "Liesche Gruppe" $GL(N,\mathbb{C})$ *und ihr reelles Analogon spielen überall in der Mathematik eine große Rolle. Entsprechend hat sich der Periodizitätssatz und die auf ihm fußende "K-Theorie" (s.u.) über die unmittelbaren Anwendungen auf das Indexproblem für elliptische Schwingungsgleichungen (siehe insbesondere unten §§ 2-4) hinaus auch bei einer Reihe von anderen tiefliegenden geometrischen Problemen als tüchtiges Hilfsmittel erwiesen, so bei der Berechnung der Anzahl linear unabhängiger Vektorfelder auf einer Sphäre, die dem britischen Mathematiker John Frank ADAMS mit eben diesen Werkzeugen 1962 gelang. Eine ausführliche Darstellung dieser und einiger weiterer Anwendungen findet man z.B. in [HUSEMOLLER 1966, Kapitel 15].*

Der innere Zusammenhang zwischen der Topologie der allgemeinen linearen Gruppe und der Geometrie differenzierbarer Mannigfaltigkeiten, der in diesen Erfolgen zum Ausdruck kommt, kann intuitiv so umschrieben werden: Zu den einfachsten globalen topologischen Invarianten einer kompakten orientierten n-dimensionalen Mannigfaltigkeit X *gehört die "Eulercharakteristik"* $e(X)$. *Nach einem berühmten Satz,*

---

*) *im Vergleich zu dem ursprünglichen Beweis, der im wesentlichen mit Mitteln der von Marston MORSE entwickelten modernen Variationsrechnung geführt wurde; siehe etwa [MILNOR 1963, insbes. 124-132].*

der 1895 von Henri POINCARÉ für $n=2$ *und 1925 von Heinz HOPF allgemein bewiesen wurde, kann* $e(X)$ *vermittels einer differenzierbaren Struktur auf* X *als Anzahl der "Singularitäten", d.h. der isolierten Nullstellen* x *eines tangentialen Vektorfeldes* v *auf* X *bestimmt werden, jeweils genommen mit der richtigen Vielfachheit, nämlich dem (lokalen)* "Index" *von* v *in* x *(dem Abbildungsgrad einer durch* v *auf der Oberfläche einer um* x *gelegten Vollkugel erklärten Abbildung* $S^{n-1} \to S^{n-1}$*). Für einen konzeptionell sehr einleuchtenden Beweis im Fall* $n=2$ *vgl. [BRIESKORN 1976, 166-171], vgl. auch unten Abschnitt III.4.D/E.*

Heute kennt man sehr viele globale topologische Invarianten, die mit Hilfe klassischer, z.B. Riemannscher oder komplexer Struktur für X *definiert sind, vgl. [HIRZEBRUCH 1956]. Diese "charakteristischen Klassen" sind allesamt Verallgemeinerungen der Eulercharakteristik, denn "grob gesprochen betrachtet man die Zyklen, wo eine gegebene Anzahl von Vektorfeldern linear abhängig wird", wie in [ATIYAH 1968b, 59] bemerkt wird. Die Frage, auf welche Weise ein System von linear unabhängigen Vektoren linear abhängig werden kann, stellt dann das Verbindungsglied zur Topologie von* $GL(N,\mathbb{C})$ *(und* $GL(N,\mathbb{R})$*) dar.*

Auch in die Physik, wo die Liegruppen eine große und anerkannte Bedeutung erlangt haben, scheinen die neueren mathematischen Ergebnisse über die Topologie der allgemeinen linearen Gruppe und anderer klassischer Liegruppen nun langsam einzudringen. (Nicht alle unsere mathematischen "Moden" machen die Physiker gleich mit - vielleicht weil sie wissen, auf wie brüchigem Boden sie stehen und wie kurz die Liste der durchführbaren Experimente im Verhältnis zu den Entfaltungsmöglichkeiten der Theorie ist). Einzelne Physiker haben darauf hingewiesen, daß man in der Quantendynamik zur Beschreibung der "magnetischen Diracmonopole" global definierte topologische Objekte (z.B. Materie mit Ladung als Schnitt in einem - nicht-trivialen - Bündel, dem Feld mit Ladung) benötigt und daß es gilt, die Einheit von funktionalanalytischer und topologischer Betrachtungsweise herzustellen. Grob gesagt, besteht danach der Lösungssatz von Paul DIRAC darin, daß er es sich eben nur dadurch leisten konnte, gewisse "in Wirklichkeit" nicht-triviale Bündel der Physik als trivial zu unterstellen, indem er den "Basisraum" durch Aufschneiden längs einer Linie zusammenziehbar macht. Damit hat er die theoretische Physik von den ihr zugrundeliegenden global-topologischen Schwierigkeiten befreit und ihr zugleich neue Probleme durch die dadurch auftretenden Singularitäten eingehandelt, die den Einsatz stärkerer funktionalanalytischer Hilfsmittel wie der Distributionentheorie verlangen. Danach sind Topologie und Analysis nur zwei unterschiedliche Angehweisen für ein *Problem. In dieser Richtung hat z.B. der polnische Physiker A.Z. JADCZYK die Ladung des Diracschen magnetischen Monopols (Fluß eines magnetischen Feldes durch einen um die Singularität gelegten "Rand") durch die Windungszahl eines Weges in einem Bündel mit Faser* S^1 *dargestellt und allgemeiner zur Wechselwirkung von Gauge-Feldern mit Ladungsfeldern den physikalischen Phasenraum in disjunkte Zusammenhangskomponenten, den "Vakuumbereich" und die "Solitonbereiche", zerlegt, die wieder durch gewisse Umlaufzahlen, die "topologischen Ladungen" mit ganzzahligen Werten, charakterisiert sind. Er erhält so einen "topologischen Erhaltungssatz" und kann damit die physikalisch bedeutsame Frage, welche Lösungen der entsprechenden Bewegungsgleichungen "dissipativ" sind, d.h. sich auf höherem Energieniveau wieder einpendeln, durch die Analyse eines einzigen Standardrepräsentanten in der Homotopieklasse (dem entsprechenden "Solitonbereich", aus dem die zeitliche Entwicklung eben nicht herausführen kann) klären. Siehe [JADCZYK 1976].* □

C. DER RING DER VEKTORRAUMBÜNDEL. X sei ein kompakter topologischer Raum. Wir betrachten die (im Anhang definierte) abelsche Halbgruppe $\mathrm{Vekt}(X)$ der Isomorphieklassen (komplexer) Vektorraumbündel über X. Besteht X nur aus einem Punkt, so ist $\mathrm{Vekt}(X) \cong \mathbb{Z}_+$. Wir geben uns nun daran, die Konstruktion, mit der man von der Halbgruppe $\mathbb{Z}_+$ zu der Gruppe $\mathbb{Z}$ übergeht, so zu verallgemeinern, daß wir der Halbgruppe $\mathrm{Vekt}(X)$ die Gruppe $K(X)$ zuordnen können:

SATZ 3: Jeder abelschen Halbgruppe A (mit Nullelement 0) kann man in kanonischer Weise eine abelsche Gruppe $B := A \times A / \sim$ und einen von $a \mapsto (a,0)$ erzeugten Halbgruppenhomomorphismus $\varphi : A \to B$ zuordnen. Dabei ist $\sim$ die auf $A \times A$ durch

$$(a_1,a_2) \sim (a_1 \oplus a,\ a_2 \oplus a) \quad , \quad a \in A$$

erzeugte Äquivalenzrelation.

BEWEIS: Sei $\Delta : A \to A \times A$ der Diagonalhomomorphismus $a \mapsto (a,a)$ von Halbgruppen. Dann besteht also B aus den Nebenklassen von $\Delta(A)$ in $A \times A$: $B = \{(a_1,a_2) + \Delta(A)\ ;\ a_i \in A\ ,\ i = 1,2\}$, wobei $(a_1,a_2) + \Delta(A) := \{(a_1 \oplus a,\ a_2 \oplus a);\ a \in A\}$ ist. B ist eine Quotientenhalbgruppe, in der durch

$$(a_1,a_2) + \Delta(A) \mapsto (a_2,a_1) + \Delta(A)$$

die Bildung eines Inversen erklärt ist. Damit erweist sich B als Gruppe. In dieser Sprache erhalten wir den Halbgruppenhomomorphismus φ durch $\varphi(a) := (a,0) + \Delta(A)$. □

<u>ANMERKUNGEN: 1.</u> Es ist gut, die Definition von B zunächst so pedantisch wie im Beweis durchzuführen, weil die vom Verhältnis $\mathbb{Z}_+$ zu $\mathbb{Z}$ gewonnene Anschauung teilweise trügerisch ist: Eine Halbgruppe läßt sich nämlich i.a. *nicht* in eine Gruppe einbetten. (Die Kürzungsregel müßte schon in der Halbgruppe gelten). Die natürliche Abbildung $\varphi : A \to B$ ist also nicht notwendig injektiv, siehe auch Aufgabe <u>2</u>.

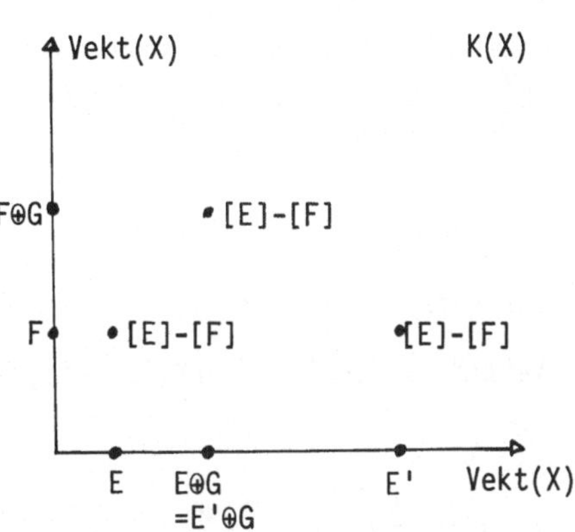

<u>2</u>. B ist in gewisser Weise die "bestmögliche" Gruppe, die aus der Halbgruppe A gemacht werden kann; genauer gilt die folgende *universelle Eigenschaft* von φ : Jeder Halbgruppenhomomorphismus $h : A \to G$ von A in eine beliebige Gruppe G läßt sich auf genau eine Weise durch φ "faktorisieren"; d.h. es gibt zu h genau einen Gruppenhomomorphismus $h' : B \to G$, so daß das nebenstehende Diagramm kommutativ wird.

$$\begin{array}{ccc} A & \xrightarrow{\varphi} & B \\ & h \searrow & \swarrow h' \\ & G & \end{array}$$

Die universelle Eigenschaft ist eine Verallgemeinerung der trivialen Beobachtung, daß φ ein Isomorphismus wird, wenn A bereits eine Gruppe ist, und kann so aus der funktoriellen Eigenschaft der Zuordnung $A \mapsto (B,\varphi)$ über der Kategorie der Halbgruppen geschlossen werden, siehe [ATIYAH 1967a, 42f].

Ein anderer Weg besteht darin, B von vornherein als Quotientengruppe FA/RA zu definieren; dabei ist FA die "freie abelsche Gruppe" von A , die aus allen endlichen formalen Linearkombinationen von Elementen aus A mit Koeffizienten in $\mathbb{Z}$ besteht, und RA die von der Menge $\{1(a_1 \oplus a_2) + (-1)a_1 + (-1)a_2 \; ; \; a_i \in A\}$ erzeugte Untergruppe von FA . Die Abbildung $\varphi : A \to FA/RA$ ist dann in natürlicher Weise definiert und genügt der Homomorphiebedingung $\varphi(a_1 \oplus a_2) = \varphi(a_1) + \varphi(a_2)$, da $\varphi(a_1 \oplus a_2) - \varphi(a_1) - \varphi(a_2)$ durch $1(a_1 \oplus a_2) + (-1)a_1 + (-1)a_2$ repräsentiert wird. Daß φ "universelle Lösung des Faktorisierungsproblems" ist, folgt dann so: Die Eindeutigkeit von h' ist klar, da durch $h'(\varphi(a)) := h(a)$ für $a \in A$ die Werte von h' auf den Erzeugenden von FA/RA vorgegeben sind, wodurch h' auch bereits definiert ist. Aus $h'(\varphi(a_1 \oplus a_2)) - h'(\varphi(a_1)) - h'(\varphi(a_2)) = 0$ folgt, daß h' ein Gruppenhomomorphismus ist. Aus dieser universellen Eigenschaft folgt übrigens unmittelbar die Äquivalenz der beiden Gruppenkonstruktionen und insbesondere die Isomorphie von B und FA/RA. □

Sei nun $A := \text{Vekt}(X)$, X kompakt. Die zugehörige abelsche Gruppe B bezeichnen wir mit K(X) . Für jedes Vektorbündel E über X erhalten wir also (vermittels

φ) ein Element $[E] \in K(X)$, und jedes Element von $K(X)$ läßt sich als lineare Kombination von solchen Elementen schreiben, siehe auch unten Aufgabe 4a. Für $[\mathbb{C}_X^N]$ schreiben wir auch einfach N .

AUFGABE 1: Beschreibe in dem hier entwickelten Formalismus die kanonische Fortsetzung der Subtraktion $\delta : \mathbb{Z}_+ \times \mathbb{Z}_+ \to \mathbb{Z}$ zur "Differenzbündelkonstruktion" $\mathrm{Vekt}(X) \times \mathrm{Vekt}(X) \to K(X)$. Zeige vorab $K(X) \cong \mathbb{Z}$, wenn X = Punkt . □

AUFGABE 2: Zeige, daß in $\mathrm{Vekt}(X)$ i.a. nicht die Kürzungsregel gilt.

TIP: Zunächst Veranschaulichung mit den beiden reellen Bündeln TS^2 und $\mathbb{R}^2_{S^2}$ über der 2-Sphäre, die nicht isomorph sind (vgl. unten Aufgabe 11), deren direkte Summe mit dem trivialen Linienbündel $\mathbb{R}_{S^2}$ aber isomorph ist (beim Tangentialbündel TS^2 denke man an die direkte Summe mit dem Normalenbündel NS^2 der kanonischen Einbettung von S^2 in $\mathbb{R}^3$) . Allgemein suche ein nicht-triviales Vektorraumbündel E , das durch Addition mit einem trivialen trivial wird. Eine ausführliche Diskussion spezieller "kürzungsartiger" Regeln findet man in [HUSEMOLLER 1966, 99ff], so z.B. den "Eindeutigkeitssatz für Vektorraumbündel", wonach man triviale Vektorraumbündel über einer Mannigfaltigkeit der Dimension n wegkürzen kann, wenn der erste Summand eine Faserdimension $\geq n/2$ hat. □

AUFGABE 3: a Zeige, daß sich jedes Element von $K(X)$ in der Form $[E] - N$ schreiben läßt, $E \in \mathrm{Vekt}(X)$, $N \in \mathbb{N}$.

b Zeige, daß zwei Vektorraumbündel E und F genau dann dasselbe Element in $K(X)$ definieren, d.h. $[E] = [F]$, wenn es ein N gibt, so daß $E \oplus \mathbb{C}_X^N \cong F \oplus \mathbb{C}_X^N$.

c Man sagt, daß die Bündel E und F stabil äquivalent sind, wenn es natürliche Zahlen N,M gibt, so daß

$$E \oplus \mathbb{C}_X^N \cong F \oplus \mathbb{C}_X^M .$$

Zeige, daß die Menge $I(X)$ der stabilen Äquivalenzklassen bezüglich der direkten Summe eine Gruppe bildet.

TIP zu c: Anhang, Aufgabe 6. □

AUFGABE 4: a Zeige, daß das Tensorprodukt $\otimes$ für Vektorraumbündel (Anhang, Aufgabe 3) eine multiplikative Struktur liefert, durch die $K(X)$ ein kommutativer Ring mit Einselement $[\mathbb{C}_X]$ wird.

b Zeige, daß jede stetige Abbildung $f : Y \to X$ bei einem "Wechsel des Parameterraumes" einen Ringhomomorphismus $f^* : K(X) \to K(Y)$ liefert, der nur von der Homotopieklasse von f abhängt.

c Sei $i : Y \hookrightarrow X$ die Inklusion einer abgeschlossenen Teilmenge Y in X. Setze $K(X,Y) := \text{Kern}\,(K(X/Y) \to K(Y/Y))$, wobei X/Y der Raum ist, den man aus X erhält, wenn man Y zu einem Punkt $\{Y/Y\}$ "zusammenschlägt".

(i) Zeige, daß die Gruppe $K(X,Y)$, wenn Y nur aus einem Punkt x_0 besteht, ein Ideal in $K(X)$ bildet und daß dann $K(X)$ in die direkte Summe

$$K(X) \cong K(X,x_0) \oplus K(x_0)$$

$$\cong K(X,x_0) \oplus \mathbb{Z} = \tilde{K}(X) \oplus \mathbb{Z}$$

aufgespaltet werden kann, wobei $\tilde{K}(X) := K(X,x_0)$, der "wesentliche" Teil von $K(X)$, isomorph zu $I(X)$ ist.

(ii) Im Allgemeinfall definiere eine natürliche Abbildung $j^* : K(X,Y) \to K(X)$ und zeige, daß die kurze Sequenz $K(X,Y) \xrightarrow{j^*} K(X) \xrightarrow{i^*} K(Y)$ exakt ist.

TIP zu a: Beachte auch, daß $-[E] = [E^*]$, da die Vektorraumbündel $L(E,F)$ und $E^* \otimes F$ kanonisch isomorph sind. Zu b: Anhang, Satz 2; insbesondere gilt also $K(X) \cong K(Y)$, wenn X und Y homotopieäquivalent sind. Zu c: Arbeite für die Aufspaltung in (i) mit der Retraktion $r : X \to \{x_0\}$. Zu $I(X)$ vgl. Aufgabe 3. Definiere j^* in (ii) zunächst allgemeiner, wenn $j : (X',Y') \to (X,Y)$ eine Abbildung von Raumpaaren, also $j : X' \to X$ stetig mit $j(Y') \subset Y$. Setze dann $X' = X$ und $Y' = \emptyset$. Zum Nachweis von Bild $j^* \subset$ Kern i^* faktorisiere

$$\begin{array}{ccc} (Y,\emptyset) & \xrightarrow{ji} & (X,Y) \\ & \searrow \quad \nearrow & \\ & (Y,Y) & \end{array}$$

und beachte $K(Y,Y) = 0$. Zum Beweis der anderen Richtung arbeite mit der Darstellung wie in Aufgabe 3a. Vgl. auch [ATIYAH 1967a, 69f]. □

SATZ 4: Sei X ein kompakter Raum und $[X,F]$ die Menge der Homotopieklassen stetiger Abbildungen $T : X \to F$, wobei F der Raum der Fredholmoperatoren in einem Hilbertraum H ist. Die Konstruktion des Indexbündels (s.o. § I.7) induziert dann eine bijektive Abbildung index : $[X,F] \to K(X)$, bei der die Komposition in F der Addition in $K(X)$ und die Adjungierten den Negativen entsprechen.

BEWEIS: oben Satz I.7.3. □

1. K-Theorie und Funktionalanalysis. *Im Beweis von Satz 3 und in der anschließenden Anmerkung haben wir zwei verschiedene Konstruktionsweisen für die Gruppe* $K(X)$ *kennengelernt, wovon die erste im funktionalanalytischen Zusammenhang (wie in Satz 4) vielleicht am natürlichsten ist. Die zweite Weise liefert dafür unmittelbarer die "universelle Eigenschaft", die historisch in den Arbeiten von Claude CHEVALLEY und Alexander GROTHENDIECK auf dem Gebiet der algebraischen Geometrie zu dieser formalen Gruppenkonstruktion motivierte; nämlich als Hilfsmittel für das Studium von Problemen, in denen additive Funktionen auf einer Halbgruppe mit Werten in den ganzen Zahlen auftreten. Das mag auch die Relevanz von* $K(X)$ *für unser Indexproblem elliptischer Operatoren erklären:*

In Teil II hatten wir jedem elliptischen Pseudodifferentialoperator $P : C^\infty(E) \to C^\infty(F)$, *wobei* E *und* F C^∞*-Bündel über der geschlossenen Riemannschen* C^∞*-Mannigfaltigkeit* X *sind, sein Symbol* $\sigma(P) \in \mathrm{Iso}_{SX}(E,F)$ *zugeordnet und nachgewiesen, daß* index P *nur vom Homotopietyp von* $\sigma(P)$ *abhängt. Sei nun* $S'X := B^+X \cup_{SX} B^-X$ *das n-Sphären-Bündel über* X , *das durch Aneinanderkleben zweier Kopien* B^+X *und* B^-X *des kovarianten Einheitsvollkugelbündels* $BX := \{(x,\xi) \,;\, x \in X$ *und* $\xi \in (T^*X)_x$ *mit* $|\xi| \leq 1\}$ *längs ihres gemeinsamen Randes* SX *entsteht. Wir liften jetzt* E *über* B^+X *und* F *über* B^-X *und verkleben sie (Anhang, Aufgabe 4) über* SX *vermöge* $\sigma(P)$. *Auf diese Weise erhalten wir ein Vektorraumbündel über* $S'X$, *dessen Isomorphieklasse* $[E \xrightarrow{\sigma(P)} F]$ *nur vom Homotopietyp von* $\sigma(P)$ *abhängt. Umgekehrt ist der Raum der Pseudodifferentialoperatoren so reich, daß* $\sigma(P)$ *von jedem gewünschten Homotopietyp ist, wenn* P *geeignet gewählt wird. Wegen der besonderen Gestalt von* $S'X$ *erhalten wir deshalb alle Isomorphieklassen von Vektorraumbündeln über* $S'X$ *auf diese Weise. Damit liefert die Theorie der elliptischen Gleichungen einen Halbgruppenhomomorphismus* index : $\mathrm{Vekt}(S'X) \to \mathbb{Z}$, *der sich in das folgende Diagramm einordnen läßt*

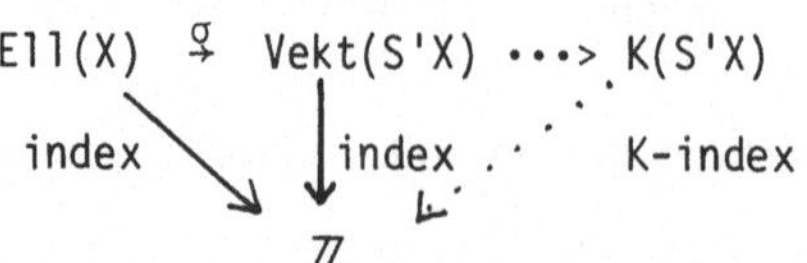

Dabei ist Ell(X) *die Klasse der elliptischen Pseudodifferentialoperatoren über der geschlossenen Mannigfaltigkeit* X . *Hier garantiert also die universelle Eigenschaft von* $K(S'X)$ *die Existenz und Eindeutigkeit eines* K-index , *der das Diagramm kommutativ macht und der als Gruppenhomomorphismus, vor allem wenn wir*

mehr über die Gruppe K(S'X) *wissen, leichter zu analysieren ist.* *)

2. K-Theorie und Kohomologie. *Aufgabe 3 besagt, daß* K *ein kontravarianter Funktor von der Kategorie der kompakten topologischen Räume und stetigen Abbildungen in die Kategorie der kommutativen Ringe (mit Einselement) und Ringhomomorphismen ist, der sehr viel Ähnlichkeit (übrigens auch noch in anderen hier nicht erklärten Aspekten) mit den Axiomen des Kohomologiefunktors* H^* *hat, vgl. z.B. [EILENBERG-STEENROD 1952, 13f]. Die "charakteristischen Klassen" von Vektorraumbündeln, siehe [HIRZEBRUCH 1956], liefern eine Vielzahl von interessanten Operationen* $K \to H^*$ *, und man kann zeigen, daß tatsächlich* $K(X) \otimes_{\mathbb{Z}} \mathbb{R} \cong H^{\text{gerade}}(X;\mathbb{R})$ *gilt, siehe [ATIYAH 1967a].*

□

D. K-THEORIE MIT KOMPAKTEM TRÄGER. Bisher haben wir die Gruppe K(X) nur für kompaktes X definiert. Für lokalkompaktes X setzen wir nun $K(X) := K(X^+,+) = \text{Kern}\,(K(X^+) \xrightarrow{i^*} K(+))$, wenn $X^+ = X \cup \{+\}$ die 1-Punkt-Kompaktifizierung von X (durch Hinzunahme eines Punktes {+}, wobei $i:\{x\} \hookrightarrow X^+$ die Inklusion dieses Punktes ist). Für kompaktes X bringt diese Definition natürlich nichts Neues. Alternativ kann die Gruppe K(X) durch "Komplexe" von Vektorraumbündeln beschrieben werden, vgl. [ATIYAH-SINGER 1968a, 489ff]; z.B. lassen sich dann Elemente der Gruppe $K(Y \setminus Z) = K(Y,Z)$ als Äquivalenzklassen von Isomorphismen $\sigma : E|Z \xrightarrow{\cong} F|Z$ auffassen, wo E und F (komplexe) Vektorraumbündel über der kompakten Menge Y mit abgeschlossener Teilmenge Z sind (man denke an das Symbol eines elliptischen Operators über der Mannigfaltigkeit X und setze Y := BX und Z := SX , wo dann $Y \setminus Z$ zum vollen Tangentialbündel T^*X diffeomorph ist).

AUFGABE 5: a Man prüfe nach, daß K(X) ein Ring ist - und zwar ohne Einselement, wenn X nicht kompakt ist. b Zeige die Funktorialität für eigentliche Abbildungen $f : Y \to X$; das sind diejenigen Abbildungen, die sich stetig auf Y^+ fortsetzen lassen.

---

*) Wir kennen heute drei verschiedene Weisen, wie man einem elliptischen Operator P über sein Symbol σ(P) ein K-theoretisches Objekt zuordnen kann. Die hier vorgetragene Konstruktion, bei der man in $K(B^+X \cup B^-X)$ landet, ist die anschaulichste, da $[E \xrightarrow{\sigma(P)} F] \in K(B^+X \cup B^-X)$ durch ein Vektorraumbündel über $B^+X \cup B^-X$ unmittelbar repräsentiert werden kann. Die beiden anderen Konstruktionsweisen liefern Objekte in K(BX,SX) oder - gleichbedeutend, vgl. den folgenden Abschnitt - in K(TX) und laufen darauf hinaus, daß man die Differenzklasse $[E \xrightarrow{\sigma(P)} F] - [F]$ bildet. Der Vorteil dieser "unanschaulichen" Konstruktion eines Differenzbündels (für Einzelheiten vgl. unten §§ 2/3) liegt darin, daß das Objekt $[E \xrightarrow{\sigma(P)} F]$ noch zuviel unnütze Information über die spezielle Gestalt der Vektorraumbündel E und F enthält, die für das Indexproblem vollständig irrelevant ist, weil man z.B. immer E (oder F) durch Addition mit einem Vektorraumbündel V trivial machen kann (Anhang, Aufgabe 6), wobei sich am Index von $P \oplus Id_V : C^\infty(E \oplus V) \to C^\infty(F \oplus V)$ nichts ändert. Genauer: Durch Auswertung der Zeilen-exakten, kommutativen Sequenz (↙ 0.7 ist die Identität auf K(X))

TIP zu b: Man definiert auch: f eigentlich genau dann, wenn $f^{-1}(K)$ für alle kompakten Teilmengen $K \subset X$ kompakt ist. Von daher kommt der Begriff "K-Theorie mit kompaktem Träger", siehe auch [EILENBERG-STEENROD 1952, 5 und 269ff]. Insbesondere ist jeder Homöomorphismus eigentlich, und es gilt $K(X) \cong K(Y)$ für homöomorphe X,Y und $f^* = \mathrm{Id}$, wenn $Y = X$ und f - in der Klasse der Homöomorphismen - homotop zur Identität ist. Dagegen reicht der bloße Homotopietyp von X i.a. nicht zur Bestimmung von $K(X)$ aus. (Beispiel: $K(\mathbb{R}) \not\cong K(\text{Punkt})$). □

SATZ 5: Sind X und Y lokalkompakte Räume, dann läßt sich zusätzlich zur Ringstruktur in $K(X)$ und $K(Y)$ ein äußeres Produkt

$$\boxtimes : K(X) \otimes K(Y) \to K(X \times Y)$$

definieren.

ANMERKUNG: Das äußere Produkt läßt sich besonders einfach und natürlich definieren, wenn man die oben erwähnte Einführung von $K(X)$ über Komplexe vornimmt und dann das Tensorprodukt von Komplexen bildet, siehe [ATIYAH-SINGER 1968a, 490]; vgl. auch das äußere Tensorprodukt für elliptische Operatoren in Aufgabe II.5.7b und für matrizenwertige Funktionen in diesem Paragraphen, Abschnitt B.

BEWEIS: 1. Sind X und Y kompakt, so ist $\boxtimes$ wohldefiniert, da man für Vektorraumbündel E über X und F über Y das Vektorraumbündel $E \boxtimes F$ über $X \times Y$ hat, dessen Faser im Punkte (x,y) gerade $E_x \otimes F_y$ ist.

2. Um diese Definition auf lokalkompakte X,Y zu übertragen, beweisen wir die Exaktheit der kurzen Sequenz

$$0 \to K(X \times Y) \to K(X^+ \times Y^+) \to K(X^+) \oplus K(Y^+) \quad , \qquad (*)$$

wodurch $K(X \times Y)$ mit der Untergruppe von $K(X^+ \times Y^+)$ identifiziert wird, die auf den beiden "Achsen" X^+, Y^+ verschwindet. Dafür knüpfen wir an die kurze exakte Sequenz

$$K(A,B) \xrightarrow{j^*} K(A) \xrightarrow{i^*} K(B) \qquad (**)$$

aus Aufgabe 4c (s.o.) für kompakte topologische Räume A und B mit $i : B \longrightarrow A$ an und zwar für den Fall, daß B ein "Retrakt" von A ist, d.h. daß es eine stetige Abbildung $r : A \to B$ gibt, die auf B mit der Identität übereinstimmt. Dann ist $ri = \mathrm{Id}$ auf B und $i^* r^* = \mathrm{Id}$ auf $K(B)$, wo $r^* : K(B) \to K(A)$ na-

---

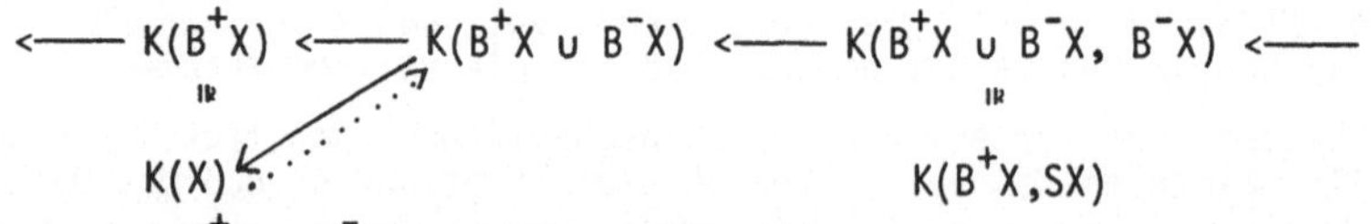

$$\longleftarrow K(B^+X) \longleftarrow K(B^+X \cup B^-X) \longleftarrow K(B^+X \cup B^-X, B^-X) \longleftarrow$$

$K(B^+X) \cong K(X)$ (mit Pfeilen $K(B^+X \cup B^-X) \to K(X)$ und gepunktet $K(X) \to K(B^+X \cup B^-X)$), $K(B^+X \cup B^-X, B^-X) \cong K(B^+X, SX)$

findet man $K(B^+X \cup B^-X) \cong K(X) \oplus K(BX, SX)$, wobei der erste Summand eben für das Indexproblem irrelevant ist und der zweite sich am besten in der nichtrelativen Form $K(TX)$ im Rahmen der "K-Theorie mit kompaktem Träger" abhandeln läßt.

türlich definiert ist; damit sehen wir, daß i^* surjektiv und r^* injektiv ist. Weiter erhalten wir so (Beweis!) ein $g^* : K(A) \to K(A,B)$ mit $g^*j^* = \mathrm{Id}$, also j^* injektiv. Man sagt: Die Sequenz "spaltet" (vgl. [EILENBERG-STEENROD 1952, 229f]) - und wirklich erhalten wir dadurch eine Aufspaltung

$$K(A) \cong K(A,B) \oplus K(B) . \qquad (***)$$

Aus (***) folgt (*), indem wir einmal

$$A := X^+ \times Y^+ \text{ und } B := X^+ \times \{+\} \qquad (1)$$

und dann

$$A := (X^+ \times Y^+)/X^+ \text{ und } B := Y^+ \qquad (2)$$

setzen. Da in beiden Fällen B Retrakt von A ist, spaltet (**) und wir erhalten die Formeln

$$K(X^+ \times Y^+) \cong K(X^+) \oplus K(X^+ \times Y^+, X^+) \qquad (1')$$

und

$$K(X^+ \times Y^+/X^+) \cong K(Y^+) \oplus K(X^+ \times Y^+/X^+, Y^+) , \qquad (2')$$

woraus die gewünschte Aufspaltung (*)

$$K(X^+ \times Y^+) \cong K(X^+) \oplus K(Y^+) \oplus K(X \times Y)$$

wegen $K(X^+ \times Y^+/X^+, Y^+) \cong K((X \times Y)^+, +) = K(X \times Y)$ folgt. Man prüft beim Aufschreiben nach, daß die Aufspaltung mit den natürlich definierten Pfeilen in (*) verträglich ist.

3. Seien nun $x \in K(X) \subset K(X^+)$ und $y \in K(Y) \subset K(Y^+)$. Nach 1. ist dann $x \boxtimes y \in K(X^+ \times Y^+)$ wohldefiniert. Tatsächlich läßt sich $x \boxtimes y$ nach (*) auch als Element von $K(X \times Y)$ auffassen, weil $i^*(x \boxtimes y) = 0$ ist, wenn $i : X^+ \hookrightarrow X^+ \times Y^+$ die kanonische Inklusion ist (entsprechend für $Y^+ \hookrightarrow X^+ \times Y^+$). Zum Beweis davon schreiben wir (Aufgabe <u>3a</u>) $x = [E] - N$ und $y = [F] - M$, wobei $E \in \mathrm{Vekt}_N(X^+)$ und $F \in \mathrm{Vekt}_M(Y^+)$, $N, M \in \mathbb{Z}_+$; wir haben also $x \boxtimes y = [E \boxtimes F] - [N \boxtimes F] - [E \boxtimes M] + [N \boxtimes M]$ und damit $i^*(x \boxtimes y) = [E \otimes F_+] - [E \otimes M] - [N \otimes F_+] + [N \otimes M] = 0$, da die Faser $F_+ \cong \mathbb{C}^M$ ist (Vorsicht: M bezeichnet in der ersten Formel das triviale M-dimensionale Bündel über Y^+, in der zweiten dagegen nur den Vektorraum $\mathbb{C}^M$). □

Ein wichtiges Beispiel für einen lokalkompakten Raum liefert der Euklidische Raum $\mathbb{R}^n$, dessen 1-Punkt-Kompaktifizierung die n-Sphäre S^n ist, so daß wir definitionsgemäß $K(S^n) \cong K(\mathbb{R}^n) \oplus \mathbb{Z}$ erhalten, wobei der Summand $K(\{+\}) \cong \mathbb{Z}$ durch die Dimension eines Vektorraumbündels gegeben ist. Das zeigt, daß $K(\mathbb{R}^n)$ der wirklich interessante Teil von $K(S^n)$ ist.

AUFGABE 6: Führe für beliebiges parakompaktes X die Aufspaltung $K(S^n \times X) \cong K(\mathbb{R}^n \times X) \oplus K(X)$ durch.

TIP: Arbeite mit der Sequenz (**) aus dem 2. Schritt des vorstehenden Beweises, wo $B := X^+$ Retrakt von $A := S^n \times X^+ / S^n$ ist. Beachte, daß $A = (S^n \times X)^+$ und $A/B = (\mathbb{R}^n \times X)^+$ ist. (Die Gleichheitszeichen im Sinne von Homöomorphie). □

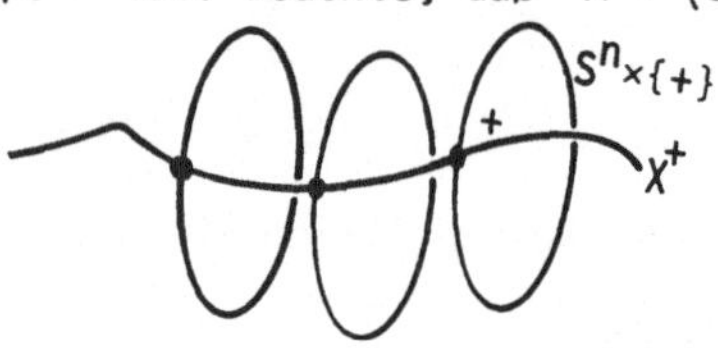

Die Bedeutung der K-Theorie mit kompaktem Träger liegt einmal darin, daß man es in vielen Anwendungen mit nichtkompakten, aber lokalkompakten Räumen wie dem Euklidischen Raum oder Tangentialräumen zu tun hat. Freilich könnte man ohne größere Schwierigkeiten die nichtkompakten Räume ganz eliminieren (wie beim Übergang vom Tangentialbündel TX *zum verdoppelten Ballbündel* $B^+X \cup_{SX} B^-X$ *im Kommentar nach Abschnitt* C *, s.o.) - so gekünstelt solche Konstruktionen auch erscheinen mögen. Die Abspaltungsmöglichkeit (Aufgabe 6 und Fußnote zum Schluß von Abschnitt C) macht aber den lokalkompakten Formalismus echt einfacher und konzeptionell vielleicht auch klarer. Für den folgenden Beweis des Bottschen Periodizitätssatzes, den wir in Anlehnung an [ATIYAH 1969] führen, bleiben wir deshalb in der Kategorie der lokalkompakten Räume: Wir wissen schon, daß* $K(\mathbb{R}^0) = K(\text{Punkt}) \cong \mathbb{Z}$ *ist, und wir erhalten* $K(\mathbb{R}^1) = 0$ *, da alle komplexen Vektorraumbündel über der Kreislinie trivial sind* ($GL(N,\mathbb{C})$ *ist zusammenhängend ..., vgl. die Klebeklassifikation im Anhang, Satz 2). Mit einiger Mühe (und etwas projektiver Geometrie, siehe Anhang, Aufgabe 2a, und [ATIYAH 1967a, 46ff]) könnte man noch* $K(\mathbb{R}^2) \cong \mathbb{Z}$ *ausrechnen. Wie geht es aber weiter?*

Der Satz, den wir beweisen wollen, besagt, daß die Folge dieser K-Gruppen alternierend fortgesetzt werden kann, also $K(\mathbb{R}^3) = 0$, $K(\mathbb{R}^4) \cong \mathbb{Z}$, $K(\mathbb{R}^5) = 0$ *usw. und daß allgemeiner für jedes lokalkompakte* X *eine natürliche Isomorphie* $K(\mathbb{R}^2 \times X) \cong K(X)$ *besteht.*

E. BEWEIS DES PERIODIZITÄTSSATZES VON R. BOTT. In § I.9 haben wir Wiener-Hopf-Operatoren kennengelernt und in Verallgemeinerung des diskreten (und dort ziemlich banalen) Indextheorems von Israil GOCHBERG und Mark KREIN (Satz I.9.1) eine Konstruktion $(V,f) \mapsto F \mapsto \text{index}\, F$ angegeben. In dem Paar (V,f) ist V ein Vektorraumbündel über dem kompakten Parameterraum X und f ein Automorphismus von π^*V auf sich, wo $\pi : S^1 \times X \to X$ die Projektion ist. Für $z \in S^1$ und $x \in X$ ist also $f(z,x)$ ein Automorphismus der Faser V_x, der stetig von x und z abhängt. $F : X \to \mathcal{F}$ ist die zugehörige Familie von Fredholmoperatoren (nach Wiener-Hopf-Rezept auf gewissen Hilberträumen von "Halbraumfunktionen" gebildet) und $\operatorname{index} F \in K(X)$ das "Indexbündel" von F, das im Spezialfall konstanter Dimension des Kernes aller Fredholmoperatoren F_x als [Kern F] - [Kokern F] definiert ist. Weiter haben wir gesehen, daß index F bei dieser Konstruktion nur von der Homotopieklasse von f abhängt.

AUFGABE 7: a Wie kann man aus diesem Paar (V,f) wie eben ein Vektorraumbündel über $S^2 \times X$ konstruieren, das nur von V und der Homotopieklasse von f abhängt.

b Zeige, daß man jedes $E \in \operatorname{Vekt}(S^2 \times X)$ auf diese Weise erhält.

TIP zu a: Zerlege S^2 in die beiden Hemisphären B^+ und B^- mit $B^+ \cap B^- = S^1$ und bilde mittels Klebekonstruktion (Anhang, Aufgabe 4) das Bündel $(\pi^+)^*V \cup_f (\pi^-)^*V$, wo $\pi^\pm : B^\pm \times X \to X$ die Projektion ist.

Zu b: Argumentiere wie im Beweis von Satz 2, Anhang, wo X nur aus einem Punkt besteht. Der Parameterraum spielt aber nur eine untergeordnete Rolle, so daß der Beweis sich wirklich übertragen läßt. Es ist zweckmäßig, die Abbildung f, die man so erhält, derart zu normieren, daß $f(1,x)$ die Identität auf V_x ist. □

SATZ 6: X sei lokalkompakt. Dann läßt sich (hier durch den Index einer Wiener-Hopf-Familie von Fredholmoperatoren, vgl. auch unten Aufgabe 9) ein Homomorphismus $\alpha : K(\mathbb{R}^2 \times X) \to K(X)$ mit folgenden Eigenschaften definieren:

(i) α ist funktoriell in X.

(ii) Ist Y ein weiterer lokalkompakter Raum, dann gilt die folgende, durch ein kommutatives Diagramm ausgedrückte Multiplikationsregel:

$$\begin{array}{ccc} K(\mathbb{R}^2 \times X) \otimes K(Y) & \xrightarrow{t'} & K(\mathbb{R}^2 \times X \times Y) \\ \downarrow \alpha_X \otimes \mathrm{Id} & & \downarrow \alpha_{X \times Y} \\ K(X) \otimes K(Y) & \xrightarrow{t} & K(X \times Y) \end{array},$$

wobei t und t' die nach Satz 5 wohldefinierten äußeren Tensorprodukte $\boxtimes$ sind.

(iii) $\alpha(b) = 1$. Dabei ist b die *Bottklasse*, eine Art Basiselement in

$K(\mathbb{R}^2)$, das wir durch $b := [E_{-1}] - [E_0] \in K(S^2)$ definieren, wenn E_m das durch die Klebefunktion $f(z) = z^m$ über S^2 definierte Linienbündel ist, vgl. Anhang, Satz 2, oder vorstehende Aufgabe 7a. Weil E_{-1} und E_0 die gleiche Dimension (eins) haben, liegt b in $K(S^2,\{+\}) = K(\mathbb{R}^2)$. Hier setzen wir also $X = \{\text{Punkt}\}$ und identifizieren $K(\text{Punkt})$ wie in Aufgabe 1 mit $\mathbb{Z}$.

BEWEIS: 1. Wir beginnen mit X kompakt. Nach § I.9, Satz 1 bzw. Aufgabe 8, können wir in Verbindung mit der vorstehenden Aufgabe 7 für jedes Vektorraumbündel E über $S^2 \times X$ eine Konstruktion $E \mapsto (V,f) \mapsto F \mapsto \text{index } F$ durchführen und auf diese Weise einen Halbgruppenhomomorphismus $\text{Vekt}(S^2 \times X) \to K(X)$ definieren, der (s.o. die Anmerkung nach Satz 3) eindeutig zu einem Gruppenhomomorphismus $\alpha' : K(S^2 \times X) \to K(X)$ fortgesetzt werden kann. Die Beschränkung von α' auf $K(\mathbb{R}^2 \times X)$, das sich nach Aufgabe 6 als Untergruppe von $K(S^2 \times X)$ auffassen läßt, liefert dann einen Homomorphismus $\alpha : K(\mathbb{R}^2 \times X) \to K(X)$. Die "Funktorialität" von α bedeutet, daß für jedes Element $u \in K(\mathbb{R}^2 \times X)$ und jede stetige Abbildung $g : X' \to X$, wobei X' ein weiterer kompakter Raum ist, die Formel

$$\alpha_{X'}((g \times Id_{\mathbb{R}^2})^* u) \quad = \quad g^* \alpha_X(u)$$

gilt, was aber nach der Funktorialität des Indexbündels (Aufgabe I.7.5) klar ist.

2. Wir exerzieren jetzt diese Definition für $X = \{\text{Punkt}\}$ durch und berechnen $\alpha(b) = \alpha'[E_{-1}] - \alpha'[E_0]$. Nach Konstruktion gilt $\alpha'[E_m] = -m$, $m \in \mathbb{Z}$, da wir nach Satz I.9.1 die Zuordnungen $E_m \xmapsto{\text{kleben}} (\mathbb{C}, z^m) \xmapsto{\text{Wiener-Hopf}} T_{z^m} \xmapsto{\text{index}} -m$ haben. Also ist $\alpha(b) = 1$, womit (iii) erfüllt ist.

3. Zum Beweis der Multiplikationsregel (ii) - zunächst für X,Y kompakt - müssen wir für $u \in K(\mathbb{R}^2 \times X)$ und $v \in K(Y)$ die Differenz $t(\alpha_X \otimes Id)(u \otimes v) - \alpha_{X \times Y}(t'(u \otimes v))$ betrachten, wobei wir o.B.d.A. $v = 1$ (Klasse des trivialen Linienbündels $\mathbb{C}_Y$ über Y) setzen können, da alle dabei auftretenden Abbildungen nach Konstruktion $K(Y)$-Modulhomomorphismen sind.

Damit erhalten wir für die Differenz den Wert $\pi^* \alpha_X(u) - \alpha_{X \times Y}(\pi^* u)$, der wegen der Funktorialität von α verschwindet. (Hier ist $\pi : X \times Y \to X$ die Projektion).

4. Die Definition von $\alpha : K(\mathbb{R}^2 \times X) \to X$ für lokalkompaktes X überträgt sich ebenso wie der Nachweis von (ii) aus dem kompakten Fall durch 1-Punkt-Kompaktifi-

zierung mit den oben im Beweis von Satz 5 (siehe insbesondere die kurze exakte Sequenz (*)) und in Aufgabe 6 vorgestellten Zerlegungen. □

SATZ 7 (Periodizitätssatz): Für jeden lokalkompakten Raum X ist $\alpha : K(\mathbb{R}^2\times X) \to K(X)$ ein Isomorphismus, dessen Umkehrabbildung $\beta : K(X) \to K(\mathbb{R}^2\times X)$ durch äußere Multiplikation $x \mapsto \beta(x) := b \boxtimes x$, $x \in K(X)$, mit der Bottklasse b gegeben wird.

BEWEIS: Der Beweis erfolgt durch wiederholte Ausnutzung der multiplikativen Eigenschaft von α laut Satz 6 (ii). Wir schreiben deshalb im folgenden für das äußere Produkt $x \boxtimes y$ oder $t(x\otimes y)$ nur kurz xy .

$\alpha\beta$ = Id: Zum Beweis hierfür setze in (ii) {Punkt} für X und X für Y ; dann folgt ("obenherum") $\alpha\beta(x)$ = ("untenherum") $(\alpha(b))x$ für jedes $x \in K(X)$, also $\alpha\beta = \mathrm{Id}$, da $\alpha(b) = 1$ laut Eigenschaft (iii).

$\beta\alpha$ = Id: Sei also $u \in K(\mathbb{R}^2\times X)$. Wir wollen zeigen, daß $\beta\alpha u := b(\alpha(u)) = u$ ist - oder gleichbedeutend, wenn mit b von rechts muliplizierț wird, daß $(\alpha(u))b = \tilde{u}$ ist, wo $\tilde{u} := \rho^* u$ ist mit der Vertauschung $\rho : X\times\mathbb{R}^2 \to \mathbb{R}^2\times X$. Aus (ii) folgt mit $\mathbb{R}^2$ für Y , daß $(\alpha(u))b$ ("untenherum") gleich $\alpha(ub)$ ("obenherum") ist. Jetzt kommt der Trick, durch den der Beweis von $\beta\alpha = \mathrm{Id}$ auf die bereits bewiesene ziemlich banale Aussage $\alpha\beta = \mathrm{Id}$ zurückgespielt werden kann: Auf $K(\mathbb{R}^2\times X\times\mathbb{R}^2)$, wo unser Element ub liegt, ist die Abbildung τ^* , die "Liftung" längs der Vertauschungsabbildung

$$\begin{aligned} \tau : \mathbb{R}^2 \times X \times \mathbb{R}^2 &\to \mathbb{R}^2 \times X \times \mathbb{R}^2 \\ (a,b,c) &\mapsto (c,b,a) \end{aligned} ,$$

die Identität, da τ (über Homöomorphismen, siehe oben den Hinweis zu Aufgabe 5b) homotop zur Identität auf $\mathbb{R}^2\times X\times\mathbb{R}^2$ ist. Auf $\mathbb{R}^4 = \mathbb{R}^2 \times \mathbb{R}^2$ wird τ nämlich durch

die Matrix $\begin{pmatrix} 0 & 0 & 1 & 0 \\ 0 & 0 & 0 & 1 \\ 1 & 0 & 0 & 0 \\ 0 & 1 & 0 & 0 \end{pmatrix}$ gegeben, die die Determinante $+1$ hat und deshalb

- man denke etwa an den Übergang zur Jordanschen Normalform - in $GL(4,\mathbb{R})$ in der Zusammenhangskomponente der Identität liegt.

Also gilt $(\alpha(u))b = \alpha(ub) = \alpha(\tau^*(ub)) = \alpha(b\tilde{u}) = \alpha\beta\tilde{u} = \tilde{u}$. □

AUFGABE 8: Ziehe die folgenden Konsequenzen aus Satz 7:

a $K(X\times S^2) \cong K(X) \otimes K(S^2)$ für X kompakt.

b $$K(\mathbb{R}^n) = \begin{cases} \mathbb{Z} & \text{für } n \text{ gerade} \\ 0 & \text{für } n \text{ ungerade} \end{cases}.$$

c $$K(S^n) = \begin{cases} \mathbb{Z}\oplus\mathbb{Z} & \text{für } n \text{ gerade} \\ \mathbb{Z} & \text{für } n \text{ ungerade} \end{cases}.$$

d $$N \geq n/2 \Rightarrow \pi_{n-1}(GL(N,\mathbb{C}) = \begin{cases} \mathbb{Z} & \text{für } n \text{ gerade}. \\ 0 & \text{für } n \text{ ungerade} \end{cases}$$

TIP: Während a, b und c unmittelbar bzw. direkt mit Aufgabe 6 aus Satz 7 folgen, erfordert die Ableitung von d noch zwei weitere Überlegungen. Zum einen gilt für eine kompakte Mannigfaltigkeit X der Dimension $n-1$, daß es zu jedem $E \in \mathrm{Vekt}_N(X)$ mit $N \geq m := [n/2 - 1]$ ein $F \in \mathrm{Vekt}_m(X)$ gibt mit $E = F \oplus \mathbb{C}_X^{N-m}$, d.h. daß es zu jedem beliebigen Vektorraumbündel über X ein stabil äquivalentes (s.o. Aufgabe 3c) Vektorraumbündel der Faserdimension m gibt. Das ist das "*Basistheorem*" für Vektorraumbündel. Der "*Eindeutigkeitssatz*" besagt dann unter den gleichen Voraussetzungen, daß stabil äquivalente Vektorraumbündel der Faserdimension $N \geq m+1$ isomorph sind. Für den Beweis dieser beiden Hilfssätze, siehe z.B. [HUSEMOLLER 1966, 99f], benötigt man etwas Homotopietheorie. Der Rest ist trivial, da wir so die Gruppe $I(X)$ der stabil äquivalenten Bündel für $N \geq \frac{n}{2}$ durch $\mathrm{Vekt}_N(X)$ darstellen können; also gilt insbesondere (Vgl. Aufgabe 4c) $\mathrm{Vekt}_N(S^n) \cong I(S^n) \cong K(\mathbb{R}^n)$. Die "klassische" Form des Periodizitätssatzes folgt jetzt, da $\pi_{n-1}(GL(N,\mathbb{C})) \cong \mathrm{Vekt}_N(S^n)$ nach Anhang, Satz 2. □

AUFGABE 9: Gib alternativ zu Satz 6 eine Konstruktion des Isomorphismus $\alpha : K(\mathbb{R}^2\times X) \to K(X)$ mittels einer Familie von elliptischen Randwertaufgaben an.

TIP: Für $X = \{\text{Punkt}\}$ und $f : S^1 \to GL(N,\mathbb{C})$ betrachte über der Kreisscheibe $|z| \leq 1$ den "Transmissionsoperator" (s.o. Aufgabe II.1.9)

$$A_f \;:\; (u,v) \to \left(\frac{\partial u}{\partial \bar z}, \frac{\partial v}{\partial z}, fu|S^1 - v|S^1\right),$$

wo u,v N-Tupel komplexwertiger Funktionen sind. Nach dem gleichen Rezept kann man auch Familien von solchen Randwertproblemen behandeln, die über einem Raum X

parametrisiert sind, siehe [ATIYAH 1968a, 118-122]. □

ANMERKUNG: Der Zusammenhang mit der Konstruktion von α via Wiener-Hopf-Operatoren liegt grob gesagt in dem "Poissonprinzip", bzw. in der Agranowitsch-Dynin-Formel, s.o. II.8, wonach Randwertprobleme in Probleme auf dem Rand übersetzt werden können: Setze nämlich wie in Aufgabe II.3.5 den diskreten Wiener-Hopf-Operator T_f zu einem Pseudodifferentialoperator der Ordnung Null über der Kreislinie S^1 fort (durch die Identität auf den Basiselementen der Form z^m mit $m < o$), der ebenfalls mit T_f bezeichnet werde. Dann ist

$$S_f : (u,v) \to \left(\frac{\partial u}{\partial z}, \frac{\partial v}{\partial z}, T_f(zu|S^1 - v|S^1)\right)$$

ein elliptisches Problem mit pseudodifferentialer Randwertbedingung, das mit dem Transmissionsproblem A_{zf} gemeinsamen Kern und isomorphen Kokern hat. Andererseits wird der Operator S_f gerade durch Hintereinanderschaltung von A_{zId} mit dem "primitiven Randwertproblem" $(u,v,w) \mapsto (u,v, T_f w)$ gebildet. Dabei ist Id die konstante Funktion, die jedem $z \in S^1$ die Identität in $GL(N,\mathbb{C})$ zuordnet. Während laut Aufgabe II.1.9 $\text{index } A_{Id} = 1$ ist, findet man $\text{index } A_{zId} = 0$, also $\text{index } A_{zf} = \text{index } S_f = \text{index } T_f$. Innerhalb der Greenschen Algebra (s.o. § II.8) vermittelt also S_f den Zusammenhang

$$\begin{pmatrix} \frac{\partial}{\partial \bar z} & 0 & \vdots & 0 \\ & \frac{\partial}{\partial z} & \vdots & 0 \\ \cdots & \cdots & \vdots & \cdots \\ M_{zf} \circ r & -Id \circ r & \vdots & \end{pmatrix} \overset{S_f}{\longleftrightarrow} \begin{pmatrix} & \vdots & 0 \\ Id & \vdots & 0 \\ \cdots & \vdots & \cdots \\ 0 \quad 0 & \vdots & T_f \end{pmatrix}$$

zwischen einem konventionellen elliptischen System von partiellen Differentialgleichungen erster Ordnung über der Kreisscheibe B^2 mit "ideal einfachen" Randwertbedingungen, die durch die Restriktion $r : C^\infty(B^2) \to C^\infty(S^1)$ und einen trivialen Multiplikationsoperator gebildet werden, und einem "primitiven Randwertproblem", das aus einem - etwas komplizierten - elliptischen Pseudodifferentialoperator nur über dem Rand besteht.

Tatsächlich kann man den "Ebenenwechsel" von differentialen Randwertaufgaben in der Ebene zu pseudodifferentialen Operatoren über der Randlinie noch weiter treiben und durch polynomiale Approximation von f eine rein algebraische Definition des Homomorphismus α geben, bei der man - wie in dem ganz elementaren, aber dafür streckenweise etwas mühevollen Beweis [ATIYAH-BOTT 1964b] - ganz ohne Hilbertraumtheorie und Fredholmoperatoren auskommt. Eine ausführliche Diskussion der Vorzüge und Nachteile der verschiedenen Vorgehensweisen für die Konstruktion von α findet man in [ATIYAH 1968a, 131-136]. □

Als ein einfaches Korrolar aus dem Periodizitätssatz beweisen wir den klassischen Fixpunktsatz der Topologie:

SATZ 8 (L.E.J. BROUWER, 1911): Jede stetige Abbildung f der n-dimensionalen Vollkugel B^n in sich besitzt einen Fixpunkt.

BEWEIS: Falls $f(x) \neq x$ für alle $x \in B^n$ ist, wird durch $g(x) := (1-\alpha(x))\, f(x) + \alpha(x)x$, wo $\alpha(x) \geq 0$ so gewählt ist, daß $\|g(x)\| = 1$, eine stetige Abbildung $g : B^n \to S^{n-1}$ definiert, die auf S^{n-1} die Identität, also eine Restriktion von B^n auf S^{n-1} ist. D.h. $g \circ i = Id$, wenn $i : S^{n-1} \to B^n$ die Inklusion ist.

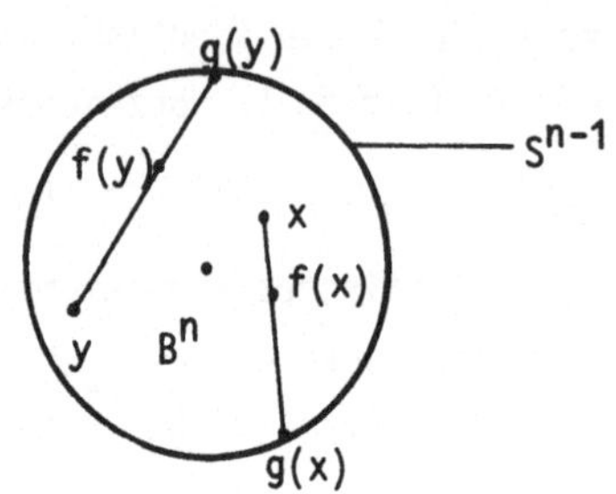

Für ungerade n betrachten wir die zusammengesetzte Abbildung

$$\begin{array}{ccccc} K(S^{n-1}) & \xrightarrow{g^*} & K(B^n) & \xrightarrow{i^*} & K(S^{n-1}) \\ \wr\wr & & \wr\wr & & \wr\wr \\ \mathbb{Z}\oplus\mathbb{Z} & & \mathbb{Z} & & \mathbb{Z}\oplus\mathbb{Z} \end{array},$$

die nicht die Identität sein kann, weil $\mathbb{Z}$ und $\mathbb{Z}\oplus\mathbb{Z}$ nicht isomorph sind. Für gerades n betrachte entsprechend die Zusammensetzung der "Einhängungen" (siehe Anhang, nach Aufgabe 4)

$$\begin{array}{ccccc} K(S^{n}) & \xrightarrow{(Sg)^*} & K(SB^n) & \xrightarrow{(Si)^*} & K(S^{n}) \\ \wr\wr & & \wr\wr & & \wr\wr \\ \mathbb{Z}\oplus\mathbb{Z} & & \mathbb{Z} & & \mathbb{Z}\oplus\mathbb{Z} \end{array},$$

die auch die Identität ergeben müßte, aber nicht kann. □

AUFGABE 10: Definiere für jede stetige Abbildung $f : S^n \to S^n$ ihren Abbildungsgrad Grad $f \in \mathbb{Z}$ und zeige, daß homotope Abbildungen den gleichen Abbildungsgrad haben.

TIP: Jeder Homomorphismus $h : \mathbb{Z} \to \mathbb{Z}$ hat offensichtlich einen "Grad", diejenige ganze Zahl d, so daß $h(m) = dm$ für alle $m \in \mathbb{Z}$ gilt. Arbeite also für gerades n mit der Untergruppe $K(\mathbb{R}^n) \cong \mathbb{Z}$ von $K(S^n)$, die durch f^* in sich selbst übergeführt wird. Für ungerades n nimm die Einhängung $Sf : S^{n+1} \to S^{n+1}$. □

AUFGABE 11: Zeige, daß das Tangentialbündel $T(S^n)$ für gerades $n \geq 2$ nicht trivial ist.

TIP: Viel weitergehender: Jedes nirgends verschwindende Vektorfeld v auf S^n (also $v \in C^\infty(TS^n)$) liefert eine Homotopie zwischen der Identität $\mathrm{Id} : S^n \to S^n$ und der antipodischen Abbildung $A : S^n \to S^n$, wobei $\mathrm{Grad\ Id} \neq \mathrm{Grad}\ A$ für gerades $n \geq 2$ gilt. Widerspruch nach Aufgabe 10. □

Die vorstehenden Beispiele zeigen, daß wichtige Begriffe und Ergebnisse der klassischen algebraischen Topologie ebensogut und vielleicht sogar schneller und einfacher auf der Grundlage der linearen Algebra mit den Mitteln der K-Theorie entwickelt werden können als durch den Aufbau etwa der Homologietheorie mittels simplizialer Theorie.

Eine Reihe von schärferen Resultaten, wie die bekannte Hopfsche Umkehrung von Aufgabe 10 (Gleichheit des Abbildungsgrades impliziert Homotopie) im Fall $n \geq 2$, *sind allerdings nicht mit den K-theoretischen Mitteln zu gewinnen, sondern erfordern tiefere geometrische Überlegungen. Nach ATIYAH ist der Periodizitätssatz jedenfalls nicht nur einfacher als die meisten Hauptsätze der klassischen algebraischen Topologie, sondern auch für das Indexproblem und allgemeiner für viele topologische Untersuchungen von Mannigfaltigkeiten relevanter. Die "Philosophie" ist dabei, daß die übliche Topologie die Strukturen zu stark zerstört, wohingegen die K-Theorie, "vergleichbar dem Molekularbiologen" (ATIYAH), nach den wesentlichen Makromolekülen sucht, aus denen Mannigfaltigkeiten aufgebaut sind. Es ist dann klar, daß man für einen "Vergleich" der Topologie der komplizierten Mannigfaltigkeit mit den "Bausteinen" gerade die Topologie der allgemeinen linearen Gruppe, in der die Klebefunktionen liegen, und allgemeiner den Periodizitätssatz in der K-theoretischen Fassung kennen muß.*

In den folgenden Paragraphen werden wir den Periodizitätssatz auf verschiedene Weisen anwenden, um den Index elliptischer Probleme zu berechnen. Umgekehrt diente uns hier, vgl. insbesondere Satz 6 und Aufgabe 9, der Index spezieller elliptischer Probleme zum Beweis des Periodizitätssatzes - kein Widerspruch, sondern eben Ausdruck davon, wie eng die K-Theorie und die Indextheorie linearer elliptischer Schwingungsgleichungen - beide mit den Schlagworten "linear", "endlich dimensional" und "deformationsinvariant" verbunden - zusammenhängen.

2. Die Indexformel im euklidischen Fall

A. INDEXFORMEL UND BOTTPERIODIZITÄT. *Im vorangehenden Paragraphen haben wir analytische Hilfsmittel - den Gochberg-Krein-Indexsatz für Wiener-Hopf-Operatoren - zum Beweis des Bottschen Periodizitätssatzes verwendet, aus dem wir* nun *einen Indexsatz für elliptische Integraloperatoren im* $\mathbb{R}^n$ *gewinnen wollen. Die zugrundeliegende Idee läßt sich vielleicht am einfachsten homotopietheoretisch beschreiben:*

Ein elliptischer Pseudodifferentialoperator der Ordnung k *im* $\mathbb{R}^n$ *sei in der Form*

$$(Pu)(x) = (2\pi)^{-n} \int_{\mathbb{R}^n} e^{i<x,\xi>} p(x,\xi)\, \hat{u}(\xi)\, d\xi$$

gegeben, wo u *eine* C^∞*-Funktion auf* $\mathbb{R}^n$ *mit kompaktem Träger und Werten in* $\mathbb{C}^N$ *und die "Amplitude" (s.o. § II.3)* p *eine* $N\times N$*-Matrix-wertige Funktion mit*

$$\sigma(P)(x,\xi) := \lim_{\lambda\to\infty} \frac{p(x,\lambda\xi)}{\lambda^k} \in GL(N,\mathbb{C}) \quad , \quad \xi\neq 0$$

sind. Für festes x *haben wir also eine stetige Abbildung*

$$\sigma(P)(x,..) : S^{n-1} \to GL(N,\mathbb{C}) \quad ,$$

die für gerades n *und hinlänglich großes* N *einen wohldefinierten Grad besitzt, der aus Stetigkeitsgründen* ($\mathbb{R}^n$ *ist zusammenhängend) nicht von* x *abhängt und den wir in Anmerkung 2 nach Satz II.7.1 mit* grad(P) *bezeichnet haben.*

Um interessante globale Probleme zu erhalten, verbindet man nun gewöhnlich P *mit* $NK/2$ *Randwertbedingungen zu einem elliptischen System im Sinn von § II.6, was allerdings in der angegebenen Art nur möglich ist, wenn der "lokale Index"* grad(P) *verschwindet. Eine Art von extrem einfachen Randwertbedingungen - ohne die in §§ II.7/8 diskutierten topologischen und analytischen Schwierigkeiten - liegt vor, wenn wir* $k = 0$ *und* $p(x,\xi) = \mathrm{Id}$ *für* x *außerhalb einer kompakten Teilmenge* $K \subset \mathbb{R}^n$ *setzen. Die Klasse der elliptischen Pseudodifferentialoperatoren der Ordnung* 0 *im* $\mathbb{R}^n$ *mit dieser Eigenschaft, daß sie "im Unendlichen gleich der Identität" sind, die zuerst von Robert T. SEELEY untersucht wurde, bezeichnen wir mit* $\mathrm{Ell}_c(\mathbb{R}^n)$. *Offensichtlich, s.u. Aufgabe 1, hat jedes* $P \in \mathrm{Ell}_c(\mathbb{R}^n)$ *endlich-dimensionalen Kern und Kokern; also ist* index P *wohldefiniert. Ist weiter* $p(x,\xi) = \mathrm{Id}_N$ *für* $|x| \geq r$, r *reell, so folgt* $\sigma(P)(x,\xi) \in GL(N,\mathbb{C})$ für $|x|+|\xi| \geq r$. *Auf diese Weise definiert* P *eine stetige Abbildung* $S^{2n-1} \to GL(N,\mathbb{C})$, *wobei* S^{2n-1} *die Sphäre vom Radius* r *im* $\mathbb{R}^{2n}$ *(im* (x,ξ)-Raum) *ist. Wegen* index P = index P $\oplus$ Id , *wobei* Id *der Identitätsoperator für Funktionen ist, können wir o.B.d.A.* $N \geq n$ *annehmen. Nach dem Bottschen Periodizitätssatz in seiner homotopietheoretischen Fassung (Satz 1.2 bzw. Aufgabe 1.8d) ist dann* $\pi_{2n-1}(GL(N,\mathbb{C})) \cong \mathbb{Z}$. *Damit haben wir drei ganzzahlige Invarianten* index P — *der <u>analytische</u> (im Sinne der Funktionalanalysis definierte) <u>Index</u>,*

Grad(σ(P)(..,..)) — *der <u>topologische</u> (durch das globale Verhalten von* σ(P) *homotopietheoretisch definierte) <u>Index</u> und*

grad(P) — *der <u>lokale</u> (durch das punktweise Verhalten von* σ(P)(x,..) *für gerades* n *homotopietheoretisch definierte) <u>Index</u>.*

Es gilt dann grad(P) = 0 , *das ist trivial, und (s.u. Satz <u>1</u>; Vorsicht mit dem Vorzeichen)* index P = ±Grad(σ(P)(..,..)) . *Die zweite Formel ist nicht trivial. Wie bei den Gochberg-Krein-Indexformeln für Wiener-Hopf-Operatoren über der Kreislinie und der Geraden (Satz <u>I.9.1</u>, Aufgabe <u>I.9.6</u> und Satz <u>I.9.2</u>) liegt die Signifikanz darin, daß auf der linken Seite mit dem analytischen Index ein von dem Operator* P *global definiertes Objekt der Analysis unendlich-dimensionaler Funktionenräume steht, wohingegen der topologische Index auf der rechten Seite durch das Symbol, also durch lokal definierte Daten der linearen Algebra endlich-dimensionaler Vektorräume (die in geeigneter Weise "integriert" werden), gegeben ist.*

Der Beweis dieser Indexformel (s.u. Satz <u>1</u>) liegt grob gesagt darin, daß $\mathrm{Ell}_c(\mathbb{R}^n)$ *so reichhaltig ist, daß sich der analytische Index, der wie in <u>II.5</u> nur vom Symbol abhängt und sich bei "kleinen" Deformationen des Symbols nicht ändert, als additive Funktion auf* $\pi_{2n-1}(GL(N,\mathbb{C}))$ *und damit als Vielfaches des topologischen Index auffassen läßt. Durch Vergleich des topologischen und analytischen Index für die erzeugenden Elemente der Homotopiegruppen folgt dann die Gleichheit.* □

<u>B. DAS DIFFERENZBÜNDEL EINES ELLIPTISCHEN OPERATORS.</u> Wir folgen nun dieser homotopietheoretischen Argumentation nicht weiter, sondern führen die Details des Beweises in dem für uns bequemeren Formalismus der K-Theorie aus, der sich auch leichter auf die allgemeinere Situation des folgenden Paragraphen übertragen läßt.

AUFGABE 1: X sei eine nicht notwendig kompakte orientierte Riemannsche C^∞-Mannigfaltigkeit und $\mathrm{Ell}_c(X)$ die Klasse der elliptischen Pseudodifferentialoperatoren der Ordnung 0 auf X , die "im Unendlichen gleich der Identität" sind; d.h. zu jedem $P \in \mathrm{Ell}_c(X)$ soll es eine kompakte Teilmenge $K \subset X$ geben, so daß $P\varphi = \varphi$ für alle C^∞-Schnitte φ im Definitionsbereich von P gilt, wenn

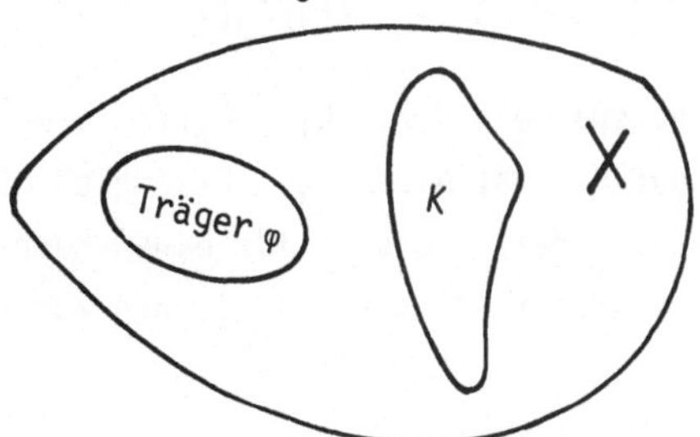

Träger $\varphi \cap K = \emptyset$. Die gleiche Bedingung soll für den formal adjungierten Operator P^* gelten.

a Zeige, daß diese Definition mit der oben in A für $X = \mathbb{R}^n$ gegebenen übereinstimmt.

b Zeige, daß index P wohldefiniert ist, nur von $\sigma(P)$ abhängt und bei C^∞-Homotopien des Symbols im Raum der elliptischen Symbole, die "im Unendlichen die Identität" sind, konstant bleibt.

TIP zu b: Statt die Beweise von II.5 erneut durchzugehen, kann man den vorliegenden Fall auch direkt auf die Ergebnisse von II.5 zurückführen, indem man K in eine kompakte berandete Untermannigfaltigkeit Y von X der Kodimension 0 einbettet und dann auf der geschlossenen Mannigfaltigkeit $\tilde{X} := Y \cup_{\partial Y} Y$ den "verdoppelten" Operator $\tilde{P}$ untersucht. Zeige index $\tilde{P}$ = 2 index P . □

AUFGABE 2: Zeige, daß das Symbol $\sigma(P)$ eines Operators $P \in Ell_c(X)$ in natürlicher Weise ein Element $[\sigma(P)] \in K(TX)$ definiert und daß sich jedes Element $a \in K(TX)$ auf diese Weise darstellen läßt; hierbei ist X wie in Aufgabe 1 und TX das Tangentialbündel (das vermöge der Riemannschen Metrik auf X mit dem Differentialformenbündel T^*X identifiziert werden kann).

ANMERKUNG: Viel allgemeiner kann man für beliebiges lokalkompaktes Y die Gruppe K(Y) durch "Komplexe von Vektorraumbündeln mit kompaktem Träger" definieren; das sind kurze Sequenzen $0 \to E^0 \overset{\alpha}{\to} E^1 \to 0$, wo E^0, E^1 komplexe Vektorraumbündel über Y sind und α ein Vektorraumbündelisomorphismus außerhalb einer kompakten Teilmenge von Y ist. Zwei Komplexe $E^\cdot = 0 \to E^0 \overset{\alpha}{\to} E^1 \to 0$ und $F^\cdot = 0 \to F^0 \overset{\beta}{\to} F^1 \to 0$ heißen "äquivalent", wenn es einen Komplex $G^\cdot = 0 \to G^0 \overset{\gamma}{\to} G^1 \to 0$ mit kompaktem Träger über $Y \times I$ gibt, so daß $E^\cdot = G^\cdot|Y\times\{0\}$ und $F^\cdot = G^\cdot|Y\times\{1\}$. Die Äquivalenzklassen bilden die Halbgruppe C(Y) mit der Unterhalbgruppe $C_\emptyset(Y)$ der "elementaren Komplexe" mit leerem "Träger" (d.h. daß die Bündelabbildungen über ganz Y Isomorphismen sind). Dann ist die Sequenz

$$0 \to C(Y)/C_\emptyset(Y) \overset{d}{\to} K(Y^+) \overset{i^*}{\to} K(+) \to 0 \qquad (*)$$

exakt und spaltet; d.h. $C(Y)/C_\emptyset(Y)$ erweist sich als zu K(Y) isomorphe Gruppe.

Die auf Michael ATIYAH und Friedrich HIRZEBRUCH zurückgehende Konstruktion des "Differenzbündels" $d(E^\cdot)$ für einen Komplex $E^\cdot = 0 \to E^0 \overset{\alpha}{\to} E^1 \to 0$ über Y mit kompaktem Träger K sieht in groben Zügen so aus: Wir wählen eine kompakte Nachbarschaft L von K, so daß K ganz im Inneren L^o von L enthalten ist. Um den Komplex $E^\cdot$ auf ganz Y^+ fortsetzen zu können, ersetzen wir ihn zunächst durch einen äquivalenten Komplex, dessen Bündel über $L \setminus L^o$ trivial sind:

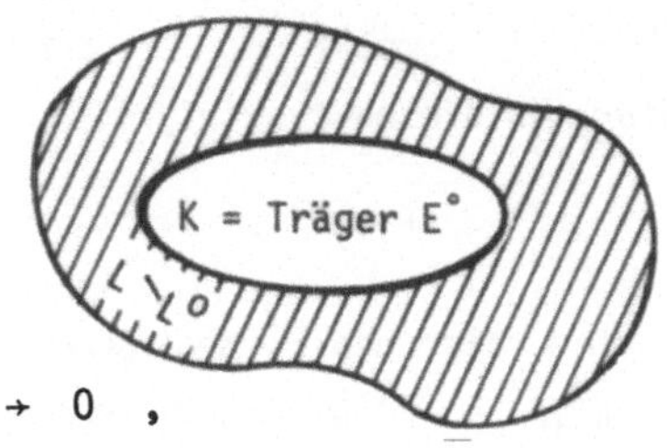

K = Träger E˙

$L \setminus L^o$

$$0 \to E^0|L \oplus F \xrightarrow{\alpha\oplus Id} E^1|L \oplus F \to 0 ,$$

wo $F \in Vekt(L)$ mittels Anhang, Aufgabe <u>6</u> so gewählt wird, daß $E^1|L \oplus F$ trivial wird. Da α auf $L \setminus L^o$ ein Isomorphismus ist, muß dann auch $E^0|L \oplus F$ zumindest auf $L \setminus L^o$ trivial sein.

Sind $\tau_i : E^i|L \setminus L^o \oplus F|L \setminus L^o \to (L \setminus L^o) \times \mathbb{C}^N$, $i = 0,1$, Trivialisierungen mit τ_1 beliebig und $\tau_0 := \tau_1 \circ (\alpha\oplus Id)$, dann sind die zusammengeklebten Bündel (Anhang, Satz <u>2</u>)

$$G^i := (E^i|L \oplus F) \cup_{\tau_i} ((Y^+ \setminus L^o) \times \mathbb{C}^N) \in Vekt(Y^+)$$

und damit $d(E^\cdot) := [G^0] - [G^1] \in K(Y^+)$ wohldefiniert. Da die Faserdimensionen von G^0 und G^1 übereinstimmen, liegt $d(E^\cdot)$ sogar in $K(Y)$. Man rechnet übrigens leicht nach, daß $d(E^\cdot) = d(E^\cdot \oplus H^\cdot)$ gilt, wenn $H^\cdot$ ein elementarer Komplex ist, und daß $d(E^\cdot)$ nicht von der Wahl von F abhängt.

Wegen der universellen Eigenschaft (s.o. Anmerkung <u>2</u> nach Satz <u>1.3</u>) von K genügt es, die <u>Spaltungsabbildung</u> $b : K(Y^+) \to C(Y)/C_\emptyset(Y)$ additiv auf $Vekt(Y^+)$ zu definieren. Für $E \in Vekt(Y^+)$ setze man $b(E) := E^\cdot|Y$, wo $E^\cdot$ der Komplex $0 \to E \overset{\beta}{\to} p^*i^*E \to 0$ ist mit der Retraktion $p : X^+ \to \{+\}$ und einer beliebigen Fortsetzung von $\beta_+ := Id$ zu einem Isomorphismus β in einer Umgebung von $+$. Der Träger von $E^\cdot$ ist also kompakt und ganz in X enthalten, also $b(E) \in C(X)$. Als Element von $C(X)/C_\emptyset(X)$ ist $b(E)$ unabhängig von der Wahl der Fortsetzung β. Man sieht sofort, daß $db\oplus p^*i^* = Id$, also insbesondere $K(+)$ der Kokern von d ist und, mit geeigneter Homotopie für die Vektorraumbündel-Homomorphismen, daß $bd = Id$ ist, d.h. insbesondere d injektiv.

Weitere Einzelheiten dieser Konstruktion findet man in [ATIYAH-SINGER 1968a, 489ff] und in [SEGAL 1968, 139-151], wo auch Komplexe

$$0 \to E^0 \xrightarrow{\alpha_1} E^1 \xrightarrow{\alpha_2} \dots \xrightarrow{\alpha_n} E^n \to 0$$

der Länge n mit $\alpha_{i+1} \circ \alpha_i = 0$ betrachtet werden, die außerhalb einer kompakten Teilmenge von Y exakt sind. Über das Tensorprodukt von Komplexen beliebiger Länge (siehe z.B. [EILENBERG-STEENROD 1952, 140ff]) läßt sich übrigens am natürlichsten die <u>Ringstruktur</u> auf $K(Y)$ einführen. *)

---

*) Für Komplexe $E^\cdot = 0 \to E^0 \overset{\alpha}{\to} E^1 \to 0$ und $F^\cdot = 0 \to F^0 \overset{\beta}{\to} F^1 \to 0$ der Länge 1 erhält man als äußeres Tensorprodukt den Komplex

$$E^\cdot \boxtimes F^\cdot := 0 \to E^0 \boxtimes F^0 \overset{\varphi}{\to} E^1 \boxtimes F^0 \oplus E^0 \boxtimes F^1 \overset{\psi}{\to} E^1 \boxtimes F^1 \to 0$$

Läßt sich der lokalkompakte Raum Y übrigens in der Form $Z \setminus A$ darstellen, wobei Z kompakt und A abgeschlossen in Z ist, dann wird häufig in der Literatur für diesen *Spezialfall*

$$K(Y) = K(Z \setminus A) = K(Z,A) \overset{(*)}{=} C_{Z \setminus A}(Z)/C_{\emptyset}(Z)$$

gesetzt, also ein Element von $K(Y)$ als Äquivalenzklasse eines Isomorphismus $\sigma : E^0|A \to E^1|A$ geschrieben, wobei E^0 und E^1 komplexe Vektorraumbündel über Z sind. In unseren Anwendungen, wo Y das Tangentialbündel TX ist, betrachtet man manchmal lieber $K(BX,SX)$ als $K(TX)$, weil $B(X)$ und $S(X)$ für kompaktes X kompakt sind - und tatsächlich erfolgte die Differenzbündelkonstruktion in der K-Theorie zuerst mit kompaktem Basisraum, wo der Beweis von (*), siehe z.B. [ATIYAH 1967a, 88-94], in seiner Grundidee allerdings gerade nicht so einfach wie im allgemeineren lokalkompakten Rahmen ist. □

TIP zu Aufgabe 2: Konstruiere das "Differenzbündel" $[\sigma(P)] \in K(TX)$ wie in vorstehender Anmerkung. Zeige übrigens

$$[\sigma(P)] = [\mathbb{C}^N_{B_0} \cup_{\sigma(P)} \mathbb{C}^N_{B_\infty}] - [N]$$

im Spezialfall $X = \mathbb{R}^n$, wenn $(TX)^+ = (\mathbb{R}^{2n})^+ = S^{2n} = B_0 \cup B_\infty$ ist mit $B_0 \cap B_\infty = S^{2n-1}$ und

$$\sigma(P)(..,..) : S^{2n-1} = \{ (x,\xi) ; |x|+|\xi| = r\} \to GL(N,\mathbb{C})$$

mit so großem r, daß für alle N-Tupel komplexwertiger Funktionen φ mit $\text{Träger}(\varphi) \cap \{x ; |x| \leq r\} = \emptyset$ die Gleichung $P\varphi = \varphi$ gilt.

Für die umgekehrte Richtung setze $V := TX$ und repräsentiere $a \in K(V)$ wie bei der "Spaltungsabbildung" in vorstehender Anmerkung durch einen Komplex $0 \to F^0 \overset{\varphi}{\to} F^1 \to 0$, wobei die Bündel F^i Beschränkungen auf V von Bündeln gleicher Faserdimension N über V^+ sind; d.h. wir haben außerhalb einer kompakten Teilmenge $L \subset V$ Isomorphismen $\tau_i : F^i|V \setminus L \overset{\cong}{\to} (V \setminus L) \times \mathbb{C}^N$, so daß

---

der Länge 2 mit ("goldene Regel" der multilinearen Algebra)

$$\varphi := \alpha \boxtimes Id + Id \boxtimes \beta \quad \text{und} \quad \psi := -Id \boxtimes \beta + \alpha \boxtimes Id .$$

Mit Hilfe von Hermiteschen Metriken in den Vektorraumbündeln kann man $E^\cdot \boxtimes F^\cdot$ wieder als Komplex der Länge 1

$$0 \to E^0 \boxtimes F^0 \oplus E^1 \boxtimes F^1 \overset{\theta}{\to} E^1 \boxtimes F^0 \oplus E^0 \boxtimes F^1 \to 0$$

schreiben, wobei

$$\theta := \begin{pmatrix} \alpha\boxtimes Id & -Id\boxtimes\beta^* \\ Id\boxtimes\beta & \alpha^*\boxtimes Id \end{pmatrix}$$

und α^* und β^* die adjungierten Homomorphismen sind. Einzelheiten in [ATIYAH 1967a, 93f].

$\varphi := (\tau_1)^{-1}\tau_0$ über $V \setminus L$ ein Bündelisomorphismus ist.

Ist $\pi : V \to X$ die Fußpunktabbildung, so ersetze die Bündel F^i auf $V \setminus L$, wo sie trivial sind, durch $\pi^* E^i$, wenn E^i die Beschränkung von F^i auf den Nullschnitt von V ist. Auf L geht das allerdings i.a. nicht. Man kann sich aber mit dem folgenden Kunstgriff - nach [ATIYAH-SINGER 1968a, 492f] - helfen: Wähle eine offene, relativ kompakte Teilmenge Y von X, die $\pi(L)$ umfaßt, und eine reelle Zahl $\rho > 0$, so daß die kompakte Menge L ganz in dem "Ballbündel" $B_\rho(V)|\overline{Y}$ enthalten ist. Zeige nun, daß $\overline{Y}$ Deformationsretrakt von $B_\rho(V)|\overline{Y}$, und folgere mit Anhang, Satz 1, die Existenz von Isomorphismen $\theta_i : F^i|(B_\rho(V)|\overline{Y}) \to \pi^* E^i|(B_\rho(V)|\overline{Y})$, die die über $\overline{Y} \setminus Y$ vermöge der Trivialisierungen gegebenen Isomorphismen (s.o.) fortsetzen. Man muß also zeigen, daß man θ_i so wählen kann, daß der Homomorphismus

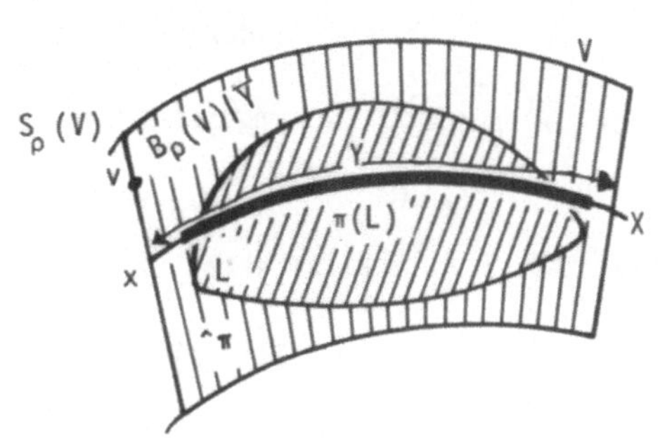

$$\theta_i(v) : F^i_v \to (\pi^* E^i)_v = F^i_x , \quad x \in \overline{Y} \setminus Y \quad \text{und} \quad \pi(v) = x ,$$

mit der zusammengesetzen Abbildung $(\tau_1(x))^{-1} \circ \tau_1(v)$ übereinstimmt. (Fordern wir weiter, daß θ_i auf dem Nullschnitt die Identität ist, so ist es - bis auf Homotopie - eindeutig bestimmt). Definiere nun $\alpha := \theta_1 \circ \varphi \circ \theta_0^{-1}$ über $\partial(B_\rho(V)|\overline{Y}) = (S_\rho(V)|\overline{Y}) \cup (B_\rho(V)|\overline{Y} \setminus Y)$ und setze es auf $V|\overline{Y}$ (minus den Nullschnitt) homogen vom Grad 0 und auf $\pi^{-1}(V \setminus \overline{Y})$ durch die angegebene Trivialisierung fort.

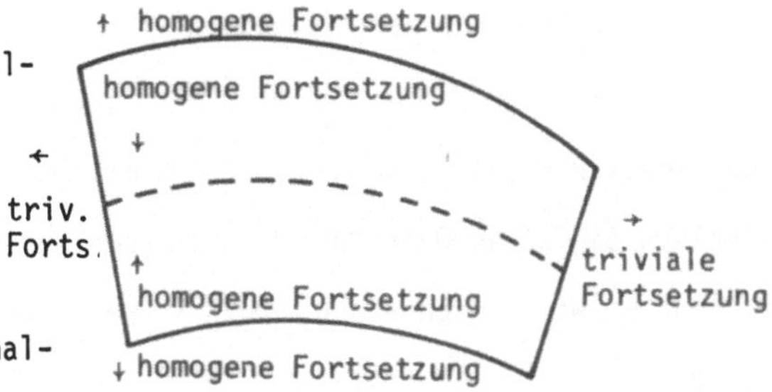

homogene Fortsetzung
homogene Fortsetzung
triv. Forts.
triviale Fortsetzung
homogene Fortsetzung
homogene Fortsetzung

Approximiere schließlich den so erhaltenen Komplex $0 \to \pi^* E^0 \overset{\alpha}{\to} \pi^* E^1 \to 0$, wobei α homogen vom Grade 0 und außerhalb einer kompakten Teilmenge der Basis X von einem Isomorphismus $E^0 \to E^1$ induziert ist, durch eine C^∞-Abbildung mit den gleichen Eigenschaften, wobei o.B.d.A. (siehe Anhang, Aufgabe 7b) die E^i als C^∞-Vektorraumbündel angenommen werden können.

Welche Vereinfachungen lassen sich übrigens für $X = \mathbb{R}^n$ machen? □

C. DIE INDEXFORMEL.

SATZ 1: Für alle $P \in \mathrm{Ell}_c(\mathbb{R}^n)$ gilt die Indexformel

$$\operatorname{index} P = (-1)^n \alpha^n([\sigma(P)]) .$$

Dabei ist $\alpha^n : K(\mathbb{R}^{2n}) \overset{\cong}{\to} K(\mathbb{R}^0) \cong \mathbb{Z}$ die durch Iterierung von $\alpha_X : K(\mathbb{R}^2 \times X) \to K(X)$ für $X = \mathbb{R}^{2(n-1)}$, $\mathbb{R}^{2(n-2)}$, ... erzeugte "Periodizitätsabbildung" (s.o. Satz 1.7).

BEWEIS: 1. Für lokalkompaktes X haben wir das folgende kommutative Diagramm:

$$\begin{array}{ccc} \mathrm{Ell}_c(X) & \xrightarrow{[\sigma(..)]} & K(TX) \\ & \searrow^{\operatorname{index}} \quad \swarrow^{\operatorname{index}} & \\ & \mathbb{Z} & \end{array}$$

Dabei ist der "analytische Index" nach Aufgabe 1b auf $\mathrm{Ell}_c(X)$ und nach Aufgabe 2 (Surjektivität der Differenzbündelkonstruktion $[\sigma(..)]$) auf $K(TX)$ wohldefiniert und trivialerweise (Aufgabe I.1.2) additiv, also für $X = \mathbb{R}^n$, wenn $K(TX)$ nach dem Bottschen Periodizitätssatz (s.o.) isomorph $\mathbb{Z}$ ist, ein Vielfaches dieses Isomorphismus, also

$$\operatorname{index} P = C_n \, \alpha^n[\sigma(P)] ,$$

wobei die Konstante C_n nicht von P, wohl aber vielleicht von n abhängt.

2. Wir wollen nun zeigen, daß $C_n = (-1)^n$ ist, und müssen dafür ein $P \in \mathrm{Ell}_c(\mathbb{R}^n)$ mit $[\sigma(P)] = b \boxtimes \cdots \boxtimes b \in K(\mathbb{R}^{2n})$, $b \in K(\mathbb{R}^2)$ die Bottklasse (s.o. Satz 1.6), und $\operatorname{index} P = (-1)^n$ angeben, wobei das Hauptproblem darin besteht, einen hinlänglich einfachen Operator P, dessen analytischen Index man berechnen kann, zu finden. Wir wissen schon, daß P keine konstanten Koeffizienten haben kann, da P in ∞ die Identität ist, und daß P mit seiner verschwindenden Ordnung auch kein Differentialoperator sein kann.

Es gibt heute verschiedene Wege für die Lösung dieser Aufgabe, siehe [ATIYAH 1967b, 243f], [ATIYAH 1970a, 110ff] und [HÖRMANDER 1971, 141-146]. Für uns am bequemsten ist es, vorab zu zeigen, daß wir uns auf den Fall $n = 1$ beschränken können. Wie in Aufgabe II.5.7b gelten nämlich (analoger Beweis) die folgenden multiplikativen Eigenschaften: $P = Q \# R$, $P \in Ell_c(\mathbb{R}^n)$, $Q \in Ell_c(\mathbb{R}^m)$, $R \in Ell_c(\mathbb{R}^k)$, $m + k = n$, impliziert $\sigma(P) = \sigma(Q) \# \sigma(R)$ und $[\sigma(P)] = [\sigma(Q)] \boxtimes [\sigma(R)]$ und index P = (index Q) (index R) . Da α^n nach Konstruktion multiplikativ ist, folgt $C^n = (C_1)^n$.

3. Sei also $n = 1$, d.h. $X = \mathbb{R}$ und $TX = \mathbb{R}^2 = \mathbb{C} = \{x+i\xi\}$. Dann wird b nach Definition durch den Komplex

$$\begin{array}{ccccc} 0 \to \mathbb{C}_{\mathbb{C}} & \xrightarrow{\cdot(x+i\xi)^{-1}} & \mathbb{C}_{\mathbb{C}} \to 0 \\ \downarrow & & \downarrow \\ TX & & TX \end{array}$$

dargestellt, der allerdings, so wie er dasteht, noch keinen Pseudodifferentialoperator repräsentiert. Wie in Aufgabe 2 können wir aber die Bündelabbildung φ , die an der Stelle (x,ξ) in der Faser $\mathbb{C}$ durch

$$\varphi(x,\xi) : z \longmapsto z(x+i\xi)^{-1}$$

definiert ist, zu einer Abbildung α mit

$$\begin{array}{lll} \alpha(x,\xi) = 1 & & |x| \geq 1 \\ \alpha(x,\lambda\xi) = \alpha(x,\xi) & \text{für} & \lambda > 0 \\ \alpha(x,\xi) \neq 0 & & \xi \neq 0 \end{array}$$

deformieren, wobei für $|x| \leq 1$ explizit

$$\alpha(x,\xi) = \begin{cases} e^{\pi i(x-1)} & \xi > 0 \\ 1 & \xi < 0 \end{cases} \quad \text{für}$$

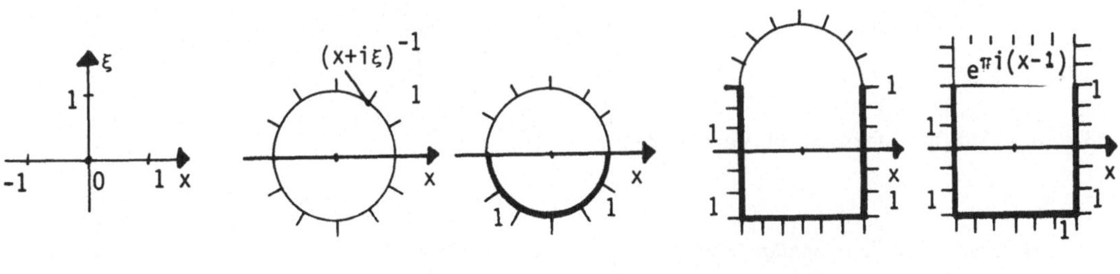

gilt. Damit können wir α (nach Glättung) durch das Symbol eines elliptischen Pseudodifferentialoperators T der Ordnung 0 auf der Geraden $\mathbb{R}$ darstellen, der außerhalb des Intervalls $[-1,1]$ die Identität und innerhalb gleich dem "Toeplitzoperator" $\tilde{T} := e^{\pi i(x-1)} P + (\mathrm{Id}-P)$ auf der Kreislinie $S^1 \cong [-1,1]$ ist, wobei $P : \sum_{-\infty}^{\infty} a_\nu z^\nu \longmapsto \sum_{\nu=0}^{\infty} a_\nu z^\nu$ der Projektionsoperator ist. Nach Konstruktion ist $\operatorname{index} T = \operatorname{index} \tilde{T}$, und gemäß Aufgabe II.3.5c erhalten wir $\operatorname{index} \tilde{T} = \operatorname{Uml}(e^{\pi i(x-1)},0) = -1$, womit $\operatorname{index}(b) = -1$, also $C_1 = -1$ folgt. □

AUFGABE 3: Wie kann man direkt (ohne den Induktionsschluß aus dem 2. Schritt des vorstehenden Beweises) $C_2 = 1$ beweisen?

TIP: Betrachte auf der Kreisscheibe $X := B^2$ den "Transmissionsoperator"

$$A : (u,v) \longmapsto \left(\frac{\partial u}{\partial \bar{z}}, \frac{\partial v}{\partial z}, (u-v)|S^1\right) \quad ; \quad u,v \in C^\infty(X)$$

mit $\operatorname{index} A = 1$ (Aufgabe II.1.9) und konstruiere einen zu A (in der Greenschen Algebra $\mathrm{Ell}(X,\partial X)$) stabiläquivalenten Operator A', der nahe ∂X gleich der Identität ist (mit Aufgabe II.7.2a bzw. dem in Satz II.7.1 angegebenen Deformationsverfahren). Zeige $\operatorname{index} A' = \operatorname{index} A$ mit Satz II.8.3d, also $\operatorname{index} A'' = 1$, wenn $A'' \in \mathrm{Ell}_c(\mathbb{R}^2)$ die Fortsetzung von A' auf ganz $\mathbb{R}^2$ ist mit $A'' = \mathrm{Id}$ außerhalb B^2.

Dann bleibt nur noch zu zeigen, daß wirklich $[\sigma(A'')] = b \boxtimes b$ ist. Repräsentiere dafür b wie in Satz 1 durch den Komplex $0 \to \mathbb{C}_{\mathbb{C}} \xrightarrow{\cdot\zeta^{-1}} \mathbb{C}_{\mathbb{C}} \to 0$ und leite daraus nach dem oben in der Fußnote zu Aufgabe 2 angegebenen Rezept für $b \boxtimes b$ die Repräsentierung durch den Komplex $0 \to \mathbb{C}_{TZ} \oplus \mathbb{C}_{TZ} \overset{\theta}{\to} \mathbb{C}_{TZ} \oplus \mathbb{C}_{TZ} \to 0$ über dem Tangentialbündel $TZ = \mathbb{C}^2 = \{(z,\zeta)\}$ des Raumes $Z = \mathbb{R}^2 = \mathbb{C} = \{z\}$ ab, wobei dann

$$\theta(z,\zeta) := \begin{pmatrix} z^{-1} & -(\bar{\zeta})^{-1} \\ \zeta^{-1} & (\bar{z})^{-1} \end{pmatrix}$$

in $\sigma(A')(z,\zeta)$ deformiert werden kann. □

Die theoretischen Bezüge von Satz 1, einem schönen Ergebnis gezielter Anwendung moderner topologischer Methoden auf Fragen der Analysis, sind sehr vielfältig. Wir nennen stichwortartig:

(i) Verallgemeinerung der Gochberg-Krein-Indexformel *für Wiener-Hopf-Operatoren*

über der Kreislinie oder der Halbgeraden (s.o. § I.9) auf elliptische Pseudodifferentialoperatoren der Ordnung 0 *über dem n-dimensionalen euklidischen Raum. Siehe auch [PRÖSSDORF 1971] für einen systematischen Vergleich dieser beiden interessanten Operatorenklassen.*

(ii) Analytische Definition des Grades *einer* (2n-1)*-dimensionalen Homotopieklasse von* GL(N,$\mathbb{C}$) : *In seiner homotopietheoretischen Fassung (vgl. Abschnitt A) gibt Satz 1 eine explizite Formel für den Index, wenn man die eine oder andere oben in § 1.B explizit angegebene Definition des "Grades" verwendet. Umgekehrt kann man Satz 1 auch zur Definition des Grades - mit analytischen Mitteln - heranziehen und so die in § 1.A zunächst nur für* n = 1 *existierende "algebraische" Definition auf den Fall* n > 1 *verallgemeinern. Zwar ist "gewöhnlich der Index eines Operators eine weniger berechenbare Größe als sagen wir ein Integral. Für viele theoretische Ziele sind aber wirkliche Berechnungen nicht wichtig, wohingegen die analytische Definition viele theoretische Vorzüge besitzt". [ATIYAH 1967b, 244], wo eine Reihe von "Vorzügen" (a-priori-Ganzzahligkeit, funktionentheoretische und Liegruppen-Bezüge) ausführlich diskutiert werden.*

(iii) Anwendung auf Randwertprobleme. *In § II.7 haben wir ein Verfahren kennengelernt, wie man das Symbol eines elliptischen Randwertproblems längs dem Rand "trivialisieren" kann, wodurch man i.a. (genauere Diskussion in [BOUTET de MONVEL 1971, 40]) einen Operator der Ordnung* 0 *erhält, der in der Nähe des Randes gleich der Identität ist - und so zu einem Operator aus* $\mathrm{Ell}_c(\mathbb{R}^n)$ *fortgesetzt werden kann, wenn es sich bei der berandeten Mannigfaltigkeit um ein berandetes Gebiet des* $\mathbb{R}^n$ *handelt. Wie im Tip zu Aufgabe 3 skizziert, ändert sich bei diesen Manipulationen der Index nicht. Damit läßt sich von Fall zu Fall der Index eines Randwertproblems mittels Satz 1 berechnen; für die Ableitung einer geschlossenen Formel (s.u. § 4) muß man allerdings auf die Agranowitsch-Dynin-Formel (Satz II.8.3e bzw. Aufgabe II.8.7) und damit auf das Studium von Pseudodifferentialoperatoren auch über dem Rand, der eine geschlossene Mannigfaltigkeit bildet, s.u. (iv)) zurückführen.*

(iv) Im folgenden Paragraphen schließlich werden wir aus Satz 1 eine Indexformel für elliptische Operatoren auf geschlossenen *(= kompakten unberandeten)* Mannigfaltigkeiten, *soweit diese sich "trivial" (d.h. mit einem trivialen Normalenbündel) in einen euklidischen Raum einbetten lassen, ableiten.* □

3. Die Indexformel für geschlossene Mannigfaltigkeiten

A. DIE INDEXFORMEL. Sei X eine geschlossene (d.h. kompakte und unberandete) orientierte Riemannsche C^∞-Mannigfaltigkeit der Dimension n , die "trivial", d.h. mit trivialem Normalenbündel in den euklidischen Raum $\mathbb{R}^{n+m}$ eingebettet ist.

E und F seien Hermitesche Vektorraumbündel über X und $P \in \mathrm{Ell}_k(E,F)$, $k \in \mathbb{Z}$. Dann gilt die folgende Formel:

SATZ 1 (M.F. ATIYAH, I.M. SINGER 1963):

$$\text{index } P = (-1)^n \alpha^{n+m} ([\sigma(P)] \boxtimes b^m) ,$$

wo $[\sigma(P)] \in K(TX)$ die "Symbolklasse" von P, $b \in K(\mathbb{R}^2)$ die "Bottklasse" und $\alpha^{n+m} : K(\mathbb{R}^{2(n+m)}) \to \mathbb{Z}$ der iterierte Bottisomorphismus sind.

ANMERKUNG: Die vorliegende Situation "trivialer" Einbettung trifft man in vielen Anwendungen an, wenn X z.B. eine Hyperfläche, insbesondere der Rand eines berandeten Gebietes im $\mathbb{R}^{n+1}$ ist. Für den allgemeinen Fall "nicht-trivialer" Einbettung sowie für andere Ausdrucksweisen des "topologischen Index" (der rechten Seite in der Formel) und für einen Vergleich der unterschiedlichen Beweise siehe unten den Kommentar.

BEWEIS: 1. Wir wollen uns zunächst den Inhalt der Formel vergegenwärtigen. Die linke Seite ist eine nach II.5 wohldefinierte und nur vom Homotopietyp des Symbols $\sigma(P) \in \mathrm{ISO}_{SX}(E,F)$ abhängende ganze Zahl. Wie aber ist die rechte Seite definiert? Die Konstruktion von $[\sigma(P)] \in K(TX)$ wurde in Aufgabe 2.2 für $k = 0$ vorgeführt; der Fall $k \neq 0$ bringt nichts Neues. (Man kann ihn auch direkt durch Komposition mit Λ^{-k} auf den Fall $k = 0$ zurückführen.)

Betrachte nun die folgende Zeichnung:

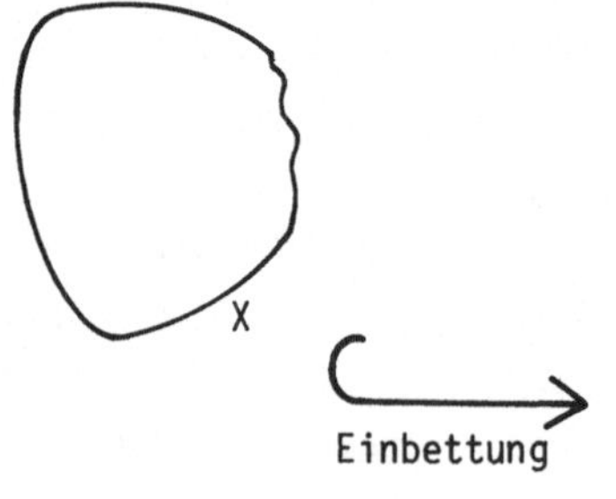

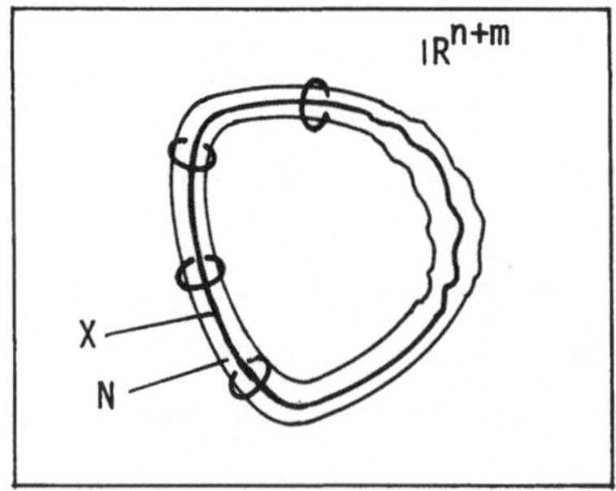

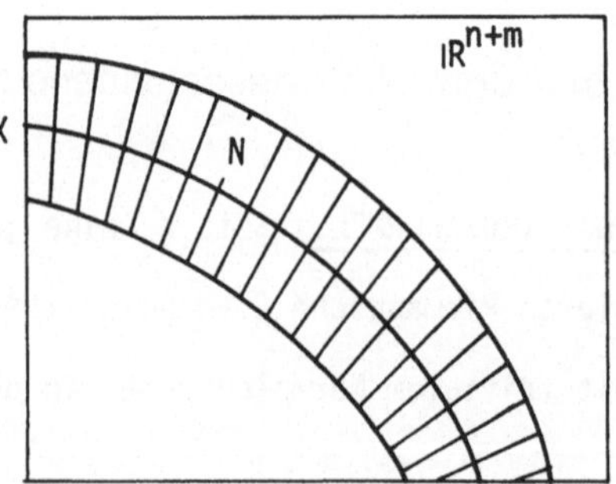

Dabei sei N eine "Tubenumgebung" von X in $\mathbb{R}^{n+m}$, das ist eine Umgebung von X, die lokal (und wegen der "Trivialität" der Einbettung eben auch global) die Form $X \times \mathbb{R}^m$ hat.

Die Indexformel besagt dann die Kommutativität des folgenden Diagramms *):

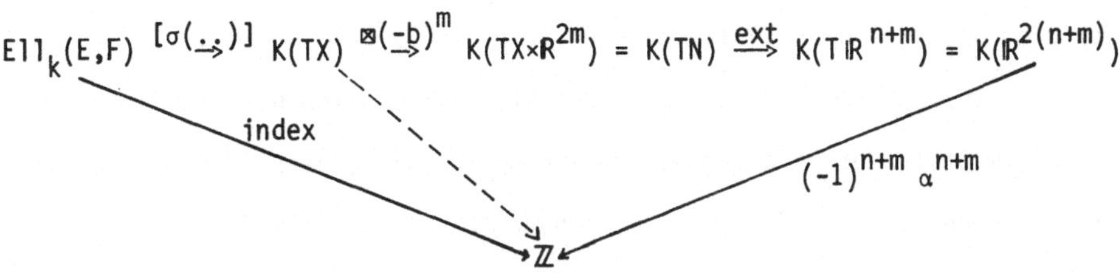

Hierbei ist ext durch die Abbildung $(T\mathbb{R}^{n+m})^+ \to (TN)^+$ induziert, die das Komplement der offenen Menge TN in $T\mathbb{R}^{n+m}$ auf den unendlich fernen Punkt $+ \in (TN)^+$ abbildet.

2. Für den Beweis der Indexformel wählen wir einen sehr direkten Weg, indem wir Schritt für Schritt die waagerechten Pfeile in vorstehendem Diagramm (K-theoretische Operationen) durch Operationen mit den entsprechenden elliptischen Operatoren ersetzen: Wir konstruieren also zu dem elliptischen Operator P über X einen elliptischen Operator P' über N, der im Unendlichen die Identität ist, und zwar so, daß index $P' = (-1)^m$ index P und $[\sigma(P')] = [\sigma(P)] \boxtimes b^m$.

Für P' setzen wir $P \# T^m$, wenn $T \in Ell_c(\mathbb{R})$ der im Beweis von Satz 2.1 angegebene Standardoperator mit index $T = -1$ und $[\sigma(T)] = b$ ist; beachte wieder, daß in Aufgabe II.5.7 das Tensorprodukt $\#$ nur für Operatoren der Ordnung $k > 0$ erklärt war. Wir setzen also genauer für $P' \in Ell_c(N)$ einen Operator, dessen Symbol auf den kovarianten Tangentialvektoren der Länge 1 gerade mit $\sigma(P) \# \sigma(T) \# \ldots \# \sigma(T)$ übereinstimmt, also z.B. für $m = 1$:

---

*) Wir ziehen es vor, mit den endlich erzeugten abelschen Gruppen $K(TX)$ statt mit einzelnen oder Klassen von elliptischen Operatoren zu rechnen: Darin liegt ja u.a. der Vorteil topologischer Methoden, daß man komplizierte Objekte der Analysis, deren Struktur erst teilweise erforscht ist, gezielt durch einfache "Quantitäten", hier z.B. den Rang r der Gruppe $K(TX)$, ersetzen kann; man weiß übrigens, daß $r = \sum_{k=0}^{n}$ Rang $H^{2k}_{komp}(TX)$ ist. Deshalb werden wir, gerechtfertigt durch Aufgabe 2.2, im folgenden auch den "analytischen Index" nicht mehr auf $Ell_k(E,F)$, sondern wie im Diagramm gestrichelt unmittelbar auf $K(TX)$ betrachten.

$$(\sigma(P)\#\ \sigma(T))(x,t;\xi,\tau) = \begin{pmatrix} \sigma(P)(x,\xi) & -Id_{F_x}\otimes\sigma(T^*)(t,\tau) \\ Id_{E_x}\otimes\sigma(T)(t,\tau) & \sigma(P^*)(x,\xi) \end{pmatrix}, \quad x\in X,\ t\in\mathbb{R}, \quad (\xi,\tau)\in S(X\times\mathbb{R}).$$

Wie in Aufgabe 2.2 läßt sich dieses Symbol - wegen $\sigma(T)(t,\tau) = 1$ für t hinlänglich groß und für τ negativ - bequem zu einem Symbol σ' mit $\sigma'(x,t;\xi,\tau) = Id$ für t hinlänglich groß deformieren, wenn wir die Bündel $E'\oplus F'$ und $F'\oplus E'$ mittels Vertauschung der Summanden identifizieren. Dabei ist $E' := p^*E$, wenn $p : N = X\times\mathbb{R}\to X$ die Projektion ist, also $E'_{x,t} = E_x$. Entsprechend ist F' erklärt.

3. O.B.d.A. können wir $E'\oplus F'$ als triviale Bündel annehmen, da wir sonst $P'\oplus Id_G$ bilden können, wo das Bündel G über N so gewählt ist, daß $E'\oplus F'\oplus G$ trivial ist. $E'\oplus F'$ seien also zu einem trivialen Bündel auf ganz $\mathbb{R}^{n+m}$ fortgesetzt. Setze dann den Operator P' auf $\mathbb{R}^{n+m}$ mittels der Identität außerhalb N zu einem Operator $P''\in Ell_c(\mathbb{R}^{n+m})$ fort. Da P' nahe dem "Rand" $\overline{N}\setminus N$ von N die Identität ist, folgt aus $P''u = 0$ (auf $\mathbb{R}^{n+m}$), daß Träger u ganz im Inneren von N liegt, also Kern P'' = Kern P'. Mit dem gleichen Argument für die formal adjungierten Operatoren folgt so index P'' = index P', wobei $[\sigma(P'')] = \text{ext}\,[\sigma(P')]$ nach Konstruktion.

4. Mit der Indexformel im euklidischen Fall (Satz 2.1) folgt dann die angegebene Formel für index P. □

ANMERKUNGEN: 1. Statt Tensorierung mit dem Standardoperator $T\in Ell_c(\mathbb{R})$ können wir auch (für $m = 2$) mit dem Standardtransmissionsoperator $T\in Ell(B^2,S^1)$ tensorieren und so ein *elliptisches Randwertproblem über der berandeten Mannigfaltigkeit* $\overline{N}$ konstruieren, dessen inneres Symbol sich dann nach den bekannten Verfahren mittels des Randsymbols so deformieren läßt, daß es nahe dem Rand $\overline{N}\setminus N$ die Identität wird und die gewünschten Operatoren P' und P'' liefert.

Entsprechend kann man für m beliebig ein Randwertproblem angeben, dessen Index gleich 1 ist und dessen Symbol gerade das Bündel $b\boxtimes\ldots\boxtimes b$ (m-mal) erzeugt: Man nimmt dafür im alternierenden Differentialformenkalkül, vgl. Anhang, Aufgabe 8, den Differentialoperator $d + d^*$ von den Formen gerader Ordnung zu denen ungerader mit einer passenden elliptischen Randwertaufgabe im Sinn von § II.6.

2. Der Vorteil einer Konstruktion von P' via Randwertprobleme zeigt sich vor allem, wenn die *Einbettung von* X *in* $\mathbb{R}^{n+m}$ *nicht "trivial"* ist, wenn also nicht mehr $N = X \times \mathbb{R}^m$ gilt. In [ATIYAH-SINGER 1968a] und [ATIYAH 1970a] werden für diesen Fall Hilfsmittel der "äquivarianten K-Theorie" (mit Gruppenoperation) herangezogen, um den gewünschten Operator P' mit Hilfe von Symmetrieeigenschaften von Standardoperatoren über der Sphäre explizit anzugeben oder axiomatisch zu charakterisieren. Auf dem Weg über Randwertprobleme kommt man dagegen wie bei einem anderen in [HÖRMANDER 1971c] vorgeschlagenen Verfahren mittels "hypoelliptischer" Operatoren durch Einsatz stärkerer analytischer Mittel auch im von uns nicht behandelten Fall $N \neq X \times \mathbb{R}^m$ um den Gebrauch der "äquivarianten K-Theorie" herum.

3. So wie wir in den Abschnitten 1.A/B unterschiedliche Definitionsweisen für den "Grad" kennengelernt haben, läßt sich auch der Index, den wir hier in K-theoretischen Ausdrücken berechnet haben, in *kohomologischer oder Integralform*, s.u. Abschnitt 4.A bestimmen - und zwar ohne neuerliche oder modifizierte Beweisführung, sondern durch eine Routineaufgabe in algebraischer Topologie, den Übergang von der K-Theorie zur Kohomologie, wobei einfach "ein Satz topologischer Invarianten in einen anderen übersetzt wird... Welche Formel tatsächlich die 'beste Antwort' liefert, ist zum guten Teil eine Frage des Geschmacks. Es hängt davon ab, welche Invarianten einem am vertrautesten sind oder man am leichtesten berechnen kann" (M.F. ATIYAH, I.M. SINGER). □

B. VERGLEICH DER BEWEISE: DER KOBORDISMUS-BEWEIS. *Michael ATIYAH und Isadore SINGER haben neben dem "Einbettungsbeweis" der Indexformel, dem wir oben gefolgt sind, noch zwei weitere Beweise, den ursprünglichen "Kobordismusbeweis" und den jüngeren "Wärmeleitungsbeweis", gegeben, die wir hier nicht referieren, sondern nur kurz (siehe auch die tabellarische Grobübersicht am Ende dieses Abschnittes) kommentieren können. Weil diese drei Beweise allesamt etwas kompliziert erscheinen, haben übrigens verschiedene Autoren, u.a. [BOJARSKI 1963], [CALDERON 1967] und [SEELEY 1965/1967] versucht, einfachere oder elementarere Beweise für den euklidischen Fall zu geben. Nach dem Urteil von [ATIYAH 1967b, 245] sind "diese unterschiedlichen Beweise unterschiedlich nur in ihrem Gebrauch und ihrer Darstellung der algebraischen Topologie" (statt und z.T. in Verbindung mit dem Bottschen Periodizitätssatz werden "ältere, aber ganz und gar nicht elementarere Teile der Topologie" herangezogen) - "die Analysis ist im wesentlichen gemeinsamen Ursprungs".*

Der "Kobordismusbeweis", *in [ATIYAH-SINGER 1963] skizziert und in [BRIESKORN et al. 1963], [CARTAN-SCHWARTZ 1965] und [PALAIS 1965] ausgearbeitet, war der erste Beweis: Man beginnt mit einer kompakten (unberandeten) orientierten Riemannschen Mannigfaltigkeit* X *der Dimension* 2ℓ *und läßt* $d : \Omega^j \to \Omega^{j+1}$ *und*

$d^* : \Omega^{j+1} \to \Omega^j$ *die in Anhang, Aufgabe 8 behandelte äußere ("Cartansche") Ableitung von Formen und ihre Adjungierte sein. (Genauer ist hier* $\Omega^j := C^\infty(\Lambda^j(T^*X)\otimes\mathbb{C})$). *Dann ist* $d+d^* : \Omega \to \Omega$ *ein selbstadjungierter elliptischer Differentialoperator 1. Ordnung, dessen Quadrat der Laplaceoperator* Δ *der Hodgetheorie ist; hierbei ist* $\Omega = \sum_{j=0}^{2\ell} \Omega^j$. *Durch*

$$\tau(v) := i^{p(p-1)+\ell} * v \quad , \quad v \in \Omega^p ,$$

ist auf Ω *eine "Involution" (i.e.* $\tau\circ\tau = \mathrm{Id}$*) erklärt, wobei* $* : \Omega^p \to \Omega^{2\ell-p}$ *der Dualitätsoperator ist. Wenn* $\Omega^\pm$ *die* ± 1*-Eigenräume von* τ *sind, dann definieren wir den* Signaturoperator *(siehe unten Abschnitt 4.D und [ATIYAH-SINGER 1968b, 575])* $D^+ : \Omega^+ \to \Omega^-$ *als Einschränkung von* $d+d^*$ *auf* Ω^+ . D^+ *ist ein elliptischer Operator und sein Index die oft nach Friedrich HIRZEBRUCH benannte "Signatur" der Mannigfaltigkeit* X .

Für hinlänglich viele Spezialfälle, insbesondere für $X = \mathbb{P}(\mathbb{C}^{\ell+1})$ *und* $X = S^{2\ell}$, *kann man nun mit etwas Kohomologietheorie die Signatur* index D^+ *berechnen und daraus die allgemeine Indexformel für geraddimensionale Mannigfaltigkeiten ableiten. "Hinlänglich viel" bedeutet dabei dreierlei:*

(i) Nach einem tiefen Resultat der Kobordismustheorie von René THOM ist jede geraddimensionale Mannigfaltigkeit Y *zu den angegebenen speziellen Mannigfaltigkeiten in einem gewissen Sinn* "kobordant"*; das heißt es gibt eine berandete Mannigfaltigkeit* Z , *deren Rand - grob gesagt - aus* X *und* Y *aufgebaut wird.*

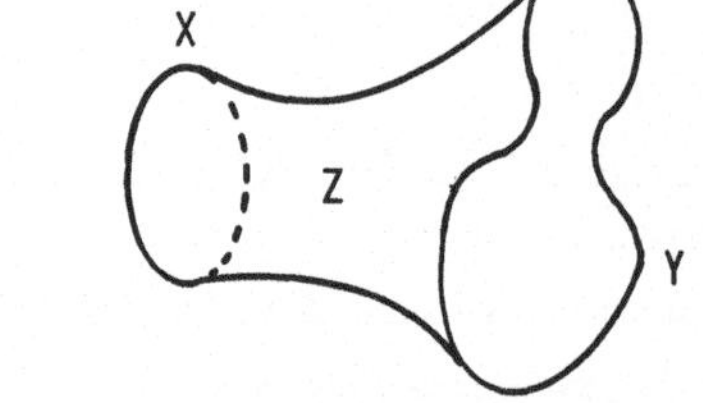

(ii) Da weiter von René THOM das Verschwinden der Signatur für berandende Mannigfaltigkeiten bewiesen wurde, läßt sich der Index des Signaturoperators über einer beliebigen 2ℓ*-dimensionalen Mannigfaltigkeit* X aus den Indices der speziellen Signaturoperatoren berechnen [*HIRZEBRUCH 1956, § 8*].

(iii) Mittels einer "kovarianten Ableitung" (Parallelverschiebung längs Wegen) ∇_E *für ein Hermitesches* C^∞*-Vektorraumbündel* E *über* X *kann man auf dem Raum*

$$\Omega_E^j := C^\infty(\Lambda^j(T^*X) \otimes E)$$

der j*-Formen "mit Koeffizienten in* E*" den Operator* d_E *durch*

$$d_E(u\otimes v) := du\otimes v + (-1)^j u \wedge \nabla_E v \quad ; \quad u \in \Omega_E^j \quad , \quad v \in C^\infty(E) \quad ,$$

und den adjungierten Operator d_E^* *erklären und die Indexformel auf den mit einer Involution auf* Ω_E *gewonnenen* verallgemeinerten Signaturoperator D_E^+ *des Vektorraumbündels* E *übertragen.*

Damit ist man aber fertig, weil jeder elliptische Operator auf einer geschlossenen geraddimensionalen orientierten Mannigfaltigkeit X *zu einem verallgemeinerten*

Signaturoperator im Sinn der K-Theorie "äquivalent" ist. Genauer: K(TX) *ist ein Ring über* K(X) *, und die von den verallgemeinerten Signaturoperatoren vermöge* $[\sigma(D_E^+)] = [E] \cdot [\sigma(D^+)]$ *erzeugte Untergruppe* $K(X) \cdot [\sigma(D^+)]$ *ist so groß, nämlich eine "Untergruppe von endlichem Index", daß "praktisch", d.h. bis auf das Bild von* K(X) *in* K(TX) *und bis auf 2er Torsion, wo der* index *als additive Funktion mit Werten in* $\mathbb{Z}$ *verschwinden muß, ganz* K(TX) *erzeugt wird.*

An dieser Stelle geht die Theorie der Pseudodifferentialoperatoren ein, um zu erreichen, daß die Symbole beliebige Bündelisomorphismen über SX *sind, wodurch die Indexbetrachtung von* Ell(X) *auf* K(TX) *zurückgespielt werden kann; ferner verwendet man bei der näherungsweisen Darstellung von* K(TX) *durch* K(X) *den Bottschen Periodizitätssatz in etwas allgemeinerer Form, siehe z.B. [ATIYAH-BOTT-PATODI 1973, 321f].*

(iv) Die Übertragung der allgemeinen Indexformel auf eine ungeraddimensionale Mannigfaltigkeit X *erfolgt dann mittels der multiplikativen Eigenschaft des Index durch Tensorierung mit dem Standardoperator* T *vom Index 1 auf* S^1 *und Übergang zur geraddimensionalen Mannigfaltigkeit* $X \times S^1$ *. Wenn es einem auf das Vorzeichen in der Indexformel nicht ankommt, kann man auf die explizite Angabe von* T *verzichten und einfach zum (bezüglich des Tensorproduktes) "quadrierten" Operator auf der geraddimensionalen Mannigfaltigkeit* $X \times X$ *übergehen.* □

C. VERGLEICH DER BEWEISE: DER EINBETTUNGSBEWEIS. *Auch beim* "Einbettungsbeweis", *dem wir nach [ATIYAH 1967b], [ATIYAH-SINGER 1968a] und [ATIYAH 1970a] in unserer vorliegenden Darstellung folgten, bleiben die Methoden mit der Untersuchung von* K(TX) *statt des Operatorraumes* Ell(X) *topologisch. Die Idee geht auf den Beweis von Alexander GROTHENDIECK für den Riemann-Roch-Satz, s.u. Abschnitt* 4.G, *zurück: Zunächst zeigt man mit dem Bottschen Periodizitätssatz, daß jeder elliptische Operator auf der Sphäre bzw. dem euklidischen Raum einem von* $|\mathbb{Z}|$ *verschiedenen Standardoperatoren im Sinne der K-Theorie äquivalent ist, und dann führt man einen beliebigen elliptischen Operator auf einer beliebigen geschlossenen Mannigfaltigkeit durch Einbettung und Tensorierung auf den Standardfall zurück.*

Vorzug wie Schwäche des Beweises liegen in seiner vielleicht etwas gewaltsamen Direktheit, wodurch einerseits Kohomologie und Kobordismustheorie völlig eliminiert werden können, die funktionalanalytischen und topologischen Stützen (Sätze von GOCHBERG-KREIN und BOTT) plastisch und in ihrer jeweils elementarsten Gestalt hervortreten und durch diese Einfachheit der Mittel die größte Verallgemeinerungsfähigkeit erreicht wird (s.u. Abschnitt 4.L*), während andererseits bei der Einbettungsprozedur (außer bei besonders glatten, z.B. holomorphen Einbettungen algebraischer Mannigfaltigkeiten in einen komplexen projektiven Raum) die besondere Struktur der "klassischen" Operatoren völlig zerstört wird. Ein Signaturoperator geht beispielsweise bei der Einbettung i.a. ganz und gar nicht wieder in einen*

Signaturoperator über, und zum Beweis des Riemann-Roch-Satzes für beliebige kompakte komplexe Mannigfaltigkeiten - um ein weiteres durch "klassische" Operatoren definiertes Problem zu nennen, siehe auch unten Abschnitt 4.G - muß man aus dieser Kategorie herausgehen, wodurch viele der interessanten und z.T. noch offenen Probleme der modernen Differentialtopologie nicht immer transparenter werden. □

D. VERGLEICH DER BEWEISE: DER WÄRMELEITUNGSBEWEIS. *Gegenüber den beiden ersten stärker topologisch argumentierenden Beweisen bietet der* "Wärmeleitungsbeweis" *einen völlig verschiedenen und zunächst rein analytischen Zugang zum Indexproblem. Die Ausgangsidee geht auf Arbeiten von Marcel RIESZ zur Spektraltheorie positiver selbstadjungierter Operatoren zurück und wurde bereits 1966 von M.F. ATIYAH auf dem Internationalen Mathematikerkongreß in Moskau vorgetragen und dann, auch im Zusammenhang von Anwendungen der Indexformel auf Fixpunktprobleme, in [ATIYAH-BOTT 1967], [ATIYAH 1968b] und in verwandter Form in [CALDERON 1967] und [SEELEY 1967] veröffentlicht:*

1. Man beginnt mit einem Operator $P \in \mathrm{Ell}_k(E,F)$, $k > 0$, *wo* E *und* F *Hermitesche* C^∞*-Vektorraumbündel über der n-dimensionalen geschlossenen orientierten Riemannschen Mannigfaltigkeit* X *sind. Dann ist der Operator* P^*P *ein nichtnegativer selbstadjungierter Operator der Ordnung* $2k$ *mit einem diskreten Spektrum (s.o. § I.5) von nichtnegativen Eigenwerten* $0 \leq \lambda_1 \leq \lambda_2 \leq \dots$ *(die Vielfachheit der Eigenwerte kann größer als 1 sein; deshalb schreiben wir* $\leq$ *); und die Reihe*

$$\theta_{P^*P}(t) := \sum_{m=1}^{\infty} e^{-t\lambda_m} \tag{0}$$

konvergiert für alle $t > 0$. *Für* $X = S^1$ *und* $P = -i\frac{d}{dx}$ *erhalten wir übrigens wirklich die "Thetafunktion"* $\theta(t) = \sum_{m=0}^{\infty} e^{-tm^2}$ *der analytischen Zahlentheorie, weil die Quadratzahlen gerade die Eigenwerte von* $P^*P = \Delta = -\frac{d^2}{dx^2}$ *sind.*

Entsprechend bildet man die Funktion θ_{PP^*} . P^*P *und* PP^* *haben die gleichen nichtverschwindenden Eigenwerte, wohingegen nur der 0-Eigenwert i.a. unterschiedliche Vielfachheit, nämlich* $\dim \mathrm{Kern}\, P$ *und* $\dim \mathrm{Kern}\, P^*$ *hat (s.o. die Anmerkung nach Satz I.3.2). Damit hat man eine neue* Indexformel

$$\mathrm{index}\, P = \theta_{P^*P}(t) - \theta_{PP^*}(t) \quad , \quad t > 0 . \tag{1}$$

Trivialerweise kann man statt der Funktion $m \mapsto e^{-tm}$ *eine beliebige Funktion* φ *auf* $\mathbb{R}$ *mit* $\varphi(0) = 1$ *nehmen und erhält so für jedes* φ *eine weitere Indexformel*

$$\mathrm{index}\, P = \sum_{\lambda \in \mathrm{Spek}(P^*P)} \varphi(\lambda) - \sum_{\lambda \in \mathrm{Spek}(PP^*)} \varphi(\lambda) .$$

Das Besondere der Thetafunktion liegt nun darin, daß man nahe $t = 0$ *eine* asymptotische Entwicklung

$$\theta_{P^*P}(t) \sim \sum_{m \geq -n} t^{m/2k} \int_X \mu_m(P^*P) \qquad (2)$$

ableiten kann, wobei $\mu_m(P^*P)$ *für jedes* $m \in \mathbb{Z}$ *ein gewisses Maß auf* X *ist, das man kanonisch aus den Koeffizienten des Operators* P^*P *bildet. Mit (1) folgt aus (2) die explizite Integralformel* $\operatorname{index} P = \int_X \mu_0(P^*P) - \mu_0(PP^*)$. (3)

2. Die Konvergenz der Reihe in (0) *sagt eigentlich etwas über die Konstruktion von Lösungen der* Wärmeleitungsgleichung [*TRIEBEL 1972, 596ff*]

$$\frac{\partial u}{\partial t}(x,t) + \square u(x,t) = 0 \quad , \quad x \in X \quad , \quad t \in [0,\infty)$$

mit der Anfangsbedingung $u(\ldots,0) = u_0 \in L^2(E)$ *aus. Dabei ist* u *die gesuchte Funktion auf* $X \times [0,\infty)$ *mit Werten in dem Bündel* E *(die "Wärmeverteilung") und* $\square = P^*P$ *ein verallgemeinerter Laplaceoperator auf* X . *Dann ist*

$$H_t := e^{-\square t} = \mathrm{Id} - t\square + \frac{t^2}{2!}\square^2 - \frac{t^3}{3!}\square^3 + - + \ldots \quad , \quad t \geq 0$$

eine wohldefinierte Familie von beschränkten Operatoren auf dem Hilbertraum $L^2(E)$, *die der Wärmeleitungsgleichung*

$$\frac{\partial}{\partial t} H_t + \square H_t = 0$$

mit Anfangswert $H_0 = \mathrm{Id}$ *genügt, also für jede Anfangsverteilung* u_0 *die Wärmeverteilung zum Zeitpunkt* t *durch die Formel* $u(\ldots,t) = H_t u_0$ *liefert.*

Da die Eigenfunktionen $\{v_m\}$ *von* $\square$ *ein vollständiges Orthogonalsystem für* $L^2(E)$ *bilden, kann man zumindest formal*

$$\theta_\square(t) = \operatorname{Spur} e^{-\square t} \qquad (4)$$

schreiben. Die Konvergenz der Reihe in (0) *besagt also, daß die Lösungsoperatoren* H_t *der parabolischen Wärmeleitungsgleichung für* $t > 0$ *zur "Spurklasse" gehören. Mit den Mitteln der Theorie der Pseudodifferentialoperatoren zeigt man genauer, daß* H_t *ein "Glättungsoperator" ist, also ein Operator der Ordnung* $-\infty$, *der sich als Integraloperator*

$$(H_t v)(x) = \int_X K_t(x,.)\, v\, \omega \quad , \quad v \in L^2(E) \quad , \quad x \in X \quad ,$$

mit einer C^∞*-Gewichtsfunktion* $(x,y) \mapsto K_t(x,y) \in L(E_y,E_x)$ *und der Volumenform* ω *darstellen läßt. Damit hat man* $\theta_\square(t) = \operatorname{Spur} H_t = \int_X \mu_t$, $t > 0$, *wo*

$$\mu_t := \operatorname{Spur} K_t(.,.)\omega = \sum_{m=1}^{\infty} e^{-\lambda_m t} |v_m(.)| \omega \quad , \quad t > 0 \quad ,$$

ein Maß auf X , *die in jedem* $x \in X$ *Punkt für Punkt gebildete Spur des Operators*

H_t, *ist. Während die Bestimmung von* μ_t *aus den Koeffizienten des Operators* P *nur sehr indirekt - über die Eigenwerte und Eigenfunktionen von* $\square = P^*P$ *- möglich ist, besitzt man in jedem einzelnen Punkt* $x \in X$ *eine asymptotische Entwicklung*

$$\mu_t(x) \sim \sum_{m \geq -n} t^{m/2k} \mu_m(x) \quad \text{für} \quad t \to 0 \quad ,$$

wo die μ_m *rein lokale Invarianten von* P^*P *sind, woraus dann (2) folgt.*

4. Der Beweis von (2) mit einem aus der Theorie der Pseudodifferentialoperatoren gewonnenen Rezept für die Berechnung der μ_m *stammt von [SEELEY 1967], wonach sich dann zeigt, daß die* μ_m *rational von den Koeffizienten von* P *und ihren Ableitungen bis zur Ordnung* $\leq n$ *abhängen. Eine mehr intuitive heuristische Beschreibung des Aussehens von* μ_m *für den auch von uns bei den Sobolew-Fallstudien (§ II.4) bevorzugten Spezialfall* $X = \mathbb{T}^n := \mathbb{R}^n/2\pi\mathbb{Z}^n$ *findet sich in [ATIYAH-BOTT-PATODI 1973, 300f]. Die Idee selbst geht auf die beiden Mathematiker Subbaramiah MINAKSHISUNDARAM und Åke PLEIJEL zurück, die 1949 - lange vor der Schaffung des leistungsfähigen "Apparates" der Pseudodifferentialoperatoren - die* μ_m *für den Fall* $P^*P = \Delta$ *berechneten, wobei* Δ *der (irgendwie) invariant definierte, nur von der Riemannschen Metrik auf* X *abhängende Laplace-Beltrami-Operator ist, also* $k = 1$ *und* $E = \mathbb{C}_X$. *Genau genommen untersuchten S. MINAKSHISUNDARAM und A. PLEIJEL und später R.T. SEELEY bei der Verallgemeinerung ihrer Resultate statt* P^*P *den positiven selbstadjungierten Operator* $\square = \mathrm{Id} + P^*P$ *und statt der Thetafunktion die* Zetafunktion $\zeta(z) := \sum_{m=1}^{\infty} (\lambda_m)^{-z}$, *summiert über alle (diskreten positiven) Eigenwerte von* $\square$, *die für* $\mathrm{Realteil}(z) > \dim X$ *wohldefiniert ist und sich zu einer meromorphen Funktion in die z-Ebene mit im Prinzip bekanntem Polstellenverhalten in den endlich vielen reellen Polen der Ordnung 1 fortsetzen läßt. Dabei stellt sich u.a. heraus, daß* $z = 0$ *keine Polstelle ist und sich der Wert* $\zeta(0)$ *explizit in Ausdrücken von* $\square$ *berechnen läßt, nämlich*

$$\zeta(0) = \int_X \rho_0(\square) \tag{5}$$

mit einer ziemlich komplizierten, aber prinzipiell berechenbaren rechten Seite. Andererseits läßt sich $\zeta(z)$ *innerhalb der Spektraltheorie als* $\mathrm{Spur}(\square^{-z})$ *und schließlich* $\zeta(0)$ *als konstanter Term in der asymptotischen Entwicklung von* $\theta_\square(t)$ *für* $t \to 0$ *interpretieren, womit der Zusammenhang zum Wärmeleitungsansatz hergestellt ist. Insbesondere ist das dort von uns gesuchte Maß* $\mu_0(\square)$ *identisch mit dem Maß* $\rho_0(\square)$ *in Gleichung (5), und tatsächlich folgt (2) aus (5) und ähnlichen Berechnungen für die Residuen von* ζ *in seinen Polstellen.*

5. Damit verfügt man über einen allgemeinen Algorithmus, mit dem man prinzipiell - z.B. mittels maschineller Datenverarbeitung - die rechte Seite der Indexformel (3) in endlich vielen Schritten berechnen kann. Anders als bei den Indexformeln des Kobordismus- und Einbettungsbeweises, wo nur Ableitungen der Koeffizienten von P *bis zur Ordnung 2 eingehen, ist diese Formel im Allgemeinfall numerisch-*

algebraisch allerdings vor allem durch das Auftreten von Ableitungen bis zur Ordnung n $(= \dim X)$ *- wohingegen sich die Formel für komplex-eindimensionale algebraische Kurven (= RIEMANNsche Flächen,* $n = 2$*) gut durchrechnen läßt - so aufwendig, daß M.F. ATIYAH und R. BOTT nach eigenem Eingeständnis zunächst "wenig Hoffnung" hatten, "diese Integrale direkt in Ausdrücken der charakteristischen Klassen von* E , X *zu interpretieren", weshalb ihnen "die wunderschöne Formel in diesem Zusammenhang als nutzlos erschien". Erst aus einer Folge jüngerer differentialgeometrischer Arbeiten über Krümmungstensoren wurde ersichtlich, daß sich für den Spezialfall, daß* X *geradedimensional und* P *der Signaturoperator* D^+ *ist, gewissermaßen alle höheren Ableitungen in der Seeleyschen Formel für das Maß* $\mu_0(P^*P)$ *herausheben und nur noch Ableitungen bis zur Ordnung drei stehenbleiben. Im einzelnen findet man entsprechende Berechnungen zuerst bei [McKEAN-SINGER 1967] für den in dieser Hinsicht nicht so glücklichen Fall, daß* P *der Operator* $d+d^* : \Omega^{\text{gerade}} \to \Omega^{\text{ungerade}}$ *mit der EULER-Charakteristik als Index (s.u. Abschnitt 4.D) ist, die 1971 von V.K. PATODI - ebenfalls mit Symmetrieüberlegungen - verallgemeinert und insbesondere auf den Fall des Riemann-Roch-Operators (s.u. Abschnitt 4.G) übertragen wurde. P. GILKEY gelang es dann wenig später, an die Stelle des komplizierten gruppentheoretischen Kürzungsprozesses der höheren Ableitungen von PATODI ein axiomatisches, in [ATIYAH-BOTT-PATODI 1973] noch durch Einsatz stärkerer Mittel der Riemannschen Geometrie drastisch vereinfachtes Argument zu setzen, wonach man - grob gesagt - bei jedem Integranden mit den allgemeinen qualitativen Eigenschaften von* $\mu_0(P^*P)$ *die ärgerlichen höheren Ableitungen unberücksichtigt lassen und* $\mu_0(P^*P)$ *selbst mit der (normalisierten) Gaußschen Krümmung identifizieren kann.*

Auf diese Weise erhält man einen neuen, rein analytischen Beweis für den Hirzebruchschen Signatursatz - also die Indexformel für "klassische" Operatoren - woraus man wie beim Kobordismusbeweis, s.o. die Ziffern (iii) und (iv) in der Skizzierung B , *mit denselben topologischen Argumenten die allgemeine Indexformel ableitet.*

6. Die Bedeutung des Wärmeleitungsbeweises, der ebenso wie der Kobordismusbeweis nicht für Familien von elliptischen Operatoren und Operatoren mit Gruppenaktion übertragen werden kann, ist z.Zt. nur schwer abzuschätzen. Seine Autoren, die übrigens anerkennen, daß ihr "ganzes Denken über diese Fragen sehr stark von der neueren Arbeit GELFANDs über Liealgebra-Kohomologie [GELFAND 1970] angespornt und beeinflußt worden ist", weisen darauf hin, daß ihr Beweis zwar kaum kürzer als die Einbettungsbeweisführung ist, da er "mehr Analysis, mehr Differentialgeometrie und nicht weniger Topologie benutzt. Auf der anderen Seite ist er für die klassischen Operatoren, die mit Riemannschen Strukturen assoziiert sind, direkter und expliziter: Insbesondere sind die lokale Fassung des Signatursatzes und seine Verallgemeinerungen von beachtlichem Eigeninteresse und dürften zu weiteren Entwicklungen führen" [ATIYAH-BOTT-PATODI 1973, 281].

Diese Prognose scheint sich - über den Bereich der Differentialtopologie hinaus - zu bestätigen: So hat man den Ansatz mit der Zetafunktion des Laplace-Beltrami-Operators Δ *auf* X *, deren Werte an beliebigen Stellen, wo die Zetafunktion gerade keinen Pol hat, reellwertige Invarianten der Riemannschen Metrik* ρ *von* X *("spektrale Invarianten") liefern, auch auf den Systemfall übertragen, wo die eine Laplacegleichung durch das System der partiellen Differentialgleichungen des "totalen" Laplaceoperators der Hodgetheorie ersetzt wird, der sich als Quadrat eines selbstadjungierten Operators* A *("Diracoperator") darstellen läßt. In Analogie mit der Zetafunktion betrachtet man für den Operator* A *, der nicht positiv ist, die Funktion* $\eta(z) := \sum_{\lambda \neq 0} (\mathrm{sign}\,\lambda)\,|\lambda|^{-z}$ *, wo über die Eigenwerte von* A *mit den entsprechenden Vielfachheiten summiert wird. Wieder erhält man eine für großes* $|z|$ *holomorphe Funktion, die meromorph auf die ganze* z*-Ebene fortgesetzt werden kann. Entsprechend der asymptotischen Entwicklung oben in Gleichung* (2) *für die Theta- bzw. Zetafunktion, kann man nun eine Integralformel für* $\eta(0)$ *suchen. Tatsächlich wird in [ATIYAH-PATODI-SINGER 1975, Theorem 4.14] eine Formel*

$$\eta(0) = \int_Y \alpha(\tilde{\rho}) \quad - \quad \textit{ganze Zahl} \tag{6}$$

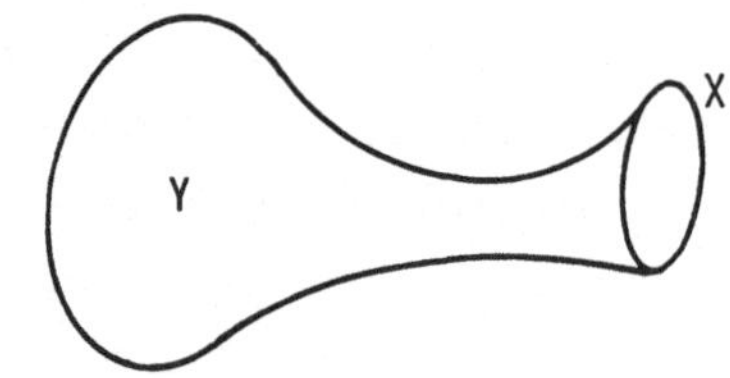

bewiesen, wenn man X *als Rand einer* 4ℓ*-dimensionalen Mannigfaltigkeit* Y *mit Riemannscher Metrik* $\tilde{\rho}$ *darstellen kann.* $\tilde{\rho}$ *soll dabei über* X *die Metrik* ρ *induzieren und eine Umgebung von* X *in* Y *isometrisch zu* $X\times[0,1]$ *machen. Hier ist der Integrand* $\alpha(\tilde{\rho})$ *explizit bekannt (das "*ℓ*-te Hirzebruchsche L-Polynom in den Pontrjaginschen Formen der Riemannschen Metrik* $\tilde{\rho}$*"), ebenso wie der ganzzahlige Korrekturterm (die durch die Topologie von* Y *definierte "Signatur von* Y*"). Auf diese Weise erhält man eine Formel, die die spektrale Invariante* $\eta(0)$ *, die die Asymmetrie des Spektrums von* A *mißt, mit einer differentialgeometrischen und einer rein topologischen Invariante verbindet.*

Diese Formel, die übrigens tiefer als (2) bzw. (3) liegt, wo der Integrand μ_0 *noch von einem lokalen Typ war, und die vielfache Beziehungen zum Kobordismus- wie zum Einbettungsbeweis (insbesondere via Randwertprobleme) besitzt, ist nicht so esoterisch, wie es dem weniger an differentialtopologischen Problemen Interessierten erscheinen mag, da sie, grob gesagt, eine direkte geometrische Interpretation für Besonderheiten der Verteilung der Eigenwerte von* A *liefert: Jüngere Resultate in dieser Richtung von Victor W. GUILLEMIN und anderen besagen z.B., daß eine Riemannsche Mannigfaltigkeit* X *zur* n*-Sphäre* S^n *isometrisch ist, wenn die Spektren der Laplaceoperatoren übereinstimmen. Zwar kann man nicht immer erwarten, daß zwei Mannigfaltigkeiten mit gleichen Spektren ihrer Laplaceoperatoren* *isometrisch sind (die 16-dim. Tori *) liefern ein Gegenbeispiel), aber es scheint doch so zu sein, daß man zumindest für "extreme" Verteilungen der Eigenwerte (wenn sie nicht zufällig verteilt sind, sondern sich z.B. um die ganzen Zahlen "klumpen") auch "extreme" geoemtrische Situationen (im Beispiel die Geschlossenheit der Geodätischen) vorfindet. Nach einer Ankündigung in [SINGER 1976] ist damit das klassische Problem "Can you heare the shape of the drum?" (Mark KAC), ob man die Gestalt einer Trommel aus ihren Schwingungsfrequenzen bestimmen kann, das übrigens schon [McKEAN-SINGER 1967] motiviert hatte, im Prinzip gelöst und so ein Tor zum Umkehrproblem **) der "Mathematisierung" realer Phänomene geöffnet: Während der Theoretiker nämlich häufig - notgedrungen - nur Theorie "anwendet", d.h. ähnlich der innermathematischen axiomatischen Vorgehensweise versucht, möglichst weitreichende Konsequenzen über konkretes Verhalten aus relativ kleinen Annahmen über das Vorliegen bestimmter Gesetzmäßigkeiten zu ziehen, erwartet der Praktiker i.a. "Umgekehrtes" von der Theorie, nämlich die Aufdeckung von Gesetzmäßigkeiten aus gemachten Beobachtungen. (Etwas karikiert wünscht der Praktiker z.B. die Anpassung einer Kurve durch vorgegebene Meßwerte, wohingegen der Theoretiker seine Stärke eher in der detaillierten Diskussion der Eigenschaften einer vorgegebenen Kurve sieht.) In diesem Sinn liegt hier das Neue in dem Versuch, grob gesagt, die Parameter einer Differentialgleichung aus der Kenntnis über spezielle Lösungen (z.B. Eigenfunktionen und Eigenwerte) abzuschätzen.*

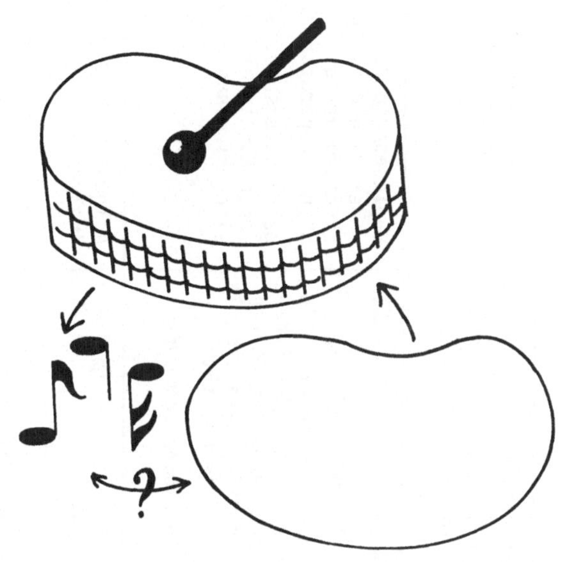

Im folgenden letzten Paragraphen lassen wir nun eine Übersicht über einige Umformulierungen, Anwendungen und Generalisierungen der Atiyah-Singer-Indexformel folgen.

**) J. MILNOR: Eigenvalues of the Laplacian operator on certain manifolds. Proc. Nat. Acad. of Sciences U.S.A. 51 (1964), 542.*

***) Nach einer Mitteilung von Richard BELLMANN stammt das Umkehrproblem in seiner allgemeinsten Formulierung von Carl Gustav Jacob JACOBI (1804-1851). Heute bearbeitet man Umkehrprobleme oft in sehr unterschiedlichen Zusammenhängen, die von algebraischen Problemstellungen [ULAM 1960, 32] bis zur "Strukturidentifikation und Parameterschätzung" in der Kontrolltheorie [HINRICHSEN 1976, 223ff] reichen. Eine spezielle Ausprägung des Umkehrproblems stellt die Umkehrung der Spektralanalyse, die "Spektralsynthese" dar, die weit über die von uns hier vorgetragenen neueren Ergebnisse der Riemannschen Geometrie hinausreicht [BENEDETTO 1975].*

Schematischer Vergleich	Kobordismusbeweis	Einbettungsbeweis	Wärmeleitungsbeweis
Womit beginnen:	Signaturoperator D_E^+ auf $\mathbb{P}(\mathbb{C}^{\ell+1})$ und $S^{2\ell}$ (mit Koeffizienten in einem beliebigen Bündel E). *Kohomologie*	Standardoperatoren T_1 vom Index 1 auf der n-Sphäre (bzw. im Euklidischen Raum). *Pseudodifferentialoperatoren*	Wärmeleitungsgleichung auf $X \times \mathbb{R}$, X beliebige Riemannsche Mannigfaltigkeit. *Pseudodifferentialoperatoren*
Wie fortfahren:	Signatur für "kobordante" X. *Kohomologie* Signatur für beliebige geraddimensionale differenzierbare Mannigfaltigkeiten. *Kobordismus*	Standardoperatoren $\{T_m;\ m \in \mathbb{Z}\}$ auf der Sphäre mit index $T_m = m$. Nachweis, daß sich jeder elliptische Operator über der Sphäre in der Klasse der elliptischen Pseudodifferentialoperatoren in ein T_m deformieren läßt. *K-Theorie (Bottsche Periodizität)*	Laplaceoperator auf 4n-dim. Riemannscher Mannigfaltigkeit X. Sinaturoperator D^+ auf X. Signaturoperator D_E^+ auf beliebigen geschlossenen orientierten Riemannschen Mannigfaltigkeiten gerader Dimension. *Riemannsche Geometrie*
Zwischenergebnisse:	Allgemeine Signaturformel. *Topologie*	Allgemeine Indexformel im Euklidischen Fall. *Analysis und Topologie*	Allgemeine Signaturformel. *Analysis*
Wie verallgemeinern:	Allgemeine Indexformel für geraddimensionale Mannigfaltigkeiten durch Nachweis, daß sich jeder elliptische Operator in einen Signaturoperator deformieren läßt. *K-Theorie (Bott)*. Allgemeine Indexformel für ungeraddimensionale Mannigfaltigkeiten durch Tensorierung mit Standardoperator T_1 auf 1-Sphäre. *Tensorprodukt*	Allgemeine Indexformel für beliebige Mannigfaltigkeiten durch Einbettung. *Tensorierung*	- wie Kobordismusbeweis -

- Fortsetzung auf der nächsten Seite -

Schematischer Vergleich	Kobordismusbeweis	Einbettungsbeweis	Wärmeleitungsbeweis
Vorzüge/Besonderheiten	Unmittelbare Kontinuität zu den klassischen Arbeiten der "Analysis auf Mannigfaltigkeiten"	Sehr direkter Beweis. Weite Generalisierbarkeit. Betonung der Einheit von Analysis und Topologie	Größte Direktheit und Explizitheit für die "klassischen Operatoren". Außerordentlich großer Beziehungsreichtum (aussichtsreich)
Schwierigkeiten/ Schwächen	Kohomologie, Kobordismustheorie	Zerstörung der besonderen Struktur klassischer Operatoren bei der Einbettungsprozedur	Vielseitigkeit und Komplexität der verwendeten Mittel
Traditionen	F. HIRZEBRUCH	I. GOCHBERG, M. KREIN, A. GROTHENDIECK	M. RIESZ, I. GELFAND, P. GILKEY

4. Anwendungen (Übersicht)

Mit der Atiyah-Singer-Indexformel haben wir "eines der tiefsten und härtesten Ergebnisse in der Mathematik" bewiesen, das "in Topologie und Analysis wahrscheinlich weiter verzweigt ist als jedes andere einzelne Resultat" [HIRZEBRUCH-ZAGIER 1974, VIII]. In diesem Buch interessierten wir uns vor allem für eben diese ganz verschiedenartigen Quellen und Bestandteile, die in der Indexformel zusammenfließen, zusammengefügt werden. Doch auch die Formel selbst ist von großem Interesse, da sie in vielerlei Korrolaren, Spezialisierungen, Umformulierungen und Verallgemeinerungen in der Lage ist, wichtige und weitreichende Ideen des jeweiligen Anwendungsbereiches auszudrücken.

Die Einschätzung der Rolle der Atiyah-Singer-Indexformel in diesen Anwendungsbereichen ist widersprüchlich: Einerseits erlaubt sie es, komplizierte topologische Sachverhalte mit vergleichsweise einfachen analytischen Methoden anzupakken - andererseits dient die ganze Formel oft nur dazu, "eine Reihe völlig elementarer Identitäten abzuleiten, die viel leichter mit direkten Mitteln bewiesen werden können". So Friedrich HIRZEBRUCH und Don ZAGIER über die Beziehung zwischen der Indexformel und Objekten aus der elementaren Zahlentheorie. Übrigens kennt man für einige der folgenden Hauptsätze, die man zunächst nur im Rahmen der Atiyah-Singerschen Theorie beweisen konnte, mittlerweile ebenfalls direkte Beweise, so für den allgemeinen Riemann-Rochschen Satz (s.u. Abschnitt G) in [TOLEDO-TONG 1976], für die daraus von Kunihiko KODAIRA seinerzeit gezogenen Folgerungen über die Klassifikation gewisser algebraischer Flächen in [HIRZEBRUCH 1973] oder für einige der Atiyah-Dupontschen Vektorfeldberechnungen (s.u. Abschnitt E) in [KOSCHORKE 1975].

Vieles in den Anwendungsbeziehungen der Atiyah-Singer-Indexformel ist jedenfalls noch unklar. Wichtig und interessant ist es aber, daß es diese vielen Beziehungen gibt, auch wenn es noch vieler zukünftiger Anstrengungen bedarf, die eigentlichen Gründe für diese Beziehungen herauszufinden, um so letztlich auch besser die Einheit der Mathematik und die Spezifik und den inneren Zusammenhang einiger ihrer Teilgebiete zu verstehen. Dazu noch einmal [HIRZEBRUCH-ZAGIER 1974, VII]: "Daß da eine Verbindung **ist**, haben eine ganze Reihe von Leuten mehr oder weniger gleichzeitig bemerkt... Und da weder wir noch irgendjemand sonst weiß, **warum** da eine sein muß, erschien sie uns als ein ideales Thema für ein Buch, um den anderen Mathematikern zu ihrer Verlegenheit oder gfls. Unterhaltung ein Rätsel vorzulegen."

Da hier nicht der Platz ist, um für jedes der folgenden Anwendungsgebiete eine wirkliche Einführung zu geben, haben wir für diesen Paragraphen die Form eines Literaturberichtes gewählt.

<u>A. KOHOMOLOGISCHE FASSUNG DER INDEXFORMEL.</u> In Satz <u>3.1</u> ist die Indexformel in der Sprache der K-Theorie formuliert: Auf ihrer rechten Seite steht ein Ausdruck, der nur Vektorraumbündel und Operationen mit Vektorraumbündeln enthält. Die Umrechnung auf kohomologische Form wird in [ATIYAH-SINGER 1968b, 546-559] vorgeführt. Während die einzelnen Berechnungen etwas kompliziert (wenn auch heutzutage mehr oder weniger topologische Routineaufgaben) sind, ist der zugrundeliegende Mechanismus, nämlich die Konstruktion eines "Funktors", der jedem Vektorraumbündel E eine "charakteristische" Kohomologieklasse der Basis X von E mit Koeffizienten in $\mathbb{Z}$, $\mathbb{Q}$ oder $\mathbb{R}$ zuordnet, ziemlich anschaulich. Wir folgen hier [MILNOR J.W. 1974].

Sei E ein komplexes Vektorraumbündel der Faserdimension N über dem parakompakten Raum X mit der Projektion $\pi : E \to X$ und E_0 der Teilraum des Totalraumes von E, den man durch Entfernung des Nullschnittes erhält. Als reelles Vektorraumbündel der Faserdimension $2N$ ist E orientiert, weil alle (komplexen) Basen $e_1,\ldots,e_N$ in der Faser E_x, $x \in X$, gleichorientierte (reelle) Basen $e_1, ie_1, e_2, ie_2,\ldots,e_N, ie_N$ liefern. Ausgedrückt in der Sprache der Kohomologie, ist eine Orientierung für E_x gerade die Auszeichnung eines erzeugenden Elementes $\mathcal{O}_x$ für $H^{2N}(E_x,E_x\smallsetminus\{0\};\mathbb{Z})$. Auf R. THOM gehen nun die folgenden Beobachtungen zurück:

(i) $H^i(E,E_0;\mathbb{Z}) = 0$ für alle $i < 2N$.

(ii) Die Orientierung von E definiert eine "aggregierte Orientierungsklasse" $U \in H^{2N}(E,E_0;\mathbb{Z})$, und zwar durch die Bedingung $(j_x)^*U = \mathcal{O}_x$ für alle $x \in X$, wobei $j_x : (E_x,E_x\smallsetminus\{0\}) \hookrightarrow (E,E_0)$ die Einbettung ist.

(iii) Durch das Cupprodukt $u \mapsto \pi^*(u) \cup U$, $u \in H^i(X;\mathbb{Z})$, mit der Orientierungsklasse U wird ein Isomorphismus $\Phi : H^*(X;\mathbb{Z}) \xrightarrow{\cong} H^*(E,E_0;\mathbb{Z})$ erklärt, der die Dimension der Kohomologieklassen um $2N$ erhöht, der *"Thomsche Isomorphismus"*, den man allgemeiner für alle reellen orientierten Vektorraumbündel einer beliebigen Faserdimension M angeben kann. Zum Vergleich mit dem Bottschen Isomorphismus der K-Theorie siehe [ATIYAH-SINGER, ℓ.c.]. □

Unter der N-ten *Chernschen Klasse* $c_N(E)$ von E versteht man die Klasse $\Phi^{-1}(U\cup U) \in H^{2N}(X;\mathbb{Z})$; die *volle* Chernsche Klasse

$$c(E) = 1 + c_1(E) + \ldots + c_N(E) \quad ; \quad c_i(E) \in H^{2i}(X;\mathbb{Z}) ,$$

gewinnt man daraus z.B. durch die axiomatischen Forderungen der Funktorialität, d.h. $f^*c(E) = c(f^*E)$ für $f : Y \to X$, und der Homomorphie, d.h. $c(E\oplus F) = c(E) \cup c(F)$. Man beachte, daß wegen dieser Homomorphieeigenschaft die Chernschen Klassen nicht nur auf $\mathrm{Vekt}(X)$, sondern auf $K(X)$ definiert sind, da man $c(E) = 1$ hat, wenn E ein triviales Bündel ist.

Durch die formale Aufspaltung $c(E) = (1+y_1) \cup\ldots\cup(1+y_N)$ mit $y_i \in H^2(X;\mathbb{Z})$, wo $-y_i$ sozusagen eine "Nullstelle" des Polynoms $1+c_1(E)t+\ldots+c_N(E)t^N$ ist, erhält man den *Chernschen Charakter*

$$\mathrm{ch}(E) := \sum_{i=1}^{N} e^{y_i} = N + \sum_{i=1}^{N} y_i + \frac{1}{2!}\sum_{i=1}^{N} y_i^2 + \ldots ,$$

der sich zu einem Ringhomomorphismus $\mathrm{ch} : K(X) \to H_c^*(X;\mathbb{Q})$ fortsetzen läßt und so eine natürliche Transformation der K-Theorie in die singuläre Kohomologietheorie mit rationalen Koeffizienten und kompaktem Träger liefert. □

ERGEBNISSE: a Ist P ein elliptischer Operator auf einer geschlossenen, orientierten Mannigfaltigkeit X der Dimension n, so gilt

$$\mathrm{index}\, P = (-1)^{n(n+1)/2}\{(\phi^{-1}\, \mathrm{ch}[\sigma(P)]) \cup \tau(TX\otimes\mathbb{C})\}\,[X] .$$

Dabei ist $[\sigma(P)] \in K(TX)$ das Differenzbündel des Symbols $\sigma(P)$ von P, $\mathrm{ch}[\sigma(P)] \in H^*(TX;\mathbb{Q})$ sein Chernscher Charakter, $\phi : H^*(X,\mathbb{Q}) \to H^*(TX,(TX)_0;\mathbb{Q}) = H_c^*(TX;\mathbb{Q})$ der Thomsche Isomorphismus, $[X] \in H_n(X;\mathbb{Q})$ der Fundamentalzykel der Orientierung von X und

$$\tau(E) := \frac{y_1}{1-e^{-y_1}} \cdot \ldots \cdot \frac{y_N}{1-e^{-y_N}} \in H^*(X;\mathbb{Q})$$

die sogenannte Toddsche Klasse eines komplexen Vektorraumbündels E der Faserdimension N, dessen Chernsche Klasse wie oben aufgespaltet sei (setze hier für E die Komplexifizierung $TX\otimes_{\mathbb{R}}\mathbb{C}$ mit der Faserdimension n). Mit den Mitteln der Riemannschen Geometrie kann man übrigens $\mathrm{ch}(E)$ und entsprechend $\tau(E)$ durch die "Krümmungsmatrix" des Vektorraumbündels E, das man mit einer Hermiteschen Metrik versieht, ausdrücken; vgl. z.B. [ATIYAH-SINGER 1968b, 551] und [ATIYAH-BOTT-PATODI 1973, 310].

b Allgemeiner kann man auf die Orientierbarkeit von X verzichten und erhält dann die Formel

$$\mathrm{index}\, P = (-1)^n\{\mathrm{ch}[\sigma(P)] \cup \pi^*\tau(TX\otimes_{\mathbb{R}}\mathbb{C})\}\,[TX] .$$

Dabei ist $[TX]$ der Fundamentalzykel des Tangentialbündels TX, das sich als eine "fast komplexe Mannigfaltigkeit" (teile nämlich den Tangentialraum von TX in einen "horizontalen" = "reellen" und einen "vertikalen" = "imaginären" Teil auf) orientieren läßt, und $\pi : TX \to X$ die Projektion. Die Berechnung der rechten Seiten erfolgt in a und b natürlich nur durch die Bewertung der höchstdimensionalen Komponenten des Cupproduktes auf den jeweiligen Fundamentalzykeln. □

B. DER SYSTEMFALL (TRIVIALE BÜNDEL). In [ATIYAH-SINGER 1968b, 600-602] werden einige drastische Vereinfachungen der Indexformel für den Fall trivialer Vektorraumbündel bewiesen, also wenn der elliptische Operator P auf Systeme von N komplexwertigen Funktionen angewendet wird. Das Symbol eines solchen Operators ist dann eine stetige Abbildung $\sigma(P) : SX \to GL(N,\mathbb{C})$, wobei SX das Einheitssphärenbündel von X ist. Mit Blick auf den induzierten Kohomologiehomomorphismus $(\sigma(P))^* : H^*(GL(N,\mathbb{C})) \to H^*(SX)$ (Koeffizienten beliebig) versteht es sich, daß man für eine wirkungsvolle Formel in diesem Fall etwas über die Kohomologie der Lieschen Gruppe $GL(N,\mathbb{C})$ wissen muß.

Weil die unitäre Gruppe $U(N)$ ein Deformationsretrakt von $GL(N,\mathbb{C})$ ist, also $H^*(GL(N,\mathbb{C}) \cong H^*(U(N))$, und weil wir ferner eine natürliche Abbildung $\rho_N : U(N) \to U(N)/U(N-1) = S^{2N-1}$ haben, gewinnen wir alle wesentliche Information über $H^*(GL(N,\mathbb{C}))$ aus der bekannten Kohomologie von S^{2N-1}. Genauer: $u_i \in H^{2i-1}(S^{2i-1})$ sei das natürliche erzeugende Element, wobei S^{2i-1} als Rand der Vollkugel in $\mathbb{C}^i$ orientiert sei. Setze dann $h_i^i := (\rho_i)^*(u_i) \in H^{2i-1}(U(i))$, also insbesondere $h_N^N \in H^{2N-1}(U(N))$. Durch die Normierungsbedingung $j^*h_i^N = h_i^i$, wobei $j : U(i) \to U(N)$ die kanonische Einbettung für $i \leq N$ ist, erhält man die weiteren Elemente $h_i^N \in H^{2i-1}(U(N))$, $i \leq N$, die zusammen ein Erzeugendensystem für die Algebra $H^*(U(N))$ bilden. □

ERGEBNISSE: Für ein elliptisches System P von N Pseudodifferentialgleichungen für N komplexwertige Funktionen auf einer geschlossenen Mannigfaltigkeit X der Dimension n gilt

a $$\text{index } P = (-1)^n \{(\textstyle\sum_{i=1}^N \frac{(-1)^{i-1}(\sigma(P))^*h_i^N}{(i-1)!} \cup \tau(X)\} [SX] .$$

Hierbei ist $[SX]$ der Fundamentalzykel der kanonischen Orientierung von SX und $\tau(X)$ die auf SX geliftete Toddsche Klasse der Komplexifizierung von TX, s.o. Abschnitt A.

b Ist $n \leq 3$ oder X eine Hyperfläche im $\mathbb{R}^{n+1}$, so gilt $\tau(X) = 1$ und mithin

$$\text{index } P = \begin{cases} (-1)^{N+n-1} \dfrac{(\sigma(P))^* h_n^N}{(n-1)!} & N > n \\ \dfrac{-\text{Abbildungsgrad } (\rho\circ\sigma(P))}{(n-1)!} & \text{für} \quad N = n \\ 0 & N < n \ . \end{cases}$$

Zur Bestimmung des Abbildungsgrades der zusammengesetzten Abbildung $\rho\circ\sigma(P) : SX \to S^{2n-1}$ vgl. z.B. [BRÜCKER-JÄNICH 1973, 162].

c Im Rahmen der Hodgetheorie, die eine kanonische Isomorphie zwischen den "harmonischen Differentialformen" vom Grad p auf einer Mannigfaltigkeit und ihrer p-ten Kohomologie mit Koeffizienten in $\mathbb{C}$ liefert, siehe auch unten Abschnitt D, lassen sich explizite Differentialformen $\omega_i \in \Omega^{2i-1}(U(N))$ angeben (sogenannte "biinvariante Formen"), die die Erzeugenden h_i^N repräsentieren. Damit erhält man die Integralformel

$$\text{index } P = (-1)^n \int_{SX} \sigma(P)^* \omega \wedge \pi^* \tau \ .$$

Dabei sind $\omega := \sum_{i=1}^{N} \dfrac{(-1)^{i-1} \omega_i}{(i-1)!} \in \Omega^*(U(N))$ eine "Weltkonstante", $\pi : SX \to X$ die Projektion und $\tau \in \Omega^*(X)$ die der Toddschen Klasse entsprechende (totale) Differentialform, die sich, wie oben in A schon bemerkt, durch einen allgemeinen Ausdruck in der Krümmung von X - X sei mit einer Riemannschen Metrik versehen - explizit angeben läßt. □

C. BEISPIELE FÜR VERSCHWINDENDEN INDEX. In einer Reihe von Einzelfällen kann man aus der Indexformel Satz 3.1 oder ihren Umformulierungen oben in Abschnitt A und B auf das Verschwinden des Index eines Operators schließen, ohne alle die z.T. doch etwas komplizierten topologischen Berechnungen vollständig durchführen zu müssen. Für einige dieser Ergebnisse (z.B. für a und den Spezialfall $N=1$ und $n > 2$ in e) braucht man übrigens nicht die volle Indexformel, sondern nur den einfacheren Satz (s.o. Aufgabe 2.2), daß der Index ein Homomorphismus $K(TX) \to \mathbb{Z}$ ist. □

ERGEBNISSE: Sei X eine geschlossene Mannigfaltigkeit der Dimension n, $E,F \in \text{Vekt}_N(X)$ und $P \in \text{Ell}_k(E,F)$. Dann gilt $\text{index } P = 0$ insbesondere in den folgenden Fällen:

<u>a</u> n ungerade und P ein Differentialoperator.

<u>b</u> $N < n$ und (X Hyperfläche im $\mathbb{R}^{n+1}$ oder $n \leq 3$)

<u>c</u> $N = \frac{n}{2}$ und Eulerzahl $e(X) \neq 0$

<u>d</u> $N = \frac{n}{2}$ und n nicht durch 4 teilbar

<u>e</u> $N < \frac{n}{2}$

(b–e:) und E und F trivial.

<u>ARGUMENTE:</u> <u>b</u> wurde schon im Ergebnis <u>B.b</u> aufgeführt. Die Ableitung von <u>c-e</u> aus dem Ergebnis <u>B.a</u> findet sich in [ATIYAH-SINGER 1968b, 602f]. <u>a</u> folgt sehr hübsch aus dem Ergebnis <u>A.b</u> : Dafür sei $\alpha : \xi \mapsto -\xi$ die antipodische Abbildung auf dem Tangentialbündel TX . Da $\sigma(P)$ im Punkt x durch eine Matrix von homogenen Polynomen k-ten Grades mit Koeffizienten in $\mathbb{C}$ und Koordinaten in $(T^*X)_x$ als Variablen beschrieben wird, gilt die Symmetriebedingung

$$\sigma(P)(\alpha(\xi)) = (-1)^k \sigma(P)(\xi) \quad , \quad \xi \in (TX)_x \quad . \tag{1}$$

Hier haben wir TX und T^*X mittels einer Riemannschen Metrik auf X miteinander identifiziert. Durch Multiplikation mit $e^{it\pi}$, $t \in [0,1]$, erhält man eine Homotopie in $\mathrm{Iso}_{SX}(E,F)$ von $\sigma(P)$ zu $-\sigma(P)$, d.h. die Gleichheit von $[\sigma(P)]$ und $[-\sigma(P)]$ in $K(TX)$. Wir können also in (1) das Vorzeichen vernachlässigen und erhalten

$$\alpha^*[\sigma(P)] = [\sigma(P)] \quad , \quad \text{wenn } P \text{ Differentialoperator} . \tag{2}$$

Wir wenden nun das Ergebnis <u>A.b</u> an:

$$\begin{aligned} \text{index } P &= (-1)^n\{ch[\sigma(P)] \cup \tau(X)\}[TX] \\ &= (-1)^n\{\alpha^* ch[\sigma(P)] \cup \tau(X)\}(\alpha_*[TX]) \\ &= (-1)^n\{ch[\sigma(P)] \cup \tau(X)\}(-1)^n[TX] \\ &= -\text{ index } P \quad , \quad \text{also index } P = 0 \ . \end{aligned}$$

Hier haben wir beim dritten Gleichheitszeichen ausgenutzt, daß wegen (2) auch $\alpha^*ch[\sigma(P)] = ch[\sigma(P)]$ in $H^*(TX;\mathbb{Q})$ gilt. Beachte ferner, daß α auf dem Tangentialraum TX nur den "horizontalen" Anteil antipodal verkehrt, während der "vertikale" unverändert bleibt; in lokalen Karten $x_1,\ldots,x_n$ wird also eine Basis $x_1, dx_1, x_2, dx_2,\ldots,x_n, dx_n$ durch die antipodale Abbildung in $-x_1, dx_1,\ldots,-x_n, dx_n$ überführt und so die Orientierung von TX genau für n ungerade umgekehrt.

Mit etwas mehr Topologie kann man übrigens, siehe auch [ATIYAH-SINGER 1968b, 600] für ungerades n und einen Differentialoperator P direkt zeigen, daß $\sigma(P)(\alpha(\cdot\cdot))$ und $(\sigma(P)(\cdot\cdot))^{-1}$ stabil homotop sind, woraus $[\sigma(P)] + [\sigma(P)] = 0$ folgt, also $[\sigma(P)]$ von endlicher Ordnung. Dann muß auch index $P \in \mathbb{Z}$ von endlicher Ordnung, also Null sein, weil index : $K(TX) \to \mathbb{Z}$ ein Homomorphismus ist. Auf diese Weise erhält man a ohne Rückgriff auf die explizite Indexformel.

Entsprechend kann man auch e für den Spezialfall N=1 und $n > 2$ direkt - ohne die volle Indexformel beweisen (vgl. auch Aufgabe II.5.9 und die dort angegebene Literatur, wo das gleiche Ergebnis sozusagen "topologisch zu Fuß" abgeleitet wird). Für triviale Geradenbündel läßt der Raum der elliptischen Symbole sich nämlich besonders einfach beschreiben: Da $GL(1,\mathbb{C}) = \mathbb{C}^{\times}$ auf die Kreislinie S^1 zusammengezogen werden kann, ist der Index in diesem Fall auf den Homotopieklassen $[SX, S^1] \cong H^1(SX;\mathbb{Z})$ definiert. Da ferner nach Aufgabe II.5.8 der Index eines elliptischen Operators P Null ist, wenn sein Symbol $\sigma(P)$ nur von $x \in X$ und nicht von $\xi \in (SX)_x$ abhängt, folgt das Verschwinden des Index auf dem Bild von π^* in der folgenden langen exakten Kohomologiesequenz:

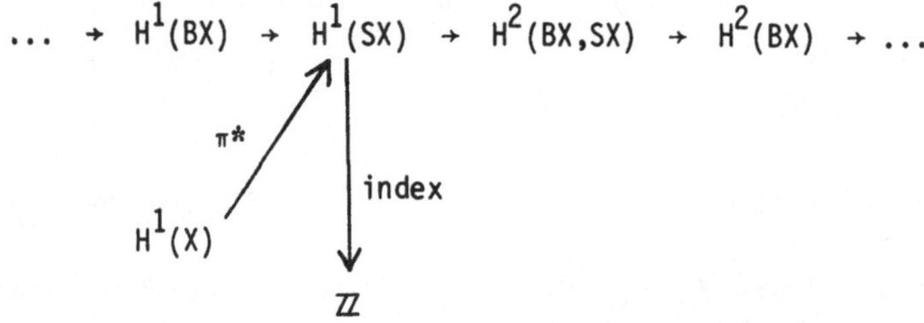

(Bei den Kohomologiegruppen haben wir hier die Angabe des Koeffizientenringes $\mathbb{Z}$ weggelassen). Wie schon oben in A(i) berichtet, ist für $n > 2$ nach einem klassischen Resultat von R. THOM $H^2(BX,SX;\mathbb{Z}) = 0$, also π^* surjektiv; damit haben wir index $P = 0$ für jeden elliptischen Operator P bewiesen, der auf komplexwertige Funktionen auf einer Mannigfaltigkeit der Dimension ≥ 3 angewendet wird. Vgl. [ATIYAH 1970a, 103f], wo ähnliche topologische Argumente auch in gewissen Sonderfällen für n=2 und für nichttriviale Bündel gebraucht werden. □

D. EULERZAHL UND SIGNATUR. *Wir haben bisher schon gesehen, wie z.B. in unserem Beweis des Bottschen Periodizitätssatzes analytische Methoden für die Topologie* herangezogen werden und wie sich umgekehrt in der Indexformel der analytische Index mit topologischen Mitteln ausdrücken läßt. Diese tiefe innere Beziehung zwischen der Topologie von Mannigfaltigkeiten und der Analysis linearer elliptischer Operatoren zeigt sich nun auch darin, daß gewisse Invarianten von Mannigfaltigkeiten als Indices "klassischer" elliptischer Operatoren, die ziemlich kanonisch über diesen Mannigfaltigkeiten definierbar sind, dargestellt werden können. Eine ausführliche Darstellung findet sich in [MAYER 1965]; für den Fall berandeter Mannigfaltigkeiten, der lange Zeit dunkel blieb (da die "klassischen" Operatoren z.T. keine elliptischen Randwertsysteme im Sinne von II.6-II.8 zulassen, siehe z.B. [BOOSS 1972]), verweisen wir auf [ATIYAH-PATODI-SINGER 1975].

Die eine Invariante, auf die wir hier kommen, ist die Eulerzahl $e(X)$, die für eine geschlossene orientierte Fläche X durch die (stereometrische und wohl schon lange zuvor den antiken griechischen Mathematikern bekannte) Beobachtung von Leonhard EULER definiert ist, daß für jede "Triangulierung" von X die alternierende Summe $e(X) := \alpha_0 - \alpha_1 + \alpha_2$ der Anzahl der Ecken (α_0), Kanten (α_1) und Flächen (α_2) gleich ist und nur von der Anzahl der Henkel, dem "Geschlecht" der Fläche abhängt (im nebenstehenden Bild, das den Anfang einer Triangulierung zeigt, also $g=4$) : $e(X) = 2-2g$. Diese Zahl läßt sich als alternierende Summe $e(X) = \beta_0 - \beta_1 + \beta_2$ der 0-, 1- und 2-dimensionalen "Löcher" von X interpretieren, wobei das Innere von X sozusagen aus einem 0-dimensionalen und g 1-dimensionalen Löchern und das Äußere aus weiteren g 1-dimensionalen Löchern und dem 2-dimensionalen Gesamtraum besteht, also $\beta_0 = \beta_2 = 1$ und $\beta_1 = 2g$.

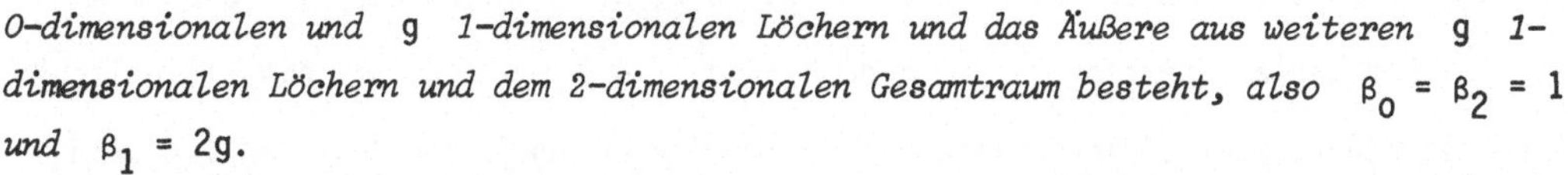

In der Sprache der singulären Homologie ist β_i der Rang der i-ten Homologiegruppe $H_i(X;\mathbb{Z})$, die i-te "Bettizahl" - und in dieser Form läßt sich die Definition der Eulerzahl auf topologische Mannigfaltigkeit X der Dimension $n > 2$ übertragen, wo man (die α_i seien wieder durch eine Triangulierung von X definiert)

$$e(X) = \alpha_0 - \alpha_1 + - \dots (-1)^n \alpha_n = \beta_0 - \beta_1 + - \dots (-1)^n \beta_n$$

erhält.

Die Eulerzahl gehört zu den am besten bekannten topologischen Invarianten. So weiß man z.B. (siehe etwa [ALEXANDROFF-HOPF 1935, 309 und 358], [SEIFERT-THRELFALL 1934, 246] und [GREENBERG 1967, 99-103]):

(i) $e(X\times Y) = e(X) \cdot e(Y)$,

(ii) $\dim X$ ungerade $\Rightarrow e(X) = 0$,

(iii) $e(S^{2m}) = 2$ und $e(\mathbb{P}\mathbb{C}^m) = m$. □

Eine in mancher Hinsicht (s.u. Abschnitt E) schärfere Invariante ist die Signatur *einer orientierten topologischen Mannigfaltigkeit* X *der Dimension* $4q$, *die durch* $\operatorname{sign}(X) := \operatorname{sign}(Q) := p^+ - p^-$ *definiert wird, wo* $Q : (a,b) \mapsto (a \cup b)[X]$, $a,b \in H^{2q}(X;\mathbb{R})$, *die auf dem endlich-dimensionalen Vektorraum* $H^{2q}(X;\mathbb{R})$ *durch Bewertung des Cupproduktes auf dem Fundamentalzykel* $[X]$ *der Orientierung von* X *gebildete reellwertige symmetrische Bilinearform ist. Mit* p^+ *(bzw.* p^-*) bezeichnen wir dann die maximale Dimension der Unterräume von* $H^{2k}(X;\mathbb{R})$, *auf denen die entsprechende quadratische Form positiv (bzw. negativ) definit ist.*

Q *ist nicht ausgeartet, also gilt* $p^+ + p^- = \beta_{2q}$ *(offensichtlich ist nämlich* $\beta_i = \dim H_i(X;\mathbb{R}) = \dim H^i(X;\mathbb{R})$). *Da ferner aus der Poincarédualität* $H_i(X;\mathbb{R}) \cong H^{4q-i}(X;\mathbb{R})$ *die Gleichung* $e(X) \equiv \beta_{2q} \mod 2$ *folgt, erhalten wir die Formel*

$$\text{(iv)} \qquad e(X) \equiv \operatorname{sign}(X) \mod 2 . \qquad \square$$

Wir wollen nun diese beiden Invarianten analytisch beschreiben, wenn die orientierte geschlossene Mannigfaltigkeit X der Dimension n mit einer differenzierbaren Struktur und einer Riemannschen Metrik versehen ist. Dann sei (siehe Anhang, Aufgabe 8 und oben § 3.B) $\Omega = \sum_{j=1}^{n} \Omega^j$ der Raum der (komplexifizierten) alternierenden Differentialformen mit der äußeren Ableitung $d : \Omega \to \Omega$ und ihrer formal Adjungierten $d^* : \Omega \to \Omega$.

ERGEBNISSE: a Der Operator $d+d^* : \Omega \to \Omega$ ist ein elliptischer selbstadjungierter Differentialoperator der Ordnung 1, also $\operatorname{index}(d+d^*) = 0$.

b Der Laplaceoperator $\Delta := (d+d^*)^2 = dd^* + d^*d : \Omega \to \Omega$ ist ein elliptischer selbstadjungierter Differentialoperator zweiter Ordnung, der "homogen vom Grad 0" ist, d.h. Ω^j in Ω^j abbildet, $0 \le j \le n$. Für $\Delta_j := \Delta|\Omega^j$ gilt der "Hauptsatz der Hodgetheorie" $\operatorname{Kern} \Delta_j \cong H^j(X;\mathbb{C})$.

c Durch die Beschränkung von $d+d^*$ auf die geraden Differentialformen wird ein elliptischer Differentialoperator $D : \Omega^{\text{gerade}} \to \Omega^{\text{ungerade}}$ 1. Ordnung mit $\operatorname{index} D = e(X)$ definiert.

d Ist $n \equiv 0 \mod 4$ und $\tau : \Omega \to \Omega$ die oben in § 3.B erklärte Involution mit den $\pm$ 1-Eigenräumen $\Omega^\pm$, dann vertauscht $d+d^*$ diese Räume und definiert so einen elliptischen Differentialoperator $D^+ : \Omega^+ \to \Omega^-$ 1. Ordnung mit $\operatorname{index} D^+ = \operatorname{sign}(X)$.

e Es gelten die Formeln $e(X) = \chi(TX)[X] = \frac{1}{2\pi}\int_X K$ (C.F. GAUSS/O. BONNET) und, wenn $n = 4q$ ist, $\mathrm{sign}(X) = L_q(p_1,\ldots,p_q)[X]$ (F. HIRZEBRUCH). Dabei ist $\chi(TX) = \phi^{-1}(U\cup U) \in H^n(X;\mathbb{Z})$ eine gewisse wie in Abschnitt A definierte "charakteristische Klasse", die man auf den Fundamentalzykel anwenden kann und die sich durch den Krümmungstensor K von X ausdrücken läßt. $L_q(p_1,\ldots,p_q)$ ist ein Polynom in den "Pontrjaginschen Klassen" $p_j := (-1)^j c_{2j}(TX\otimes\mathbb{C})$, das durch

$$L_q := \frac{x_1}{\tanh x_1}\cdot\ldots\cdot\frac{x_q}{\tanh x_q}$$

gegeben ist, wenn wir die formale Aufspaltung $\sum_{j=1}^q p_j = (1+x_1^2)\cdot\ldots\cdot(1+x_q^2)$ haben. Im einzelnen ist $L_1 = \frac{1}{3}p_1$, $L_2 = \frac{1}{45}(7p_2 - p_1^2)$, $L_3 = \ldots$, also z.B. für $\dim X = 4$

$$\mathrm{sign}(X) = \frac{1}{3}\int_X \tilde{p}_1 ,$$

wenn $\tilde{p}_1 \in \Omega^4(X)$ die $p_1 \in H^4(X;\mathbb{C})$ repräsentierende Differentialform ist.

ARGUMENTE (Nach [ATIYAH-SINGER 1968b, 573-577]): Für a und b rechnet man nach, daß $\sigma(d)(x,\xi)v = i\xi\wedge v$ und $\sigma(d^*)(x,\xi)v = -i*\xi\wedge *v$ ist, also $\sigma(\Delta)(x,\xi)v = \|\xi\|^2 v$ für $x \in X$, $\xi \in (T^*X)_x$ und $v \in \Lambda^*(T^*X)_x$, woraus die Elliptizität von $d+d^*$ und Δ folgt.

Da weiter nach II.5 die Aufspaltung $\Omega^j = \mathrm{Kern}\,\Delta_j \oplus \mathrm{Bild}\,\Delta_j = \mathrm{Kern}\,\Delta_j \oplus \mathrm{Bild}\,d_{j-1} \oplus \mathrm{Bild}\,(d_j)^*$ und trivialerweise $\Omega^j = \mathrm{Kern}\,d_j \oplus \mathrm{Bild}\,(d_j)^*$ gelten, erhalten wir für den Raum der "harmonischen Differentialformen" $\mathrm{Kern}\,\Delta_j \cong \mathrm{Kern}\,d_j/\mathrm{Bild}\,d_{j-1} \cong H^j(X,\mathbb{C})$, wobei das zweite Gleichheitszeichen ein klassisches Resultat von Georges de RHAM ist. Beachte, daß der linke Vektorraum durch die Riemannsche Struktur, der mittlere durch die differenzierbare und der rechte rein durch die Topologie von X definiert ist.

Wegen $\Delta = (d+d^*)^2 = (d+d^*)^*(d+d^*)$ folgt $\mathrm{Kern}\,\Delta = \mathrm{Kern}(d+d^*)$, also $\mathrm{index}\,D = e(X)$. Daraus folgen übrigens die obigen Feststellungen (i) und (ii) unmittelbar.

Zum Beweis von d beachte, daß $(D^+)^* = D^- : \Omega^- \to \Omega^+$ ist und somit $\mathrm{index}\,D^+ = \dim\mathrm{Kern}\,D^+ - \dim\mathrm{Kern}\,D^-$, wobei $\mathrm{Kern}\,D^\pm = \{w\,;\, w \in \mathrm{Kern}\,\Delta \text{ und } \tau w = \pm w\}$ ist. Nun gehört aber ein Paar $w = (a,b)$ mit $a \in \mathrm{Kern}\,\Delta_j$, $j \neq 2q$, und

$b \in \text{Kern}\ \Delta_{4q-j}$ genau dann zu $\text{Kern}\ D^+$, d.h. $\tau a = b$, wenn $(a,-b)$ in $\text{Kern}\ D^-$ liegt. Damit haben wir $\text{index}\ D^+ = \dim H^+ - \dim H^-$, wo $H^\pm = \{w\ ;\ w \in \text{Kern}\ \Delta_{2q}$ und $*w = \pm w\}$ und $\dim_{\mathbb{C}} H^\pm = \dim_{\mathbb{R}}\{w$ reelle Form ; $w \in \ldots.\}$. $*w=w$ bedeutet nach Definition $\int w\wedge w = \langle w,w\rangle$, wobei $\langle .,.\rangle$ das Skalarprodukt in Ω^{2q} ist. D.h. w gehört zu dem Unterraum von $\text{Kern}\ \Delta_{2q}$, auf dem die quadratische Form $w \mapsto \int w\wedge w$ positiv definit ist. Mit Hodge-de Rham, siehe b, folgt also $\dim H^+ = p^+$ und entsprechend $\dim H^- = p^-$.

Die expliziten Formeln in e folgen aus den oben in A angegebenen Formeln, die man für die Ableitung der Signaturformel etwas verallgemeinert (Operatoren mit Gruppenoperation, siehe auch unten Buchstabe L). □

E. VEKTORFELDER AUF MANNIGFALTIGKEITEN. *Zu den grundlegenden Konzepten der Analysis eines dynamischen Systems wie der Geometrie einer differenzierbaren Mannigfaltigkeit* X *gehört der Begriff des* "Vektorfeldes". *Das ist ein* C^∞-*Schnitt* v *im Tangentialbündel (in klassischer Terminologie eine "Schar von Linienelementen"), also* $v \in C^\infty(TX)$.

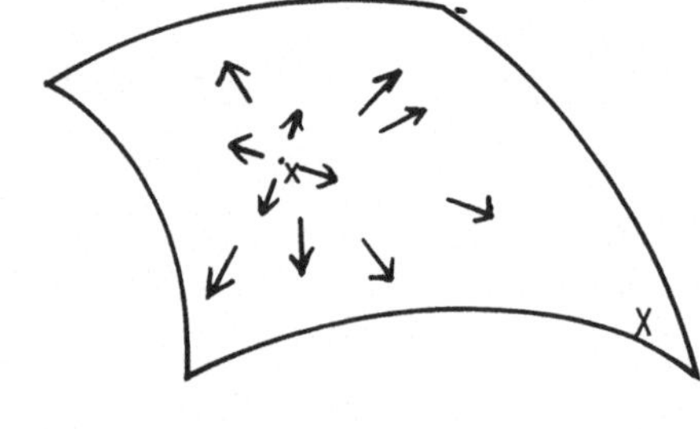

Jedes v *definiert eine gewöhnliche Differentialgleichung* $\dot c(t) = v(c(t))$ *für differenzierbare Wege ("Bahnkurven")* $c : \mathbb{R} \to X$, *die entsprechend den klassischen Existenz- und Eindeutigkeitssätzen für einen gegebenen "Anfangswert"* $c(0) = x_0 \in X$ *eindeutig lösbar ist; für Einzelheiten vgl.* [BRÖCKER-JÄNICH 1973, 76-89]. *Von besonderem Interesse sind dann in jeder Theorie von Strömungen die "Singularitäten"* $\Sigma := \{x \in X$ *und* $v(x) = 0\}$ *von* v, *die die "Stagnationspunkte" der Dynamik, die Gleichgewichtslagen, die sogenannten "stationären Lösungen" (die konstanten Wege* $c(t) = x_0$*) beschreiben. Für Anwendungen denke man intuitiv an Beispiele aus der Ozeanographie, an ein magnetisches Feld oder an dynamische Gesetze der Volkswirtschaft. Wir haben oben in § 1.A schon gesehen, daß jede Singularität* x *eines Vektorfeldes* v *lokal eine Abbildung* $S^{n-1} \to S^{n-1}$, $n = \dim X$, *definiert, deren Abbildungsgrad mit* $I_v(x)$ *bezeichnet werde.*

Das geometrische Interesse an den Vektorfeldern kommt u.a. von der Frage der "Parallelisierbarkeit" *einer Mannigfaltigkeit: Kann man unabhängig von der Wahl eines Verbindungsweges von einem Punkt* x *zu einem Punkt* x' *einem Tangentialvektor* $v \in (TX)_x$ *einen "parallelen" Tangentialvektor* $v' \in (TX)_{x'}$ *zuordnen? Diese für den physikalischen Raumbegriff, aber letztlich auch für die Analysis von Bewegungsvorgängen bedeutsame Frage (da der Beschleunigungsbegriff von der Parallelverschiebung abhängt) ist äquivalent zu dem Problem, ob eine n-dimensionale Mannigfaltigkeit* X n *Vektorfelder besitzt, die in jedem Punkt* $x \in X$ *linear unabhängig sind; d.h. ist der Tangentialraum* TX *trivial? (*S^{n-1} *z.B. ist nach dem berühmten Satz von J.F. ADAMS genau dann parallelisierbar, wenn* $\mathbb{R}^n$ *eine "Divisionsalgebra" ist, also für* $n = 2m$ *mit* $m = 1, 2, 4$*)*. □

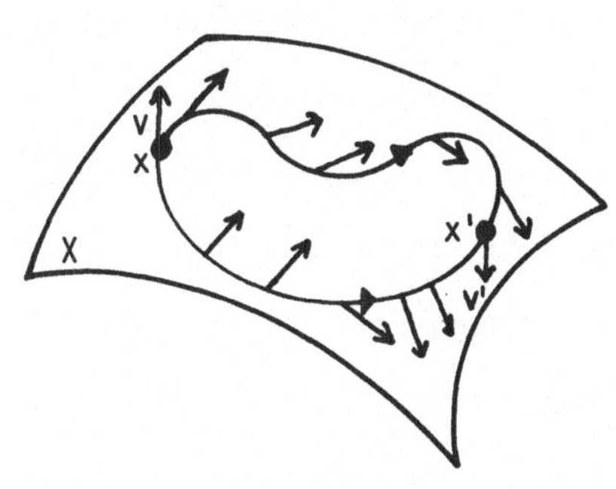

Die geometrische Idee und auch der historische Ursprung (bei Eduard STIEFEL, 1935, und fast gleichzeitig und in ähnlichem Zusammenhang bei Hassler WHITNEY) derjenigen topologischen Invarianten Riemannscher oder komplexer Mannigfaltigkeiten, die man heute "charakteristische Klassen" nennt, siehe oben Abschnitt A, liegt in der allgemeinen Untersuchung vor r Vektorfeldern $v_1,\dots,v_r$ auf einer Mannigfaltigkeit X und ihrer Singularitätenmenge Σ, die aus den Punkten x besteht, in denen $v_1(x),\dots,v_r(x)$ linear abhängig werden. So weiß man z.B., daß die Menge Σ i.a. die Dimension r-1 hat und daß die durch den "Zykel" Σ definierte Homologieklasse (mit geeigneter Koeffizientengruppe) eine "charakteristische Klasse" von X und unabhängig von $v_1,\dots,v_r$ ist; vgl. auch den großen Übersichtsartikel [THOMAS 1969].

Die Indexformel, s.o. Abschnitt A, sagt aus, daß das Symbol eines elliptischen Operators einer Art charakteristische Klasse und ihr Index eine "charakteristische" ganze Zahl ist. Daraus folgt das folgende Programm, den theoretischen Zusammenhang zwischen elliptischen Operatoren und Vektorfeldern auf Mannigfaltigkeiten zu beleuchten. Im einzelnen geht es dabei darum, daß die Existenz einer gewissen Anzahl von Vektorfeldern Symmetriebedingungen für "klassische Operatoren" und entsprechende Resultate für ihre Indices, z.B. die Eulerzahl, die Signatur und andere "charakteristische Zahlen" impliziert. □

ERGEBNISSE: X sei eine geschlossene, orientierte, Riemannsche Mannigfaltigkeit.

a Jedes Vektorfeld v besitzt "generisch" nur endlich viele Singularitäten (d.h. es läßt sich durch eine beliebig kleine Permutation in ein solches verformen), und es gilt $e(X) = \sum_{x \in X} I_v(x)$, wobei $I_v(x)$ der oben definierte lokale

Index von v in x ist; rechts in der Formel steht also die endliche, gewichtete Anzahl der Singularitäten von v.

b Wenn $\dim X = 4q$ ist und X ein Tangentenfeld orientierter 2-dimensionaler Ebenen besitzt (d.h. ein orientiertes 2-dimensionales Unterbündel des Tangentialbündels TX), dann gilt $e(X) \equiv 0 \mod 2$ und $\operatorname{sign}(X) \equiv e(X) \mod 4$.

c Besitzt die 4q-dimensionale Mannigfaltigkeit X mindestens r überall linear unabhängige Vektorfelder, so gilt $\operatorname{sign}(X) \equiv 0 \mod b_r$, wobei die Werte von b_r der folgenden Tabelle entnommen werden können ($b_{r+8} = 16b_r$):

r	1	2	3	4	5	6	7	8
b_r	2	4	8	16	16	16	16	32

ARGUMENTE: Für $\dim X = 2$ ist a ein klassisches Resultat von H. POINCARÉ, für das man in [BRIESKORN 1976, 166-171] eine sehr übersichtliche Beweisskizze findet. Die Verallgemeinerung für $\dim X > 2$ stammt von H. HOPF, der dabei zeigte, daß $e(X) = 0$ genau dann gilt, wenn es ein nicht verschwindendes Vektorfeld gibt.

Zu b und c verweisen wir auf [MAYER 1965], [ATIYAH 1970c] und [ATIYAH-DUPONT 1972], wo eine Reihe weiterer verwandter Resultate, z.T. auch unter Einbeziehung der Theorie reeller elliptischer Operatoren (s.u. Abschnitt J), durch Verschmelzung von Ergebnissen der Analysis, der Topologie und der Algebra bewiesen wurden. Zur Illustration der Methoden wollen wir hier nur den Satz

$$\exists_{v \in C^\infty(TX)} \ \forall_{x \in X} \ v(x) \neq 0 \ \Rightarrow \ e(X) = 0$$

behandeln, den man einmal aus der expliziten Atiyah-Singer-Indexformel oder der Gauß-Bonnet-Formel folgern kann, wonach $e(x) = \chi(TX)[X]$ (siehe D.e) ist. Nach Definition ist $\chi(TX) = \phi^{-1}(U \cup U) = \tilde{v}^* i^* U$, wo $U \in H^n(BX,SX;\mathbb{Z})$ die "aggregierte Orientierungsklasse" von TX, $\phi : \sum H^j(X;\mathbb{Z}) \to \sum H^{j+n}(BX,SX;\mathbb{Z})$ der Thomisomorphismus, $i : (BX,\emptyset) \to (BX,SX)$ die triviale Einbettung und $\tilde{v} : X \to BX$ das durch $\tilde{v} = v/|v|$ normalisierte Vektorfeld sind; nach Voraussetzung ist $i\tilde{v}(X) \subset SX$, also $\tilde{v}^* i^* = 0$.

Zum gleichen Ergebnis kann man nun auch ohne Rückgriff auf die explizite Indexformel nur unter Verwendung der allgemeinen Theorie elliptischer Operatoren (s.o. § II.5) und der Resultate D.c und D.d der Hodgetheorie gelangen. Der springende Punkt dabei ist, daß $\sigma(d+d^*)(x,\xi)w = i\xi\times w$ für $x \in X$, $\xi \in (T^*X)_x$ und $w \in \Lambda^*(T^*X)_x$ gilt. Dabei ist $\times : \Lambda^*V \times \Lambda^*V \to \Lambda^*V$, $V := (T^*X)_x$, die "innere" ("Cliffordsche") Multiplikation im Unterschied zur "äußeren" ("Cartanschen") Multiplikation $\wedge$. Für jeden reellen euklidischen Vektorraum V der Dimension n ist nämlich die äußere Algebra Λ^*V als Vektorraum der Dimension 2^n der Cliffordalgebra Cliff(V) kanonisch isomorph, die durch die $N\times N$-Matrizen $A_1,\ldots,A_n$ mit $A_i^2 = -\mathrm{Id}$ und $A_iA_j = -A_jA_i$ für $i \neq j$ erzeugt wird $(N = 2^{n/2})$. Durch die Matrizenmultiplikation in Cliff(V) wird dann das "innere" Produkt $\times$ in $\Lambda^*(V)$ definiert.

Mittels der Riemannschen Metrik auf X kann ein Vektorfeld v auf X als 1-Form aufgefaßt werden, die vermöge $u \mapsto u\times v$, $u \in \Omega(X)$, einen Differentialoperator 0-ter Ordnung (der nämlich punktweise durch Matrizenmultiplikation erklärt ist) liefert. Wegen $u\times v\times v = -|v|^2u$ im Fall, daß v nirgends verschwindet, ist dieser Differentialoperator ein Automorphismus auf $\Omega(X)$, der zudem Ω^{gerade} und Ω^{ungerade} aufeinander abbildet und wegen $(i\xi\times w)\times v(x) = i\xi\times(w\times v(x))$ mit $\sigma(d+d^*)$ vertauscht werden kann. Bezeichnen wir mit T die Beschränkung dieses Operators auf Ω^{ungerade}, so folgt $T^{-1}DT - D^* \in OP_0$ mit § II.5 und damit $\text{index } D = \text{index } T^{-1}DT = \text{index } D^* = -\text{index } D$, also $e(X) = \text{index } D = 0$. □

F. ABELSCHE INTEGRALE UND RIEMANNSCHE FLÄCHEN. *Vielleicht eines der ersten (in unserem topologischen Sinn) "quantitativen" Ergebnisse der Analysis findet man bei dem norwegischen Mathematiker Niels Henrik ABEL in seiner Hauptarbeit "Mémoire sur une propriété générale d'une classe très étendue de fonctions transcendantes" aus dem Jahre 1826, die erst posthum 1841 veröffentlicht wurde. Darin greift ABEL einen Streit aus der numerischen Mathematik des 18. Jahrhunderts über die "Rektifizierbarkeit", die Berechenbarkeit von Integralen mittels elementarer Funktionen (algebraischer Funktionen, Kreisfunktionen, Logarithmus und Exponentialfunktion) auf. Seit Jakob BERNOULLI und Gottfried Wilhelm LEIBNIZ*) interessiert man sich besonders für die Integration irrationaler Funktionen, die in vielen technisch-naturwissenschaftlichen Problemen auftreten. Das Bemühen (schon des 17. Jahrhunderts) um die Rektifizierung der Ellipse, deren Bogenlänge für die Astronomie bedeutend ist, führt z.B. auf die Berechnung des Integrals*

**) die die Aufmerksamkeit der Mathematiker auf Konstruktionen und Kurven lenkten, "quas natura ipsa simplici et expedito motu producere potest" (welche die Natur selbst durch einfache und vollendete Bewegung zu erzeugen vermag), zitiert nach [BRILL-NOETHER 1894, 124]. Vgl. auch [KLINE 1972, 411ff].*

$$I(x) = a\int_0^x \frac{1-k^2t^2}{\sqrt{(1-t^2)(1-k^2t^2)}}\,dt, \quad k = (a^2-b^2)/a^2 .$$

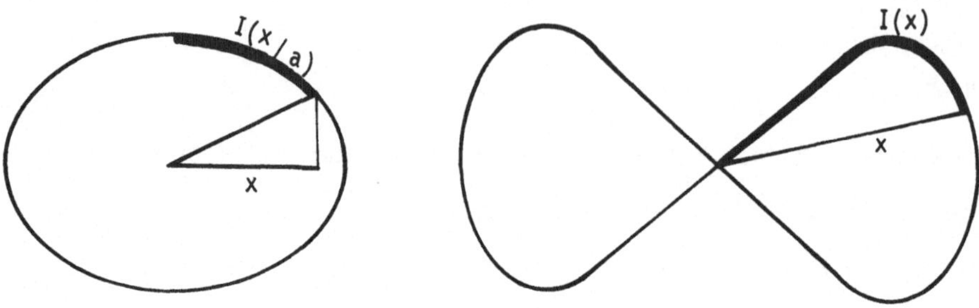

Bei der Untersuchung der Verformung eines elastischen Stabes unter Einwirkung gewisser Kräfte in seinen Endpunkten kam Jakob BERNOULLI (1694) auf weitere irrationale Integranden. In diesem Zusammenhang führte er auch die "Lemniskate" $\{(\pm\sqrt{(x^2+x^4)/2}\ ,\ \pm\sqrt{(x^2-x^4)/2})\ ;\ 0 \leq x \leq 1\}$ *ein, deren Bogenlänge (vgl. hierzu und zu dem Folgenden z.B. [SIEGEL I 1964, 1-15]) durch*

$$I(x) = \int_0^x \frac{dt}{\sqrt{(1-t^4)}}$$

gegeben ist. Für dieses "Lemniskatische Integral" bewies Leonhard EULER 1753 den Additionssatz

$$I(u) + I(v) = I(w) \text{ mit } w = \frac{u\sqrt{1-v^4} + v\sqrt{1-u^4}}{1 + u^2v^2},$$

mit dem er ein Ergebnis des italienischen Mathematikers Giulio Carlo de'Toschi di FAGNANO (1714) über die Verdoppelung des Lemniskatenbogens mit Zirkel und Lineal

$$2I(u) = I(w) \text{ für } w^2 = \frac{4u^2(1-u^4)}{(1+u^4)^2}$$

verallgemeinerte. Vorher hatte Johann BERNOULLI (1698) "zufällig" die Entdeckung gemacht, daß die Differenz von zwei Bögen der kubischen Parabel ($y=x^3$) *elementar integrierbar ist, und damit neben die Versuche zur Rektifizierung der Kurven**) die neue Aufgabe gestellt, Bögen von Parabeln, Ellipsen, Hyperbeln etc. zu finden, deren Summe oder Differenz eine elementar berechenbare Größe ist - "ebenso, wie man die Bögen eines Kreises durch die Ausdrücke für* $\sin(\alpha+\beta)$, $\sin 2\alpha$, *usw. m i t e i n a n d e r verglich" [BRILL-NOETHER 1894, 206].*

Wenig später gelang es L.EULER, seinen Additionssatz für das Lemniskatische Integral auf "elliptische Integrale erster Gattung" zu übertragen, also

$$I(u) + I(v) = I(w) \text{ mit } w = \frac{u\sqrt{P(v)} + v\sqrt{P(u)}}{1 + u^2v^2} \tag{E}$$

zu beweisen, wenn

$$I(u) := \int_0^u \frac{dt}{\sqrt{P(t)}} \text{ und } P(t) := 1+at^2 - t^4 ,\ a \in \mathbb{R} ,$$

***) deren Vergeblichkeit man schon damals vermutete. Erst 1833 konnte J. LIOUVILLE exakt beweisen, daß die "elliptischen Integrale" tatsächlich nicht "elementar", also durch eine endliche Kombination von algebraischen, Kreis-, Logarithmus- oder Exponentialfunktionen berechnet werden können. (Heute weiß man übrigens, daß das Problem der elementaren Integration beliebiger Funktionen rekursiv unentscheidbar ist.)*

sind. Anknüpfend an eine ebenfalls von FAGNANO geleistete Vergleichung von Ellipsenbögen fand EULER schließlich eine weitere Verallgemeinerung für "elliptische Integrale höherer Gattung" ; das sind Integrale der Form

$$I(u) \ := \int_0^u \frac{r(t)}{\sqrt{P(t)}} dt \ ,$$

wo r *eine rationale Funktion in einer Variablen und* P *ein Polynom dritten oder vierten Grades mit einfachen Nullstellen sind. Hier nimmt das Additionstheorem die Gestalt*

$$I(u) + I(v) = I(w) + W(u,v) \qquad (E')$$

an, wobei w *wie oben eine algebraische Funktion der beliebigen oberen Grenzen* u *und* v *ist und* $W(u,v) = S_1(u,v) + \log S_2(u,v)$ *mit zwei rationalen Funktionen* S_1, S_2 *geschrieben werden kann.*

EULER hatte selbst schon bemerkt, daß sich seine Methoden z.B. nicht auf die Behandlung "hyperelliptischer Integrale" (mit einem Polynom P *fünften oder höheren Grades) übertragen lassen. Aber erst N.H. ABEL fand die Erklärung für "die Schwierigkeit, auf die EULERs Formulirung bei hyperelliptischen Integralen stossen musste: die in der transcendenten Gleichung auftretende Integrationsconstante (I(w) in (E) oder (E')) war nicht, wie bei der elliptischen Integralsumme durch ein, sondern nur durch zwei oder mehr hyperelliptische Integrale ersetzbar, ein merkwürdiger Umstand, der sich nicht entfernt voraussehen liess...Die Frage nach der Minimalzahl von Integralen, auf die eine gegebene Integralsumme reducirbar ist, bleibt hier als Cardinalfrage bestehen; sie veranlasst ABEL zu jenen ausgedehnten und mühsamen Abzählungen, die das Hauptergebnis seiner großen Pariser Arbeit ausmachen, und die ihn lange vor RIEMANN in den Besitz des Begriffes 'Geschlecht' eines algebraischen Gebildes setzen" [BRILL-NOETHER 1894, 211f].* □

ABELSCHES ADDITIONSTHEOREM: Seien R eine rationale Funktion und F ein Polynom in zwei Variablen. Betrachte für $a,x \in \mathbb{R}$, a fest, das *"Abelsche Integral"* $I(x) := \int_a^x R(t,y)\,dt$, wobei y der Gleichung $F(t,y) = 0$ genügen soll. (Für $F(t,y) = y^2 - P(t)$, P wie oben, und $R(t,y) = 1/y$ erhalten wir beispielsweise wieder ein elliptisches Integral erster Gattung und für $R(t,y) = r(t)/y$ mit einer rationalen Funktion r ein elliptisches Integral höherer Gattung). Da einem gegebenen Wert von t mehrere Lösungen ("Wurzeln") der Gleichung $F(t,y) = 0$ entsprechen, muß man in der Definition des Integrals $I(x)$ angeben, welche Wurzel man für y in $R(t,y)$ einsetzen will. D.h., man zeichnet in der Ebene einen Integrationsweg $\gamma : I \to \mathbb{C}$ mit $\mathrm{Re}\gamma(0) = a, \mathrm{Re}\gamma(1) = x$ und $F(\mathrm{Re}\gamma, \mathrm{Im}\gamma) = 0$ aus und faßt $I(x)$ als Linienintegral auf. Dann läßt sich die Summe von m (m hinlänglich groß) beliebigen Abelschen Integralen $I(x_i)$ mit jeweils festem Integrationsweg, $x_i \in \mathbb{R}$, $i = 1,\dots,m$, als Summe von nur g Abelschen Integralen $I(\hat{x}_j)$, $j = 1,\dots,g$, und einem Restterm $W(x_1,\dots,x_m)$ schreiben, der sich additiv aus einer rationalen Funktion S_1 und dem Logarithmus einer weiteren rationalen Funktion S_2 der Integrationsgrenzen $x_1,\dots,x_m$ zusammensetzt:

$\sum_{i=1}^m I(x_i) = \sum_{j=1}^g I(\hat{x}_j) + W(x_1,\dots,x_m)$, wobei die $\hat{x}_j = \hat{x}_j(x_1,\dots,x_m)$ algebraische

Funktionen sind und die Zahl g nur von der speziellen Gestalt des Polynomes F abhängt. □

Nach C.G.J. JACOBI wollte ABEL mit seinem Additionstheorem zwei Probleme lösen, "die Darstellbarkeit eines Integrals durch geschlossene Ausdrücke" und "die Erforschung allgemeiner Eigenschaften der Integrale algebraischer Functionen" [BRILL-NOETHER 1894, 205]. Einmal sagt das Additionstheorem nämlich etwas über das Rektifikationsproblem aus: Ist $g = 0$, *dann gilt* $I(x) = W(x)$ *für* $m = 1$, *wobei* W *aus rationalen Funktionen und dem Logarithmus aufgebaut ist. In diesem Fall läßt sich das Integral* $I(x)$ *also "elementar" berechnen. Ist* $g > 0$, *so braucht man im allgemeinen zusätzlich mindestens* g *neue höhere transzendente Funktionen, eben die* $I(\hat{x}_i)$. *Vor allem ist der Satz aber ein Additionstheorem wie etwa die Additionsformeln für die trigonometrischen Funktionen, das sich z.B. zu Interpolationsformeln bei der Realisierung von wissenschaftlich-technischen Standardfunktionen im Hintergrundspeicher elektronischer Rechner ausnutzen läßt.* *)

Wir haben hier ABELs Satz vor allem deswegen zitiert, um eine der frühesten Stellen aufzuzeigen, wo die fundamentale Invariante g *vorkommt, die wie der Index diesen Doppelcharakter hat, analytisch und algebraisch zu sein. Ohne hier auf die tiefen funktionentheoretischen Aspekte und geometrischen Interpretationen des Abelschen Additionstheorems einzugehen, wollen wir nur einige Ergebnisse zur Bedeutung der Größe* g *festhalten, die im wesentlichen (bis auf* c) *auf Bernhard RIEMANN zurückgehen.*

ERGEBNISSE: a Jedes Polynom $F(t,y)$ definiert eine *"Riemannsche Fläche"*, die eine kompakte, orientierte Fläche mit komplex-analytischer Struktur ist, also eine topologische Mannigfaltigkeit mit einem ausgezeichneten Atlas, dessen Kartenwechsel holomorphe Funktionen sind. Umgekehrt kann man auf jeder kompakten, orientierten, topologischen Fläche X eine komplex-analytische Struktur definieren, so daß sich X als Riemannsche Fläche eines Polynoms $F(t,y)$ auffassen läßt.

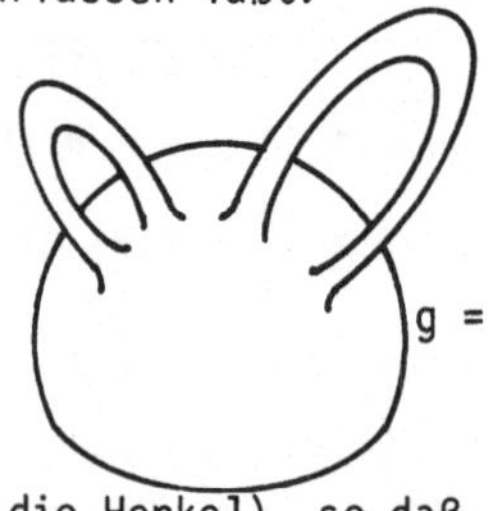

b Topologisch wird eine Riemannsche Fläche X durch ihr *"Geschlecht"*, die Anzahl g der Henkel, charakterisiert, die man an die Sphäre S^2 anheften muß, um X zu erhalten. $2g$ ist dann die Anzahl der die (erste) Homologie von X erzeugenden geschlossenen Wege, d.h. es gibt $\gamma_1,\ldots,\gamma_{2g}$ geschlossene Kurven (nämlich längs und quer durch die Henkel), so daß jede geschlossene Kurve γ in X "homolog" zu einer eindeutig ganzzahligen Linearkombination $\sum n_i\gamma_i$ ist. Analytisch besitzt X (vgl. das Abelsche Additionstheorem) eine weitere Invariante, die Maximalzahl g_1 linear unabhängiger globaler holomorpher Differentialformen $\alpha_1,\ldots,\alpha_{g_1}$ vom Grade 1 auf X. Es gilt $g = g_1$, d.h. die "numerische Komplexität"**) des Abelschen Integrals

$\int R(t,y)\,dt$ mit $F(t,y) = 0$ ist gleich dem Geschlecht der Riemannschen Fläche von

F . Insbesondere erhält man für die elliptischen Integrale eine *"elliptische Kurve"* nämlich den Torus vom Geschlecht 1 mit zwei erzeugenden Zyklen γ_1 und γ_2 (für

$g = 2$

*) Vgl. z.B. HART,J.F. & E.W.CHENEY: Computer approximations. SIAM Series in Applied Mathematics, Wiley, New York 1968, §§ 1.5, 4.2.

**) Bei RIEMANN (1857) heißt die Größe "Klassenzahl". Die Bezeichnung "Geschlecht" stammt von Alfred CLEBSCH (1864).

den Zusammenhang mit dem klassischen Begriff der "Doppelperiodizität" bei elliptischen Integralen vgl. z.B. [MUMFORD 1976, 149-155]). Allgemeiner kann man eine "Periodenmatrix"

$\omega_{ij} := \int_{\gamma_i} \alpha_j$; $i = 1,\ldots,2g$; $j = 1,\ldots,g$

definieren, durch die nach einem Satz von R.TORELLI die komplex-analytische Struktur von X dann bestimmt ist.

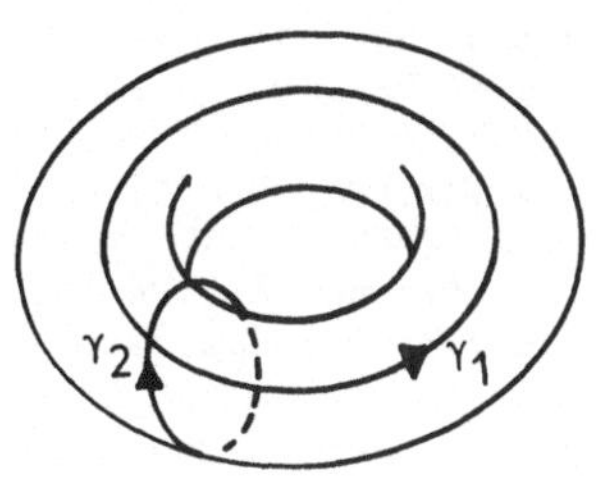

c Auf jeder Riemannschen Fläche X vom Geschlecht g ist der *"Cauchy-Riemann-Operator"* $\bar\partial : f \mapsto \frac{\partial f}{\partial \bar z}\, d\bar z$, der jeder komplexwertigen C^∞-Funktion f auf X eine Differentialform vom (komplexen) Grade 1 zuordnet, ein elliptischer Operator, und es gilt index $\bar\partial = 1 - g$.

ARGUMENTE: a und b folgen aus der klassischen Theorie der Riemannschen Flächen; ebenso c, da Kern $\bar\partial$ aus den auf X global-holomorphen Funktionen besteht, zu denen nach dem Maximumprinzip nur die konstanten Funktionen gehören können, also dim Kern $\bar\partial = 1$. Kokern $\bar\partial$ = Kern $\bar\partial^*$ besteht aus den "(anti-) holomorphen Differentialformen", die einen zu den holomorphen Differentialformen (vgl. b) isomorphen Vektorraum bilden.

Man kann c auch unmittelbar aus der Atiyah-Singer-Indexformel erhalten, da die Eulerklasse $\chi(TX)$ die einzige Chernsche Klasse der Riemannschen Fläche ist, also index $\bar\partial = C\chi(TX)[X] = Ce(X) = C(1-2g+1) = C(2-2g)$. Es ist dann nicht schwer, $C = 1/2$ abzuleiten; vgl. auch den folgenden Abschnitt G, Ergebnisse a/c/d, die c als Spezialfall umfassen, und z.B. [MUMFORD 1976, 132-141], wo c mit Blick auf diese Verallgemeinerungen in der Form "arithmetisches Geschlecht = geometrisches Geschlecht" mit elementaren geometrischen und algebraischen Mitteln der klassischen projektiven Geometrie bewiesen wird. □

G. DER SATZ VON RIEMANN-ROCH-HIRZEBRUCH. *Bei den folgenden Ergebnissen handelt es sich um eine Klasse von Sätzen, die mit Hilfe der Atiyah-Singer-Indexformel neu bewiesen und z.T. generalisiert (siehe d) werden können. Nach [BRILL-NOETHER 1894, 280f], von denen die Bezeichnung "Riemann-Rochscher Satz" eingeführt wurde, handelt es sich dabei um die "Abzählung der Constanten einer algebraischen Function", allgemeiner um die Aufstellung von Beziehungen zwischen den "Konstanten" (Anzahl von Singularitäten, Grad, Ordnung, Geschlecht etc.) einer algebraischen Kurve, algebraischen Fläche oder komplexen Mannigfaltigkeit. Geschichte und Motivation des "Riemann-Roch", die ausführlich in [BRILL-NOETHER 1894] *) dargestellt wurden, sind also eng mit dem bis heute noch nicht gelösten Problem der "vollständigen" Klassifizierung algebraischer Varietäten verbunden, vgl. [HIRZEBRUCH 1973].*

Die Fülle von Einzelergebnissen zu diesem Thema können wir hier nicht referieren. Noch sind sie zu disparat und die Vielfalt der Betrachtungsmöglichkeiten zu schillernd. **) *Wir beschränken uns daher auf einige für uns wesentliche Etappen, in*

*) *Für die funktionentheoretische Interpretation des Riemann-Roch vgl. auch [SIEGEL II 1965,171-192], wo der Riemann-Roch zum Beweis des Abelschen Satzes herangezogen und diesem ausdrücklich als "algebraisch" im Unterschied zur "transzendenten Natur" des Abelschen Satzes gegenübergestellt wird.*

denen sich nach und nach aus der Komplexität der Probleme einige vereinheitlichende, sehr inhaltsreiche und weiterführende Gesichtspunkte herausbildeten:

- Bernhard RIEMANNs "transzendente" Idee der Analysis auf Riemannschen Flächen, nämlich sein Versuch, die Gesamtheit der Integrale eines festen algebraischen Funktionenkörpers (eben die Abelschen Integrale) zu überblicken.

- Die funktionentheroretische Durcharbeitung der Probleme bei Karl WEIERSTRASS.

- Die differentialgeometrische Deutung in der Sprache der Hodgetheorie durch Kunihiko KODAIRA, auf deren Grundlage dann Friedrich HIRZEBRUCH den Riemann-Roch auf höherdimensionale algebraische Varietäten verallgemeinerte.

ERGEBNISSE: a Auf einer kompakten Riemannschen Fläche X vom Geschlecht g betrachten wir meromorphe Funktionen $w : X \to \mathbb{C}$, die höchstens in den Punkten $x_i \in X$, $i = 1,\ldots,r$, Pole der Ordnung $\leq m_i \in \mathbb{N}$ haben, sonst holomorph sind und in den Punkten $x_j \in X$, $j = r+1,\ldots,s$, Nullstellen der Ordnung $\geq - m_j \in \mathbb{N}$ besitzen. Sie bilden einen komplexen Vektorraum $L(\mathcal{D})$, dessen Dimension $\ell(\mathcal{D})$ durch die folgende Formel gegeben ist:

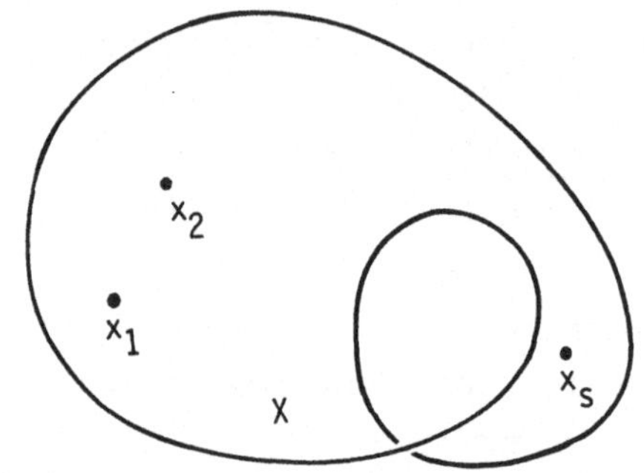

$\ell(\mathcal{D}) - \ell'(\mathcal{D}) = \text{grad}(\mathcal{D}) - g + 1$.

Dabei ist $\mathcal{D} := \sum m_j x_j$, $\text{grad}(\mathcal{D}) := \sum m_j$ und $\ell'(\mathcal{D})$ die Dimension des Vektorraumes $L'(\mathcal{D})$ meromorpher Differentialformen auf X mit entsprechendem Nullstellen- und Polstellenverhalten.

b Für $\text{grad}(\mathcal{D}) \geq 2g-1$ verschwindet $\ell'(\mathcal{D})$, so daß man in diesem Fall eine echte Formel für $\ell(\mathcal{D})$ erhält.

c Zu jeder formalen ganzzahligen Linearkombination $\mathcal{D}$ von Punkten aus X (man nennt $\mathcal{D}$ einen *"Divisor"*) läßt sich ein holomorphes Vektorraumbündel $\{\mathcal{D}\}$ über X der komplexen Faserdimension 1 angeben, so daß $L(\mathcal{D})$ dem Vektorraum Kern $\bar\partial_{\{\mathcal{D}\}}$ der holomorphen Schnitte in $\{\mathcal{D}\}$ und $L'(\mathcal{D})$ dem Vektorraum Kokern $\bar\partial_{\{\mathcal{D}\}} \cong$ Kern $\bar\partial^*_{\{\mathcal{D}\}}$ der (anti-)holomorphen Differentialformen "mit Koeffizienten in $\{\mathcal{D}\}$" isomorph werden. Dabei ist $\bar\partial_{\{\mathcal{D}\}} : \Omega^0(\{\mathcal{D}\}) \to \Omega^{0,1}(\{\mathcal{D}\})$ der aus $\bar\partial$ durch "Tensorierung" (s.u.d) hervorgehende elliptische Differentialoperator. Mit dieser Konstruktion kann Ergebnis a also in der Form $\text{index}\,\bar\partial_{\{\mathcal{D}\}} = \text{grad}(\mathcal{D}) - g + 1$ geschrieben werden.

d Allgemeiner kann man auf jeder *Kählerschen Mannigfaltigkeit* X der Dimension n (das ist eine holomorphe Mannigfaltigkeit mit einer Hermiteschen Metrik $ds^2 = \sum g_{ik}\, dz_i\, d\bar z_k$, bei der die zugehörige 2-Form $\alpha = \sum \overline{g_{ik}}\, dz_i \wedge d\bar z_k$ ge-

---

**) *Sehr offen schreibt schon Alfred CLEBSCH, "dem es doch an Belesenheit und Vielseitigkeit keineswegs fehlte", in einem Brief an Gustav ROCH vom August 1864, "dass er selbst nach den grössten Bemühungen von RIEMANNs Abhandlung nur sehr wenig verstanden habe, und dass ihm auch ROCHs Dissertation der Hauptsache nach unverständlich geblieben sei". (Zitiert nach [BRILL-NOETHER 1894, 320]). Der historische Prozeß des "richtigen Verstehens" scheint jedenfalls auf dem Gebiet der algebraischen Funktionen noch immer nicht zu einem Abschluß gelangt zu sein.*

schlossen ist, d.h. $d\alpha = 0$) den *Dolbeautkomplex* $0 \to \Omega^{o} \xrightarrow{\bar\partial} \Omega^{o,1} \xrightarrow{\bar\partial} \ldots \xrightarrow{\bar\partial} \Omega^{o,n} \to 0$ betrachten, wobei $\Omega^{o,p}$ den Raum der komplexen äußeren Differentialformen vom Grad p bezeichnet, die sich also in lokalen Karten $z_1,\ldots,z_n$ in der Form $a_{i_1,\ldots,i_p}\, d\bar z_{i_1} \wedge\ldots\wedge d\bar z_{i_p}$ schreiben lassen. $\bar\partial$ ist dann wie im Anhang, Aufgabe 8b, die äußere Ableitung. Ist V ein holomorphes Vektorraumbündel über X, so bildet man durch Tensorierung (wie oben beim Signaturoperator) den verallgemeinerten Dolbeautkomplex

$$0 \to \Omega^{o}(V) \xrightarrow{\bar\partial_V} \Omega^{o,1}(V) \xrightarrow{\bar\partial_V} \ldots \xrightarrow{\bar\partial_V} \Omega^{o,n}(V) \to 0 ,$$

wobei z.B. $\Omega^{o}(V) = C^{\infty}(V)$ ist. In Anlehnung an die obige Ableitung der Eulerzahl definiert man die *Eulercharakteristik*

$$\chi(X,V) \;:=\; \operatorname{index} \bar D_V \;=\; \textstyle\sum_{p=o}^{n} (-1)^p \dim H^p(X;\mathcal{O}(V^*)) ,$$

wobei $\bar D_V := \bar\partial_V + \bar\partial_V^{*} | \sum\Omega^{o,\text{gerade}}(V)$ ein elliptischer Differentialoperator 1. Ordnung ist und die folgenden Gleichungen gelten: $H^{n-p}(X;\mathcal{O}(V^*))$:= $(n-p)$-te Kohomologie von X "mit Koeffizienten in der Garbe der Keime holomorpher Schnitte in V^*" $\cong$ Kern $\bar\partial_V^{o,p}$/ Bild $\bar\partial_V^{o,p-1}$ $\cong$ Kern($\square_V : \Omega^{o,p}(V) \to \Omega^{o,p}(V)$), wo $\square_V := \bar\partial_V\bar\partial_V^{*} + \bar\partial_V^{*}\bar\partial_V$ ist, $\cong$ Raum der (global) holomorphen Differentialformen vom Grade p auf X mit Koeffizienten in V.

Es gilt dann der "Riemann-Roch-Hirzebruchsche Satz"

$$\chi(X,V) = (ch(V) \cup \tau(TX))[X] .$$

Wie oben in Abschnitt A sind hierbei $ch(V)$ der Chernsche Charakter von V und $\tau(TX)$ die Toddsche Klasse von X.

Ist V das triviale Geradenbündel $\mathbb{C}_X$, so heißt $\chi(X) := \chi(X,V)$ das arithmetische Geschlecht von X und es gilt

$$\chi(X) = \begin{cases} \frac{1}{2} c_2(X)[X] & \\ \frac{1}{12} (c_1^2(X) + c_2(X))[X] & \\ \frac{1}{24} (c_1(X) \cup c_2(X))[X] & \\ \text{usw} & \end{cases} \text{für } \dim_{\mathbb{C}} X = \begin{matrix} 1 \\ 2 \\ 3 \\ \text{usw} \end{matrix} ,$$

wobei $c_i(X) \in H^{2i}(X)$ die i-te Chernsche Klasse von TX ist.

ARGUMENTE: a folgt über c und d aus der Atiyah-Singer-Indexformel; einen direkten Beweis findet man z.B. in [WEYL 1913/1955, 117-119]. Besteht $\mathcal{D}$ aus null Punkten, also insbesondere $\operatorname{grad}(\mathcal{D}) = 0$, so erhält man Ergebnis Fb/c zurück. Beachte übrigens, daß $\ell'(\mathcal{D}) = \ell(K_X-\mathcal{D})$ ist, wo K_X wie $\mathcal{D}$ ein "Divisor", d.h. eine ganzzahlige formale Linearkombination von Punkten in X ist, die aber kanonisch - bis auf gewisse "lineare Äquivalenz" - z.B. durch das Null- und Polstellenverhalten einer beliebigen nichttrivialen Differentialform auf X definiert werden kann. Es gilt $\operatorname{grad}(K_X) = 2g-2$. Für Einzelheiten der Definition des "kanonischen Divisors" und für einen elementaren Beweis von $\ell(\mathcal{D}) - \ell(K_X-\mathcal{D}) = \operatorname{grad}\mathcal{D} - g + 1$

vgl. [MUMFORD 1976, 104-107 und 145-147]; die Dualität $\ell'(\mathcal{D}) = \ell(K_X-\mathcal{D})$ stammt von Richard DEDEKIND und Heinrich WEBER und ist ein Spezialfall eines sehr allgemeinen Dualitätssatzes von Jean-Pierre SERRE, vgl. [HIRZEBRUCH 1956, 115-119].

Zu b: Offensichtlich ist $\ell(\mathcal{D}) = 0$, wenn $\mathrm{grad}(\mathcal{D}) < 0$ ist (auf einer geschlossenen Riemannschen Fläche ist die Nullfunktion die einzige holomorphe Funktion, die eine Nullstelle besitzt). Wegen $\mathrm{grad}(K_X) = 2g-2$ folgt $\mathrm{grad}(K_X-\mathcal{D}) < 0$ für $\mathrm{grad}(\mathcal{D}) \geq 2g-1$.

Zu c: Zur Konstruktion des Geradenbündels $\{\mathcal{D}\}$ überdecken wir X so mit einem endlichen System offener Mengen $\{U_j\}_{j\in J}$, daß man für jedes U_j eine noch in einer Umgebung meromorphe Funktion f_j angeben kann, die in den Punkten des Divisors $\mathcal{D}$, die zu U_j gehören, das umgekehrte Nullstellen- und Polstellenverhalten hat, und zwar so, daß f_i/f_j auf einer Umgebung von $U_i \cap U_j$ holomorph ist und dort keine Nullstellen hat. Man wählt z.B. U_j so klein, daß höchstens ein Punkt x_k, $k\in\{1,\ldots,s\}$, in U_j liegt, und wählt für f_j ein lokal definierbares rationales Monom, das für $m_k > 0$ eine Nullstelle von mindestens der Ordnung m_k und für $m_k < 0$ entsprechend eine Polstelle höchstens von der Ordnung $-m_k$ in x_k hat. Die Klebekonstruktion (Anhang, Aufgabe 4) liefert sukzessive das Bündel $\{\mathcal{D}\}$, in dem durch die f_i ein globaler meromorpher Schnitt f mit zum Divisor $\mathcal{D}$ umgekehrtem Nullstellen- und Polstellenverhalten ausgezeichnet ist. Durch $g \mapsto g/f$ wird eine Isomorphie zwischen dem Vektorraum der holomorphen Schnitte g im Geradenbündel $\{\mathcal{D}\}$ und dem Vektorraum der meromorphen Funktionen auf X mit dem durch den Divisor $\mathcal{D}$ vorgeschriebenen Nullstellen- und Polstellenverhalten erklärt. Einzelheiten dieser Konstruktion, die für den topologischen Zugang zu analytischen Fragestellungen der Funktionentheorie und der algebraischen Geometrie ziemlich typisch ist, findet man z.B. in [HIRZEBRUCH 1956, 111f].

Zu d: Die Ableitung aus der Atiyah-Singer-Indexformel findet man z.B. in [PALAIS 1965, 324ff] und [SCHWARZENBERGER 1966], in etwas allgemeinerem Zusammenhang (s.u. L) auch in [ATIYAH-SINGER 1968b, 563-565]. Diese Übertragung des klassischen Riemann-Rochschen Satzes auf komplexe Mannigfaltigkeiten beliebiger Dimension stammt von Friedrich HIRZEBRUCH (1953). Sein Beweis hing allerdings wesentlich von der Zusatzbedingung ab, daß X holomorph in einen projektiven komplexen Raum geeigneter Dimension eingebettet werden kann. Durch Rückführung auf die Indexformel für elliptische Operatoren kann mittlerweile diese Einschränkung aufgegeben werden. Daneben gibt es neuerdings mit den Ideen der Wärmeleitungsgleichung (s.o. § 3.D) auch einen eher differentialgeometrischen Beweis von d, der für den rechnerisch ziemlich einfachen Fall einer elliptischen Kurve ($n=1$, $g=1$) in [ATIYAH-BOTT-PATODI 1973, 311f] vorgeführt und für den Allgemeinfall [ℓ.c., 317f] skizziert ist. □

Auch wenn der Riemann-Roch-Hirzebruchsche Satz hier nur als eine spezielle Anwendung der Atiyah-Singer-Indexformel für elliptische Operatoren, von denen man jetzt eben einen, nämlich $\overline{D}_V$, unter Ausnutzung der komplexen Struktur konstruiert hat, erscheint, so sind d und schon a doch die eigentlichen Modelle, nach denen die Indexformel gebaut ist: Links eine Differenz von global definierten Größen, die jede für sich schon bei kleiner Variation der Ausgangsdaten schwanken können (so die Dimension $\ell(\mathcal{D})$ in a), und rechts ein Ausdruck in topologischen Invarianten des Problems (in a gerade das Geschlecht g der Riemannschen Fläche X und der Grad des Divisors $\mathcal{D}$).

In letzter Instanz sind für komplexe Mannigfaltigkeiten die allgemeine Indexformel und der Riemann-Roch-Hirzebruchsche Satz (die spezielle Indexformel für die elliptischen Operatoren $\overline{D}_V$) allerdings äquivalent: Sei nämlich $\overline{D} := \overline{\partial} + \overline{\partial}^* : \sum \Omega^{o,2p} \to \sum \Omega^{o,2p+1}$ der "Riemann-Roch-Operator" im $\mathbb{C}^n$. Dann liefert $\sigma(\overline{D})$ ein erzeugendes Element der Homotopiegruppe $\pi_{2n-1}(GL(N,\mathbb{C}))$, $N = 2^{n-1}$, und ganz $K(TX)$ wird so modulo des Bildes von $K(X)$ durch die $[\sigma(\overline{D}_V)]$ erzeugt; vgl. [ATIYAH-BOTT-PATODI 1973, 321f].

Eine Übersicht über funktionentheoretische und geometrische Anwendungen (z.B. Dimensionsabschätzungen bei Systemen von Kurven oder Differentialformen und Bestimmung von Bettizahlen komplizierter Mannigfaltigkeiten) findet sich für den Fall von Kurven (a, $\dim_{\mathbb{C}} X = 1$) z.B. in [MUMFORD 1976, 147ff], für die Klassifikation von Flächen ($\dim_{\mathbb{C}} X = 2$) in [KODAIRA 1964] mit einer Fülle ganz konkreter geometrischer Aussagen, die unmittelbar aus dem allgemeinen Riemann-Roch-Hirzebruchschen Satz (d für Geradenbündel) hergeleitet werden, und für den Allgemeinfall in [SCHWARZENBERGER 1966]. □

H. DER INDEX ELLIPTISCHER RANDWERTPROBLEME. *Wir wollen nun einen Blick auf das Indexproblem für Randwertaufgaben werfen, das für eine Reihe von Spezialfällen u.a. in [VEKUA 1959/1962, 316-330], [BOJARSKI 1959, 15-18] und in anderen dort angegebenen Quellen (siehe auch oben Satz II.1.1) in den 40er und 50er Jahren gelöst werden konnte. In dem programmatischen Aufsatz [GELFAND 1960] wurde es dann auf den Begriff "Beschreibung linearer elliptischer Gleichungen und ihrer Randprobleme in topologischen Ausdrücken" gebracht und bildete so den Ausgangspunkt für die Indexformel für elliptische Operatoren über geschlossenen Mannigfaltigkeiten in [ATIYAH-SINGER 1963]. Im Mittelpunkt der 1963-1975 folgenden stürmischen Entwicklung der "elliptischen Topologie" mit den alternativen Fassungen und Beweisen der Indexformel und ihren weit gestreuten Anwendungen standen weiter die unberandeten Mannigfaltigkeiten, wobei in [ATIYAH-BOTT 1964a] schon gezeigt wurde, welche topologische Bedeutung elliptische Randwertbedingungen haben und wie man - im Prinzip - eine Indexformel für elliptische Randwertprobleme durch Rückführung auf den unberandeten Fall ("Poissonprinzip", s.o. § II.7 und Abschnitt II.8.A) gewinnen kann. In Verbindung mit Abschnitt C findet man z.B. so sehr schnelle Beweise (und Ergänzungen) für die in [AGRANOWITSCH 1965] aufgeführte Liste von Randwertproblemen mit verschwindendem Index.*

Bei der detaillierteren Ausarbeitung des Atiyah-Bottschen Konzeptes stößt man vor allem auf zwei Schwierigkeiten:

1. Sei $\sigma \in \mathrm{Iso}_{SX}(E,F)$ *das Symbol eines elliptischen (Differential-)Operators* $P \in \mathrm{Ell}(E,F)$ *über der berandeten Riemannschen Mannigfaltigkeit* X *mit Rand* Y, *und seien* E *und* F *Vektorraumbündel über* X. *Ist die natürliche Zahl* N *hinlänglich groß, dann kann man auf der "Symbolebene" relativ leicht, wie in § II.7 vorgeführt,* $\sigma \oplus \mathrm{Id}_{\mathbb{C}^N}$ *mit Elementen aus dem Beweis des Bottschen Periodizitätssatzes in ein elliptisches Symbol* $\sigma' \in \mathrm{Iso}_{SX \cup BX|Y}(E',F')$ *fortsetzen und so deformieren, daß* $\sigma'(y,\xi) = \mathrm{Id}_{E'_y}$ *für alle* $y \in Y$, $\xi \in (T^*X)_y$, $|\xi| \leq 1$ *wird. Hierbei haben wir* E_y *mit* F_y *vermöge* $\sigma(y,\nu)$ *identifiziert,* ν *innerer Normalenvektor, und* $E' := E \oplus \mathbb{C}^N_X$ *gesetzt. Wir brauchen hierfür nur vorauszusetzen, daß zu dem Operator* P *elliptische Randwertprobleme angegeben werden können. Durch die spezielle Wahl der Randwertaufgaben wird dann genauer bestimmt, auf welche Weise* $\sigma \oplus \mathrm{Id}_{\mathbb{C}^N}$ *fortgesetzt wird.*

Die Durchführung der entsprechenden Deformationen auf der "Operatorebene", d.h. von $P \oplus \mathrm{Id}^N$ *in ein zu* P *"stabiläquivalentes"* P' *mit* $P' = \mathrm{Id}'$ *nahe* Y, *bereitet dagegen einige prinzipielle Schwierigkeiten. So muß man bei dem dabei erforderlichen Übergang von den Differentialoperatoren zur Klasse der Pseudodifferentialoperatoren gewisse Einschränkungen über das Randverhalten machen (s.o. vor Satz II.8.1); in [BOUTET de MONVEL 1971, 39f] wird z.B. für die dort verlangte "Transmissionsbedingung"* $\sigma(P)(y,-\nu) = (-1)^k \sigma(P)(y,\nu)$ *nachgewiesen, daß die gewünschte Operatordeformation dann und nur dann möglich ist, wenn das Indikatorbündel* $j(P) \in K(SY)$ *(s.o. vor Aufgabe II.8.3) verschwindet. Die oben charakterisierte "freie" Fortsetzung von* $\sigma \oplus \mathrm{Id}_{\mathbb{C}^N}$ *existiert dagegen schon (s.u. Ergebnis b), wenn das Differenzbündel* $j(P)$ *im Bild der "Liftung"* $\pi_y^* : K(Y) \to K(SY)$ *liegt.*

Mit diesem vorwiegend analytischen Problem der "richtigen" Operatorenklasse für die Bildung der "Parametrix" und der erforderlichen Operatordeformationen haben sich z.T. in längeren Aufsatzserien vor allem L. BOUTET de MONVEL, M.I. WISCHIK und G.I. ESKIN auseinandergesetzt. Positiv gewendet belegen diese Schwierigkeiten gerade die Leistungsfähigkeit topologischer Methoden in der Analysis: Ist die Indexformel, s.u. Ergebnis d, erst einmal bewiesen, so braucht man zur Berechnung des Index eines Randwertproblems mit z.B. partiellen Differentialoperatoren eben nicht *die Operatoren mit all den Schwierigkeiten, sondern nur das Symbol nach dem einfachen in § II.7 angegebenen Rezept zu deformieren.*

2. Eine andere grundlegende Schwierigkeit zeigt sich darin, daß Operatoren wie der Signaturoperator D^+, *die auf geschlossenen Mannigfaltigkeiten bei den*

Anwendungen der Indexformel wie auch bei ihrem "Kobordismus-" und "Wärmeleitungsbeweis" (s.o. Abschnitt D und § III.3.B/D) eine so große Rolle spielen, auf einer berandeten Mannigfaltigkeit X *keine elliptischen Randwertaufgaben in dem bisher (§§ III.6-8) erklärten Sinn zulassen. Vgl. unten Ergebnis b und z.B.* [*ATIYAH-PATODI-SINGER 1975, 46*]. *Danach kann* $\sigma(D^+)$ *über dem Rand* Y *von* X *nicht in die Identität (oder in eine Abbildung, die nur vom Fußpunkt* $y \in Y$ *und nicht von den kovarianten Tangentialvektoren* $\xi \in (T^*X)_y$ *abhängt) deformiert werden. M.F. ATIYAH, V.K. PATODI und I.M. SINGER (l.c.) fanden allerdings heraus, daß* D^+ *in einem weiteren Sinn durchaus gewisse "global-elliptische" und in kanonischer Weise zu* D^+ *gehörende Randwertbedingungen* R^+ *zuläßt, und zwar so, daß* $\operatorname{index}\binom{D^+}{R^+}$ *wohldefiniert und gleich der Signatur* $\operatorname{sign}(X)$ *ist. Nach dem Vorbild der Gauß-Bonnet-Formel* $e(X) = (2\pi)^{-1}\left(\int_X K + \int_Y s\right)$ *für die Eulerzahl* $e(X)$ *einer berandeten Mannigfaltigkeit mit der "Gaußschen Krümmung"* K *auf* X *und der "geodätischen Krümmung"* s *von* Y *in* X *konnten sie (l.c., 54-57) für eine bestimmte Klasse von Randwertproblemen* $\binom{P}{R}$ *eine Indexformel angeben, bei der die rechte Seite die Summe zweier wie im "Wärmeleitungsbeweis" explizit angegebener Terme ist, wovon der eine nur vom Verhalten von* P *im Inneren bzw. auf der Verdoppelung von* X *und der andere nur vom Randverhalten von* $\binom{P}{R}$ *abhängt. Insbesondere erhielten sie für* $P := D^+$ *die schon oben in Abschnitt III.3.D(6) erwähnte neue Formel*

$$\operatorname{sign}(X) = \int_X L_q(p_1,\dots,p_q) - \eta(0)$$

für die Signatur einer 4q-dimensionalen kompakten orientierten berandeten Riemannschen Mannigfaltigkeit. Vgl. auch [*GILKEY 1975*].

Das Bemühen um ähnlich explizite "analytische" Formeln für beliebige elliptische Randwertprobleme, vgl. vor allem [*CALDERON 1967*], [*SEELEY 1966*] *und* [*FEDOSOW 1974*], *scheint dagegen noch nicht zu einem vollen Erfolg geführt zu haben, so daß man einstweilen auf unsere "rabiaten" topologischen Methoden der Symboldeformation (s.u. Ergebnis a/d) mit der damit verbundenen rechnerisch manchmal unglücklichen Zerstörung der speziellen, ursprünglich vielleicht einfacheren Problemstruktur und den heiklen beweistechnischen Fragen der Homotopieliftung auf die "Operatorebene" angewiesen ist. (Unklar ist die Rolle der gewählten Topologie für die Symboldeformationen, also ob wir in unserer* C^0*-Topologie, s.o.S. 187, oder z.B. in der* C^1*-Topologie mit ihren nach einem neuen Satz von F. WALDHAUSEN u.U. geringeren Bewegungsmöglichkeiten und reicherem Homotopietyp deformieren.)* □

ERGEBNISSE: X sei eine n-dimensionale kompakte orientierte Riemannsche Mannigfaltigkeit mit Rand Y .

a Es gibt genau eine Konstruktion, mit der man jedem elliptischen Element A der Greenschen Algebra über X (s.o. § II.8) ein Differenzbündel $[A] \in K(T(X \setminus Y))$ zuordnen kann, so daß die folgenden Bedingungen erfüllt sind:

(i) $[A] = [B]$, wenn A und B stabiläquivalent sind,

(ii) $[A \oplus B] = [A] + [B]$ und $[A \circ B] = [A] + [B]$, sofern die Komposition definiert ist,

(iii) $[A] = [\sigma(P)] + t[\sigma(Q)]$, wenn $A = \begin{pmatrix} P & 0 \\ 0 & Q \end{pmatrix}$ ist und $P = \mathrm{Id}$ nahe Y , womit $[\sigma(P)] \in K(T(X \setminus Y))$ wohldefiniert ist. Hierbei ist t die zusammengesetzte und oben in § III.3 bereits untersuchte Abbildung $K(TY) \xrightarrow[\cong]{\boxtimes b} K(TY \times \mathbb{R}^2) \cong K(TN) \xrightarrow{\text{ext}} K(T\hat{X}) \cong K(T(X \setminus Y))$ für die "triviale" Einbettung von Y in die offene Mannigfaltigkeit $\hat{X} = X \cup (Y \times [0,\infty))$ mit dem trivialen Normalenbündel N ; $\hat{X}$ und $X \setminus Y$ sind diffeomorph;

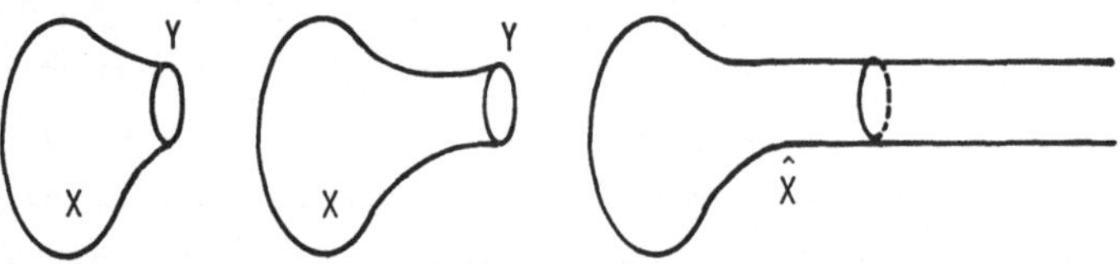

daher die rechte Isomorphie.

(iv) $[A] = [\bar{\sigma}(P,\beta^+)]$, wenn $A = \begin{pmatrix} P \\ R \end{pmatrix}$ ein elliptisches Randwertsystem von Differentialoperatoren und $\bar{\sigma}(P,\beta^+)$ die durch den Randisomorphismus β^+ definierte Fortsetzung von $\sigma(P) \oplus \mathrm{Id}_{\mathbb{C}^N} \in \mathrm{Iso}_{SX}$ zu einem Objekt aus $\mathrm{Iso}_{SX \cup BX|Y}$ ist; vgl. §§ II.6/7.

b In jedem Punkt $y \in Y$ ist für einen Differentialoperator P das Vektorraumbündel M_y^+ über der Basis $(SY)_y = S^{n-2}$ und ebenso das von $\sigma_y(P) := \sigma(P)(y,..)$ erzeugte Differenzbündel $[\sigma_y(P)] \in K(TX_y) = K(\mathbb{R}^n)$ erklärt. $M_y^+ - \dim M_y^+$ definiert ein Element von $K(\mathbb{R}^{n-2})$ und es gilt (mißliche Vorzeichenwahl, deshalb P^* statt P) $[\sigma_y(P^*)] = -b \boxtimes (M_y^+ - \dim M_y^+)$. Die Tensorierung mit dem Bottelement auf der rechten Seite läßt sich stets zu einem Homomorphismus $\gamma : K(SY) \to K(BX|Y, SX|Y)$ fortsetzen, und es gilt dann die globale Formel $r^*[\sigma(P^*)] = -\gamma(M^+)$, die sich für den Fall, daß P ein Pseudodifferentialoperator ist, in der Form $r^*[\sigma(P)] = \gamma(j(P))$ schreiben läßt. Hierbei ist $r^* : K(BX,SX) \to K(BX|Y, SX|Y)$ die Beschränkungsabbildung, M^+ bzw. $j(P)$ sind die via gewöhnliche Differentialgleichungen (§ II.6) oder Wiener-Hopf-Operatoren (§ II.8) definierten "Indikatorbündel", die für Differentialoperatoren (bis auf

Vorzeichenkonventionen) übereinstimmen.

c Ein elliptischer Pseudodifferentialoperator P über X läßt sich dann und nur dann zu einem elliptischen Element $\begin{pmatrix} P & * \\ * & * \end{pmatrix}$ der Greenschen Algebra über X ergänzen, wenn eine der beiden folgenden äquivalenten Bedingungen erfüllt ist:

(i) $j(P) \in \operatorname{Kern} \gamma$,

(ii) $\sigma(P) \oplus \mathrm{Id}_{\mathbb{C}^N}$ (N passend) läßt sich zu einem Isomorphismus über $SX \cup BX|Y$ fortsetzen.

Ist P ein Differentialoperator, dann ist $\operatorname{grad}(P) = \nu(P)$, wobei $\operatorname{grad}(P)$ der durch den "Grad" von $\sigma(P)(y,\cdot\cdot) : (SX)_y \to GL(N,\mathbb{C})$, $y \in Y$, gegebene "lokale Grad" von P ist und $\nu(P)$ die Differenz $\dim M_\eta^+ - \dim M_\eta^-$, $\eta \in (SY)_y$.

d Jede Einbettung der berandeten Mannigfaltigkeit X in einen euklidischen Raum $\mathbb{R}^m$ definiert wie in § III.3, vgl. auch oben a(iii), eine Abbildung $t' : K(T(X\setminus Y)) \to K(\mathbb{R}^{2m})$, und es gilt dann für jedes elliptische Element A der Greenschen Algebra die Indexformel $\operatorname{index} A = \alpha^m\, t'[A]$. Dabei ist $[A]$ das nach a wohlbestimmte Differenzbündel von A und $\alpha^m : K(\mathbb{R}^{2m}) \to K(\{0\}) \cong \mathbb{Z}$ der iterierte Bottsche Isomorphismus.

Die kohomologische Fassung (vgl. oben Abschnitt A) der Indexformel lautet

$$\operatorname{index} A = (-1)^{n(n+1)/2} \{\phi^{-1} \mathrm{ch}[A] \cup \tau(TX\otimes\mathbb{C})\}[X] .$$

In dieser Formel bezeichnet $[X] \in H_n(X,Y;\mathbb{Q})$ den "Fundamentalzykel" der Orientierung von X , $\tau(TX\otimes\mathbb{C}) \in H^*(X;\mathbb{Q})$ die "Toddsche Klasse" der Komplexifizierung von TX , $\mathrm{ch} : K(T(X\setminus Y)) \to H^*(BX,SX \cup BX|Y;\mathbb{Q}) = H_c^*(T(X\setminus Y);\mathbb{Q})$ den "Chernschen Ringhomomorphismus", $\phi : H^*(X,Y;\mathbb{Q}) \to H^*(BX,SX \cup BX|Y;\mathbb{Q})$ den "relativen Thomisomorphismus" und $\cup : H^*(X,Y;\mathbb{Q}) \times H^*(X;\mathbb{Q}) \to H^*(X,Y;\mathbb{Q})$ das "relative Cupprodukt".

Im Systemfall (vgl. oben Abschnitt B), wenn A durch ein System von Gleichungen gegeben ist, wird $[A]$ durch eine stetige matrixwertige Abbildung $\sigma(A) : SX \cup BX|Y \to GL$ definiert, und es gilt die Integralformel

$$\operatorname{index} A = \int_{\partial(BX)} \sigma(A)^*\omega \wedge \pi^*\tau \quad ,$$

wobei ω und τ die oben in Abschnitt B angegebenen expliziten Differentialformen auf U bzw. GL und auf X sind und $\pi : \partial(BX) \to X$ die Projektion ist.

Im klassischen Fall, wenn X ein berandetes Gebiet im $\mathbb{R}^n$ ist, erhält man schließlich die einfache Formel $\text{index } A = \alpha^n[A]$, die für den Sonderfall $A = \begin{pmatrix} P & 0 \\ 0 & Q \end{pmatrix}$ und $P = \text{Id}$ nahe Y mit Satz 2.1/Satz 3.1 übereinstimmt.

ARGUMENTE: a wurde in [PALAIS 1965, 349f] angekündigt und in [BOUTET de MONVEL 1971, 47-50] bewiesen. Dabei wurde (iv) durch eine viel schwächere Forderung, daß nämlich $[A] = 0$ gilt, wenn A zu einer Liste gewisser kanonischer "Dirichletartiger" Operatoren gehört, ersetzt.

Zu b und c beachte, daß r^* und γ jeweils zu kurzen exakten Sequenzen gehören, die im folgenden Diagramm waagerecht und senkrecht angeordnet werden:

$$\begin{array}{ccccc} & & & & K(Y) \\ & & & & \downarrow \pi_Y^* \\ & & & & K(SY) \\ & & & & \downarrow \gamma \\ K(BX, SX \cup BX|Y) & \xrightarrow{q^*} & K(BX,SX) & \xrightarrow{r^*} & K(BX|Y, SX|Y) \\ \cong & & \cong & & \cong \\ K(T(X \setminus Y)) & & K(TX) & & K(\mathbb{R} \times TY) \end{array} .$$

Dabei sind $\pi_Y : SY \to Y$ die Projektionen und r und q beides Einbettungen. γ ist die zusammengesetzte Abbildung $K(SY) \xrightarrow{\cong} K(\mathbb{R} \times TY) \cong K(BX|Y, SX|Y)$. Vgl. [BOUTET de MONVEL 1971, 39f] und - auch für die "lokale" Fassung - [PALAIS 1965, 351].

c ist eine triviale Konsequenz aus Aufgabe II.8.5: Nach Definition verschwindet nämlich $j(A) = j(P) + [\pi^*G] - [\pi^*H]$ für jedes elliptische Element $A : C^\infty E \oplus C^\infty G \to C^\infty F \oplus C^\infty H$ der Greenschen Algebra (G, H Vektorraumbündel über Y) . Also liegt $j(P) \in K(SY)$ im Bild von π_Y^* und damit im Kern von γ . Gleichbedeutend damit ist wegen b und der Exaktheit der waagerechten Sequenz die Möglichkeit, $[\sigma(P)] \in K(BX,SX)$ nach $K(BX, SX \cup BX|Y)$ zu "liften" und so das Differenzbündel $[A] \in K(T(X \setminus Y))$ zu erhalten. a ist übrigens viel weitgehender als c, weil dort gezeigt wird, wie eine spezielle Ergänzung des elliptischen Operators P zu einem elliptischen Element A der Greenschen Algebra die "Liftung" erzeugt. In [BOUTET de MONVEL 1971, 35f] wird außerdem gezeigt, daß jedes Bündel $\pi_Y^*(G)$ mit beliebigem $G \in K(Y)$ als "Indikatorbündel" $j(P)$ eines elliptischen Pseudodifferentialoperators P auf X auftreten kann.

Die Durchführung konkreter Rechnungen mit d ist für einige klassische Randwertprobleme ziemlich leicht möglich. So erhält man mit Aufgabe II.7.2 unschwer den Satz von VEKUA (Satz II.1.1) zurück. Mit Blick auf die Atiyah-Patodi-Singersche Signaturformel (s.o. Schwierigkeit 2) mag es allerdings als zweifelhaft erscheinen, ob - um in der Sprache der Integralformeln zu bleiben - das Indexintegral über den hier gewählten "Integrationsbereich" $\partial(BX) = SX \cup BX|Y$ nicht besser durch die Summe zweier Integrale mit verschiedenem Integrationsbereich ersetzt werden sollte. Tatsächlich läuft der Beweis von d, bei dem es darauf ankommt, die K-theoretische bzw. homotopietheoretische Konstruktion in a auf die Operatorebene (mit der Schwierigkeit 1, s.o.) anzuheben, bereits in diese Richtung. Grob gesagt sieht der Beweis von d nämlich so aus: Wir beginnen mit $A \in Ell_k(X;Y)$; durch Komposition mit gewissen (nach dem Muster der Rieszschen Λ-Operatoren, siehe oben Aufgabe II.4.3, gebauten) Standardoperatoren von verschwindendem Index erhalten wir einen Operator $A' \in Ell_0(X;Y)$ mit $\text{index}\, A' = \text{index}\, A$. Zu A' können wir nun ein weiteres elementares Randwertsystem B mit $\text{index}\, B = 0$ so hinzuaddieren, daß das Indikatorbündel $j(A' \oplus B)$ verschwindet. Mit einem topologischen Argument folgt, daß $A' \oplus B$ stabiläquivalent zu einem $A'' = \begin{pmatrix} P'' & L'' \\ R'' & Q'' \end{pmatrix} \in Ell_0(X;Y)$ ist, wobei P'' in der Nähe von Y gleich der Identität ist. Das erlaubt mit Satz II.8.3e eine Deformation von A'' zu $A''' := \begin{pmatrix} P'' & 0 \\ 0 & Q'' \end{pmatrix}$; also $\text{index}\, A = \text{index}\, A''' = \text{index}\, P'' + \text{index}\, Q''$. Damit ist im Prinzip das Indexproblem für Randwertsysteme auf das Indexproblem über geschlossenen Mannigfaltigkeiten zurückgeführt, da $\text{index}\, P'' = \text{index}\, \overline{P}''$ ist, wo $\overline{P}''$ der mittels der Identität auf die geschlossene Mannigfaltigkeit $X \cup_Y X$ fortgesetzte Operator ist. Einzelheiten in [BOUTET de MONVEL 1971, 47f], wo a und d in einem Gang bewiesen werden. Für eine heuristische Betrachtung der Situation, wenn alle auftretenden Operatoren zunächst Differentialoperatoren sind, vgl. auch [CARTAN-SCHWARTZ 1965, 25-08f]. Vgl. auch [SCHULZE 1976a/b]. □

J. REELLE OPERATOREN. Entsprechend unserer bisherigen Untersuchung von elliptischen Operatoren zwischen Schnitten *komplexer* Vektorraumbündel kann man auch Operatoren mit *reellen* Koeffizienten betrachten, die nur auf Schnitten in *reellen* Bündeln operieren sollen. Ist P ein solcher reell-elliptischer und schief-selbstadjungierter Operator, dann ist trivialerweise index $P = 0$, also uninteressant. Dafür ist dim(Kern P) jetzt eine Homotopieinvariante mod 2. Das liegt daran, daß die von Null verschiedenen Eigenwerte von P sämtlich als komplex-konjungierte Paare $(\lambda,\overline{\lambda})$ vorkommen; deformiert man den Operator P so, daß λ gegen Null geht, dann geht auch $\overline{\lambda}$ gegen Null und dim(Kern P) springt folglich um zwei. R. BOTT hatte schon 1959 ein reelles Analogon zu seinem "Periodizitätssatz" (s.o. § III.1) entdeckt und nachgewiesen, daß die Homotopiegruppen $\pi_i(GL(N,\mathbb{R}))$ für großes N periodisch in i mit der Periode 8 und daß sie für $i \equiv 0$ oder $\equiv 1$ mod 8 von der Ordnung 2, also isomorph $\mathbb{Z}_2$ sind.

In [ATIYAH-SINGER 1969] wird der Zusammenhang zwischen diesen beiden analytischen und topologischen mod 2-Invarianten bestimmt und so der Indexsatz auf den reellen Fall übertragen. Zugleich liefern diese Überlegungen einen neuen und topologisch viel einfacheren Beweis für den reellen Bottschen Periodizitätssatz. Bemerkenswert sind besonders zwei Details: Einmal zeigte sich, daß man zur Herstellung der Verbindung zwischen den beiden Invarianten der reellen Theorie diese verlassen muß, weil die Amplitude p auch eines reellen schiefselbstadjungierten Pseudodifferentialoperators P mittels der Fouriertransformation erklärt und deshalb i.a. nicht reell, sondern komplex mit einer Bedingung $p(x,-\xi) = \overline{p(x,\xi)}$ ist. Das führt dann dazu, daß das Symbol eines reellen Operators nicht unmittelbar ein geeignetes Element aus $\pi_i(GL(N,\mathbb{R}))$ liefert, sondern zunächst wie oben in § III.2 als Abbildung $f : S^{2n-1} \to GL(N,\mathbb{C})$ mit der zusätzlichen Bedingung $f(-\xi) = \overline{f(\xi)}$ interpretiert werden muß. Eine andere Besonderheit liegt darin, daß diese mod 2-Invarianten, obwohl ihr Wert doch nur 0 oder 1 ist, in gewisser Weise topologisch komplexer oder jedenfalls von anderer Art als die üblichen Homologie- oder Kohomologieklassen (auch wenn man Koeffizienten in $\mathbb{Z}_2$ nimmt) sind und so in konkreten Situationen entscheidende zusätzliche Information liefern können. Dieses Programm wurde für die Untersuchung von Vektorfeldern (s.o. Abschnitt E) in [ATIYAH 1970c] und [ATIYAH-DUPONT 1972] durchgeführt. □

K. DIE LEFSCHETZSCHE FIXPUNKTFORMEL: Sei $f : X \to X$ eine stetige Abbildung, X kompakt und $\mathrm{Fix}(f) = \{x ; x \in X \text{ und } fx = x\}$ die Fixpunktmenge von X. Von Salomon LEFSCHETZ (1926) stammt dann die Formel $L(f) = \sum \nu(x)$, wobei rechts über alle Fixpunkte von f summiert wird. Für Details der Definition der ganzen Zahl $\nu(P)$, die für einen isolierten Fixpunkt gleich 1 und z.B. für einen Punkt, in dessen Umgebung $f = \mathrm{Id}$ ist, gleich 0 wird, und für den Beweis vgl. z.B. [ALEXANDROFF-HOPF 1935, 531-542] oder [GREENBERG 1967, 222-224]. Die *"Lefschetzzahl"* $L(f)$ ist dann durch die alternierende Summe $\sum (-1)^i$ Spur $H^i f$ definiert, wobei $H^i f : H^i(X,\mathbb{C}) \to H^i(X;\mathbb{C})$ der von f induzierte kohomologische Endomorphismus des komplexen Vektorraumes $H^i(X,\mathbb{C})$ ist. M.F. ATIYAH und R. BOTT gelang es Mitte der 60er Jahre, diese wunderschöne Formel zu verfeinern und ihre Schwäche, daß L(f) simpliziel definiert und i.a. kaum berechenbar ist - oder anders ausgedrückt, daß nur die Topologie von X in die Formel eingeht und eventuell zusätzlich bestehende Strukturen unberücksichtigt bleiben, durch Einbau solcher zusätzlichen Struktur aufzuheben.

ERGEBINISSE: Sei X eine kompakte unberandete C^∞-Mannigfaltigkeit, auf der ein elliptischer Operator P ausgezeichnet ist. f soll differenzierbar und mit P "vertauschbar" sein, so daß f einen wohldefinierten Endomorphismus auf den endlich-dimensionalen Vektorräumen Kern P und Kokern P liefert. Definiere nun die *Atiyah-Bottsche-Lefschetzzahl*

$$L(f,P) := \mathrm{Spur}(f|\mathrm{Kern}\ P) - \mathrm{Spur}(f|\mathrm{Kokern}\ P) .$$

Ist f die Identität, so ist nach Definition $L(f,P) = \mathrm{index}\ P$, und man kann die Atiyah-Singer-Formel anwenden. Im anderen "Extremfall" , wenn f nur isolierte Fixpunkte der "Vielfachheit" ± 1 besitzt, erhält man eine Formel

$$L(f,P) = \Sigma\ \nu(x) \qquad \text{(ABL)} ,$$

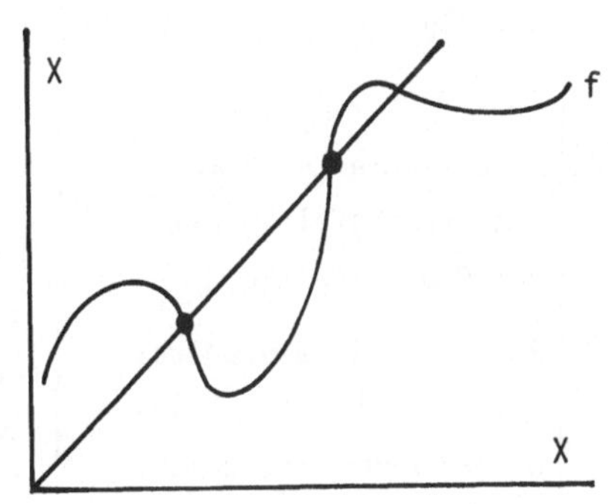

wobei x die Fixpunkte von f durchläuft und die komplexe Zahl $\nu(x)$ nur von der Jacobischen Form $f_*(x) : (TX)_x \to (TX)_x$ abhängt. (Die "Einfachheit" oder "Transversalität" des Fixpunktes x bedeutet die Invertierbarkeit des Endomorphismus $Id-f_*(x)$, wobei wir nach dem Vorzeichen seiner Determinante die "Vielfachheit" ± 1 unterscheiden.)

Einige Anwendungen der Atiyah-Bott-Lefschetz-Formel (ABL) mit Angabe der jeweiligen Werte von $\nu(x)$ findet man in der folgenden Liste:

Nr.	Situation: X, P, f	$\nu(x)$; $x \in \mathrm{Fix}(f)$	Bedeutung der Formel
1.	X orientierte Riemannsche Mannigfaltigkeit, $P := D = d+d^*\vert\Omega^{\mathrm{gerade}}$, s.o. Abschnitt D̲ , $f : X \to X$ differenzierbar	$\nu(x) = \frac{\det(Id-f_*(x))}{\vert\det(Id-f_*(x))\vert}$ $= \mathrm{sign}\ \det(....)$ $= \pm 1$	$L(f,P) = L(f)$ $\Sigma\ \nu(x)$ = "Anzahl" der Fixpunkte ABL $\subset$ Lefschetz
2.	X komplexe Mannigfaltigkeit, $P := \overline{D}$, s.o. Abschnitt G̲, $f : X \to X$ holomorph	$\nu(x) = \frac{1}{\det(Id-f_{*\mathbb{C}}(x))}$ $f_{*\mathbb{C}}(x)$ ist die komplexe Ableitung ($\mathbb{C}$-lineare Approximation von f im Punkt x), $f_*(x)$ die zugrunde liegende	ABL ist insbesondere für den Fall der Riemannschen Flächen in bekannten Sätzen über algebraische Funktionen enthalten: [HIRZEBRUCH 1965, 595f].

Nr	Situation: X, P, f	$\nu(x)$; $x \in \mathrm{Fix}(f)$	Bedeutung der Formel
		reelle Abbildung mit $\det(\mathrm{Id}-f_*(x)) =$ $\lvert\det(\mathrm{Id}-f_{*\mathbb{C}}(x))\rvert^2$	
3.	X komplexe Mannigfaltigkeit, $P := \overline{D}_V$, V holomorphes Bündel über X , s.o. Abschnitt G, $f : X \to X$ holomorph mit $\varphi : f^*V \to V$ holomorph	$\nu(x) = \frac{\mathrm{Spur}\ \varphi(x)}{\det(\mathrm{Id}-f_{*\mathbb{C}}(x))}$	ABL besitzt Korrolare in der algebraischen Geometrie
4.	X orientierte Riemannsche Mannigfaltigkeit der Dimension $2q$, $P := D^+$ Signaturoperator, s.o. D, $f : X \to X$ orientierungstreue Isometrie	$\nu(x) = i^q \prod_{j=1}^{q} \mathrm{Cot}(r_{j,x})$, wo $(TX)_x$ in eine direkte Summe von 2-dimensionalen Ebenen V_{jx} zerlegt ist, auf denen $f_*(x)$ eine Drehung $r_{j,x}$ beschreibt.	ABL ist diskretes Analogon der Hirzebruchschen Signaturformel $(f=\mathrm{Id})$. Es folgen Sätze der Art: Ist f von der Ordnung p^k mit einer Primzahl $p \neq 2$ (d.h. $f^{(p^k)}=\mathrm{Id}$) , so kann f nicht genau einen Fixpunkt haben, da dann $L(f,P) \in \mathbb{Z}$ und $\nu(x) \in \mathbb{C}\setminus\mathbb{Z}$ ist.

Für weitere Details und den Beweis von (ABL) verweisen wir auf [ATIYAH-BOTT 1965], [ATIYAH-BOTT 1966] und [ATIYAH-BOTT 1967]. Der Beweis ist übrigens wesentlich einfacher als der Beweis der Indexformel (AS) und stellt eine "schwache" Version des oben in III.3.D diskutierten "Wärmeleitungsbeweises" dar: Man betrachtet die Zetafunktion $\zeta(z) := \mathrm{Spur}(f^* \circ \Delta^{-z})$, deren Wert an der Stelle $z = 0$ leichter berechnet werden kann, weil sich herausstellt, daß diese Zetafunktion nicht nur für $\mathrm{Re}(z) > \dim X$, sondern aufgrund der Annahme über die Fixpunkte von f in ganz $\mathbb{C}$ holomorph ist. Vgl. auch den folgenden Abschnitt. □

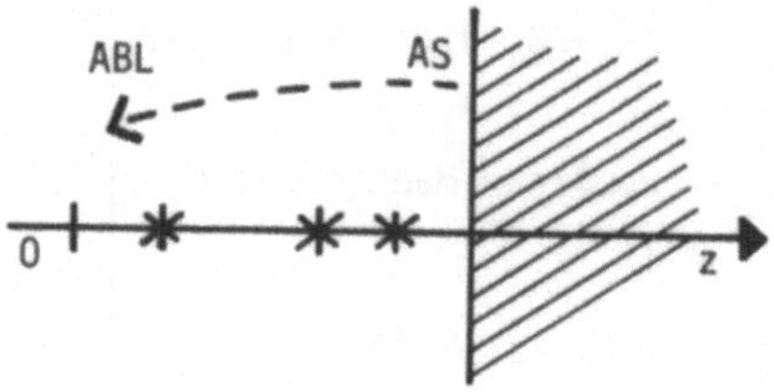

L. ANALYSIS AUF SYMMETRISCHEN RÄUMEN. X sei eine geschlossene C^∞-Mannigfaltigkeit und G eine kompakte Gruppe von Automorphismen von X. Man denke sich etwa $G = \{Id\}$ oder $G = \{g, g^2, \ldots, g^{r-1}\}$, wo g ein Automorphismus der Ordnung r (d.h. $g^r = Id$) ist. G kann aber auch eine allgemeinere endliche Gruppe oder eine kompakte Liesche Gruppe sein. P sei nun ein "G-invarianter" elliptischer Operator über X, der also mit der Operation der Gruppenelemente (und dazu passenden Bündelmorphismen) vertauschbar ist, so daß Kern P und Kokern P nicht nur endlich-dimensionale komplexe Vektorräume sind, sondern als G-Moduln aufgefaßt werden können. Die Abbildung $g \mapsto g|\text{Kern } P$, $g \in G$, ist dann eine "endlich-dimensionale Darstellung" von G und $g \mapsto \text{Spur}(g|\text{Kern } P)$, $g \in G$, ihr "Charakter". Entsprechendes gilt für Kokern P. Definieren wir $L(g,P)$ wie im vorangehenden Abschnitt, so erweist sich damit, daß die Abbildung

$$\text{index}_G(P) : g \mapsto L(g,P) \text{ , } g \in G \text{ ,}$$

ein "virtueller" Charakter, d.h. ein Element des "Darstellungsringes" $R(G)$ ist. Ist $G = \{Id\}$, so ist $R(G) \cong K(\text{Punkt}) \cong \mathbf{Z}$ und $\text{index}_G(P) = \text{index } P$. Im Allgemeinfall $G \supsetneqq \{Id\}$ ist $R(G) \cong K(*) \cong *$ ein komplizierteres Objekt und entsprechend $\text{index}_G(P)$ eine "schärfere" (auch wieder Homotopie-) Invariante als die ganze Zahl index(P).

ERGEBNISSE: Im Rahmen einer "äquivarianten" K-Theorie von Gruppen $K_G(X)$ bzw. $K_G(TX)$ für den "symmetrischen" Raum X erhält man eine analoge Indexformel für $\text{index}_G(P) \in R(G)$ und speziell für jedes $g \in G$ eine Lefschetzformel

$$L(g,P) = \sum_{i=1}^{\ell} \int_{X_i} \alpha_i \text{ ,}$$

wo rechts über die Zusammenhangskomponenten $X_1, \ldots, X_\ell$ von $\text{Fix}(g)$ summiert wird. $\text{Fix}(g)$ ist übrigens eine gemischt-dimensionale Untermannigfaltigkeit von X, da man in einer geeigneten Umgebung jedes Fixpunktes lokale Koordinaten von X so einführen kann, daß g linear operiert. Jeder einzelne Summand in der Formel ist dabei nach dem Muster unserer Indexformel (s.o. Abschnitt A oder § III.3) aufgebaut.

Für die präzisen Definitionen und die verschiedenen Fassungen dieser Formeln verweisen wir auf [ATIYAH-BOTT 1968] und [ATIYAH-SEGAL 1968], sowie auf [ATIYAH-SINGER 1968a/b] und [ATIYAH 1974]. Eine Vielzahl von Anwendungen vor allem für den Fall einer komplexen Mannigfaltigkeit X mit $P := \overline{D}$ und holomorphen g und allgemeiner von Anwendungen im Gebiet der elementaren Zahlentheorie findet man in [HIRZEBRUCH-ZAGIER 1974]. Hierbei wird P jeweils festgehalten und die Aufmerksamkeit auf G bzw. g gerichtet. Umgekehrt findet sich in [BOTT 1965] = [WALLACH 1973, 114-138] eine Untersuchung "homogener Differentialoperatoren" auf einem fixen homogenen Raum $X = G/H$, wobei H eine abgeschlossene Untergruppe von G ist. Die Relevanz liegt hier wie dort darin, daß diese Formeln die Fixpunkte der Operation von G mit globalen Invarianten der symmetrischen Mannigfaltigkeit X verbinden und so "tiefe" Formeln dafür liefern, wie - in der Sprache der Kohomologie - Ausdrücke in einzelnen charakteristischen Klassen zu Invarianten des gesamten Kohomologierings der Mannigfaltigkeit "aggregiert" werden können.

Der Beweis folgt im wesentlichen der hier in III.2/III.3 vorgetragenen Argumentation. Zur Konstruktion des "topologischen" Index $K_G(TX) \to R(G)$ benötigt man eine "äquivariante" Verschärfung des Bottschen Periodizitätssatzes, die aber mit den gleichen von uns in III.1 zum Beweis des "klassischen" Bottschen Periodizitätssatzes benutzten funktionalanalytischen Mitteln erhalten werden kann; bemerkenswerterweise übrigens nur mit diesen Mitteln, weil - grob gesprochen - nur dieser Beweis von dem Induktionsschluß, der im äquivarianten Fall i.a. nicht mehr funktionieren kann, freigemacht werden kann. Vgl. [ATIYAH 1968a] und für eine nichttechnische Einführung [ATIYAH 1967, 246f]. □

M. WEITERE ANWENDUNGEN. Mit vorstehender Übersicht sind keineswegs alle Beziehungen, Alternativfassungen, Verallgemeinerungen und spezielle Anwendungen der Atiyah-Singer-Indexformel erfaßt, sondern nur die inzwischen zu einem gewissen Abschluß gekommenen Entwicklungen. Für einen Einblick in weitergehende Perspektiven und offene Probleme verweisen wir vor allem auf [SINGER 1969], [SINGER 1971] und [ATIYAH 1976] und die dort angegebene Literatur. □

Anhang: Was sind Vektorraumbündel?

Sei X ein topologischer Raum. Eine *Familie von Vektorräumen* über X ist ein topologischer Raum E zusammen mit

(i) einer stetigen surjektiven Abbildung $p : E \to X$ und

(ii) einer Vektorraumstruktur endlicher Dimension in jedem

$$E_x = p^{-1}(x) \ , \quad x \in X \ ,$$

die mit der von E auf E_x induzierten Topologie verträglich ist.

Unter Vektorräumen verstehen wir immer komplexe Vektorräume, wenn nicht ausdrücklich etwas anderes vermerkt wird.

Die Abbildung p heißt *Projektion*, der Raum E heißt *Totalraum* der Familie, der Raum X heißt *Parameterraum* oder *Basisraum* der Familie, und für $x \in X$ heißt E_x *Faser* über x. Ein *Schnitt* einer Familie $p : E \to X$ ist eine stetige Abbildung $s : X \to E$, so daß $p \circ s(x) = x$ für alle $x \in X$ gilt.

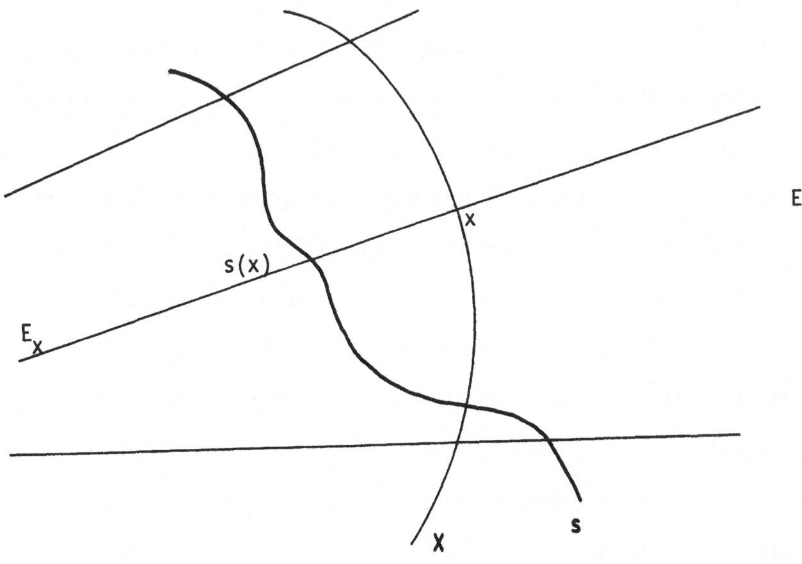

Ein *Homomorphismus* von einer Familie $p : E \to X$ zu einer anderen Familie $q : F \to X$ ist eine stetige Abbildung $\varphi : E \to F$ so daß:

(i) $q \circ \varphi = p$,

(ii) $\varphi_x : E_x \to F_x$ ist eine lineare Abbildung für jedes $x \in X$.

Wir schreiben $\varphi \in \mathrm{Hom}(E,F)$.

Wir sagen, daß ein solches φ ein *Isomorphismus* ist, wenn φ bijektiv ist und φ^{-1} stetig. Wenn es einen Isomorphismus zwischen E und F gibt, heißen sie *isomorph*. Wir schreiben $\varphi \in \mathrm{Iso}(E,F)$ und $E \cong F$. □

AUFGABE 1: a Sei V ein endlich-dimensionaler Vektorraum, z.B. $V = \mathbb{C}^N$. Zeige, daß durch $E := X \times V$ mit der Projektion $p : E \to X$ auf den ersten Faktor eine Familie von Vektorräumen über X , die *Produktfamilie* V_X mit Faser v , definiert ist.

b Ist F eine Familie, die zu einer Produktfamilie isomorph ist, dann nennt man F *trivial*. Zeige, daß durch $E := \{(x,y,-\lambda y,\lambda x) \; ; \; x,y,\lambda \in \mathbb{R} \text{ und } x^2 + y^2 = 1\}$ und $p(x,y,*,*) := (x,y)$ eine triviale Familie von eindimensionalen (reellen) Vektorräumen erklärt ist. Beweise allgemeiner, daß ein Bündel F genau dann zu einer Produktfamilie V_X isomorph ist, wenn man N Schnitte $s_i : X \to F$ finden kann, so daß $s_1(x),\dots,s_N(x)$ für alle $x \in X$ eine Basis von F_x bilden. Hierbei sei $N = \dim(V)$.

c Sei Y eine Teilmenge von X und E eine Familie von Vektorräumen über X mit Projektion p . Zeige, daß $p^{-1}(Y) \to Y$ eine Familie über Y ist. Wir bezeichnen sie als *Beschränkung* von E auf Y und schreiben dafür $E|Y$.

d Allgemeiner: Sei Y ein beliebiger topologischer Raum und $f : Y \to X$ eine stetige Abbildung, dann definiere die *induzierte Familie* $f^*(p) : f^*(E) \to Y$ auf die folgende Art: $f^*(E)$ ist der Teilraum von $Y \times E$, der aus allen Punkten (y,e) mit $f(y) = p(e)$ besteht ; die Projektionen und die Vektorraumstrukturen auf den Fasern verstehen sich von selbst. Zeige: Zu jeder weiteren Abbildung $g : Z \to Y$ gibt es einen natürlichen Isomorphismus $g^*f^*(E) \overset{\leftarrow}{\cong} (fg)^*(E)$, der dadurch gegeben ist, daß man jeden Punkt der Form (z,e) mit $z \in Z$ und $e \in E$ in den Punkt $(z, g(z), e)$ abbildet. Ist $f : Y \to X$ eine Inklusion, dann liefert die Abbildung eines $e \in E|Y$ in das entsprechende $(p(e), e)$ einen Isomorphismus $E|Y = f^*(E)$.

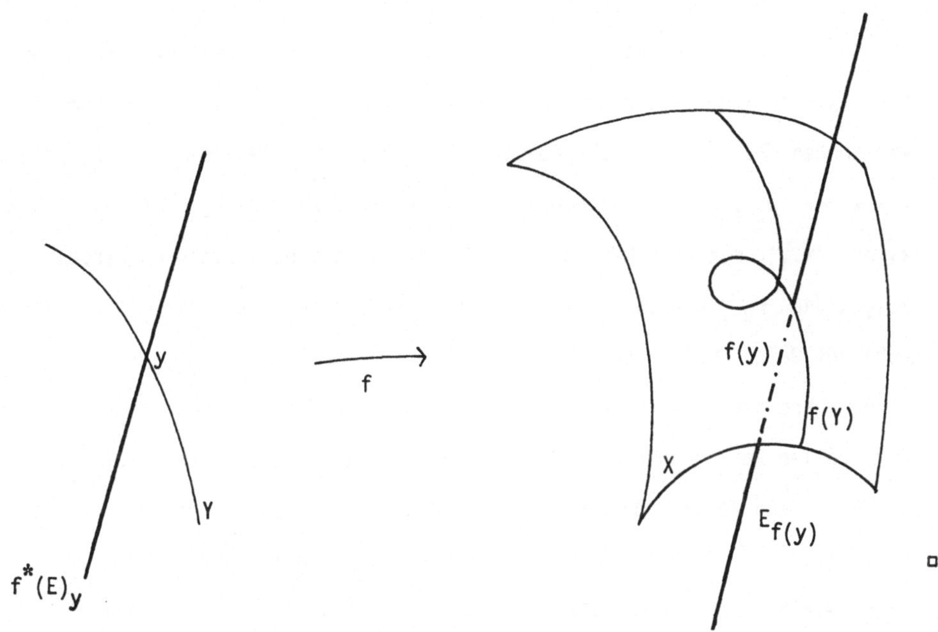

□

Eine Familie E von Vektorräumen heißt *lokaltrivial*, wenn jedes $x \in X$ eine Nachbarschaft U besitzt, so daß $E|U$ trivial ist. Eine lokaltriviale Familie wird *Vektorraumbündel* genannt. Eine triviale Familie wird *triviales Bündel* genannt. Wenn $f : Y \to X$ und E ein Vektorraumbündel über X ist, sieht man leicht, daß $f^*(E)$ ein Vektorraumbündel über Y ist, das wir das *induzierte Bündel* nennen.

Beachte: Wenn E ein Vektorraumbündel über X ist, dann ist $\dim(E_x)$ eine lokalkonstante Funktion auf X und damit eine Konstante auf jeder Zusammenhangskomponente von X . Wenn $\dim(E_x)$ auf ganz X konstant ist, sagt man, E habe eine *Dimension*, die für alle $x \in X$ gleiche Faserdimension $\dim(E_x)$. Ist X eine Mannigfaltigkeit, dann ist die reelle Dimension von E - aufgefaßt als topologischer Raum - gleich $\dim(X) + 2\dim(E_x)$. Bündel der Faserdimension 1 heißen auch *Geradenbündel*.

Da ein Vektorraumbündel lokaltrivial ist, läßt sich jeder Schnitt eines Vektorbündels lokal durch eine vektorwertige Funktion auf dem Basisraum beschreiben. Für ein Vektorraumbündel E bezeichnen wir mit $C^0(E)$ die Menge der Schnitte von E .

$C^o(E)$ bildet auf natürliche Weise durch punktweise Addition etc. einen Vektorraum. □

AUFGABE 2: a Sei V ein (komplexer) Vektorraum und $\mathbb{P}V$ sein zugehöriger "projektiver Raum" aller komplexen eindimensionalen linearen Unterräume von V. Wir können $\mathbb{P}V = V/\sim$ schreiben, wo $\sim$ die Äquivalenzrelation ist, die durch $v \sim w \iff \exists_{\lambda \in \mathbb{C}}\ \lambda v = w$ gegeben wird. Wir definieren $H_V \subset \mathbb{P}V \times V$ als Menge aller (x,v) mit $x \in \mathbb{P}V$ und $v \in V$ und v auf der komplexen Geraden x. Zeige, daß H_V in natürlicher Weise ein Vektorraumbündel bildet. (Die Konstruktion geht auf Heinz HOPF zurück.)

b Führe die entsprechenden Konstruktionen in der (anschaulicheren) Kategorie der reellen Vektorraumbündel durch, wenn V ein reeller Vektorraum ist, z.B. $V = \mathbb{R}^n$, und zeige, daß dann H_V ein reelles Teilbündel von $\mathbb{P}V \times V$ der reellen Faserdimension 1 ist - und nicht trivial, wenn $\dim V \geq 2$.

c Wir bleiben für den Moment in der reellen Kategorie und betrachten die folgende über $\theta \in [0,2\pi]$ parametrisierte Schar von Integrodifferentialgleichungen für beliebig oft differenzierbare Funktionen f auf dem Einheitsintervall $I = [0,1]$, die der Randbedingung $f(0) = f(1)$ genügen sollen:

$$(\cos\theta)\, f(x) + (\sin\theta)\, \frac{df}{dx} = (\cos\theta) \int_0^1 f(x)\, dx\ , \quad 0 \leq \theta \leq \pi$$

$$(\cos\theta) f(x) + (\sin\theta)(Lf(x)) = (\cos\theta) \int_0^1 f(x)\, dx + (\sin\theta) \int_0^1 Lf(x)\, dx\ , \quad \pi \leq \theta \leq 2\pi.$$

Dabei sei L ein Operator mit $L^2 = -\mathrm{Id}$. Zeige, daß die Lösungen der Schar von Gleichungen in natürlicher Weise ein reelles Vektorraumbündel über der 1-Sphäre $S^1 := \mathbb{R} / 2\pi\mathbb{Z}$ bilden, das nicht trivial und dem Bündel $H_{\mathbb{R}^2}$ isomorph ist. (Tatsächlich ist *jedes* reelle Linienbündel über S^1 entweder trivial oder zu $H_{\mathbb{R}^2}$ isomorph; siehe auch [BRÖCKER-JÄNICH 1973, 32]).

TIP zu b: Im Unterschied zu den komplexen Zahlen kann $\{-1\}$ über dem Körper der reellen Zahlen nicht in $\{1\}$ deformiert werden, ohne durch $\{0\}$ zu gehen. Ein reelles Geradenbündel ist also insbesondere dann trivial, wenn es nach Entfernung des Nullschnitts zusammenhängend bleibt.

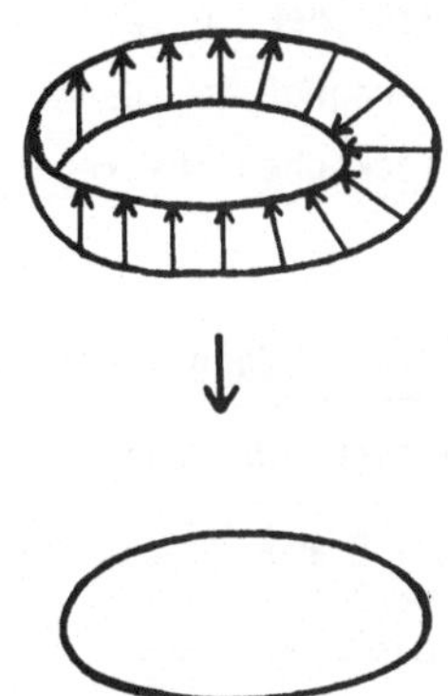

Zu c: Zeige zunächst, daß für $0 \leq \theta \leq \pi$ gerade die konstanten Funktionen $c\mathbb{1}$ und für $\pi \leq \theta \leq 2\pi$ die Funktionen der Form $c(\cos\theta)\mathbb{1} - (\sin\theta)L(\mathbb{1})$ die Lösungen der jeweiligen Integrodifferentialgleichung bilden, $c \in \mathbb{R}$. Bilde mit der Topologie von $S^1 \times C^0(I)$ oder von $S^1 \times \mathbb{R}^2$, da sich jede Lösung in der Form $c_1 \mathbb{1} + c_2 L(\mathbb{1})$ schreiben läßt, daraus eine Familie von eindimensionalen (reellen) Vektorräumen über S^1 und zeige die lokale Trivialität. Benutze dafür die Anfangswertabbildung $f \mapsto f(0)$. Vorsicht, sie kann für $f \neq 0$ verschwinden, wenn nämlich $\cos\theta_0 = (\sin\theta_0)L(\mathbb{1})(0)$. Wie kann man sich in einer Umgebung von θ_0 helfen? Mache die Fallunterscheidung $L(\mathbb{1})(0) \gtreqless 0$. Wie läßt sich übrigens ein L mit $L^2 = -\mathrm{Id}$ gewinnen? Beginne mit der Fourierreihenzerlegung $f(x) = a_0 + \Sigma\, a_\nu \sin \nu x + \Sigma\, b_\mu \cos \mu x$ und ersetze a_ν durch $b_{\nu+1}$ und b_μ durch $-a_{\mu-1}$. Vgl. auch [SINGER 1970]. □

ANMERKUNG: a und b kennzeichnen den Ursprung des Bündelbegriffs in der analytischen bzw. projektiven Geometrie, während c charakteristisch für viele funktionalanalytische Situationen mit "Sprüngen" ist, wo der Übergang von einem Zustand zu einem anderen (von einer Lösungskurve zu einer anderen derselben Gleichung) nicht mehr innerhalb des vorgegebenen Rahmens, sondern nur durch Erweiterung des Systems (z.B. durch Parametrisierung) verstanden werden kann, wofür sich das Grundmodell schon in der Geometrie der Zahlkörper findet (vgl. den Tip zu b). Viele klassische Resultate der Analysis speziell über die Abhängigkeit der Lösungen einer Funktionalgleichung von der Variation ihrer Koeffizienten und über das Nullstellen- und Polstellenverhalten der Lösungen lassen sich heute sinnfällig in der Sprache der Vektorraumbündel formulieren - so wie umgekehrt z.B. der Grothendiecksche Satz, daß sich jedes holomorphe Vektorbündel E über der Riemannschen Zahlenkugel $S^2 = \mathbb{P}(\mathbb{C}^2)$ als Whitney-Summe $E_1 \oplus \ldots \oplus E_N$ von Geradenbündeln darstellen läßt (Am.J.Math. 79 (1957), 121-138), auch schon den Analytikern des Jahrhundertanfangs bekannt war: Vgl. G. BIRKHOFF, Math. Ann. 54 (1913), 122-139, wo das Grothendiecksche Theorem als ein Satz über Matrizen analytischer Funktionen erscheint, zu dem G.B. durch seine Untersuchung der singulären Punkte gewöhnlicher linearer Differentialgleichungen geführt wurde; ferner D. HILBERT, Gött. Nachr. (1905), 307-338, der in seinen "Grundzügen einer allgemeinen Theorie der linearen Integralgleichungen" im Zusammenhang mit dem "Riemannschen Problem" einen Beweis des Grothendieckschen Theorems für $N = 2$ gab. (Hinweis von M. SCHNEIDER). □

AUFGABE 3: Zeige, daß die üblichen Operationen der linearen Algebra auf Vektorräumen auch für Vektorraumbündel Sinn geben. Untersuche insbesondere die *direkte Summe* $E \oplus F$, das *Tensorprodukt* $E \otimes F$, das *Homomorphismenbündel* $L(E,F)$ und das *duale Bündel* $E^* := L(E,\mathbb{C}_X)$ für Vektorbündel E und F über demselben Basisraum X. Weiterhin übertrage aus der linearen Algebra den Begriff eines *Unterbündels* F von E und eines *Quotientenbündels* E/F.

TIP: Nutze aus, daß die entsprechenden Operationen in der "Strukturgruppe" $GL(N,\mathbb{C})$ stetig sind! Beispiel: Setze $E^* := \cup E_X^*$ und führe auf $E^*|U$ die Topologie ein, die $U \times \mathbb{C}^N \xrightarrow{\varphi^*} E^*|U$ zu einem Homöomorphismus macht, wenn $\varphi : E|U \to U \times \mathbb{C}^N$ eine lokale Trivialisierung für E über der offenen Teilmenge $U \subset X$ ist. $\psi : E|V \to V \times \mathbb{C}^N$ sei eine weitere Trivialisierung. Definieren φ und ψ dieselbe Topologie auf $E^*|U \cap V$? Folgt aus der Stetigkeit von $\psi \circ \varphi^{-1} : (U\cap V)\times \mathbb{C}^N \to (U\cap V)\times \mathbb{C}^N$ die Stetigkeit von $(\psi\circ\varphi^{-1})^* : (U\cap V)\times \mathbb{C}^N \to (U\cap V)\times \mathbb{C}^N$? Schreibe dafür die beiden Kartenwechsel in der Form $U \cap V \to GL(N,\mathbb{C})$ und beweise (!), daß $GL(N,\mathbb{C}) \xrightarrow{*} GL(N,\mathbb{C})$ stetig ist. □

Mit $\mathrm{Vekt}(X)$ bezeichnen wir die Menge der Isomorphieklassen von Vektorraumbündeln über X und mit $\mathrm{Vekt}_N(X)$ den Teilraum von $\mathrm{Vekt}(X)$, der aus den Bündeln der Dimension N besteht. $\mathrm{Vekt}(X)$ ist eine abelsche Halbgruppe unter der Operation $\oplus$. In $\mathrm{Vekt}_N(X)$ haben wir ein natürlich ausgezeichnetes Element - die Klasse der trivialen Bündel der Dimension N. Ein Vektorraumbündel über einem Punkt ist ein Vektorraum; $\mathrm{Vekt}(X)$ kann also mit der Halbgruppe $\mathbb{Z}_+$ der nichtnegativen ganzen Zahlen identifiziert werden, wenn X nur aus einem Punkt besteht. Im Allgemeinfall dagegen, wo es auch nichttriviale Bündel geben kann, s.o. Aufgabe 2, ist die Isomorphieklasse eines Vektorraumbündels nicht durch seine Dimension bestimmt. □

SATZ 1: (i) Ist $f : X \to Y$ eine Homotopieäquivalenz, dann ist die Transformation $f^* : \mathrm{Vekt}(Y) \to \mathrm{Vekt}(X)$ bijektiv.

(ii) Ist X zusammenziebar, dann ist jedes Bündel über X trivial, und $\mathrm{Vekt}(X)$ ist isomorph zu den nichtnegativen ganzen Zahlen.

$f : X \to Y$ ist eine *Homotopieäquivalenz*, wenn es eine stetige Abbildung $g : Y \to X$ gibt, so daß $g \circ f \sim$ ("homotop") Id_X und $f \circ g \sim \mathrm{Id}_Y$. X und Y heißen dann *homotopieäquivalent*.

Zwei Abbildungen $f,h : X \to Y$ sind *homotop*, wenn es eine stetige Abbildung $F : X \times I \to Y$ gibt (hier ist I das Einheitsintervall $[0,1]$), so daß $F_0 := F|X \times \{0\} = f$ und $F_1 := F|X \times \{1\} = g$. Die Menge der *Homotopieklassen* von Abbildungen $X \to Y$ wird mit $[X,Y]$ bezeichnet.

X heißt *zusammenziehbar*, wenn X zu einem Punkt homotopieäquivalent ist.

BEWEIS: (ii) folgt unmittelbar aus (i), weil $\mathrm{Vekt}_N(P)$ nur aus der Isomorphieklasse des trivialen Bündels der Dimension N besteht, wenn P ein Punkt ist.

(i) folgt aus der Tatsache, daß $F_0{}^*E \cong F_1{}^*E$ ist, wenn $F : X \times I \to Y$ eine Homotopie ist und E ein Vektorraumbündel über Y. Wir geben dafür einen Beweis in drei Schritten:

1. Schritt: Sei H ein Vektorraumbündel über $X \times I$ und $s \in C^0(H|X \times \{\tau\})$, $\tau \in I$. Wir zeigen, daß sich s zu einem Schnitt $S \in C^0(H)$ mit $S|X \times \{\tau\} = s$ fortsetzen läßt. Da sich ein Schnitt in einem Vektorraumbündel lokal als Graph einer stetigen vektorwertigen Funktion auffassen läßt, kann man - lokal - den Tietzeschen Fortsetzungssatz [FRANZ 1960] anwenden: Wir finden so um jedes (x,τ) eine Umgebung U und einen Schnitt $t \in C^0(H|U)$, so daß t und s auf $(X \times \{\tau\}) \cap U$ übereinstimmen. Daraus können wir wegen der Kompaktheit von X ein endliches System $\{U_j\}$, $\{t_j\}$ mit $X \times \{\tau\} \subset \cup U_j$ gewinnen. Ist $\{\varphi_j\}$

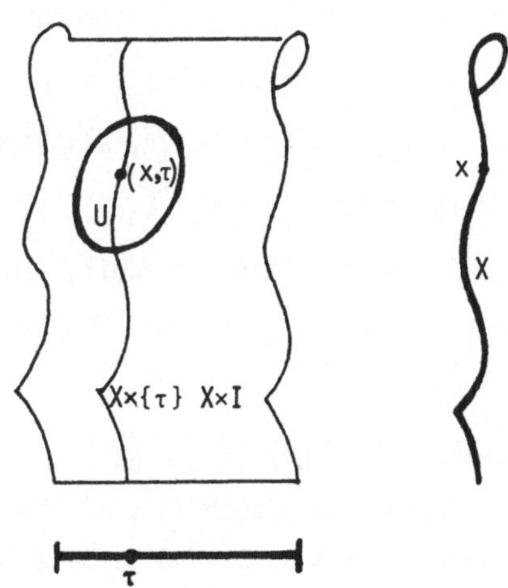

eine dazu passende C^0-Zerlegung der Eins (vgl. auch Satz II.2.1), dann setzen wir

$$s_j := \begin{cases} \varphi_j\, t_j & \text{auf } U_j \\ 0 & \phantom{\text{auf }} (X\times I) \setminus U_j . \end{cases}$$

Nach Konstruktion ist $s_j \in C^0(H)$; also ist $\Sigma\, s_j \in C^0(H)$ wohldefiniert und eine globale Fortsetzung von S .

2. Schritt: Aus dem 1. Schritt folgern wir, daß zwei Vektorbündel G und G' über $X \times I$, die über $X \times \{\tau\}$ isomorph sind, auch in einer Umgebung U von $X \times \{\tau\}$ isomorph sind: Jedes $s \in \mathrm{Iso}(G|X\times\{\tau\}\ ,\ G'|X\times\{\tau\})$ läßt sich in natürlicher Weise als Schnitt in $H|X\times\{\tau\}$ auffassen, wenn H das Bündel $L(G,G')$ der Vektorräume von linearen Abbildungen der Fasern von G in die entsprechenden Fasern von G' ist. $S \in C^0(H)$ sei nun eine Fortsetzung von s . Dann ist die Menge $U := \{z\ ;\ z \in X \times I$ und $S_z : G_z \to G'_z$ bijektiv$\}$ offen in $X \times I$ (klassisches Determinanten-Nullstellen-Argument) und enthält nach Konstruktion ganz $X \times \{\tau\}$. Da die Umkehrabbildung in $GL(N,\mathbb{C})$ stetig ist, folgt ferner, daß auf U die Abbildung $z \mapsto (S_z)^{-1}$ stetig ist, also wirklich dort einen Bündelisomorphismus definiert.

3. Schritt: Wir setzen nun $G := F^*E$ und $G' := p^*(F_\tau)^*E$, wo $F_\tau(x) := F(x,\tau)$ und $p : X\times I \to X$ die Projektion. Nach Aufgabe 1d sind G und G' über $X \times \{\tau\}$ isomorph,

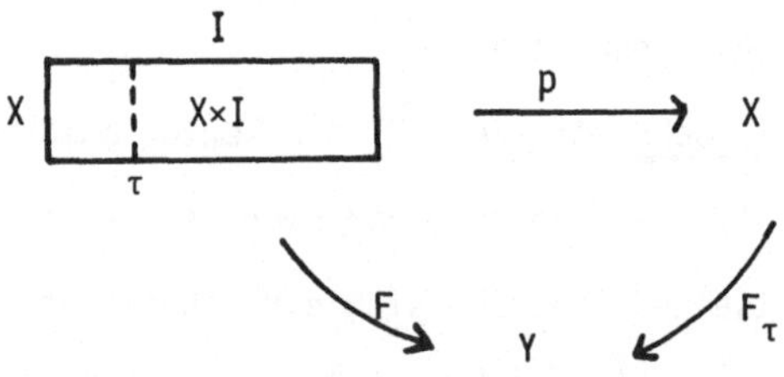

also gemäß unserem 2. Schritt auch in einer ganzen Umgebung, die wir wegen der Kompaktheit von X o.B.d.A. als Streifen $X \times \delta(\tau)$ annehmen können. Für alle $\rho \in \delta(\tau)$ gilt also $(F_\rho)^*E \cong (F_\tau)^*E$; da das Einheitsintervall I zusammenhängend ist, erhalten wir somit, daß die Isomorphieklasse von $(F_\tau)^*E$ nicht von τ abhängt. □

ANMERKUNG: Die in den beiden ersten Beweisschritten gezeigten Aussagen gelten - wortgleich - auch in viel allgemeineren Situationen und werden deshalb gelegentlich als selbständige Sätze formuliert. Vgl. z.B. [ATIYAH-BOTT 1964b, 233f] = [ATIYAH 1967a, 16]. Ebenso kann man auch das Ergebnis unseres Beweises etwas allgemeiner (wir schreiben $X \times Z$ statt $X \times I$) so ausdrücken: Jedes Vektorraumbündel E über dem topologischen Raum $X \times Z$, X und Z kompakt, läßt sich als "stetige" Familie von Vektorraumbündeln E_z über X auffassen, wobei der Parameter z in Z liegt und die Isomorphieklasse von E_z in $\mathrm{Vekt}(X)$ lokal konstant ist. □

Vektorraumbündel werden häufig durch eine Klebekonstruktion ("clutching") angegeben: Seien $X = X_1 \cup X_2$ und $A = X_1 \cap X_2$, wobei alle Räume kompakt seien. Sei E_i ein Vektorraumbündel über X_i und $\varphi : E_1|A \to E_2|A$ ein Isomorphismus. Dann definieren wir das Vektorraumbündel $E_1 \cup_\varphi E_2$ über X wie folgt. Als topologischer Raum ist $E_1 \cup_\varphi E_2$ der Quotientenraum der disjunkten Summe $E_1 + E_2$ unter der Äquivalenzrelation, die $e_1 \in E_1|A$ mit $\varphi(e_1) \in E_2|A$ identifiziert. Identifizieren wir X mit dem entsprechenden Quotientenraum von $X_1 + X_2$, dann erhalten wir eine natürliche Projektion $p : E_1 \cup_\varphi E_2 \to X$ und $p^{-1}(x)$ hat eine natürliche Vektorraumstruktur. □

AUFGABE 4: a Zeige, daß $E_1 \cup_\varphi E_2$ ein Vektorraumbündel ist.

b Die Isomorphieklassen von $E_1 \cup_\varphi E_1$ hängen lediglich von der Homotopieklasse des Isomorphismus $\varphi : E_1|A \to E_2|A$ ab.

TIP zu a: Es bleibt nur zu zeigen, daß $E_1 \cup_\varphi E_2$ lokaltrivial ist. Außerhalb von A ist das klar. Um eine Trivialisierung von E_1 in einer Umgebung $V_1 \subset X_1$ eines Punktes $a \in A$ zu einer Trivialisierung von E_2 über V_2 mit $a \in V_2 \subset X_2$ fortsetzen zu können, argumentiere wie im 2. Schritt von Satz 1. Vgl. auch [ATIYAH-BOTT 1964b, 235] = [ATIYAH 1967a, 21]. Zu b: Rückspielen auf Satz 1. Siehe auch die angegebenen Quellen. □

Wir machen uns nun daran, $\mathrm{Vekt}_N(X)$ eine homotopietheoretische Interpretation zu geben, wenn X als die Einhängung $S(Y)$ eines anderen Raumes Y dargestellt werden kann. *) Dabei ist die *Einhängung* (Suspension) $S(Y)$ die Vereinigung von zwei Kegeln über Y. Schreibe also $S(Y) := C^+(Y) \cup C^-(Y)$, wobei $C^+(Y) := Y \times [0, 1/2] / Y \times \{0\}$ und $C^-(Y) := Y \times [1/2, 1] / Y \times \{1\}$ gesetzt werden. Dann ist $Y = C^+(Y) \cap C^-(Y)$.

---

*) Mit dem Begriff der Grassmannschen Mannigfaltigkeiten ist man in der Lage, für *beliebiges* X eine homotopietheoretische Definition von $\mathrm{Vekt}_N(X)$ zu geben, siehe [ATIYAH 1967a, 24-30].

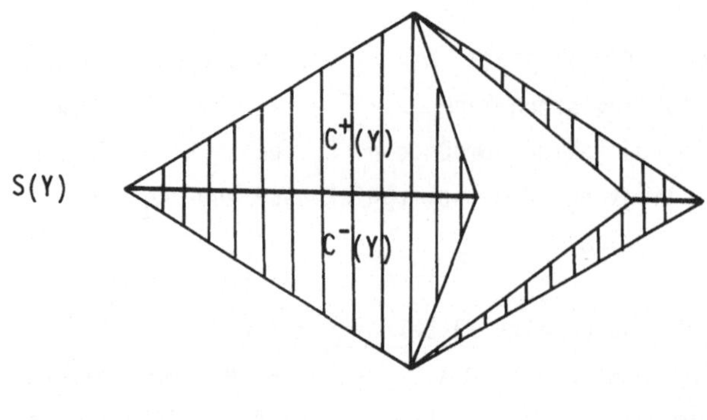

Wir bemerken noch, daß die Einhängung $S(S^n)$ der n-Sphäre homöomorph zur (n+1)-Sphäre S^{n+1} ist. □

SATZ 2: Das Kleben von trivialen Bündeln über $C^+(Y)$ und $C^-(Y)$ definiert einen natürlichen Isomorphismus $[Y,GL(N,\mathbb{C})] \overset{\cong}{\to} \mathrm{Vekt}_N(S(Y))$.

BEWEIS: (i) Jedes $\ell : Y \to GL(N,\mathbb{C})$ liefert durch das Verkleben der N-dimensionalen trivialen Bündel über den beiden Kegeln ein Bündel über SY, und homotope Abbildungen ℓ_0 und ℓ_1 liefern (vgl. den Beweis zu Satz 1(i)) isomorphe Bündel. (ii) Umgekehrt haben wir die zusammengesetzte Abbildung $\mathrm{Vekt}_N(SY) \to \mathrm{Vekt}_N(C^-Y) \oplus \mathrm{Vekt}_N(C^+Y) \to [X,GL(N,\mathbb{C})]$, die links durch die Beschränkung der Bündel gegeben ist, wobei man - wegen der Zusammenziehbarkeit von $C^\pm Y$, vgl. Satz 1(ii) - triviale Bündel erhält. Sind $\alpha^\pm$ solche Trivialisierungen, dann wird durch die Homotopieklasse von $(\alpha^+|Y)(\alpha^-|Y)^{-1} : X \to GL(N,\mathbb{C})$ der Bildpunkt des rechten Pfeiles erklärt, der tatsächlich nur von den Homotopieklassen von $\alpha^\pm$ und d.h. von der Isomorphieklasse in $\mathrm{Vekt}_N(SY)$ abhängt. (iii) Nach Konstruktion sind die in (i) und (ii) angegebenen Abbildungen zueinander invers. □

AUFGABE 5: Zeige $H_{\mathbb{C}^2} \cong \mathbb{C}_{B_0} \cup_a \mathbb{C}_{B_\infty}$. Dabei ist $H_{\mathbb{C}^2}$ das oben in Aufgabe 2a definierte komplexe Linienbündel über $\mathbb{P}\mathbb{C}^2 = \mathbb{C} \cup \{\infty\} = S^2 = B_0 \cup B_\infty$, wenn (z_0,z_1) und $(0,1) = \infty$ homogene Koordinaten für $\mathbb{P}\mathbb{C}^2$, also $z = z_1/z_0$ Koordinate für $\mathbb{C}$, und $B_0 := \{z ; |z| \leq 1\}$ und $B_\infty := \{z ; |z| \geq 1\} \cup \{\infty\}$ die beiden kanonischen Hemisphären von S^2 sind. $a : z \mapsto z$, $|z| = 1$, sei die Standardabbildung $S^1 \to \mathbb{C}^* = GL(1,\mathbb{C})$. □

AUFGABE 6: Zeige, daß es zu jedem Bündel E ein Bündel F gibt, so daß $E \oplus F$ trivial ist.

TIP: Zeige zunächst mit Hilfe von endlichen offenen Überdeckungen des kompakten Parameterraumes X und mit einer geeigneten Zerlegung der Eins, daß $C^0(E)$ einen endlich-dimensionalen "weiten" Unterraum enthält. Hierbei heißt ein Unterraum $V \subset C^0(E)$ *weit* ("ample"), wenn jeder Punkt von E im Bild eines Schnittes $s \in V$ vorkommt. Ist dann etwa $\dim V = N$, dann haben wir einen Epimorphismus $\varphi : X \times \mathbb{C}^N \to E$ und folglich die Isomorphie $E \oplus F \cong X \times \mathbb{C}^N$, wobei F das Kernbündel von φ ist. Vgl. auch [ATIYAH 1967a, 26f]. □

AUFGABE 7: Jetzt sei X ein topologischer Raum, der überdies noch die Struktur einer C^∞-Mannigfaltigkeit (siehe II.2) der Dimension n besitzt.

a Zeige, daß das Tangentialbündel TX ein (reelles) Vektorraumbündel über X ist - ebenso das "Normalenbündel" NX , wenn X eine Untermannigfaltigkeit in der Riemannschen Mannigfaltigkeit Y ist.

b Wann wird man wohl ein (stetiges) Vektorraumbündel über X , dessen Totalraum eine C^∞-Mannigfaltigkeit bildet, ein C^∞-Vektorraumbündel nennen? Zeige, daß es zu jedem (stetigen) Vektorraumbündel E über X ein isomorphes C^∞-Bündel gibt.

TIP zu a: Untersuche zunächst den Fall $X = S^1$ und zeige, daß TS^1 zu dem in Aufgabe 1b definierten reellen Linienbündel isomorph ist. Im Allgemeinfall ist diese "direkte" Methode grundsätzlich auch möglich, da man (siehe Satz II.2.2c) X in einen hochdimensionalen euklidischen Raum einbetten und so TX als (reelles) Unterbündel eines ebenso hochdimensionalen trivialen (reellen) Vektorraumbündels darstellen kann. Bequemer, zumal TX i.a. nicht trivial ist (so z.B. für $X = S^2$, siehe Aufgabe III.1.11) , dürfte die lokale Untersuchung sein, wo jede Karte u aus einem C^∞-Atlas mittels der Differentialformen $(du_1,\ldots,du_n)$ eine lokale Trivialisierung von TX liefert, siehe § II.2. Vergleiche auch den unten folgenden Exkurs.

Zu b: Zur Definition eines C^∞-Vektorraumbündels vergleiche auch [BRÖCKER-JÄNICH 1973, 29] und zur topologischen Äquivalenz der Kategorien der C^0- und

C^∞-Vektorraumbündel den Whitneyschen Approximationssatz in [BRÖCKER-JÄNICH 1973, 160]. Einzelheiten der Argumentation in [HIRSCH 1976, 101], wo gezeigt wird, daß man E selbst zu einem C^∞-Vektorraumbündel machen kann. □

ANMERKUNG: Aus Aufgabe 7b folgt, daß wir o.B.d.A. bei differenzierbarer Basis nur C^∞-Vektorraumbündel zu untersuchen brauchen. Aufgabe 6 hingegen besagt nicht, daß wir i.a. mit trivialen Bündeln auskommen (vgl. auch den analogen - aber tieferliegenden - Einbettungssatz für Mannigfaltigkeiten, Satz II.2.2c): Grob gesprochen, ist das Mitschleppen zusätzlicher "irrelevanter" Parameter nicht nur redundant, sondern kann auch soviel "noise" produzieren, daß dieser Lärm die Struktur des Problems zerstört oder unkenntlich macht. So jedenfalls beim Indexproblem für elliptische Operatoren, dessen Lösung gerade in der Unterscheidung gewisser vom Symbol des Operators erzeugter Vektorraumbündel liegt, siehe Teil III. □

Mit den Mitteln der multilinearen Algebra lassen sich aus dem Tangentialbündel *Bündel "alternierender Differentialformen"* aufbauen, die zugleich ein wichtiges Hilfsmittel zur Beschreibung physikalischer Naturgesetze vor allem aus den Bereichen Elektromagnetismus und spezielle Relativität darstellen: dann nämlich, wenn die empirischen Beziehungen so durch ein Integral ausgedrückt werden sollen, daß der Physiker oder Ingenieur qualitative oder quantitative Änderungen, die von Modifikationen des Integranden oder des Integrationsbereiches ausgehen, verfolgen kann. Aus diesem Grund interessiert man sich auch in der Differentialtopologie für diese Bündel, vgl. § III.4.

Wir fassen kurz zusammen (Einzelheiten z.B. in [UNESCO 1970, 111-161] und der dort angegebenen Literatur): Für den reellen n-dimensionalen Vektorraum V bilden wir den Vektorraum $\Lambda^p(V)$ der p-fachen *schiefsymmetrischen Tensoren* ("Formen"), das sind die multilinearen Abbildungen

$$V^* \times \overset{p\ \mathrm{mal}}{\cdots} \times V^* \to \mathbb{R} \quad , \qquad p \in \mathbb{N} \ , \quad V^* := L(V,\mathbb{R}) \ ,$$

die bei einer Permutation der Argumente ihren Wert um das "Signum" (Vorzeichen) der Permutation ändern. Man setzt $\Lambda^0(V) := \mathbb{R}$ und erhält $\Lambda^1(V) = V$, $\Lambda^{n-1}(V) \cong V$, $\Lambda^n(V) \cong \mathbb{R}$ und $\Lambda^p(V) = 0$ für $p > n$.

Für $v \in \Lambda^p(V)$ und $w \in \Lambda^q(V)$ wird durch

$$(v\wedge w)(a_1,\ldots,a_p,a_{p+1},\ldots,a_{p+q}) := \Sigma_\sigma \operatorname{sign}(\sigma)\, v\otimes w(a_{\sigma(1)},\ldots,a_{\sigma(p+q)})$$

(summiert wird über alle Permutationen) die *äußere Multiplikation* $\Lambda^p(V) \times \Lambda^q(V) \to \Lambda^{p+q}(V)$ erklärt, die $\Lambda^*(V) := \Sigma_{p=0}^n \Lambda^p(V)$ zu einer graduierten Algebra, der *äußeren Algebra* von V, macht.

Ist $e_1,\ldots,e_n$ eine Basis von V, dann bilden die $\binom{n}{p}$ Formen der Gestalt $e_{i_1}\wedge\ldots\wedge e_{i_p}$ mit $1 \le i_1 <\ldots< i_p \le n$ eine Basis für $\Lambda^p(V)$. Mit dieser Eigenschaft wird $\Lambda^p(V)$ gelegentlich, um die suggestive, aber terminologisch aufwendige Abbildungsherkunft abzustreifen, sehr bequem als Raum der p-Vektoren definiert: Das sind Linearkombinationen dieser formal nur mit der Bedingung $e_{\sigma(i_1)}\wedge\ldots\wedge e_{\sigma(i_p)} = \text{sign}(\sigma)\, e_{i_1}\wedge\ldots\wedge e_{i_p}$ gebildeten p-Tupel von Basisvektoren von V.

Ein Skalarprodukt (= euklidische Metrik) für V induziert ein Skalarprodukt $<.,.>$ für $\Lambda^p(V)$, und die Auszeichnung einer Basis $e_1,\ldots,e_n$ von V als "orientiert" liefert durch $e_1\wedge\ldots\wedge e_n \mapsto 1$ einen expliziten nur von der gewählten Orientierung abhängigen Isomorphismus $\Lambda^n(V) \cong \mathbb{R}$. Durch die Bedingung $u \wedge (*v) = <u,v>$ für alle $u \in \Lambda^p(V)$ wird ein Isomorphismus, der *"Sternoperator"* $* : \Lambda^p(V) \to \Lambda^{n-p}(V)$ definiert. □

AUFGABE 8: Sei X eine geschlossene C^∞-Mannigfaltigkeit der Dimension n mit dem kovarianten Tangentialbündel T^*X.

a Zeige, daß die Familie von Vektorräumen $\Lambda^p(T_x^*)$, $x \in X$, in natürlicher Weise ein reelles Vektorraumbündel der Faserdimension $\binom{n}{p}$ über X bildet, das mit $\Lambda^p(T^*X)$ bezeichnet wird.

b Für gewöhnlich schreibt man $\Omega^p(X) := C^\infty(\Lambda^p(T^*X))$. Betrachte für eine C^∞-Funktion f das Differential df (siehe auch Abschnitt II.2.B) und zeige, daß sich die Abbildung $d : \Omega^0(X) \to \Omega^1(X)$ für jedes p zu einem linearen Differentialoperator 1. Ordnung (s. § II.2) $d : \Omega^p(X) \to \Omega^{p+1}(X)$ fortsetzen läßt.

c Zeige für eine orientierte Riemannsche Mannigfaltigkeit X die "Hodgedualität" $* : \Omega^p(X) \xrightarrow{\cong} \Omega^{n-p}(X)$.

d Beweise für eine kompakte, berandete, orientierte, n-dimensionale Riemannsche Mannigfaltigkeit X den Stokesschen Integralsatz $\int_X d\omega = \int_{\partial X} \omega|\partial X$; $\omega \in \Omega^{n-1}(X)$.

TIP zu a: Prinzipiell gleicher Mechanismus wie in Aufgabe 3. Beachte die einfachen Transformationsregeln z.B. für die 1-Form

$$v = \sum_{i=1}^{n} a_i\, du^i|_x = \sum_{i=1}^{n} b_i\, dw^i|_x \in T_x^*, \quad x \in X,$$

wobei $b_i := \sum_{j=1}^{n} a_j \frac{\partial(u \circ w^{-1})^j}{\partial x_i}(w(x))$ gesetzt wird, wenn u und w Karten für X in einer Umgebung von x sind.

Zu b: d wird durch die Leibnizregel

$$d(v \wedge w) = dv \wedge w + (-1)^p v \wedge dw \ ; \quad v \in \Omega^p \ , \quad w \in \Omega^q \ ,$$

charakterisiert. Wie läßt sich d in lokalen Koordinaten schreiben?

Zu d: [REICHARDT 1957, 420-423]. Hier braucht man übrigens wirklich die Orientierung. □

Die Idee des Vektorraumbündels kommt aus der Analysis nicht-euklidischer Mannigfaltigkeiten. Andernfalls haben wir nach Satz 1(ii) nur triviale Bündel, weil der euklidische Raum zusammenziehbar ist. Sei zum Beispiel $c : I \to X$ *ein differenzierbarer Weg in einer Mannigfaltigkeit* X *. Die klassische Mechanik betrachtet dann den Geschwindigkeitsvektor* $\dot{c}(t)$ *für* $t \in I$ *. Für Physiker war es (aus physikalischen Gründen) immer klar, wie man* $\dot{c}(t)$ *mit einem Skalar multipliziert, wie man* $\dot{c}_1(t_1)$ *und* $\dot{c}_2(t_2)$ *addiert oder wie man die Gleichheit von* $\dot{c}_1(t_1)$ *und* $\dot{c}_2(t_2)$ *prüft, wenn* $c_1, c_2 : I \to X$ *zwei Wege in* X *sind mit* $c_1(t_1) = c_2(t_2)$ *. Vom physikalischen Gesichtspunkt gab es keine Konfusion zwischen einem Geschwindigkeitsvektor und einem Ortsvektor. Die ersten mathematischen Abstraktionen konnten freilich diesen Unterschied nicht ausdrücken:*

Wenn die Ortsvektoren $c(t)$ *dargestellt werden durch die 3-Tupel reeller Zahlen* $(c_1(t), c_2(t), c_3(t))$ *, dann drücken wir den Geschwindigkeitsvektor durch das 3-Tupel reeller Zahlen* $(c_1'(t), c_2'(t), c_3'(t))$ *aus, wobei* $c_i'(t)$ *die Ableitung der reellen Funktion* c_i *in* t *ist. Damit werden* $c(t)$ *und* $\dot{c}(t)$ *beide als Elemente desselben Vektorraumes* $\mathbb{R}^3$ *dargestellt. Dieses geringe Abstraktionsniveau war durchaus ausreichend, solange* X *ein euklidischer Raum war (eigentlich ein affiner Raum - aber wähle einen Basispunkt und nenne ihn Null). In diesem Fall haben wir in der Tat eine natürliche Interpretation des Geschwindigkeitsvektors* $\dot{c}(t)$ *im Raumpunkt* $c(t)$ *als einen Geschwindigkeitsvektor* $\dot{\tilde{c}}(t)$ *im Raumpunkt* $\tilde{c}(t) = 0$ *. Betrachte nämlich den verschobenen Weg* $\tilde{c} : I \to X$ *mit* $\tilde{c}(\tau) := c(\tau) - c(t) \ ; \ \tau \in I$ *. Das heißt, daß die tangentialen Vektorräume in den verschiedenen Punkten von* X *kanonisch (durch die Retraktion* $r : X \to \{0\}$*) mit dem Tangentialraum im Punkte* 0 *identifiziert werden können. In unseren Begriffen der Vektorraumbündel könnten wir sagen* $T(X) \cong r^*(T(X)|\{0\})$ *. Dabei ist* $T(X)$ *die Gesamtheit aller Geschwindigkeitsvektoren; die Faser* $T(X)_x$ *besteht aus dem* $\mathbb{R}^3$ *; das eingeschränkte Bündel* $T(X)|\{0\}$ *ist gerade der Raum* $\{0\} \times \mathbb{R}^3 \simeq \mathbb{R}^3$ *und das induzierte Bündel* $r^*(\{0\} \times \mathbb{R}^3)$ *ist das triviale Bündel* $X \times \mathbb{R}^3$ *.* □

Wir betrachten jetzt den Fall, wo X *eine Untermannigfaltigkeit eines euklidi-*

schen Raumes Y *ist, z.B. die 2-Sphäre im 3-Raum. Jeder Geschwindigkeitsvektor* $\dot{c}(t)$ *läßt sich als Element des Tangentialraumes von* Y *im Punkte* $c(t)$ *und damit vermöge der oben beschriebenen Translation als ein Element des Tangentialraumes von* Y *in* 0 *interpretieren - nämlich als n-Tupel der Ableitungen der Koordinatenfunktionen von* c . *Aus Dimensionsgründen ist es bereits klar, daß hierbei im allgemeinen der Tangentialraum* $T(X)_x$ *aller Geschwindigkeitsvektoren in* x *von Wegen in* X *nicht mit dem ganzen Tangentialraum* $T(Y)_0$ *identifiziert werden kann , sondern nur mit einem gewissen Unterraum - und für jedes* $x \in X$ *mag man einen anderen erhalten.*

<u>*Beispiel 1:*</u> $X = S^1$ und $Y = \mathbb{R}^2$.

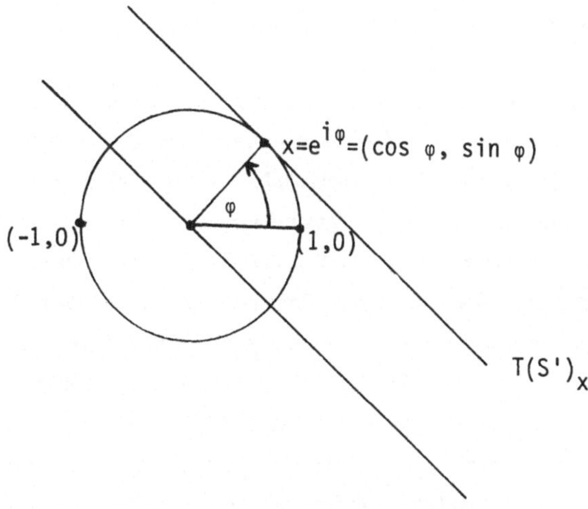

Wenn wir auf die Translation eine Drehung um den Winkel φ *folgen lassen, haben wir alle Tangentialräume* $T(S^1)_x$ *mit demselben Unterraum von* $T(\mathbb{R}^2)_0$ *identifiziert oder auch mit dem Tangentialraum* $T(S^1)_{(1,0)}$. *Wir schreiben* $T(S^1) = q^*(T(S^1)|\{(1,0)\})$, *wobei* $q : S^1 \to \{1,0\}$ *die Retraktion ist und* $T(S^1)|\{(1,0)\}$ *mit* $\{(1,0)\} \times \mathbb{R}$ *identifiziert werden kann. Folglich ist* $T(S^1) \approx S^1 \times \mathbb{R}$. *D.h. das Tangentialbündel von* S^1 *ist trivial.*

In analytischen Begriffen wird dieser Umstand dadurch ausgedrückt, daß ein nirgends verschwindendes tangentiales Vektorfeld auf S^1 *existiert; d.h. wir können in jedem Punkt einen nicht-verschiwndenden Geschwindigkeitsvektor wählen, und zwar stetig. Nimm z.B. im Punkte* $x = (\cos \varphi, \sin \varphi)$ *den Einheits-Geschwindigkeitsvektor* $\dot{c}(\varphi/2\pi)$, *wo* $c : I \to X$ *gegeben ist durch* $c(t) = (\cos 2\pi t, \sin 2\pi t)$. *Gewöhnlich schreiben wir* $\frac{d}{d\theta}(x)$ *statt* $\dot{c}(\varphi/2\pi)$. $\frac{d}{d\theta}$ *ist nirgends verschwindendes Vektorfeld und definiert daher einen Isomorphismus* $T(S^1) \to S^1 \times \mathbb{R}$, *der für alle* $x \in S^1$ *durch die Abbildung* $T(S^1)_x \to \mathbb{R}$ *gegeben ist, die einen Geschwindigkeitsvektor, der ein Vielfaches von* $\frac{d}{d\theta}(x)$ *mit dem Skalar* λ *ist, in* λ *abbildet.* □

Beispiel 2: $X = S^2$ und $Y = \mathbb{R}^3$.

Hier ist die Lage anders. Es gibt keine kanonische Art der Identifizierung aller Tangentialräume. In anderen Worten - das Tangentialbündel $T(S^2)$ *ist nicht trivial. Andernfalls müßten nämlich zwei tangentiale Vektorfelder auf* S^2 *existieren, die in jedem Punkt von* S^2 *linear unabhängig wären. Auf* S^2 *existiert aber nicht einmal ein einziges nirgends verschwindendes tangentiales Vektorfeld (Aufgabe III.1.11).*

Beispiel 2 zeigt, daß es nützlich sein kann, die unterschiedlichen Tangentialräume in unterschiedlichen Punkten zu unterscheiden. In dem Umfang, wie man etwa in der Physik weiterschreitet und Mannigfaltigkeiten ohne explizit gegebene Einbettung in euklidische Räume betrachtet (wie in der Relativitätstheorie), wird der Begriff des Bündels unentbehrlich. □

Der moderne Begriff von Bündeln ging aus der Topologie und Geometrie von Mannigfaltigkeiten hervor, wie sie seit den 20er Jahren von Heinz HOPF und anderen betrieben wurden. In den 50er Jahren wurde ihr Begriff klar formuliert, und ihre Klassifikation und ihre systematische Anwendung auf tiefe Probleme der Geometrie und Analysis begann. (Theorie der "charakteristischen Klassen", siehe etwa [HIRZEBRUCH 1956, 48ff]). Grob gesagt rührt der Erfolg dieser Methoden daher, daß man vorgegebene oder konstruierte "klassische" Strukturen (wie eben die Tangentialbündel oder Bündel von Differentialformen) auf den zu untersuchenden Mannigfaltigkeiten möglichst weitgehend ausnutzt und so die Untersuchungsebene von den begrifflich einfacheren, aber schwieriger zu verstehenden Mannigfaltigkeiten auf die leichter zu analysierenden Vektorraumbündel verlagert:

Während man für topologische Mannigfaltigkeiten und andere "triangulierbare" Räume zunächst auf die kombinatorischen Methoden der Analyse der "Zellenzerlegungen" angewiesen ist und für differenzierbare Mannigfaltigkeiten a priori nur die Gruppe der Diffeomorphismen untersuchen kann, ist man bei Vektorraumbündeln auf Grund der reicheren Struktur viel beweglicher. Vor allem ist man in der Lage, weite Teile der linearen Algebra, die bei den anderen Methoden übrigens - wenn auch z.T. unter der Oberfläche - ebenfalls eine bedeutende Rolle spielen, unmittelbar einzusetzen. So kann man z.B. (s.o. Aufgabe 3) lineare Konstruktionen wie die direkte Summe oder die Quotientenbildung mit Vektorraumbündeln durchführen - nicht aber mit Mannigfaltigkeiten. Und während dort die "Klebefunktionen", mit denen man eine komplizierte Mannigfaltigkeit aus einfacheren zusammenbauen kann - siehe z.B. Aufgabe II.2.12, nämlich die Diffeomorphismen, erst in der 1. Ableitung ("Funktionalmatrix" oder "Jacobiform") linear werden, zeigt Satz 1, wieviel einfacher wir es bei den Vektorraumbündeln mit den linearen Klebefunktionen haben, wodurch die Topologie von Vektorraumbündeln auf die Geometrie von Matrizenräumen der linearen Algebra zurückgeführt werden kann.

Anfang der 60er Jahre, als die lineare Algebra mit dem kurz zuvor von Raoul BOTT entdeckten Periodizitätssatz der (stabilen) Homotopie der Gruppen von invertierbaren Matrizen weit genug "gereift" war, faßten Michael Francis ATIYAH und Friedrich HIRZEBRUCH diese Methoden zu einem abstrakten Formalismus, der K-Theorie, zusammen, die sie als eine verallgemeinerte Kohomologietheorie mit Hilfe von Stabilitätsklassen von Vektorraumbündeln entwickelten, siehe *§ III.1.* □

Literatur

Standardwerke

ACHIESER, N.I. & I.M. GLASMANN (АХИЕЗЕР, Н.И. & И.М. ГЛАЗМАН): Theorie der linearen Operatoren im Hilbertraum. Akademie-Verlag, Berlin 1954/1968 (Übersetzung aus dem Russischen).

BIZADSE, A.W. (ВИЦАДЗЕ, А.В.): Grundlagen der Theorie analytischer Funktionen (Übersetzung aus dem Russischen).

BRÖCKER, Th. & K. JÄNICH: Einführung in die Differentialtopologie. Heidelberger Taschenbücher 143, Springer, Berlin (West) - Heidelberg - New York 1973.

DIEUDONNÉ, J.: Grundzüge der modernen Analysis, Bd. 1. Vieweg, Braunschweig 1971/1973 (Übersetzung aus dem Englischen).

DYM, H. & H.P. McKEAN: Fourier series and integrals. Academic Press, New York 1972.

EILENBERG, S. & N. STEENROD: Foundations of algebraic topology. Princeton University Press, Princeton 1952.

FRANZ, W.: Topologie. Sammlung Göschen 1181, de Gruyter, Berlin (West) 1960.

GREENBERG, M.J.: Lectures on algebraic topology. Benjamin, New York 1967.

HÖRMANDER, L.: Linear partial differential operators. Springer, Berlin (West) - Heidelberg - New York 1963/1976 (russ. Übers. Moskau 1965).

KLINE, M.: Mathematical thought from ancient to modern times. Oxford University Press, New York 1972.

NAAS, J. & H.L. SCHMID (ed.): Mathematisches Wörterbuch I/II. Akademie-Verlag / Teubner, Berlin - Stuttgart 1961/1974.

REICHARDT, H.: Vorlesungen über Vektor- und Tensorrechnung. VEB Deutscher Vlg. der Wissenschaften, Berlin 1957/1968.

SEIFERT, H. & W. THRELFALL: Lehrbuch der Topologie. Teubner, Leipzig 1934.

STRUIK, D.: Abriß der Geschichte der Mathematik. Mit einem Anhang von I. Pogrebysski. VEB Deutscher Vlg. der Wissenschaften, Berlin 1972 (Übersetzung aus dem Englischen).

TRIEBEL, H.: Höhere Analysis. VEB Deutscher Vlg. der Wissenschaften, Berlin 1972.

UNESCO (ed.): Mathematics applied to physics. Mit Beiträgen von G.A. Deschamps und anderen. Im Auftrag der UNESCO herausgegeben von É. Roubine, Springer, Berlin (West) - Heidelberg - New York 1970.

van der WAERDEN, B.L.: Algebra I/II. Springer, Berlin (West) - Göttingen - Heidelberg 1960[V].

YOSIDA, K.: Functional analysis. Springer, Berlin (West) - Heidelberg - New York 1965/1974 (russ. Übers. Moskau 1967).

Herausbildung der Indexformel

ATIYAH, M.F.: Harmonic spinors and elliptic operators. Arbeitstagung lecture. Vervielfältigt, Bonn 1962.

--- : The Grothendieck ring in geometry and topology. Proc. Int. Congr. Math. (Stockholm 1962), Uppsala 1963a, 442-446.

--- : The index of elliptic operators on compact manifolds. Sém. Bourbaki, Exp. 253, Paris 1963b.

--- : The Euler characteristic theorem I . Arbeitstagung lectures. Vervielfältigt, Bonn 1966.

--- : K-Theory. Benjamin, New York 1967a (russ. Übers. Moskau 1967).

--- : Algebraic topology and elliptic operators. Comm. Pure Appl. Math. 20 (1967b), 237-249.

--- : Bott periodicity and the index of elliptic operators. Quart. J. Math. Oxford (2) 19 (1968a), 113-140.

--- : Global aspects of the theory of elliptic differential operators. Berichte des Internat. Mathematikerkongresses (Moskau 1966), Verlag Mir, Moskau 1968b, 57-64.

--- : Algebraic topology and operators in Hilbert space. In: C.T. Taam (ed.), Lectures in modern analysis and applications I. Lecture Notes in Mathematics 103, Springer, Berlin (West) - Heidelberg - New York 1969, 101-121.

--- : Topology of elliptic operators. Amer. Math. Soc. Symp. Pure Math. 16 (1970a), 101-119.

--- : Global theory of elliptic operators. Proc. Int. Conf. Functional Analysis, Tokio 1970b, 21-30.

--- : Vector fields on manifolds. Arbeitsgemeinschaft für Forschung des Landes Nordrhein-Westfalen 200 (1970c).

--- : Elliptic operators and singularities of vector fields. Actes, Congrès Intern. Math. (Nice 1970), Tome 2, 1970d, 207-209.

--- : Riemann surfaces and spin structures. Ann. Sci. École Norm. Sup. (4) 4 (1971), 47-62.

--- : Die Rolle der algebraischen Topologie in der Mathematik. In: K. Strubecker (ed.), Geometrie. Wege der Forschung Bd. 177, Wiss. Buchgesellschaft, Darmstadt 1972 (Übersetzung aus dem Englischen).

--- : Elliptic operators and compact groups. Lecture Notes in Mathematics 401, Springer, Berlin (West) - Heidelberg - New York 1974.

--- : Eigenvalues and Riemannian geometry. In: Proc. Internat. Conf. on Manifolds and Related Topics in Topology (Tokio 1973), Univ. Tokyo Press, Tokio 1975a, 5-9.

--- : Classical groups and classical differential operators on manifolds. Centro Internazionale Matematico Estivo (Varenna 1975), Edizioni Cremonese, Rom 1975b, 5-48.

--- : Elliptic operators,discrete groups and von Neumann algebras. Soc. Math. de France Astérisque 32/33 (1976a), 43-72.

--- : Trends in pure mathematics. Vortrag vor dem 3. Internat. Kongreß über Mathematikunterricht, Karlsruhe 1976b.

--- & R. BOTT: The index problem for manifolds with boundary. Coll. Differential Analysis, Tata Institute, Bombay, Oxford University Press, Oxford 1964a, 175-186.

--- , --- : On the periodicity theorem for complex vector bundles. Acta Math. 112 (1964b), 229-247.

--- , --- : Notes on the Lefschetz fixed point theorem for elliptic complexes. Vervielfältigt, Harvard University 1965 (russ. Übers. Moskau 1966).

--- , --- : A Lefschetz fixed point formula for elliptic differential operators. Bull. Amer. Math. Soc. 72 (1966), 245-250.

--- , --- : The Lefschetz fixed point theorem for elliptic complexes I. Ann. of Math. 86 (1967), 374-407.

--- , --- : The Lefschetz fixed point theorem for elliptic complexes II. Ann. of Math. 88 (1968), 451-491.

--- , --- & V.K. PATODI: On the heat equation and the index theorem. Invent. Math. 19 (1973), 279-330 (and Errata, 28 (1975), 277-280) (russ. Übers. Moskau 1973).

--- & J.L. DUPONT: Vector fields with finite singularities. Acta Math. 128 (1972), 1-40.

--- & F. HIRZEBRUCH: Riemann-Roch theorems for differentiable manifolds. Bull. Amer. Math. Soc. 65 (1959), 276-281.

--- , --- : Vector bundles and homogeneous spaces. Amer. Math. Soc. Symp. Pure Math. 3 (1961), 7-38.

--- , --- : Analytic cycles on complex manifolds. Topology 1 (1962), 25-46.

--- , V.K. PATODI & I.M. SINGER: Spectral asymmetry and Riemannian geometry. Bull. London Math. Soc. 5 (1973), 229-234.

--- , --- , --- : Spectral asymmetry and Riemannian geometry I/II/III. Math. Proc. Camb. Phil. Soc. 77 (1975a), 43-69/78 (1975b), 405-432/79 (1976), 71-99.

--- & G.B. SEGAL: The index of elliptic operators II. Ann. of Math. 87 (1968), 531-545 (russ. Übers. in Успехи Матем. Наук 23 (1968), Nr. 6 (144), 135-149).

--- & I.M. SINGER: The index of elliptic operators on compact manifolds. Bull. Amer. Math. Soc. 69 (1963), 422-433.

--- , --- : The index of elliptic operators I. Ann. of Math. 87 (1968a), 484-530 (russ. Übers. in Успехи Матем. Наук 23 (1968), Nr. 5 (143), 99-142).

--- , --- : The index of elliptic operators III. Ann. of Math. 87 (1968b), 546-604 (russ. Übers. in Успехи Матем. Наук 24 (1969), Nr. 1 (145), 127-182).

--- , --- : Index theory for skew-adjoint Fredholm operators. Publ. Math. Inst. Hautes Etudes Sci. 37 (1969), 305-325.

--- , --- : The index of elliptic operators IV. Ann. of Math. 93 (1971a), 119-138 (russ. Übers. in Успехи Матем. Наук 27 (1972), Nr. 4 (166), 161-178).

--- , --- : The index of elliptic operators V. Ann. of Math. 93 (1971b), 139-149 (russ. Übers. in Успехи Матем. Наук 27 (1972), Nr. 4 (166), 179-188).

BOJARSKI, B.W. (БОЫАРСКИЙ, Б.В.): On the index problem for systems of singular integral equations. Bull. Acad. Polon. Sci. Sêr. Sci. Math. Astronom.Phys. 11 (1963), 653-655.

BOOSS, B.: Elliptische Topologie von Transmissionsproblemen. Bonner Mathematische Schriften Nr. 58, Bonn 1972.

BOTT, R.: Homogeneous differential operators. In: Differential and combinatorial topology (S.S. Cairns, ed.), Princeton Univ. Press, Princeton 1965, 167-186.

BOUTET de MONVEL, L.: Boundary problems for pseudo-differential operators. Acta Math. 126 (1971), 11-51.

BRIESKORN, E. et al.: Die Atiyah-Singer-Indexformel. Seminarvorträge, Bonn 1963.

BREUER, M.: Fredholm theories in von Neumann algebras I/II. Math. Ann. 178 (1968), 243-254, und 180 (1969), 313-325.

CARTAN, H. & L. SCHWARTZ et al.: Théorème d'Atiyah-Singer sur l'indice d'un opérateur différentiel elliptique. Séminaire Henri Cartan 16e année 1963/64, École Normale Supérieure, Paris 1965.

CALDERON, A.P.: The analytic calculation of the index of elliptic equations. Proc. Nat. Acad. Sci. 57 (1967), 1193-1194.

COBURN, L.A., R.G. DOUGLAS, D.G. SCHAEFFER & I.M. SINGER: C^*-algebras of operators on a half space II - Index theory. Publ. Math. Inst. Hautes Études Sci. 40 (1971), 69-79.

FEDOSOW, B.W. (ФЕДОСОВ, Б.В.): Analytic formulae for the index of elliptic operators. Trans. Moscow Math. Soc. 30 (1974), 159-240 (Übersetzung aus Труды Москов. Мат. Общества 30 (1974), 159-241).

GELFAND, I.M. (ГЕЛЬФАНД, И.М.): On elliptic equations. Russ. Math. Surveys 15, No. 3 (1960), 113-123 (Übersetzung aus Успехи Матем. Наук 15,3 (1960), 121-132).

GILKEY, P.B.: The index theorem and the heat equation. Mathematics Lecture Series No. 4. Publish or Perish Inc., Boston 1974.

--- : The boundary integrand in the formula for the signature and Euler characteristic of a Riemannian manifold with boundary. Advances in Math. 15 (1975), 334-360.

HIRZEBRUCH, F.: Neue topologische Methoden in der algebraischen Geometrie. Springer, Berlin (West) - Göttingen - Heidelberg 1956/1962.

--- : Elliptische Differentialoperatoren auf Mannigfaltigkeiten. Arbeitsgemeinschaft für Forschung des Landes Nordrhein-Westfalen 33 (1966), 583-608.

--- & D. ZAGIER: The Atiyah-Singer theorem and elementary number theory. Mathematics Lecture Series 3, Publish or Perish Inc., Boston 1974.

HÖRMANDER, L.: On the index of pseudodifferential operators. In: G. Anger (ed.), Elliptische Differentialgleichungen, Band II, Akademie-Verlag, Berlin 1971, 127-146 (russ. Übers. Moskau 1970).

MAYER, K.H.: Elliptische Differentialoperatoren und Ganzzahligkeitssätze für charakteristische Zahlen. Topology 4 (1965), 295-313.

McKEAN, H.P., Jr. & I.M. SINGER: Curvature and the eigenvalues of the Laplacian. J. Differential Geometry 1 (1967), 43-69.

PALAIS, R.S. (ed.): Seminar on the Atiyah-Singer index theorem. Ann. of Math. Studies 57, Princeton Univ. Press, Princeton 1965 (russ. Übers. Moskau 1970).

RAY, D. & I.M. SINGER: R-torsion and the Laplacian on Riemannian manifolds. Advances in Math. 7 (1971), 145-210.

--- , --- : Analytic torsion for complex manifolds. Ann. of Math. 98 (1973), 154-177.

SCHULZE, B.W.: On the set of all elliptic boundary value problems for an elliptic pseudodifferential operator on a manifold. Math. Nachr. 75 (1976a), 271-282.

--- : Elliptic operators on manifolds with boundary. Proc. "Globale Analysis" Ludwigsfelde, Berlin 1976b (vervielfältigt).

--- : Эллиптические краевые задачи для операторов специального вида. Erscheint demnächst in Дифференциальные Уравнения.

SEELEY, R.T.: Integro-differential operators on vector bundles. Trans. Am. Math. Soc. 117 (1965), 167-204.

--- : The resolvent of an elliptic boundary problem. Amer. J. Math. 91 (1969), 889-920.

SINGER, I.M.: On the index of elliptic operators. In: Outlines Joint Soviet Amer. Sympos. Partial Diff. Equations (Nowosibirsk 1963), Moskau 1963.

--- : Elliptic operators on manifolds. In: Pseudo-Differential Operators. Centro Internazionale Matematico Estivo Stresa 1968, Edizioni Cremonese, Rom 1969, 333-375.

--- : Operator theory and K-theory. Arbeitsgemeinschaft für Forschung des Landes Nordrhein-Westfalen 200 (1970).

--- : Future extensions of index theory and elliptic operators. In: Prospects in Mathematics by F. Hirzebruch et al., Princeton University Press, Princeton 1971a.

--- : Operator theory and periodicity. Indiana Univ. Math. J. 20 (1971b), 949-951.

--- : Recent applications of index theory for elliptic operators. Amer. Math. Soc. Symp. Pure Math. 23 (1973), 11-31.

--- : Eigenvalues of the Laplacian and invariants of manifolds. Proc. Int. Congr. Math. (Vancouver 1974), Vancouver 1975, 187-200.

Zu Teil I

ATKINSON, F.W. (АТКИНСОН, Ф.В.): Нормальная разрешимость линейных уравнений в нормированиых пространствах. Матем. Сб. 28 (70), Nr. 1 (1951), 3-14.

BRIESKORN, E.: Über die Dialektik in der Mathematik. In: M. Otte (ed.),Mathematiker über die Mathematik. Springer-Verlag, Berlin (West) - Heidelberg - New York 1974, 221-285.

BROWN, L.G., R.G. DOUGLAS & P.A. FILLMORE: Unitary equivalence modulo the compact operators and extensions of C^*-algebras. In: P.A. Fillmore (ed.), Proceedings of a Conference on Operator Theory. Lecture Notes in Mathematics 345, Springer, Berlin (West) - Heidelberg - New York 1973.

CALKIN, J.W.: Two-sided ideals and congruence in the ring of bounded operators in Hilbert space. Ann. of Math. 42 (1941), 839-873.

DEVINATZ, A.: On Wiener-Hopf-operators. In: B. Gelbaum (ed.), Functional analysis. Thompson, Washington 1967, 81-118.

GELFAND, I.M., D.A. RAIKOW & G.E. SCHILOW (И.М. ГЕЛЬФАНД, Д.А. РАЙКОВ & Г.Е. ШИЛОВ): Kommutative normierte Algebren. VEB Deutscher Verlag der Wissenschaften, Berlin 1964 (Übersetzung aus dem Russischen).

GOCHBERG, I.Z. & I.A. FELDMAN (ГОХБЕРГ, И.Ц. & И.А. ФЕЛЬДМАН): Faltungsgleichungen und Projektionsverfahren zu ihrer Lösung. Akademie-Vlg., Berlin 1974 (Übersetzung aus dem Russischen).

--- & M.G. KREIN (ГОХБЕРГ, И.Ц. & М.Г. КРЕЙН): The basic propositions on defect numbers, root numbers and indices of linear operators. Amer. Math. Soc. Transl. (2) 13 (1960), 185-264 (Übersetzung aus Успехи Матем. Наук 12 (1957), Nr. 2, 44-118).

--- , --- (--- , ---): Systems of integral equations on the half-line with kernels depending on the difference of the arguments. Amer. Math. Soc. Transl. (2) 14 (1960), 217-287 (Übersetzung aus Успехи Матем. Наук 13 (1958), Nr. 2, 3-72).

HELLINGER, E. & O. TOEPLITZ: Integralgleichungen und Gleichungen mit unendlichvielen Unbekannten. In: Enzyklopädie der mathematischen Wissenschaften II C 13. Teubner, Leipzig 1927, 1335-1601.

HIRZEBRUCH, F. & W. SCHARLAU: Einführung in die Funktionalanalysis. B.I.-Hochschultaschenbuch 296, Bibliographisches Institut, Mannheim 1971.

JÖRGENS, K.: Lineare Integraloperatoren. Teubner, Stuttgart 1970.

ILLUSIE, L.: Contractibilité du groupe linéaire des espaces de Hilbert de dimension infinie. Séminaire Bourbaki 17 (1964/65), No. 284.

IVACHNENKO, A.G. & W.G. LAPA (ИВАХНЕНКО, А.Г. & В.Г.ЛАПА): Cybernetics and forecasting techniques. American Elsevier, New York 1967 (Übersetzung aus dem Russischen).

KOLMOGOROW, A.N. (КОЛМОГОРОВ, А.Н.): Интерполирование и экстраполироьание стационарн ых случайных носледовательностей. Известия Акад. Наук СССР, Сер. Матем. 5 (1941), 3-14.

KREIN, M.G. (КРЕЙН, М.Г.): Integral equations on a half-line with kernel depending upon the difference of the arguments. Amer. Math. Soc. Transl. (2) 22 (1962), 163-288 (Übersetzung aus Успехи Матем. Наук 13 (1958), Nr. 5, 3-120).

KUIPER, N.H.: The homotopy type of the unitary groups of Hilbert space. Topology 3 (1965), 19-30.

MAC LANE, S.: Homology. Springer Verlag, Berlin (West) - Heidelberg - New York 1963.

NOETHER, F.: Über eine Klasse singulärer Integralgleichungen. Math. Ann. 82 (1921), 42-63.

PRZEWORSKA-ROLEWICZ, D. & S. ROLEWICZ: Equations in linear spaces. Państwowe Wydawnictwo Naukowe, Warschau 1968.

SCHECHTER, M.: Principles of functional analysis. Academic Press, New York 1971.

TITCHMARSH, E.C.: Introduction to the theory of Fourier integrals. Oxford University Press, Oxford 1937 I/1948 II.

WIENER, N.: The Fourier integral and certain of its applications. Cambridge University Press, Cambridge 1933.

--- : Extrapolation, interpolation and smoothing of stationary time series. With engineering applications. M.I.T. Press, Cambridge 1949.

--- : Kybernetik. Regelung und Nachrichtenübertragung in Lebewesen und Maschine. Rowohlt Vlg., rde. 294, Hamburg 1968 (Übersetzung aus dem Englischen).

ZYPKIN, J.S. (ЦЫПКИН, Я.З.): Adaption und Lernen in kybernetischen Systemen. Oldenbourg Vlg., München - Wien 1970 (Übersetzung aus dem Russischen).

Zu Teil II

AGRANOWITSCH, M.S. (АГРАНОВИЧ, М.С.): Elliptic singular integro-differential operators. Russian Math. Surveys 20 (1965), Nr. 5/6, 1-121 (Übersetzung aus Успехи Матем. Наук 20 (1965), Nr. 5 (125), 3-120).

BERS, L., F. JOHN & M. SCHECHTER: Partial differential equations. Interscience Publishers, New York - London - Sidney 1964 (russ. Übersetzung Moskau 1966).

CALDERÓN, A.P.: Boundary value problems for elliptic equations. In: Outlines of the Joint Soviet-Amer. Symp. Partial Diff. Equations (Nowosibirsk 1963), Acad. Sci. USSR, Sibirische Abteilung, Moskau 1963, 303-304.

--- & A. ZYGMUND: On singular integrals. Amer. J. Math. 78 (1956), 289-309.

DYNKIN, E.B. & A.A. JUSCHKEWITSCH (ДЫНКИН, Е.Б. & А.А. ЮШКЕВИЧ): Sätze und Aufgaben über Markoffsche Prozesse. Heidelberger Taschenbücher 51. Springer, Berlin (West) - Heidelberg - New York 1969 (Übersetzung aus dem Russischen).

ESKIN, G.I. (ЭСКИН, Г.И.): Boundary value problems and the parametrix for systems of elliptic pseudodifferential equations. Trans. Moscow Math. Soc. 28 (1973), 74-115 (Übersetzung aus Труды Москов. Общества 28 (1973), 75-116).

--- : Краевые задач для эллиптических п.д.о. . Verlag Nauka, Moskau 1973.

ERWE, F.: Gewöhnliche Differentialgleichungen. BI-Hochschultaschenbücher Bd. 19, Mannheim 1961.

GRUBB, G. & G. GEYMONAT: The essential spectrum of elliptic systems of mixed order. Math. Ann. 227 (1977), 247-276.

HARTMANN, P.: Ordinary differential equations. Wiley, New York 1964.

HELLWIG, G.: Differentialoperatoren der mathematischen Physik. Springer-Verlag, Berlin (West) - Heidelberg - New York 1964.

HERMANN, R.: Vector bundles in mathematical physics I/II. Benjamin, New York 1970.

HÖRMANDER, L.: Pseudo-differential operators and non-elliptic boundary problems. Ann. Math. 83 (1966a), 129-209 (russ. Übers. Moskau 1967).

--- : Pseudo-differential operators and hypoelliptic equations , Amer. Math. Soc. Symp. X on Singular Integral Operators 1966b, 138-183 (russ. Übers. Moskau 1967).

--- : The calculus of Fourier integral operators. In: Prospects in Mathematics (F. Hirzebruch et al.), Princeton University Press, Princeton N.J. 1971a, 33-57.

--- : Fourier integral operators I. Acta Mathematica 127 (1971b), 79-183 (russ. Übers. Moskau 1972).

--- : On the existence and the regularity of solutions of linear pseudo-differential equations. Enseignement Math. 17 (1971c), 99-163 (russ. Übers. in Успехи Матем. Наук 28 (1973), Nr. 6 (174), 109-164).

IZE, J.: Bifurcation theory for Fredholm operators. Mem. Am. Math. Soc. 7/174 (Sept. 1976).

KAROUI, N. & H. REINHARD: Processus de diffusion dans $\mathbb{R}^n$. In: Sém. Probabilités VII, Univ. de Strasbourg. Springer LN 321, Berlin (West) - Heidelberg - New York 1973, 95ff.

LIONS, J.L. & E. MAGENES: Problèmes aux limites non homogènes et applications. I. Dunod, Paris 1968.

MEYER, P.A.: Probabilités et potentiels. Hermann, Paris 1966.

MORREY, C.: Multiple integrals and the calculus of variations. Springer, Berlin (West) - Heidelberg - New York 1966.

NARASIMHAN, R.: Analysis on real and complex manifolds. Masson, Paris 1973.

NEMYTZKI, V.V. & V.V. STEPANOV (НЕМЫЦКИЙ, В.В. & В.В. СТЕПАНОВ): Qualitative theory of differential equations. Princeton Univ. Press, Princeton N.J. 1960 (Übersetzung aus dem Russischen).

NIRENBERG, L.: Pseudo-differential operators. Amer. Math. Soc. Symp. Pure Math. 16 (1970), 149-167.

PONTRYAGIN, L.S. (ПОНТРЫАГИН, Л.С.): Ordinary differential equations. Pergamon Press, London 1962 (Übersetzung aus dem Russischen).

PRÖSSDORF, D.: Über eine Algebra von Pseudodifferentialoperatoren im Halbraum. Math. Nachr. 52 (1972), 113-139.

SCHWARTZ, L.: Théorie des distributions I, II. Hermann, Paris 1950/51.

SOBOLEW, S.L. (СОБОЛЕВ, С.Л.): Einige Anwendungen der Funktionalanalysis auf Gleichungen der mathematischen Physik. Akademie-Verlag, Berlin 1964 (Übersetzung aus dem Russischen).

STEPANOW, W.W. (СТЕПАНОВ, В.В.): Lehrbuch der Differentialgleichungen. VEB Deutscher Verlag der Wissenschaften, Berlin 1956 (Übersetzung aus dem Russischen).

SULANKE, R. & P. WINTGEN: Differentialgeometrie und Faserbündel. VEB Deutscher Verlag der Wissenschaften, Berlin 1972.

TAYLOR, M.: Pseudo differential operators. Lecture Notes in Mathematics 416. Springer, Berlin (West) - Heidelberg - New York 1974.

WAINBERG, M.M. & W.A. TRENOGIN (ВАЙНБЕРГ, М.М. & В.А. ТРЕНОГИН): Theorie der Lösungsverzweigungen bei nichtlinearen Gleichungen. Akademie-Vlg., Berlin 1973 (Übersetzung aus dem Russischen).

WALLACE, A.H.: Differential topology - first steps. Benjamin, New York 1968.

WELLS, R.O.: Differential analysis on complex manifolds. Prentice Hall, Englewood Cliffs, N.J. 1973.

WISCHIK, M.I. & G.I. ESKIN (ВИШИК, М.И. & Г.И. ЭСКИН): Normally solvable problems for elliptic systems of equations in convolutions. Math. USSR-Sbornik 3 (1967), 303-332 (Übersetzung aus Матем. Сб. 74 (1967), Nr. 3, 326-356).

Zu Teil III

ALEXANDROFF, P. & H. HOPF: Topologie I. Springer, Berlin 1935.

BELLMANN, R. & K.L. COOKE: Modern elementary differential equations. Addison-Wesley, Reading 1971[II].

--- & R. KALABA: Quasilinearization and nonlinear boundary value problems. American Elsevier, New York 1965.

BENEDETTO, J.J.: Spectral synthesis. Teubner, Stuttgart 1975.

BRIESKORN, E.: The development of geometry and topology. Notes of introductory lectures given at the University of La Habana in 1973. M.z. Berufspraxis Math. Heft 17, Bielefeld 1976, 109-203.

BRILL, A. & M. NOETHER: Die Entwicklung der Theorie der algebraischen Funktionen in älterer und neuerer Zeit. Jber. Deutsch. Math.-Verein. 3 (1892/93), 107-566.

DIEUDONNÉ, J.: Cours de géometrie algébrique. Band 1: Aperçu historique sur le développement de la géometrie algébrique. Presses Univ. de France, Paris 1974.

HINRICHSEN, D.: Kontrolltheorie in Großbritannien M.z. Berufspraxis Math. Heft 17, Bielefeld 1976, 205-240.

HIRSCH, M.W.: Differential topology. Springer-Verlag, Berlin (West) - Heidelberg - New York 1976.

HIRZEBRUCH, F.: Hilbert modular surfaces. Enseignement Math. 19 (1973), 183-281.

HUSEMOLLER, D.: Fibre bundles. McGraw-Hill, New York 1966 (russ. Übers. Moskau 1970).

JADCZYK, A.Z.: Conserved topological charges. Manuskript, Wroclaw und Bielefeld 1976.

KODAIRA, K.: On the structure of compact complex analytic surfaces I. Am. J. Math. 84 (1964), 751-798.

KOSCHORKE, U.: Frame fields and nondegenerate singularities. Bull. Amer. Math. Soc. 81 (1975), 157-160.

KRASNOSELSKIJ, M.A., A.I. PEROW, A.I. POWOLOZKIJ & P.P. SABREJKO (КРАСНОСЕЛЬСКИЙ, М.А., А.И. ПЕРОВ, А.И. ПОВОЛОЦКИЙ & П.П. ЗАБРЕЙКО): Vektorfelder in der Ebene. Akademie-Verlag, Berlin 1966 (Übersetzung aus dem Russischen).

MILNOR, J.W.: Morse theory. Princeton Univ. Press, Princeton, N.J. 1963.

--- & J.D. STASHEFF: Characteristique classes. Ann. of Math. Studies 76, Princeton Univ. Press, Princeton 1974.

MUMFORD, D.: Introduction to algebraic geometry. Vol. 1. Springer, Berlin (West) - Heidelberg - New York 1976.

SCHWARZENBERGER, R.L.E.: Appendix One. Zu: F. HIRZEBRUCH, Topological methods in algebraic geometry. Springer, Berlin (West) - Heidelberg - New York 1966^{III}, 159-201.

SEELEY, R.T.: Complex powers of an elliptic operator. Amer. Math. Soc. Proc. Sympos. Pure Math. 10 (1967), 288-307 (russ. Übers. Moskau 1968).

SEGAL, G.: Equivariant K-theory. Publ. Math. Inst. Hautes Études Sci. 34 (1968), 105-151.

SIEGEL, C.L.: Vorlesungen über ausgewählte Kapitel der Funktionentheorie I-III. Vervielfältigt, Göttingen 1965 (Buchausgabe in engl. Übersetzung: Topics in complex function theory I-III, Wiley-Interscience, New York 1969/1971/1973).

THOMAS, E.: Vector fields on manifolds. Bull. Amer. Math. Soc. 75 (1969), 643-683.

TOLEDO, D. & L.L. TONG: A parametrix for $\bar{\partial}$ and Riemann-Roch in Čech theory. Topology 15 (1976), 273-301.

ULAM, S.M.: A collection of mathematical problems. Interscience, New York - London 1960.

VEKUA, I.N. (ВЕКУА, И.Н.): Systeme von Differentialgleichungen erster Ordnung vom elliptischen Typus und Randwertaufgaben. VEB Deutscher Vlg. der Wissenschaften, Berlin 1956.

--- : Generalized analytic functions. Pergamon Press, Oxford 1962 (Übersetzung aus dem Russischen).

WALLACH, N.R.: Harmonic analysis on homogeneous spaces. Decker, New York 1973.

WEYL, H.: Die Idee der Riemannschen Fläche. 3. vollst. umgearb. Auflage. B.G. Teubner, Stuttgart 1955.

Symbolverzeichnis

α	Bottisomorphismus $K(\mathbb{R}^2 x X) \cong K(X)$	245
$\|\alpha\|$	Grad des Multiindex α	88
b	Bottklasse	245f
B^n	n-dimensionale Vollkugel	62
B_H	abgeschlossene Einheitskugel des Hilbertraumes H	17
B(X)	kovariantes Ballbündel der Riemannschen Mannigfaltigkeit X	205
$\mathcal{B}(H)$	Banachalgebra der beschränkten linearen Operatoren im Hilbertraum H	2
$\mathcal{B}^X$	Gruppe der Einheiten von $\mathcal{B}$	35
β^+	Randisomorphismus für elliptische Randwertaufgaben	196f,201
$\dot{c}(0)$	Richtungsableitung	134
$c_i(E)$	i-te Chernsche Klasse des Vektorraumbündels E	277
ch(E)	Chernscher Charakter	278
C^r	r-fach stetig differenzierbar, $r \geq 0$	30
$C^o(X)$	(komplexwertige) stetige Funktionen auf X	131
C^∞	unendlich differenzierbar, glatt	
$C^\infty(X)$	(komplexwertige) C^∞-Funktionen auf der C^∞-Mannigfaltigkeit X	131
C^ω	analytische Funktionen	
$C^r(E)$	C^r-Schnitte im Vektorraumbündel E, $r \in 0,1,2,..,\infty,\omega$	139,311
C_o^r	C^r-Funktionen mit kompaktem Träger	151
C(X)	Halbgruppe äquivalenter Komplexe	254

Namenverzeichnis

Kursive Zahlen beziehen sich auf das Literaturverzeichnis.

Sachverzeichnis

Einführung von Begriffen in kursiven Zahlen

Hochschultext/Universitext

In diese Sammlung werden preiswerte Lehrbücher aufgenommen, die, was Anordnung und Präsentation des Stoffes betrifft, nach didaktischen Gesichtspunkten aufgebaut und in erster Linie für Studenten mittlerer Semester geeignet sind. Die einzelnen Bände - es sind entweder Ausarbeitungen von aktuellen Vorlesungen oder Übersetzungen bekannter fremdsprachiger Bücher - geben jeweils eine solide Einführung in ein nicht nur für Spezialisten interessantes Fachgebiet.

M. Aigner, Kombinatorik. I. Grundlagen und Zähltheorie. 1975. DM 36,--
M. Aigner, Kombinatorik. II. Matroide und Transversaltheorie. 1976. DM 34,--
K. Bauknecht/J. Kohlas/C. A. Zehnder, Simulationstechnik. 1976. DM 24,50
K.-D. Becker, Ausbreitung elektromagnetischer Wellen. 1974. DM 32,--
N. Blattner, Volkswirtschaftliche Theorie der Firma. Firmenverhalten, Organisationsstruktur, Kapitalmarktkontrolle. 1977. DM 24,--
B. Booß, Topologie und Analysis. Einführung in die Atiyah-Singer-Indexformel. 1977. DM 38,--
H. Bühlmann/H. Loeffel/E. Nievergelt, Entscheidungs- und Spieltheorie. 1975. DM 24,80
L. Cremer, Vorlesungen über Technische Akustik. 2., durchgesehene Auflage. 1975. DM 32,--
K. Deimling, Nichtlineare Gleichungen und Abbildungsgrade. 1974. DM 16,80
O. Endler, Valuation Theory. 1972. DM 32,--
E. Fitzer/W. Fritz, Technische Chemie. 1975. DM 44,--
P. Gänssler/W. Stute, Wahrscheinlichkeitstheorie. 1977. DM 36,--
W. Giloi/H. Liebig, Logischer Entwurf digitaler Systeme. 1973. DM 32,--
H. Grauert/K. Fritzsche, Einführung in die Funktionentheorie mehrerer Veränderlicher. 1974. DM 19,80
M. Gross/A. Lentin, Mathematische Linguistik. 1971. DM 46,--
O. Heer, Flugsicherung. Einführung in die Grundlagen. 1975. DM 48,--
H. Hermes, Introduction to Mathematical Logic. 1973. DM 34,--
H. Heyer, Mathematische Theorie statistischer Experimente. 1973. DM 19,80
K. Hildenbrand/W. Hildenbrand, Lineare ökonomische Modelle. 1975. DM 29,80
K. Hinderer, Grundbegriffe der Wahrscheinlichkeitstheorie. Korr. Nachdruck der 1. Auflage. 1975. DM 19,80
V. Hubka, Theorie der Konstruktionsprozesse. 1976. DM 42,--
V. Hubka, Theorie der Maschinensysteme. 1973. DM 19,80
R. Isermann, Prozeßidentifikation. 1974. DM 22,--
K. Jänich, Einführung in die Funktionentheorie. 1977. DM 19,80
K. Jörgens/F. Rellich, Eigenwerttheorie gewöhnlicher Differentialgleichungen. 1976. DM 28,--
K. Krickeberg/H. Ziezold, Stochastische Methoden. Erscheint 1977
R. Koller, Konstruktionsmethode für den Maschinen-, Geräte- und Apparatebau. 1976. DM 39,--
G. Kreisel/J.-L. Krivine, Modelltheorie. 1972. DM 35,--
H. Kronmüller/F. Barakat, Prozeßmeßtechnik 1. 1974. DM 20,--
K. Kroschel, Statistische Nachrichtentheorie. Teil 1. 1973. DM 22,--
K. Kroschel, Statistische Nachrichtentheorie. Teil 2. 1974. DM 23,--
H. Kurzweil, Endliche Gruppen. 1977. DM 24,--

H. Labhart, Einführung in die Physikalische Chemie.
Teil I: Chemische Thermodynamik. 1975. DM 16,–
Teil II: Kinetik. 1975. DM 13,60
Teil III: Molekülstatistik. 1975. DM 14,–
Teil IV: Molekülbau. 1975. DM 16,–
Teil V: Molekülspektroskopie. 1975. DM 14,–
A. Langenbach, Monotone Potentialoperatoren in Theorie und Anwendung. 1977. DM 54,--
R. Lauber, Prozeßautomatisierung 1. 1976. DM 48,--
W. Leutzbach, Einführung in die Theorie des Verkehrsflusses. 1972. DM 22,--
H. Liebig, Logischer Entwurf digitaler Systeme. Beispiele und Übungen. 1975. DM 24,--
H. D. Lüke, Signalübertragung. Einführung in die Theorie der Nachrichtenübertragungstechnik. 1975. DM 29,80
H. Lüneburg, Einführung in die Algebra. 1973. DM 24,--
S. MacLane, Kategorien. 1972. DM 38,--
Meereskunde der Ostsee. Hrsg.: L. Magaard/G. Rheinheimer. 1974. DM 39,80
E. Neher, Elektronische Meßtechnik in der Physiologie. 1974. DM 16,80
G. Owen, Spieltheorie. 1971. DM 36,--
J. C. Oxtoby, Maß und Kategorie. 1971. DM 28,--
H. Petermann, Einführung in die Strömungsmaschinen. 1974. DM 24,--
G. Preuss, Allgemeine Topologie. 2. Auflage 1975. DM 38,--
B. v. Querenburg, Mengentheoretische Topologie. Korrigierter Nachdruck der 1. Auflage. 1976. DM 16,80
S. Rolewicz, Funktionalanalysis und Steuerungstheorie. 1976. DM 36,--
R. Richter/U. Schlieper/W. Friedmann, Makroökonomik. 2. Auflage. DM 38,--
B. Roy, Modern Algebra and Graph Theory Applied to Management. Erscheint 1977
W. Rupprecht, Netzwerksynthese. 1972. DM 45,--
E. Seibold, Der Meeresboden. 1974. DM 29,80
D. Seitzer, Arbeitsspeicher für Digitalrechner. 1975. DM 29,--
D. Seitzer, Elektronische Analog-Didital-Umsetzer. 1977. DM 39,--
H. Späth, Elektrische Maschinen. 1973. DM 24,--
K. Stange, Bayes-Verfahren. 1977. DM 39,--
K. Stange, Kontrollkarten für meßbare Merkmale. 1975. DM 24,--
H.-J. Thomas, Thermische Kraftanlagen. 1975. DM 58,--
R. Uhrig, Elastostatik und Elastokinetik in Matrizenschreibweise. 1973. DM 31,--
R. Unbehauen, Elektrische Netzwerke. 1972. DM 43,--
H. Werner, Praktische Mathematik I. 2. Auflage. 1975. DM 19,80
H. Werner/R. Schaback, Praktische Mathematik II. 1972. DM 22,--
H. Wolf, Lineare Systeme und Netzwerke. 1971. DM 24,--
H. Wolf, Nachrichtenübertragung. 1974. DM 32,--

Preisänderungen vorbehalten

Springer-Verlag Berlin Heidelberg New York